U0172763

全国科学技术名词审定委员会

公　布

# 光　学　名　词

# CHINESE TERMS IN OPTICS

2021

光学名词审定委员会

国家自然科学基金资助项目

科学出版社

北　京

## 内 容 简 介

本书是全国科学技术名词审定委员会审定公布的光学名词，内容包括：基础光学，非线性光学与量子光学，微纳光学与近场光学，发光学，色度学，光学材料，光学薄膜，光纤光学与导波光学，光无源器件，光源，光有源器件，光电检测与光学传感器，一般光学系统与光学设计，成像技术，影像技术，显示技术，图像处理技术，光学仪器Ⅰ：基本结构与光参数检测，光学仪器Ⅱ：其他物理量检测，显微镜与望远镜，光学遥感技术，光通信技术，光全息与光存储技术，光学导航技术，红外技术，激光加工技术，环境光学、空间光学与自适应光学，生物光学与激光医疗等 28 部分，共 4809 条。本书对每条名词都给出了定义或注释。本书公布的名词是各科研、教学、生产、经营以及新闻出版等部门应遵照使用的光学规范名词。

**图书在版编目(CIP)数据**

光学名词 / 光学名词审定委员会审定. —北京：科学出版社，2021.4
（全国科学技术名词审定委员会公布）
ISBN 978-7-03-068050-1

Ⅰ. ①光… Ⅱ. ①光… Ⅲ. ①光学–名词术语 Ⅳ. ①O43-61

中国版本图书馆 CIP 数据核字(2021)第 026546 号

责任编辑：周 涵 史金鹏 孔晓慧 / 责任校对：彭珍珍
责任印制：肖 兴 / 封面设计：吴霞暖

科学出版社 出版
北京东黄城根北街 16 号
邮政编码：100717
http://www.sciencep.com
北京建宏印刷有限公司印刷
科学出版社发行 各地新华书店经销
*
2021 年 4 月第 一 版 开本：787×1092 1/16
2025 年 2 月第二次印刷 印张：33 3/4
字数：752 000

**定价：198.00 元**

（如有印装质量问题，我社负责调换）

# 全国科学技术名词审定委员会
# 第七届委员会委员名单

# 光学名词审定委员会委员名单

# 光学名词审定委员会编写专家名单

基础光学主持人：陈志坚
参加人员：龚旗煌　张永生　张天才

光学材料与光学制造主持人：邵建达
参加人员：姜中宏　张学军　张　龙

光学薄膜主持人：刘　旭
参加人员：王占山　沈伟东

光学设计主持人：翁志成
参加人员：王涌天　张　新　王灵杰

光学测试与光电检测主持人：叶声华
参加人员：段发阶　赵维谦　朱日宏

光度与色度学及光学计量主持人：廖宁放
参加人员：金尚忠　徐海松

全息、光信息处理和光存储主持人：余重秀
参加人员：陈家壁　吕乃光　陶世荃

光谱与成像光谱技术主持人：汶德胜
参加人员：薛永祺

纤维光学与集成光学主持人：刘德森　赵　卫
参加人员：孙雨南　曹庄琪　吴重庆　苑立波　江晓清

光传感技术主持人：刘铁根
参加人员（声光、磁光传感）：文玉梅
参加人员（光栅）：巴　音

参加人员（光纤传感及汇总）：韩　群
参加人员（声光、磁光传感）：陈　刚

激光物理、器件与技术主持人：李儒新
参加人员：范滇元　陈卫标　薛惠斌

红外器件、技术与系统主持人：匡定波
参加人员：方家熊

光电成像器件与技术主持人：金伟其
参加人员：许廷发　周立伟　侯　洵

空间光学主持人：刘兆军
参加人员：龚惠兴　王家骐

光电器件与技术主持人：郁道银
参加人员：王庆有　王永生　陈晓冬

光学仪器主持人：庄松林
参加人员：张学典　贾　波　江旻珊

生物医学光子学主持人：骆清铭
参加人员：徐可欣　马　辉　李　晖　张镇西　丁志华
魏勋斌　朱　丹　屈军乐

激光医学主持人：顾　瑛

环境光学主持人：龚知本
参加人员：刘文清　江海河　刘智深　曹文熙

光通信技术主持人：简水生
参加人员：张汉一　徐安士

光显示技术主持人：刘 旭
参加人员：王琼华 李海峰

光学陀螺与导航技术主持人：刘 承
参加人员：杨国光 刘泽金 龙兴武 张广军

微纳光学主持人：袁小聪
参加人员：童利民 李艳秋

光子晶体主持人：侯蓝田
参加人员：周桂耀 李曙光

固态发光主持人：黄德修
参加人员：陈弘达 汪连山 朱明强

光学遥感及其应用主持人：匡定波
参加人员：尹 球 李 安 潘建珍 方勇华

自适应光学主持人：姜文汉
参加人员：饶长辉

# 白春礼序

科技名词伴随科技发展而生，是概念的名称，承载着知识和信息。如果说语言是记录文明的符号，那么科技名词就是记录科技概念的符号，是科技知识得以传承的载体。我国古代科技成果的传承，即得益于此。《山海经》记录了山、川、陵、台及几十种矿物名；《尔雅》19篇中，有16篇解释名物词，可谓是我国最早的术语词典；《梦溪笔谈》第一次给“石油”命名并一直沿用至今；《农政全书》创造了大量农业、土壤及水利工程名词；《本草纲目》使用了数百种植物和矿物岩石名称。延传至今的古代科技术语，体现着圣哲们对科技概念定名的深入思考，在文化传承、科技交流的历史长河中作出了不可磨灭的贡献。

科技名词规范工作是一项基础性工作。我们知道，一个学科的概念体系是由若干个科技名词搭建起来的，所有学科概念体系整合起来，就构成了人类完整的科学知识架构。如果说概念体系构成了一个学科的“大厦”，那么科技名词就是其中的“砖瓦”。科技名词审定和公布，就是为了生产出标准、优质的“砖瓦”。

科技名词规范工作是一项需要重视的基础性工作。科技名词的审定就是依照一定的程序、原则、方法对科技名词进行规范化、标准化，在厘清概念的基础上恰当定名。其中，对概念的把握和厘清至关重要，因为如果概念不清晰、名称不规范，势必会影响科学研究工作的顺利开展，甚至会影响对事物的认知和决策。举个例子，我们在讨论科技成果转化问题时，经常会有“科技与经济‘两张皮’”“科技对经济发展贡献太少”等说法，尽管在通常的语境中，把科学和技术连在一起表述，但严格说起来，会导致在认知上没有厘清科学与技术之间的差异，而简单把技术研发和生产实际之间脱节的问题理解为科学研究与生产实际之间的脱节。一般认为，科学主要揭示自然的本质和内在规律，回答“是什么”和“为什么”的问题，技术以改造自然为目的，回答“做什么”和“怎么做”的问题。科学主要表现为知识形态，是创造知识的研究，技术则具有物化形态，是综合利用知识于需求的研究。科学、技术是不同类型的创新活动，有着不同的发展规律，体现不同的价值，需要形成对不同性质的研发活动进行分类支持、分类评价的科学管理体系。从这个角度来看，科技名词规范工作是一项必不可少的基础性工作。我非常同意老一辈专家叶笃正的观点，他认为：“科技名词规范化工作的作用比我们想象的还要大，是一项事关我国科技事业发展的基础设施建设工作！”

科技名词规范工作是一项需要长期坚持的基础性工作。我国科技名词规范工作已经有 110 年的历史。1909 年清政府成立科学名词编订馆，1932 年南京国民政府成立国立编译馆，是为了学习、引进、吸收西方科学技术，对译名和学术名词进行规范统一。中华人民共和国成立后，随即成立了“学术名词统一工作委员会”。1985 年，为了更好地促进我国科学技术的发展，推动我国从科技弱国向科技大国迈进，国家成立了“全国自然科学名词审定委员会”，主要对自然科学领域的名词进行规范统一。1996 年，国家批准将“全国自然科学名词审定委员会”改为“全国科学技术名词审定委员会”，是为了响应科教兴国战略，促进我国由科技大国向科技强国迈进，而将工作范围由自然科学技术领域扩展到工程技术、人文社会科学等领域。科学技术发展到今天，信息技术和互联网技术在不断突进，前沿科技在不断取得突破，新的科学领域在不断产生，新概念、新名词在不断涌现，科技名词规范工作仍然任重道远。

110 年的科技名词规范工作，在推动我国科技发展的同时，也在促进我国科学文化的传承。科技名词承载着科学和文化，一个学科的名词，能够勾勒出学科的面貌、历史、现状和发展趋势。我们不断地对学科名词进行审定、公布、入库，形成规模并提供使用，从这个角度来看，这项工作又有几分盛世修典的意味，可谓“功在当代，利在千秋”。

在党和国家重视下，我们依靠数千位专家学者，已经审定公布了 65 个学科领域的近 50 万条科技名词，基本建成了科技名词体系，推动了科技名词规范化事业协调可持续发展。同时，在全国科学技术名词审定委员会的组织和推动下，海峡两岸科技名词的交流对照统一工作也取得了显著成果。两岸专家已在 30 多个学科领域开展了名词交流对照活动，出版了 20 多种两岸科学名词对照本和多部工具书，为两岸和平发展作出了贡献。

作为全国科学技术名词审定委员会现任主任委员，我要感谢历届委员会所付出的努力。同时，我也深感责任重大。

十九大的胜利召开具有划时代意义，标志着我们进入了新时代。新时代，创新成为引领发展的第一动力。习近平总书记在十九大报告中，从战略高度强调了创新，指出创新是建设现代化经济体系的战略支撑，创新处于国家发展全局的核心位置。在深入实施创新驱动发展战略中，科技名词规范工作是其基本组成部分，因为科技的交流与传播、知识的协同与管理、信息的传输与共享，都需要一个基于科学的、规范统一的科技名词体系和科技名词服务平台作为支撑。

我们要把握好新时代的战略定位，适应新时代新形势的要求，加强与科技的协同发展。一方面，要继续发扬科学民主、严谨求实的精神，保证审定公布成果的权威性和规范性。科技名词审定是一项既具规范性又有研究性，既具协调性又有长期性的综合性工作。在长期的科技名词审定工作实践中，全国科学技术名词审定委员会积累了丰富的经验，形成了一套完整的组织和审定流程。这一流程，有利于确立公布名词的权威性，有利于保证公布名词的规范性。但是，我们仍然要创新审定机制，高质高效地完成科技名词审定公布任务。另一方面，在做好科技名词审定公布工作的同时，我们要瞄准世界科技前沿，服务于前瞻性基础研究。习总书记在报告中特别提到“中国天眼”、“悟空号”暗物质粒子探测卫星、“墨子号”量子科学实验卫星、天宫二号和“蛟龙号”载人潜水器等重大科技成果，这些都是随着我国科技发展诞生的新概念、新名词，是科技名词规范工作需要关注的热点。围绕新时代中国特色社会主义发展的重大课题，服务于前瞻性基础研究、新的科学领域、新的科学理论体系，应该是新时代科技名词规范工作所关注的重点。

未来，我们要大力提升服务能力，为科技创新提供坚强有力的基础保障。全国科学技术名词审定委员会第七届委员会成立以来，在创新科学传播模式、推动成果转化应用等方面作了很多努力。例如，及时为 113 号、115 号、117 号、118 号元素确定中文名称，联合中国科学院、国家语言文字工作委员会召开四个新元素中文名称发布会，与媒体合作开展推广普及，引起社会关注。利用大数据统计、机器学习、自然语言处理等技术，开发面向全球华语圈的术语知识服务平台和基于用户实际需求的应用软件，受到使用者的好评。今后，全国科学技术名词审定委员会还要进一步加强战略前瞻，积极应对信息技术与经济社会交汇融合的趋势，探索知识服务、成果转化的新模式、新手段，从支撑创新发展战略的高度，提升服务能力，切实发挥科技名词规范工作的价值和作用。

使命呼唤担当，使命引领未来，新时代赋予我们新使命。全国科学技术名词审定委员会只有准确把握科技名词规范工作的战略定位，创新思路，扎实推进，才能在新时代有所作为。

是为序。

白春礼

2018 年春

# 路甬祥序

我国是一个人口众多、历史悠久的文明古国，自古以来就十分重视语言文字的统一，主张“书同文、车同轨”，把语言文字的统一作为民族团结、国家统一和强盛的重要基础和象征。我国古代科学技术十分发达，以四大发明为代表的古代文明，曾使我国居于世界之巅，成为世界科技发展史上的光辉篇章。而伴随科学技术产生、传播的科技名词，从古代起就已成为中华文化的重要组成部分，在促进国家科技进步、社会发展和维护国家统一方面发挥着重要作用。

我国的科技名词规范统一活动有着十分悠久的历史。古代科学著作记载的大量科技名词术语，标志着我国古代科技之发达及科技名词之活跃与丰富。然而，建立正式的名词审定组织机构则是在清朝末年。1909 年，我国成立了科学名词编订馆，专门从事科学名词的审定、规范工作。到了新中国成立之后，由于国家的高度重视，这项工作得以更加系统地、大规模地开展。1950 年政务院设立的学术名词统一工作委员会，以及 1985 年国务院批准成立的全国自然科学名词审定委员会(现更名为全国科学技术名词审定委员会，简称全国科技名词委)，都是政府授权代表国家审定和公布规范科技名词的权威性机构和专业队伍。他们肩负着国家和民族赋予的光荣使命，秉承着振兴中华的神圣职责，为科技名词规范统一事业默默耕耘，为我国科学技术的发展做出了基础性的贡献。

规范和统一科技名词，不仅在消除社会上的名词混乱现象，保障民族语言的纯洁与健康发展等方面极为重要，而且在保障和促进科技进步，支撑学科发展方面也具有重要意义。一个学科的名词术语的准确定名及推广，对这个学科的建立与发展极为重要。任何一门科学(或学科)，都必须有自己的一套系统完善的名词来支撑，否则这门学科就立不起来，就不能成为独立的学科。郭沫若先生曾将科技名词的规范与统一称为“乃是一个独立自主国家在学术工作上所必须具备的条件，也是实现学术中国化的最起码的条件”，精辟地指出了这项基础性、支撑性工作的本质。

在长期的社会实践中，人们认识到科技名词的规范和统一工作对于一个国家的科技发展和文化传承非常重要，是实现科技现代化的一项支撑性的系统工程。没有这样一个系统的规范化的支撑条件，不仅现代科技的协调发展将遇到极大困难，而且在科技日益渗透人们生活各方面、各环节的今天，还将给教育、传播、交流、经贸等多方面带来困难和损害。

全国科技名词委自成立以来，已走过近 20 年的历程，前两任主任钱三强院士和卢嘉锡院士为我国的科技名词统一事业倾注了大量的心血和精力，在他们的正确领导和广大专家的共同努力下，取得了卓著的成就。2002 年，我接任此工作，时逢国家科技、经济飞速发展之际，因而倍感责任的重大；及至今日，全国科技名词委已组建了 60 个学科名词审定分委员会，公布了 50 多个学科的 63 种科技名词，在自然科学、工程技术与社会科学方面均取得了协调发展，科技名词蔚成体系。而且，海峡两岸科技名词对照统一工作也取得了可喜的成绩。对此，我实感欣慰。这些成就无不凝聚着专家学者们的心血与汗水，无不闪烁着专家学者们的集体智慧。历史将会永远铭刻着广大专家学者孜孜以求、精益求精的艰辛劳作和为祖国科技发展做出的奠基性贡献。宋健院士曾在 1990 年全国科技名词委的大会上说过：“历史将表明，这个委员会的工作将对中华民族的进步起到奠基性的推动作用。”这个预见性的评价是毫不为过的。

科技名词的规范和统一工作不仅仅是科技发展的基础，也是现代社会信息交流、教育和科学普及的基础，因此，它是一项具有广泛社会意义的建设工作。当今，我国的科学技术已取得突飞猛进的发展，许多学科领域已接近或达到国际前沿水平。与此同时，自然科学、工程技术与社会科学之间交叉融合的趋势越来越显著，科学技术迅速普及到了社会各个层面，科学技术同社会进步、经济发展已紧密地融为一体，并带动着各项事业的发展。所以，不仅科学技术发展本身产生的许多新概念、新名词需要规范和统一，而且由于科学技术的社会化，社会各领域也需要科技名词有一个更好的规范。另一方面，随着香港、澳门的回归，海峡两岸科技、文化、经贸交流不断扩大，祖国实现完全统一更加迫近，两岸科技名词对照统一任务也十分迫切。因而，我们的名词工作不仅对科技发展具有重要的价值和意义，而且在经济发展、社会进步、政治稳定、民族团结、国家统一和繁荣等方面都具有不可替代的特殊价值和意义。

最近，中央提出树立和落实科学发展观，这对科技名词工作提出了更高的要求。我们要按照科学发展观的要求，求真务实，开拓创新。科学发展观的本质与核心是以人为本，我们要建设一支优秀的名词工作队伍，既要保持和发扬老一辈科技名词工作者的优良传统，坚持真理、实事求是、甘于寂寞、淡泊名利，又要根据新形势的要求，面向未来、协调发展、与时俱进、锐意创新。此外，我们要充分利用网络等现代科技手段，使规范科技名词得到更好的传播和应用，为迅速提高全民文化素质做出更大贡献。科学发展观的基本要求是坚持以人为本，全面、协调、可持续发展，因此，科技名词工作既要紧密围绕当前国民经济建设形势，着重开展好科技领域的学科名词审定工作，同时又要在强调经济社会以及人与自然协调发展的思想指导下，开展好社会科学、文化教育和资源、生态、环境领域的科学名词审定工作，促进各个学科领域的相互融合和共同繁荣。科学发展观非常注重可持续发展的理念，因此，我们在不断丰富和发展已建立的科技名词体系的同时，还要进一步研究具有中国特色的术语学理论，以创建中国的术语学派。研究和建立中国特色的术语学理论，也是一种知识创新，是实现科技名词工作可持续发展的必由之路，我们应当为此付出更大的努力。

当前国际社会已处于以知识经济为走向的全球经济时代，科学技术发展的步伐将会越来越快。我国已加入世贸组织，我国的经济也正在迅速融入世界经济主流，因而国内外科技、文化、经贸的交流将越来越广泛和深入。可以预言，21世纪中国的经济和中国的语言文字都将对国际社会产生空前的影响。因此，在今后10到20年之间，科技名词工作就变得更具现实意义，也更加迫切。“路漫漫其修远兮，吾今上下而求索”，我们应当在今后的工作中，进一步解放思想，务实创新、不断前进。不仅要及时地总结这些年来取得的工作经验，更要从本质上认识这项工作的内在规律，不断地开创科技名词统一工作新局面，做出我们这代人应当做出的历史性贡献。

2004年深秋

# 卢嘉锡序

科技名词伴随科学技术而生，犹如人之诞生其名也随之产生一样。科技名词反映着科学研究的成果，带有时代的信息，铭刻着文化观念，是人类科学知识在语言中的结晶。作为科技交流和知识传播的载体，科技名词在科技发展和社会进步中起着重要作用。

在长期的社会实践中，人们认识到科技名词的统一和规范化是一个国家和民族发展科学技术的重要的基础性工作，是实现科技现代化的一项支撑性的系统工程。没有这样一个系统的规范化的支撑条件，科学技术的协调发展将遇到极大的困难。试想，假如在天文学领域没有关于各类天体的统一命名，那么，人们在浩瀚的宇宙当中，看到的只能是无序的混乱，很难找到科学的规律。如是，天文学就很难发展。其他学科也是这样。

古往今来，名词工作一直受到人们的重视。严济慈先生 60 多年前说过，“凡百工作，首重定名；每举其名，即知其事”。这句话反映了我国学术界长期以来对名词统一工作的认识和做法。古代的孔子曾说“名不正则言不顺”，指出了名实相副的必要性。荀子也曾说“名有固善，径易而不拂，谓之善名”，意为名有完善之名，平易好懂而不被人误解之名，可以说是好名。他的“正名篇”即是专门论述名词术语命名问题的。近代的严复则有“一名之立，旬月踟躇”之说。可见在这些有学问的人眼里，“定名”不是一件随便的事情。任何一门科学都包含很多事实、思想和专业名词，科学思想是由科学事实和专业名词构成的。如果表达科学思想的专业名词不正确，那么科学事实也就难以令人相信了。

科技名词的统一和规范化标志着一个国家科技发展的水平。我国历来重视名词的统一与规范工作。从清朝末年的科学名词编订馆，到 1932 年成立的国立编译馆，以及新中国成立之初的学术名词统一工作委员会，直至 1985 年成立的全国自然科学名词审定委员会(现已改名为全国科学技术名词审定委员会，简称全国名词委)，其使命和职责都是相同的，都是审定和公布规范名词的权威性机构。现在，参与全国名词委领导工作的单位有中国科学院、科学技术部、教育部、中国科学技术协会、国家自然科学基金委员会、新闻出版署、国家质量技术监督局、国家广播电影电视总局、国家知识产权局和国家语言文字工作委员会，这些部委各自选派了有关领导干部担任全国名词委的领导，有力地推动科技名词的统一和推广应用工作。

全国名词委成立以后，我国的科技名词统一工作进入了一个新的阶段。在第一任主任委员钱三强同志的组织带领下，经过广大专家的艰苦努力，名词规范和统一工作取得了显著的成绩。1992 年三强同志不幸谢世。我接任后，继续推动和开展这项工作。在国家和有关部门的支持及广大专家学者的努力下，全国名词委 15 年来按学科共组建了 50 多个学科的名词审定分委员会，有 1800 多位专家、学者参加名词审定工作，还有更多的专家、学者参加书面审查和座谈讨论等，形成的科技名词工作队伍规模之大、水平层次之高前所未有。15 年间共审定公布了包括理、工、农、医及交叉学科等各学科领域的名词共计 50 多种。而且，对名词加注定义的工作经试点后业已逐渐展开。另外，遵照术语学理论，根据汉语汉字特点，结合科技名词审定工作实践，全国名词委制定并逐步完善了一套名词审定工作的原则与方法。可以说，在 20 世纪的最后 15 年中，我国基本上建立起了比较完整的科技名词体系，为我国科技名词的规范和统一奠定了良好的基础，对我国科研、教学和学术交流起到了很好的作用。

在科技名词审定工作中，全国名词委密切结合科技发展和国民经济建设的需要，及时调整工作方针和任务，拓展新的学科领域开展名词审定工作，以更好地为社会服务、为国民经济建设服务。近些年来，又对科技新词的定名和海峡两岸科技名词对照统一工作给予了特别的重视。科技新词的审定和发布试用工作已取得了初步成效，显示了名词统一工作的活力，跟上了科技发展的步伐，起到了引导社会的作用。两岸科技名词对照统一工作是一项有利于祖国统一大业的基础性工作。全国名词委作为我国专门从事科技名词统一的机构，始终把此项工作视为自己责无旁贷的历史性任务。通过这些年的积极努力，我们已经取得了可喜的成绩。做好这项工作，必将对弘扬民族文化，促进两岸科教、文化、经贸的交流与发展做出历史性的贡献。

科技名词浩如烟海，门类繁多，规范和统一科技名词是一项相当繁重而复杂的长期工作。在科技名词审定工作中既要注意同国际上的名词命名原则与方法相衔接，又要依据和发挥博大精深的汉语文化，按照科技的概念和内涵，创造和规范出符合科技规律和汉语文字结构特点的科技名词。因而，这又是一项艰苦细致的工作。广大专家学者字斟句酌，精益求精，以高度的社会责任感和敬业精神投身于这项事业。可以说，全国名词委公布的名词是广大专家学者心血的结晶。这里，我代表全国名词委，向所有参与这项工作的专家学者们致以崇高的敬意和衷心的感谢！

审定和统一科技名词是为了推广应用。要使全国名词委众多专家多年的劳动成果——规范名词，成为社会各界及每位公民自觉遵守的规范，需要全社会的理解和支持。国务院和4个有关部委［国家科委（今科学技术部）、中国科学院、国家教委（今教育部）和新闻出版署］已分别于1987年和1990年行文全国，要求全国各科研、教学、生产、经营以及新闻出版等单位遵照使用全国名词委审定公布的名词。希望社会各界自觉认真地执行，共同做好这项对于科技发展、社会进步和国家统一极为重要的基础工作，为振兴中华而努力。

值此全国名词委成立15周年、科技名词书改装之际，写了以上这些话。是为序。

卢嘉锡

2000年夏

# 钱三强序

科技名词术语是科学概念的语言符号。人类在推动科学技术向前发展的历史长河中，同时产生和发展了各种科技名词术语，作为思想和认识交流的工具，进而推动科学技术的发展。

我国是一个历史悠久的文明古国，在科技史上谱写过光辉篇章。中国科技名词术语，以汉语为主导，经过了几千年的演化和发展，在语言形式和结构上体现了我国语言文字的特点和规律，简明扼要，蓄意深切。我国古代的科学著作，如已被译为英、德、法、俄、日等文字的《本草纲目》、《天工开物》等，包含大量科技名词术语。从元、明以后，开始翻译西方科技著作，创译了大批科技名词术语，为传播科学知识，发展我国的科学技术起到了积极作用。

统一科技名词术语是一个国家发展科学技术所必须具备的基础条件之一。世界经济发达国家都十分关心和重视科技名词术语的统一。我国早在 1909 年就成立了科学名词编订馆，后又于 1919 年中国科学社成立了科学名词审定委员会，1928 年大学院成立了译名统一委员会。1932 年成立了国立编译馆，在当时教育部主持下先后拟订和审查了各学科的名词草案。

新中国成立后，国家决定在政务院文化教育委员会下，设立学术名词统一工作委员会，郭沫若任主任委员。委员会分设自然科学、社会科学、医药卫生、艺术科学和时事名词五大组，聘请了各专业著名科学家、专家，审定和出版了一批科学名词，为新中国成立后的科学技术的交流和发展起到了重要作用。后来，由于历史的原因，这一重要工作陷于停顿。

当今，世界科学技术迅速发展，新学科、新概念、新理论、新方法不断涌现，相应地出现了大批新的科技名词术语。统一科技名词术语，对科学知识的传播，新学科的开拓，新理论的建立，国内外科技交流，学科和行业之间的沟通，科技成果的推广、应用和生产技术的发展，科技图书文献的编纂、出版和检索，科技情报的传递等方面，都是不可缺少的。特别是计算机技术的推广使用，对统一科技名词术语提出了更紧迫的要求。

为适应这种新形势的需要，经国务院批准，1985 年 4 月正式成立了全国自然科学名词审定委员会。委员会的任务是确定工作方针，拟定科技名词术语审定工作计划、实施方案和步骤，组织审定自然科学各学科名词术语，并予以公布。根据国务院授权，委员会审定公布的名词术语，科研、教学、生产、经营以及新闻出版等各部门，均应遵照使用。

全国自然科学名词审定委员会由中国科学院、国家科学技术委员会、国家教育委员会、中国科学技术协会、国家技术监督局、国家新闻出版署、国家自然科学基金委员会分别委派了正、副主任担任领导工作。在中国科协各专业学会密切配合下，逐步建立各专业审定分委员会，并已建立起一支由各学科著名专家、学者组成的近千人的审定队伍，负责审定本学科的名词术语。我国的名词审定工作进入了一个新的阶段。

这次名词术语审定工作是对科学概念进行汉语订名，同时附以相应的英文名称，既有我国语言特色，又方便国内外科技交流。通过实践，初步摸索了具有我国特色的科技名词术语审定的原则与方法，以及名词术语的学科分类、相关概念等问题，并开始探讨当代术语学的理论和方法，以期逐步建立起符合我国语言规律的自然科学名词术语体系。

统一我国的科技名词术语，是一项繁重的任务，它既是一项专业性很强的学术性工作，又涉及亿万人使用习惯的问题。审定工作中我们要认真处理好科学性、系统性和通俗性之间的关系；主科与副科间的关系；学科间交叉名词术语的协调一致；专家集中审定与广泛听取意见等问题。

汉语是世界五分之一人口使用的语言，也是联合国的工作语言之一。除我国外，世界上还有一些国家和地区使用汉语，或使用与汉语关系密切的语言。做好我国的科技名词术语统一工作，为今后对外科技交流创造了更好的条件，使我炎黄子孙，在世界科技进步中发挥更大的作用，做出重要的贡献。

统一我国科技名词术语需要较长的时间和过程，随着科学技术的不断发展，科技名词术语的审定工作，需要不断地发展、补充和完善。我们将本着实事求是的原则，严谨的科学态度做好审定工作，成熟一批公布一批，提供各界使用。我们特别希望得到科技界、教育界、经济界、文化界、新闻出版界等各方面同志的关心、支持和帮助，共同为早日实现我国科技名词术语的统一和规范化而努力。

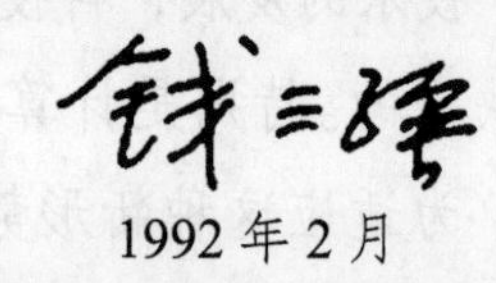

1992年2月

# 前　言

21 世纪的科技以迅雷不及掩耳之势快速发展，新理论、新思想、新概念、新现象、新规律、新方法、新工艺、新产品不断地涌现，描述这些理论、思想、概念、现象、规律、方法、工艺、产品所对应的名词，也随之诞生。科技名词百花园中花团锦簇，一片繁荣茂盛的景象。光学作为整个科技领域内一个重要的学科，更是生机盎然、蓬勃发展，光学名词的花园更加丰富多彩。

然而，伴随着科技名词百花盛开的局面，也夹杂着假花、野草甚至毒草。为追求“创新”而虚构名词者有之，为吸引眼球而故意将名词翻译为晦涩难懂者有之，为标新立异而故意不用既有名词而捏造一个新词者有之，如是等等。人们看到，在申报课题、发表论文、学术交流时，原本已有的概念由于使用了“新名词”而摇身一变成了“创新点”。因此，对科技名词规范化是当前的一项重要的基础性学术工作。

科技名词用词规范化，和用字规范化一样，是由政府主导的一项具有约束性特点的工作。经过全国科学技术名词审定委员会审定公布的科学技术名词具有权威性和约束力，全国各科研、教学、生产、经营以及新闻出版等单位应遵照使用。经审定后的光学名词，其约束性表现在以下方面：

（1）在中文期刊和学术会议中正式发表论文时，涉及光学方面的用词；

（2）在各类正式的有关光学的标准和科研文件（如申请书、技术报告、说明书、技术文件和文档、文件批复等）中的用词；

（3）在设立政府下属涉及光学的附属机构、申报光学类学术团体、光学领域的科研机构、光学与光电子学企业冠名时的用词；

（4）在正式出版的各类教材、学术论著中涉及光学的用词；

（5）在生产经营中涉及光学的产品名称、合同、说明书等规范用词；

（6）其他与光学相关的部门和场合。

上述范围的用词规范化，对于部门、单位、企业、社团等工作范围的界定，对于文件的解读，对于合同争议的解释，对于学术论文的创新性界定，对于教材与论著中知识传播的正确性与准确性的判别、学生考试成绩的评定等方面，提供了依据，其重要性远远超过了科技名词的解释。

光学是一个历史悠久又焕发着青春活力的活跃学科，它的名词多如繁星，至少也有数万条，每年新出现的光学名词也非常多。因此，构建光学名词体系是名词审定的一个基本问题。

第一，名词体系架构，本次编撰的光学名词基本架构是以基本词为中心，组成一个“根词”+“派生词”的结构。根词，又称基本名词、基本词，是一个学科领域最基本、最常用、最重要的名词，它所指代的是这一个学科最基本、最重要的概念。将基本词冠以一定的限定词或者在其后接上表明性质、属性的词，便可以构成各种派生词，基本词是各个派生词的共同概念和基本特征的表述。在本次编撰上，采用了基本词在先，派生词紧随其后的基本架构。在这种架构下，不关注该派生词来自哪一个分支学科，而只关注该词是隶属于哪一个根词。

第二，名词的分类。分类涉及光学各个分支学科的划分，而这常常是一个难以界定且颇具争议的问题。尤其是当今学科的互相交叉与融合，使得严格区分学科变得非常困难。为此，本次编撰光学名词的排序，回避了这个容易引起争议的问题，没有对名词进行分类，而只是把有较大关联的一些词放到了一个子目录下，共编成 28 个子目录。既没有确定该子目录的名称，也不表示它属于哪个分支学科。

第三，选词范围。顾名思义，光学名词一定是有关于光学的名词。但是，由于光学和物理学、电磁学、电子学、信息科学、数学以及其他自然科学有很多交叉，而且在开展光学研究和相关产业的实践活动中，大量使用物理学、电磁学、电子学、信息科学、数学以及其他自然科学的名词，所以，在第一次遴选的时候，很多非光学的用词被推荐出来。这些广泛使用的非光学名词，在后来的复审过程中被删除。判断一个名词是否属于光学名词，其标准是该名词所指代的概念是否是光学的概念，而不是依据它是否使用广泛。

第四，名词定义的体例。本次定义一律采用系表结构，即“某某（被定义名词）是一种某某（更大范围的名词）”，而系词“是”被省略。其中，被定义的名词放在突出的位置，接下来是它对应的英文名词，接下去是“一种某某（更大范围的名词）”，并用句号结束。句号后面是定义的补充说明，不属于定义的本身，只是为了加深对该名词的理解而补充的。

由于中英文的构词法有很大的不同，所以在编撰的过程中，不是以英语的构词法为基础（不是按照英语的“根词”+“派生词”的体系），而是以中文的构词法为基础。

按照上述的体例结构，就需要一直把名词溯源上去，因此，约定某些非光学名词是不需要定义的，或者由其他更广泛的学科定义，比如“器件”“系统”“现象”“效应”“过程”“方法”“技术”等。但一般的光学名词，如果能够用另一个光学名词加以定义，就不必溯源到最原始非光学名词。

经过审定专家近5年的工作，本次光学名词审定工作基本告一段落。大约经历了光学学会各个二级学会的推荐、查重、整理、上报全国科学技术名词审定委员会、二次编辑等过程。但是体系结构是非常不完善的，原因是在最初的二级学会推荐时，限于对名词审定工作认识的局限性，漏掉了很多重要的基本词。而后来的工作是在上述推荐出来的词汇基础上完成的，虽然进行了补充，但仍然有很多基本词没有收录进去。定义本身也还没有做到准确、精练、无歧义、涵盖所有的应用场合等基本要求，有许多名词的定义还属于非本质描述。因此，后面的工作道路还很长，加之每年新光学名词不断涌现，需要把这项工作作为一项经常性工作来抓。

参与本项工作的专家学者有百余人，既有朝气蓬勃的青年科学家，也有年富力强的研究骨干，还有已到耄耋之年的老年学者。本次编撰由天津大学郁道银教授主持全程工作，并由北京交通大学吴重庆教授、北京邮电大学余重秀教授、天津大学蒋诚志教授、长春理工大学白闻喜教授、天津理工大学戴长健教授、北京工业大学陶世荃教授等进行了二次编辑工作，最后由吴重庆教授完成统稿。他们以严谨求实的精神进行了默默无闻的探究。在此，对他们的工作一并表示感谢。

光学名词审定委员会

2020年6月15日

# 编排说明

一、本书公布的是光学名词，共4809条，每条名词均给出了定义或注释。

二、本书分基础光学，非线性光学与量子光学，微纳光学与近场光学，发光学，色度学，光学材料，光学薄膜，光纤光学与导波光学，光无源器件，光源，光有源器件，光电检测与光学传感器，一般光学系统与光学设计，成像技术，影像技术，显示技术，图像处理技术，光学仪器Ⅰ：基本结构与光参数检测，光学仪器Ⅱ：其他物理量检测，显微镜与望远镜，光学遥感技术，光通信技术，光全息与光存储技术，光学导航技术，红外技术，激光加工技术，环境光学、空间光学与自适应光学，生物光学与激光医疗，共28部分。

三、正文按汉文名所属学科的相关概念体系排列。汉文名后给出了与该词概念相对应的英文名。

四、每个汉文名都附有相应的定义或注释。定义一般只给出其基本内涵，注释则扼要说明其特点。当一个汉文名有不同的概念时，则用①、②等表示。

五、一个汉文名对应几个英文同义词时，英文词之间用“，”分开。

六、凡英文词的首字母大小写均可时，一律小写；英文除必须用复数者，一般用单数形式。

七、“[ ]”中的字为可省略的部分。

八、主要异名和释文中的条目用楷体表示。“全称”“简称”是与正名等效使用的名词；“又称”为非推荐名，只在一定范围内使用；“俗称”为非学术用语；“曾称”为被淘汰的旧名。

九、正文后所附的英汉索引按英文字母顺序排列；汉英索引按汉语拼音顺序排列。所示号码为该词在正文中的序码。索引中带“*”者为规范名的异名或在释文中出现的条目。

# 目　录



**正文**

附录

# 01. 基 础 光 学

**01.001　惠更斯原理**　Huygens principle

描述光波传播规律的基本原理之一。光波的波阵面(波前)上每一点被看作一个新的光扰动中心或次波源，其振动频率与波源相同，下一个时刻的波阵面是这些次波源向四周发出次波的波阵面的共切面，次波源与此次波面及共切面的切点的连线方向是该处光波的传播方向。它由荷兰物理学家惠更斯(C. Huygens，1629—1695)提出，故以他的名字命名。

**01.002　惠更斯-菲涅耳原理**　Huygens-Fresnel principle

描述光波传播、相遇后叠加的规律。光波波前上的每个面元作为次波源向四周发射次波，波场中任一场点的扰动是所有次波源发出次波的相干叠加。此原理由菲涅耳(Fresnel，1788—1827)在惠更斯原理的基础上而提出，故以他们的名字命名。

**01.003　费马原理**　Fermat principle

描述光波传播规律的基本原理之一。其在几何光学中的表述为：光线沿光程为平稳值的路径而传播的规律。此规律由费马(P. Fermat，1601—1665)于1657年提出。

**01.004　巴比涅原理**　Babinet's principle

全称“衍射巴比涅原理”。描述两个互补屏的衍射、叠加的规律。表征为两个互补屏在某点产生的衍射场之和等于无衍射屏时光波自由传播时的光场复振幅。利用该原理可以由一个衍射屏的衍射光场方便地求出其互补衍射屏的衍射光场。此原理由巴比涅(Babinet)提出。

**01.005　波叠加原理**　superposition principle of waves

描述光波叠加的规律。当几列波同时存在于一介质中时，每列波能保持自身的传播规律而不互相干扰，且在波的重叠区域里各点合成的光场(电磁场)等于各列波在该点引起的光场的矢量和。

**01.006　最短光程原理**　principle of shortest optical path

在正则光场中描述光波传播行为的费马原理的具体表述。沿着光波电子运动轨迹的介质折射率的线积分为光程函数，则其光线轨迹是使该光程函数取极值的曲线。利用该原理可以导出光波电子在电磁场中运动的实际轨迹及电子的光学性质。

**01.007　阿贝成像原理**　Abbe's principle of image formation

描述光学系统中相干成像的规律。相干光照明物平面，在透镜后焦面(即频谱面)上展现出夫琅禾费衍射谱斑(即物面波前的空间频谱)，这些谱斑发出的次波在像平面上相干叠加成像。这个原理由德国人阿贝(E. Abbe，1840—1905)于 100 多年前提出，故以他的名字命名。

**01.008　物像交换原理**　image-object interchangeable principle

描述变焦距光学系统中物面和像面交换的规则。利用变焦距光学系统中存在的物面和像面稳定不变且这两个位置上倍率互为倒数的特点，将物面和像面进行交换，仍保持其共轭距不变。

**01.009　亥姆霍兹互易定理**　Helmholtz reciprocity theorem

描述某点光源与其产生的衍射场中某观察

点之间衍射特性的互逆对称性规律。它说明某点光源S经过衍射后在观察点P的衍射场与处于点P同等强度的点光源向相反方向的衍射在观察点S的衍射场是相同的。

**01.010　光线　light ray**
描述光波传播路径的曲线(包括直线)。其上某一点切线方向为光波在该点的传播方向，其密度表示在该点的相位传播速度。在波动光学中，光线是波矢的连线，其上某点的切线就是该点波矢的方向，该点光线的密度，就是波矢的大小(波数)。

**01.011　子午光线　meridional ray**
从物面发射出来、通过光学系统且与其光轴共面的所有光线。

**01.012　子午焦线　meridional focal line**
光学系统中轴外点细光束射到子午焦点处得到的一条垂直于子午平面的短线。

**01.013　旋扭光线　skew ray**
又称“斜光线”“空间光线”。光学介质中不与其中心轴相交且不在同一平面内传播的光线。

**01.014　质心光线　centroid ray**
在光学系统中通过出射光束质心的光线。

**01.015　近轴光线　paraxial ray**
在光学系统中与其光轴夹角很小的光线。计算它时可直接用光线与光轴间角度$i$代替其正弦值$\sin i$。

**01.016　轴上光线　axial ray**
在光学系统中从物体轴上点到入瞳边缘的所有光线。

**01.017　主光线　chief ray**
经过光学系统入瞳中心或出瞳中心的光线。

**01.018　边缘光线　marginal ray**
从物面发射出来、通过光学系统孔径边缘并到达像面的光线。

**01.019　紫外[光]线　ultraviolet ray**
光波波长在10～400 nm范围内的光线。

**01.020　弧矢光线对　couple of sagittal rays**
在光学系统中过主光线与子午面垂直的弧矢面上，处在主光线两侧、和主光线距离相等的光线对。

**01.021　子午光线对　couple of meridional rays**
在光学系统中主光线两侧具有相同孔径高的光线对。

**01.022　光束　light beam**
具有一定关系或特性的光线(光线簇)的集合。也是光波波阵面法线的集合。例如，具有相干、衍射或偏振特性的光束，具有振幅高斯分布、光强平顶分布等的光束。

**01.023　相干光束　coherent beam**
具有相干性的光束。可由相干光源发出的光波进行合束后而生成。

**01.024　高斯光束　Gaussian beam**
光波只存在基模且其场分布满足高斯分布的光束。其光束宽度以电场振幅值降至其最大值的1/e来表征。

**01.025　艾里光束　Airy beam**
携带三次相位因子、沿弧形轨迹传播的无衍射光束。它具有弯曲轨迹、自加速、自愈合等特性。

**01.026　无衍射光束　non-diffracting beam**
在空间传播且具有高度局域化强度分布的光束。它的特点是主光斑尺寸小、强度高、方向性好、传输距离远等。

**01.027　衍射限制光束　diffraction-limited beam**

光波传播时受到衍射效应影响，使其中部分光波的发散角接近衍射极限的光束。

**01.028　细光束　pencil beam**

从物点发出并通过波长量级孔径的光束。

**01.029　宽光束　wide beam**

从物点发出并通过远大于光波波长孔径的光束。

**01.030　斜光束　oblique beam**

光学成像系统中轴外物点发出的光束。

**01.031　平顶光束　flat-top beam**

光强的空间分布或者时间分布在一定区间内为均匀平顶的光束。这类光束有大的填充因子和小的强度调制，能减小非线性效应并提高系统效率。

**01.032　准直光[束]　collimated light**

由一点发出的所有光线经过准直器件或准直系统后彼此都平行，所有波前都是平面的光束。处于无穷远点的点光源发出的光束可认为是准直光束。

**01.033　同心光束　concentric beam**

各光线本身或其延长线交于同一点的光束。它可分为发散光束、会聚光束和平行光束。

**01.034　矢量光束　vector beam**

在垂直于光束前进方向的横截面内光的偏振态呈非均匀分布的光束。

**01.035　圆柱矢量偏振光束　cylindrically vector polarized beam**

电场偏振、相位及光强分布关于光轴对称的矢量光束。它是麦克斯韦(Maxwell)方程组在柱坐标系中的特征解。

**01.036　角向偏振光束　azimuthally polarized beam**

在光束截面的任意位置上光波偏振方向(即电场的振动方向)沿着角向方向的矢量光束。它是柱对称矢量光束的两个本征偏振态之一。

**01.037　径向偏振光束　radially polarized beam**

在垂直于光束前进方向的横截面任意位置上光波的偏振方向(即电场的振动方向)沿着径向方向的矢量光束。它是柱对称矢量光束的两个本征偏振态之一。

**01.038　工作光束　working beam**

特指在激光医疗中，由工作激光器发射的激光辐射光束。

**01.039　制导激光束　guiding laser beam**

在激光制导系统中，用于对目标进行瞄准、扫描、追踪的激光束。

**01.040　光束轴　beam axis**

在均匀介质内的光束传播方向上，光束横截面上功率(或能量)一阶矩所定义的质心连成的直线。

**01.041　光束半径　beam radius**

在垂直于光束轴平面内，光强空间分布图上强度下降到光轴上规定比例的最小光束尺寸。

**01.042　入射光束半径　entrance beam radius**

描述入射光束口径大小的量。

**01.043　光束直径　beam diameter**

在垂直于光束传播方向上含有95%或86.5%激光功率的最小圆直径。对高斯光束而言，86.5%值等效于光束直径处辐射照度下降到中心值的$1/e^2$。

**01.044　光束宽度　beam width**

又称“光束角(beam angle)”。由光束发光强度轴向峰值的10%或50%边界线之间对应的角度。

**01.045 束腰 beam waist**

又称“腰斑”。光束直径最小的地方。一般以电场振幅值降至最大值的1/e来表示。对于高斯光束来说，是其光束直径极小且波阵面为平面的地方。

**01.046 [高斯光束]束腰半径 beam waist radius**

高斯光束的光斑半径的极小值。

**01.047 [高斯光束]束腰宽度 beam waist width**

高斯光束束腰位置处基于功率(或能量)密度分布函数定义的光束宽度。一般以其功率(或能量)值降至最大值的 $1/e^2$ 时的线度来表示。

**01.048 光束横截面积 beam cross-sectional area**

光束在垂直于光轴的横截面上，其光功率(能量)占总功率(能量)的比例为规定数值时的面积。

**01.049 光束位置 beam position**

表征光束轴相对于所在的光学系统固有机械轴的位置。在平行于光学系统机械轴的规定面内，光束轴为连接输入、输出的光束孔径中心的直线。

**01.050 光束位置稳定度 beam positional stability**

描述光束位置漂移程度的一个参数。以光束位置漂移的 4 倍标准差表示。

**01.051 光束指向稳定度 beam pointing stability**

描述激光束轴角偏移程度的一个参数。以光束轴角偏移的 2 倍标准差表示。

**01.052 光束质量 beam quality**

全称“光束质量因子”。衡量激光束优劣的一个指标。以实际激光束束腰直径乘以其远场发散角与理想高斯光束束腰直径乘以其远场发散角之比表示。常用光束衍射倍率因子(M2因子)作为描述激光束质量的标准。

**01.053 干涉条纹锐度 coherent finger sharpness**

描述多光束干涉特性的一个物理量，以干涉条纹半宽度表示。条纹越细(越尖锐)，其相干性越好。多光束干涉相对于双光束干涉产生的干涉条纹半宽度要小(条纹细)，其条纹越细，锐度越好。

**01.054 光束参数积 beam parameter product**

高斯光束的束腰半径与其发散角的乘积。而椭圆光束的光束参数积是由功率(或能量)分布的主轴给定的。

**01.055 光束发散度 beam divergence**

表征光束发散程度的参量。以远场两点处的光束直径之差与两点间的距离之比来表示。

**01.056 光束发散角 beam divergence angle**

以角度表征的光束在传播中其发散程度的参量。通常以远场发散角表示。高斯光束的直径按双曲线规律变化，其发散角(全角)为双曲线的两条渐近线间的夹角。

**01.057 光束传输因子 beam propagation factor**

描述二阶矩理论研究空间光波传输特性的一个物理量(符号为 $k$)。可由 $k=4\lambda/(\pi d_0\theta)$ 计算，其中 $\lambda$ 为激光波长，$d_0$ 和 $\theta$ 分别为激光束腰径和束散角。

**01.058 光束衍射倍率因子 beam diffraction multiplying factor**

又称“M2 因子(M2 factor)”。表征光波空间衍射特性的一个物理量。以实际光束的束腰半径乘以实际远场发散角与基模高斯光束的束腰半径乘以远场发散角之比来表示。

**01.059　光束质量 $\beta$ 因子**　beam quality $\beta$ factor
描述激光束质量的一个参数。表示为光束远场光斑上包含指定环围能量的光斑直径(或半径)与理想无像差光束同样焦距下远场光斑上包含同样环围能量的直径(或半径)的比值。常以理想光束远场光斑一阶衍射极限暗环内所含的环围能量为基准。理想无像差光学系统的该指标为 1。

**01.060　光束传输比**　beam propagation ratio
表征光束参数积逼近理想高斯光束衍射极限程度的度量。以激光器实际光束的参数积与基模高斯光束的参数积之比表示。对理想高斯光束而言，光束传输比的理论值为1；对任何实际的激光束而言，其光束传输比的值都大于1。

**01.061　激光束焦点**　laser beam focus
激光束经透镜折射或曲面镜反射或光学介质衍射后的会聚点。

**01.062　光束整形**　beam shaping
通过调控传输光束的相位分布、强度分布来改变光束的近场强度分布或远场强度分布的技术。

**01.063　光束空间整形**　spatial beam shaping in space domain
将光束参数在空间的分布按需要进行改变的技术。通常采用二元光学元件、光楔列阵聚焦光学系统、随机相位板等实现。

**01.064　光束时间整形**　beam shaping in time domain
将光束参数在时域的分布按需要进行改变的技术。包括激光时域脉宽的压缩、展宽等技术。

**01.065　光束净化**　beam cleanup
利用自适应光学原理对光束减小像差、提高质量的技术。一般利用多单元波前校正器来补偿和减小激光束的高阶像差，并配合使用光束稳定技术。

**01.066　光束稳定**　beam stabling
保持光束传输方向稳定的技术。通过探测光束传输方向的偏离、设定位置误差，再利用高速倾斜镜、闭环控制等手段来实现。

**01.067　光束扩展**　beam spreading
光束在介质中传播的发散超过其在真空中传播的衍射发散的现象。

**01.068　光束漂移**　beam wander
光束与人眼观看到的视线路径的角偏移现象。

**01.069　光束合成**　beam combination
将多束激光合成一束光的技术。典型的实现方法有利用平板玻璃、小角度全反射镜、滤光片、平板偏振分光镜等。

**01.070　光束限制**　beam limiting
光学系统中的孔径或光阑对其传播光束的限制。光学系统中的孔径或光阑有孔径光阑、视场光阑和渐晕光阑等，它们均可对其入射光进行限制。

**01.071　瑞利长度**　Rayleigh length
自激光束腰处开始、沿着光传播方向到光束直径(或束宽)增加到2倍束腰处时的距离。在此长度内，高斯光束近似地被认为是平行光。

**01.072　光学笼子**　optical cage
在光场中出现强度为零的点或点序列且零光强点周围具有高能量包络的一种光束。因在强度零点周围形成类似笼子的光强分布而得名。

**01.073　光波动理论**　light undulatory theory

将光作为一种电磁波来分析光学现象的光学理论体系。

**01.074　光波**　light wave

波长在 10nm 至数百微米之间的电磁波。从本质上说，它与一般无线电波没有区别，都是横波，其振动方向和光的传播方向垂直。

**01.075　定态波**　stationary wave

光源持续且稳定地发光，其波场中各点皆以同一频率稳定地振荡且振幅稳定的光波。

**01.076　非均匀波**　inhomogeneous wave

空间等相位面和等振幅面不重合的光波。

**01.077　表面波**　surface wave

存在于不同折射率的介质界面且在低折射率介质中传播的电磁波。这种波在垂直于介质表面的方向上没有能量传播。

**01.078　倏逝波**　evanescent wave

又称“迅逝波”“隐失波”。从光密介质向光疏介质入射、发生全反射时，存在的沿介质分界面方向传播、幅值沿着垂直于其分界面深度方向呈指数形式衰减的近场光波。

**01.079　电磁波**　electromagnetic wave

由同频振荡的电场与磁场在空间中以相同的相位传播速度传播的一种电磁场。

**01.080　横电磁波**　transverse electromagnetic wave，TEM wave

电场和磁场均只有横向(即垂直于传播方向的)分量的电磁波。以符号TEM表示。

**01.081　横电波**　transverse electric wave，TE wave

在垂直于传播方向的横截面上只有电场分量的电磁波，也即在传播方向上只有磁场分量而无电场分量的电磁波。

**01.082　横磁波**　transverse magnetic wave，TM wave

在垂直于传播方向的横截面上只有磁场分量的电磁波，也即在传播方向上只有电场分量而无磁场分量的电磁波。

**01.083　受激光子回波**　stimulate photon echo

原子系统在三个相干光脉冲组成的脉冲序列作用下由激子跃迁产生的第四个光脉冲。

**01.084　驻波**　standing wave

各点的振动频率相同、幅度不同、在一个波节内相位相同且相邻波节相位相反的一种波动。它是由频率和振幅均相同、振动方向一致、传播方向相反的两列波叠加后形成的干涉波。

**01.085　波前**　wavefront

又称“波阵面”“等相位面”。光波在介质中传播时相位相同的各点所构成的波面。它以振幅和相位组成的复振幅表征光波。

**01.086　波前函数**　wavefront function

表征光波波前特征的函数。通常以光波复振幅在二维曲面上的投影函数来表示。

**01.087　波前记录**　wavefront recording

光波的相位和振幅信息的记录过程。由于记录介质无法记录相位信息，需要引入一参考光波与原光波产生干涉，其干涉图的强度调制信息包含了原光波的振幅和相位信息并被记录下来。

**01.088　波前再现**　wavefront reconstruction

又称“波前重建”。原光波的相位和振幅信息被重新构建的过程。如一束再现光波照射全息图时产生衍射，使全息图上的强度调制信息还原为原光波的相位和振幅信息。

**01.089　波前畸变**　wavefront deformation，wavefront aberrance

光波的实际波前相对于参考波面(通常取平面和球面)的偏离。其偏离量的大小以波前表面法线方向的波长数来计算。

**01.090　相位奇点**　phase singularity

在光波波前相位面上，相位不确定的点。

**01.091　相位起伏**　phase fluctuation

相位在时间和空间上的变化。

**01.092　相位起伏频谱**　spectrum of phase fluctuation

随时间和空间变化的瞬时相位经过光学傅里叶变换后在其对应频率域(时间频率域或者空间频率域)中各个频率分量的相位与所对应的频率分量之间的函数关系谱。

**01.093　相位结构函数**　phase structure function

光束波前上两点相位差平方的系综平均。它的值仅依赖于两点间的位移。

**01.094　波长**　wavelength

单一频率的光波在传播过程中相位相同点之间的最小距离。对于横波，它是相邻两个波峰或波谷之间的距离；对于纵波，它是相邻两个密部或疏部之间的距离。

**01.095　中心波长**　center wavelength

在光波光谱中，其主峰半宽度中心点所对应的波长。

**01.096　光源中心波长**　center wavelength of light source

光源发出的光在真空中传输时光源光谱中心对应的波长。

**01.097　归一化波长**　normalized wavelength

光波在光子晶体光纤中传输时，描述其波长特性的一个物理量。以传输光的波长与光子晶体光纤包层空气孔间距的比值来表示。

**01.098　零材料色散波长**　zero materials dispersion wavelength

光波在某种光学介质中的材料色散为零时所对应的波长。

**01.099　阈值波长**　threshold wavelength

光电探测器的光谱响应曲线的灵敏度下降到最大值的某一百分比(通常取 5%)时所对应的波长。

**01.100　波长漂移**　drift of wavelength

因温度、振动、辐射、供电电压变化等环境因素导致光波波长增大或减小的现象。

**01.101　光频率**　light frequency

描述光场振动特性的一个物理量。以光场在某一点处单位时间内的周期数来表示，其单位为Hz。如红外线到紫外线的光频率为 $10^{11}$～$10^{17}$ Hz，可见光的光频率为 $4\times10^{14}$～$8\times10^{14}$ Hz。

**01.102　瞬时频率**　instantaneous frequency

描述超短光脉冲的相位随时间变化导致频率变化的物理量。其单位为Hz。

**01.103　重复频率**　repetition rate

描述光学脉冲特性的一个物理量。以每秒的脉冲数量来表示，其单位为Hz。

**01.104　临界融合频率**　critical fusion frequency

描述闪烁光源发光特性的一个物理量。以其闪烁频率刚刚达到某一稳定状态时所对应的频率值表示。

**01.105　归一化频率**　normalized frequency
描述光信号频率特性的一个物理量。以光信号中某个频率分量的强弱为 1，其他频率分量的强弱用相对于这个频率分量强弱的百分比来表示。它将各频率分量的强弱转换到[0，1]区间，以便于比较各频率分量的分布。

**01.106　波导归一化频率**　waveguide normalized frequency
描述光波导对其中的传输光波频率产生影响的一个参量。它是无量纲的，以正比于传输光波频率的归一化量值来表示，并与光波导芯层几何尺寸、芯层和包层的折射率以及真空波长有关。

**01.107　光纤归一化频率**　fiber normalized frequency
描述在光纤中传输的光信号频率特性的一个物理量。它是无量纲的，以正比于传输光波频率的归一化量值来表示，并与光波导芯层几何尺寸、芯层和包层的折射率以及真空波长有关。

**01.108　空间截止频率**　cutoff spatial frequency
在衍射受限系统的通带边界上，频率响应突然降到零时所对应的空间频率。

**01.109　特征频率**　characteristic frequency
描述光信号空间频率特性的一个物理量。通常根据采样定理或其他人为需求而设定一个或几个特征频率。它在光学遥感器中可表征其几何分辨率的大小。

**01.110　光拍频**　optical beat frequency
两束频率接近的光，同时存在于同一介质时，叠加后的光场功率出现波动的现象。它是一种线性现象，是由目前的光探测器只能探测光功率而引起的。

**01.111　光差频**　optical difference frequency
两束不同频率的光波通过非线性光学介质时，产生频率为两束光波频率差的新光波的非线性光学现象。

**01.112　光和频**　optical sum frequency
两束或者多束频率不同的光波通过非线性光学介质时，产生频率为入射光频率之和的新光波的非线性光学现象。

**01.113　光倍频**　frequency doubling
光通过非线性光学介质(通常是二阶非线性介质)时，产生频率为入射光频率两倍的光的非线性光学现象。弗兰肯(Franken)等在 1961 年把脉冲红宝石激光器输出的波长为 694.3 nm 的光聚焦在一块石英晶体上，第一次观察到光频率加倍(波长 347.2 nm)的光波。

**01.114　三倍频**　frequency tripling
光通过非线性光学介质(通常是三阶非线性介质)时，产生频率 3 倍于入射光频率的光的非线性光学现象。

**01.115　四倍频**　frequency quadrupling
光通过非线性光学介质(通常是偶数阶非线性介质)时，产生频率 4 倍于输入光频率的光的非线性光学现象。

**01.116　谐振倍频**　resonant frequency doubling
将非线性晶体放置于共振腔内，其腔长与基波波长满足谐振条件的倍频方式。

**01.117　光频转换**　optical frequency changing
强光脉冲通过高非线性介质或光器件时，因一种或多种非线性效应的作用而产生入射脉冲频率(或波长)转换的现象。这种现象可实现频率的升高或降低。

**01.118　频率啁啾**　frequency chirp

光波瞬时频率随时间的变化产生微小变化的现象。当频率随着时间的推移增加时称为正啁啾，反之为负啁啾。

**01.119　频率稳定性　frequency stability**

描述光学系统当遇到光源和负荷的功率严重不平衡或大扰动时传输或处理的光信号频率稳定程度的一个物理量。它反映了光学系统对外界干扰的抵御能力。

**01.120　频率短期稳定度　frequency short-time stabilization**

描述在短时间内光学系统使光波频率稳定程度的一个物理量。以光波频率在短时间内的变化幅度与中心频率的比值来表示。

**01.121　频率长期稳定度　frequency long-time stabilization**

描述在不小于 1 s 的采样时间内光学系统使光波频率稳定程度的一个物理量。以光波频率的漂移量与在这段时间内的平均频率之比来表示。

**01.122　频移　frequency shift**

在光学介质中传播的光波因某种光学非线性效应而发生频率改变的现象。其中包括红移、蓝移、多普勒(Doppler)频移等。

**01.123　红移　red shift**

在光谱研究中，材料的电磁辐射因某种原因(例如光学线性、非线性效应等)发生光波的能量转向其低频端、波长向长波长方向移动的现象。如在紫外与可见光区域呈现特征吸收的原子团(即发色团)结构变化使其摩尔分子消光系数增大(称为增色效应)，且发生能量转移至低频端、波长向长波长方向移动(红移)的现象；在广义相对论中，根据等效原理推导出引力场中的原子辐射频率因受引力势的影响而向红端移动。

**01.124　斯托克斯红移　Stokes red shift**

又称“斯托克斯频移(Stokes frequency shift)”。非线性光学介质的拉曼效应使入射光的部分能量转移到另一较低频率的光(被称为斯托克斯光)的现象。

**01.125　蓝移　blue shift**

光波因某种原因(例如光学线性、非线性效应以及多普勒效应等)发生光波的能量转向其高频端、波长变短的现象。如在紫外与可见光区域呈现特征吸收的原子团(即发色团)结构变化而使其摩尔分子消光系数减小(称为减色效应)，且发生能量转移至高频端、波长向短波长方向移动的现象。

**01.126　多普勒频移　Doppler frequency shift**

当光源(主动发光光源或者反射与散射光的物体)与探测器相对运动时，由于多普勒效应在探测器接收端观察到的一种输出光的频率移动的现象。

**01.127　拉曼频移　Raman shift**

由于非线性介质对光波的拉曼散射而产生的光波频率较高于或较低于泵浦光频率的现象。以所产生的光波频率与泵浦光频率之差来表示，由光波拉曼散射过程中分子振动能级的改变来确定，而与入射光的频率无关。

**01.128　布里渊频移　Brillouin shift**

描述光波在非线性介质中布里渊散射特性的一个物理量。以所产生的光波频率与泵浦光频率之差来表示，通常在 GHz 量级。

**01.129　频率牵引　frequency pulling**

在主动锁模激光器中，激光器输出光的频率被外部振荡频率控制而偏离谐振腔的中心频率的现象。

**01.130　二次谐波　second harmonic**

对混合的多频光进行分解时，其中为最低频率分量(基频)二倍频的那个频率分量。常用将入射光(基频光)注入非线性光学介质后通过 2 倍于基频的滤波器获得。如弗兰肯等于 1961 年将脉冲红宝石激光器产生的波长为 694.3 nm 的光聚焦于一块石英晶体时，第一次观察到输出波长为 347.2 nm 的二次谐波。

**01.131　三次谐波**　third harmonic

入射光波经过某种光学介质的非线性效应作用后，在输出端产生的频率等于原基频 3 倍的频率分量。

**01.132　高次谐波**　high harmonic

对混合的多频光进行分解时，其中为最低频率分量(基频)2 倍以上的那些频率分量。强超短光脉冲入射到原子气体时激发很强的非线性效应中，产生频率为基频光频率多倍的辐射分量。高级次的谐波可以达到 100 次以上，且各高次谐波的强度分布不相等。

**01.133　波长调谐**　wavelength tuning

利用某种方式、材料或技术在一定范围内连续或者离散改变光波波长的过程。如利用某些元件(如光栅)改变谐振腔低损耗区所对应的波长来改变激光器的波长；通过改变某些外界参数(如磁场、温度等)使激光跃迁的能级移动；利用非线性效应(受激拉曼散射、光二倍频、光参量振荡等)实现波长的变换和调谐等。

**01.134　频率上转换**　frequency up-conversion

简称“上转换”。利用非线性方法使输出光的频率比原输入光频率高的一种光转换技术。

**01.135　荧光上转换**　fluorescent up-conversion

被测物质荧光与脉冲探测光的混频作用产生和频光的过程。这是研究物质荧光信号时间分辨探测的有效手段。

**01.136　飞秒荧光上转换**　femtosecond fluorescence up-conversion

待测样品的荧光与飞秒激光脉冲实现和频使其频率上转换的过程。这是一种飞秒瞬态光谱的实验方法，通常将样品的荧光信号转换到紫外区域进行探测，研究样品的荧光弛豫过程等。

**01.137　频率下转换**　frequency down-conversion

简称“下转换”。光波在非线性介质中产生比原输入光频率低的输出光的转换技术。

**01.138　自发参量下转换**　spontaneous parametric down-conversion

由于非线性介质的自发参量过程(自发的折射率光致调制)而使高频光波转换为低频光波的一种非线性光学过程。

**01.139　亮度**　luminance

描述光源或发光体(含反射体)的发射(或反射)光特性的一个物理量。数值上为在给定方向上单位投影面积、单位立体角内所发出的光通量，国际单位是坎德拉/米$^2$ (cd/m$^2$)，或称尼特(nit)。

**01.140　单色亮度**　monochromatic light luminance

光源或发光体(含反射体)在单位频率间隔发射光的亮度。

**01.141　表观辐射亮度**　apparent radiance

描述地物辐射到达大气层顶处时的能量分布特性的一个物理量。以地物辐射到达大气层顶处的辐射强度表示。如地物在卫星传感器入瞳处的辐射强度。

**01.142　暗背景亮度**　dark background brightness

描述光电管阴极暗背景特性的物理量。以光电管阴极无光照时，处于工作状态的像管荧光屏上的输出光能量来表示。

**01.143　离水辐射亮度**　water-leaving radiance

又称“离水辐射率”。描述光波入射到水面、经过散射和反射后的辐射特性的物理量。它是水体反射入射的辐射能量的组成部分，以从水面出射的辐射能量来表示，单位为 W/(cm$^2$·nm·sr)或 mW/(cm$^2$·μm·sr)。它是水体反射的入射辐射能量的组成部分。如太阳光经水分子、浮游生物、悬浮颗粒等物质散射后从水面出射的辐射能量。

**01.144　归一化离水辐射亮度**　normalized water-leaving radiance

描述离水辐射亮度的一个特征参数。以离水辐射亮度与大气层外日地平均距离处太阳辐射照度的平均值和海面入射辐射照度乘积之比来表示。

**01.145　路径辐射亮度**　path radiance

不同波段的光波从目标至观察点的大气传输路径上的辐射强度。在可见光、近红外波段主要以太阳光在传输路径散射的辐射强度来表示，在红外波段主要以传输路径上大气自身热辐射的辐射强度来表示。

**01.146　总路径辐射亮度**　total path radiance

描述光波从目标传输至观察点的辐射亮度特性的物理量。以光波被大气吸收、散射衰减后的目标辐射亮度与大气路径辐射亮度之和来表示。

**01.147　温度微分辐射亮度**　temperature differential radiance

描述光波辐射亮度受温度影响的物理量。以某一温度下光波辐射亮度随温度的变化率来表示。

**01.148　亮度因数**　luminance factor

非自发发光体在规定的照明和观察条件下的亮度特性的一个参量。以非自发发光体表面上某一点在给定方向的亮度与同一照明条件下全反射或全透射的漫射体亮度之比来表示。

**01.149　光亮度差灵敏度**　luminance difference sensitivity

描述光亮度的测量灵敏程度的一个参量。以某一光亮度 $L$ 与另一光亮度之差 $\Delta L$ 的比值来表示。

**01.150　光通量**　luminous flux

描述人眼视觉系统所感受到的光辐射功率大小的一个量度。数值上等于辐射通量与视见函数(光谱光视效率)的乘积，单位为流明(lm)。

**01.151　照度**　illuminance

被照明物体表面单位面积上所接收的光通量。单位为勒克斯(lx)，表示单位面积上接收的光通量，即 1 lx=1 lm/m$^2$。

**01.152　辐射照度**　irradiance

辐射接收面的单位面积上的辐射功率。表示符号为 $E$，单位为 W/m$^2$。

**01.153　光谱辐射照度**　spectrum irradiance

辐射接收面上与波长关联的辐射照度。以辐射接收面上某一波长处、单位波长间隔内的辐射照度来表示。

**01.154　辐射能流率度**　radiant energy fluence rate

又称“辐射球照度(spherical irradiance)”。光波入射到空间某一给定点小球的单位横截面积上的辐射功率。以符号 $E_0$ 表示，单位为 W/m$^2$。可由该点上的辐射强度对全立体角积分得到。

**01.155　地面照度**　ground illumination

太阳光通过大气层到达地面的辐射照度。

**01.156　像面照度**　illuminance of image plane

光学系统的像面单位面积上得到的辐射照度。

**01.157　海面入射辐射照度**　sea surface irradiance

太阳光入射到海面产生的辐射照度。单位为 $W/m^2$ 或 $mW/cm^2$。它包括太阳直射光和在天空中漫射光的辐射照度之和。

**01.158　等效背景照度**　equivalent background input illumination

光电管阴极使其后面的荧光屏上产生与暗背景相等的光亮度时所需的输入光能量。

**01.159　照度平方反比定律**　inverse-square law of illumination

描述点光源发射光波、到达被照面的照度与其光波传播距离的关联规律。以点光源在被照面上产生的照度反比于光源到被照面的距离平方来表示。

**01.160　辐射照度比**　irradiance reflectance

表征海洋学研究与测量中辐照面反射性能的一个物理量。它以特定条件下给定深度的向下辐射照度和向上辐射照度之比来表示。

**01.161　光强**　intensity

描述发光体(或反射体)/接收体的发射(或反射)/接收光能量特性的物理量。数值为在给定方向上单位面积、单位立体角内所发射(或反射)/接收的光能量,单位是坎德拉/米$^2$(cd/$m^2$)或尼特(nit)。

**01.162　光强起伏**　irradiance light intensity fluctuation

光波传输中其振幅或光强随时间和空间而变化的现象。

**01.163　光强起伏概率分布**　probability distribution for irradiance light intensity fluctuation

描述光波在湍流大气中传输时光强起伏随时间变化的统计特性。

**01.164　光强起伏频谱**　spectrum of irradiance light intensity fluctuation

光波在湍流大气中传输时光强起伏所对应的频谱分布特性。以其时域内光强起伏函数的傅里叶变换来表示，它也反映了光强起伏的统计特性。

**01.165　激光能量密度**　laser energy density

描述光场中单位时间、单位面积上通过激光脉冲多少的物理量。以激光脉冲在单位时间内通过单位面积的能量来表示，计算公式为：激光能量密度=(单个脉冲能量×脉冲重复频率)/光斑面积。

**01.166　光能**　luminous energy

描述人眼感觉的可见光强弱程度的物理量。以波长在380～780 nm范围内人眼感觉的电磁波在一定时间内发射或传播的光能量与人眼视觉灵敏度的乘积来表示。

**01.167　偏振**　polarization

光波在横截面内的振动电场矢量(垂直于波的传播方向)所描绘的矢端曲线具有固定形态(直线、圆、椭圆三者之一)的现象。

**01.168　偏振态**　state of polarization，SOP

光波在传播过程中某一点的横截面上电场矢量的振动所描绘的矢端曲线为直线、圆或者椭圆等三者之一的固定形态。根据所描绘矢端曲线的不同，可分为线偏振态、圆偏振态、椭圆偏振态等三种偏振态。

**01.169　线偏振态**　linear polarization

光波在传播过程中某一点的横截面上电场矢量的振动所描绘的矢端曲线为直线的固定形态。

**01.170　圆偏振态**　circular polarization

光波在传播过程中某一点的横截面上电场矢量的振动所描绘的矢端曲线为圆的固定

形态。

**01.171　椭圆偏振态**　elliptical polarization

光波在传播过程中某一点的横截面上电场矢量的振动所描绘的矢端曲线为一椭圆的固定形态。它的电场矢量振动方向从迎面的观察者看来，按顺时针转的为右旋椭圆偏振态；按逆时针转的为左旋椭圆偏振态。

**01.172　主偏振态**　principal state of polarization

又称“偏振主态”。在非圆非正规光学介质的输入/输出端均存在的一组偏振态正交、不随光波频率变化的特殊偏振态。这种输入/输出光的各频率分量的偏振态是一阶频率无关的(或其斯托克斯矢量对频率的一阶导数为零)，即输入/输出偏振态不必相同但其对应关系不随频率变化。

**01.173　偏振光**　polarized light

光波在传播过程中，其横截面上电场矢量的振动所描绘的矢端曲线始终为直线、圆或者椭圆等三种固定形态之一的光。根据所描绘矢端曲线的不同，典型的偏振光可分为线偏振光、圆偏振光、椭圆偏振光等三种偏振光。对于具有一定频谱宽度或者多个频率合成的光，要求各个频率分量的偏振态都相同。

**01.174　线偏振光**　linear polarized light

光波在传播过程中其横截面上电场矢量的振动方向保持不变、其矢端曲线为同一直线的偏振光。

**01.175　圆偏振光**　circular polarized light

光波在传播过程中电场的矢端曲线始终为一圆周的偏振光。它可分解为具有等振幅和 $\pi/4$ 相位差的两正交偏振分量。按振动方向分为右旋偏振光和左旋偏振光，前者的相位差为 $\phi=(2m-1/2)\pi$，后者的相位差为 $\phi=(2m+1/2)\pi$。

**01.176　椭圆偏振光**　elliptical polarized light

在光波的振动矢量方向与光传播方向所构成的振动面内，电场矢量的振动方向随时间旋转、其矢端曲线为一椭圆的偏振光。它可分解为具有不同振幅和不同相位的两个正交偏振分量。

**01.177　非偏振光**　non-polarized light

光波电场矢量的振动方向与传播方向垂直，无特定振动方向的光。非偏振光必然包含多频率分量，而且这些频率分量的偏振态都不相同，从而导致合成光在传播过程中其横截面上的电场矢量没有特定的振动方向。

**01.178　部分偏振光**　partially polarized light

一种含有多频率分量的，其中一部分频率分量有相同的偏振态，而另一部分的偏振态与它们不同的多频光。这种合成的多频光，其合成偏振态在某些特定偏振态表现较强，而另一些表现较弱。

**01.179　TE 偏振**　TE polarization

平面光波的电场矢量振动方向与入射面垂直的一种偏振态。

**01.180　TM 偏振**　TM polarization

平面光波的电场矢量振动方向与入射面平行的一种偏振态。

**01.181　显色偏振**　chromatic polarization

白光入射于偏光干涉系统时输出面上呈现彩色图像且其颜色随偏振器的转动而变化的现象。

**01.182　偏振度**　degree of polarization，DOP

全称“全偏振度”。描述部分偏振光各个频率分量的偏振态一致程度的物理量。以某种特定偏振态的偏振光强在其总光强中所占比例来表示。包括线偏振度、圆偏振度等。用斯托克斯参数计算，其值为斯托克斯矢量的矢径与总功率之比。

**01.183 线偏振度** linear polarization degree，DOLP

描述部分偏振光中线偏振光强在总光强中所占比例的物理量。用斯托克斯参数计算，其值为斯托克斯矢量在赤道面上的投影与总功率之比。

**01.184 圆偏振度** circular polarization degree，DOCP

描述部分偏振光中圆偏振光强在总光强中所占比例的物理量。用斯托克斯参数计算，其值为斯托克斯矢量在 $S_3$ 轴的投影与总功率之比。

**01.185 偏振不稳定性** polarization instability

光的偏振态在一段时间内波动而不稳定的现象。

**01.186 偏振消光比** polarization extinction ratio

简称"消光比"。表征偏振光中两个正交偏振分量的功率分配的物理量。以两个正交偏振分量的光功率之比的分贝数来表示，单位为 dB。它也是衡量偏振光器件性能的重要参量之一。

**01.187 偏振奇点** polarization singularity

光波传播过程中或者在同一横截面不均匀分布的光场中，强度为零、偏振方向不确定或不连续的特殊位置。

**01.188 琼斯矢量** Jones vector

用以表征单色光的偏振态、以两个正交偏振态为基矢的、每个分量为复振幅构成的列矢量。常用两个正交的线偏振态或者圆偏振态作为基矢。

**01.189 琼斯矩阵** Jones matrix

描述单色平面光波通过介质、光器件或光学系统时，输出偏振态对应的琼斯矢量与输入偏振态对应的琼斯矢量关系的 2×2 矩阵。

**01.190 斯托克斯参数** Stokes parameter

用以描述电磁辐射(包括光)偏振特性的一组(四个)参数。分别为 $I$、$Q$、$U$、$V$，$I$ 表示接收的总的辐射强度，$Q$ 表示水平和垂直偏振方向辐射强度之差，$U$ 表示对角线方向辐射强度之差，$V$ 表示左、右旋圆偏振光强度之差。由斯托克斯(George Gabriel Stokes，1819—1903)于 1852 年提出。

**01.191 斯托克斯矢量** Stokes vector

由四个斯托克斯参数组成的列矢量。不仅可以描述完全偏振光，也可以描述自然光和部分偏振光。有时，将只考虑 $Q$、$U$、$V$ 三个元素而组成的列向量也称为斯托克斯矢量，二者不做特别的区分。由斯托克斯于 1852 年提出，故以他的名字命名。

**01.192 缪勒矩阵** Mueller matrix

描述单色或者一个波段的光波通过介质、光器件或光学系统时，系统出射光束的斯托克斯矢量与入射光束的斯托克斯矢量变换关系的 4×4 实数矩阵。当不需要考虑光学介质、光器件或者光学系统的偏振相关增益(或损耗)时，对应的斯托克斯矢量简化为三维列向量，从而对应的缪勒矩阵简化为 3×3 的实矩阵。

**01.193 庞加莱球** Poincare sphere

用以形象地表示斯托克斯矢量和偏振态的由虚拟坐标轴构成的三维(3D)空间的一个虚拟球体。三个坐标轴分别为斯托克斯矢量的三个分量，光波的任意偏振态均对应于庞加莱球上或庞加莱球内部的某一个点，例如，完全偏振光位于庞加莱球表面，部分偏振光位于庞加莱球内部。

**01.194　光　light**

特定波段(通常广义地取紫外线+可见光+红外线波段)的电磁波。它的波长范围为10 nm～几百微米(即10 nm～400 nm～7600 nm～几百微米)。

**01.195　自然光　daylight**

又称“天然光”。光源发出的光强具有各向同性且与偏振态各态遍历的光波。它由大量的振动方向不同且取向分布概率各向同性、彼此之间无固定相位关联的偏振光组合而成。

**01.196　可见光　visible light**

波长在380～780 nm范围内、能使人眼视觉系统产生明亮和颜色感觉的电磁波。

**01.197　磷光　phosphorescence**

发光体在激发停止后，受激发的粒子在高能级(带)中弛豫振荡并逐渐跃迁到基态的过程中而自发辐射的光。

**01.198　常温磷光　room-temperature phosphorescence**

发光体在常温条件下所发射出的磷光。例如，某发光体的分子由第一激发三重态以辐射跃迁的形式回到基态的各个振动能级所发出的磷光。

**01.199　寻常光　ordinary light**

又称“o光”。光波通过各向异性的介质时分为两束光波，其中遵从各向同性介质中的折射定律的光波。

**01.200　非常光　extra-ordinary light**

又称“e光”。光波通过各向异性的介质时分为两束光波，其中不遵从各向同性介质中的折射定律的光波。

**01.201　单色光　monochromatic light**

仅具有一种频率或波长的光。无始无终的正弦波是单频光，这是理想情况。实际存在的单色光波只能是极窄频段的多频光，为正弦波的混合，准确地称其为准单色光。

**01.202　慢光　slow light**

光学介质或高色散器件中存在的光波群速度低于由材料折射率所确定光速的一种光。

**01.203　弥散杂散光　diffuse scatter light**

在光学系统中多种因素(如灰尘沾污光学元件、光学元件被损伤或有缺陷、热辐射或荧光引起的二次发射、光学系统或器件未作适当屏蔽、光束孔径不匹配、系统相差等)引起的杂散光在后续光路或成像面上向四周扩散的空间分布。例如，单色光照射光栅表面时在光栅表面之前以衍射级次斑点为顶点的半球区域形成的杂散光分布。

**01.204　热释光　thermo luminescence**

发光体受射线辐照(激发)后被加热升温、释放其储蓄能而发射的光。

**01.205　热释光曲线　thermo luminescence curve**

对热释光的发光强度随温度变化所作的曲线。

**01.206　弹道直射光　ballistic direct light**

沿着入射光方向直线前进、光程最短、非散射的相干信息光。它沿着行进方向而迅速衰减。

**01.207　蛇形折射光　serpentine refracted light**

入射光进入复杂层次结构的皮肤组织时经过多次折射形成似蛇爬行前进的部分相干光。

**01.208　镜反射光　mirror reflected light**

平行光入射到平面镜后得到的平行的反射光。

**01.209　漫反射光　bounce light**

平行光入射到粗糙表面后得到的不同方向、无规则散射的反射光。

**01.210 微光** low light
夜间或低照度下不能引起人眼视觉感知的微弱光。

**01.211 斯托克斯光** Stokes light
由于光与介质的相互作用，光的部分能量转化为介质的机械振动能(即热能)，而由剩余光能转化的波长大于原光波波长的光。这种能量转换现象由斯托克斯发现。

**01.212 信标光** beacon light
空间光通信系统中为光终端的捕获探测器和跟踪探测器提供角度偏差检测信息的激光束。它分为捕获信标光和跟踪信标光两种。

**01.213 信号光** signal light
光通信、光信息处理或光传感系统中用于传输信号的激光束。

**01.214 天空光** skylight
地平面上整个天空半球中太阳光经过大气层时空气分子、尘埃和水蒸气漫反射形成的散射光。

**01.215 夜天光** light in the night sky
又称“夜天辐射”。太阳落入地平线下18°后的无月晴夜、远离城市灯光的地方，夜空呈现的暗弱弥漫光辉。它主要包括气辉(高层大气中光化学过程产生的辉光)、黄道光(行星际物质散射的太阳光)、弥漫银河光(银道面附近星际物质反射或散射的星光)、恒星光、河外星系与星系间介质的光、大气散射上述光源的光等。

**01.216 物光** objective wave
光源照射物体后经过漫反射、衍射或散射的光。它包含了该物体的振幅和相位信息。

**01.217 参考光** reference wave
全息图记录过程中引入的与物光相干涉的另一光波。它通常是平面波或球面波。

**01.218 相干光** coherent light
满足相干条件、产生干涉现象的光波。这种光波之间的波长(或相应频率)相同、偏振态相同、相位相同或相位差恒定。

**01.219 非相干光** incoherent light
不满足相干条件、不能产生干涉现象的光波。例如，基于自发发射机理的发光二极管(LED)所发出的光。

**01.220 白光** white light
产生与午时太阳光同样光谱(或颜色)成分的电磁波。

**01.221 冷白光** cool white light
相关色温在4500～10000 K，相对于红光和绿光而偏蓝色的光。这种光使人有清冷的感觉。

**01.222 中性白光** neutral white light
相关色温在3500～4500 K的光。

**01.223 暖白光** warm white light
色温在2650～3500 K，相对于绿光和蓝光而偏红色的光。这种光使人有温暖的感觉。

**01.224 LED白光** LED white light
由LED发出的白光。它产生的途径有三种，即以蓝光LED发出的光与荧光粉“红移”(具有较长波长)的可见光混合，或以紫外LED发出的光与具有两种或三种基色的荧光粉发出的光混合，或分别以发射红、绿和蓝三基色光的LED发出的光混合。

**01.225 荧光** fluorescent
在外界某种作用(光子、电子、高能粒子等照射)下常温物质(固体、液体或气体)的分子或原子被激发偏离其平衡态，又立即退激发回到平衡态时产生的具有极少热量的辐射光。它的发光分为单分子(或原子)、双分子(或原子)、有机物和无机物发光四种，其发光机制不相同，发出的荧光持续时间也不相同。

**01.226 双光子荧光** two photon fluorescence

物质同时吸收两个光子被激发而辐射出的荧光。它的荧光强度正比于激发光强的平方。

**01.227 共振荧光** resonance fluorescence

物质分子或原子在与其共振的光场激发下辐射出来的荧光。

**01.228 激光诱发荧光** laser induced fluorescence

物质分子中的原子被激光激发后辐射出来的荧光。该荧光波长即发射(emission)光波长，比原激发(excitation)光波长稍长一些。

**01.229 自体荧光** autofluorescence

生物组织中固有分子受到激光作用时进入激发态，并经过辐射弛豫过程发出的荧光。生物组织中的固有分子主要源于氨基酸、结构蛋白、酶和辅酶、维生素和卟啉等，自体荧光的光谱携带有生物的病变组织信息，可为光诊断提供重要依据，从而开发了自体荧光光谱诊断技术。

**01.230 参量荧光** parametric fluorescence

入射光在光子晶体等光学介质中基于参量效应而激发的荧光。例如，在光子晶体等介质中，频率为 $\omega_3$ 的入射光子受到介质散射发出频率为 $\omega_2$ 和 $\omega_1$ 的荧光。这些散射的荧光频率满足 $\omega_3=\omega_1+\omega_2$。

**01.231 超荧光** superfluorescence

在建立能级粒子数反转的介质中，处于布居反转状态的二能级原子与辐射场相互作用，使原来不相干的原子关联起来，形成一个电偶矩并辐射出的很强荧光。它的辐射强度正比于相干的粒子(原子)数平方。

**01.232 荧光寿命** fluorescence lifetime

荧光团分子受到光脉冲激发后返回基态之前在激发态停留的平均时间。以荧光强度衰减到激发时最大荧光强度的 1/e 所用的时间来表示，数值上等于从这个激发态向其他所有能态跃迁速率之和的倒数。

**01.233 荧光猝灭** fluorescence quenching

描述荧光物质分子与溶剂或溶质分子之间发生物理或化学作用，导致该物质的荧光强度和寿命减少的现象。

**01.234 荧光共振能量转移** fluorescence resonance energy transfer，FRET

一种物质分子(称为供体分子)的荧光光谱与另一种物质分子(称为受体分子)的激发光谱相重叠时，供体荧光分子的激发能诱发受体分子发出荧光，同时供体荧光分子自身的荧光强度衰减的过程。

**01.235 荧光蛋白** fluorescent protein

能够激发出荧光的蛋白质。它的分子量在 26～28 kDa，最早在水母体内发现绿色荧光蛋白源。

**01.236 双分子荧光互补** bimolecular fluorescence complementation，BIFC

在荧光蛋白稳定的三级结构中，当完整的荧光蛋白在特定的位置被拆分成两个独立片段后不能被激发出荧光；而当荧光蛋白的两个片段分别偶联的蛋白质发生相互作用时，这两个片段就被拉近空间距离、互补成有功能的荧光结构，并能被激发出荧光的现象。利用这个现象，已形成了证实蛋白质相互作用的一种技术。

**01.237 激光** laser

基于粒子(原子、分子)受激辐射放大原理而产生的一种相干性极强的光。这是一种具有高相干性、高单色性、高亮度和高方向性等特性的光，其英文表示由 light amplification by stimulated emission of radiation 的首位字母缩写组成。物理学家爱因斯坦(Albert Einstein，1879—1955)早在1916年就发现了它的原理，直到1960年才被美国人梅曼(Maiman，1927—2007)制成第一台发射激光的红宝石激光器，这是人类科学史上的一个伟大里程碑。

**01.238　自由电子激光**　free-electron laser
基于自由电子受激辐射放大原理产生的激光。

**01.239　紫外激光**　ultraviolet laser
波长在紫外波段的激光。它由工作物质本身发射紫外波段激光的激光器(如离子激光器、氮分子激光器、准分子激光器等)产生，或是利用光学非线性效应(如光学倍频、光学混频等)将红外激光转换成紫外波段的激光。

**01.240　弱激光**　low power laser
又称“低功率激光”。在生物医学中应用的、相对于强激光的低功率密度或低能量辐射的激光。它的辐射功率通常在几毫瓦至数百毫瓦范围内。

**01.241　强激光**　high power laser
又称“高功率激光”。由激光器发射的高功率密度或高能量辐射的激光。

**01.242　巨脉冲激光**　giant pulse laser
在有较大粒子数反转的激光腔内撤除人为加入的损耗时，很短时间内以极快速度产生的脉冲宽度窄、峰值功率高的脉冲激光。

**01.243　水激光**　water laser
在激光医学中应用的、以 Er，Cr:YSGG 晶体作为激光工作物质发出的2780 nm波长激光激发水分子，使水分子形成具有高速动能的粒子与激光一起发出的光波。它常用于剔除牙体硬组织(替代传统牙钻)和切割生物组织。

**01.244　单横模激光**　single transverse mode laser
仅有基横模的激光。

**01.245　铒激光**　erbium laser
在激光医学中应用的、由掺铒固体作为激活介质产生的一种波长为2.94 μm的红外脉冲激光。

**01.246　钬激光**　holmium laser
由钇铝石榴石(YAG)作为激活介质，并掺敏化离子铬($Cr^{2+}$)、传能离子铥($Tm^{3+}$)、激活离子钬($Ho^{3+}$)的激光晶体(Cr，Tm，Ho:YAG)产生的脉冲激光。

**01.247　闪光灯泵浦染料激光**　flashlamp pumped dye laser
以闪光灯作为泵浦源的染料激光器发出的激光。

**01.248　点阵激光**　fractional laser
在激光医学中应用的、多个微小激光束排列成点阵、独立而快速地发射且相互之间有发射时差的激光。

**01.249　像素激光**　pixel laser
在激光医学中应用的、激光发射器输出端安装一个筛状图像发生器，使激光束硬性分成的若干束细小的激光。

**01.250　非剥脱性激光**　non-ablative laser
在激光医学中应用的、波长在1400～1600 nm的不损伤生物表皮角质层的激光。

**01.251　剥脱性激光**　ablative laser

在激光医学中应用的、对生物真皮全层和不同深度的真皮组织产生损伤的点阵激光。

**01.252　光谱学**　spectroscopy

研究物质的发射光谱、反射光谱以及吸收光谱的特性，并由此对物质结构、物质与电磁辐射的相互作用以及所含成分进行定性或定量分析的光学学科分支。包括常规光谱学和激光光谱学。

**01.253　天文光谱学**　astronomical spectroscopy

研究天体目标的辐射光谱的光谱学学科分支。包括天体光谱学和多普勒光谱学。

**01.254　超快激光光谱学**　ultrafast laser spectroscopy

研究以超快激光脉冲在飞秒时间分辨率下的体系超快动力学行为的光谱学学科分支。

**01.255　二维光谱学**　two dimensional spectroscopy

基于二维度的光谱关联，研究光波非线性效应的一种非线性的光谱学分支学科。它包括红外二维光谱术、可见光二维光谱术及紫外二维光谱术等技术。例如，红外二维光谱术能提供分子振动模式间的耦合和分子结构演化等信息，也可与飞秒时间分辨技术结合，构成时间分辨二维光谱术。

**01.256　泵浦和探测光谱学**　pump-probe spectroscopy

在物质吸收光子、从低能级跃迁到高能级而产生光谱的情况下，以另一泵浦单色激光束共振地激发某一跃迁，并在宽谱范围内用一弱光束检测和记录其吸收系数改变的非线性微分吸收光谱学学科分支。

**01.257　光谱**　spectrum

表征光波所包含的频率（或波长）成分及这些频率成分强度分布的一个曲线。

**01.258　超连续谱**　supercontinuum spectrum

光谱范围从几十纳米至数百纳米、强度在光谱范围内较为平滑的宽带光谱。它的产生需要利用高峰值功率的超短脉冲（如高峰值功率的飞秒激光脉冲）和非线性介质（如体透明介质、光纤介质等），并通过多种光学非线性过程[如自相位调制（SPM）、四波混频（FWM）以及光孤子等]的共同作用。

**01.259　光声谱**　acousto-optic spectrum

表征光声信号强度随着激励光波长变化的一个曲线。

**01.260　太赫兹光谱**　terahertz spectrum

频率在0.3 THz和3 THz之间的电磁波（波长在0.1~1 mm的范围）的频谱（或波谱）。它介于微波与红外之间。

**01.261　超快光谱**　ultrafast spectrum

飞秒激光脉冲激发的物质分子能级结构或者超短时间内电子的光学响应过程或弛豫过程按其频率或波长的分布。

**01.262　线状光谱**　line spectrum

又称“原子光谱(atomic spectrum)”。原子的电子运动状态发生变化时发射（或吸收特定频率的入射光能量）出的狭窄、分立的线状谱线组成的光谱。它分为光学线状光谱和伦琴射线线状光谱。

**01.263　带状光谱**　band spectrum

由分子发出的分段、密集分布或在小波段范围内呈连续分布的光谱。

**01.264　原子发射光谱**　atomic emission spectrum

原子在高温激发条件下吸收能量被激发到受激态又回到基态时，以光辐射形式释放所吸收的部分能量形成的光谱。

**01.265　原子吸收光谱　atomic absorption spectrum**
基态原子在吸收与其能级差相当的特征频率的入射光能量跃迁到不同的激发态过程中，该原子的透射光中出现反映各能级吸收程度的吸收谱线而构成的光谱。

**01.266　原子荧光光谱　atomic fluorescence spectrum**
原子吸收入射光能量跃迁到高能级激发态后自动跃迁回低能态或基态的过程中，以光辐射形式发射具有特征波长的荧光所形成的光谱。

**01.267　激光感应荧光光谱　laser induced fluorescence spectrum**
物质样品分子被激光照射产生共振吸收、激发至电子激发态的特定振动和转动能级后，由上能级向符合选择定则的较低下能级自发辐射所形成的光谱。

**01.268　分子光谱　molecular spectrum**
分子从一种能态变化到另一种能态时的吸收光谱或发射光谱。它呈带状分布，与分子绕轴的转动、分子中原子在平衡位置的振动和分子内电子的跃迁有关。

**01.269　分子转动光谱　molecular rotation spectrum**
两个不同原子构成的极性分子转动时产生的光谱。它由一系列的等间距谱线组成，它的纯转动光谱在 100～1 $cm^{-1}$ 的远红外区或微波波段。

**01.270　分子振动光谱　molecular vibration spectrum**
两个不同原子构成的极性分子在伴随有电偶极矩变化的振动时所产生的光谱。它的纯振动光谱在 $10^4$～$10^2$ $cm^{-1}$ 的中红外区。

**01.271　电子光谱　electronic spectrum**
原子内层电子或分子中外层电子转移形成能级跃迁产生的光谱。它因包含由振动和转动结构产生的光谱而形成复杂的带状谱，一般位于可见光谱区与紫外光谱区。

**01.272　可见光谱　visible spectrum**
能直接引起人眼视觉的光谱。它的波长范围为 380～780 nm，一般情况下其下限在 360～400 nm，上限在 760～830 nm。

**01.273　红外光谱　infrared spectrum**
光学介质受红外波段的光辐射、其分子振动和转动的能级从基态跃迁到激发态使其透射光被吸收或反射后的光谱。它以光学介质的红外线百分透射比与波数或波长的关系曲线来表示。

**01.274　近红外光谱　near infrared spectrum**
光学介质受近红外波段的光辐射、其分子振动和转动的能级从基态跃迁到激发态使其透射光被吸收或反射后的光谱。它以光学介质的近红外线百分透射比与波数或波长的关系曲线来表示。

**01.275　发光光谱　luminescence spectrum**
表征发光体被激发产生各种光(包括荧光和磷光及其他辐射)的光谱。它一般有发射谱线、谱带乃至连续光谱之分，因发光体原子间相互作用力的不同而致。气体大多出现线或带光谱，而液体或固体(亦可是高压下的气体)则有连续光谱，某些固体(如铬、稀土元素在晶体中)也会发出线光谱。

**01.276　太阳光谱　solar spectrum**
太阳光在地球层的光谱。

**01.277　光源光谱　spectrum of light source**
表征光源发出的光强随着其频率(或波长)

变化的光谱。

**01.278　光栅光谱**　grating spectrum
又称“衍射光谱”。光照射光栅产生衍射分光的光谱。

**01.279　棱镜光谱**　prism spectrum
又称“色散光谱”。光照射棱镜产生色散分光的光谱。

**01.280　反射光谱**　reflection spectrum
入射光在物体表面反射所得的光谱。它反映了物体反射电磁辐射的能力随电磁波波长(或频率)而变化的特性，可分为内反射光谱、漫反射光谱、镜面反射光谱和外反射光谱。

**01.281　植被反射光谱**　vegetative cover reflection spectrum
地面植被对入射光的反射光谱。它取决于植被的叶绿素、水和其他生物化学成分对入射光辐射的吸收特性。

**01.282　水体反射光谱**　water body reflection spectrum
地面水体对入射光的反射光谱。它取决于水体中各种光学活性物质对入射光辐射的吸收和散射特性。低反射率是水体最主要的光谱特征。

**01.283　土壤反射光谱**　soil reflection spectrum
地面土壤对入射光的反射光谱。它取决于土壤中的有机质、氧化铁和水对光辐射的反射和吸收特性。

**01.284　岩矿反射光谱**　rocks and minerals reflection spectrum
地面岩矿对入射光的反射光谱。它取决于地面岩矿中稳定的化学成分和物理结构的矿物质特性。

**01.285　等能光谱**　equal energy spectrum
可见光范围内任意波长位置上具有相同辐射功率的光谱分布。它以国际照明委员会(CIE)规定的 E 照明体光谱分布来表示。

**01.286　同色异谱**　metamerism
物体在特定照明和观察条件下，不同的光谱看似同样颜色的光学现象。

**01.287　飞秒瞬态光谱**　femtosecond transient spectrum
以飞秒激光脉冲记录介质中电子在不同能级之间的瞬态弛豫所对应的光谱。

**01.288　莫洛光谱**　Mollow spectrum
强驱动光场作用下物质的原子光谱。它由莫洛(B. Mollow)发现并提出。

**01.289　激发光谱**　excitation spectrum
表征发光材料在不同波长激光的激发下发出的受激辐射光强度随波长(或频率)变化的一个光谱。

**01.290　发射光谱**　emission spectrum
发光体在一定的激发条件下所发射光的光强随着波长(或频率)变化的光谱。表征激发条件包括加热而形成的热激发、激光激发、电致发光的电场激发以及生物能激发等。

**01.291　漫发射光谱**　diffuse reflection spectrum
表征某物质被光照射时其漫发射率随入射波长(或频率)的变化的光谱。

**01.292　光敏剂作用光谱**　action spectrum of photosensitizer
不同激发光波长对光敏剂产生某一特定生物效应的激发光谱。它以产生某效应所需要入射光强的倒数随激发光波长的变化来表示。同一种光敏剂在不同的条件下可产生不同的生物效应，因而会有不同的作用光谱。

**01.293　荧光光谱　fluorescence spectrum**
表征某些物质吸收了较短波长的光能，其电子被激发跃迁至较高单线态能级、返回到基态时发射较长波长的光谱。它包括激发光谱和发射光谱。

**01.294　荧光发射谱　fluorescence emission spectrum**
表征特定波长的激发光作用下物质分子发出的荧光强度在不同波长(或频率)处变化的光谱。它以荧光中不同波长(或频率)的光分量的相对强度来表示。

**01.295　共振散射光谱　resonance scattered spectrum**
在荧光分光光度计上采用相等的激发和发射波长，同时扫描激发单色器，其散射粒子发出散射光得到的同步(即 $\Delta\lambda=0$) 光谱。

**01.296　拉曼光谱　Raman spectrum**
在光子与物质分子非弹性碰撞、产生拉曼散射的过程中分子的极化率变化形成的散射光谱。它包含入射光频率的谱线、在入射光频率附近对称的两根拉曼散射谱线(其中频率低于入射光频率的谱线为斯托克斯线、高于入射光频率的谱线为反斯托克斯线)，这些散射光非常弱，限制了它的应用和发展。拉曼散射是由印度科学家拉曼 (C. V. Raman，1888—1970)在 1928 年发现的。

**01.297　激光拉曼光谱　laser Raman spectrum**
以激发光源照射物质时产生拉曼散射所得到的拉曼光谱。

**01.298　特征光谱　characteristic spectrum**
特定原子的电子在能级之间跃迁时所发射的光谱。它具有一定的频率范围。

**01.299　夜天光光谱　night sky spectrum**
连续光谱(由分子和尘埃粒子等散射星光产生)和发射线(由高层大气中的原子和分子的辐射产生)组成的、描述不同夜天情况下光谱特性的光谱。

**01.300　X 射线荧光光谱术　X-ray fluorescence spectrometry**
一种基于 X 射线激发物质原子产生荧光来研究物质特性的光谱技术。利用这种技术可进行物质成分分析和化学态研究。

**01.301　激发发射矩阵荧光光谱　excitation-emission matrix fluorescence spectrum**
物质原子被激发后的荧光发射强度同时随激发波长和发射波长变化的三维分布图。它有两种表示方式：三维投影图和等高线图，后者可观察得到荧光峰的位置、高度以及最大荧光强度处的激发和发射波长。对这种荧光光谱的测量、研究和应用形成了一种激光诱导荧光技术。

**01.302　激光诱导时间分辨荧光光谱　laser induced time-resolved fluorescence spectrum**
物质原子被短脉冲激光激发后的荧光发射强度随时间衰减的光谱。对这种荧光光谱的测量、研究和应用形成了一种激光诱导荧光技术，例如将它用于荧光团的分辨及监测。

**01.303　同步荧光光谱　synchronous fluorescence spectrum**
物质原子被激发后的荧光发射强度与同时扫描激发和发射两个波长所构成的光谱。它按光谱扫描方式的不同可分为恒(固定)波长法、恒能量法、可变角法和恒基体法。对这种荧光光谱的测量、研究和应用形成了一种激光诱导荧光技术。

**01.304　剩余光谱**　residual spectrum

光学系统中由未知吸收气体或系统本身引起的吸收光谱。它对吸收光谱系统的探测极限产生影响。

**01.305　吸收光谱**　absorption spectrum

物体分子对不同波长光的吸收强度随波长(或频率)变化的光谱。它有不连续线状、带状或连续状的分布。

**01.306　红外吸收光谱**　infrared absorption spectrum

物体分子受到红外辐射后产生的吸收光谱。

**01.307　大气吸收光谱**　atmospheric absorption spectrum

光波在大气中传播时某些波长的光被大气中各种气体成分吸收而产生暗线或暗带组成的光谱。

**01.308　参考光谱**　reference spectrum

在差分吸收光谱反演中选取的作为夫琅禾费参考光谱的一条“干净”(没有经过被测气体吸收)的测量光谱。它通常被选为太阳天顶角较小的情况下90°方向的测量光谱。

**01.309　傅里叶光谱**　Fourier spectrum

又称“干涉光谱”。光波经过干涉仪分光后得到一系列相干光产生的光谱。

**01.310　地物光谱**　spectrum of terrestrial object

地物对太阳辐射的反射光谱、吸收光谱及自身热辐射的红外发射光谱的总称。

**01.311　二级光谱**　secondary spectrum

又称“轴上点高级色差”。描述消色差透镜已消除部分色差但仍存在的色差与其波长的对应关系的一个物理量。以组成消色差透镜两种玻璃材料的相对色散差与其阿贝数差的比值来表示。它实质是消色差透镜对任何两种色光在一定位置校正色差后，而对第三种色光的剩余色差。在几何像差图上表示为前两种色差曲线到第三种波长色差曲线的距离。

**01.312　光谱分离**　spectral separation

对某光波或光信号的光谱按一定规律或条件进行分离的技术。例如，在红、绿、蓝三基色半峰响应宽度允许的范围内，分离出两组不同的窄带光谱。

**01.313　光谱密度**　optical spectral density

表征光波辐射特性的一个物理量。数值上等于单位波长间隔内的辐射量(辐通量、辐射照度、辐射亮度等)大小，单位为瓦/纳米(W/nm)。

**01.314　透射光谱密度**　spectral density of transmittance light

描述光波通过光学介质或器件或系统后的透射光谱特性的一个物理量。以其透射光谱密度与入射光谱密度之比的对数表示，单位为分贝(dB)。

**01.315　光谱校正**　spectral correction

在光谱分析中对信号光谱受到干扰时的一种修正处理过程。

**01.316　光谱拉伸**　spectrum stretching

测量仪器以及其他误差导致信号的测量光谱相对于真实光谱波长的拉伸现象。

**01.317　光谱平移**　spectrum shift

测量仪器以及其他误差导致信号的测量光谱相对于真实光谱波长位置的移动现象。

**01.318　光谱漂移**　spectrum drift

测量仪器以及其他误差导致信号的测量光谱相对于真实光谱的波长位置随时间的移

动现象。

**01.319 光谱纯度** spectral purity

描述信号光谱特性的一个物理量。它以信号光的辐射谱在总输出激光光谱中所占的百分比来表示。激光器输出的激光光谱包括对应于所需光谱带宽内和外的信号光光谱和噪声光谱。

**01.320 光谱角度制图** spectral angle mapper, SAM

又称"*夹角余弦方法*"。通过计算光谱向量间的广义夹角来判定光谱间相似性的方法。它在一定程度上反映了色散型高光谱图像光谱维的失真度，是其图像压缩质量的一个评价指标。

**01.321 光谱功率分布** spectral power distribution

光辐射量(如光亮度、光照度、发光强度、光通量等)或辐射度量(如辐射亮度、辐射照度、辐射强度、辐射通量等)按波长的分布。它表示为以波长为自变量的函数。

**01.322 光谱分辨率** spectral resolution

光谱仪器识别(或分辨)两条谱线最小波长间隔的能力。它以某谱线的中心波长与其半宽度之比来表示。当一条谱线的极大值落在另一条相邻谱线的第一极小值上时，则认为这两条谱线是刚刚可以分辨的。

**01.323 相对光谱分辨率** relative spectral resolution

描述光谱成像仪或测量仪分辨特性的一个指标。它以通道的光谱带宽与相应的中心波长之比来表示。

**01.324 光谱分辨力** spectral resolving power

表征大气探测光谱仪综合探测能力大小的一个指标。数值上等于光谱仪的通道中心频率与通道带宽之比。

**01.325 光谱解混合** spectral unmixing

对遥感处理器中混合像元的各个特征按照光谱进行区分的一种图像处理方法。它包括确定组成混合像元的所有特征光谱(也称最终端元)的类型、各特征光谱在混合像元中的百分比(也称丰度)，使光谱数据满足遥感分类、识别及探测精度方面的要求。

**01.326 光谱响应度** spectral responsivity

描述光谱成像仪或测量仪响应特性的一个指标。它以其中光电检测器件的输出电压或输出电流与入射到检测器件上的单色辐通量(或光通量)之比来表示。

**01.327 光谱灵敏度** spectral sensitivity

表征光电探测器、接收器或感光材料对不同波长辐射微弱光谱强度的响应能力的一个度量。它以某一波长(具有单位波长宽度)光的照射下光电探测器(或光接收器)的响应值与光谱辐通量(或辐射照度)之比来表示。它随波长变化的曲线称为光电探测器或感光材料的光谱灵敏度。

**01.328 光谱反射比** spectral reflectance

表征物体反射光波能量的一个度量。它以被物体表面反射的波长λ的辐通量或光通量与入射到物体表面的波长λ的辐通量或光通量之比来表示。

**01.329 光谱透射比** spectral transmittance

表征物体透射光波能量的一个度量。它以物体透射的波长λ的辐通量或光通量与入射到物体表面的波长λ的辐通量或光通量之比来表示。

**01.330 荧光光谱术** fluorescence spectroscopy

对物质的荧光光谱进行研究和应用的技术。

**01.331　激光发射光谱术**　laser emission spectroscopy

以激光为光源对原子、分子的受激辐射光进行光谱分析的技术。它与采用普通光源的发射光谱相比在灵敏度和分辨率方面有很大的改善。

**01.332　塞曼光谱术**　Zeeman spectroscopy

又称"*磁光光谱术*(magneto-optical spectroscopy)"。由塞曼效应产生的光谱线分裂来分析物质样品成分的一种光谱分析技术。

**01.333　近场光谱术**　near field spectroscopy

以近场光学显微镜检测物质光谱的技术。它能够突破光谱空间的衍射限制，能够研究物质在介观尺度上的结构和运动以及近场光与物质的相互作用。

**01.334　拉曼光谱术**　Raman spectroscopy

研究和应用拉曼光谱的技术。

**01.335　表面增强拉曼光谱术**　surface-enhanced Raman spectroscopy

基于吸附在纳米级粗糙度金属表面的物质分子产生极强的拉曼散射而得到拉曼散射光谱的技术。它的增强机理主要包括电磁场增强和化学增强，其增强因子达到 $10^3$～$10^{15}$，已发现能产生表面增强拉曼光谱的金属有 Au、Ag、Cu 等少数贵金属，以 Ag 的增强效应最强。

**01.336　时间分辨荧光光谱术**　time-resolved fluorescence spectroscopy

以脉冲激光研究分子从激发态到基态跃迁发射荧光的动力学过程的技术。这种荧光发射的特性包括光谱特性和时间特性，反映在荧光光谱分布、荧光光谱峰值、带宽、量子产率、上升时间、峰值强度、荧光寿命等参数中。

**01.337　激光诱导击穿光谱术**　laser induced breakdown spectroscopy，LIBS

利用高能脉冲激光作为激发源的一种原子发射光谱技术。例如，利用短脉冲激光聚焦后作用在物质表面产生高温等离子体，被激发的原子、离子辐射产生带有元素成分特征的等离子体发射谱线，以供研究物质的特性。

**01.338　差分吸收光谱术**　differential optical absorption spectroscopy，DOAS

以空气中气体分子的窄带吸收特性来鉴别气体成分，并根据窄带吸收强度来推演出微量气体浓度的一种光谱技术。

**01.339　饱和吸收光谱术**　saturation absorption spectroscopy

基于原子与激光相互作用发生饱和吸收现象以消除多普勒效应对光谱线宽影响、获得高分辨率吸收光谱的一种技术。

**01.340　天顶散射光差分吸收光谱术**　zenith-sky scattering differential optical absorption spectroscopy，zenith-sky DOAS

基于天顶散射光的被动差分吸收的一种光谱技术。

**01.341　离轴差分吸收光谱术**　off-axis differential optical absorption spectroscopy，off-axis DOAS

调整天顶散射光差分吸收光谱仪器的观测方向(即相对天顶方向倾斜一定的离轴角)，使之朝向天空发亮的方向，以得到信噪比明显提高的一种天顶散射光差分吸收光谱技术。

**01.342　多轴差分吸收光谱术**　multi-axis differential optical absorption spectroscopy，MAX-DOAS

综合天顶散射光与离轴差分吸收光谱的一种被动差分吸收光谱技术。利用这种技术测量天顶方向和几个离轴方向的大气吸收光谱，可获取大气中污染气体的空间分布。

**01.343　成像差分吸收光谱术**　imaging differential optical absorption spectroscopy，imaging-DOAS

对污染气体进行二维成像的一种差分吸收光谱技术。它的实现是利用二维电荷耦合器件(CCD)探测器测量太阳散射光、获取垂直方向的一维光谱信息，再利用差分吸收光谱术反演污染气体在垂直方向的一维分布，结合扫描装置实现对污染气体的二维成像解析和重构。

**01.344　腔内激光吸收光谱术**　intracavity laser absorption spectroscopy，ICLAS

基于激光辐射谐振腔内窄带吸收的一种吸收光谱技术。该技术的实现是将被探测物质置于激光谐振腔内，通过探测起振过程中物质对谐振光谱的窄带吸收来探测物质组分浓度，具有很高的灵敏度。

**01.345　可调谐半导体激光吸收光谱术**　tunable diode laser absorption spectroscopy，TDLAS

以可调谐半导体激光器作为光源的一种吸收光谱技术。该技术能够对气体浓度、温度以及流速进行测量，具有高选择性、高灵敏度、速度快、可多组分同时测量等优势。

**01.346　腔增强吸收光谱术**　cavity enhanced absorption spectroscopy，CEAS

将被测物样品置于激光谐振腔内，使激光多次通过样品而增加光程的一种吸收光谱技术。该技术能有效地提高探测灵敏度。

**01.347　积分腔输出光谱术**　integrated cavity output spectroscopy，ICOS

以探测激光透过高精细谐振腔的积分输出光强来探测腔内物质样品吸收系数的一种光谱技术。该技术较衰荡光谱装置简单，而同样能达到高的探测灵敏度。

**01.348　腔衰荡光谱术**　cavity ring-down spectroscopy，CRDS

以测量激光通过装有气体样品的高反射率谐振腔后光强衰减的时间来测定气体样品中特征组分浓度的一种吸收光谱技术。这种技术的测量结果不受激光强度的影响，并因谐振腔光程非常长而探测灵敏度很高。

**01.349　光声光谱术**　photoacoustic spectroscopy

基于光声效应、探测目标吸收激光后发出的声波来测量目标光谱的一种吸收光谱技术。该技术被广泛地应用于气体检测等领域。

**01.350　波长调制光谱术**　wavelength modulation spectroscopy

在吸收光谱测量中对探测光源进行低频调制来提高系统信噪比与灵敏度的一种吸收光谱技术。所取的调制频率远低于吸收线宽，通常为数千赫兹至数兆赫兹。

**01.351　频率调制光谱术**　frequency modulation spectroscopy

在吸收光谱测量中对探测光源进行高频调制来提高检测灵敏度的一种吸收光谱技术。所取的调制频率通常等于或高于特征谱频率，且其调制幅度一般很小。

**01.352　傅里叶变换红外光谱术**　Fourier transform infrared spectroscopy

利用干涉图和光谱图之间的对应关系，通过测量干涉图和对干涉图进行傅里叶积分变换来测定和研究光谱图的技术。

**01.353　傅里叶变换太阳光谱术**　solar FTIR spectroscopy

对太阳光进行傅里叶变换处理、展现其红外

光谱的一种光谱技术。利用这种技术可测量太阳光被大气待测成分吸收后的光谱强度，来反演大气待测成分的浓度。

**01.354 傅里叶变换开放光路光谱术** open path FTIR spectroscopy

以开放光的方式、基于傅里叶变换红外光谱术监测大气污染气体的长光程吸收的一种光谱技术。

**01.355 被动傅里叶变换红外光谱术** passive FTIR spectrometry

基于傅里叶变换红外光谱术和待测物体自身的发射或者它对太阳光或月光的吸收来定性或定量地测定待测物质组分的技术。该技术无需另外的人工红外光源，具有可移动、灵活、快速、易操作等优点。

**01.356 针尖增强拉曼光谱术** tip enhanced Raman spectroscopy，TERS

将金属针尖控制在与物质样品的一定的微小距离(1nm 左右)上，利用特定波长的激光照射针尖，激发局域化的表面等离子体激元并产生极大强度的拉曼光谱的技术。该技术需要利用扫描隧道显微镜，针尖多采用银或金等金属。

**01.357 空间外差光谱术** spatial heterodyne spectroscopy，SHS

采用两个闪耀光栅代替传统迈克耳孙干涉仪两臂的平面反射镜而产生的一种新型傅里叶变换光谱技术。探测器输出的干涉图是入射光谱关于外差波数的傅里叶变换叠加，将输出干涉图在外差波数附近的小光谱范围内进行傅里叶变换就可得到入射光谱。该技术具有无运动部件获取高光谱分辨率等优点。

**01.358 共振光声光谱术** resonance photoacoustic spectroscopy

利用共振效应对获得的光声光谱信号进行放大探测的光声光谱技术。该技术能有效地提高探测灵敏度与信噪比。

**01.359 微区拉曼散射光谱术** micro Raman spectroscopy

拉曼散射中加入显微镜的作用形成的一种拉曼光谱技术。它可用于检测在 1μm 尺度内的物质样品信息，且不需要对样品进行固定或切片等处理。

**01.360 激光光谱分析** laser spectral analysis

基于激光源、利用光谱学的原理和实验方法确定物质的结构和化学成分的分析测试。

**01.361 激光显微发射光谱分析** laser micro-emission spectral analysis，LMESA

在微观领域中研究材料成分结构的分析测试。利用它可分析材料中的主要元素或者痕量及微量元素，分析检测极限为 $10^{-12}$～$10^{-10}$ g。它由 Brech 和 Cross 于 1962 年提出。

**01.362 等离子体发射光谱分析** plasma emission spectral analysis

利用高频电感耦合等离子体放电进行的原子发射光谱测试与分析。它常用于物质成分分析，具有检出限低、准确度高、线性范围宽且多种元素同时测定等优点。

**01.363 谱线弯曲** spectral line curvature

色散型光谱仪中因分光器件产生光色散而引起输出光谱变形的一种现象。它以在其边缘视场光波任意谱段的像偏离直线的像点位置出现差异来表示，它直接影响光谱响应的峰值位置，造成光谱混叠。

**01.364 夫琅禾费光谱线** Fraunhofer spectral line

简称“夫琅禾费线(Fraunhofer line)”。太阳光传播到地球上经过夫琅禾费衍射、相干叠加后在光谱仪中观察到的一系列光波叠加条纹暗线(或吸收线)。德国物理学家夫琅禾费(J. Fraunhofer，1787—1826)于1814年利用自制光谱装置观察太阳光时，在明亮彩色背景上首次看到576条狭细的暗线(实际上有3万多条)，故以他的名字命名。

**01.365 谱线宽度** spectral width

简称“谱宽”“线宽(line width)”。表征光波或光的波长范围的光学量。通常以谱线峰值强度一半地方的频率(或波长)范围表示，称为谱线半宽度，其2倍为半峰全宽(FWHM)。

**01.366 谱线展宽** spectral line broadening

又称“谱线加宽”。由于光源/发光体受光等自身的物理性质或者所处环境物理状态(例如非线性效应)等的影响，其原子所发射或吸收的光谱中增加新频率成分的现象。

**01.367 均匀谱线加宽** spectral homogeneously broadening

简称“均匀加宽(homogeneously broadening)”。由原子或分子激发态寿命有限或者受到变化周期比能级平均寿命短的外来作用引起谱线展宽的现象。

**01.368 非均匀谱线加宽** spectral inhomogeneously broadening

简称“非均匀加宽 (inhomogeneously broadening)”。物质的原子、分子受稳态场作用或者它们之间相互作用的周期比其激发态平均寿命还长而引起它们的光谱展宽的现象。这个现象的典型例子是多普勒效应引起的光谱加宽。

**01.369 碰撞谱线加宽** spectral broadening by collision

由物质的原子、分子之间发生相互碰撞引起能级跃迁概率或者能级平均寿命发生变化而导致的谱线展宽现象。这个现象在常温常压下的影响约与多普勒效应引起谱线展宽的数量级相等，但在高压下却起主要作用。

**01.370 多普勒展宽** Doppler broadening

观测原子或分子对测量仪器的无规则热运动产生的多普勒效应引起的频谱展宽现象。

**01.371 动态非均匀线宽** dynamic heterogeneous line width

动态微扰引起物质的原子、分子跃迁和频率变化而产生光谱扩散导致其谱线随时间展宽的现象。

**01.372 谱段配准** spectral band registration

实现同一观测目标在各谱段图像上的像素位置严格地互相对应为同名点的匹配处理技术。它通过光学配准和图像配准等方法实现。

**01.373 光谱线型函数** optical line shape function

简称“线型函数”。描述光谱的强度随频率或波长分布的归一化函数。

**01.374 高斯线型** Gaussian line shape

光强度对频率的分布符合高斯函数关系的光谱线。

**01.375 洛伦兹线型** Lorentzian line shape

光强度对频率的分布符合洛伦兹函数关系的光谱线。例如，完全由原子自发辐射跃迁而形成的光谱线。

**01.376 光谱区** spectral region

光波的电磁辐射从紫外到远红外的光谱范围。

**01.377 紫外区** ultraviolet region

紫外线的电磁辐射产生的0.01～0.38 μm的光谱范围。

**01.378 可见区** visible region

可见光的电磁辐射产生的 0.38～0.76 μm 的光谱范围。

**01.379 可见近红外区** visible and near infrared region，VNIR

可见近红外线的电磁辐射产生的0.38～1.18 μm的光谱范围。

**01.380 短波红外区** short wave infrared region，SWIR

近红外线的电磁辐射产生的 1.1～3 μm 的光谱范围。

**01.381 中波红外区** middle wave infrared region，MWIR

中红外线的电磁辐射产生 3～6 μm 的光谱范围。

**01.382 长波红外区** long wave infrared region，LWIR

又称"远红外区"。远红外区光的电磁辐射产生 6～15 μm 的光谱范围。

**01.383 深穿透波段** deep penetration band

生物的软组织对光波强散射、低吸收的光谱(波)范围。在这个范围内的散射系数比吸收系数大 2 个数量级。

**01.384 浅穿透波段** shallow penetration band

生物的软组织对光波强吸收、低散射的光谱(波)范围。例如，波长小于 300 nm 的紫外线或大于 2000 nm 的红外线，它们的反射率仅为 4%～5%，几乎全部都能被生物软组织吸收。

**01.385 中穿透波段** medium penetration band

生物的软组织对光波散射和吸收的能力大致相当的光谱(波)范围。这个范围通常在450～590 nm。

**01.386 光传播** optical propagation

光波或光信号经过光学介质(包括真空、大气、光学材料以及光学系统)传播的现象。

**01.387 光直线传播** rectilinear propagation of light

在同种均匀的光学介质中光波沿直线传播的光学现象。

**01.388 传播常数** propagation constant

描述光在光学介质(光纤或光波导)中各模式传输特性的一个参量。数值上等于波矢的纵向分量，反映了特定光波长的特定模式沿光学介质纵向传输时单位距离上的相位和幅度变化，是一个复数，以符号 $\beta$ 表示，其实部描述相移，虚部描述衰减。它决定了光学介质中各模式的传输或截止，例如，传导模的 $\beta$ 限制在 $k_0n_1$ 与 $k_0n_2$ 之间，即 $k_0n_2<\beta<k_0n_1$；当 $\beta>k_0n_2$ 时，包层中的模式为辐射模；当 $\beta=k_0n_2$ 时，传导模处于临界截止状态，光波在芯层和包层的界面掠射。

**01.389 光速** speed of light

特定光波在特定介质中传播的速度。严格地应细分为相速度、群速度等。

**01.390 超光速** superluminal

传播速度超过真空中光速的现象。相对论中光速是一个传播速度界限，为光信号速度的上限。

**01.391 超光速隧穿** superluminal tunneling

光子在特殊光学介质的传播过程中产生的一种量子隧穿现象。

**01.392 主传播速度** principal velocity of propagation

描述光波传播特性的一个物理量。以真空光速除以光学介质的磁导率和主介电常量之积的平方根$\left(c/\sqrt{\mu\varepsilon}\right)$来表示。

**01.393　相速度　phase velocity**

光波的相位在空间或光学介质中传递的速度或某频率的光波振动的相位对应的状态(如波峰或波谷)在空间或光学介质中向前传播的速度。数值上等于波长$\lambda$与波源振动频率$\nu$的乘积或光波角频率$\omega$除以其传波常数$\beta$，即$v_p=\lambda\nu=\omega/\beta$。它与所处的光学介质种类(如气体、液体或固体)及状态(如温度、压强、密度等)密切关联，并与光波频率有关。光波所处的光学介质为色散介质。在许多金属中，光波的相速度大于其在真空中的速度。

**01.394　群速度　group velocity**

频率相差不大的一群简谐波组成的波群在光学介质中传播时，其波包的包络(反映光波能量)的传播速度。波包是波群(各个简谐波因介质色散有不同的传播速度)传播相当长距离之后仍保持的一个整体。

**01.395　群时延　group delay，GD**

描述在色散介质中传播的不同频率光波相位变化随其频率变化快慢的一个物理量或其最高和最低频率分量之间的传播时间差。数值上等于单位光学介质长度上传播常数对光波频率的一阶导数。

**01.396　差分群时延　differential group delay**

描述偏振模色散介质中传播的光波偏振模色散大小的一个物理量。以特定波长下快、慢主偏振态之间的群时延差来表示，单位为ps。因偏振模色散是随机变化的，差分群时延与长度的关系不能简单地定义为色散系数。对于短光学介质，它与长度成正比；对于长光学介质，它与长度的平方根成正比。

**01.397　波数　wave number**

描述光波传播特性的一个参量。以光波传播方向上单位长度内的光波周期数来表示，单位为$cm^{-1}$。

**01.398　相移常数　phase shift constant**

光波在介质中传播时其传播常数的实部。以光波沿单位长度均匀路径传输时的相移值表示。

**01.399　光程　optical path**

表征光在介质中传播距离的物理量。在均匀介质中，光程数值上等于光通过的几何路径长度与该介质折射率的乘积；在非均匀介质中，光程等于每一小段光程的积分。

**01.400　光程差　optical path difference，OPD**

两束相干光在光学介质中传播的光程折算到真空中两者的路程差。

**01.401　最大光程差　maximum optical path difference**

描述干涉光谱成像仪光谱分辨率特性的一个参量。以其探测器上接收相干光的光程差最大值表示。

**01.402　等光程　aplanatic**

光在规定条件下进入光学器件(或系统)，传播到指定点时所有光线的光程相等(相位变化一致)的现象。

**01.403　光学厚度　optical thickness**

光学介质或材料的吸收、散射或辐射能力的一个无量纲的量度。以光学介质或材料的折射率与其几何厚度的乘积表示，或以光学介质或材料的几何长度与光波在光程上的衰减(或漫射衰减)系数的乘积表示。

**01.404　色散　color dispersion**

光波在光学介质中的传播速度$v$(或折射率$n=c/v$)随波长$\lambda$(或频率)的不同而变化的现象。它对传输的光脉冲展宽的现象来说，分为正常色数和反常色散，前者是介质折射率随光波频率增大而增大，后者则相反。它对传输的光脉冲可产生展宽或压缩的现象。还有材料/波导/双折射/偏振模色散等分类。

**01.405　正常色散**　normal dispersion
光波在光学介质中的传播速度 $v$(或折射率 $n=c/v$)随波长 $\lambda$ 的增大(或频率的减小)而减小的现象。

**01.406　反常色散**　anomalous dispersion
光波在光学介质中的传播速度 $v$(或折射率 $n=c/v$)随波长 $\lambda$ 的增大(或频率的减小)而增大的现象。这种变化是不连续的，往往发生在介质的吸收带附近。1860 年勒鲁(Le Roux)研究碘蒸气棱镜色散现象时，发现波长较长的红光折射率比波长较短的紫光的折射率大的正常色散现象。

**01.407　双折射色散**　birefringence dispersion
光在各向异性材料中传播时，其双折射矢量(包括大小和方向)随波长变化的现象。

**01.408　群速度色散**　group velocity dispersion，GVD
光在光学介质中传播时，不同频率分量光的群速度随波长变化的现象。群速度色散导致其脉冲波形展宽。

**01.409　大气色散**　atmospheric dispersion
穿过大气的光波因其不同波长(或频率)分量的大气折射率不同而产生不同角度折射的现象。

**01.410　棱镜色散**　prism dispersion
平行复色光入射到棱镜中时因棱镜材料对不同波长的光的折射率不同引起从棱镜出射的各种色光从不同位置、以不同角度展开的现象。

**01.411　光栅色散**　grating dispersion
复色光入射到光栅上发生衍射、光谱展开的现象。光栅的各级衍射(不同波长的)光只在零级主极大(中央)处重叠，而其他各级衍射光随波长的增大远离中央。

**01.412　轴色散**　dispersion of the axes
光波在光学介质中传播时其主介电轴方向随波长改变的现象。

**01.413　角色散**　angular dispersion
具有一定谱宽的光通过光栅、棱镜等光学色散元件在空间展开的现象。

**01.414　三阶色散**　third-order dispersion，TOD
光波的传输常数作为频率的函数按照泰勒级数展开而得到的第三项所示的色散。它也可用光波的相位关于频率的三阶导数表示。

**01.415　高阶色散**　high-order dispersion
光波的传输常数作为频率的函数按照泰勒级数展开而得到的第三项及更高次项所示的色散。它是除群速度和群速度色散之外的全部色散高阶微分项。

**01.416　旋光色散**　rotatory dispersion
光波通过光学介质时旋光率随其波长变化而变化的现象。

**01.417　材料色散**　material dispersion
光波在光学介质中传播时其介质材料的折射率 $n$ 随波长 $\lambda$ 变化而产生的色散现象。以 $dn/d\lambda$ 表示，可由色散方程取导求得。

**01.418　波导色散**　waveguide dispersion
光波在波导中传输时由特定波导结构引起的特定模式有效折射率随波长变化的现象。波导色散可导致在其中传输的光脉冲展宽。

**01.419　模式色散**　mode dispersion
在波导中传输时，同一模式有效折射率随波长变化的现象。模式色散包括材料色散、波导色散、高阶色散、偏振模色散以及芯层与包层折射率差的色散等，是单模波导中的色散。

**01.420　模间色散**　multimode dispersion

又称“多模色散”。光在多模波导传输过程中，不同模式之间的传输常数不同的现象。它本质上不是一种色散现象，但由于历史原因被误称为色散。它是导致多模波导内光脉冲波形的重要原因之一。

**01.421　色散长度**　dispersion length

描述光学介质(如光纤)中色散效应大小的一个长度尺度。数值上等于输入信号脉冲宽度的平方与群速度色散参量的绝对值之比。色散长度越小，表明同样长度的光纤色散越严重。

**01.422　光纤色度色散**　fiber chromatic dispersion

在光纤通信中因调制光源的不同波长成分在光纤中传输速度不同而引起光脉冲展宽、造成误码、限制传输距离的现象。它包括材料色散和波导色散。

**01.423　色散本领**　dispersion power

表示色散元件或色散系统的色散能力大小的一个参量。以角色散率或线色散率来表示。

**01.424　角色散本领**　angular dispersion power

描述光栅对光波衍射产生的角色散能力。以其 $k$ 级衍射光的主级峰角方位角(即衍射角)之差与对应的波长差之比表示。

**01.425　线色散本领**　linear dispersion power

描述光栅对光波衍射产生的线色散能力。以其 $k$ 级衍射光的主级峰在像面上的像点位置之差与对应的波长差之比表示。

**01.426　色散管理**　dispersion-management, DM

在光纤通信中进行色散匹配和补偿的技术。例如，在光纤通信中利用具有正色散系数和负色散系数的非零色散位移光纤级联，使整个光纤线路的总色散接近零，从而减缓色散的影响。

**01.427　色散均衡**　dispersion equalization

利用色散补偿或者其他方法使不同波长的群速度相等或者消除群速度色散影响的方法。通常从传输函数着手解决色散问题，可在电域解决光域的色散。

**01.428　色散波产生**　dispersive wave generation

在光孤子分裂过程中，光脉冲的一部分能量因色散微扰在符合相位匹配条件时向其高频率(蓝移)分量转移的现象。

**01.429　色散系数**　dispersion coefficient

①在光学成像系统中，衡量透镜或光学成像器件的成像清晰度的一个指标。通常用阿贝数 $\nu_D = (n_D-1)/(n_F-n_C)$ 表示，其中 $n_D$、$n_F$、$n_C$ 分别是D光、F光和C光的折射率。例如，同一透明光学介质(透镜或光学成像器件)对不同波长光的折射率不同，其折射白光时产生色散，导致其成像清晰度变差。②在光纤通信中，表征光纤对光波特定模式的群速度色散的一个参量。数值上等于每公里光纤由单位波长谱线宽度所引起的光波该模式的群时延差，单位为ps/(km·nm)。

**01.430　群速度色散系数**　group velocity dispersion coefficient

表征介质的群速度色散大小的量，以光在单位长度的介质中传输的群延时对角频率的导数 $[\mathrm{d}\tau/(\mathrm{d}\omega\cdot L)]$ 表示，单位为 $\mathrm{ps}/\left(\mathrm{nm}\cdot\sqrt{\mathrm{km}}\right)$。它是色散的二阶效应。

**01.431　角色散系数**　angular dispersion coefficient

表示单位间隔波长在出射方向上的分离。角色散越强，说明色散光学元件对相邻波长的分离就越强。

**01.432　色散斜率　dispersion slope**

描述光纤对在其中传输的光信号产生的色散特性的一个参量。以其工作波长附近的色散系数对波长的导数表示。当光纤用于密集波分复用(WDM)系统时，要求在整个波长范围内色散斜率较小或色散平坦。

**01.433　色散补偿　dispersion compensation**

在光纤通信中，将一个或多个大负色散的光纤或器件置于光纤链路中抵消光纤对信号的正色散，使链路的总色散量减小至零或者很小值的一种技术。实现它的方法有：使用色散补偿光纤、啁啾光纤光栅和电子色散补偿技术等。

**01.434　偏振模色散矢量　vector of polarization mode dispersion**

描述光纤对在其中传输的光信号产生偏振模色散的一个矢量。它的大小为两主偏振态的差分群时延，方向为主偏振态对应的斯托克斯矢量方向。

**01.435　色散补偿器　dispersion compensator, TDC**

在光纤通信中的色散量可动态调整的色散补偿器件。

**01.436　弥散　dispersion**

光波经过光学介质或器件后能量远离中心(分散)的现象。

**01.437　反射　reflection of light**

光波传播到两种介质分界面时返回到原介质的现象。

**01.438　背向反射　backreflection**

不同光学器件之间或光学器件与光纤端面的耦合因其端面不同材料的折射率不匹配而导致耦合面上各点不能紧密耦合，光波入射到该面时产生的菲涅耳反射现象。

**01.439　全反射　total reflection**

光波从光密介质进入光疏介质，在入射角大于或等于临界角时发生的反射现象。在这个过程中，入射光波的能流无损耗地转移到反射波的能流中，即反射波的光强(光功率)反射率等于1。

**01.440　全内反射　total internal reflection**

光波从较高折射率($n_h$)的介质进入较低折射率($n_l$)的介质时，若入射角大于某一临界角[$\theta$=arcsin($n_l/n_h$)]，折射光线将消失，所有的入射光波被反射而不进入低折射率介质的现象。

**01.441　衰减全反射　attenuated total reflection**

全反射的光强因光疏介质中的倏逝波耦合到金属或半导体的表面产生表面等离子体激元或表面极化激元的共振激发，导致其急剧衰减的现象。

**01.442　全反射临界角　total reflection critical angle**

简称“全反射角”。入射光从光密介质入射到光疏介质界面，恰好发生全反射时的入射角。它的正弦值等于光疏介质与光密介质的折射率之比。

**01.443　漫反射　diffuse reflection**

光照射在物体粗糙表面时随机地向四周反射的现象。在该现象中，反射光以入射点为中心各向同性地向整个半球空间反射，即从任何方向观察反射的统计平均辐射亮度都相同。

**01.444　冷反射　narcissus**

在红外热成像系统中，来自制冷型探测器自身的反射引起的对红外系统干扰的现象。

**01.445　二向反射分布函数　bidirectional reflectance distribution function，BRDF**

描述物体反射特性的分布函数。数值上等于来自某一方向的入射辐射照度的微增量与其所引起的该方向上反射辐射亮度增量之间的比值。

**01.446　古斯–汉欣位移　Goos-Hanchen shift**

具有一定谱宽或一定角度范围的光波在两种介质界面上发生全反射时其反射波的反射点相对于入射波的入射点有一个横向位移的现象。它由古斯(Goos)和汉欣(Hanchen)两位科学家于1947年发现，故以他们的名字命名。

**01.447　反射定律　law of reflection**

光波传播到两种介质分界面上发生反射的规律。它包括：反射角等于入射角，反射光线、入射光线和入射点处的界面法线在同一平面内。它属于斯涅耳定律[斯涅耳(W. Snell，1580—1626)于1621年从实验上发现反射定律与折射定律的总称]的部分内容。

**01.448　马吕斯定律　Malus' law**

光波在各向同性的均匀介质中的传播规律。它包括：光波始终保持与波面的正交性，入射波面与出射波面对应点之间的光程均为定值，光波中的线偏振光经过理想检偏器的出射光强随理想检偏器与起偏器透射面的夹角而变化。

**01.449　反射角　reflective angle**

光波从介质1到介质2传播，在界面处发生反射，其反射光线与介质界面入射点的法线方向(从介质2指向介质1)的夹角。

**01.450　反射因数　reflectance factor**

描述被光波照射的物体(非自发光体)产生的反射光特性的一个参量。以规定的照明观察条件和规定的立体角内，从非自发光体表面发射的辐通量或光通量与其完全漫反射面反射的辐通量或光通量之比表示。

**01.451　光谱反射因数　spectral reflectance factor**

描述被光波照射的物体(非自发光体)产生与波长相关的反射的特性的一个参量。以规定的照明观察条件和规定的立体角内，从物体反射的波长 $\lambda$ 的辐通量或光通量与其完全漫反射面反射的该波长的辐通量或光通量之比。

**01.452　反射率　reflectance**

又称“*反射系数*”。表征物体表面对光波反射能力的物理量。数值上等于被物体表面反射的光强与投射到物体表面的光强之比，无量纲。

**01.453　振幅反射系数　amplitude reflection coefficient**

又称“*菲涅耳反射系数*(Fresnel reflection coefficient)”。描述介质对光波不同偏振条件下单一界面的反射特性的一个参量。以其反射光振幅与入射光振幅之比表示。它也是菲涅耳公式中的参量之一。

**01.454　漫反射系数　diffuse reflection coefficient**

描述物体被光波照射后反射光能量、因物体表面凹凸不平而向四周散射漫射光的特性的一个参量。以其漫射光的光通量与总的反射光通量之比表示。

**01.455　双向反射率　bi-directional reflectance**

描述地物对太阳直射光的方向反射特性的一个物理量。数值上等于地物在相同的辐照度条件下向$(\theta, \varphi)$方向的反射辐射亮度与一个理想的漫反射体在该方向上的反射辐射亮度之比。这种方向反射介于漫反射和镜面反射之间(属于非朗伯反射)，它随入射光方向及反射光方向而变化，在其反射方向和入射方向的反方向上光强明显增大。

**01.456 表观反射率** apparent reflectance
又称“视反射率”。描述大气层顶对太阳光反射能力强弱的物理量。以遥感器观测的地表上行辐射能量与遥感器平台处太阳下行辐射能量的比值表示。

**01.457 半波损失** half-wave loss
在光波被物体反射时其反射光的相位相对于入射光相位突变 π 的现象。它是由坐标系反演造成的现象。

**01.458 折射** refraction
光波从一种介质传播到另一种介质时，传播方向相对于入射方向发生改变的现象。

**01.459 大气折射** atmospheric refraction
因大气密度不均匀而引起大气折射率变化，导致光在大气中的传播方向发生变化的现象。

**01.460 折射定律** refractive law
描述光波从介质 1 进入介质 2 时产生折射现象的规律。它包括：折射光线位于入射光线和界面法线所决定的平面内，折射光线和入射光线分别在法线两侧，入射角和折射角的正弦之比是一个与入射角无关的常数。它属于斯涅耳定律(1621 年斯涅耳从实验上发现反射定律与折射定律的总称) 的部分内容。

**01.461 菲涅耳公式** Fresnel equation
描述光波在两种不同折射率的介质中传播时的反射和折射规律的数学公式。它包括振动方向在入射面内和垂直于入射面的两种偏振光的入射、反射、折射振幅之间的关系式以及振幅反射系数、振幅透射系数等。它由法国物理学家菲涅耳根据电磁场理论推导出来，故以他的名字命名。

**01.462 布儒斯特角** Brewster angle
自然光经光学介质界面反射后的反射光为线偏振光时其入射光所对应的入射角。此时反射光线与折射光线互相垂直。由英国物理学家布儒斯特(D. Brewster，1781—1868)于 1815 年首先发现。

**01.463 入射角** incident angle
光线从介质 1 到介质 2 传播时，入射光线与介质界面的法线方向(从介质 2 指向介质 1) 的夹角。

**01.464 折射角** refraction angle
光线从介质 1 到介质 2 传播时，折射光线与介质界面的法线方向(从介质 1 指向介质 2) 的夹角。

**01.465 双折射** birefringence
一束光入射到各向异性的晶体被分解为两束振动方向正交的平面偏振光而沿不同方向折射的现象。这两束偏振光的传播速度不同，一束为寻常(o)光波，遵守普通折射定律，另一束为非常(e)光波，不遵守普通折射定律。

**01.466 磁致双折射** magnetic birefringence
光波沿垂直于磁场的方向传播时，因其平行于磁场方向与垂直于磁场方向的两个分量的相速度不同而产生双折射的现象。所产生的寻常光与非常光的相位差与该磁场的磁感应强度平方成正比。

**01.467 电致双折射** electric birefringence
光波在外加电场的介质中传播时，因克尔(Kerr) 效应(平方光电效应)和泡克耳斯(Pockels) 效应(线性光电效应) 产生双折射的现象。本质上是材料的三阶非线性和二阶非线性在外电场和光场同时作用时的表现。该介质对寻常光和非常光的两种折射率之差与外电场强度的绝对值成正比的电致双折射称为泡克耳斯效应；而折射率差与电场强度的平方成正比的称为克尔效应。典型的这种介质有人工晶体磷酸二氢铵（$NH_4H_2PO_4$，ADP）和磷酸二氢钾（$K_2H_2PO_4$，KPD）。用氘取代其中的氢，则有磷酸二氘铵[钾]，简称 ADDP 和 KDDP，还有六甲撑四胺（$(CH_2)_6N_4$）。

**01.468　光纤双折射**　fiber birefringence

因光纤的传播常数或有效折射率与入射光偏振态相关而产生的双折射现象。它导致在光纤中传输的光偏振态随光纤长度不断演化，并受到光纤中的模耦合与偏振相关损耗的影响。

**01.469　几何双折射**　geometrical birefringence

又称“*波导双折射*(waveguide birefringence)”。光纤折射率沿横截面几何分布的非圆性形成的双折射。光纤受到横向应力作用或光纤弯曲时，光纤的折射率沿横截面的几何分布发生变化（如椭圆变形），将形成新的双折射。

**01.470　材料双折射**　materials birefringence

由光纤材料本身存在的各向异性而导致的双折射。光纤材料的各向异性源于其制造过程中的热应力、使用过程中受外力与弯曲作用或者光纤采用各向异性材料制造等因素。

**01.471　本地双折射**　local birefringence

光纤中某一位置处的双折射矢量的大小。以此位置的两个线偏振模之间的传输常数差表示。因某一位置的光纤可视为正规光波导，它存在两个正交的线偏振模。

**01.472　应力双折射**　stress birefringence

又称“*机械双折射*”“*光弹性效应*”。透明固体介质的折射率在压力或张力的作用下发生改变而形成双折射效应的现象。若介质是各向同性，外力作用会使其变成各向异性从而产生双折射效应；若介质本身就是各向异性，外力作用会使其产生附加的双折射。

**01.473　光学自补偿双折射**　optically self-compensated birefringence，OCB

又称“*光学自补偿弯曲*(optically self-compensated bend)”。光在两种介质分界面上产生的反射光与折射光偏振态变化的现象。它包括：当入射光为偏振光且产生的反射光与折射光夹角为 90°时，反射光成为线偏振光，折射光成为椭圆偏振光；当入射光为非偏振光（自然光或者部分偏振光）且产生的反射光与折射光夹角为 90°时，反射光成为线偏振光，折射光成为椭圆偏振光；此时的入射角称为布儒斯特角。

**01.474　双折射矢量**　birefringence vector

描述光纤中双折射随距离演化特性的斯托克斯矢量。它的方向是随距离变化而偏振态不变所对应的斯托克斯矢量方向，大小为：当输入光偏振态与双折射矢量不重合时所对应的斯托克斯矢量绕双折射矢量的旋转速度。对于可视为折射率沿纵向均匀分布的正规光波导或光纤，双折射矢量是一个不随距离变化的常矢量；而对于一般的光波导或光纤，双折射矢量随距离的变化而变化。

**01.475　拍长**　beat length

光纤双折射引起光波偏振态沿传输方向变化一个周期的距离。数值上等于本地双折射倒数的 $2\pi$ 倍。对于可视为折射率沿纵向均匀分布的正规光波导或光纤，拍长为固定值，比如高双折射光纤，其拍长在毫米量级；对于一般的光波导或光纤，因双折射随光纤中的位置随机变化，拍长也是一个随机量。

**01.476　透射**　transmission

光波入射到物体表面、经过折射并穿过物体后出射的现象。

**01.477　振幅透射系数　amplitude transmission coefficient**

又称“菲涅耳透射系数(Fresnel transmission coefficient)”。描述光波的不同偏振条件下通过介质单一界面的透射特性的一个参量。以其透射光振幅与入射光振幅之比表示，它用于定义描述介质透光特性的菲涅耳公式。

**01.478　光吸收　optical absorption**

在物质内部吸收入射光能量并转换为其他形式能量的现象。如半导体材料被入射光照射、吸收光子能量使价带电子跃迁至导带的本征吸收，光子被杂质、激子、自由载流子吸收改变其能量状态等。通常纯光学介质材料没有吸收，而金属材料吸收较大。

**01.479　一般性吸收　general absorption**

又称“普遍吸收”。物质对一定光谱范围内所有波长的光衰减程度相同或相似的现象。

**01.480　选择性吸收　selective absorption**

物质对某些波长的光表现出有吸收或强烈吸收的现象。

**01.481　连续吸收　continuum absorption**

在较大的波长范围内大气分子的吸收随波长变化而平缓变化的现象。

**01.482　窄带吸收　narrow-band absorption**

大气吸收光谱中随波长快速变化(高频)的部分。它是差分吸收光谱要保留的部分。

**01.483　宽带吸收　broad-band absorption**

大气吸收光谱中随波长缓慢变化(低频)的部分。它是差分吸收光谱要滤除的部分。

**01.484　特征吸收　characteristic absorption**

大气吸收光谱中具有不同特征的吸收光谱结构。因不同大气分子受到光照射后产生不同能级的跃迁，其吸收能量不同，从而产生各自不同的光谱结构，这些特征吸收光谱结构可用于识别不同分子。

**01.485　本征吸收　intrinsic absorption**

受到光波照射的半导体材料中产生的一种吸收现象。因半导体材料受到外来光子照射时，其价带电子跃迁到导带上而导致入射辐射能量减少，这是材料吸收的最主要因素。光子还与半导体材料中处于各种状态的电子、晶格原子和杂质原子相互作用产生本征吸收之外的吸收。

**01.486　杂质吸收　impurity absorption**

①杂质半导体受到外来光子照射时，引起电离的杂质能级中的电子与空穴对入射辐射光能的吸收。②由于光学介质不纯含有杂质而引起的吸收。

**01.487　自由载流子吸收　free carrier absorption**

半导体材料中产生的导带电子或价带空穴(即自由载流子)在各自的同一能带内不同能级间直接跃迁至更高能级而再吸收光子能量的现象。这种吸收发生在本征吸收限的长波侧并随波长增加而增加。

**01.488　共振吸收　resonance absorption**

物质的原子或分子受到外界能量激发，从基态到激发态跃迁所发生的光学吸收。它使得受激的原子或分子从基态到其最近的较高能级的跃迁概率最大。

**01.489　多光子吸收　multiphoton absorption**

在高强度激光照射下物质同时吸收 3 个或者 3 个以上光子的非线性光学吸收现象。这一现象可理解为多个光子同时被吸收，物质从初态跃迁到终态，而仅经过虚设的中间状态。

**01.490　电致吸收　electro-absorption**

光学材料的吸收系数随其入射光波电场强度变化的光吸收现象。

**01.491　受激吸收　stimulated absorption**
在光辐射场作用下处于基态的粒子吸收光子能量后激励到高能级同时光子被吸收而消失的过程。它和受激发射这两个过程统称为受激跃迁。

**01.492　双光子吸收　two-photon absorption**
具有非线性光学性质的物质，其粒子(原子、分子等)同时吸收两个光子从低能态激发到能量差为两个光子能量的高能态的非线性光学吸收现象。它是强光与物质相互作用的三阶非线性效应之一，也是与相位匹配无关的一个非参量过程。

**01.493　瞬态吸收　transient absorption**
飞秒脉冲激光与物质相互作用时使物质对光波的吸收增强或减弱，而当光脉冲离开物质时物质对光波的吸收又逐渐恢复到原始状态，且这种光学吸收性质随施加飞秒光脉冲的时间而改变的吸收过程。它用于测量物质各分子、原子各电子态的动态过程，以追踪能量转移、电荷及质子转移、结构演化等动态过程。

**01.494　激发态吸收　excited state absorption**
同一个粒子从能级的基态连续吸收多个能量依次等于粒子能级差的光子，到达更高能级的过程。由 Bloembergen 等于 1959 年提出。

**01.495　再吸收　resorption**
基质的某一中心发光后，发射光波在基质晶格内行进时又被基质自身吸收的现象。

**01.496　半导体吸收　semiconductor absorption**
半导体对紫外线、可见光、红外线全部光频波段中电磁波的吸收现象。从微观过程看，包括：①本征光吸收，对应于电子能带间的跃迁；②杂质吸收，对应于电子在杂质态与价带或导带间的跃迁；③晶格吸收，对应于光子与振动晶格的能量交换；④自由载流子吸收，对应于载流子的带内跃迁；⑤其他，如多光子激发所对应的光吸收等。它是研究半导体中电子能量状态的重要方法之一。

**01.497　晶格吸收　lattice absorption**
光子能量直接转换为晶格原子振动能量的光吸收现象。其中原子振动能量与光子能量一样是量子化的，即能量的改变量取某些能量值的整数倍。

**01.498　激子吸收　exciton absorption**
在半导体材料中激子吸收光子能量使电子–空穴间的紧束缚态解除的光吸收现象。

**01.499　可饱和吸收　saturable absorption**
物质对光波能量的吸收随其入射光强的增大而减弱的光吸收现象。这是因物质的原子或分子吸收光能量子后被激发至激发态，当激发态寿命较长使之无法及时回到基态时，就造成基态被抽空、吸收减小。这个现象用于超快光学中，锁模飞秒激光脉冲的瞬时高光强脉冲在通过可饱和吸收体时损耗较少，从而获得更高增益的飞秒脉冲输出。

**01.500　饱和吸收　saturate absorption**
非线性光学介质被激发后对某一入射光的吸收小于其未被激发时的吸收现象。这是由于介质被激发后改变了它原来的吸收特性。

**01.501　水汽吸收　water vapor absorption**
地球大气中的水汽在红外波段对光波强的吸收现象。水汽的强吸收带在 0.94 μm、2.7 μm 和 6.3 μm 波长处。水汽是地球大气中主要的红外吸收气体，其含量随大气温度、海拔和地理位置而变。

**01.502 大气分子吸收** atmospheric molecule absorption

简称"大气吸收(atmospheric absorption)"。地球大气中的分子和气溶胶粒子(如水汽、二氧化碳、臭氧、甲烷、氧化氮、一氧化碳等多原子气体分子)对光波(含红外线)的光学吸收现象。这些气体分子吸收的转动光谱主要分布在甚远红外，振动光谱分布在波长2～30 μm的红外波段。

**01.503 二氧化碳吸收** carbon dioxide absorption

地球大气中的二氧化碳气体对红外波段电磁辐射能的吸收。这种吸收较强的红外吸收带在4.3 μm和15 μm波长处。二氧化碳气体是地球大气中主要的红外吸收气体，它在大气成分中所占的比例不随高度而变化，且在全球范围分布比较均匀。

**01.504 生物组织吸收** absorption of biological tissue

光波进入生物组织后部分光能转换为热运动或分子的某种振动等而导致光强衰减的现象。

**01.505 吸收结构** absorption structure

大气分子吸收光谱的结构。光在大气中传输时，因不同的大气分子电子跃迁的能级不同而产生不同的吸收光谱结构。它包括随波长慢变化的宽带吸收结构和快变化的窄带吸收结构。

**01.506 吸收截面** absorption cross section

表征大气分子从入射光中吸收能量的大小的一个参量。数值上等于大气吸收的总功率与入射能流密度之比，单位为$m^2$。

**01.507 差分吸收截面** differential absorption cross section

气体分子产生窄带吸收结构的吸收截面。通常采用滤波措施去除气体分子产生宽带吸收结构而得到差分吸收截面，这类处理技术被称为差分吸收光谱技术。

**01.508 吸收重叠** overlapping absorption

大气中不同分子吸收光谱的重叠现象。这是由于大气中不同气体对光的吸收存在差异，但有些气体分子因能级跃迁差异很小，会在非常相近的波段产生吸收，从而形成光谱重叠。

**01.509 光吸收系数** optical absorption coefficient

简称"吸收系数(absorption coefficient)"。又称"吸收率(absorption ratio)"。表征介质对一定波段光吸收能力的一个参量。数值上等于被吸收的光通量与入射光通量的比值。

**01.510 比吸收系数** specific absorption coefficient

单位质量物质的吸收系数。

**01.511 吸收带** absorption band

由物质的许多密集吸收线构成的一定波长宽 度范围的带状光谱。

**01.512 吸收波长** absorption wavelength

光学介质或器件对光有吸收作用所对应的某些波长。

**01.513 光衰减** optical attenuation

简称"衰减"。光源、发光体或辐射体的光强随着传播距离增加而衰减的现象。

**01.514 大气衰减** atmospheric attenuation

光波或电磁波在大气中传播时，受大气中气体分子、气溶胶及水汽凝结物的吸收和散射作用，其能量减少的现象。

**01.515 衰减系数** attenuation coefficient

又称"衰减率(attenuation ratio)"。描述物

质对进入该物质的光波或电磁波能量衰减特性的一个参量。数值上等于透过该物质的光能与进入该物质的光能之比，量纲为长度的倒数($m^{-1}$)。理论上其值等于吸收系数和散射系数之和。

**01.516 水漫射衰减系数** diffuse attenuation coefficient

简称“浸射衰减系数”。描述光波在水中传输时其能量随水深度而衰减的一个参量。数值上等于光波的辐射照度或辐射亮度的自然对数随深度的变化率，单位为$m^{-1}$。

**01.517 海水光学衰减长度** optical attenuation length of sea water

描述光波在海水中传输时的衰减特性的一个参量。以其衰减至入射光强的 1/e 时的传输距离表示，单位为 m。

**01.518 大气衰减系数** atmospheric attenuation coefficient

又称“大气消光系数(atmospheric extinction coefficient)”。描述光波在大气中传输时的衰减特性的一个参量。数值上等于大气的吸收系数与散射系数之和或光波能量衰减至 1/e 倍时传输距离的倒数，量纲为长度的倒数($m^{-1}$)。

**01.519 光纤衰减系数** fiber attenuation coefficient

描述光波在光纤中传输时的衰减特性的一个参量。数值上等于光波稳态传输条件下纵向均匀光纤的单位长度上对光功率的衰减量，单位为 dB/km。

**01.520 相干叠加** coherent superposition

两个或两个以上的同频同偏振的相干光波相遇时按照复振幅叠加的现象。叠加后的振幅和相位发生变化，出现明暗相间的干涉条纹，其光强不等于各波单独存在时各自光强的线性相加。

**01.521 非相干叠加** incoherent superposition

两个或两个以上光束不满足相干条件相遇时按照光强叠加的现象。它说明在叠加区域总光波的光强为各波单独存在时的线性相加。

**01.522 相干合成** coherent synthesis

将多束相位差稳定的同波长激光合成一束激光的过程。可以用于获得高功率(能量)密度、高光束质量的激光束。

**01.523 非相干合成** incoherent synthesis

将多个非相干激光束在近场或远场进行合束，获得能量(或功率)累加的过程。

**01.524 相干** coherence

频率相同、偏振态相同、相位差恒定的两列光波相遇时在时域或者空间会产生局部光强增大或减小的现象。

**01.525 相干性** coherency

①描述两束光波产生干涉能力的一个物理量。②描述一个波列在同一时间不同位置或者在同一位置不同时间的振动间有恒定相位关系的特性。它分为空间相干性、时间相干性和部分相干性三种。

**01.526 部分相干** partially-coherent

两列光波相遇时呈现的状态介于完全相干和完全不相干之间的相干现象。以相干度（相干光强与总光强之比）或干涉条纹的能见度(对比度)来表示。它说明实际光源或光场的相干性介于完全相干与完全不相干之间，其相干度大于 0 小于 1。

**01.527 纯相干** purely-coherent

光波在传播过程中的在不同地点或不同时间均具有相关性的现象。

**01.528 非相干** incoherent

两个或两个以上光波不满足相干条件相遇

时的光场特性。它包括振幅、相位、强度和偏振态等特性，其各自的振幅、相位和偏振态是各自独立、互不关联的，其光强为各波光强的线性叠加。

**01.529　消相干　decoherence**
又称“退相干”。光波在传播过程中受到介质的非线性或者环境影响而相干性减退的现象。

**01.530　相干度　degree of coherence**
描述部分相干光场中各时空点之间的光场关联程度的一个参量。以归一化的光场互相关函数表示。

**01.531　相干长度　coherence length**
描述光源出射光的波列在介质中的持续长度的一个物理量。定义为各个相干波列在介质中的平均传播距离。数值上等于光源的相干时间与该光波在介质中传播速度的乘积。

**01.532　相干组束　coherent beam combining**
在光学信息处理系统中，将多路激光束进行相干叠加而合成的光束。它能够提高输出功率、保证光束质量。

**01.533　空间相干性　spatial coherence**
描述部分相干光在空间某些点光扰动的相位变化量之间关联程度的一个参量。以这些光扰动传播到其后面空间的叠加光场产生的干涉条纹对比度来表示。它与时间相干性同时存在，是表征部分相干光场特性的重要参量。

**01.534　时间相干性　temporal coherence**
描述部分相干光传播到空间某点不同时刻相位变化量的关联程度的一个物理量。对于点光源(如激光器)，它以相干时间或光波频率宽度 $\Delta\nu$ 的倒数来表示，决定了其纵模的质量。对于准单色扩展光源，它同时具有时间相干性和空间相干性，以光场中两个光扰动传播到其后面空间的叠加光场产生的干涉条纹对比度来表示。

**01.535　相干时间　coherence time**
描述光源发射光波产生的光场时间相干性能的一个物理量。它以光源发出的光波列在时间上的持续长度或光波频带宽度的倒数来表示，它也是波列发生干涉时最大的时间间隔，也可以其相干长度除以光波在光学介质中的相速度来表示。

**01.536　非相干性　incoherence**
非相干光场或非相干光学系统的光学特性。它包括：光场或系统中各光波彼此独立、互不关联，它们的输入、输出像也是彼此不相干的，输出像是输入像的强度叠加。

**01.537　光子相干性　photon coherence**
产生干涉现象的光子所具备的相干特性。它包括时间相干性和空间相干性。

**01.538　干涉　interference**
两列或两列以上的光波在空间中相遇时发生叠加而形成新波形的现象。

**01.539　等厚干涉　equal thickness interference**
入射角相同、干涉条纹的位置只与形成条纹的光波路程差有关的干涉现象。相应的干涉条纹称为等厚干涉条纹。

**01.540　等倾干涉　equal inclination interference**
干涉条纹的位置只与形成条纹的光波入射角有关的干涉现象。相应的干涉条纹称为等倾干涉条纹。

**01.541　白光干涉　white light interference**
具有一定谱宽、相干长度较短的白光或宽谱光源形成的干涉现象。它的干涉条纹由各光谱分量的干涉条纹光强叠加而成，且中心条纹为主极大值，其位置与波长无关。对白光干涉中心条纹位置的精确测量、判定和应用等形成了白光干涉法或技术，它能实现对光学表面微观形貌的大量程绝对测量等。

**01.542　散斑干涉　speckle interference**

基于激光散斑的一种分波前干涉现象。它的实现是：在一个平面镜上撒粉末作为散射颗粒，被激光照射后每个散射点源发出球面波，其中一半波前直接向该平面镜的上空散射、传播，另一半波前向下进入平面镜并经其背面的镜面反射再返回上方空间，这两束波前在平面镜的上方交叠处满足相干条件，产生同心干涉环。

**01.543　薄膜干涉　thin-film interference**

利用薄膜实现的一种分振幅干涉现象。入射光入射到透明薄膜表面，一部分能量经上表面反射回上方空间，一部分能量透射，再经下表面反射回上方空间，这种两次反射的光束在空间交叠发生干涉现象。

**01.544　多光束干涉　multiple-beam interference**

多束相干光波交叠、满足相干条件时产生的干涉现象。

**01.545　洪–区–曼德尔干涉　Hong-Ou-Mandel interference**

基于物质的两个全同粒子(例如双光子)在满足相干条件时产生的一种干涉现象。它1987年由洪(C. K. Hong)、区泽宇(Z. Y. Ou)和曼德尔(L. Mandel)研究并提出，故以他们的名字命名。

**01.546　波包干涉　wavepacket interference**

两个或多个光波波包的叠加产生新波形的干涉现象。

**01.547　共路干涉　common path interference**

干涉仪中参考光束与测量光束经过同一光路产生的干涉现象。在干涉仪的同一光路中，测量光束与参考光束对环境的振动、温度和气流的变化能产生彼此的共模抑制，无需隔振和恒温条件也能使它们满足相干条件、获得稳定的干涉条纹。

**01.548　双光束干涉　two beam interference**

区别于多光束干涉的一般干涉装置和干涉仪利用两束相干光产生的干涉现象。

**01.549　分波前干涉法　interferometry of dividing wavefront**

将普通点光源产生的波前在横向分为两部分或多部分并使它们分别经过两个或多个光学系统而实现空间交叠、满足相干条件而产生稳定干涉现象的一种方法。杨氏双缝干涉实验是典型的分波前干涉。

**01.550　分振幅干涉法　interferometry of dividing amplitude**

将一束光投射到分束器上，使其能量分为两部分或多部分，让它们分别经过两个或多个光学系统而实现空间交叠、满足相干条件而产生稳定干涉现象的一种方法。迈克耳孙干涉仪、薄膜干涉等均属于分振幅干涉。

**01.551　光谱干涉法　spectral interferometry，SI**

基于相干原理测量飞秒脉冲时间、光谱及载波包络相位等的线性光谱的一种方法。其过程是：在设计的光学系统中，使待测脉冲与已知光谱及相位的脉冲满足相干条件、产生干涉条纹，对其条纹进行测量，获得时间相关光谱信息，并通过运算获得待测脉冲的强度及相位等信息。

**01.552　干涉条纹　interference fringes**

光波满足相干条件、产生干涉现象时呈现的明暗相间的条状(或带状)或者环状图形。

**01.553　干涉图样**　interference pattern，interferogram

光的波动性导致光波之间互相干扰，在满足相干条件时产生相干现象而呈现的干涉场光强(或密度)随光程差变化的光学图样。

**01.554　等厚[干涉]条纹**　equal thickness fringes

利用薄膜产生等厚干涉现象而呈现的干涉条纹。它的特点是：当入射光为平行光时，同一干涉条纹对应着相同的薄膜厚度。

**01.555　等倾[干涉]条纹**　equal inclination fringes

利用薄膜产生等倾干涉现象而呈现的干涉条纹。它的特点是：入射光为发散光、薄膜均匀等厚时，其干涉条纹为同心圆环且同一干涉条纹对应着相同的入射光倾角。

**01.556　布儒斯特[干涉]条纹**　Brewster's fringes

利用准单色光源照射两块具有很小夹角的全同平行玻璃板时，它们的反射或折射光在无穷远处交叠、满足相干条件产生相干现象而呈现的干涉条纹。

**01.557　拉姆齐[干涉]条纹**　Ramsey fringes

拉姆齐干涉仪中两束光满足相干条件产生的干涉条纹。

**01.558　莫尔干涉条纹**　Moire interference fringes

光波照射两个重叠的振幅光栅(其周期相同、栅条具有一定夹角或其周期不同、栅条夹角为零)，其反射或出射光满足相干条件产生现象而呈现的干涉条纹。若将两张干涉图的亮暗条纹叠加，产生的莫尔干涉条纹携带了这两张干涉图所包含的波面信息之间的偏差。

**01.559　干涉条纹程差**　path difference between interference fringes

在光波干涉产生的干涉条纹中，相邻亮、暗干涉条纹之间的光程差。它与产生干涉的系统（包括系统结构、光波所处的介质及波长等）有关。

**01.560　干涉条纹对比度**　contrast of interference fringes

又称“干涉条纹可见度”。描述光波的干涉场强度起伏(或干涉条纹的可见度)的物理量。数值上等于以干涉条纹中光强最大值 $I_{max}$ 与最小值 $I_{min}$ 之差除以两者之和，此值总是小于 1 的。

**01.561　干涉图采样间隔**　sampling interval of interference pattern

表征以奈奎斯特(Nyquist)采样定理确定的干涉图采样间隔的范围。数值上小于等于其 2 倍最大波数的倒数，单位为纳米(nm)。对光波干涉产生的干涉图进行采样时，采样间隔需满足奈奎斯特采样定理，采样间隔的选取既要避免在复原光谱过程中产生光谱混叠，又要避免过多增加计算量。

**01.562　牛顿环**　Newton's rings

一种由等厚干涉现象产生的干涉图样。这个图样是一组对称的、中央疏、边缘密的同心单色亮暗圆环或彩色圆环，将一个透镜放在一光学平板上，它们之间形成一个厚度由零逐渐增大的空气薄层，以单色光或白光垂直照射时，在空气层上即可形成以它们的接触点为中心的上述图样。这个现象或图样由牛顿(A. Newton，1643—1727)发现。它在光学制造领域用于测量透镜曲率半径 $R$ 或检验光学零件表面质量等。

**01.563　干涉级次**　interference order

因光波干涉产生的干涉光场或干涉图样中，从中心(无论亮暗与否)向两边或向周围分布的干涉条纹序号。级次分为 0 级、1 级(或±1 级)、2 级(或±2 级)等。

**01.564 杨氏干涉实验** Young's interference experiment

实现分波前干涉的一种实验。最早由托马斯·杨(Thomas Young，1773—1829)提出。它的实现是：由一个点光源发出光波照射到一个屏的双孔上，双孔作为两个次波源，发出光波满足相干条件时，在观察屏上叠加、满足相干条件形成干涉条纹。这个实现装置也称为杨氏干涉装置。

**01.565 洛埃镜干涉实验** interference experiment of Lloyd's mirror

利用平面镜实现分波前干涉的一个实验。它的实现是：由点光源发出的光波在横向分为两部分，一部分直接照射到一个观察屏，另一部分经一个平面镜反射也照射到这个观察屏，这两束光满足相干条件时在观察屏上的交叠处呈现干涉条纹。

**01.566 菲涅耳双棱镜干涉实验** interference experiment of Fresnel biprism

利用两个对接的棱镜实现分波前干涉的一个实验。它的实现是：由点光源发出的光波通过分束器分成两个波前，并分别射入两棱镜经折射后，其两束出射光在空间交叠处满足相干条件呈现出干涉条纹。

**01.567 维纳干涉实验** Wiener interference experiment

利用光波干涉现象验证光与物质相互作用的实验。它由维纳提出并完成，故以他的名字命名。光波中电场起主要作用。

**01.568 迈克耳孙–莫雷干涉实验** Michelson-Morley interference experiment

利用迈克耳孙干涉仪测量地球相对于绝对惯性系(以太系)的速度的一个实验。该实验由迈克耳孙(A. A. Michelson，1852—1931)和莫雷于 1887 年完成。这个实验测量了地球相对于绝对惯性系(以太系)的速度为零，从而引起当时物理学界的极大关注，促使人们重新审视时空变换和相对性原理。

**01.569 比累对切透镜干涉实验** interference experiment of Billet's split lens

利用一个直径剖成两半的凸透镜实现分波前干涉的一个实验。它的实现是：由点光源发出的光波照射到一个直径剖成两半、在垂直于光轴的方向上拉开一点距离的凸透镜(两部分)上，其出射光在传播空间交叠、满足相干条件呈现出干涉条纹。它由比累提出，故以他的名字命名。

**01.570 梅斯林干涉实验** Meslin's interference experiment

利用一个直径剖成两半的凸透镜实现分波前干涉的一个实验。它的实现是：由点光源发出的光波照射到一个直径剖成两半、在沿光轴方向拉开一点距离的凸透镜(两部分)上，其出射光在传播空间交叠、满足相干条件呈现出干涉条纹。它由梅斯林提出，故以他的名字命名。

**01.571 单色性** monochromaticity

光波的波长范围或谱线宽度集中于较窄范围内的现象。

**01.572 衍射** diffraction of light

光传播途中遇到障碍物后其不透明的边缘发生扩散或发散的现象。障碍物也常称为衍射屏。

**01.573 菲涅耳衍射** Fresnel diffraction

光源和观察屏与障碍物(衍射孔或屏)的距离均为有限远时光波产生的一种典型衍射现象。它由菲涅耳提出并观察到，故以他的名字命名。

**01.574 夫琅禾费衍射** Fraunhofer diffraction

光源和障碍物(衍射屏)、衍射屏和接收屏之间的距离均为无限远的一种衍射现象。

**01.575 原子衍射** atomic diffraction
原子因其物质波的波动性而产生的衍射现象。

**01.576 锥面衍射** conical diffraction
光波的入射面和与光栅栅线垂直的任意平面有一定夹角时，光栅产生的各衍射级次光在空间形成锥面分布的现象。

**01.577 布拉格衍射** Bragg diffraction
光波被三维周期性结构衍射且表现出一定规律的特定现象。它包括：一些晶体在被特定的波长及入射角的 X 射线照射时，其反射光会形成集中的波峰，称为布拉格峰；布拉格峰出现的波长、角度及三维结构参数之间的关系称为布拉格定律或布拉格条件。它由布拉格父子于 1913 年最早提出并观察到。体全息图、声光光栅等三维周期性结构对光波的衍射属于这种典型的布拉格衍射。

**01.578 声光衍射** acousto-optic diffraction
光波入射到施加有超声场的介质时，因声光作用而发生衍射的现象。它分为布拉格(Bragg)声光衍射和拉曼–奈斯(Raman-Nath)声光衍射两种类型。

**01.579 布拉格声光衍射** Bragg acousto-optic diffraction
光波与声波相互作用，只产生 0 级和±1 级衍射光的一种声光衍射现象。产生它的条件是：声光作用长度较长，超声波的频率较高，光波相对超声波的传播方向需以一定角度入射。它由布拉格父子[威廉·亨利·布拉格(W. H. Bragg，1862—1942)和威廉·劳伦斯·布拉格(W. L. Bragg，1890—1971)]提出并观察到。

**01.580 拉曼–奈斯声光衍射** Raman-Nath acousto-optic diffraction
光波与声波相互作用，产生各级衍射光对称分布于零级衍射光两侧且同级次衍射光强度相等的一种声光衍射现象。产生它的条件是：声光作用长度较短，超声波频率较低，光波需沿着垂直于超声场传播方向入射。

**01.581 杨氏衍射** Young’s diffraction
入射光波与其衍射孔(或屏)发出的“边界波”交叠、产生干涉的一种衍射现象。它由托马斯·杨首先提出。

**01.582 衍射极限** diffraction limit
基于光的波动性，光波或光学系统中的一些物理过程或物理量因衍射效应的影响而被限制或限定在某个可达到的最小值的情况。例如，远场光束的发散度、聚焦过程中的脉冲响应或分辨率、光栅的衍射级、高级像差等受到衍射的限制，它们反映了理想(或无像差)光学系统的成像质量。

**01.583 阿贝衍射极限** Abbe diffraction limit
表征光学成像系统中因阿贝成像过程及入射波长、物镜的衍射效应的影响而限制或限定透镜分辨率极限的一个参量。它与光学系统中成像光波的波长及成像物镜的数值孔径有关。

**01.584 绝对衍射效率** absolute diffraction efficiency
描述光栅衍射性能的一个参量。以其某波长处某一衍射级次的衍射波能流在光栅平面法线方向上的投影与入射波在同一方向上的投影的绝对值之比表示。它取决于光栅的微观槽形状和光栅表面材料的反(透)射性能。它用于计算光栅衍射的光能输出能力。

**01.585 相对衍射效率** relative diffraction efficiency
描述反射光栅衍射性能的一个参量。数值上等于绝对衍射效率与等效于反射光栅的平面反射镜对给定波长的反射率之比。它因反射镜的反射率小于 100%而高于绝对衍射效率。这里的平面反射镜具有与光栅相同的孔径且镀有相同的膜层材料。

**01.586　全息图衍射效率**　diffractive efficiency of hologram

表征全息图衍射光强弱的物理量。数值上等于全息图的一级衍射成像光通量与照明全息图的总光通量之比。它关系到全息再现像的亮度。

**01.587　声光衍射特征长度**　acousto-optic diffraction characteristic length

描述声光衍射特性的一个物理量。以声光介质中超声波波长的平方与介质中光波波长之比表示。当声光作用长度小于该特征长度的一半时产生拉曼–奈斯衍射，而大于特征长度的 2 倍时产生布拉格衍射。

**01.588　衍射临界角**　diffraction critical angle

简称“临界角”。当某个衍射级次所对应的衍射角刚好是 90°时，衍射处于存在和消失的临界状态所对应的入射角。

**01.589　布拉格条件**　Bragg condition

又称“布拉格方程(Bragg equation)”。晶体 X 射线产生布拉格衍射需满足的条件或方程。以 $2d\sin\theta = k\lambda$ 表示，其中 $d$ 为晶面间距，$\theta$ 为入射 X 射线相对晶面的掠射角，$k$ 为衍射级次，$\lambda$ 为 X 射线波长，它给出其布拉格衍射 $k$ 级主极强的位置。它由布拉格父子于 1913 年提出并推导，故以他们的名字命名。

**01.590　基尔霍夫衍射公式**　Kirchhoff diffraction formula

表示光波衍射光场中任意一点的复振幅大小与光源位置关系的一个公式。

**01.591　瑞利反常**　Rayleigh anomaly

某些衍射级次所对应的衍射角刚好是 90°，它们处于存在和消失的临界状态，或者说是传播波和倏逝波的临界状态，所有传播波都要调节各自所携带的能量以保持能量守恒，导致衍射效率曲线在瑞利值处发生导数跃变的现象。

**01.592　散射**　scattering

光学介质的不均匀性使入射光波能量不只沿定向，同时还沿若干其他方向传播的现象。它主要有浑浊介质中的廷德尔散射和纯净介质中由分子热运动或分子各向异性引起的分子散射。

**01.593　弹性散射**　elastic scattering

又称“经典光散射”“静态散射”。介质对入射光波产生的散射光波长与其入射光波长相等的一种散射现象。

**01.594　瑞利散射**　Rayleigh scattering

半径比光波或其他电磁辐射的波长小很多的微小颗粒(分子或原子)对入射光波的一种散射现象。它的特点是散射光子与入射光子的频率或波长、能量相同，属于一种弹性散射，其散射强度与入射光波波长的四次方成反比。它由英国物理学家瑞利(Rayleigh，1842—1919)发现而得名。

**01.595　受激瑞利散射**　stimulated Rayleigh scattering

在强激光与光学介质的相互作用下产生的散射光具有受激辐射性质(如方向性强、散射强度高等特性)的瑞利散射。在这个过程中，激光的高强度电场足以使介质的各向异性分子有一定取向，原子与分子的运动状态发生变化，同时介质受激后产生与入射光差频的辐射光。

**01.596　拉曼散射**　Raman scattering

又称“拉曼效应”。入射光波与光学介质中的分子相互作用而引起光波频率发生变化的散射现象。这是一种非弹性散射。它的本质是入射光子和介质分子之间发生能量交换，发射的散射光频率低于入射光频率。它由印度物理学家拉曼于1928年发现并得名。

**01.597　自发拉曼散射**　spontaneous Raman scattering

光学介质与入射光波相互作用时其分子以自发散射方式随机发生的一种拉曼散射。

**01.598　受激拉曼散射**　stimulated Raman scattering，SRS

强激光与光学介质相互作用产生具有受激辐射性质(如方向性强、散射强度高等特性)的新频率散射光的拉曼散射。在量子力学中，受激拉曼散射可看作一个光子被介质分子散射成为另一个低频光子，同时分子完成两个振动态之间的跃迁(产生一个光学声子)。光纤中受激拉曼散射产生的新频率散射光(被称为斯托克斯光)可同时前向、后向传输。

**01.599　脉冲受激拉曼散射**　impulsive stimulated Raman scattering

超短脉冲在介质中传播时的拉曼散射。

**01.600　脉冲内拉曼散射**　intra-pulse Raman scattering

入射到光学介质中的光脉冲受到介质分子振动、散射作用，将其光能量转换到低频分量(斯托克斯光)的一种拉曼散射。低频分量的频率由拉曼增益峰值决定，入射光脉冲与斯托克斯光的频率差被称为拉曼频移或斯托克斯频移。

**01.601　表面增强拉曼散射**　surface-enhanced Raman scattering，SERS

当物质分子吸附在一些特定金属表面时，光波的激发使其表面或近表面的电磁场增强，导致其拉曼散射光增强的一种拉曼散射。

**01.602　布里渊散射**　Brillouin scattering

入射光波与光学介质内弹性声波的相互作用使其散射频率发生变化的一种散射现象。这是一种非弹性散射。其实质是入射光光子受到声波声子的散射。它由法国物理学家布里渊(Léon Brillouin，1854—1948)于1922年最早提出，故以他的名字命名。

**01.603　自发布里渊散射**　spontaneous Brillouin scattering

入射光波场与光学介质内弹性声波场相互作用时以自发散射方式随机发生的一种布里渊散射。

**01.604　受激布里渊散射**　stimulated Brillouin scattering，SBS

物质在泵浦光激发下产生的斯托克斯光和由入射光的电磁伸缩效应产生的声波相互作用产生的一种布里渊散射。这种相互作用使斯托克斯光和声波逐渐呈指数式放大，导致入射光的部分能量转移到斯托克斯光上，其中斯托克斯光的频率与入射光频率的间隔约10 MHz。该散射现象由布里渊首先发现，故以他的名字命名。在量子力学中，受激布里渊散射可看作一个泵浦光子的湮灭，同时产生一个斯托克斯光子和一个声学声子的过程。光纤中受激布里渊散射产生的斯托克斯光仅后向传输。

**01.605　相干反斯托克斯拉曼散射**　coherent anti-Stokes Raman scattering，CARS

入射光注入非线性光学介质中由拉曼散射产生的斯托克斯光与入射光的频差等于介质的拉曼频率导致的进一步的拉曼散射。由于二次拉曼散射光的波长处于第一次斯托克斯光的反方向，所以称为反斯托克斯散射。

**01.606　瑞利–甘散射**　Rayleigh-Gans scattering

与入射光场产生微弱作用(或外形较复杂)

的软光学粒子(折射率接近于 1)的一种散射现象。

**01.607　米氏散射**　Mie scattering

微粒大小与入射光波长可比拟情况下的一种散射现象。它的特点是散射程度与入射光波长无关，散射光的性质不发生变化，有各自的偏振度，各方向均有若干散射强度的极大与极小，但前向散射的能量多，后向散射的能量少。它不同于瑞利散射，后者的散射微粒半径更小。这种现象及其理论对大气光学有重要意义，如研究大气中不同大小水珠的散射等。

**01.608　康普顿散射**　Compton scattering

当 X 射线或 γ 射线的光子跟物质分子、原子等相互作用时，因能量变化而导致波长变化的散射现象。它由康普顿(A. H. Compton，1892—1962)发现并得名。

**01.609　汤姆孙散射**　Thomson scattering

由入射光波和介质的自由带电粒子产生的一种弹性散射。它的特点是入射波的电场加速介质的粒子，使散射波的频率与入射波频率相同。它由汤姆孙(J. J. Thomson，1856—1940)发现并得名。

**01.610　廷德尔散射**　Tyndall scattering

光波入射到介质中，其散射粒子的线度与光波波长数量级相同时产生的一种散射现象。它的特点是：比瑞利散射强好几个数量级，散射强度与波长成反比，其前向散射大于后向散射。它由廷德尔研究发现，故以他的名字命名。

**01.611　后向散射**　back scattering

受光照射的大气或光学介质产生的散射光沿其辐射方向的相反方向散射的现象。因大气或光学介质被光波照射后的辐射在其路径上受到大气分子、气溶胶粒子等的作用及大气湍流不均匀性(或介质的无序结构、密度和折射率不均匀性引起波长尺度的涨落)而产生散射光。

**01.612　多次散射**　multiple scattering

介质的各分子或各悬浮粒子对入射波产生散射的总和效应。

**01.613　动态散射**　dynamic scattering，DS

液晶盒施加一定频率的交流电时其内部液晶分子、原子等离子运动形成的紊流和搅动对入射光产生的强烈散射现象。

**01.614　非弹性散射**　inelastic scattering

介质对入射波产生的散射光波长不等于入射光波长的散射现象。拉曼散射、布里渊散射属于这种非弹性散射。

**01.615　大气散射**　atmospheric scattering

大气中各种气体成分及气溶胶粒子等对入射光波产生的散射现象。它的特点是具有明显的光谱选择性，入射光波的波长越短，其散射光强度越大。

**01.616　不对称因子**　asymmetry factor

散射角余弦按散射相函数的加权平均值。是散射相函数的一阶矩，其值域范围为[−1，1]，表示散射量在散射方向所占的权重。

**01.617　散射损耗**　scattering loss

介质与光波相互作用产生散射而使光能量减少的现象。这是在介质的局部区域其材料密度的微观变化引起折射率分布不均匀而产生的。

**01.618　散射系数**　scattering coefficient

描述光波与光学介质相互作用产生的散射光强度特性的一个参量。以散射介质的单位长度(或体积)上、在传输方向(或各方向)上对入射光的散射总能量与入射光能量之比表示，其量纲为长度(或体积)的倒数；或以散射截面与粒子数浓度的乘积表示，它也是光波穿过散射介质时每单位长度上被散射的概率或相对散射率。

**01.619　后向散射系数**　backscattering coefficient

描述在大气中传播的光波产生后向散射的强度特性的一个物理量。以沿着传输相反方向的散射光强与入射光强之比表示，量纲为长度的倒数。

**01.620　约化散射系数**　reduced scattering coefficient

描述介质对入射光波产生的散射光(在其散射系数与散射介质各向异性因子融合后的散射)特性的一个参数。它说明散射光辐射过程中每一步长随机游走的光散射均表现出各向同性。

**01.621　散射势**　scattering potential

描述介质对光波产生散射时接收入射光能量的能力大小的一个参量。以介质的分子或原子吸收及发射光子所受到的入射光场力表示。

**01.622　散射振幅**　scattering amplitude

描述介质对入射光波产生的散射波特性的一个参量。以散射球面波传播至足够远某处的振幅空间分布与(介质)散射体到达该处的距离之比表示，它与散射势有关。

**01.623　散射相函数**　scattering phase function

描述介质对入射光波产生散射时其介质粒子散射能量的空间分布的一个函数。以散射波在某方向单位立体角内的散射能量与所有方向的散射能量总和之比表示。

**01.624　散射相矩阵**　scattering phase matrix

介质对入射光波产生的散射光和入射光的斯托克斯参数之间的变换矩阵。

**01.625　散射力**　dissipative force

描述介质对入射光波产生散射光的能力大小的一个参量。以其散射光的总光强(总能量)表示。

**01.626　散射截面**　scattering cross-section

描述大气被光波照射时产生的散射光能量大小的一个参量。以散射光总功率与入射光能流密度之比表示，其量纲为 $m^2$。

**01.627　体散射函数**　volume scattering function

光波入射到水中某一散射体上产生的散射光角度分布。数值上等于水中某一立体角体积内的散射光通量的二阶导数除以入射光辐射照度，单位为 $m^{-1}\cdot sr^{-1}$。

**01.628　散射各向异性**　scattering anisotropy

介质与入射光产生的散射光因散射方向的不同而强度也不同的现象。

**01.629　单次散射比**　single scattering ratio

描述介质对入射光波产生散射光时的单次散射特性的一个参量。以散射系数与介质的消光系数之比表示。

**01.630　前向散射光**　forward scattered light

介质对入射光波产生散射时的向前传播的散射光。它包括漫透射杂散光、非相干信息光等，其光程最长，穿透介质的厚度最深。

**01.631　大气后向散射比**　atmospheric back scattering ratio

描述大气被激光照射产生散射时向后传播的散射光特性的一个参量。以其后向总散射系数(包括气溶胶或云，以及大气分子的散射)与大气分子后向散射系数的比值表示。

**01.632　后向散射比**　back scattering ratio
描述介质对入射光波产生的散射光特性的一个物理量。数值上等于(介质)散射粒子的消光系数与后向散射系数之比。

**01.633　散斑噪声**　speckle noise
散斑在光学系统中引入的一种乘性噪声。它与理想光信号强度和理想物体(具有缓变的物函数)的空间变化有关，它可通过数字滤波消除。

**01.634　光斑**　light spot
光波能量相对集中的一个很小的空间分布或区域。它在观察屏上呈现出一个亮斑。

**01.635　泊松斑**　Poisson spot
圆孔或圆屏的菲涅耳衍射在其衍射区域中呈现的衍射图样。这种衍射图样是一组互为同心圆、明暗相间的环状衍射图样，中心由零级衍射光产生，呈亮点或暗点与衍射光的传播距离有关。

**01.636　劳厄斑**　Laue photograph，Laue spot
由波长连续的 X 射线照射单晶体产生的点状衍射图样。

**01.637　艾里斑**　Airy disk
由圆孔或圆屏的夫琅禾费衍射在其衍射区域呈现衍射图样中的中心亮斑。这个衍射图样由一系列明暗相间的同心衍射环组成，约84%的衍射光能量集中在中心亮斑上，其余16%的衍射光能量分布在各级明环上。它区别于菲涅耳衍射图样的是具有稳定性(不随衍射光传播距离变化)，其中心始终呈亮斑。

**01.638　模斑**　mode spot
传输光信号的光纤输出面的各模式光强分布图。单模光纤的出射模斑强度呈高斯分布；多模光纤的出射模斑强度呈有散斑的高斯分布，表明它是由大量模式随机叠加而成。

**01.639　光斑尺寸**　spot size
描述激光束强度空间分布范围的一个参数。以基模横截面内光强衰减到轴上光强的 $1/e^2$ 处的直径表示。

**01.640　光斑半径**　spot radius
光束在横截面内的场振幅分布按从中心(即传播轴线)到振幅下降到中心值的 1/e 处的距离。

**01.641　光斑质心**　spot centroid
光学成像区域内光斑能量分布最大的位置。以光斑光强分布的一阶矩表示。

**01.642　光斑质心漂移**　spot centroid wander
在成像系统焦平面上光斑质心的空间位置随时间的变化。

**01.643　模斑变换器**　mode spot converter
将光波中某模式的光强分布转换为另一种模式的光强分布的光波导或光纤器件。有同阶模、不同阶模之间的变换，光模场大小的转换等。常用于非匹配模式波导或光纤之间的耦合效率，如用缓变的锥形波导将大光斑转变为小光斑，来提高光纤与高折射率差介质单模波导的耦合效率。

**01.644　激光散斑**　laser speckle
又称“*激光斑纹*”。一束激光照射到物体的粗糙表面上产生漫反射，在其漫反射光的空间观察到的光强度明暗随机分布的颗粒状图像(斑点)。

**01.645　白光散斑**　white-light speckle
由白光照射到物体上产生漫反射，在其漫反射光的空间观察到的光强度明暗随机分布的颗粒状图像(斑点)。

**01.646　客观散斑**　objective speckle
在光波的漫反射和散射空间直接(不用透

镜）观察或记录到的光强度明暗随机分布的颗粒状图像(斑点)。

**01.647 主观散斑** subjective speckle
在光波的漫反射和散射空间利用透镜观察或记录的光强度明暗随机分布的颗粒状图像(斑点)。利用透镜记录的散斑最高空间频率取决于透镜的分辨率。

**01.648 散斑衬比** speckle contrast
表征散斑模糊程度的物理量。以其光强的标准差与平均光强的比值表示。它与光场的自相关函数的一种积分形式相联系，散斑衬比越大，表明散射粒子运动速度越大。利用它可对局部空间区域的光强波动进行统计，也可对单个像素在时间域上的光强波动进行统计。

**01.649 光脉冲** optical pulse
光波的物理量(如振幅、相位、光强等)在短持续时间内突变后迅速回到其初始状态的过程。

**01.650 超短脉冲** ultrashort pulse
持续时间在纳秒以下量级的光脉冲。

**01.651 阿秒脉冲** attosecond pulse
持续时间只有阿秒($10^{-18}$ s)数量级的光脉冲。

**01.652 飞秒脉冲** femtosecond pulse
持续时间在飞秒数量级的光脉冲。

**01.653 自脉冲** self-pulsing
即使在连续泵浦条件下也能发射出光脉冲序列的现象。例如，采用半导体激光器连续光泵浦的光学激光器发出的光脉冲序列。

**01.654 傅里叶变换极限脉冲** Fourier-transform-limited pulse
简称“变换极限脉冲”。在给定光谱宽度条件下进行频域傅里叶变换可获得的最小时间(或频域)宽度脉冲。傅里叶变换极限脉冲的各个频谱成分的相位与频率呈线性关系。

**01.655 周期量级脉冲** few-cycle pulse
持续时间与光波传播周期相当的短脉冲。

**01.656 激光短脉冲** laser short pulse
利用持续时间小于能级寿命的激光脉冲泵浦产生的光脉冲。

**01.657 激光脉冲波形** laser pulse shape
激光脉冲轮廓的时域形状。

**01.658 激光脉冲持续时间** laser pulse duration
又称“脉冲宽度(pulse width)”。激光脉冲的上升沿与下降沿的50%峰值功率点之间的时间间隔。

**01.659 10%脉冲持续时间** 10%-pulse duration
激光脉冲从10%峰值功率上升到下降到它的 10%峰值功率点之间的间隔时间。

**01.660 脉冲功率** laser pulse power
描述激光功率大小的一个物理量。以脉冲激光能量与脉冲持续时间的比值来表示。

**01.661 激光脉冲间隔** laser pulse interval
在两个相邻光脉冲的对应点之间的时间间隔。

**01.662 激光脉冲能量** laser pulse energy
表征一个激光输出脉冲所含的能量。对于尖峰型激光脉冲信号，它所蕴含的能量用其脉冲峰值功率和激光脉冲半宽度的乘积来表示。

**01.663 激光脉冲重复频率** laser pulse repetition rate frequency
激光器单位时间内发射的激光脉冲数量(或

光波的电场或磁场周期性变化的次数)。

**01.664　激光脉冲半峰全宽**　full width at half maximum of laser pulse
将尖峰型激光脉冲信号等价为单脉冲方波信号时换算得到的方波信号的持续时间。

**01.665　光脉冲压缩**　light pulse compression
利用线性或非线性方式对光脉冲的持续时间进行压缩的技术。

**01.666　光脉冲压缩器**　light pulse compressor
用来压缩超短光脉冲宽度的光学装置。

**01.667　飞秒脉冲整形**　femtosecond pulse shaping
控制飞秒激光脉冲的强度、波前、相位及偏振态随时间分布的技术。实现它的核心设备为可编程光调制器(包括液晶、变形镜、声光调制器等)。

**01.668　脉冲自陡峭**　pulse self-steepening
强激光脉冲入射非线性介质时折射率的变化使脉冲光速变化，引起脉冲变陡的一种现象。当折射率增大并伴有瞬态响应时，光速会随之减小，激光脉冲的后沿变陡；反之，前沿变陡。

**01.669　短脉冲运转**　laser short pulse operation
一种脉冲时间小于激光寿命的激光器的工作方式。

**01.670　光脉冲工作方式**　light pulse mode
激光器的泵浦为光脉冲的一种工作方式。可分为周期性脉冲串泵浦和单脉冲泵浦两种。

**01.671　单脉冲方式**　single pulse mode
激光器在单脉冲泵浦下的一种工作方式。

**01.672　激光平顶脉冲**　flat top laser pulse
简称“平顶脉冲”。脉冲形状更接近于矩形的一种光脉冲。这种脉冲过程可分为上升阶段、平顶阶段和下降阶段。上升阶段定义为从脉冲峰值的10%升到90%的时间，平顶阶段定义为大于峰值的90%的持续时间，下降阶段定义为从峰值的 90%下降到 10%的时间。之所以这样规定，是考虑到平顶脉冲会有背景噪声以及峰值的波动。

**01.673　尖峰脉冲**　spike pulse
脉冲形状的峰值持续时间远小于上升时间和下降时间的光脉冲。

**01.674　激光尖峰**　laser spiking
尖峰脉冲激光的能量密度最大值。

**01.675　光孤子**　optical soliton
全称“光学孤子”。光波在光学介质(如光纤、波导等)中传输时，非线性效应和线性效应之间达到平衡时，光脉冲波形保持不变的一种光脉冲。例如，光波在光纤中传输产生的自相位调制(三阶非线性效应)补偿传输过程中光脉冲的群速度色散，二者达到平衡时使光信号波形无失真地向前传输。它的传输可利用非线性薛定谔偏微分方程来求解。它有时间光孤子、空间光孤子和时空光孤子三种类型。

**01.676　时间光孤子**　temporal soliton
光波在光学介质中传输时因非线性克尔效应与线性色散所导致的脉冲展宽与脉冲压缩达到平衡时而在时域产生的光孤子。

**01.677　空间光孤子**　spatial soliton
光波在光学介质中传输时因非线性效应与衍射效应所导致的脉冲自聚焦与脉冲展宽相互平衡而在空间域产生的光孤子。

**01.678　时空光孤子**　spatial-temporal soliton
光波在光学介质中传输时因衍射和色散机制均与非线性效应达到平衡时而在空间域

和时域产生的光孤子。

**01.679 色散管理孤子** dispersion-managed soliton

在光纤传输系统中加入色散管理器件控制脉冲传播中的色散以实现长距离传输的光孤子。

**01.680 暗孤子** dark soliton

光波在正色散光纤中传输时产生的与光孤子行为相反的能量暗点。

**01.681 孤子分裂** soliton fission

光孤子在非线性介质中传播时在三阶非线性的自相位调制和色散的共同作用下产生的孤子在时域分裂的现象。

**01.682 孤子自频移** soliton self-frequency shift

光孤子在非线性介质中传播时拉曼散射效应导致其频率红移的现象。在这个过程中，光孤子脉冲的蓝谱分量作为泵浦，通过拉曼增益有效地放大同种脉冲的红谱分量，随着传输距离的增加，能量不断地从蓝谱分量转向红谱分量，形成了光孤子自身频谱的移动。

**01.683 高阶孤子** high-order soliton

利用非线性薛定谔（偏微分）方程求解光孤子的传输与演化时参量 $N$(为介质的色散与非线性作用相互间强弱的一个度量）大于 1 所对应的孤子。它主要取决于介质的高阶非线性特性。光孤子每经历一个周期，再现其自身形状；但阶数高的孤子在演化过程中产生分裂并呈现为多个光脉冲；阶数越高，分裂出的脉冲数越多。

**01.684 耗散孤子** dissipative soliton

基于非线性介质的耗散结构及其色散、非线性等效应产生的一种光孤子。它不同于传统的光孤子，其产生机理除了色散与非线性效应之外，还包括内部和外部能量的交换（非线性系统中能量的流入及流出的平衡过程）。它可提供高能量的脉冲输出，应用于微机械加工、材料处理、超快诊断、生物医学、光电传感等领域。

**01.685 空间频率** spatial frequency

光学信号（或图像）对空间坐标进行傅里叶变换后的频谱成分。例如，周期性光学信号（如正弦波或矩形波分布）的空间频率可直接用其空间周期的倒数表示。

**01.686 鬼线** ghost line

又称“伪线(false line)”。在光栅制作中不可避免的周期性误差导致光栅衍射级次之间出现的伪衍射级次。它也是光栅光谱中的一种周期性的特殊杂散光，其形状与主谱线一样，有罗兰鬼线和莱曼鬼线两种。

**01.687 光学势阱** optical potential well

光波与介质相互作用在介质内部产生的势能分布（以随空间位置变化的势能函数曲线表示）上势能最小处的空间位置。该位置具有捕获及操纵原子、分子、激子、光子等颗粒的能力。

**01.688 光学相位共轭** optical phase conjugation

简称“相位共轭”。强光与物质的非线性相互作用产生光波波前（即相位）反演的现象。它的特点是：共轭波与变换前的光波在振幅、相位和偏振三个方面互为时间反演。例如，多波混频中的混频波与入射光波、受激散射中的散射波与入射光波，均存在相位共轭关系。基于它产生了相位共轭镜、相位共轭系统、光学相位共轭技术，它们广泛用于补偿大气、光纤、高功率激光放大器链传输引起的相位畸变，相位共轭干涉仪，实时（自）适应光学，光双稳、干涉计量、压缩态，光信息处理与存储，图像传输、无透镜成像，光计算机，激光核聚变、非线性激光光谱学与材料研究等研究中。

## 02. 非线性光学与量子光学

**02.001　光粒子理论**　corpuscular theory

光是一种粒子流的假说。爱因斯坦提出光是一种由具有一定能量的光子所组成的粒子流的理论。光电效应证实了光的粒子性。

**02.002　非线性光学**　nonlinear optics

一个研究光与物质相互作用时各种非线性效应的光学分支学科。非线性效应可以发生在固体、液体和气体中，一般情况下，当光波的电场与原子、分子或凝聚态物质中的电子的库仑场相比拟时，便能观察到非线性光学的相关现象。

**02.003　非线性极化**　nonlinear polarization

介质在光场的作用下所产生的电极化矢量的非线性部分。

**02.004　非线性系数**　nonlinear coefficient

综合表征介质非线性效应的量。其值正比于非线性材料的非线性折射率系数、光频率，反比于模场的有效面积。

**02.005　非线性偏振旋转**　nonlinear polarization rotation

又称“非线性极化旋转”。当光在非线性介质中传播时光的偏振态在庞加莱球上对应的点发生与输入光强有关的旋转的现象。

**02.006　非线性长度**　length of nonlinearity

描述非线性介质中非线性大小的一个长度尺度。其大小为非线性系数与入射光脉冲峰值功率乘积的倒数。

**02.007　非线性耦合方程组**　nonlinear coupling equations

又称“非线性薛定谔方程组 (nonlinear Schrödinger equations)”。描述不同波长或不同偏振态的两束光的光脉冲复振幅在光纤中共同传输时由于交叉相位调制(XPM)而发生相互作用的时域非线性方程组。

**02.008　参量非线性**　parametric nonlinearity

基于透明介质的非线性张量的瞬时光学非线性参量过程。

**02.009　光纤非线性**　fiber nonlinearity

光信号和光纤介质长距离相互作用表现出的一种非线性光学效应。它主要包括两类：一类是由于散射作用而产生的非线性效应，如受激拉曼散射及受激布里渊散射；另一类是由于光纤的克尔效应，即与折射率随光强度变化密切相关而引起的非线性效应，如自相位调制、交叉相位调制以及四波混频等。

**02.010　电磁感应透明**　electromagnetically induced transparency，EIT

两束光同时照射到介质上，其中一束光能够使粒子跃迁到高能级而导致另一束光通过时不再对其吸收和反射的现象。

**02.011　自感应透明**　self-induced transparency

当在非线性介质中传输的一束光的光强达到一定程度时发生的电磁感应透明现象。

**02.012　光学双稳态**　optical bistability

一个光学系统在给定的输入状态下，有两种可能的稳定输出状态且当前的输出状态与前一时刻输出状态有关的现象。

**02.013　色散[型]光双稳态**　dispersive optical bistability

利用非线性折射效应，使一个输出光强存在

两个可以相互转换的稳定输出光强的光学器件。通常在法布里–珀罗(Fabry-Perot，F-P)腔中放入对光场具有色散作用的介质来实现。

**02.014　光学混沌　optical chaos**
当光学系统在定态输入光场时，其输出光场不再处于定态，而是处于紊乱的、非周期性的状态。属于许多非线性光学系统固有的物理 特性。

**02.015　光学整流　optical rectification**
激光与物质相互作用，由二次非线性极化作用所产生的直流电场现象。它可以作为一种非接触探测手段来研究非线性材料的电光效应。

**02.016　光[学]混频　light mixing，optical mixer**
频率不同的两束以上的光在非线性介质中相互作用，产生倍频项、差频项、和频项以及它们之间进一步混合产生更多频率分量的一种非线性光学现象。利用光学混频可实现激光的升频、降频转换，光学混频已 被用来作为物质光谱的研究手段。

**02.017　三波混频　three-wave mixing**
介质中三个不同波长的光波相互作用所引起的非线性光学效应。它起因于介质的二阶非线性极化。当三个波长中有两个相等时，就是合频或分频效应。

**02.018　四波混频　four-wave mixing，FWM**
介质中四个不同波长的光波在非线性材料中相互作用所产生的非线性光学效应。

**02.019　简并四波混频　degenerate four-wave mixing**
四波混频过程中其中两个波波长相同的混频情形。

**02.020　相位匹配　phase matching**
光的非线性介质的传输过程中输入光波矢的矢量和等于输出光波矢的矢量和的现象。它是非线性光学过程需要满足的条件之一。符合相位匹配条件时，其输出光信号是最强的。

**02.021　准相位匹配　quasi-phase matching**
由于光信号有一定的带宽，只能近似满足相位匹配条件的一种相位匹配。

**02.022　临界相位匹配　critical phase matching**
又称“角度匹配”。利用晶体的各向异性实现 $\Delta\kappa=0$ 的一种相位匹配。

**02.023　非临界相位匹配　noncritical phase matching**
又称“温度匹配”。通过改变非线性介质的温度实现相位匹配的方法。

**02.024　双折射相位匹配　birefringent phase matching**
利用晶体的双折射效应改变两束光的波矢，从而实现满足相位匹配条件的一种相位匹配方法。

**02.025　相位匹配带宽　phase-matching bandwidth**
两束光能有效地满足相位匹配条件的频率范围。

**02.026　相位失配　phase mismatch**
两束光在非线性介质中传输时不满足相位匹配条件的状态。

**02.027　分步傅里叶方法　split-step Fourier method**
数值求解光在非线性介质中传播形态变化、将非线性与频域特性分开来单独计算的一种数值计算方法。即在介质传输过程的一小段中只考虑非线性而忽略其频率特性，而在接下来的一小段中只考虑频率特性，不考虑非线性。这样依次反复计算下去，最终得到既考虑非线性又考虑频率特性的结果。

**02.028　光束传输法**　beam propagation method，BPM

研究光在光波导中传输行为的一种数值计算方法。主要用于计算光波导的电磁场分布，分析计算波导器件的耦合、色散、损耗等问题。

**02.029　波粒二象性**　wave-particle duality

电磁波(包括光)和粒子在运动或传播时所显示出的波动性和粒子性的双重性质。

**02.030　光子**　photon

全称“光量子”。电磁波(包括光)具有量子特性的最小能量单元。它服从玻色–爱因斯坦分布。其静止质量为零，不带电荷，其能量为普朗克常量和电磁辐射频率的乘积，即 $E=h\nu$，在真空中以光速 $c$ 运行，其自旋为 1，是一种规范玻色子。

**02.031　闲置光子**　idler photon

在下转换过程中，一个高频光子经非线性介质转换成的两个低频光子中的一个不运用的光子。

**02.032　单光子**　single-photon

具有完全量子性不可再分的光子。

**02.033　光子能量**　photon energy

光子所携带的能量。正比于光波的频率大小。

**02.034　光子简并度**　photon degeneracy

处于同一量子态的平均光子数目。光子简并度越高的光，其单色性和相干性越好。它具有四种等价定义：同态光子数、同一模式内的光子数、处于相干体积内的光子数和处于同一相格内的光子数。

**02.035　声子**　phonon

对晶格振动所形成的格波能量量子化描述的基本单元。属于玻色子。根据晶格振动频率高低而有光学声子与声学声子之分。

**02.036　极化子**　polaron

凝聚态物理中用来理解固体材料中电子和原子相互作用的一种准粒子。物质中由周围分子极化电荷所生势垒而束缚的电子(或空穴)或陷在自感应势中的电子，均称极化子。

**02.037　玻色子**　boson

依随玻色–爱因斯坦统计，自旋量子数为整数的粒子。玻色子不遵守泡利不相容原理，在低温时可以发生玻色–爱因斯坦凝聚。

**02.038　费米子**　fermion

遵循费米–狄拉克统计，自旋量子数为半整数的粒子。费米子遵守泡利不相容原理。

**02.039　对易子**　commutator

又称“交换子”。量子力学中的算符运算形式。两个算符 A，B 的对易子定义为[A，B]= AB–BA。

**02.040　反对易子**　anti-commutator

量子力学中的算符运算形式。两个算符 A，B 的反对易子定义为{A，B}=AB+BA。

**02.041　边带冷却**　sideband cooling

使用频率比共振频率稍低的光去激发原子，使其通过自发辐射回到基态，从而实现原子冷却的方法。

**02.042　EPR 佯谬**　EPR paradox

基于定域实在论和两体量子系统中对非对易物理量测量结果的关联，由爱因斯坦(Einstein)、波多尔斯基(Podolsky)、罗森(Rosen)三人所提出的质疑量子力学的佯谬。

**02.043　光子数态**　number state

又称“福克态(Fock state)”。粒子数算符的本征态。

**02.044　相干态**　coherent state

具有明显相干性、作为湮灭算符本征态的一种量子态。1963年由格劳伯(R. J. Glauber)提出。

**02.045　压缩相干态**　squeezed coherent state

光场满足最小不确定关系的压缩态。

**02.046　压缩态**　squeezed state

光场的两个相位正交、振幅算符的均方起伏乘积最小但不相等的量子态。

**02.047　双模压缩态**　two-mode squeezed state

含有两种光子模式的压缩态。

**02.048　多模压缩态**　multimode squeezed state

含有多种光子模式的压缩态。

**02.049　相位压缩态**　phase squeezed state

相位分量起伏被压缩到低于真空噪声的量子态。

**02.050　振幅压缩态**　amplitude squeezed state

将振幅分量起伏压缩到低于真空噪声的量子态。

**02.051　压缩真空态**　squeezed vacuum state

压缩算符作用于真空态后得到的压缩态。

**02.052　裸态**　bare state

采用未耦合的原子能量本征态和光场能量本征态所表示的量子态，它与缀饰态相反。

**02.053　贝尔态**　Bell state

又称“EPR态”。描述两个量子比特(qubit)系统的四种最大纠缠态。EPR一词来源于Einstein、Podolsky、Rosen三人提出的EPR佯谬。

**02.054　暗态**　dark state

处于低能级却不吸收入射共振光子的状态。

**02.055　狄克态**　Dicke state

由多个全同二能级子系统组成的复合系统的角动量的本征态。

**02.056　纠缠态**　entangled state

其系统密度算符不能表示为子系统密度算符直积的和的量子态。

**02.057　GHZ态**　GHZ state

由格林伯格（D. Greenberger）、霍恩(M. A. Horne)和塞林格(A. Zeilinger)提出的一种三体两态系统的纠缠态。

**02.058　最小不确定态**　minimum uncertainty state

那些不确定性的乘积达到了海森伯不确定关系限制下最小值的量子态。

**02.059　非经典态**　non-classical state

具有经典光场不具备的统计特性的光场态。例如压缩态、亚泊松分布或反聚束的光场态。

**02.060　热态**　thermal state

热平衡辐射场所处的量子态。

**02.061　基态**　ground state

粒子处于最低能级的状态。

**02.062　单重态**　singlet state

又称“单线态”。自旋多重性为1的粒子，其能级在外场中不分裂，在光谱中只能看到一条谱线的状态。

**02.063　三重态**　triplet state

又称“三线态”。自旋多重性为3的粒子，其能级在外场中分裂，在光谱中原来的一条谱线将分裂为三条谱线的状态。

**02.064 光轨道角动量** orbital angular momentum of light

光子与光螺旋相位波前结构有关的角动量。它与光偏振无关。

**02.065 粒子数算符** number operator

与谐振子激发数目相对应的物理量算符。

**02.066 纠缠熵** entropy of entanglement

度量纠缠大小的一种熵。

**02.067 亚泊松分布** sub-Poisson distribution

光子数的概率分布比具有相同平均光子数的泊松分布更窄的光子数分布。即光子数较为确定，是非经典光场的特征。

**02.068 超泊松分布** super-Poisson distribution

光子数的概率分布比具有相同平均光子数的泊松分布更宽的光子数分布。

**02.069 光压** optical pressure

光照射物体时由于光子的动量发生改变而对表面形成的压力作用。

**02.070 玻色–爱因斯坦凝聚** Bose-Einstein condensation，BEC

大量具有玻色统计性质的粒子，如原子“凝聚”到同一状态(一般是基态)的物态。它是1925年爱因斯坦预言的一种新物态。

**02.071 缀饰原子** dressed atom

原子与光场有较强耦合的相互作用时，用原子与光场的总哈密顿量的本征态描述的原子光场体系，或者说描述被光场“修饰”了的原子。

**02.072 超冷原子** ultra-cold atom

整体的平动速度极低，对应温度低于1mK的原子。

**02.073 里德伯原子** Rydberg atom

有一个电子被激发到主量子数较高的轨道上的原子。

**02.074 粒子数空间** Fock space

又称“福克空间”。光的粒子数态作为一组基所形成的空间。

**02.075 量子拍** quantum beat

两个量子过程的干涉现象。如V型三能级原子系统辐射光场的干涉，该干涉只能用全量子理论解释，而不能用经典或半经典理论解释。

**02.076 量子计算** quantum computation

依照量子力学理论进行的新型计算。量子计算的基础和原理以及重要量子算法为在计算速度上超越图灵机模型提供了可能。

**02.077 量子计算机** quantum computer

遵循量子力学规律进行高速数学和逻辑运算、存储及处理量子信息的物理装置。

**02.078 量子关联** quantum correlation

多体系量子系统中，各系统之间不能用经典概率论解释的关联。

**02.079 量子擦除** quantum eraser

量子干涉过程中，对路径或过程信息的消除。如果达到最终结果的路径可以分辨，则干涉会减弱或无法发生，如果消除对路径的可分辨信息，则可以恢复干涉。

**02.080 量子成像** quantum imaging

利用光场的量子性质或具有量子关联和量子纠缠特性的光场，以期在分辨率等方面获取优于经典光场成像的结果而进行的成像。

**02.081 量子跳跃** quantum jump

开放量子系统演化过程的一种随机处理方法。

**02.082 量子密钥分配** quantum key distribution

使用量子性质进行密钥分配的方法。

**02.083 量子朗之万方程** quantum Langevin equation

利用光场与原子的全量子理论获得的量子开放系统的朗之万方程。

**02.084 量子刻蚀** quantum lithography

利用光场的量子性质或具有量子关联和量子纠缠特性的光场，以期在分辨率等方面获取优于经典光场刻蚀的结果而进行的成像刻蚀。

**02.085 量子存储器** quantum memory

存储量子态的物理装置。

**02.086 量子计量学** quantum metrology

研究如何利用量子性质(尤其是量子纠缠)进行高精度和高灵敏度测量的分支学科。

**02.087 量子非破坏测量** quantum non-demolition measurement，QNDM

对于某个可观测量的测量不增加这个量的不确定性的量子测量方法。代价是其他可观测量的不确定性会有很大增加。

**02.088 量子轨迹** quantum trajectory

量子光学处理开放系统演化过程中的随机处理方法中的演化途径。

**02.089 量子隐形传态** quantum teleportation

利用最大纠缠态作为量子信道，通过局域贝尔态投影测量和经典通信传输量子态信息的方法。

**02.090 量子控制** quantum control

一种通过对激光场的调制来操纵量子现象、控制化学反应的过程。

**02.091 量子阱** quantum well

由两种或两种以上不同组分或者不同导电类型超薄层半导体材料相间排列形成的、具有明显量子限制效应的电子或空穴的势阱。微观粒子(例如电子)的运动在某一维度上受到限制，进而显示出明显的量子效应。

**02.092 多量子阱** multi-quantum well

多个量子阱组合在一起的系统。

**02.093 应变量子阱** strained quantum well

异质结构成的量子阱与两边垒层半导体材料的晶格常数匹配以避免产生大的内应力而形成失配位错的一种量子阱。但当阱层厚度小于某一临界厚度时，由晶格失配所引起的内应力可通过晶格弹性形变而释放。这种应变量子阱能使半导体中价带结构发生有利于提高光发射器件内量子效率和改变光子偏振特性的变化。

**02.094 量子点** quantum dot

又称“量子箱(quantum box)”。三个维度尺寸均在纳米数量级的纳米材料。由少量的原子所构成，其内部电子在各方向上的运动都受到局限。

**02.095 最高占据分子轨道** highest occupied molecular orbit，HOMO

电子占据的能级最高的分子轨道。在有机发光二极管（OLED）中被用作空穴的注入能级。它类似于无机半导体的价带。

**02.096 最低未占据分子轨道** lowest unoccupied molecular orbit，LUMO

未被电子占据的能级最低的分子轨道。在OLED中被用作电子的注入能级。它类似于无机半导体的导带。

**02.097 单占据分子轨道** single occupied molecular orbit，SOMO

单电子占据的分子轨道。一般指有机分子自由基的半充满 HOMO 能级。

**02.098 湮灭算符** annihilation operator

又称“消灭算符”。在场论的二次量子化中消灭某个粒子的算符，或由此引申出的具有类似意义的算符。

**02.099 产生算符** creation operator

在场论的二次量子化中产生某个粒子的算符，或由此引申出的具有类似意义的算符。

**02.100 密度算符** density operator

一种线性、自伴、非负、迹一的直接描述量子态的算符。

**02.101 平移算符** displacement operator

可以将真空态变换为一个相干态的算符。

**02.102 噪声算符** noise operator

在开放系统中外界噪声对应的物理量算符。

**02.103 相位算符** phase operator

对应于相位物理量的算符。

**02.104 压缩算符** squeezed operator

作用于相干态并可以获得压缩态的算符。

**02.105 拉比振荡** Rabi oscillation

激光脉冲使粒子在其上、下能级间产生周期性反转的振荡现象。该过程发生的前提条件是脉冲的脉宽小于介质中电子的弛豫时间，且不考虑阻尼。

**02.106 真空拉比振荡** vacuum Rabi oscillation

即使腔场初始处于真空状态，原子与腔场作用仍然可以发生振荡的现象。

**02.107 拉比劈裂** Rabi split

原子与谐振腔的耦合所导致的共振发光峰发生分裂的现象。

**02.108 拉比模型** Rabi model

光场与原子相互作用的一种半经典模型。在该模型中原子用量子力学描述，而光场则用经典电磁场描述。

**02.109 光子计数** photon count

微弱光信号检测的一种技术。它可以探测极微弱的光能，弱到光能量以单光子到达时的能量。目前已被广泛应用于拉曼散射探测、医学、生物学、物理学等许多领域里微弱发光现象的研究。

**02.110 符合计数** coincidence count

多个探测器分别探测粒子是否到达，到达事件作为信号送入同一个符合判别装置，当某些探测器的探测事件都发生时，作为一个信号计数的一种光场探测方法。

**02.111 暗计数** dark count

在没有信号光时由噪声等引入的探测器计数。

**02.112 光学粒子计数器** optical particle counter

根据光散射原理测量空气中微粒的粒径及数浓度的仪器。

**02.113 荧光量子计数器** fluorescence quantum counter

将荧光物质放在吸收器内，使其发光通过吸收器投射到光电器件上，实现测量入射光目的的仪器。

**02.114 时间相关单光子计数** time-correlated single-photon count，TCSPC

利用光子探测器输出电信号自然离散的特点，采用脉冲甄别技术和数字计数技术把极其弱的信号识别并提取出来的一种弱光信号探测方法。

**02.115　不可克隆定理**　no cloning theorem
任意未知的单量子态不可以精确复制的理论。

**02.116　[闪烁吸收]时间分辨率**　time resolution
能够精确给出入射光子恰好被闪烁体吸收的那一时刻的能力。

# 03. 微纳光学与近场光学

**03.001　微纳光学**　micro-nano-optics
关于光在微纳结构材料光学元件中光特性的光学分支。是光学与纳米技术相结合的产物。

**03.002　纳米颗粒**　nanoparticle
三维尺寸在数纳米至数百纳米范围内的微观颗粒。根据材料的不同呈现出尺寸相关的物理性质，同时也是连接体块材料和原子、分子之间的桥梁。

**03.003　纳米晶**　nanocrystal
至少在一个维度上的尺寸小于100nm，并且具有晶体结构的纳米颗粒。其物理性质具有明显的尺寸依赖性。

**03.004　纳米棒**　nanorod
长度在数纳米至数百纳米、长度与直径之比小于10大于1的圆柱状纳米颗粒。其结构材料包括金属或半导体等。

**03.005　纳米线**　nanowire
直径为数纳米至数百纳米、纵横比大于10的一维纳米结构的纳米颗粒。具有一系列异于体块材料的物理特性。

**03.006　光学纳米天线**　optical nano antenna
一种将自由空间的光辐射能量耦合进出一个亚波长区域的光学纳米结构。

**03.007　纳米带**　nanobelt
横向尺度在纳米量级、截面为矩形且具有大纵横比的带状纳米颗粒。纳米带也可以认为是纳米线的一个种类。

**03.008　亚波长结构**　sub-wavelength structure
光器件中特征尺寸与入射光波长相近或更小的一种结构。其反射率、透射率、偏振特性和光谱特性等都显示出与常规衍射光学元件截然不同的特征。

**03.009　微流控芯片**　microfluidic chip
利用微加工技术在微芯片上加工出微管道、微泵、微阀、微储液器、微电极、微检测元件等功能化元件，以便进行常规生物及化学实验的一种微器件。

**03.010　微流控芯片光学检测**　detecting technique for microfluidic chip
一种对微流控芯片的光学性能进行检测的技术。光学检测灵敏度高、设备简单且易于与微流控芯片相结合。常用于微流控芯片的光学检测技术有荧光检测、吸收光度检测、散射光检测和化学发光检测等。

**03.011　光学微机电系统**　micro-opto-electro-mechanical system，MOEMS
简称“微机电系统”。一种利用微电子、微机械技术把电子、机械和光学部件集成在一起实现某些功能的微小集成系统。它属于微电子(集成电路)、微机械和微纳光学三者相互交叉形成的一个学科分支的研制成果，例如数字微反射镜阵列器件(DMD)、光波导阵列开关、微机械法布里–珀罗腔(阵列)器件等。

**03.012　磁光系统　magneto-optic system**
基于磁光效应原理工作的系统。

**03.013　棱镜耦合系统　prism coupling system**
利用棱镜将光耦合到光波导或其他器件的系统。

**03.014　光子筛　photon sieve**
将传统菲涅耳波带片中的透光环带用随机分布的大量透光的小孔来代替的一种衍射光学元件。

**03.015　光俘获　optical trapping**
利用聚焦的激光束固定微米级别或更小的微小物体的技术。

**03.016　光学微操纵　optical micro-manipulation**
利用激光束对微小粒子进行的无物理接触式的捕获或机械操纵。

**03.017　多光子烧蚀　multiphoton ablation**
利用高度聚焦的飞秒激光脉冲所产生的强电场，激发材料强烈的多光子吸收，引起分子电离、产生等离子体使材料瞬间气化的过程。

**03.018　离散偶极子近似　discrete dipole approximation**
用于计算任意形状及尺寸的粒子的吸收、散射及电磁场分布的一种方法。该方法将纳米颗粒视为由多个可极化的立方体构成，在光的电场诱导下，每个小立方体发生极化，产生的诱导电场又进一步影响邻近的立方体，对整个体系进行自洽计算从而得到材料的光学性质。

**03.019　近场　near field**
在邻近光源或物体表面的一个波长范围内的区域，电磁场强度随空间距离的增加而很快衰减的速逝场。它不是传统的光波，不具有波动性。

**03.020　表面等离子体波　surface plasma wave**
在金属表面存在的自由振动的电子与光子相互作用产生的沿着金属表面传播的等离子疏密波。它在表面处场强最大，在垂直于界面方向呈指数衰减，因此其传播距离非常有限。

**03.021　表面等离子体　surface plasma**
在两种介电常量实部反号的材料界面处(例如金属/介质界面)电子受入射光子激发产生电荷振荡，在界面附近产生的一种周期性电子等离子体。

**03.022　表面等离子体激元　surface plasmon**
又称“*表面等离子体极化激元*”。当光波(电磁波)入射到金属与介质分界面时，金属表面的自由电子发生集体振荡而产生的一种存在于极小空间中的近场电磁场(不具有波动性的电磁场)。

**03.023　局域表面等离子体激元　local surface plasmon**
当TM偏振态的光波入射到金属/介质表面，其光子能量与金属纳米颗粒中自由电子的共振本征频率匹配时，激发出金属纳米颗粒电子的集体共振，并在颗粒表面形成的高强度局域近场电磁场。

**03.024　表面等离子体共振　surface plasmon resonance，SPR**
当入射光以临界角入射到两种不同折射率的介质界面(比如玻璃表面的金或银镀层)，光子能量与金属纳米颗粒中自由电子的共振本征频率匹配时，引起金属自由电子共振的一种现象。

**03.025　表面等离子体激元耦合发射**　surface plasmon-coupled emission，SPCE

光波(包括荧光、拉曼光等)与表面等离子体激元耦合共振，形成电磁辐射的现象。

**03.026　表面等离子体激元光学**　plasmonics

研究表面等离子体激元相关特性和应用的一个光学分支。

**03.027　表面等离子体激元涡旋**　plasmonic vortices

带有螺旋相位以及光子轨道角动量的表面等离子体激元电磁场。

**03.028　表面等离子体激元光学力**　plasmonic force

在金属纳米结构中激发表面等离子体激元而产生的光学力。

**03.029　表面等离子体激元回路**　plasmonic circuit

基于表面等离子体激元对光信号的控制和传导原理所形成的集成回路。

**03.030　表面等离子体激元干涉光刻**　surface plasmon interference lithography

利用表面等离子体极化激元干涉实现的光刻技术。

**03.031　激光等离子体**　laser plasma

强激光与物质相互作用产生的等离子体。它以激光惯性约束聚变、核武器物理、X 射线激光器以及激光加速器等重大应用项目为主要对象。

# 04. 发　光　学

**04.001　发光理论**　luminescence theory

研究物质发光机理与物质结构关系的一种光学理论。包括荧光理论和磷光理论两部分：荧光一般指单中心内的跃迁过程，往往比较快(传统上快于 $10^{-8}$ s，但已经被广泛用于指持续时间更长的跃迁)；磷光一般指涉及多中心的跃迁过程，往往比较慢。

**04.002　发光**　luminescence

某种物质在吸收了能量之后随即或随后产生辐射光的现象。如紫外线、高能粒子激发物质后的辐射光。

**04.003　光致发光**　photo luminescence

材料通过吸收光子产生激发态辐射跃迁进而产生辐射光的现象。激发过程为单光子或多光子吸收过程。光致发光包括光吸收、能量传递、光发射等过程，这些过程与材料结构、成分及环境原子排列有关，光致发光技术是研究固体中电子过程的重要手段。

**04.004　电致发光**　electroluminescence

又称“场致发光”。材料中的电子或离子在外电场作用下使介质激发而发光的现象。常用于半导体发光。

**04.005　有机电致发光**　organic electroluminescence

电流通过有机材料时或物质处于强电场下的发光现象。此过程中电能转化为光能。

**04.006　有机光致发光**　organic photoluminescence

有机材料吸收光子(或电磁波)跃迁到较高能级的激发态后返回基态，同时释放出光子的过程。

**04.007　电加速发光**　electric stimulation, electrical stimulation

磷光体受激发后置于电场中产生加速发光的现象。

**04.008　本征型电致发光**　intrinsic electro-luminescence

发光材料在直流或交流强电场的作用下，多数载流子被加速碰撞激发发光中心而导致的复合发光现象。

**04.009　注入式电致发光**　injection electro-luminescence

当半导体 PN 结正向偏置时，电子(空穴)会注入 P(N)型材料区，注入的少数载流子会通过直接或间接的途径与多数载流子复合而产生的发光现象。

**04.010　射线及高能粒子发光**　radioluminescence

在 X 射线、γ 射线、α 粒子、β 粒子、质子或中子等激发下，物质产生发光的现象。发光物质对 X 射线和高能粒子能量的吸收包括三个过程：带电粒子的减速、高能光子的吸收和电子-正电子对的形成。

**04.011　阴极射线发光**　cathode luminescence

发光物质在电子束激发下所产生的发光现象。

**04.012　固态发光**　solid-state luminescence

外界能量作用到固态材料上引起的发光现象。

**04.013　半导体发光**　semiconductor luminescence

基于无机和有机半导体材料发光的现象。属固态发光。

**04.014　聚集诱导发光**　aggregation-induced emission, AIE

有机分子在溶液中几乎不发光，在凝聚态(形成聚集体或固体状态)中发光大幅度增强的现象。聚集诱导发光现象的产生源于分子所处空间环境的自由度。

**04.015　化学发光**　chemical luminescence

由化学反应所产生的激发态原子、分子跃迁至较低能态时的发光现象。反应中以热转换形式释放其反应能量时发射的光。可反映生成物或中间产物的特征。

**04.016　电化学发光**　electrogenerated chemiluminescence

来源于电化学法和化学发光法，在电极表面由稳定的前体产生具有高能量激发态分子的化学发光现象。

**04.017　生物发光**　bioluminescence

在生物体内，由于生命过程的变化，其相应的生化反应释放的能量激发发光物质所产生的发光现象。

**04.018　声致发光**　sonoluminescence

当声波穿过液体的时候，如果声音足够强，而且频率也合适，那么会产生一种“声空化”现象。在液体中会产生细小的气泡，气泡随即坍塌到一个非常小的体积，内部的温度超过$10^5$ ℃，在这一过程中会发生瞬间的闪光现象。

**04.019　摩擦发光**　triboluminescence

某些固体受机械研磨、振动或应力时的发光现象。

**04.020　热激励发光**　thermally stimulated luminescence

受辐射的荧光粉被加热到一定温度，在该温度下，能垒可被热克服，从而被陷阱俘获的电子(或空穴)可从陷阱中逃逸出来，并与俘获的空穴(或电子)发射光辐射复合的发光现象。

**04.021　光激励发光**　photo stimulate luminescence
利用光子使被陷的载流子从陷阱中释出而产生的发光现象。

**04.022　过热发光**　hot luminescence
电子和空穴在弛豫到最低能量以前就复合所产生的发光现象。

**04.023　敏化发光**　sensitized luminescence
固体发光中两个不同的发光中心通过相互作用，将一个中心吸收的能量传递到另一个中心，以致后一中心发光的现象。前一中心称为敏化剂，后一中心称为激活剂(又称能量的施主及受主)。

**04.024　内禀发光**　intrinsic luminescence
自捕获激子的发光现象。

**04.025　磁加速发光**　magnetic stimulation
受激发的磁光体置于磁场中时，强度增加的发光现象。

**04.026　发光主体**　host emitter
本身能发光且又具有传输电子或空穴的能力的有机材料。可分成两类：一是传输电子的发光体，二是传输空穴的发光体。

**04.027　发光客体**　guest emitter
为增大OLED器件的发光效率，将激发态的能量转换成能量较低的可见光(如蓝光转换成绿光或红光)而特别掺杂的材料。

**04.028　发光强度**　luminescence intensity, luminous intensity
表示光源在一定方向范围内发出的可见光辐射强度的物理量。单位为坎德拉(cd)。

**04.029　发光效率**　luminous efficiency
又称“流明效率”。发光体发光时发出的光通量与注入发光体功率的比值。单位为lm/W。根据功率定义分为电源发光效率和辐射发光效率。电源发光效率指光源发出可见光的光通量与提供给光源电能的比值；辐射发光效率指可见光波段的光通量与总辐射通量的比值。

**04.030　发光系数**　luminous coefficient
衡量一个光源辐射功率中能贡献为视觉的那部分所占的比例。它等于各波长处的视见函数按光源光谱强度分布所求得的平均值。

**04.031　发光衰减**　decay of luminescence
发光体在激发停止后会持续发光一段时间而光强逐渐衰减的现象。

**04.032　发光点**　luminous point
可以辐射出光波的点。该点可以看成没有质量、没有大小的质点。

**04.033　发光面**　luminous surface
发光体上可以辐射出光波的面。

**04.034　发光中心**　luminescence center
发光体中离散分布的受激发光的部分。这是因为发光体并非所有部位都发光，而是只有小部分发光，每一个发光的局部称为一个发光中心。

**04.035　[半导体]发光中心**　semiconductor luminescent center
半导体中杂质间或者杂质与缺陷间形成的、能够进行辐射复合发光的复合体。

**04.036　全发光距离**　all light distance
反射镜面顶点到轴上光强稳定点的距离。

**04.037　发光强度余弦定律**　cosine law of luminous intensity

发光体在各方向的光亮度相同时，不同方向上的发光强度按余弦函数分布的规律。

**04.038 辐射** emission，radiation
①物体从无到有产生电磁波向外部发射的过程。②已经存在的电磁波由近及远扩散的过程。

**04.039 电磁辐射** electromagnetic radiation
在受热、电子撞击、光照射以及化学反应等因素激发下，物质内部分子、原子或电子产生各种能级跃迁，因而向外发射电磁波的物理现象。电磁波的频谱范围从γ射线、X射线、紫外、可见光、红外、微波至无线电波。

**04.040 电偶极子辐射** electric dipole radiation
电偶极子振荡导致周围的电磁场中分离出的一种逐渐远离电偶极子的电磁辐射。

**04.041 电离辐射** ionizing radiation
气体在电离时伴随发生的电磁辐射。

**04.042 地球辐射** terrestrial radiation
由地球本身的辐射和太阳辐照后的反射组成的辐射。包括短波辐射(0.3～2.5 mm)和长波辐射(6 mm 以上)。地球的短波辐射以地球表面对太阳的反射为主；长波辐射则只考虑地表自身的热辐射；介于这两者之间的是地球中红外波段(2.5～6 mm)辐射，包含地表对太阳的反射辐射和自身的热辐射。

**04.043 月亮辐射** lunar radiation
由月亮本身的辐射和太阳辐照后的反射组成的辐射。其辐射对应的峰值波长为0.64 mm，辐射亮度约为500 W/($m^2$·sr)。

**04.044 光辐射** optical radiation
波段处于可见光的电磁辐射。

**04.045 相干光辐射** coherent optical radiation
满足相干性关系的光辐射。

**04.046 切连科夫辐射** Cherenkov radiation
放射性核素所发射的高速带电粒子以大于该介质中的光速穿过透明介质时产生的电磁辐射。

**04.047 净辐射** net radiation
地表(或大气顶)某一区域进入和射出辐射能量的差额。它为正值时，说明该区域地球(或地气系统)得到能量；反之，损失能量。

**04.048 随机偏振辐射** randomly polarized radiation
由两相互垂直、固定方向的线偏振波合成的，且各振幅随时间任意改变的辐射。

**04.049 激光辐射** laser radiation
以粒子(原子、分子、离子)受激发射放大产生的，具有良好的单色性、相干性和方向性的光辐射。

**04.050 红外辐射** infrared radiation
又称“红外线”。波长范围为0.76～1000 μm红外波段的电磁辐射。

**04.051 受激辐射** stimulated radiation
处于激发态的发光粒子在外来辐射场的作用下，向低能态或基态跃迁时的一种光辐射。受激辐射发出的光子和外来光子的频率、相位、传播方向以及偏振状态都相同。

**04.052 受激辐射截面** stimulated emission cross-section
描述受激发射概率的一种物理量。表征发生受激发射的概率，其量纲与面积相同。

**04.053 自发辐射** spontaneous radiation

又称“自发跃迁”。与外界作用无关，各发光粒子自发地、独立地进行的一种电磁辐射。它们所发出的电磁波在发射方向、偏振态和初相位上都不相同。

**04.054　自发辐射增强**　enhancement of spontaneous radiation

通过电磁场模式密度的改变对自发辐射强度进行增强的过程。

**04.055　自发辐射复合**　spontaneously radiative recombination

半导体导带电子与价带空穴复合而以光子形式释放能量的过程。是电子由激发态返回基态的自发行为。LED发光是如此，对于半导体激光，若此过程是在外来光子激励下所完成，则称受激辐射复合。

**04.056　自发辐射禁阻**　inhibited spontaneous radiation

通过改变原子周围电磁场的模式密度使自发辐射受到抑制的过程。

**04.057　黑体辐射**　blackbody radiation

完全辐射体(黑体)放射出来的辐射。其辐射能量按波长的分布仅与温度有关。

**04.058　射出辐射**　out-coming radiation

地球大气层向外发出的辐射。由于自身辐射或者对太阳光的散射等原因产生。

**04.059　背景辐射**　background radiation

在光电系统探测视场内，除目标辐射源以外的其他景物发射或反射的辐射。

**04.060　环境辐射**　environmental radiation

目标辐射源周边环境的辐射源发出的辐射。环境辐射能传递到目标并影响目标辐射。探测视场内的环境辐射即背景辐射。

**04.061　天空辐射**　sky radiation

地面对天观测到的地球低层大气的背景辐射。波长大于 4 μm 的天空辐射主要来自大气热辐射，波长小于 3 μm 的辐射主要来自对太阳光的散射。

**04.062　大气辐射**　atmospheric radiation

地球大气的气体分子和云、雾、霾等气溶胶粒子的自身热辐射及其对外来辐射的辐射之和。

**04.063　大气背景辐射**　atmospheric background radiation

大气自身热辐射及大气散射太阳(或月亮)的辐射。

**04.064　地物辐射**　terrain radiation

地球表面各种自然资源、自然材料、人造材料辐射的总称。包括它对太阳辐射的反射和自身热辐射。

**04.065　地球热辐射**　earth thermal radiation

又称“地球红外辐射”。地球–大气系统以热辐射形式向太空发射的电磁辐射。地球热辐射的能量主要集中在热红外波段。

**04.066　地气系统辐射**　earth-atmosphere system radiation

地球表面和大气构成的地球–大气系统的地球反照和地球热辐射的总和。

**04.067　宇宙背景辐射**　cosmos background radiation

又称“微波背景辐射(microwave background radiation)”。来自宇宙空间的各向同性的微波辐射。宇宙背景的辐射温度相当于 3.5 K，后又修正为 3 K。

**04.068　太阳辐射**　solar radiation

太阳自身发出的电磁辐射。太阳辐射特性近似于5900 K的黑体，太阳的辐射能量主要集中在可见光至短波红外波段。

**04.069　单色辐射**　monochromatic radiation
单一波长的电磁辐射。通常指能量集中在极窄的光波段内的电磁辐射。

**04.070　超辐射**　superradiation
原子系统在相干脉冲激励下，产生与辐射强度原子数平方成正比的一种电磁辐射。普通的自发辐射的辐射强度与系统原子数成正比，当原子数目很大时，超辐射的辐射强度大大超过普通的自发辐射，因此称之为超辐射。

**04.071　热辐射**　thermal radiation
物体由于分子或其他粒子热运动产生的电磁辐射。热辐射的波段与分子热运动的频率接近，因此被介质吸收后，会导致介质温度升高。

**04.072　辐射能**　radiant energy
以辐射形式发射或接收的能量。是电磁波中电场能量和磁场能量的总和。数值上等于辐射功率对持续时间 $t$ 的积分。

**04.073　辐射能流量**　radiant fluence
对一空间点在给定持续时间 $t$ 的辐射能。

**04.074　辐射能密度**　radiant energy density
单位体积元内的辐射能。

**04.075　辐射带**　radiation band
地球外空间的电场、磁场与太阳和星际粒子辐射相互作用而形成的一个辐射区。

**04.076　辐射总剂量**　total dose radiation
表征宇宙射线在某时间段辐射到物体上能量的累积量。

**04.077　辐射功率**　radiant power
又称“辐射通量”。以辐射的形式发射、传播和接收在一个横断面上的功率。

**04.078　辐射衰减寿命**　decay radiative lifetime
原子、分子停留在激发态的平均时间。

**04.079　辐射对比度**　radiation contrast
表征目标与背景辐射对比度大小的参数。数值上等于目标与背景的辐射出射度之差与背景辐射出射度之比。

**04.080　光谱辐射通量**　spectral radiant flux
辐射源发出的光在波长处的单位波长间隔内的辐射通量。

**04.081　辐射通量密度**　radiant flux density
又称“能流密度(energy flow density)”。单位时间内在垂直于光传播方向的单位光束横截面积上流过的辐射能。

**04.082　水下光辐射分布**　underwater radiant distribution
某波长的辐射亮度在水下某一深度处沿某一方向的分布。

**04.083　辐射强度**　radiant intensity
描述点辐射源的辐射功率空间分布特征的量。数值上等于在给定方向上单位立体角内发出的辐射通量。单位为W/($m^2$·sr)。

**04.084　辐射强度因数**　radiant intensity factor
非自发发光体在规定的照明和观察条件下的辐射强度特性的一个参量。以非自发发光体表面上某一点在给定方向的辐射强度与同一照明条件下全反射或全透射的漫射体辐射强度之比来表示。无量纲。

**04.085　光谱辐射强度**　spectral radiant intensity

辐射源在某个波长处的单位波长间隔内的辐射强度。单位为 W/(sr·m$^2$·mm)。

**04.086 光谱辐射强度因数** spectral radiant intensity factor

辐射光在规定的观察条件下与波长关联的辐射强度分布的一个参量。以辐射光中某一特定波长 $\lambda$ 的光谱辐射强度与完全漫反射面或完全漫透射面在此波长 $\lambda$ 上的光谱辐射强度之比来表示。无量纲。

**04.087 光谱辐射能量密度** spectral radiant energy density

表征物体(光源)辐射的能量按波长分布的物理量。数值上等于在无穷小的波长间隔内的辐射能量密度与该波长间隔的比值。反映了辐射能量密度对波长分布的密集程度。符号为 $w$，单位为 J/m$^4$。

**04.088 辐射出射度** radiant exitance

单位辐射表面积向半球空间发射的辐射通量。

**04.089 光谱辐射出射度** spectral radiant emittance

又称“单色辐出度”。简称“光谱辐出度”。从辐射源表面积上发出的辐射，在波长附近、单位波长间隔内的辐射出射度。

**04.090 光谱发射率** spectrum emissivity

物体与相同温度下黑体的光谱辐射亮度之比。

**04.091 辐照量** radiant exposure

描述在辐射接收面上一点的辐照强度的物理量。其值等于照射在包括该点的面元上的辐射能量除以该面元的面积。

**04.092 材料发射率** emissivity of materials

表征材料表面红外辐射特性的物理量。材料表面单位面积的辐射通量和同一温度相同条件下黑体的辐射通量之比。理想黑体的发射率是1，所以材料的发射率是一个小于1的正数，通常与辐射的波长和辐射的方向及材料表面物理特性有关。

**04.093 辐射校正场** radiometric correction field

地面上用于对遥感器所记录的测量值进行辐射校正的特定区域。要求场地均匀，反射率适中，大气稳定，海拔高，交通方便等。

**04.094 辐射函数** radiative function

用于处理大气多次散射光计算中对光学厚度积分的广义函数。其自变量包括：气层总光学厚度、所在位置对应的光学厚度、入射光天顶距、从入射光到出射光经历的各次散射光天顶距。与 $n$ 次散射光对应的辐射函数称为 $n$ 阶辐射函数。

**04.095 辐射传递** radiation transfer

由辐射面至被照面的辐射通量的传递。

**04.096 辐射制冷** radiative cooling

靠向外辐射能量进行辐射热交换而获得被动制冷的过程。

**04.097 非辐射复合** nonradiative recombination

半导体中导带电子跃迁至价带与价带空穴复合过程中不以光子形式释放能量，而是将能量转给晶格振动而产生声子或转给能带内的电子或空穴使它们在带内跃迁至更高能级的俄歇(Auger)复合。对半导体光发射器件要尽量减少载流子的非辐射复合。

**04.098 辐射阈值** radiation threshold

设备可以承受的而不至于损伤的电离辐射的阈值。

**04.099 索末菲辐射条件** Sommerfeld radiation condition

有限大小的辐射源的辐射场，在无限远处满足这种的极限值：在与辐射源的距离趋于无穷大时，场强在法线的偏导和波矢乘以场强之差与距离的乘积趋于零。

**04.100 普朗克辐射定律** Planck’s radiation law

描述黑体的光谱辐射出射度与其绝对温度和波长之间的关系的热辐射定律。给出了黑体辐射的光谱分布函数。

**04.101 辐射传输理论** radiation transfer theory

在已知待测组织表面的光源时空分布特性以及体内的光学参数分布的条件下，预测待测组织体内部光子密度和表面扩散（漫射）光流时空分布的数学方法的理论。目前描述光在生物组织内传播的严格有效的数学模型是玻尔兹曼辐射传输方程，从光的粒子性入手，根据光子在传输过程中的产生和消失机制，并结合光的粒子性和能量（或粒子数）守恒定律，建立起来的一般情况下的非线性辐射传输方程，是研究光在介质中的分布和传输等问题的基本理论。由于求解的困难，实际应用中采用的模型是该方程的简化形式或统计模拟方法，如扩散近似、蒙特卡罗模拟、简化球谐函数近似等。

**04.102 辐射传输方程** radiative transfer equation

表征电磁辐射在介质中传播过程的方程。辐射能在空间传播时，常遭到物质的吸收、散射而衰减，同时物质也发射辐射而使之增强。

**04.103 基本辐射传输方程** basic radiative transfer equation

对于长波辐射，在忽略大气的散射和折射作用时的辐射传输方程。

**04.104 水下光辐射传输方程** radiative transfer equation for sea water

描述光辐射在海水中传输规律的辐射传输方程。

**04.105 矢量辐射传输** vector radiative transfer

一种描述偏振电磁辐射在介质中传播的建模方法。与标量辐射传输相比，电磁波在界质中的传播过程，除考虑第一斯托克斯参数（辐射强度）外，还考虑了其他参数（偏振态）的辐射传输过程。

**04.106 快速辐射传输模式** fast radiance transmission mode

一种能够快速计算大气辐射传输过程的模式。大气透过率模式是卫星遥感辐射传输的核心，在卫星资料处理及应用中起着重要作用。目前，在大气遥感中使用参数化（或解析）透过率模式，称为快速模式。

**04.107 辐射冷却率** radiation cooling rate

地球表面或大气系统在接收辐射小于自身发射辐射的情况下所产生的温度降低的速率。

**04.108 地球辐射收支** earth radiation budget

地球及其大气吸收的太阳辐射能与通过长波射出辐射形式离开地球大气上界的辐射能间的差额。进入地球大气上界的太阳辐射，一部分被地球及其大气反射回太空，剩余部分则被地球和大气吸收；同时地球及其大气又以长波辐射的形式向太空释放能量，从而保持全球范围内地-气系统能量的基本平衡。

**04.109 地表辐射收支** surface radiation budget

地球上某个区域地表及其大气吸收的太阳辐射能与通过长波辐射形式离开地球大气

上界的辐射能间的差额。

**04.110　噪声等效光谱辐射率**　noise equivalent spectrum refraction，NESR
表征红外光谱仪灵敏度高低的指标。数值上等于红外光谱仪系统所能测得的最低光谱辐射功率值。单位为mW/($m^2$·sr·m)。

**04.111　辐射场定标**　radiation field calibration
遥感器在轨工作时，采用地面辐射靶场的辐射定标。

**04.112　跃迁**　transition
粒子从一个能级变化到另一个能级的过程。

**04.113　辐射跃迁**　radiative transition
发光中心的粒子(如原子)吸收光从低能级跃迁到高能级，或者处于高能级的粒子通过放出光子或其他辐射能回到低能级的跃迁。

**04.114　无辐射跃迁**　non-radiative transition
原子或分子从高能态跃迁到低能态却不发出辐射的跃迁。如第二种碰撞。受激原子跃迁到低能态，但仅将能量传递给与之碰撞的粒子(如电子等)，并使其加速。俄歇效应亦是非辐射跃迁。或者在介质中，原子中的电子吸收光从低能级跃迁到高能级，处于高能级的电子放出能量回到低能级，能量转变为晶格或分子振动能量以及其他形式能量的跃迁。

**04.115　载流子跃迁**　carrier transition
半导体中电子从一种量子态(跃迁初态)至另一种量子态(跃迁终态)遵循能量和动量守恒的转移过程。这种跃迁可发生在半导体能带之间或能带内。

**04.116　禁戒跃迁**　forbidden transition
根据量子力学，两能级间的量子数必须满足一定条件才能发生的跃迁。严格不符合条件的跃迁概率为零。

**04.117　跃迁概率**　transition probability
单位时间内，粒子从一个能级跃迁到另一个能级的概率。数值上等于单位时间内跃迁的粒子数与当前粒子数的比值。

**04.118　激发态**　excited state
原子或分子吸收相当于能级差的能量后基态能级电子跃迁到更高能级状态。

**04.119　爱因斯坦系数**　Einstein coefficient
自发跃迁概率和受激吸收跃迁概率、受激发射跃迁概率与外部辐射场单色能量密度的比例系数的总称。

**04.120　爱因斯坦关系**　Einstein relation
分子运动论中，分子扩散系数与分子迁移率之间存在的正比关系。其比例系数与温度和玻尔兹曼常量有关。由爱因斯坦在1905年和斯莫卢霍夫斯基(Marian Smoluchowski)在1906年分别独立发现。

**04.121　爱因斯坦定律**　Einstein law
光电阴极受光照所产生的光电子初能量与入射光的频率成正比，与入射光的强度无关。

**04.122　猝灭**　quenching
激发态粒子通过无辐射跃迁至基态的现象。它主要是由第二类非弹性碰撞引起的。

**04.123　浓度猝灭**　concentration quenching
同核离子间发生能量传递，当激发能到达一个能量非辐射损失的格位(消光杂质或猝灭格位)时，系统的发光效率将被降低的现象。

**04.124　光章动**　optical nutation
发光系统突然被施加一个相干场时的瞬

态响应。对于二能级系统，光章动就是系统的跃迁从非谐振状态过渡到谐振状态的过程。

**04.125　失相过程**　dephasing
气体分子间的碰撞或固体中电子散射声子引起辐射电磁波的相位发生变化的过程。

**04.126　光迁移**　photo transfer
将深陷阱中的电子(或空穴)转移到浅陷阱，改变陷阱中载流子分布的过程。

**04.127　激活剂**　activator
将某种杂质离子或基团掺入基质，使之成为高效的发光中心的物质。例如稀土离子、过渡族金属离子等。

**04.128　光学布洛赫方程**　optical Bloch equation
描述光与原子系统相互作用中原子系统能量和极化强度之间关系的方程。

**04.129　失效速率分布**　failure rate distribution
半导体电子或光电子器件失效速率随时间推移所呈现的一种规律性分布。有时称“浴盆”形曲线。即早期由材料缺陷引起的高失效率，此后有一长的稳定工作寿命；最后由于器件老化又引起高失效率。

**04.130　光萃取效率**　light extraction efficiency，LEE
从半导体芯片出射到自由空间的那部分光子数与半导体内产生的光子数之比。

**04.131　色匹配函数**　color matching function
又称“配光函数”。描述光源实际光强在空间各方向的分布的函数。当函数用曲线描述时，对应的曲线称为空间光强分布曲线。

**04.132　余辉**　afterglow
当外界激发源对物体的作用停止后，发光还会持续一定时间的现象。

**04.133　余辉时间**　afterglow time
当外界激发源对物体的作用停止后，发光亮度从初始值下降到初始值的10%所经历的时间。单位为ms。

# 05. 色　度　学

**05.001　色度学**　colorimetry
研究颜色度量和评价方法的一门学科。是颜色科学领域的重要部分。该学科由牛顿开创，19世纪多位科学家如格拉斯曼(H. Grassmann)、麦克斯韦、亥姆霍兹等进行了发展，在20世纪形成了现代色度学。

**05.002　颜色**　color
外界光刺激作用于人眼视觉系统而引起的心理感觉。通常用色名或光刺激的属性(如三刺激值、色调、明度、彩度等)来表述。

**05.003　三基色**　three primary color
由人眼视觉定义的红、绿、蓝三种颜色。其特点是彼此独立，任一种基色不能由另两种基色合成得到，且其他任一种颜色均可分解为三种基色。这三种颜色按一定比例可混合出可见光中的不同颜色，并依照三基色的比例来决定混合色的色调和色饱和度。

**05.004　相加色**　additive color
又称“加混色”。由两种或两种以上的发光色混合而成的颜色。例如，彩色电视、彩色投影仪等产生的颜色通常都是相加色。

**05.005　相减色**　subtractive color
又称“减混色”。由两种或两种以上的非发光色(例如光波的反射或透射光)混合而成的颜色。例如，彩色印刷、彩色打印等获得的颜色通常都是相减色。

**05.006　补色**　color complementary
两种色光或颜色按适当比例混合而得到白色或按等量混合而得到黑灰色的现象。

**05.007　互补色**　complementary color
能够产生补色现象的两种颜色。例如，红色与青色、绿色与品红色、蓝色与黄色均是互补色。

**05.008　中间色**　intermediate color
由两个非互补色混合产生的介乎两者之间的新混合色。其色调取决于这两个非互补色的相对数量，其饱和度由它们在色调顺序上的远近决定。

**05.009　中性色**　neutral color
又称“非彩色”。对可见光各波长无光谱选择性的无彩色系列。例如，黑色、白色及各种深浅不同的灰色系列均为中性色。

**05.010　主色**　elementary color
在表色系统中所规定的主要颜色。例如，在芒塞尔(Munsell)系统中的红、黄、绿、蓝、紫五种颜色或在自然色系统(NCS)中的红、黄、绿、蓝、黑、白六种颜色。

**05.011　原色**　primary color
基于特定混色原理、用于生成色域内其他任何颜色的几种基本色。其特点是不能由其他颜色相混合而产生，如相加色的红、绿、蓝三原色或相减色的青、品、黄三原色。

**05.012　同色同谱色**　isomeric color
对于具有相同反射谱或者透射谱的两种非荧光材料，在任何照明和观察条件下其颜色外貌都能够相互匹配的两种颜色。

**05.013　同色异谱色**　metameric color
对于具有相同反射谱或者透射谱的两种非荧光材料，在特定照明和观察条件下其颜色外貌能够相互匹配的两种颜色。

**05.014　光谱色**　spectral color
在可见光谱 380～780 nm 波长范围内的单色光所对应的颜色。例如，自然界中的彩虹颜色。在颜色系统中，光谱色具有最高的彩度值。

**05.015　无彩色**　achromatic color
从黑色到白色的一系列中性灰色。例如，CIE1976LAB 和 CIE1976LUV 系统中的明度轴上的颜色或芒塞尔颜色立体的中心轴上由黑色到白色的色块。

**05.016　有彩色**　chromatic color
无彩色的中性色以外的各种颜色。

**05.017　诱导色**　inducing color
在观察视场的某一区域中影响相邻区域颜色感觉的颜色(色貌)。

**05.018　被诱导色**　induced color
在被观察的颜色物体受到一定视场范围内其他颜色物体或现象的诱导产生了变化的颜色(色貌)。

**05.019　对应色**　corresponding color
在不同照明光源或不同观察视场下，能够产生相同色貌的两个颜色。

**05.020 水色 water color**

水体本身的颜色。是水体对光选择性吸收和散射综合作用的结果，与水体本身所含的杂质有关。

**05.021 海洋水色 water color of sea**

又称“海色（ocean color）”。观察者在岸边或船上所看到的海洋水体的颜色。是海洋水体对阳光的选择性吸收和散射综合作用的结果，与天气状况没有直接的关系。海洋水色由海水的光学性质及海水中悬浮物的颜色所决定。水色越蓝，习惯上称之为水色越高。

**05.022 光源色 light source color**

由光源发出的可见光的颜色。它取决于光源在可见光区域的光谱辐射分布。

**05.023 白色 white**

当观察者适应观察环境后感知的、完全非彩中性色并具有单位亮度因数的一种颜色。在色度学领域，它通常指参考白，例如，等能光谱E光源、D65光源、C光源等都被用于参考白。

**05.024 黑色 black**

对观察者产生的亮度因数或明度趋于零的中性色。

**05.025 红色 red**

波长在627～780 nm范围内的可见光区的颜色。它是相加色的三原色之一。

**05.026 橙色 orange**

又称“橘黄色”“橘色”。波长在589～627 nm范围内的可见光区的颜色。它介于红色与黄色之间。

**05.027 黄色 yellow**

波长在570～589 nm范围内的可见光区的颜色。它是相减色的三原色之一。

**05.028 绿色 green**

波长在500～550 nm范围内的可见光区的颜色。它对应于人眼光谱灵敏度最高的波段，是相加色的三原色之一。

**05.029 青色 cyan**

波长在480～490 nm范围内的可见光区的颜色。它介于绿色和蓝色之间，是相减色的三原色之一。

**05.030 蓝色 blue**

波长在450～480 nm范围内的可见光区的颜色。它是相加色的三原色之一。

**05.031 紫色 violet**

波长在380～450 nm范围内的可见光区的颜色。它是人眼视觉系统所能观察到的波长最短部分的光。

**05.032 灰色 gray**

介于黑色和白色之间的中性色。在数字图像处理中它对应于景物亮度按一定关系分成的若干等级。

**05.033 色表示 color specification**

以心理特性或心理物理特性定量地表示颜色。例如，明度、色调和彩度是以心理特性表示颜色，而三刺激值是以心理物理特性表示颜色。

**05.034 色域 color gamut**

又称“颜色空间(color space)”。用色彩模型中基色独立参数为坐标系构成的、用以描述具体颜色的多维空间。不同的色彩模型所使用的独立参数不同，构成了不同的颜色空间，可分为一维、二维、三维甚至四维空间，如RGB、XYZ、LCH等。

**05.035 色域映射 color gamut mapping**

描述将源媒介的色域映射到目标媒介色域的过程。通常目标媒介色域与源媒介色域不完全重合，需要将源设备的色域根据目标媒介色域进行缩放处理，可采用不同的实现策略或方法。

**05.036　色相环**　hue circle
在色序系统中用来表示色相变化、排成环形的色卡。例如，NCS颜色立体的色相环包含4个基本色相并被分为400等份，芒塞尔颜色立体的色相环共有100个基本色相。

**05.037　色适应**　chromatic adaptation
表征人眼颜色视觉的机理之一。它反映了人眼对不同照明光源或观察条件下的白点变化的适应能力或状态，近似地保持人眼感知到的被观测目标色貌的恒定。

**05.038　色卡图册**　color atlas
根据特定的颜色系统所编排的颜色图。例如NCS色卡图册、芒塞尔色卡图册等。

**05.039　色适应变换**　chromatic adaptation transform，CAT
建立在色适应模型上、实现对应色预测的一系列计算算法。色适应模型是色貌模型的重要组成部分，典型的色适应模型有 von Kries、CMCCAT2000、CAT02 等。

**05.040　补色波长**　complementary wavelength
当试验色刺激和某单色光刺激以适当的比例进行相加混色、与规定的无彩色刺激达到色匹配时的该单色光波长。

**05.041　色轮**　color wheel
由红、绿、蓝、白等分色滤光片组成，在高速马达驱动下转动，从而将透过的白光顺序分出不同单色光的分色元件。

**05.042　色品坐标**　chromaticity coordinate
表征在三色系统中各颜色的色刺激程度的一个坐标。对于任一个颜色的色刺激，用适当数量的三个原色的色刺激相匹配，而每一原色的刺激量以与三原色刺激总量的比来表示。

**05.043　色觉**　chromatic vision
表征人眼视网膜黄斑功能的一个参量。它反映了人眼视锥细胞对各种颜色的分辨能力，视杆细胞无色觉，只接收光亮度的刺激。

**05.044　色调**　hue
又称“色度”“色相”。描述色彩彼此相互区分的一种特性。它属于颜色三属性之一，与照明光源或接收光的波长成分及物体表面的反光特性有关，与颜色的饱和度有关而与其亮度无关，其值由色坐标确定。例如，可见光光谱的色调从长波到短波按照红、橙、黄、绿、青、蓝、紫以及许多中间过渡波长排列，在人眼的视觉上表现出各种色调。

**05.045　色序**　color sequence
将人眼对光源或发光体或辐射体等的可见光谱颜色的感觉按一定规律进行的排序。例如，国际标准的色序为：蓝、橙、绿、棕、灰、白、红、黑、黄、紫、粉红、青绿，光缆的颜色排列就采用了这个国际标准色序；印刷中的色序是根据油墨性质来确定的。

**05.046　牛顿色序**　Newton’s color
在牛顿环干涉实验中白光入射后观察到靠近光场中心呈现的一系列、一定颜色次序的颜色。它是光场从中心向外、不同波长光的干涉条纹错开而形成的。

**05.047　色纯度**　color purity
表征人眼视觉感知颜色特性并以主波长描述的一个辅助参量。以待测颜色坐标点和 CIE 确定的标准照明体 E(等能量白光，5400 K，$x$=0.333，$y$=0.333)之色度坐标点连线与 E 光源至待测颜色主波长在色度图中坐标点距离之比的百分数表示。此值越高，表明待测颜色的色度坐标越接近主波长的光谱色。

**05.048　色灵敏度**　chromatic sensitivity
描述人眼察觉色彩差异对应的最小波长变化的程度。

**05.049　色衰**　luminous flux droop
人眼感知发光或接收器件的光通量或辐射功率随使用时间的增加而下降的现象。

**05.050　色对比**　color contrast
人眼视觉心理物理学实验的基本方法之一。它分为色度对比、明度对比和彩度对比等。例如,人眼可同时或相继观察视场两部分颜色(或亮度、彩色度等)差异并进行主观评价。

**05.051　色温**　color temperature
描述光源发光或被辐射体接收彩色光的颜色属性之一。它以光源或被辐射体接收彩色光的色品与某一温度下的完全辐射体(黑体)的色品相同时的该完全辐射体(黑体)的绝对温度来表示,单位为开尔文(K)。

**05.052　相关色温**　correlated color temperature
当光源或被辐射体接收彩色光的光谱不同于黑体辐射光谱时,将光源或被辐射体接收彩色光的颜色外推到某一给定温度的黑体辐射光的颜色,光源或被辐射体接收彩色光的色品与该黑体辐射体的色品最接近或在均匀色品图上的色差最小,使人眼有相同色感时的黑体温度。单位为开尔文(K)。

**05.053　自发光体颜色**　self-luminous color
人眼从自发光的物体表面直接感知到的颜色。例如灯具、显示屏、太阳等发出光的颜色。

**05.054　反射体颜色**　reflective color
物体表面被特定光源照射后,有选择性地反射出一定光谱分布的光并由人眼感知到的颜色。例如树木、墙面、纸张等呈现的颜色。

**05.055　颜色和谐**　color harmony
两种或多种颜色通过某种组合及排列,在人眼视觉心理上达到的协调、悦目、愉快的审美效果。

**05.056　颜色三属性**　three attributes of color
描述人眼对颜色的明度、色调和彩度所对应的三种心理感知属性。明度是人眼视觉系统对颜色的明暗感觉;色调是颜色之间彼此互相区分的特性,如红、黄、绿、蓝、紫等;彩度则表示颜色接近其对应纯色的程度。

**05.057　颜色缺陷**　color deficiency
描述人眼颜色视觉异常或障碍的统称。最常见的颜色缺陷是色盲,包括色弱、局部色盲、全色盲等。

**05.058　颜色转换**　color conversion
各种颜色的显示设备或媒介之间的颜色空间的映射或匹配过程。通常由颜色管理模块(CMM)调用颜色特性文件来完成。

**05.059　颜色特性文件**　color profile
一种标准化的、描述各种颜色输入及输出媒介的颜色特性的数据文件。它是计算机颜色管理系统的核心部分,其规范由国际颜色联盟(International Color Consortium,ICC)主持制定。

**05.060　颜色校准**　colorimetric calibration
对颜色的输入输出设备或媒介进行颜色相关特性校准的过程。例如对白场、基色、对比度、色度、线性度等的校准。

**05.061　颜色比**　color ratio
描述对大气气溶胶或云的颜色检测的一个参数。通常利用两个或两个以上波长、依据米氏散射原理对大气气溶胶或云进行探测,以得到的两个波长对的大气参数比值来表示。

**05.062　颜色宽容度**　color tolerance

在色差研究中人眼感觉不出颜色变化的色差范围。

**05.063　显色**　color rendering

光源或发光体或辐射体呈现出的色彩渲染现象。

**05.064　显色意图**　color rendering intent

在 ICC 制定的颜色管理规范中，由颜色管理系统根据不同应用目标定义的颜色复制策略。

**05.065　显色指数**　color rendering index

表征光源显色性的一个度量。以待测光源与参考光源(常用黑体辐射源作为参考光源)分别照射某物体(如一组特定色板)时，其显现颜色的符合程度来表示。CIE规定用完全辐射体(黑体)或标准照明体D作为参考光源，并规定其显色指数为100。

**05.066　二色性**　dichromatism

表征人眼色盲的一种形式。例如，人眼缺乏某一类锥状感光细胞，只能从三种原色中区别两种颜色。

**05.067　三色理论**　trichromatic theory

又称“*杨–亥姆霍兹三色理论*(Young-Helmholtz’s trichromatic theory)”。描述颜色感知由人眼视网膜上红、绿、蓝三种光接收器产生不同比例的响应量而形成的颜色科学基本学说之一。由英国科学家杨于 1802 年提出并由德国科学家亥姆霍兹于 1894 年发展而成。

**05.068　对立色理论**　opponent-color theory

又称“*四色学说*”。描述眼视网膜上红–绿、黄–蓝、白–黑这三种对抗色的光接收器通过建立和破坏的代谢作用而引起颜色感知的颜色科学基本学说之一。该理论由德国科学家黑林(Hering)于1878年提出，是目前颜色科学与工程领域的重要理论基础。

**05.069　补色律**　law of complementary color

描述颜色混合的基本定律之一。其基本观点认为每一种颜色都有一个相应补色；如果某一颜色与其补色以适当比例混合，便产生白色或灰色；如果两者按其他比例混合，便产生近似于比重大的颜色成分的非饱和色。

**05.070　中间色律**　law of intermediary color

描述颜色混合的基本定律之一。其基本观点认为任何两个非补色相混合，便产生中间色，其色调决定于两颜色的相对数量，其饱和度决定于两者在色调顺序上的远近。

**05.071　代替律**　law of substitution

描述颜色混合的基本定律之一。其基本观点认为颜色外貌相同的光，不管它们的光谱组成是否一样，在颜色混合中具有相同的效果。

**05.072　格拉斯曼颜色混合定律**　Grassmann’s color mixing law

描述人眼对颜色混合的感知效果的规律。主要包括补色律、中间色律、代替律和亮度相加律等。①人眼只能分辨颜色的色调、明度和饱和度；②两种颜色混合时，如果一种颜色成分连续变化，则混合色光的颜色也连续变化；③引起人眼颜色感觉相同的光，在色光混合中具有相同的效果，而与它们的光谱成分无关；④混合色的总亮度等于组成混合色的各种颜色光的亮度之和。这是由德国数学家格拉斯曼于 1854 年总结得出的。

**05.073　兰利图**　Langley plot

在地面测量大气外太阳辐照并以测量计算后的单位面积上太阳辐射能通量值（单位为兰利)标示出来的一种图。这是在晴朗、天气稳定时用太阳光度计测量地面大气窗口波段的太阳辐射，得到其响应值的对数与大气质量呈线性关系，截距为大气外的响应值，并以后者扣除大气影响等结论。它最早由兰利(S. P. Langley，1834—1906)提出并实现。

**05.074　色彩传递**　color transferring

又称“真实影像再现(realistic image rendition)”。对图像彩色校正和再渲染的一种光学图像处理技术。通常根据白天彩色参考图像的统计量(如均值和标准差等)来调整待处理目标图像的均值和标准差，使待处理目标图像具有与白天彩色参考图像相同的灰度和彩色分布。参考图像取为白天大气传输条件良好、近中午太阳光照正常时获得的彩色图像，目标图像在光照条件畸变(偏色、光照不足等)下获得。目标图像为灰度图像时就对灰度图像彩色化，从而提高灰度图像的视觉效果。

**05.075　彩度**　chroma

人眼对色彩鲜艳程度的一个视觉心理尺度。它类似于饱和度，是颜色的三属性之一，也是色品的两个构成要素之一。它不同于视彩度，彩度是视知觉的绝对量，视彩度是其相对量。

**05.076　视彩度**　colorfulness

人眼感知某一颜色在某一种主色相的色彩表现浓厚程度。它以色相的强度对视知觉产生的绝对量表示。

**05.077　白度**　whiteness

表征物体表面呈白色的程度。它与物体表面的光谱反射比有关。物体表面对可见光谱内所有波长的反射比都在80%以上时所呈现的颜色为白色。

**05.078　色度特性化**　colorimetric characterization

对颜色输入及输出媒介的颜色进行某种特性处理的过程。它通常是以标准化测量手段对某种设备或媒介的颜色空间参数相对于标准化的颜色空间参数(如CIE1976LAB、CIE1976LAB)建立数学模型或转换关系来实现。

**05.079　色度纯度**　colorimetric purity

表征色度特性的一个参量。它以规定的无彩色刺激和某单色刺激取适当比例进行相加混色并与试验色刺激达到颜色匹配时的单色光刺激亮度与试验色刺激亮度之比来表示。

**05.080　色度图**　chromaticity diagram

又称“色品图”。 表征色度特性的一个二维轮廓图。它以色坐标 $x$ 为横坐标、$y$ 为纵坐标，二维轮廓图以三基色为顶点围成，图上各点对应于各种可见光颜色和黑体辐射的色坐标值及各种不同颜色组成混合色等相关信息。

**05.081　色度系统**　colorimetric system

又称“表色系统(color system)”。根据规定的定义和符号表示颜色的系统。它包括混色系统和色序系统。例如CIE1931XYZ标准色度学系统(混色系统)、芒塞尔色序系统、NCS色序系统。

**05.082　三色系统**　trichromatic system

以适当选择三个参照色刺激(即三原色)、经相加混色后与待测色刺激达到色匹配来表示该待测色刺激的色度系统。CIEXYZ和sRGB均属于三色系统。

**05.083　色序系统**　color order system

将颜色按照感知色貌的特性在色空间进行有序排列所构成的系统。NCS和芒塞尔颜色体系都属于色序系统。

**05.084　自然色系统**　natural color system，NCS

基于对六种独立色即红(R)、绿(G)、黄(Y)、蓝(B)、白(W)、黑(S)的相似程度的量度来识别颜色，并加以排序的一种标准色序系统。它由瑞典的一个颜色研究机构于19世纪发明，是目前国际上应用最广的颜色体系或颜色空间之一。

**05.085　芒塞尔颜色系统　Munsell color system**

又称“芒塞尔色序系统(Munsell color order system)”。按照明度、色相和彩度的视觉等距原理，由一系列色标(色卡)排列组成的系统。由美国艺术家芒塞尔(Albert H. Munsell)于 20 世纪初提出。这是目前国际上应用最广的颜色体系或颜色空间之一，在均匀色空间的研究中发挥了重要作用。

**05.086　颜色管理系统　color management system，CMS**

全称“计算机颜色管理系统(computer color management system)”。在现代计算机技术基础上发展起来的对图文图像的颜色信息进行管理的系统。它包括颜色的获取、显示、打印输出等。其典型代表是ICC颜色管理系统。

**05.087　CIE 标准色度学系统　CIE standard colorimetric system**

由 CIE 规定的颜色测量原理、基本数据与计算方法的系统。

**05.088　RGB 色度系统　RGB colorimetric system**

用波长分别 700.0 nm、546.1 nm、435.8 nm 的红、绿、蓝光谱色作为三原色来进行混色的色度系统。该系统规定：用上述三原色匹配等能白光时的三刺激值相等。

**05.089　XYZ 色度系统　XYZ colorimetric system**

由虚设的三刺激值 X、Y、Z 作为三原色来代替 R、G、B 形成的色度系统。在此系统中，三刺激值均为正值。

**05.090　中国颜色体系　Chinese color system**

基于中国人眼对明度、色调、彩度等间距排列的视觉评价实验而建立的色序系统。它是在对国际上其他颜色体系的理论分析和对颜色样品测试的基础上建立的一种标准色序系统。

**05.091　RGB 颜色空间　RGB color space**

通过红、绿、蓝三原色来描述颜色的颜色空间。以红、绿、蓝三基色的比例数值表示三基色空间。它通常用来表示实际设备(如显示器、扫描仪、数码相机等)或媒体的红、绿、蓝三基色分量。

**05.092　CIELAB 颜色空间　CIELAB color space**

由 CIE 于 1976 年推荐的均匀颜色空间。它是一种三维直角坐标系统。

**05.093　sRGB 颜色空间　sRGB color space**

在国际电信联盟(ITU)的ITU-R BT.709-2定义的高清晰度数字电视(HDTV)的RGB空间基础上发展起来的一种标准化的颜色空间。它以三基色显示设备阴极射线管(CRT)的颜色特性为参照，定义了设备驱动的非线性RGB空间与标准化的CIEXYZ空间的关系。

**05.094　CMYK 颜色空间　CMYK color space**

以青、品红、黄和黑四种颜色构成的一种减色空间。以青、品红、黄和黑四种油墨的数值表示。主要应用在打印机或彩色印刷系统的颜色处理中。

**05.095　YUV 颜色空间　YUV color space**

通过亮度–色差来描述颜色的颜色空间。亮度信号经常被称作Y，色度信号由两个互相独立的信号(分别是Cb和Cr，其中C代表颜色，b代表蓝色，r代表红色)组成。

**05.096　HSI 颜色空间　HSI color space**

从人眼视觉系统出发，用色度(hue)、色饱和度(saturation或chroma)和亮度(intensity或brightness)来描述的颜色空间。它可用一个圆锥空间模型来描述。

**05.097 均匀颜色空间** uniform color space

能与颜色空间中的任一点有相同距离且表示相同知觉色差的颜色空间。CIELAB颜色空间和CIELUV颜色空间均为均匀颜色空间。

**05.098 色貌** color appearance

又称“色表”。观察者对视野中的颜色刺激根据其视知觉的不同表象而区分的颜色知觉属性。物体的色貌特征用色貌属性参数(包括视明度、明度、视彩度、彩度、色饱和度、色相等)来表示。

**05.099 色貌现象** color appearance phenomena

物体或光源的颜色外貌随观察条件变化的现象。例如空间结构现象、亮度现象、色相现象、颜色恒常性现象等。

**05.100 色貌属性** color appearance attribute

表示物体或光源的色貌特征的参数。它包括视明度、明度、视彩度、彩度、色饱和度、色相等。

**05.101 色貌模型** color appearance model

对色貌属性参数作定量计算的一种数学模型。如CIECAM97s、CIECAM02色貌模型。

**05.102 图像色貌模型** image color appearance model，iCAM

处理和计算图像色貌属性参数的一种模型。该模型增加了对图像的空间频率特性进行处理的内容。

**05.103 色品** chromaticity

在颜色研究和量度中描述颜色特性的一个参量。以三刺激值各自在三刺激值总量中所占的比例或以主波长和色纯度来表示。

**05.104 色饱和度** saturation

描述一种颜色与白色混合程度的一个参量。它是颜色的三属性之一，用以表示纯彩色在整个视觉中的成分的视觉属性，是视知觉的相对量。纯光谱色是完全饱和的，加入白光会稀释饱和度。饱和度越大，颜色看起来就会越鲜艳，反之亦然。

**05.105 混色** color mixing

利用红、绿、蓝三基色的任意两种或三种颜色按一定比例组合并刺激到视网膜的同一个部位而产生或感觉出不同于原三基色的另一个颜色的现象或过程。

**05.106 相加混色** additive mixture

同时入射或高频交替入射的两种以上颜色或者以人眼分辨不出的镶嵌方式入射的多种颜色刺激到视网膜的同一个部位而产生或感觉出另一个颜色的现象或过程。该现象使产生的颜色比原来颜色要明亮。加法三原色被称为“光的三原色”，它们分别是红色(red)、绿色(green)、蓝色(blue)，缩写为RGB。加法混色通常用于制作电视画面和电脑画面等。

**05.107 相减混色** subtractive mixture

光波经过颜色滤光片或其他吸收介质后组合并刺激到视网膜的同一个部位而产生或感觉出不同于原来颜色的现象或过程。这个现象使产生的颜色比原来颜色要深暗。减法三原色被称为“染料的三原色”，它们分别是蓝绿色(cyan)、紫红色(magenta)和黄色(yellow)，缩写为CMY。

**05.108 色匹配** color matching

改变参加混色(例如被观察的两个目标或物体)的各颜色的量，使混合色与指定颜色达到视觉上相同的过程。

**05.109　显色性**　color rendering property

描述光源与参照标准光源相比拟时显现物体颜色特性的一个参量。以显色指数（CRI）来评估光源的显色性。在可见光波段内具有连续光谱分布的光源具有较好的显色性，例如黑体，标准光源B、C、D等。太阳和黑体的CRI为100，用于照明的光源则要求CRI在70左右，CRI>80的光源被认为其显色性好。

**05.110　明度**　lightness

全称“视明度”。描述物体或光源表面相对明暗特性的一个参量。它是在颜色系统中、同样的照明条件下，以白板作为基准，对物体表面的视知觉特性给予的分度。是颜色的三属性之一。

**05.111　白点**　white point

通常指颜色媒介或颜色空间的白平衡点的色品。例如，sRGB系统的白点D65照明体的色品，CIECAM02色貌模型的参照白点是等能光谱的色品。

**05.112　光谱轨迹**　spectrum locus

在色品图上，把各波长的单色光刺激色品坐标的点连起来形成的轨迹。

**05.113　SCI条件**　specular component included condition

只关注颜色测量中所包含的镜面光，而不关心颜色所附着的样品表面光泽度的一种测量方式。出现在8°观察角的照明条件中。

**05.114　SCE条件**　specular component excluded condition

颜色测量中不包含镜面光，而只关注颜色所附着的样品表面光泽度的测量方式。出现在8°观察角的照明条件中。

**05.115　同色异谱指数**　metamerism index

用具有不同相对光谱分布(或灵敏度)的测试照明体(或观察者)代替参照照明体(或观察者)而计算得到的色差来表示颜色失配程度的指数。

**05.116　朗伯表面**　Lambertian surface

又称“理想漫反射表面(perfect reflective diffuser)”。具有均匀反射特性、在任意发射(漫射、透射)方向上辐射亮度不变的一种介质反射表面。其特点是：入射光波经过完全漫反射体表面的反射后在所有方向的辐射亮度相同，且光谱反射比为1。把反射比为1的朗伯表面叫作理想朗伯表面。

**05.117　兴奋纯度**　excitation purity

①在国际照明委员会CIE1931 XYZ系统的*x-y*色品图上，从无彩色点到试样色度点的距离与从无彩色点到试样主波长点的距离之比。②在使用补色波长的情况下，从无彩色点到试样点的距离与从无彩色点通过试样点到紫红轨迹上交点的距离之比。

# 06. 光学材料

**06.001　光学介质**　optical medium

具有一定光学特性的物质，包含各种形态的无机、有机材料以及生化物质。

**06.002　均匀介质**　homogeneous medium

光学特性在所考虑的范围内与位置无关的光学介质。所述的光学特性包括介电常量、磁导率以及其他光学参数(如线宽增强因子、散射因子)等。

**06.003　透明介质**　transparent medium

在所考虑的波段内具有较小的传输损耗的

光学介质。

**06.004　均匀透明介质**　homogeneous transparent medium

在参考限度内(一般要达到分子水平)，考察对象的内部各处具有相同的光学性质的透明介质。

**06.005　光学各向同性介质**　isotropy medium

简称“各向同性介质”。光学特性与注入光的偏振态无关的光学介质。当光学性质用介电常量或者折射率描述时，其值为一个数量。

**06.006　光学各向异性介质**　anisotropy medium

简称“各向异性介质”。光学特性与注入光的偏振态相关的光学介质。当光学性质用介电常量或者折射率描述时，其值为一个张量。

**06.007　光学线性介质**　linear medium

简称“线性介质”。光学特性与注入光的光强(或光功率)无关的光学介质。当光学性质用介电常量或者折射率描述时，其电极化矢量与电场强度矢量之间满足叠加原理，即两个外电场同时作用于介质时产生的电极化矢量等于两个外电场单独作用于介质产生的电极化矢量的矢量和。因此，无论是各向同性介质还是各向异性介质，都可能是线性介质。

**06.008　光学非线性介质**　nonlinear medium

简称“非线性介质”。光学特性与注入光的光强(或光功率)相关的光学介质。当光学性质用介电常量或者折射率描述时，其电极化矢量与电场强度矢量之间不满足叠加原理，即两个外电场同时作用于该介质时，其电极化矢量不等于两个外电场单独作用于介质时电极化矢量之和。

**06.009　光疏介质**　rarer medium

又称“光疏媒质”。在光通过两个光学介质组成的界面时，折射率相对较小的那个介质。

**06.010　光密介质**　dense medium

又称“光密媒质”。在光通过两个光学介质组成的界面时，折射率相对较大的那个介质。

**06.011　左手介质**　left-handed medium

又称“左手材料(left hand materials)”。介电常量和磁导率同时为负值的介质。它具有负群速度、负折射效应等特殊物理性质。

**06.012　电容率**　permittivity

又称“[绝对]介电常量(dielectric constant)”。表征电介质极化性质的物理量。数值上等于电介质中频域电位移矢量与频域电场强度矢量之比，可以是数量和张量。在实用单位制中的单位为法拉/米(F/m)。

**06.013　相对电容率**　relative permittivity

绝对电容率与真空中电容率之比。无量纲。

**06.014　主介电常量**　principal dielectric constant

对称各向异性介质的电容率张量对角化后，其主对角线上的元素。

**06.015　电容率张量**　dielectric tensor

又称“介电张量”。将各向异性光学介质中的电位移矢量与电场强度矢量关系唯象地写成线性形式时的比例系数张量。它是一个二阶张量(具有9个元素)。

**06.016　透过带**　band of transparency

光通过介质时，传输损耗较小的光波长范围。

**06.017　光学材料**　optical materials

用于制作光学器件且具有一定光学性能的材料。比如光学玻璃、光学晶体、发光材料及其他光学材料等。

**06.018　磁光效应　magneto-optic effect**
全称“法拉第磁光效应”“克尔磁光效应”。又称“法拉第效应(Faraday effect)”。注入某种光学材料中的线偏振光在磁场作用下产生偏振面旋转的现象。

**06.019　磁光材料　magneto-optic materials**
能产生磁光效应的光学材料。

**06.020　光信息存储材料　optical information storage materials**
在激光作用下其物理状态能够发生可逆转变，且该转变可以保持一段时间，从而实现对光信息的记录、保存与读出的光学材料。所述的物理性质包括磁畴极化方向、晶体取向等。

**06.021　磁光存储材料　magneto-optical storage materials**
在激光作用下磁性质发生可逆转变的光信息存储材料。主要有稀土–过渡金属合金非晶膜、锰基合金多晶膜、铁石榴石单晶膜、成分调制薄膜(如铂钴)等。

**06.022　锗锑碲系相变光存储材料　GeSbTe system phase change materials**
由锗锑碲三元系统组成的、在激光作用下产生可逆相变的光信息存储材料。相变发生于非晶相和亚稳相之间，晶化过程由晶体长大过程控制。具有写擦速度快、擦写次数多、读出信息稳定等优点。可用于可擦写的 DVD 光盘和蓝光光盘(BD)。

**06.023　银铟锑碲系相变光存储材料　AgInSbTe system phase change materials**
由银铟锑碲四元系统组成的、在激光作用下产生可逆相变的光信息存储材料。相变发生于非晶相和非晶相与晶相混合体之间，晶化过程由晶核形成过程控制，具有熔点低、写入灵敏度高、反射率对比度大、擦除率高等优点。是可擦重写 CD 光盘(CD-RW)的首选记录材料。

**06.024　发光材料　luminescent materials**
在某种形式能量激发下能够发光的材料。按激发能量的形式，可分为光致发光材料、阴极射线发光材料、电致发光材料、化学发光材料、X射线发光材料、放射性发光材料等。

**06.025　光致发光材料　photo luminescent materials**
用紫外线、可见光及红外线激发的发光材料。

**06.026　长余辉发光材料　luminescent materials with long afterglow**
在光激发停止后仍能在较长时间内继续发光的发光材料。

**06.027　阴极射线发光材料　cathode ray luminescent materials**
用阴极射线激发的发光材料。

**06.028　电致发光材料　electroluminescent materials**
在直流或交流电场作用下，利用电场激发的发光材料。

**06.029　有机发光材料　organic luminescent materials**
又称“高分子发光材料(polymer luminescent materials)”。利用有机物构成的发光材料。是一种主动发光材料。

**06.030　半导体发光材料　semiconductor luminescent materials**
基于半导体 PN 结中导带电子与价带空穴复合发光原理的发光材料。

**06.031　低维量子材料　low-dimensional quantum materials**

电子运动自由度维数小于 3 的量子材料。包括自由度为 2 维的量子阱、1 维的量子线和 0 维的量子点材料。

**06.032 多量子阱材料** multi-quantum well materials

包含的量子阱数等于或大于 2 的量子材料。与超晶格的区别是通过控制势垒层厚度使量子阱之间波函数不发生相互作用，也不要求阱/垒厚度严格的周期性。

**06.033 上转换材料** up-conversion materials

一种在较长波长激发下发出较短波长光的发光材料。

**06.034 感光材料** photosensitive materials

经光照后产生物理或化学性质改变、经过(或不经)后处理进一步改变这些性质从而形成可识别的光学影像的材料。如感光胶片、光折变材料等。

**06.035 变色材料** chromism materials

在外界场作用下，光谱特性发生变化的材料。

**06.036 电致变色材料** electro-chromism materials

在电场作用下，材料光谱特性发生变化的变色材料。

**06.037 光致变色材料** opto-chromism materials

在光照射下，材料光谱特性发生变化的变色材料。

**06.038 热致变色材料** themo-chromism materials

在不同温度下，材料光谱特性发生变化的变色材料。

**06.039 激基复合物** excimer

两个处在激发态的相互作用比较强的不同的分子或原子形成的聚集体。

**06.040 红外光学塑料** infrared optical plastic

在近红外和远红外波段有良好的透过率的光学塑料。

**06.041 折射率匹配材料** index matching materials

在两种介质界面间，为减少菲涅耳反射所添加的具有适当折射率的透明材料。通常为液体。

**06.042 光学玻璃** optical glass

具有优良光学特性并可以用来制作光器件的玻璃。

**06.043 滤光玻璃** filter glass

对不同波长的光选择性透过的光学玻璃。

**06.044 红外光学玻璃** infrared optical glass

能透红外辐射的光学玻璃。可分为氧化物玻璃和非氧化物玻璃(硫族玻璃)两类。氧化物玻璃只能用于可见光、近红外和短波红外波段，仅有少数氧化物玻璃可用于中波红外波段。硫族玻璃可用于短波、中波和长波红外波段。

**06.045 磁光玻璃** magneto-optic glass

能产生明显法拉第磁光效应的玻璃。主要分为抗磁玻璃(如特高铅玻璃、钠钙玻璃、砷硒玻璃等)和顺磁玻璃(如 $Tb_2O_3$ 玻璃、稀土硼玻璃、稀土磷玻璃等)两类。

**06.046 耐辐射玻璃** radiation resistant glass

利用均匀分布在光学材料中的吸收物质消除或降低电磁辐射的着色作用的玻璃。

**06.047 低膨胀微晶玻璃** low expansion glass ceramics

以低体膨胀系数或负体膨胀系数晶体为主晶相的一种光学玻璃。

**06.048　火石玻璃　flint glass**
一种用二氧化硅($SiO_2$)、氧化钾($K_2O$)和氧化铅(PbO)等原料熔炼而成的高色散玻璃。火石玻璃的 $V$ 值小于 50(对折射率大于 1.6)或者小于 55(对折射率小于 1.6)。

**06.049　镧火石玻璃　lanthanum flint glass**
含较多$La_2O_3$和其他镧系氧化物、稀有氧化物，具有高折射率和大阿贝数的一类火石玻璃。

**06.050　氟锆酸盐玻璃　ZBLAN glass**
由 $ZrF_4$、$BaF_2$、$LaF_3$、$AlF_3$、NaF 五种氟化物所组成的红外光学玻璃。透光范围从近紫外(0.2 μm)到中红外(7 μm)波段。相比于 $ZnCl_2$ 和 $BeF_2$ 玻璃，ZBLAN 玻璃无毒，抗潮解性能较好。用于低损耗红外线、红外窗口、稀土掺杂红外激光玻璃基质材料等。

**06.051　钡镓锗玻璃　barium gallogermanate glass**
在紫外–可见光–红外波长范围内使用的锗酸盐红外光学玻璃。主要组成为$GeO_2$、$Ga_2O_3$、BaO，还可能含有少量卤化物、$Y_2O_3$等用于改善性能。可用于制备大口径红外线窗，具有优良的低色散、低热光系数及高硬度等性能。

**06.052　玻璃弹性　elasticity of glass**
玻璃在一定范围外力作用下发生变形，当外力除去后能恢复原形的性质。玻璃是各向同性材料，表征弹性的参数为弹性模量$E$和泊松比$\mu$。

**06.053　玻璃硬度　hardness of glass**
玻璃抵抗其他物体刻划或压入其表面的能力。也可理解为表面产生局部变形所需的能量，与内部化学键的强度以及配位数有关。

**06.054　铂闪烁点　platinum sparkler**
玻璃中存在的微米级铂颗粒在强光照射下因散射而形成的发光点。铂闪烁点影响光学系统成像质量、降低激光损伤阈值。

**06.055　光学晶体　optical crystal**
具有晶体结构的光学材料。可用于制作紫外和红外区域窗口、透镜和棱镜。

**06.056　红外光学晶体　infrared optical crystal**
能透射红外辐射的光学晶体。有离子晶体和半导体晶体等种类，具有透射长波限较长、折射率和色散的变化范围大、物理化学性多样化等特点。

**06.057　单晶体　single crystal**
内部结构基本上由同一空间格子贯穿所构成的晶体。

**06.058　声光晶体　acousto-optic crystal**
可产生声光效应的光学晶体。如石英晶体、铌酸锂晶体等。

**06.059　电光晶体　electro-optic crystal**
具有较大电光系数的光学晶体。

**06.060　磁光晶体　magneto-optic crystal**
具有较大费尔德常数的光学晶体。

**06.061　光学各向同性晶体　isotropic crystal**
简称“各向同性晶体”。晶体内介电常量与作用于该点的电磁场方向无关的光学晶体。

**06.062　单轴晶体　uniaxial crystal**
晶体的 3 个主电容率中，有两个相等，只有一个与另两个不相等的光学晶体。这种晶体只有一个不发生双折射现象的特殊传播方向(光轴)。

**06.063　双轴晶体　biaxial crystal**

晶体3个主电容率互不相等的光学晶体。这种晶体有且只有两个不发生双折射现象的特殊传播方向(光轴)。

**06.064　非线性光学晶体　nonlinear optical crystal**
在较强激光作用下就能产生各种非线性光学效应的光学晶体。

**06.065　倍频晶体　frequency doubling crystal**
一种能够产生倍频效应的非线性光学晶体。

**06.066　光子晶体　photonic crystal**
由不同折射率的介质周期性排列而构成的人造微结构透光体。其空间排列的周期接近于波长尺度，并具有可以透过某些波长的光子而阻止另一些波长光子透过的光子带隙特性。

**06.067　一维光子晶体　one-dimensional photonic crystal**
由不同折射率的介质只在一维空间周期性排列的光子晶体。如布拉格光栅。

**06.068　二维光子晶体　two-dimensional photonic crystal**
由不同折射率的介质在二维空间周期性排列而在第三维不呈现周期性排列的光子晶体。

**06.069　三维光子晶体　three-dimensional photonic crystal**
由不同折射率的介质在三维空间的各个方向上均呈现周期性排列的光子晶体。

**06.070　[光子晶体]空间周期　photonic crystal spacial period**
在光子晶体中，不同折射率的材料所组成的最小的重复单元。这些重复单元按照一定顺序排列。

**06.071　晶格　lattice**
晶体中周期排列所构成的空间点阵形式的结构单元。晶体结构单元的中心点称为格点，格点之间的距离称为晶格常数。

**06.072　超晶格　super lattice**
全称“半导体超晶格”。由两种或多种厚度在纳米量级的半导体材料构成的周期性交替层结构。在这种结构中，相邻势阱中的电子可以互相耦合，使得原来分立的能级展宽成为微小能带。由于这种微小能带来自间隔大于天然原子晶格常数的结构，故将该结构称为超晶格。

**06.073　六边形晶格　hexagonal lattice**
在光子晶体光纤中，包层空气孔呈六角形排列的结构单元。

**06.074　三角形晶格　triangular lattice**
在光子晶体光纤中，包层空气孔呈三角形排列的结构单元。

**06.075　蜂窝状晶格　honeycomb lattice, rectangular lattice**
在光子晶体或者光子晶体光纤中包层空气孔呈蜂窝状排列的结构单元。

**06.076　晶格匹配　lattice match**
两种不同晶格常数的晶体形成固熔体(如异质外延)时，彼此有相近的晶格常数的一种状态。当晶格失配时会在两种晶体界面产生内应力，失配超过一定限度后将产生位错缺陷。

**06.077　晶系　crystal system**
根据晶格的对称性对晶体分类的一种体系。可分为7个晶系：三斜晶系、单斜晶系、三角晶系、六角晶系、正交晶系、四方晶系、立方晶系。

**06.078　三角晶系　trigonal crystal system**

晶格三个轴的长度均相等，互相的交角小于120°的晶体。

**06.079　六角晶系**　hexagonal crystal system
晶格的两轴相等且夹角为120°，两者皆垂直于第三轴的一种晶体或晶粒。

**06.080　正交晶系**　orthorhombic crystal system
晶格中不含轴次高于 2 的高次轴而在三个互相垂直的方向具有二重轴或二重反轴(即镜面)对称的晶体。三个晶轴基向量长度不等、取向相互正交，其晶胞参数具有 $a \neq b \neq c$，$\alpha=\beta=\gamma=90°$的特征。

**06.081　四方晶系**　tetragonal crystal system
在唯一具有高次轴的$c$轴主轴方向存在四重轴或四重反轴特征对称元素的一类晶体。

**06.082　晶胞**　unit cell
又称“原胞(primitive cell)”。构成晶格的最基本的几何单元。它是以晶格的一个格点为顶点、以三个不共面方向的边长形成的平行六面体。沿三个方向对该六面体进行周期性平移，可以充满整个晶体。它保留了整个晶格的所有特征，完整反映了晶体内部原子或离子的化学结构特征。

**06.083　原胞基矢**　basis vector of primitive cell
从原胞平行六面体的一个顶点出发、沿着三个边长延伸所对应的单位矢量。

**06.084　金刚石结构**　diamond structure
晶胞为正四面体，且两个面心立方体套构而成的一种晶体结构。此时，一个面心立方体相对另一个面心立方沿立方体对角线移动1/4的距离。每个晶胞内有两个相同的碳原子。常用的Ge、Si半导体属此类晶体结构。

**06.085　晶体缺陷**　crystallographic defect
晶体结构中周期性的排列规律被打破的一种状态。可分为点缺陷、线缺陷和面缺陷三类。

**06.086　点缺陷**　point defect
又称“零维缺陷”。晶体中在结点上或邻近的微观区域内偏离晶体结构的正常排列的一种缺陷。点缺陷是最简单的晶体缺陷，它发生在晶体中一个或几个晶格常数范围内，其特征是在三维方向上的尺寸都很小，例如空位、间隙原子、杂质原子等。

**06.087　线缺陷**　line defect
在一维方向上偏离理想晶体中的周期性、规则性排列所产生的缺陷。缺陷尺寸在一维方向上较长，在二维方向上很短。

**06.088　面缺陷**　planar defect
在二维平面上偏离理想晶体中的周期性、规则性排列所产生的缺陷。

**06.089　热缺陷**　thermal defect
由晶体中的原子或离子的热运动而造成的缺陷。从几何图形上看是一种点缺陷。

**06.090　肖特基缺陷**　Schottky defect
晶体结构中的一种因原子或离子离开原来所在的格点位置而形成的空位式的点缺陷。每一个空位都是一个独立的肖特基缺陷。

**06.091　色心**　color center
透明晶体中能够产生可见光谱区光吸收的一种晶体缺陷。它由晶体中的点缺陷、点缺陷对或点缺陷群捕获电子或空穴而实现对可见光能的吸收。

**06.092　光学陶瓷**　optical ceramic
具有独特光学性能，并可用于制作光学器件或光学系统的陶瓷。

**06.093 红外光学陶瓷** infrared optical ceramic

在红外波段透明的高密度光学陶瓷。具有透过波段宽、透过率高、机械强度高和耐热冲击性和化学稳定性好等优点。

**06.094 感光度** photographic sensitivity

衡量感光底片对光照的灵敏程度的一个量。已经被国际标准化组织(ISO)标准化。

**06.095 胶片感光度** film photographic sensitivity

衡量胶片对光照灵敏度的一个量。

**06.096 感光特性曲线** sensitometric characteristic curve

感光片获得的曝光量和当其显影后形成的光学密度之间的函数关系的曲线。

**06.097 光致抗蚀剂** photo resist

简称“抗蚀剂”。又称“光刻胶”。光照后能改变抗蚀能力的高分子化合物。分为正性光致抗蚀剂和负性光致抗蚀剂。正性光致抗蚀剂受光照部分发生降解反应而能为显影液所溶解。负性光致抗蚀剂受光照部分产生交链反应而成为不溶物，非曝光部分能被显影液溶解。

**06.098 负胶** negative resist

光照后形成不可溶物质的光致刻蚀剂。

**06.099 正胶** positive resist

光照后形成可溶性物质的光致刻蚀剂。

**06.100 去胶** removal of resist

经过光刻和刻蚀工艺、在硅片上形成微纳结构后，将硅片上不需要的光致抗蚀剂去除的工艺。

**06.101 甩胶** spin coating

在基片上涂覆液态光致抗蚀剂并旋转基片，使光致抗蚀剂在基片上形成均匀膜层的工艺。

**06.102 固晶银胶** silver paste

一种固化或干燥后具有一定导电性能的胶黏剂。常以基体树脂和导电填料(即导电银粉)为主要成分，通过基体树脂的黏接作用将导电银粉结合在一起实现导电功能。

**06.103 LED 硅胶** LED silica gel

一种硅–氧键形成的高分子材料。在–40～260 ℃范围内有好的热稳定性和好的抗湿性，折射率为 1.6。常用作白光 LED 中的灌注材料。

**06.104 荧光粉** phosphor powder

又称“发光粉”。在一定强度的特定波长光的激发下，能够发出波长比激发波长更长的荧光的粉末状材料。

**06.105 氮化物荧光粉** nitride phosphor powder

以氮化物为主要材料的荧光粉。其特点是掺杂稀土元素后，具有从紫外到可见光的宽吸收谱，有明显的红移效应。

**06.106 紫外荧光粉** ultraviolet phosphor powder

产生紫外波段荧光的荧光粉。

**06.107 荧光团** fluorophore

分子中能够发射荧光的结构域或特定区域。荧光团可被分为内在和外在两类：内在荧光团天然存在于生物结构中或其他材料中，外在荧光团是材料本身不发光、需要由外部加入的荧光团。

**06.108 荧光层** fluorescence

由发光材料的微晶颗粒沉积而成的薄层。它可以将电子动能转换成光能，用于将电子图像转换成可见的光学图像。

**06.109 荧光屏** fluorescent screen
涂覆了在运动电子激发下发光荧光粉的屏幕。是用于将电子在屏幕上的运动轨迹转换成可见图像的一种光学部件。

**06.110 荧光屏有效直径** screen effective diameter
荧光屏与光轴同心的最小圆直径。能包容光电阴极有效直径区域内在荧光屏上的显示图像。

**06.111 光生背景** signal induced background
在光输入时，处于工作状态的像管荧光屏上存在的随入射光强弱而变化的那部分附加光亮度。当光电阴极的中心用一个不透明的圆片遮掩并均匀照明光电阴极时，荧光屏中心会出现一个暗斑，暗斑处的输出光亮度与取掉不透明圆片、用同一光源均匀照明光电阴极时荧光屏中心处的输出光亮度之比，即表示光生背景的大小。

**06.112 共轭高分子材料** conjugated polymer materials
一类具有大的共轭离域 π 键的聚合物。其主要特征是电子和能量能够在整个高分子主链上迁移。

**06.113 折射率** refractive index
描述光在介质中传输时相位变化特性的物理量。其数值等于特定频率的单色平面光波在介质中某一点的相速度的值与真空中光速数值之比，或者等于从真空中入射到介质的界面上折射角正弦与入射角正弦之比。当光在介质中传播时，随着距离的增加相位滞后则折射率取正值，反之取负值；或者光在真空与介质的界面上折射时，入射角与折射角处于界面法线两侧时取正值，入射角与折射角处于法线同侧时取负值。

**06.114 有效折射率** effective refractive index
描述光波模式在特定结构的介质中相位传播速度的量。其值为波导模式的传播常数与光的真空波数之比。

**06.115 负折射率** negative refractive index
描述光在左手介质中传输时的相位变化特性的量。按照折射反射定律，其值为负值的折射率。

**06.116 复折射率** complex refractive index
描述光在介质中传输时相位变化特性和能量损耗特性的物理量。它是一个复数，其实部等于描述相位变化特性的常规折射率，其虚部为特定频率的单色平面光波通过一小段介质时输出功率与输入功率之比的分贝数之半。

**06.117 大气复折射率** atmospheric complex refractive index
描述光在大气中传播时相位变化和能量衰耗的复折射率。

**06.118 梯度型折射率** graded refractive index
一种材料的中心折射率最大，而随着与中心距离的增加，折射率逐渐按平方率连续减小的折射率分布。常用于自聚焦透镜中。

**06.119 平均折射率** mean refractive index
光在多种成分的导光体中传播时各种成分折射率按照光程长度加权的平均值。

**06.120 透过率** transmittance
描述介质或者导光体透光特性的量。数值上等于从该介质或导光体出射的光能量与投射到该导光体上的总光能量的比值。

**06.121 折射率梯度** refractive index gradient
描述在折射率非均匀分布的材料中折射率随空间变化的量。它是一个矢量，其方向指向折射率变化最大的方向，其大小为在该方向上折射率的变化率。

**06.122　折射率椭球**　refractive index ellipsoid

又称“光率体(indicatrix)”。一种确定平面光波在各向异性介质中波矢与可能存在的电位移矢量方向之间关系的几何图形。当波矢的原点处于该椭球的球心时，由波矢作为法线所确定的平面与该椭球的交线形成一个椭圆，其长短轴即为可能存在的平面光波的两个电位移矢量的方向。

**06.123　折射率失配**　refractive index mismatch

光从一个导光体入射到另一个导光体中折射率不相同的现象。

**06.124　光学各向同性**　optical isotropy

简称“各向同性”。介质传输光的特性与注入光的电场强度矢量方向和磁场强度矢量均无关的现象。这里的传输光的特性包括介质的介电常量$\varepsilon$、磁导率$\mu$、损耗以及非线性等，它们均与电场强度矢量和磁场强度矢量的方向无关。

**06.125　光学各向异性**　optical anisotropy

简称“各向异性”。介质传输光的任何一个特性与注入光的电场强度矢量方向或者磁场强度矢量方向相关的现象。这里的传输光的特性包括介质的介电常量$\varepsilon$、磁导率$\mu$、损耗以及非线性等。

**06.126　各向异性因子**　anisotropy factor

表征光子在混浊介质中因散射在空间各方向上分布情况的量。数值上等于光束中的每个光子散射角余弦的平均值，无量纲。当各向异性因子为1，0或–1时，分别代表极端的前向散射、各向同性散射和极端的后向散射。

**06.127　二向色性**　dichroism

介质对于不同偏振方向的光具有不同的吸收损耗的现象。

**06.128　磁圆二向色性**　magnetic circular dichroism

处于磁场中的介质对沿磁场方向传播的左、右圆偏振光具有不同的吸收率的特性。

**06.129　[晶体]光轴**　[crystal] optic axis

各向异性光学材料中，不产生双折射现象的入射光的方向。

**06.130　化学气相沉积法**　chemical vapor deposition，CVD

参与反应的物质在气相条件下发生化学反应、生成的反应物颗粒沉积在某种材料表面形成具有特定结构或者性能的波导、金属、半导体化合物等的一种制作工艺。

**06.131　有机薄膜气相沉积法**　organic film vapor deposition

在高真空、高温下将有机半导体分子蒸镀沉积在器件基板上而得到致密有机薄膜的一种物理工艺。

**06.132　金属有机化合物化学气相沉积法**　metal organic chemical vapor deposition，MOCVD

用于沉积金属有机化合物的化学气相沉积法。

**06.133　等离子化学气相沉积法**　plasma chemical vapor deposition，PCVD

在等离子态条件下完成的化学气相沉积法。通常用微波作为使参与反应的气体在低气压下等离子体化的能源。

**06.134　管外气相沉积法**　outside vapor deposition，OVD

在芯棒外部进行化学气相沉积的一种制备光纤预制棒的方法。

**06.135　轴向气相沉积法**　vapor axial deposition，VAD

在原有预制棒的端面上进行化学气相沉积的一种制备光纤预制棒的方法。

**06.136　物理气相沉积法**　physical vapor deposition，PVD

在真空条件下，将固体物质转变为气态，然后附着于基片的一种成膜方法。包括热蒸发、溅射和离子镀等。

**06.137　外延**　epitaxy

用物理或化学方法在单晶衬底上依特定晶向生长出与衬底晶格匹配的另一种同质或异质单晶薄膜的半导体制备工艺。如氢化物气相外延、液相外延、分子束外延等。

**06.138　氢化物气相外延**　hydride vapor phase epitaxy，HVPE

至少包含一种氢化物作输运原材料的一种气相外延生长工艺。

**06.139　液相外延**　liquid phase epitaxy，LPE

在单晶衬底上从饱和溶液中生长外延层的方法。

**06.140　分子束外延**　molecular beam epitaxy，MBE

在超高真空条件下，把构成晶体的各个组分和掺杂的原子(分子)，以一定的热运动速度，按一定的比例从喷射炉中喷射到基片上进行晶体外延生长的一种方法。

**06.141　布里奇曼–斯托克巴杰法**　Bridgman-Stockbarger method

将熔融的晶体生长材料装在圆柱形坩埚中，缓慢通过一个材料熔点附近且具有负梯度的温度场，坩埚内熔融状态材料逐步结晶的一种晶体生长工艺。这种方法常用于制备碱金属和碱土金属卤化物及氟化物单晶。

**06.142　激光划片**　laser scribing

一种利用高相干激光束将外延晶圆大片分割成小芯片的工艺。与传统的金刚刀机械划片不同，该工艺具有切缝小、对芯片的热和机械损伤小等优点。

**06.143　裂片**　chip dicing

一种对机械或激光划片的辅助工艺。为避免金刚刀刃或者聚焦激光锥形束引起大的切缝和提高工作效率，一般的切割深度只达到大片厚度的2/3，再对切缝施以小的机械应力使之裂成小的芯片。

**06.144　扩膜**　film expanding

将裂片后的芯片置于拉伸膜上用来拉伸芯片间距，便于芯片在线快速点测和分选的工艺过程。

**06.145　固晶**　die bonding

用银胶或导热胶粘连或共晶焊方式将发光二极管芯片固定于支架或基板的一种工艺。

**06.146　聚合物旋涂**　polymer spin coating

将液态共轭高分子通过旋转涂覆对有机发光二极管和有机太阳能电池进行封装的一种工艺。

**06.147　退火**　annealing

将光学玻璃、光学晶体或光学薄膜等成型元件加热到一定温度、保持足够时间后，再以适当速度均匀冷却的一种热处理工艺。该工艺具有消除内应力，稳定尺寸，减少变形与裂纹倾向；调整组织，消除组织缺陷，保证光学均匀性等功效。

**06.148　零位检验**　null testing

一种利用反馈技术或者补偿技术使检测系统的输出为平衡值(零值)，然后根据反馈值或者补偿值来确定被测参数的光学检测技术。具有灵敏度高的特点。

**06.149　零位补偿检验　null compensation testing**

通过特制的补偿器件将干涉仪发出的理想平面波或球面波转换成与被测表面理论面形吻合的测量波面，从而实现零位检测的技术。

**06.150　非零位检验　non-null testing**

测量波面与待测表面(波面)的理论值不完全吻合，不能使输出处于零值附近，需要对测量结果进行进一步处理才能得到待测表面(波面)的误差信息的干涉检验技术。

**06.151　部分补偿检验　partial-compensated testing**

一种使用补偿器件的特殊非零位检验技术。特点是通过补偿器件的补偿作用减小测量波面与待测表面(波面)理论值的偏差，降低干涉条纹密度及后续处理的难度。

**06.152　子孔径拼接检测　sub-aperture stitching testing**

依据被检面的面形参数及干涉仪的技术参数将被检面划分为若干个子区域，对各子区域单独检测，再将检测结果拼接、合并，从而获得整个被检面面形信息的检测方法。一般可分为圆形子孔径拼接和环形子孔径拼接。

**06.153　剪切干涉法　shearing interferometry**

将待测波面分裂成两个彼此错开(剪切)的波面，通过判读两个波面重叠部分的干涉条纹得到波面信息的干涉检验技术。按照剪切方向可分为横向剪切、径向剪切、旋转剪切、反转剪切；按照剪切方法可分为平板剪切干涉、萨瓦偏光棱镜剪切干涉、沃拉斯顿棱镜剪切干涉和光栅剪切干涉。

**06.154　干涉检测　interferometric testing**

利用光的干涉特性，令携带被测工件信息的测量光与参考光发生干涉，通过分析、处理干涉条纹获取有关测量信息的测量技术。

**06.155　无像差点检测　stigmatic null testing**

又称“Hindle 检测(Hindle testing)”。二次曲面(除扁椭球外)的检测中令理想球面波从其一个焦点发出(即干涉仪标准镜头焦点)，经二次曲面、球心与另一焦点重合的球面镜(对于抛物镜的无穷远焦点则为平面镜)反射后原路返回，从而满足零位检测条件的检验方法。其理论基础为二次曲面(除扁椭球外)的两个几何焦点构成一对共轭的无像差点，即从其中一个焦点发出的理想球面波经二次曲面反射后，其反射波面是球心位于另外一个焦点的理想球面波。

**06.156　立式检测　vertical testing**

被检工件水平放置、检测光路垂直搭建的检测方式。常见于大口径光学元件检测，与卧式检验相比减少了被检镜自身重力以及气流、温度变化等环境因素对检测精度的影响。

**06.157　瑞奇–康芒检测法　Ritchey-Common testing**

利用球面镜作为参考镜来检测平面镜的方法。将平面镜插入球面镜检测光路中，通过旋转球面镜实现光路对准。该方法的特点是不需要大口径平面干涉仪，但需要一个口径大于平面镜的标准球面镜；在干涉仪出现之前，采用的是刀口仪作为测量仪器。

**06.158　夏克–哈特曼检测法　Shack-Hartmann testing**

一种反射镜面形误差检测技术。具体原理为在被测反射镜焦点位置放置点光源，发出的理想球面波经待测镜反射后在焦点附近被整形光学系统发散成近似平面波，该平面波被微透镜阵列聚焦在 CCD 像面形成一组光斑，每个光斑位置表征了与其对应的被检镜相应子孔径处波面的横向像差。通过求解每个焦斑位置与理想位置的偏移量，可以得到相应位置处的波面斜率，进而通过积分运算求得反射镜面形误差。该方法是 20 世纪 70 年代夏克(Shack)在传统哈特曼(Hartmann)检验技术基础上提出的，故命名为夏克–哈特曼(Shack-Hartmann)法，相比传统哈特曼法具有光能利用率高、结构简单等优点。

**06.159　像移法　phase shift method**

在干涉检测中连续改变检测臂或参考臂波前的相位以得到多幅存在固定相位差的干涉图，并通过后续数学处理解算出干涉图中所携带的面形(波面)误差信息的方法。

**06.160　补偿镜检测法　compensating mirror testing**

以专门设计、经过高精度加工和装配的透镜组为补偿器件的零位补偿检验技术。

**06.161　自准直法　self-collimating testing**

令平行光管发出的平行光入射至工件表面，再由工件表面反射回平行光管，根据焦点附近像的情况测定工件倾斜的方法。可用于对准、调焦、测量微小位移和角度等。

**06.162　刀口法　knife-edge method**

将点光源置于光学表面(凹面)球心，在其一侧放置一个平直、锋利、无细小缺口的刀状器具以观察待测表面所成的点光源像，通过点光源像的质量判断待测表面与理论值偏差的光学表面面形误差检测技术。

**06.163　星点法　star testing**

通过考察一个点光源经过光学系统后在像面及像面前后不同截面上所成的衍射像的形状和光强分布来定性评价光学系统成像质量的方法。

**06.164　Z 扫描测量　Z-scan measurement**

一种利用光学自聚焦现象测量材料非线性系数的技术。

**06.165　普雷斯顿假设　Preston assumption**

描述光学元件抛光过程的线性微分方程。由普雷斯顿(F. W. Preston)于 1927 年提出，假设在将影响加工过程的因素进行经验性的简化基础上指出在一定范围内工件表面材料去除率与抛光工具对工件的正压力成正比，与抛光工具和工件的相对速度成正比，影响材料去除率的其他因素可以归结为一个比例常数；材料在单位时间的去除量等于正压力、相对速度和比例常数三者的乘积。

**06.166　面形误差　figure error**

光学元件的实际表面与理想表面之间的偏差。

**06.167　全频段误差　full-band figure error**

光学元件表面面形误差根据其空间频率及对光学系统质量的不同影响而划分的低频误差、中频误差和高频误差的统称。

**06.168　分辨率板　optical resolution test board**

用于确定或确认光学系统的分辨能力的检验板。比如龙基尺(Ronchi ruling)平行图案、楔形波规律图案与 USAF 光学分辨率板等测试图样的检验板。

**06.169　光致击穿　optical breakdown**

强激光脉冲的作用导致电介质的局部发生电离，当电离程度达到或超过一定阈值时发生击穿的现象。

**06.170　衬底　substrate**

又称“基板”。沉积薄膜或微加工半导体器件时用作载体的基础材料。常为单晶，如外延生长半导体薄膜或向其内注入杂质原子时，要求有一定厚度、与在其上生长的薄膜材料有好的晶格匹配的单晶。

**06.171 图形化蓝宝石衬底** patterned sapphire substrate，PSS

用标准光刻工艺和刻蚀技术制作周期性、规则的几何图形，依此图形再进行后续薄膜外延的蓝宝石衬底。图形线度为纳米至微米量级。以此减少外延薄膜中的缺陷和增强 LED 的出光效率。是基于蓝宝石衬底的LED工艺。

**06.172 光泽度** glossiness

用数字表示的物体表面接近镜面的程度。它表示来自试样表面的正面反射光量与在相同条件下来自标准板表面的正面反射光量的百分比。

**06.173 皱纹度** wrinkle rating

物体表面卷边解体后，盖钩内侧周边凹凸不平的皱纹程度。

**06.174 吸光度** absorbance

光线通过溶液或某一物质前的入射光强度与该光线通过溶液或物质后的透射光强度比值的以 10 为底的对数值。

**06.175 光雾度** light haze

透明材料的透明度因光散射而下降的百分数。

# 07. 光学薄膜

**07.001 增反膜** high reflection coating，high reflection thin film

将高折射率材料和低折射率材料按照适当厚度制备在光学元件表面，使反射光干涉增强的多层介质膜。

**07.002 增透膜** antireflection coating，antireflection thin film

又称“减反膜”。制备在光学元件表面上、具有适当厚度和折射率并导致透射光产生干涉增强的介质薄膜。

**07.003 红外增透膜** infrared antireflective coating

又称“红外减反射膜”。镀制在红外光学零件表面、可减少高折射率材料表面反射的能量损失的单层或多层干涉薄膜。

**07.004 彩色滤光膜** color filter，CF

液晶显示器中选取所需颜色光的部件。

**07.005 增亮膜** brightness enhancement film，BEF

通过聚光原理，把发散的光会聚在一个更小的范围内，以提升这个范围内的亮度的一种棱镜型亮度增强膜。

**07.006 红外保护膜** infrared protective coating

透红外并能抗雨蚀、沙蚀和盐雾的光学保护薄膜。可用于恶劣环境中高速运动的飞行器窗口和整流罩等。

**07.007 透红外导电膜** infrared-transparent conductive coating

透射红外线且导电的光学保护薄膜。可用于对薄膜基体的加温、导引薄膜表面高压静电和降低雷达反射截面等。

**07.008 防离子反馈膜** ion barrier film

为了抑制或减少离子反馈以降低像增强器

图像的闪烁噪声、延长器件的工作寿命，在微通道板的输入端面制作一层 $Al_2O_3$ 的离子壁垒膜。

**07.009 红外反射膜** infrared reflective coating

镀制在光学元件表面、可提高表面在红外波段的反射率的光学薄膜。常见的有金属反射膜、全介质反射膜和金属–介质反射膜。

**07.010 金属反射膜** metallic reflective coating

镀制在光学元件表面、有高反射特性的金属薄膜。金属反射膜有较宽的高反射率带宽。为防止膜层不被氧化或擦伤，往往在金属膜上再镀制一层保护膜。

**07.011 多层介质反射膜** multilayer dielectric reflective coating

由高、低折射率介质的膜层相互交替构成的多层反射膜。能设计成满足多种需求的反射膜，如窄带或宽带反射膜、双反射带膜或偏振反射膜等。

**07.012 全向反射膜** omnidirectional reflective coating

对任意入射角和任意偏振态的入射光，其反射率均接近1的高反射介质膜。

**07.013 高反射膜** high-reflectance coating

能够反射大部分或几乎全部入射光能量的一种光学薄膜。它有金属高反射膜、金属–介质高反射膜、全介质高反射膜之分。

**07.014 黑镜** dark mirror

不透明且吸收所有入射光的多层薄膜。

**07.015 虚设层** absentee layer

特指在光学薄膜中光学厚度为二分之一中心波长的介质膜层。由于该膜层不改变中心波长处的透过率和反射率值，就像不存在一样，因而被称为虚设层，常用来平滑膜系的光谱特性。

**07.016 附着层** adhesion layer

为了增加整个多层薄膜系统的附着力，在靠近基板侧插入的一层与基板结合好的薄膜。铬、钛和氧化铝是最常用的附着层。

**07.017 缓冲层** buffer layer

特指在多层薄膜系统中折射率与某一侧的组合导纳相等的一层薄膜。因此该膜层不改变整个膜系的导纳轨迹，对参考波长的特性无影响，但是它的厚度可以作为额外的设计参数优化其余波段的特性。

**07.018 共蒸层** co-evaporated layer

同时蒸发两种或两种以上材料并将其沉积在基片上产生的膜层。这是获得复合材料、合金薄膜的一种方法。

**07.019 共溅层** co-sputtered layer

同时溅射两种或两种以上靶材并将其沉积在基片上产生的膜层。这是获得复合材料、合金薄膜的一种方法。

**07.020 二分之一波长层** $\lambda/2$ layer

光学厚度为中心波长二分之一的膜层。该膜层常作为虚设层或者腔层来构成复杂的光学滤光片。

**07.021 四分之一波长层** $\lambda/4$ layer

光学厚度为中心波长四分之一的膜层。具有最强的干涉，相比于四分之三波长等膜厚，又具有最低的干涉级次，获得最宽的干涉带宽，所以是多层膜中应用最广的一种膜层。

**07.022 腔层** spacer

构成带通滤光片中光学厚度为半波或者半波整数倍的薄膜层。

**07.023　光谱选择吸收涂层**　spectrally selective absorber

不同波长处具有不同吸收率的多层干涉薄膜。多用于太阳能的光热转换，作用是最大限度地吸收入射其表面的太阳能，而同时又要尽可能地减少其自身的辐射热损。

**07.024　四分之一波长膜堆**　quarter-wave stack

由厚度为中心波长的四分之一整数倍的膜层构成的多层膜系。它是常用的基本膜系。

**07.025　对称膜系**　symmetrical multilayer

具有对称结构(材料厚度相同)的膜系。

**07.026　抗磨损性**　abrasion resistance

描述光学薄膜的一种机械特性。它主要表现在清洁镀膜表面时，灰尘或颗粒与薄膜表面摩擦作用对薄膜特性的影响。

**07.027　附着力**　adhesion

又称“结合力”。描述光学薄膜的一种机械特性。指膜层以多大的强度附着或结合在基板上。它受许多物理因素和化学因素影响，一般而言，膜层结构越疏松，膜层附着力越低。

**07.028　高通波长**　cut-on wavelength

光波透过率上升到某个数值(一般为 50%)时对应的波长位置。它是表征滤光片光学特性的参数。

**07.029　等效界面**　equivalent interface

在光学特性上与若干层薄膜等效的一个界面。它是等效界面法计算和分析多层薄膜滤光片特性的基础。

**07.030　聚集密度**　packing density

薄膜中固体部分体积与总体积的比值。是描述薄膜致密程度的物理量。高的聚集密度对于提升光谱稳定性和光学薄膜元件的品质有非常重要的作用。

**07.031　相位厚度**　phase thickness

光波在多层薄膜系统传播时，通过其中某一层薄膜时相位的变化量。与物理厚度和光学厚度不同的是：它与光在该层薄膜中的折射角的余弦值相关。

**07.032　针孔**　pinhole

薄膜中的一种空位缺陷，经常能够在透射光中观察到。

**07.033　势吸收率**　potential absorptance

进入薄膜系统并被薄膜吸收的光强与进入薄膜系统光强的比值。即$A=I_{\text{absorbed}}/I_{\text{in}}$。

**07.034　势透射率**　potential transmittance

进入薄膜系统并从薄膜系统另一侧出射的光强与进入薄膜系统光强的比值。即 $\psi=I_{\text{ext}}/I_{\text{in}}$，与势吸收率满足 $\psi+A=1$。

**07.035　良率**　production yield

生产薄膜滤光片合格品的成品率。它是薄膜滤光片的制备生产中成品率高低的一个参数，与光学特性要求、设计和工艺相关。

**07.036　[膜层]光学厚度**　optical thickness

描述膜层厚度的物理量。其值等于膜层的物理厚度与膜层折射率之乘积，即膜层的光程。

**07.037　四分之一波长光学厚度**　quarter-wave optical thickness，QWOT

膜层光学厚度为1/4中心波长的奇数倍时的光学厚度。四分之一波长光学厚度的薄膜在多层膜设计中用得非常广泛，通常习惯用$H$表示高折射率的QWOT膜层；用$L$表示低折射率的QWOT膜层；$M$表示中间折射率的QWOT膜层。

**07.038　陡度　slope**

截止滤光片中从截止区过渡到高通区的波长区域。常用90%透过率与10%透过率的波长差来表示。

**07.039　膜厚均匀性　thickness uniformity**

膜厚随着基板表面位置变化而变化的情况。由于制备工艺的影响，膜层厚度在一定区域内会出现差异，膜厚均匀性不好，膜系特性会遭到严重的破坏，膜厚均匀性也是衡量薄膜性能的很重要的参数。

**07.040　干湿漂移　wet-dry shift**

由环境湿度变化引起的滤光片光谱曲线出现漂移的情况。

**07.041　等效层法　alternative method**

特指对称膜系用一层特殊的等效单层膜来处理的滤光片设计方法。这种等效是数学意义上的，而不是物理意义上的。

**07.042　矢量法　vector method**

一种简便直观的薄膜设计方法。该方法要求膜层无吸收并可忽略界面上多次反射，因此主要用于减反射膜的设计。

**07.043　沉积镀膜　deposition coating**

利用物理或化学方法使镀膜材料的原子或分子均匀沉降在衬底表面形成高质量薄膜的制造技术。

**07.044　热蒸发镀膜　thermal evaporation coating**

将镀膜材料在真空室内(压强小于 $10^{-2}$ Pa)加热，使其原子或分子从表面逸出，并在衬底表面沉积、成膜的镀膜技术。它是最通用的镀膜手段。材料蒸发方式包括电阻加热蒸发、电子束加热蒸发等。

**07.045　溅射镀膜　sputtering coating**

在真空条件下以惰性气体(如 Ar)的荷能粒子轰击固体靶材表面使靶材原子或分子射出并沉积、成膜于衬底表面的镀膜技术。

**07.046　化学镀膜　chemical coating**

把含有成膜元素的气态反应剂或液态反应剂蒸气以合理的流速引入反应室，使其在衬底表面发生化学反应并在衬底上沉积薄膜的镀膜技术。

**07.047　离子辅助淀积　ion assisted deposition，IAD**

在真空条件下，利用气体放电使气体或被蒸发物质电离化，通过离子的轰击将蒸发物或其反应物镀制在工件表面的镀膜技术。

# 08. 光纤光学与导波光学

**08.001　光纤　optical fiber**

全称“光导纤维”。具有束缚光在其内部或者引导光在其表面传播特性的一类纤维状光波导。

**08.002　通信光纤　telecommunication optical fiber**

用于光纤通信线路的光纤。区别于传能光纤和其他特殊用途的光纤。通常长距离通信采用单模石英光纤，短距离通信可采用连接方便的多模石英光纤或塑料光纤。

**08.003　传能光纤　power delivery optical fiber**

损伤阈值很高、能够传递高能量的光纤。包括内壁镀有反射膜的中空传能光纤、大芯径石英包层型传能光纤和大芯径塑料包层型传能光纤等。

**08.004 照明光纤** lightening optical fiber

接近于照明光源或日光的透光谱、用于提供照明的光纤。它通常用大芯径塑料光纤制成，用于在日光或者电光源难以直接到达的场合照明、指示和照明装饰等。

**08.005 特种光纤** specialty optical fiber

区别于常规通信光纤，具有独特的光学特性或者特殊用途的光纤。它有不同的分类方法。按结构分有单芯光纤、双芯光纤、多芯光纤、螺旋光纤、空芯光纤、液芯光纤等；按材质分有石英光纤、塑料光纤、光子晶体光纤等；按用途分有传能光纤、传感光纤、高强度光纤、医用光纤、照明光纤等；按所传输的光波分有紫外光纤、红外光纤、中红外光纤等；按所传输的光偏振态不同及是否掺有稀土元素分有保偏光纤、非保偏光纤、掺铒有源光纤、掺镱光纤、硫系光纤、无源光纤等。

**08.006 石英光纤** silica optical fiber

以高折射率的纯石英玻璃($SiO_2$)材料为芯、低折射率的有机或无机材料为包层的光纤。它的工作波长仅在紫外到红外的宽波段范围，适用于从紫外到红外各波长光信号及能量的传输。

**08.007 聚合物光纤** polymer optical fiber

又称“塑料光纤(plastic optical fiber)”。由高折射率的聚合物材料为纤芯、低折射率的聚合物材料为包层的光纤。它主要有聚甲基丙烯酸甲酯(PMMA，俗称有机玻璃)、 聚苯乙烯(PS)、聚碳酸酯(PC)等。它的特点是损耗比石英光纤高几个数量级，不宜用于长距离光通信，但它的可靠性好、数值孔径大、成本低并易于安装等，适合于短距离通信(如居民的用户驻地网、楼内光纤局域网、有线电视网的入户线以及接入网等)。还有非线性聚合物光纤可用来制作电光及非线性光学器件。

**08.008 软玻璃光纤** soft glass optical fiber

由多组分玻璃材料制成、具有比石英光纤低的软化温度和特殊光学特性的一种光纤。其特殊光学特性包括旋光性、高折射率、高非线性等，它的透光范围从近红外拓展到中红外波段，常用于制作特殊的光纤器件。

**08.009 硫系光纤** chalcogenide optical fiber

含有一种或几种硫系元素的玻璃光纤。它由硫系元素[如硫(S)、硒(Se)、碲(Te)、钋(Po)等] 和砷(As)、锗(Ge)、磷(P)、锑(Sb)、镓(Ga)、铝(Al)及硅(Si)等元素混合而制成玻璃材料。其特点是：具有低声子能、高折射率、高非线性，有很宽的红外透光性和超低损耗。它有望用于超长距离光纤通信和高功率红外激光的能量传输。

**08.010 掺铒光纤** erbium-doped optical fiber

在石英光纤中掺入少量稀土元素铒(Er)离子的一种有源光纤。它在波长为980 nm或1480 nm的泵浦光作用下可实现对C+L波段光的受激辐射放大。它是制作光纤放大器的基础材料之一，广泛用于光纤通信、光纤传感与光信号处理等多种光纤技术中。

**08.011 掺镱光纤** ytterbium-doped optical fiber

在石英光纤中掺入少量的稀土元素镱(Yb)离子的一种有源光纤。它在波长为 975 nm 的泵浦光作用下可实现对波长为 1 μm 左右光的受激辐射放大，其中镱离子具有量子效率高、无浓度猝灭、无激发态吸收等特点，它可用于制作高功率光纤激光器和光纤放大器。

**08.012 镱铒共掺光纤** ytterbium and erbium co-doped optical fiber

在石英光纤中同时掺入少量稀土元素镱和

铒离子的一种光纤。它常被制作成双包层结构。其中镱离子和铒离子的作用是：利用镱离子大的吸收截面及能量横向弛豫特性，将泵浦光的能量高效地转移给铒离子，提高铒离子对泵浦光的吸收效率，从而提高光能从泵浦光向探测光的转换效率。

**08.013　蓝宝石光纤　sapphire optical fiber**
用光学蓝宝石材料制成的一种光导纤维。其蓝宝石的特点是硬度高、耐高温(熔点高达2050℃)。这种光纤可用于制作高温光纤传感器等。

**08.014　圆光纤　round optical fiber**
折射率在横截面内呈一些同心圆环状均匀分布的一种光纤。其结构简单、工艺成熟、易于制造，是最常用的光纤之一。

**08.015　保偏光纤　polarization maintaining optical fiber**
又称“高双折射光纤(high birefringence optical fiber)”。一种能够将入射光的特定输入偏振态无失真地传输到远端的光纤。它分为高双折射保偏光纤和低双折射保偏光纤，前者通过增加纤芯的椭圆度(如椭圆纤芯型等)或施加非圆对称应力而制成，后者是把纤芯尽可能地做成理想圆形或减少纤芯剩余应力而制成；这种光纤按结构又分为椭圆光纤、熊猫光纤、领结光纤等；它们还有快轴工作模式和慢轴工作模式之分。

**08.016　椭圆[芯]光纤　elliptical core optical fiber**
折射率分布在横截面内纤芯区的边界为椭圆形的一种光纤。它是一种高双折射光纤(保偏光纤)。

**08.017　熊猫光纤　panda optical fiber**
一种由应力区形成的横截面折射率分布状似熊猫脸的高双折射(保偏)光纤。以其截面形状而命名。其结构和作用的形成是在光纤纤芯的两侧嵌入热膨胀系数大、截面为圆形的石英玻璃，利用高温拉丝过程中的不均匀收缩，在纤芯横截面两个正交方向上产生了应力双折射。

**08.018　领结光纤　bow-tie optical fiber**
一种由应力区形成的横截面折射率分布状似领结的高双折射(保偏)光纤。以其截面形状而命名。其结构和作用的形成是在光纤纤芯的两侧置入热膨胀系数大、截面呈梯形或扇形的石英玻璃，利用高温拉丝过程中的不均匀收缩，在纤芯横截面两个正交方向上产生了热应力双折射。

**08.019　阶跃折射率光纤　step-index optical fiber，SI optical fiber**
纤芯和包层的折射率均匀分布、在其界面上发生突变的一种圆波导光纤。它的特征参数包括纤芯和包层的折射率和尺寸。它有单模光纤和多模光纤之分。

**08.020　梯度折射率光纤　gradient index optical fiber**
又称“自聚焦光纤(self-focusing optical fiber)”“渐变折射率光纤(graded-index optical fiber)”。纤芯折射率在横截面的分布呈中心高、沿径向外按一定规律(如抛物线型)逐渐降低的一种光纤。它的特点是：在其中传播的光波能会聚到某点(因其所有光线波沿纤芯中心轴线方向传播线、轨迹呈正弦形状)，即像透镜一样会聚成像。

**08.021　微结构光纤　microstructure optical fiber**
又称“光子晶体光纤(photonic crystal optical fiber)”。横截面的折射率分布呈现复杂周期性结构且其结构参数为微米量级的一类光纤。其结构不同于由纤芯和包层构成的传统光纤，是在一种基材上排布二维周期的气孔(或异质填充的孔)、没有明确的芯层和包层的分界，并适当引入缺陷所构成的光波导光纤。它的分类有带隙导光型(带隙光纤)和全反射导光型。前者的纤芯是空气，包层为基材和规则排布的空气孔构成的周期性环状结构，能束缚光在空气芯中传播；后者是基材为导光主体，空气孔和基材构成等效低折射率的包层。

**08.022 双包层光子晶体光纤** double-cladding photonic crystal optical fiber

具有孔间距、空气填充率不同的两包层的光子晶体光纤。

**08.023 光子带隙光纤** photonic bandgap optical fiber

包层横截面上折射率变化呈周期性分布的一种光子晶体光纤。它的纤芯为空心，可充入不同的气体；其包层的光子带隙结构能使光波约束在纤芯中传输，且是光波波长的函数，因而对在其中传输的光波具有波长选择性。通过其结构参数的设计，可使一定波段的光波在其中传输。

**08.024 无芯光纤** no-core optical fiber, coreless optical fiber

没有纤芯但由一种折射率均匀的材料(如熔融石英)拉制而成的光纤。它常用于防反射端面或折射率敏感的光纤传感器的制作。

**08.025 空芯光纤** hollow core optical fiber

纤芯为空气、包层为周期型结构的一种光纤。其特点是基于其周期型结构的光栅效应使光波集中在空心中传输，不满足全内反射条件，即依靠光子带隙机制传导光能量。其透光光谱范围与传统光纤差异较大，只有较窄的一定频率范围，典型值是在其中心频率20%左右的范围。它主要用于能量传送，可供X射线、紫外线和远红外线光能的传输或者作为痕量传感器的敏感元件。

**08.026 多芯光纤** multi-core optical fiber

在一个共同的包层区中存在不止一个同种或不同种纤芯结构(横截面折射率分布较复杂)的光纤。根据纤芯的相互接近程度不同实现不同的应用：纤芯间隔大并增加阻挡层，尽量降低纤芯之间的信号串扰，可用于实现单根光纤空分复用的长距离光通信；纤芯之间的距离靠近到产生光波耦合的程度、产生光波互作用时，可用于纤维集成光器件的制作。

**08.027 双包层光纤** double cladding optical fiber

由不同掺杂的纤芯和内外双包层构成的、探测光工作于单模状态而泵浦光工作于多模状态的一种有源光纤。它的内包层与掺稀土离子纤芯构成一种单模光波导，将探测光限制在纤芯中并在泵浦光作用下产生受激辐射放大；同时内包层又与外包层构成了传输泵浦光的多模光波导，使得泵浦光在内包层中反射并多次穿越纤芯被掺杂离子所吸收，提高泵浦效率。泵浦光在多模状态下工作增加了入射数值孔径，可同时与多个大功率多模半导体激光器高效耦合，增大泵浦光功率。为了进一步提高泵浦效率，内包层的形状不限于环形，可采用偏芯型、方形、矩形、六边形、梅花形、D 形等异形结构。双包层光纤多用于高功率光纤激光器、光纤放大器的制作。

**08.028 单模光纤** single-mode optical fiber

只能传输一种基模模式(包括两个简并的偏振模)的光纤。它通常是阶跃型或W形结构，纤芯(芯径一般为8～10 μm)很细且数值孔径很小，包层外径为125 μm。它的特点是：工作在1310 nm和1550 nm波段，无模间色散，传输频带很宽、损耗小，成本低，适用于远距离、大容量的高速光纤通信，是目前应用最广泛的光纤之一。

**08.029 普通单模光纤** ordinary single-mode optical fiber

仅传输一定工作波长的基模 HE11(LP01)光波的光纤。其特点是光波在理想的普通单模光纤中传输时，其任意方向的传输常数相同。

**08.030　多模光纤　multimode fiber**

支持光波的不同导模以其工作波长和稳态传输条件同时传输的一种光纤。它与单模光纤的主要区别是其纤芯(数值孔径通常为 50～100 mm)较大，频带较窄，容量小，传输距离也较短，传输性能较差；其纤芯内可允许上百个模式传输，存在严重的模式色散、模耦合以及模分配噪声；故仅用于短距离通信和模拟通信系统中。它按横截面折射率分布分类有渐变型和阶跃型两种。

**08.031　少模光纤　few mode optical fiber**

在工作波长和稳态传输的条件下，只能维持少数几个非简并的低阶模式(如LP01、LP02等)传输的一种多模光纤。它的折射率沿横截面呈阶梯状分布。它可将稳态的非简并模式作为独立的传输信道，实现模分复用，从而提高单根光纤的传输容量。

**08.032　大模场面积光纤　large mode area optical fiber**

一种具有较大有效模场面积的单模光纤。通过对光纤纤芯折射率和尺寸、包层折射率的设计(如采用较低的芯/包折射率比或光子晶体光纤无限单模截止特性)来实现。其特点是：具有较低的能量密度、较低的非线性和较高的损伤阈值，适用于多波长密集复用的光通信系统、高功率脉冲的传输或光纤单频信号光放大器的制作。

**08.033　低弯曲损耗光纤　low bending loss optical fiber**

具有多层环形结构或环孔结构和良好抗弯性能的一种光纤。其多层环形结构或环孔结构的折射率低于外包层的折射率，利于束缚光波在芯层中传输且损耗低；其很好的抗弯性能适用于光纤到户、敷设条件不好的场合。

**08.034　低双折射光纤　low birefringence optical fiber**

光波的两个正交偏振模式传播常数之差极小的一种光纤。其特点是因传播常数差很小而极易产生光波的模式耦合，导致其偏振态不稳定。

**08.035　零色散光纤　zero dispersion optical fiber**

工作在 1310 nm 波段且色散为零的单模光纤。

**08.036　色散位移光纤　dispersion-shifted optical fiber，DSF**

通过改变光纤结构参数，使零色散波长从 1310 nm 移动到 1550 nm 附近的一类单模光纤。例如国际电信联盟电信标准部(ITU-T)定义的 G.653 光纤。

**08.037　非零色散位移光纤　non-zero dispersion-shifted optical fiber**

通过改变光纤的几何参数和折射率沿横截面的分布，加大波导色散，将光纤零色散窗口从非工作波段(如 1310 nm)移动到工作波段(1460～1500 nm)附近，且在工作波长范围内有较小色散[如 2 ps/(nm·km)]的一种单模光纤。这种光纤因其较小的色散可减弱或有效抑制密集波分复用引起的四波混频和相位调制等非线性效应，又不需要较复杂的色散补偿，可实现长距离、高速率、多波长的通信，是当前光纤通信使用最广泛的光纤之一。

**08.038　色散平坦光纤　dispersion-flattened optical fiber**

从 1.3 μm 到 1.55 μm 的较宽波段内都有接近于零的较低色散的一种单模光纤。这种光纤的折射率沿横截面的分布较为复杂，但其平坦的色散特性适用于从 1.3 μm 到 1.55 μm 宽波段的密集波分复用通信。

**08.039　色散补偿光纤**　dispersion compensation optical fiber

用于补充光纤链路色散的光纤。由于普通单模光纤均为正色散(反常色散)，所以都用具有大的负色散(正常色散)且损耗相对较小的光纤作为色散补偿光纤。它能使光纤线路的总色散减小到通信系统色散容限之内从而对长程传输的光信号进行色散补偿。

**08.040　正常色散光纤**　normal dispersion optical fiber

又称“负色散光纤(negative dispersion optical fiber)”。对工作波段光信号的群时延(即传播常数对于频率的一阶导数)随其光频率的增加而增加的一种光纤。它具有负的色散系数(通过调整光纤的材料和结构而获得)，主要用于宽波段的色散补偿。

**08.041　反常色散光纤**　abnormal dispersion optical fiber

又称“正色散光纤(positive dispersion optical fiber)”。对工作波段光信号的群时延(即传播常数对于频率的一阶导数)随其光频率的增加而减小的一种光纤。它具有正的色散系数，例如目前大量推广应用的单模光纤。在高速长途通信链路中，需要对积累的正色散进行色散补偿。

**08.042　红外光纤**　infrared optical fiber

工作在红外线波段(通常指大于2μm波长范围)的光纤。例如硫玻璃光纤或氟玻璃光纤等。其特点是：突破常规的石英光纤只能工作在小于2mm波段的限制，可用于红外波段光信号和光能的传送，例如，军事应用，以及温度计量、热图像传输、激光医疗手术刀、热能加工等。

**08.043　紫外光纤**　ultraviolet optical fiber

工作在紫外线波段(通常指小于0.4μm波长范围)的光纤。其最低损耗目前达到0.23dB/m的水平。紫外线波段的光子能量较高，使得紫外光纤在医疗、刑侦、传感、特种光源等特殊领域有广泛的应用。

**08.044　高非线性光纤**　highly nonlinearity optical fiber

具有很高的非线性系数且损耗较小的一种光纤。它通过改变光纤制备材料、增加对光波的束缚从而减小模场面积等方法来提高光纤非线性系数，如微纳光纤以及在小芯径光纤的包层区域加入小的空气孔构成的微结构光纤等。

**08.045　单偏振光纤**　single polarization optical fiber

只能传输基模中一个线偏振模的光纤。它通过专门的设计与工艺，增加光纤的偏振相关损耗，使光纤中构成基模的两个线偏振模之一衰减掉，而另一个仍能正常传输。单偏振光纤没有偏振模色散，可在光路中作为偏振器使用。

**08.046　单晶光纤**　single-crystal optical fiber

由特殊的单晶材料制成的一种光纤。它具有导光性好、耐腐蚀、重量轻、体积小、抗电磁干扰等诸多优点，且具有单晶体固有的特性，常用于晶纤激光器、晶纤倍频器、全息数据储存、红外激光传导以及高温探测等方面。

**08.047　光动力疗法光纤**　PDT optical fiber

用于激光医疗光动力疗法 (photodynamic therapy, PDT) 中将光能引入被治疗部位的医用光纤。它根据治疗需求按其光纤照射部位、靶组织的末端形状不同分为裸光纤、扩束光纤、柱状光纤和球状光纤。

**08.048　眼内激光光纤**　endolaser optical fiber

在激光医疗中用于眼内光凝探测的光纤。它由可插入眼内的探针尖端、传导光能的光纤及其末端的透镜(可在适当的工作距离上聚焦传导光能到靶组织上)等组成。该光纤一端插入激光器的输出端，另一端插入眼内的探针部分。

**08.049　低态密度光纤**　optical fiber of low density of state

光子带隙中态密度接近于零而不等于零的一种空芯光子晶体光纤。光波进入这种光纤时有一些波长的光波仍在其空芯中传输。

**08.050　锥形光纤**　tapered optical fiber

包层和纤芯的直径沿光纤轴向逐渐变细(呈锥形渐变)的光纤。可由常规光纤加热拉细后制备。通过拉锥改变光纤直径会影响其中的光场模式传输特性。它常用于模式匹配或基于锥形区的倏逝波对外界折射率的敏感性实现传感。

**08.051　纳米光纤**　optical nanofiber

直径为数纳米至数百纳米的一维圆柱形光纤。它通过物理拉伸玻璃或聚合物等非晶材料制备而成，具有强光学约束、强倏逝波、低传输损耗等特性。

**08.052　布拉格光纤**　Bragg optical fiber

基于光子带隙效应传输光波的一种光纤。它的结构及工作原理是：径向为周期性折射率分布，其周期长度与传输光波的波长相似；包层的周期性结构形成光子禁带，不能传输光波；若入射光波的频率落在光子带隙中，其光波就限制在光纤纤芯中传播。

**08.053　扭绞光纤**　twist optical fiber

在拉制过程中不断反复对光纤进行正反向扭转以减少偏振模色散的一种光纤。当前的大部分用于长距离高速通信的单模光纤都是扭绞光纤。

**08.054　尾纤**　pigtail

连接在光学器件或不同种类、不同直径光纤的输入端或输出端的光纤。

**08.055　光纤芯**　optical fiber core

以光纤中心轴圆对称的中心光纤区域。一般情况下，它由掺锗的石英或其他光学玻璃、塑料等材料组成，其折射率高，直径只有几微米到50 μm，大部分光功率通过此中心区域向前传播。而光子晶体光纤的纤芯可以是空气或低折射率介质材料。

**08.056　光纤芯径**　optical fiber core radius

光纤芯(中心轴圆对称的)材料的直径。

**08.057　光纤包层**　optical fiber cladding

包裹光纤纤芯的外部介质。一般情况下，它的折射率略低于纤芯折射率，直径为125 μm；光子晶体光纤的包层可以是高折射率的(其结构可由周期性排列的介质柱或空气孔构成)，其直径大小不固定。

**08.058　光子晶体光纤包层**　photonic crystal optical fiber cladding

又称“*微结构光纤包层*(microstructure optical fiber cladding)”。光子晶体光纤中，结构尺度为微米量级的两种或者两种以上不同折射率材料(如空气孔和纯石英)按一定规律排列、组成的光纤包层。

**08.059　光纤损耗**　optical fiber loss

光通过光纤时被吸收、散射和反射，引起光能量损失的一种现象。常用损耗系数(定义为单位长度光纤的输入光功率与输出光功率分贝数的差值)描述其能量损耗的严重程度，单位为 dB/km；还以损耗谱(其损耗能量随波长的变化而改变)描述。它分为材料损耗与波导损耗两类，光纤材料的本征吸收、杂质吸收及瑞利散射等属于前者，而模损耗与模耦合损耗属于后者。光纤损耗降低了光信号的信噪比，限制了光信号有效传输的距离，是影响光纤通信系统的重要因素之一。

**08.060　光纤熔接损耗**　optical fiber splice loss

光通过两段光纤的熔接处时产生的能量损耗。单位为dB。

**08.061　光纤弯曲损耗**　optical fiber bending attenuation

光通过光纤弯曲(超过某个临界曲率)处时，其传导模将变成辐射模向外辐射、部分能量渗透到包层中或穿过包层向外泄漏掉而产生的损耗。

**08.062　光纤色散**　optical fiber dispersion

光纤的传输特性(如传播常数、有效折射率或群时延、偏振特性等)随波长改变的现象。常以色散系数(定义为单位长度上的群时延对波长的一阶导数)来度量，单位为ps/(km·nm)。它主要分为材料色散、波导色散和偏振模色散三类。它们在光纤通信中使光信号的各种模式成分或不同频率成分因群速度不同而在传播过程中互相散开，从而引起光信号失真、误码率上升或质量变差等。

**08.063　偏振模色散**　polarization mode dispersion

光纤的偏振特性随输入光(包含多个频率分量)波长变化的一种色散现象。以偏振模色散矢量和缪勒矩阵描述它。它的影响因素包括偏振相关相移、偏振相关损耗以及模耦合。它引起输出各频率分量的偏振态不一致，其叠加结果可能使光脉冲展宽或产生重影；对光通信的影响取决于光纤本身的偏振模色散矢量、注入光的偏振态以及光信号的带宽。

**08.064　光纤耦合**　optical fiber coupling

光源或各种光器件(包括分合路器件、放大器、接收器等)与光纤之间光能量的有效传输。光纤耦合时，中间往往加透镜或将光纤端熔成球形来压缩光波的发射角，以便尽量多的光能量进入光纤。

**08.065　光纤线圈**　fiber-optic coil

又称“光纤敏感环(sensitive fiber ring)”。由普通单模光纤或保偏光纤按一定绕制方法绕制而成的多匝光纤环形光路。它可用于光纤延时、相位编码、增强萨尼亚克(Sagnac)效应等。

**08.066　光纤断裂张力**　optical fiber break load，FBL

描述光纤机械特性的一个参量。它表示光纤断裂时承受的张力大小(或阈值)。在光纤制备过程中利用它对光纤进行筛选。

**08.067　传光光纤束**　optical fiber light-guide bundle

简称“传光束”。用于传输光波能量的一束光纤器件。它由直径为40～70 μm、长度(一般)为10 m左右的许多单根光导纤维聚集成束，装入塑料套管或塑料贴面的不锈钢套管(套管两头用环氧树脂封合并进行抛光)组合而成。其横截面积由所需要传递光能的横截面积决定。

**08.068　传像光纤束**　image optical fiber bundle

简称“传像束”。一种并行传输二维光学图像的一束光纤。它由多根光导纤维按一定规则排列并经融压拉制成。其特点是：每根光纤独立地传输一个像元，各光纤之间不串光；具有可挠性(自由地弯曲)，排列具有相关性(其输入、输出端的几何位置一一对应，不发生混乱，光波的入射角和出射角的绝对值相等，其符号视全内反射次数的奇偶性而定)。它常用于医疗内窥镜和工业窥镜。

**08.069　微通道板**　micro channel plate，MCP

一种以多条空芯光纤组成的同时具有传输和增强电子图像功能的集成光纤器件。其中每条空芯光纤作为图像像素的一个微通道，并将电子倍增材料涂覆在该微通道内壁上以获得图像增强。它具有体积小、重量轻、分辨力好、增益高、噪声低、使用电压低等优点。涂覆在纤维内壁上的电子倍增材料在电子高速轰击下引发二次发射，倍增电流达到万倍以上。

**08.070　微通道板通道倾角**　channel inclined angle of MCP

在切割微通道板(MCP)时，微通道与微通道板的表面法线之间的一个倾角。这是为了防止像增强器视场中心光电子束直接贯穿微通道板，难以获得足够的二次电子倍增，造成中心亮度偏暗的现象，一般为6°～8°。

**08.071　微通道板通道长径比**　ratio of length to diameter of MCP

微通道板的通道长度与通道直径之比。该值越大，电子倍增效果越好。

**08.072　光缆**　optical cable

用单根光纤、多根光纤或光纤束制成的，满足一定的光学特性、机械特性和环境特性要求的具有防护性能的缆绳结构。其主要由光纤、加强钢丝、填充物和护套等几部分组成。防护性能主要包括对应力、温度、海水、油污、燃烧、暴晒及紫外线照射等各种侵害因素的防护。应力防护包括拉应力、剪切应力及振动等。防护的方法包括增加加强芯、缠绞、铠装、涂覆防护材料等。它有陆上光缆(简称光缆)和海底光缆(submarine optical cable)之分。后者对结构要求更高，包括耐海底高压，防海水腐蚀，防鲨鱼咬断和船只撞损，以及考虑给海底光缆中间的光放大器供电等。

**08.073　紧套光缆**　tight jacketed optical cable

单根或多根光纤在其光缆中不能自由移动的一种光缆。它的结构简单、易于制造，但常因光纤(石英)与护套(塑料)温度系数差异大，致使在低温或高温环境中光纤受内应力而损耗增大。它常用于实验室和条件较好的环境中。

**08.074　松套光缆**　loose tube optical cable

在一个槽子或一根管子里松散地装配只有一次涂覆的光纤所构成的光缆。光纤在其中可自由移动，当温度变化时不会因为光纤与护套温度系数的差异而产生较大的内应力。它用于温度变化较大的环境。

**08.075　层绞式光缆**　layer twist optical cable

加强芯在光缆的中心，多根光纤一层一层地布置在加强芯的外部，并经过绞合而成的一种光缆。它易于制造，抗拉性能好，但防侧压的性能较差。在一般的光缆工程中，它可直埋、悬挂和通过管孔敷设。

**08.076　骨架式光缆**　slotted-core optical cable

光纤置于圆柱体骨架沟槽里的一种松套光缆。在制造它时需要异形骨架，工艺相对复杂，但防侧压性能好。它常用于一般的光缆工程中，可直埋、悬挂和通过管孔敷设。

**08.077　束管式光缆**　multichannel bundle optical cable

两根以上的光纤置于光缆中心同一束管护套内、金属加强部分在光缆外部的一种光缆结构。由于光纤在束管内可自由移动，有较好的低温性能；而金属防护层在光缆外部，有很好的抗压与抗拉性能。由于外部加强需要异形钢丝，制造成本高，常用于重要的光缆工程中。

**08.078　架空地线光缆**　optical cable with overhead ground wire，OPGW

又称“光纤复合架空地线(optical fiber composite overhead ground wire)”。内部安装光

纤的架空地线的一种光缆。它的特点是既利用了光纤的优良抗电磁干扰性能，又利用了地线的优良防护性能，同时实现了接地与信息传输。它主要用于电站-变电站或变电站与中心调度所之间的通信、遥测、遥控等业务。

**08.079　海底光缆**　submarine optical cable

用于海洋环境中水下工作的光缆。它具有比一般光缆更优良的防水、防盐卤化学腐蚀、防氢气渗入的性能。

**08.080　光波导**　optical waveguide

简称“波导(waveguide)”。由不同折射率的介质构成、可对光波产生横向束缚使其沿纵向传输的导行(通道)结构。它的分类有圆波导(光纤)、平面(或称薄膜)波导和通道波导等。

**08.081　正规光波导**　normal optical waveguide

波导结构纵向为直线、没有任何几何形状或无折射率分布畸变的一种理想化的光波导模型。

**08.082　非正规光波导**　informal optical waveguide

波导结构为纵向非直线或有某种几何形状、折射率分布沿纵向变化的一种光波导。这种波导结构沿纵向变化被称为波导畸变(optical waveguide aberration)，它是光波导实际制作和应用中不可避免的不规则结构，或者为了实现模式耦合而人为制作的带有一定规律的结构。这些畸变是微小的，在处理模式耦合时可作为微扰问题处理。

**08.083　平面波导**　planar waveguide

又称“薄膜波导(thin film waveguide)”。波导的折射率分布沿着光波传输方向(纵向)为平行平面的一种光波导。最常见的平面波导由覆盖层、芯层和衬底三种材料构成，芯层的折射率高于覆盖层(或称包层)和衬底，光波受到一维束缚，使其能量约束于芯层及其附近，并沿波导纵向传输。

**08.084　阶跃折射率波导**　step-index waveguide

又称“均匀波导(uniform waveguide)”“平板波导(slab waveguide)”。波导横截面上沿波导表面法线方向覆盖层-芯层-衬底的折射率呈阶梯形突变的平面波导。其芯层折射率最大，略高于另外两层。衬底折射率与覆盖层折射率相同时称为对称波导，否则称为非对称波导。它类似于阶跃折射率光纤，光波在这种波导中的传播基于全反射原理，只在芯层行进。

**08.085　多层平面波导**　multi-layered planar waveguide

由多层不同折射率材料构成的平面波导。例如四层平面波导、W 形波导和多量子阱光波导等。

**08.086　渐变折射率平面波导**　graded-index planar waveguide

波导横截面上沿波导表面法线方向芯层折射率呈连续渐变形式的平面波导。它的分类有非对称型和对称型。前者的覆盖层为均匀介质，覆盖层–芯层界面处折射率最大，向衬底方向连续递减；后者的衬底与覆盖层皆为均匀介质且折射率相同，芯层中心折射率最大并向覆盖层和衬底两个方向缓慢递减。它类似于渐变折射率光纤，光波只在这种波导的芯层中传播，其光线轨迹为曲线。

**08.087　质子交换波导**　proton-exchanged waveguide

能够在合适的温度下实现物质的质子交换的一种渐变折射率波导。例如，质子源(如苯甲酸)中的氢离子($H^+$)和晶体(如铌酸锂)中的锂离子($Li^+$)在合适温度下产生交换，使晶体表面折射率提高而形成的渐变折射率波导，其折射率沿表面法线向衬底方向逐渐变小。对质子交换后的波导还需要采用退火工艺来增加波导深度，减小波导损耗。

**08.088　离子交换波导　ion-exchanged waveguide**

能够实现电解液中物质的离子交换的一种渐变折射率波导。例如，在电解液(如硝酸钾、硝酸锂、硝酸银、氯化银等盐类)中的一种离子与波导基底介质中另一种离子发生交换，以提高波导基底表面折射率并形成的渐变折射率波导。常采用电场辅助方法减少交换时间、控制折射率分布和降低损耗。

**08.089　扩散波导　diffused waveguide**

利用金属扩散进入晶体表面的方法提高晶体表面折射率而形成的一种渐变折射率波导。

**08.090　钛扩散铌酸锂波导　Ti-diffused $LiNbO_3$ waveguide**

以铌酸锂晶体作为基底、采用钛(Ti)金属通过高温扩散而制成的扩散波导。

**08.091　通道波导　channel waveguide**

光波在波导横截面上受到二维限制的一种波导。常见的形式有：矩形波导(rectangular waveguide)、条/带波导(strip waveguide)、脊波导(rib/ridge waveguide)、掩埋型波导(buried waveguide)、嵌入型波导(embedded waveguide)等。它们是构建波导器件的主要形式。

**08.092　单模波导　single mode waveguide**

光波的高阶模全部截止，只能传输基模的一种波导。在圆单模波导中的基模(HE11模)包含可视为两个正交的线偏振模或视为左旋、右旋的两个圆偏振模的简并。

**08.093　狭缝波导　slot waveguide**

利用物质分界面上的电磁场不连续性及其界面之间的高折射率差，使光波的电磁场在纳米尺度的低折射率区域得到增强，并约束其在低折射率的狭缝中传导的一种波导。

**08.094　硅基波导　silicon-based waveguide**

在硅基材料上形成的光波导结构。它主要包括硅基Ⅳ族波导、硅基聚合物波导、$SiO_2$波导和硅基上绝缘材料(SOI)波导等。

**08.095　非线性光波导　nonlinear optical waveguide**

波导介质中至少有一层是非线性材料的波导。这种波导利用介质的非线性可实现全光波导开关和全光信号处理等功能。

**08.096　周期极化波导　periodically poled waveguide**

通过外加电场使晶体产生周期性极化翻转的一种波导。它可实现准相位匹配，提高非线性效应的效率。周期极化铌酸锂晶体(PPLN)波导是最典型的代表，已得到广泛的应用。

**08.097　光子晶体波导　photonic crystal waveguide**

利用光子晶体(人造周期性结构的介质)上的缺陷等条件形成光子带隙而制备的一种波导。

**08.098　金属包覆光波导　metal-cladding optical waveguide**

以贵金属材料(大多为金或银)作覆盖层而用介质作芯层的一种波导。这种波导因金属的吸收而不适用于光波的长距离传输，但其色散特性不同于普通介质波导，在滤波、开关和传感等方面具有重要的应用价值。

**08.099　十字交叉波导　crossing waveguide**

由同一平面内两根相互垂直的波导构成的波导。它主要用于波导信号的交叉传输。

**08.100　弱导光波导　weakly guiding optical waveguide**

纤芯和包层的折射率之差小于 0.01 的光波导。

**08.101　Y 波导　Y waveguide**

用于将一条光路分束为两条光路或者将两条光路合束为一条光路的一种平面光波导。因波导呈 Y 形而得名。通常由铌酸锂制成。

**08.102　Y 波导弯曲损耗　Y waveguide bend loss**

Y 波导中在 Y 分支与其连接光纤之间、为使波导平滑过渡引入一段弯曲分波导而导致的能量损耗。

**08.103　Y 分支损耗　Y branch loss**

Y 波导的分支处因存在张角而导致的损耗。

**08.104　光模式　optical mode**

在正规光波导或光纤中的稳态传输条件下，光波的电磁场在波导或光纤横截面上所有可能存在的特定分布形式。它们的特点是：不随轴向传输距离的变化而变化，此距离只影响这些分布形式的整体相位和幅度；模式之间是正交的；取决于光波导或光纤的导光性质、几何参数、折射率沿横截面的分布以及所使用的波长等，本质上是电磁波在横向约束条件下相干特性的体现。其表达式可通过求解光波的波动方程得到。根据光波电磁场在光波导或光纤中的束缚情况，它们分为导模、辐射模和泄漏模。

**08.105　导模　guided mode**

光波在正规光波导或光纤中稳定传输时，其电磁场在波导或光纤横截面上的一种特定分布形式。它的特点是：其横向分布在远离光纤或波导中心处以指数或近乎指数形式迅速衰减，绝大部分光能量集中在光纤或波导内部及表面传输；导模具有离散性或分立性；光波频率很低(波长很长)时的大部分导模不存在，但有少部分模式仍存在；能使导模存在的最低频率被称为该导模的截止频率，该导模被称为波导的基模。

**08.106　传输模　propagation mode**

光波在纤芯或光波导中传输时的一种模式。

**08.107　线偏振模　linearly polarized mode**

又称“标量模(scalar mode)”。光纤或光波导内模式场的横向分量在直角坐标系下分解得到的、横截面上各点具有相同的偏振方向的一种模式。它的特点是：满足麦克斯韦方程，但不严格满足边界条件，只有当边界的折射率差较小时，才比较精确；它被看作多个矢量模在折射率差较小时得到的简并模式；其纵向分量很小，通常可忽略，因此它又可看作束缚在光纤或光波导内及表面的横电磁波，具有类似于自由空间横电磁波的许多性质。线偏振模的概念简化了光纤传输特性的分析，有广泛的应用。大部分单模光纤的折射率差都比较小，其模式都可使用线偏振模的概念。

**08.108　辐射模　radiation mode**

光波导中，波长大于截止波长从而不满足全反射条件的模式。该模式由于包层的衰耗很小，虽然不满足全反射条件，但仍然可以传输很远。其特点是：传播常数为复数；它们在远离光纤或波导的中心处以振荡形式缓慢衰减，其光能一部分在光纤或光波导内部和表面传输，而另一部分耗散到外部空间；它们对应的入射光波在其芯–包层界面的入射角是连续变化的。

**08.109　泄漏模　leaky mode**

光波在光纤或光波导中稳定传输时，远离该光纤或光波导的中心轴方向传播并将泄漏到其包层以外的特定传输模式。

**08.110　矢量模　vector mode**

光纤或光波导内既严格满足麦克斯韦方程又严格满足边界上电场切线分量连续的传输模式。它包括横模(TE模、TM模)和混合模(HE模、EH模)等，它们在横截面上各点的大小与偏振方向都不尽相同。通常将光波的电磁场矢量按柱坐标系分解并求解其波动方程而得到矢量模。

**08.111　局部模式**　local mode

折射率分布沿长度缓慢变化的光纤可近似为一系列折射率分布为常量(与长度无关)的短光纤或波导级联时，光波在其中一段短光纤或波导中的传输模式。它仅在确定的一段短光纤或波导内近似满足麦克斯韦方程和该段局部边界条件，而整体上不满足麦克斯韦方程和整根光纤的边界条件，常用于分析、解决光波的模式耦合问题。

**08.112　超模式**　super mode

在微结构光纤或多芯光纤中，光波的电磁场在各个紧邻的纤芯中既独立传输又彼此耦合的一种模式。它实质上是各纤芯中独立传输模式的某种线性组合，既不是该光纤的最终稳态形式，也不是该光纤的最初激发形式，而是在各个纤芯中从最初独立激发的模式向整个光纤统一模式过渡的一种模式分布。这种过渡模式分布因各纤芯中的模式相互耦合很小而可存在于很长距离，常用于解释微结构光纤的传输特性。

**08.113　横磁模**　transverse magnetic mode

又称“TM模(TM mode)”。光波在光纤或光波导中传输时存在的一种特定的电磁波形式。它的磁场强度矢量位于波导的横截面内，与其传播方向(纵向)垂直。

**08.114　横电模**　transverse electric mode

又称“TE模(TE mode)”。光波在光纤或光波导中传输时存在的一种特定电磁波形式。它的电场强度矢量位于光纤或光波导的横截面内，与其传播方向(纵向)垂直。

**08.115　混合模**　hybrid mode

光波在光纤或光波导中传输时存在的一种电磁波形式。它在笛卡儿坐标系中的三个坐标方向上同时存在三个电场分量和三个磁场分量。

**08.116　基模**　fundamental mode

光波导中不会因波长变长而截止的特定模式。通常，它携带了光波的绝大部分能量(少量例外)。通过求解波动方程，可得到其电磁场横向分布[以直角坐标系下的厄米–高斯函数 $\Psi_{mnq}(x,y,z)$ 表示]由多个正交模式($TEM_{mnq}$)叠加组成(其中 $m$、$n$ 表示不同的横模或离轴模，$q$ 是沿光轴方向的半波长数)，其中的 $TEM_{00q}$ 称为基(波)模。

**08.117　低阶模**　lower-order mode

光波的电磁场横向分布中靠近基模的一些特定模式。例如，一阶模，通常它的能量小于基模。

**08.118　厄米-高斯模**　Hermite-Gauss mode

光波在直角坐标系下求解波动方程得到其组合模的一组正交完备集。

**08.119　高阶模**　high-order mode

光波的电磁场横向分布中远离基模的一些特定模式。例如二阶模、三阶模等，它们的能量均小于基模和一阶模，阶数越大，能量越小。

**08.120　多模**　multimode

具有多种工作模式的器件、设备或技术。它在不同的领域具有不同的概念，如多模通信、多模光纤、多模手机等。

**08.121　[光子晶体]局域模**　[photonic crystal] local mode

光波在光子晶体中传播时因其缺陷被限制的模式。

**08.122　无限单模　endlessly single mode**

光学介质能够支持任意波长的光波单模传输的模式。

**08.123　模式正交性　mode orthogonality**

描述正规光波导或光纤中光波模式之间关系的一个规律。例如，导模与导模、导模与辐射模和辐射模与辐射模之间都是正交的，同时所有导模和辐射模构成了一个完备集合。以它们的线性叠加表示，每个模式的加权系数不随距离变化。对于非正规光波导或光纤中的光波也可用类似于正规光波导或光纤模式的线性叠加表示，但相应的加权系数不是常数，随距离而变化。

**08.124　模式简并　mode degeneracy**

光波的某些模式具有相同频率（或波长）且在其所处的光学介质中同时传播的现象。简并模式具有相同或相近的传播常数，其叠加场的横向分布形式在很长距离上稳定不变。

**08.125　模式本征方程　mode eigen equation**

又称“导模方程(guide mode equation)”“色散方程(dispersion equation)”。描述在光纤或光波导中传输的光波相移常数与其频率（波长）、光纤或光波导几何参数以及折射率参数之间关系的代数方程。根据光纤或波导中光波的电磁场在边界上连续的条件或等效折射率剖面等可求解该方程。

**08.126　模场直径　mode field diameter**

又称“模斑直径(mode spot diameter)”。描述单模光纤横截面上光能分布的一个物理量。它的大小是光波波长、光纤尺寸和折射率分布的函数，并有多个表示方法。当光波的模场用高斯近似时，以光强降低到其最大值的$1/e^2$时的直径表示；当模场不能用高斯近似时，将整个横截面的光能等效为一个光强均匀分布模斑的直径。

**08.127　模式限制因子　confinement factor**

描述光功率在光波导芯层中集中程度的量。其值为芯层中的光功率与导模总功率之比。

**08.128　模式耦合　mode coupling**

简称“模耦合”。光波在光波导中传播时由纵向不均匀性引起的不同模式之间的能量交换（耦合），或者在两个正规波导靠近时两个光波导模式之间的能量互相交换（耦合）的现象。这种现象常出现于共振腔或同一波导中光波的场分布与其本征模场结构的匹配和耦合中，也可以发生在不同波导或光纤的不同电磁波模式之间。

**08.129　光耦合　optical coupling**

自由空间的光束或光纤与波导或光纤之间由端面直接输入或输出的能量传输（耦合）方式。为了提高光波的耦合效率，不仅要求其输入与输出的对准精度高，还要尽量使两者的模场匹配。对于光纤或波导端面对光波的菲涅耳反射引起的回波噪声，通常将光纤端面和波导端面磨制成一定的角度来减少。

**08.130　模耦合理论　theory of mode coupling**

①在时间和空间上研究、分析振动系统（包括机械振动和电磁波等）模式耦合的相关理论和方法。通常假定系统是线性的，满足时间反演对称和弱模式耦合。②在光波导理论中，研究理想正规波导或光纤中几何形状或折射率分布出现微小畸变或者两个以上波导或光纤的各种电磁波模式（包括局部模式等）间发生耦合（即功率交换）的一般规律的理论。其重要组成部分有：导模和导模耦合可以减小模间色散；导模与辐射模或与截止导模耦合会产生附加损耗，两个波导间的横向耦合可以用来制作光耦合器等。

**08.131　模耦合系数　mode coupling coefficient**

描述光波模式耦合程度大小特性的一个参量。具体分为功率耦合系数和光波的电场强度耦合系数两种。它与所在的光学介质或波导畸变、某两个模式场分布的交叠程度有关，在光波模耦合方程中以两个模式相互作用的关系表示。

**08.132　功率耦合系数　power coupling coefficient**

描述一个模式向另一个模式功率耦合程度的量。它定义为后者功率随耦合长度的变化率与两者功率差(前者减去后者)的比值，为实数，单位为 $m^{-1}$。

**08.133　电场强度耦合系数　electric field coupling coefficient**

描述一个模式向另一个模式电场强度耦合程度的量。它定义为后者电场强度的复振幅随耦合长度的变化率与前者复振幅的比值，为复数，单位为 $m^{-1}$。

**08.134　模耦合方程　mode coupling equation**

由麦克斯韦方程和波导或光纤畸变导出的、描述两个正规光波导之间或光纤纵向传输过程中模式复振幅变化规律的一组方程。用于研究两个或多个电磁波模式间耦合的一般规律。它定量描述了模式耦合过程，可分析影响耦合的各种因素，求解不同条件下耦合模的幅度、模式间功率交换程度等问题。

**08.135　耦合波方程　coupled wave equation**

当两个非正规波导或者两个正规波导组成的复合波导为非正规波导时，由麦克斯韦方程和波导参数导出的、描述二者之间的光波耦合的方程。这时每个波导中传输的都不是模式，为了与模式耦合区分，故称为耦合波方程。

**08.136　模耦合长度　mode coupling distance**

简称“耦合长度”。在一个沿纵向折射率分布不均匀的光波导中，由纵向不均匀性导致的模耦合从产生(模式开始不稳定)到消失(模式重新达到稳定)的波导长度；或者在两个正规光波导的模耦合过程中能量有效耦合的长度。

**08.137　端面耦合　end-face coupling**

又称“对接耦合(butt-coupling)”。传输光波的电磁场在光纤或波导的端面出射并耦合到下一级光纤或波导的入射端时，其电磁场由出射面到入射面的能量转移情况。其耦合特性受到光纤或波导的各种端面效应影响，可由麦克斯韦方程和波导或光纤畸变求解出射和入射的这两个光波电磁场沿波导或光纤纵向传输过程中幅度变化规律的一组方程来得到端面耦合的情况，求解结果可定量描述模式光波电磁场耦合过程，可分析影响耦合的各种因素，还可求解不同条件下耦合模的光波电磁场幅度、模式间功率交换程度等问题。

**08.138　耦合波理论　coupled wave theory**

一种直接有效的光波电磁场计算与分析的方法。它的处理过程是：在所处的光学介质(如光栅)中严格求解麦克斯韦方程；通过求解特征函数，得到光学介质区域由特征函数耦合起来的电磁场表达式；在所处的光学介质区域与其他区域交界面上求解边界条件；得到最终衍射效率等值。

**08.139　高斯近似法　Gaussian approximate method**

利用高斯分布来代替实际的模场分布，求解光纤或光波导对传输光波产生影响的一种近似方法。它的适用条件为：远离光纤或光波导的截止频率，光波电磁场集中于光纤芯及其附近，基模的模场分布用高斯函数表示，高阶模的模场分布用高斯–拉盖尔函数表示。这种方法将不同折射率分布的光纤或光波导统一用同一种模场分布形式表示，使之可以互相参考而具有可比性，便于评价不同结构的光纤或光波导。

**08.140　矩形近似法**　rectangle approximate method

求解矩形波导中电磁场分布和模式传播常数等问题的一种近似方法。其主要步骤是：把矩形波导横截面划分为九个区域，忽略其中四个电磁场极弱的区域，将其余五个区域的电磁场近似为横电磁(TEM)波；简化波导中电磁场分布的表达形式，以实现矩形波导中相关问题的求解。

**08.141　马卡梯里近似法**　Marcatili approximate method

将光波导中光波传输特性的二维问题简化为联立的两个一维问题的一种近似方法。其主要步骤是：把光波的通道波导分解为两个相关联的、互相垂直的三层平面波导或光纤；将两个等效平面波导分别采用光波的两个正交偏振态(TE 模和 TM 模)的本征值(色散)方程处理，以简化求解过程。该近似法主要用于求解通道(矩形、带状、条形、脊形等)波导的传播常数(有效折射率)。

**08.142　有效折射率法**　effective index method

把一个光波导复杂的折射率剖面用它的有效折射率代替，将其视为单一折射率材料的波导的一种近似分析方法。常用于分析波导的其他效应(如非线性效应)时，对波导结构进行简化。

**08.143　集成光学**　integrated optics

在光电子学和微电子学基础上，采用集成方法研究和发展光学器件和混合光学–电子学器件及系统的一门分支学科。它涉及平面波导、通道波导及各种微尺度边界束缚的光学介质中，光波的产生、传输、耦合、调制、放大、相互作用和探测等现象和规律，以及光波导器件、微纳器件及其集成光路的设计、制作、测试与应用等。它于 20 世纪 60 年代在薄膜光学、微波技术和半导体技术等多学科相互融合和推动下诞生，1969 年 S. E. Milier 在总结大家成果的基础上首次提出了“集成光学”的概念，很快得到国际上同行的认可。20 世纪 80 年代至 90 年代，提出了光电子集成技术，以后又出现了硅基光子技术、纳米光子技术、光子晶体技术等新技术，故对“集成光学”赋予新的含义和活力，国际上又提出了光子集成技术。

**08.144　混合集成光路**　hybrid integrated optical circuit

把光器件和电子器件集成在同一基片上的集成回路。它按功能分主要有电光发射集成回路和光电接收集成回路。前者是由电光驱动电路、有源光发射器件、导波光路、光隔离器、光调制器和光开关等组成；后者是由光滤波器、光放大器、光电转换器以及相应的接收电路和器件集合而成。它又可按结构分类，有单片集成型和混合集成型两类。

**08.145　光电子集成回路**　optoelectronic integrated circuit，OEIC

以光波导、激光器、光调制器、接收器等光子和电子元件为核心集成起来并具有一定功能的器件。

**08.146　集成光学器件**　integrated optics device

利用集成光学工艺实现多个特定光学功能集成到一个芯片的器件。例如，光纤陀螺中的集成光学芯片实现陀螺的功能并集成化、小型化。当前较为成熟的集成光学芯片是铌酸锂调制器，它由 Y 波导单支上制作的起偏器以及在两个分支波导上制作的电极组成，以便利用电光效应对两分支中的传播光施加电压，产生所需要的相位差，再将整个系统封装完毕，留出尾纤以便在光纤陀螺系统集成过程中使用。

**08.147　多功能集成光学芯片**　multi-function integrated optical chip，MIOC

采用微纳加工技术在同一基片的同一平面将各类无源、有源光器件(如半导体激光器、光电二极管、半导体光放大器等)集成到一个芯片上的一种光学器件。它具有激光的产生、传输、分光与合光、开关、放大、接收等功能。制作它的材料非常广泛，如二氧化硅($SiO_2$)、铌酸锂($LiNbO_3$)、Ⅲ-Ⅴ族半导体化合物(如 InP，GaAs 等)、绝缘体上的硅(silicon-on-insulator，SOI/ SIMOX)、氮氧化硅(SiON)、高分子聚合物(polymer)等。

**08.148　超棱镜现象**　super-prism phenomenon

又称“超棱镜效应”。在禁带附近的透射带内，光子晶体等结构对传输光波施加超常色散和各向异性操控的现象。利用超棱镜效应可实现不同波长光束在空间上很大的色散分离。

# 09. 光无源器件

**09.001　波片**　wave plate

对某波长光波的两个正交方向产生特定的相位延迟量的一种相位延迟片。它根据相位延迟量的大小分为全波波片、二分之一波片和四分之一波片。

**09.002　全波波片**　full-wave plate

简称“全波片”。对某波长光波的两个正交方向产生特定的2π相位差的波片。

**09.003　四分之一波片**　quarter-wave plate

对某波长光波的两个正交方向产生π/2相位延迟量的一种波片。通常它由晶片制成，其一个光轴平行于晶片表面。例如，它对某一波长的单色光透射，能使o光、e光的光程差为四分之一波长的奇数倍。

**09.004　二分之一波片**　half-wave plate

又称“半波片”。对某波长光波的两个正交方向产生π相位延迟量的一种波片。通常它由晶片制成，其一个光轴平行于晶片表面。例如，它对某一波长的单色光透射，能使o光、e光的光程差为二分之一波长的奇数倍。

**09.005　滤波**　filtering

将光信号中特定波段的频率(或波长)滤除的操作过程。它是光学系统中抑制和防止光信号干扰的措施之一。

**09.006　滤光片**　filter

对特定的光波波段选择性地透过，而对另一些波段的光不透过(吸收或者截止)的片状光学器件。

**09.007　带通滤光片**　bandpass filter

能对复色光分离出某一波段的光而截止其余波段光的滤光片。它由镀制的多层介质膜组成，其镀层的结构、介质材料、厚度决定滤光片的特性参数。它包括窄带滤光片和宽带滤光片，又有法布里–珀罗滤光片、多半波滤光片和诱导透射滤光片等。

**09.008　窄带通滤光片**　narrow bandpass filter

通带半宽度与中心波长之比小于0.01的带通滤光片。它通常由一个或多个法布里–珀罗滤光膜组合而成。

**09.009　宽带通滤光片**　broad bandpass filter

通带半宽度与中心波长之比大于0.1的带通滤光片。它通常由长波通滤光膜和短波通滤光膜组合而成。

**09.010　短波通滤光片**　short wave pass filter
能够透过入射光中的短波段光而截止长波段光的一种滤光片。

**09.011　长波通滤光片**　long wave pass filter
能透过入射光的长波段光而截止短波段光的一种滤光片。

**09.012　短波截止滤光片**　short wave cutoff filter
能够抑制光波中的短波段光而透射长波段光的一种滤光片。

**09.013　长波截止滤光片**　long wave cutoff filter
能够抑制光波中的长波段光而透射中短波段光的一种滤光片。

**09.014　吸收型滤光片**　absorptive filter
利用介质对不同波段光的选择性吸收制作的一种滤光片。

**09.015　短波吸收滤光片**　short wave absorptive filter
能够吸收光波的短波长光而对长波长光透过性较好的一种吸收型滤光片。

**09.016　长波吸收滤光片**　long wave absorptive pass filter
能够吸收光波的长波长光而对短波长光透过性较好的一种吸收型滤光片。有些红外材料，如氟化钙、氟化锂、云母和熔融石英等，可用于制作这种滤光片。

**09.017　干涉滤光片**　interference filter
又称“干涉滤光镜”“干涉滤光器”。基于光波干涉原理制成的极窄带通的一种滤光片。

**09.018　多层干涉滤光片**　multilayer interference filter
利用多层光学介质膜对光波的干涉作用制成的极窄带通的一种滤光片。它由高、低折射率相间的多层介质膜构成，光波在其中经过多次反射而发生干涉，实现光波的选择性(极窄带光波的)输出。

**09.019　紫外滤光片**　UV filter
只允许光波的某紫外波段的光透过的一种滤光片。利用镀制紫外透明材料构成的膜系等制成。

**09.020　红外滤光片**　infrared filter
只允许光波的某红外波段的光透过的一种滤光片。利用镀制红外透明材料构成的膜系等制成。

**09.021　红外截止滤光片**　infrared cutoff filter
对光波的某红外波段的光具有极低透过率而对其他波段的光具有高透过率的一种滤光片。

**09.022　金属–介质法布里–珀罗滤光片**　metal-dielectric Fabry-Perot filter
由金属膜层(反射膜层)和介质膜层(间隔层)镀制而成的一种法布里–珀罗滤光片。

**09.023　全介质法布里–珀罗滤光片**　all-dielectric Fabry-Perot filter
全部由介质膜作为反射膜层和间隔层而制成的一种法布里–珀罗滤光片。

**09.024　线性渐变滤光片**　linear variable filter，LVF
光谱特性随空间位置变化而线性变化的滤光片。它通常由光学薄膜制成，一般有圆形和条状两类。

**09.025　中性密度滤光片**　neutral-density filter
又称“灰色滤光片(gray level filter)”。用来减弱所有可见波段光的透过率而不发生偏色的一种多层薄膜滤光片。它的中性滤光机制有反射、吸收、散射和偏振等，分为选择性和非选择性两类，常用的非选择性中性密度滤光片如掺有粒度接近波长大小细碳粒的胶质滤光片(有时称为M碳中性密度滤光片)，基于照相银粒的非选择性中性密度滤光片，网栅和扇形轮等非选择性中性密度滤光片等。

**09.026　可调谐滤光片**　tunable filter

滤光片的中心波长以及带宽都可以根据需要进行调节的一种滤光片。

**09.027　声光可调谐滤光片**　acousto-optic tunable filter，AOTF

利用各向异性的晶体在声波与光波相互作用下的布拉格衍射效应制成的一种可调谐滤光片。其衍射光波的波长是入射光波的入射角和产生声波的射频信号频率的函数，通过改变施加在晶体上的射频信号频率，得到指定波长的单色光并实现某波段光波的调谐。

**09.028　液晶可调谐滤光片**　liquid crystal tunable filter，LCTF

根据偏振光的干涉原理和液晶的电控双折射效应制成的一种可调谐滤光片。通过改变加在它上面的电压来实现不同波长光波的选择性输出。

**09.029　滤光片通带**　pass band of filter

描述截止滤光片或带通滤光片的透光特性的一个参量。以其高透射率的波长光谱范围或以某波长为中心的透射率值降为该波长透射率值一半处的两波长之间的光谱范围来表示。

**09.030　滤光片轮**　filter wheel

由滤光片组及其旋转机构相配合的一种光学机械组件。它的功能是通过旋转机构的转动来选定滤光片依次插入光学信息处理系统中，以得到某目标的多光谱图像。

**09.031　滤光片蓝移**　filter blue-shifting

光波通过滤光片后的出射光中心波长向短波方向偏移的现象。它的实现是入射光波的光谱成分不变，其入射到干涉带通滤光片的角度逐渐增大，就导致了滤光片的光谱透过率曲线变化(向短波方向偏移)。

**09.032　波带片**　zone plate

由一定半径大小、可调制透射光振幅或相位的交替同心圆环组成的一种光学衍射元件。

**09.033　余弦波带片**　cosine zone plate

具有轴对称的振幅屏函数、其振幅调制在径向对径向距离(与轴的距离)的平方成余弦函数的波带片。

**09.034　滤光系统**　filter system

能改变入射光波的光谱成分的装置或器材。

**09.035　光学滤波器**　optical filter

简称“滤波器”。光的透过率或者反射率与波长相关的光学器件。

**09.036　声光可编程色散滤波器**　acousto-optic programmable dispersive filter，AOPDF

由共线光路(提供可编程色散补偿)和声光调制器组成的一种滤波器。它的功能是对光波脉冲的振幅和相位同时调制、提供色散补偿、脉冲整形等。

**09.037　声光滤波器**　acousto-optic filter

通过改变声波频率来改变出射光波长的一种光学滤波器。它由声光器件组成，分为共线型声光滤波器和非共线型声光滤波器两类。

**09.038　光波导滤波器**　optical waveguide filter

对传输光波的波长(频率)具有选择性通过的光波导器件。其主要性能参数包括中心波长、滤波带宽和截止深度等。其中截止深度以滤除波段的光波功率与通过波段的光波功率之比表示。微环波导谐振器就是它的一个实例。

**09.039　光纤滤波器**　optical fiber filter

在某些波长范围内有较低的传输损耗，而在其他波长范围内有较高传输损耗的一种光纤器件。它可以通过镀膜、光纤光栅等方法制作；常用于多波长系统选出特定波长的信号或滤除噪声及串扰。

**09.040　光梳状滤波器**　optical comb filter

简称“梳状滤波器(comb filter)”。选择一定带宽、等间隔波长(频率)的光波通过的光滤波器。它的特点是只允许特定波长(频率)的带宽和间隔的多个光波通过或阻断，其滤波特性曲线呈梳状。由阵列波导光栅、波导法布里-珀罗腔等均能构成这种滤波器。

**09.041　声光可调谐滤波器**　acousto-optic tunable filter，AOTF

基于声光相互作用原理工作的一种光滤波器。其核心结构是声光材料制成的波导、端面反射层和驱动器、换能器等。当超声波在波导中传输时产生声驻波，引起波导材料折射率周期性变化形成布拉格光栅，从而具有滤波作用。通过改变射频驱动信号的频率来实现滤波器的输出光中心波长及其带宽的调谐。

**09.042　硅基波导布拉格光栅滤波器**　silicon waveguide Bragg grating filter

在硅基基片上制作波导布拉格光栅实现滤波功能的滤波器。

**09.043　光纤光栅滤波器**　optical fiber grating filter

利用光纤光栅的选频(波长)作用对输入光信号进行滤波的一种滤波器。光信号入射到这个器件时，位于其光纤光栅禁带内的光信号某些频率(或波长)的光被反射，而位于其禁带外的光信号其他频率(或波长)的光将透过光栅传输。这种滤波器常用于光纤通信和光传感系统。

**09.044　沃伊特滤波器**　Voigt filter

基于沃伊特效应而工作的一种原子线滤波器。沃伊特首先发现此效应，故以他的名字命名。

**09.045　利奥滤波器**　Lyot filter

基于偏振光干涉实现的滤波器。它由一系列光轴彼此平行、厚度按2倍率依次增加的晶片，前后两端放置透偏方向彼此平行且和晶片光轴成$\pi/4$夹角的器件组成，常应用在天文学上。

**09.046　截止深度**　cutoff depth

表征滤光片截止波段截止性能的物理量。以截止波段的光通量透过率的倒数表示。截止深度越大，透过率越小，噪声越小。

**09.047　空间滤波**　spatial filtering

在光学信息处理系统中为了改变输入光场空间频谱(角谱)，在其空间频谱面上放置适当的滤波器对其输入光场频谱成分的滤波处理过程。

**09.048　空间滤波器**　spatial filter

在光学信息处理系统的频谱面上放置的、用于改变输入光场空间频谱(以便改变系统的输出光场)的滤波器。它可以是具有一定复振幅透过率分布的透明(胶)片，也可以是复振幅透过率分布能够控制的空间光调制器。例如，在相干光学信息处理系统中，为了减少照明激光的相干噪声，常用一定数值孔径的显微物镜将激光束聚焦到一个焦点上，再在焦点上放置一个微米量级的小孔光阑，使得照明激光变成一束基本没有相干噪声的球面波。

**09.049　高通滤波器**　high pass filter

置于光学信息处理系统的频谱面上、留下输

入光场的高频成分的滤波器。要将输入光场中空间频率为零的轴上光束以及空间频率接近于零的近轴光束去除而留下高频成分，这时需要在频谱面上放置的滤波器为一个与光轴同心、与需要滤掉低频成分的频带宽度相对应的不透光圆形平板光阑。

**09.050　带通滤波器　bandpass filter**

又称“带限滤波器(band limited filter)”。置于光学信息处理系统的频谱面上、留下输入光场中一定通带(不高也不低的)频率成分的滤波器。要将输入光场中空间频率为零的轴上光束和接近于零的近轴光束及其高频部分都去除，只留下输入光场中一定带宽的频率成分(经后续光路得到的由该带宽频率的光场组成的输出光场)，这时需要在频谱面上放置的滤波器为一个与光轴同心的透光圆环形平板光阑。例如，在二次曝光散斑照相技术中，在空间频谱面上某个离轴位置处放置一个透光孔径(即带通滤波器)，它将输入光场的低频和高频滤掉，而从其透过的频率成分经后续的光路在输出面上成像。

**09.051　低通滤波器　low pass filter**

置于光学信息处理系统的频谱面上、留下输入光场的零频率成分和接近于零频率的低频率成分的滤波器。要将输入光场中空间频率为零的轴上光束及接近于零频率的近轴光束去除，这时需要在频谱面上放置的滤波器为一个与光轴同心、与需要留下低频成分的频带宽度相对应的透明圆孔平板光阑的高频成分的滤波器。要将输入光场中空间频率为零的轴上光束以及空间频率接近于零的近轴光束去除而留下高频成分，这种滤波器为一个与光轴同心、与需要滤掉低频成分的频带宽度相对应的不透光圆形平板光阑。

**09.052　方向滤波器　directional filter**

置于光学信息处理系统的频谱面上、留下输入光场中某些方向上的空间频率成分，去除其他不需要的空间频率分量的滤波器。光学信息处理系统处理的是二维信息，故输入光场的空间频谱具有方向性。比如在二维正交光栅中要取出某个方向上的一维光栅，可以在频谱面上垂直于该方向放置一个狭缝(即方向滤波器)，让所需要的一维光栅的频谱通过，同时拦住其他频谱。

**09.053　维纳滤波器　Wiener filter**

当光学成像或光信息处理系统具有线性(空间)不变性，输入信号、输出信号与加性噪声均为平稳随机过程且这些信号与噪声不相关时，在信号与噪声的谱密度函数已知的条件下，根据系统的脉冲响应函数计算出其频谱面上的滤波函数，进而制作出的一种滤波器。它由维纳首先提出并实现，故以他的名字命名。维纳证明了该滤波器是系统的统计均方差最小的一种最佳滤波器。在信号与噪声的谱密度函数不完全已知的条件下，也可根据某类先验的知识近似得到维纳滤波函数，并由输出信号计算出最佳输入(图像)信号的估值。维纳滤波器初始用于一维时序信号的处理，取得了很大成功，相对应的二维图像维纳滤波器成为经典的早期二维图像恢复技术，目前已较少应用。

**09.054　振幅滤波器　amplitude filter**

光学信息处理系统中对光场复振幅的幅值(即对强度)起作用，不影响复振幅的相位分布，但一般对强度起作用也会对相位有影响的一种空间滤波器。这种滤波器常呈现出振幅透过率不是 1 就是 0 的特性。

**09.055　相位滤波器　phase filter**

光学信息处理系统中对光场频谱的影响只局限于其相位分量，不改变其振幅分量分布的一种滤波器。它一般用振幅透过率接近于 1 的光学材料制作，例如被漂白的胶片样。由于光学信息主要体现在其复振幅的相位分布上，相位滤波器常比振幅滤波器的作用更加重要。

**09.056 微分滤波器** differential filter

置于光学信息处理系统的频谱面上、能够实现光学图像信息的微分运算的滤波器。例如置于频谱面上的复合光栅(即微分滤波器)使输出图像成为原图像的光学微分。因微分滤波经常以差分形式表现出来，而复合光栅通常由两个不同空间频率的光栅叠加形成，其对应有两组衍射像(两组中第一级衍射像沿其垂直于光栅的方向只错开很小的距离，且复合光栅位置调节适当时，可使两个同级衍射像正好相差$\pi$相位，相干叠加时重叠部分相减而相消，只余下错开的部分，构成光学微分，这实际上是差分的图形。对于第一级衍射来说，该复合光栅就成为一种近似的微分滤波器。

**09.057 复数滤波器** complex filter

置于光学信息处理系统的频谱面上、不仅对光场频谱的幅值部分也对其相位部分产生影响，且对两者的影响都不能忽略的滤波器。例如，在设计罗曼型迂回相位计算全息图(作为光学信息处理系统的频域滤波器)时，用开口的位置表达相位、用其长短表达幅值，这两者的影响都不能忽略。以计算全息制作的模拟索伯(Sober)算子滤波器也是一种复数滤波器。

**09.058 滤模器** mode filter

又称“*光波模式滤波器*”。对特定模式进行过滤选择的光学器件。

**09.059 模尺寸转换器** mode size converter

在不同尺寸的模式之间实现有效耦合的一种光学装置。用于扩大或缩小模式的横向尺寸。

**09.060 声光移频器** acousto-optic frequency shifter

利用声光作用时的多普勒效应，使出射光频率相对入射光频率发生改变的一种声光器件。

**09.061 可饱和吸收体** saturable absorber

一种对光有非线性吸收损耗的光学器件。其对光强较低的光吸收损耗较大，当光强较高时，吸收损耗减小。可饱和吸收体主要用于被动调$Q$和锁模激光器中产生超短脉冲。

**09.062 棱镜** prism

又称“*棱柱*”。由两个或者两个以上的彼此不平行平面构成的折射元件。它通常有两个或者两个以上相交反射面或折射面(称工作面)，两工作面的交线称为棱，垂直于棱的截面称为主截面。在光路中利用它改变光波传播方向或色散，将它们组合起来可对光波实现分束、起偏等功能。

**09.063 阿米奇棱镜** Amici prism

又称“*屋脊棱镜*”。在斜面上附加一个屋脊形的截断直角棱镜构成的棱镜。这种棱镜最普通的作用是在光学图像处理系统中将图像沿中线切开并互换其左右两部分。阿米奇(Amici)首先设计并应用了此棱镜，故以他的名字命名。

**09.064 双阿米奇棱镜** Amici double prism

基于阿米奇棱镜的设计、由三个角度和材料不同的棱镜组合而成的一种复合棱镜。它的特点是入射光波的中心波长光线通过此棱镜后仍沿原方向传播，而其他波长光线在中心波长光线两边色散开来。

**09.065 维利棱镜** Fery prism

将色散棱镜的入射面和出射面由平面改为曲面(一般为球面，但两球面不共轴)的棱镜。它除具有色散功能外还具有一定的聚焦性能。

**09.066 罗雄棱镜** Rochon prism

由两个相同材质的直角三棱晶体黏合而成的一种棱镜。它的第一块晶体的光轴垂直于入射面，第二块晶体的光轴平行于表面且垂直于第一块晶体的光轴。

**09.067　菲涅耳棱镜　Fresnel prism**

能使入射线偏振光变为圆偏振光的一种菱形的棱镜。方位角为 45°的线偏振光波以特定的入射角入射棱镜时，在其中连续两次全反射，使 s 光扰动和 p 光扰动获得 90°的相位差，故其出射光为圆偏振光。

**09.068　菲涅耳复合棱镜　Fresnel composite prism**

由左旋晶体棱镜和右旋晶体棱镜交替排列、串接而成的复合棱镜。它的功能是线偏振光波入射，出射光波变为传播方向分开的左、右旋圆偏振光波。

**09.069　考纽棱镜　Cornu prism**

两个石英晶体棱镜(分别为左旋晶体、右旋晶体)按一定规则(如其光轴方向均平行于棱镜底边)密接而成的一种复合棱镜。它作为分光元件用于棱镜光谱仪中。

**09.070　尼科耳棱镜　Nicol prism**

两个方晶体(其光轴平行于两个端面)以特定黏合剂(其折射率介于棱镜的两个主折射率)黏合而成的一种起偏棱镜。它的功能是自然光入射，使得慢光发生全反射，而快光透过获得一束线偏振光。

**09.071　立方棱镜　cube prism**

将两个完全相同的直角棱镜沿着斜面胶合、两个反射面上镀反光膜组成的一种棱镜。它的作用是增加棱镜的通光口径或在一定的通光口径下减小棱镜的外形尺寸。

**09.072　直视棱镜　direct view prism**

采用两个或三个棱镜胶合而成的一种色散复合棱镜。它通过选择棱镜的玻璃材料和改变棱镜角度来控制入射光波的中心波长光线的传播方向及棱镜的色散角度。

**09.073　色散棱镜　dispersing prism**

能够将复色光分成不同颜色的几束光并分别沿不同方向出射的一种棱镜。它按观察方向可分为直视与恒偏向两类。

**09.074　分色棱镜　dichroic prism**

能够将光波分成两种以上色光的棱镜。

**09.075　红外棱镜　infrared prism**

三面或多面棱柱形的透射红外线的棱镜。它可实现色散或光路转折等功能。

**09.076　旋转多面体反射棱镜　rotating polygon prism**

简称“旋转棱镜(rotating prism)”。又称“镜鼓(prism drum)”。可绕中心轴旋转的正多边形棱柱形的一种多面镜。它用于扫描系统，由于有多个反射面，可提高扫描效率。

**09.077　旋转四方棱镜　rotating four-sided prism**

可绕中心轴旋转的正四面体棱柱形的一种多面镜。它用于扫描系统，在物镜前平行光路中旋转一周，可产生 4 个扫描行。

**09.078　沃拉斯顿棱镜　Wollaston prism**

将一束入射光波分解成沿不同方向行进、偏振方向正交的两束光波的光学棱镜。它由两块相同材质的直角三棱晶体黏合组成一个平行平板，第一块晶体的光轴平行于入射面，且与第二块晶体相互垂直，由沃拉斯顿提出而命名。

**09.079　道威棱镜　Dove prism**

光学成像系统中能使输出图像相对于入射初始面图像颠倒 180°的一种棱镜。通常称为像旋转器。它基于临界角原理实现内部全反射，其系统的视场角是有限的。若使此棱镜以其光轴为轴旋转，该输出图像的旋转角为棱镜旋转角的两倍。

**09.080 电子棱镜** electron optical prism
电子测速装置中能够在均匀横向电场、磁场中分开不同速度电子束的一种棱镜。它用于测量某一电子源所发出的电子束中电子速度分布或电子穿过某物体后的速度变化。

**09.081 [棱镜]主截面** principal section
与棱镜各棱垂直的横断面。

**09.082 棱镜偏向角** deviation angle of prism
描述棱镜折射特性的一个参量。以棱镜中入射光波经过棱镜折射后的出射光波与入射光波之间的夹角表示。

**09.083 棱镜角色散率** prism angular dispersion rate
表征棱镜对光波产生色散能力大小的一个参数。数值上为单位波长间隔内两条单色谱线的衍射光展开的角距离。它与棱镜的顶角和材料性质有关；由于棱镜的折射率与光波长之间是非线性关系，所以角色散率也是非线性的。

**09.084 棱镜对** prism pair
由两个相同的棱镜组成的器件。它用于补偿超短光脉冲的色散时，其脉冲光的入射角一般取为该器件的最小偏转角。

**09.085 反光立体镜** mirror stereoscope
由两个相同的放大镜和反光镜组成的一种目视镜。用双目观察简易判读仪的输出图像时，通过它可获得立体图像的效果。

**09.086 柱面镜** cylindrical lens
至少有一个表面是柱面的非对称镜片(或透镜)。它不同于对称的球面透镜，对入射光波在水平和垂直方向上的作用不同(仅在一个方向有聚焦性能，另一方向相当于平板玻璃的作用)，它常与傅里叶变换镜组合，用于二维光学信息处理系统中对光信号或图像分别进行一维调制。

**09.087 棱锥差** cone difference
又称“尖塔差”。在与棱镜主截面相垂直的剖面内诸边之间的角误差。

**09.088 分光镜** spectroscope
又称“看谱镜”。观察可见光谱的一种目视光谱仪器。它通常由一准直管(带狭缝)和分光系统及一架对无穷远调视的望远镜组成。按分光系统所用元件分类有棱镜分光镜、光栅分光镜和干涉分光镜，也有棱镜和光栅两用的分光镜；若这种仪器体积小则被称为袖珍分光镜或手持分光镜；还有利用照相装置的分光镜(又称为摄谱仪或袖珍摄谱仪)等。

**09.089 干涉滤光分光镜** interference filter spectroscope
以镀膜法制作楔形薄层用于干涉滤光并沿楔层厚度方向线性滑移，对入射光波实现光谱分光的一种分光镜。它可辅以滤色片，有单、双重干涉滤光分光镜之分，其出射光波长极大值与光波入射角度有关，可用于色度测量；在此分光镜中再加一中性楔镜，还可测量照相乳胶的光谱感光灵敏度。

**09.090 光楔** optical wedge
折射率均匀的顶角很小的楔状光学元件。它可实现光线的小角度偏转。

**09.091 透镜** lens
对光束可实现聚合或分散功能的器件或设备。制作它的材料是透明物质，如玻璃、塑料、石英、萤石或晶体等，由两个或多个整齐光滑的曲面构成，其边界是球面或平面，也有柱面、复曲面、抛物面、椭圆面或其他非球面等。它有物镜透镜，消色差透镜，凸透镜、凹透镜、双凸透镜、双凹透镜、弯月形透镜，正透镜、负透镜等类型，它们分别以其设计或作用或形状或符号规则等来命名。

**09.092 齐明透镜 aplanatic lens**
又称“不晕透镜”。既没有球差也没有彗差的一种透镜。它的两个折射面均在满足不晕条件下对入射光波产生折射。

**09.093 菲涅耳透镜 Fresnel lens**
又称“螺纹透镜(threaded lens)”。由一系列同心菲涅耳波带片结构组成的一种平面化透镜。它具有类似球面透镜的聚光及成像功能，但不同于传统的球面透镜，它的一面为平面，另一面为由模压注塑复制或用金刚石车削制而成的一系列同心菲涅耳波带片。它还具有制作材料少、重量与体积小的特点。

**09.094 双合透镜 doublet lens**
用于校正球差、彗差和色差的两片透镜胶合组成的光组合透镜。它主要用于会聚光波能量，如望远镜就是这类双合透镜。它分为夫琅禾费双合透镜、斯坦海尔(Steinheil)双合透镜和高斯双合透镜三类。第一类以冕牌玻璃在前，曲率较平，制造方便；第二类以火石玻璃在前，像差校正较好，但化学稳定性差，较少用；第三类无需胶合，更好地校正球差，望远镜多为这一类型。

**09.095 双单透镜 doublet-single objective lens**
一个双胶合透镜和一个单透镜的组合透镜。

**09.096 平场透镜 field flattener lens**
光学成像系统中紧靠输出像面放置的一种负透镜。它的作用是将佩茨瓦尔(Petzval)弯曲拉直，对像的大小或其他像差不会产生太大影响。而在一些反射镜系统中，该透镜是正透镜。

**09.097 弯月透镜 meniscus lens**
前后表面的弯折程度相近且均弯向同一侧的透镜。

**09.098 负透镜 negative lens**
焦距为负、对光波产生发散作用的透镜。

**09.099 三透镜 triplet lens**
将三片透镜胶合而成的复合透镜。

**09.100 厚透镜 thick lens**
轴上厚度(穿过光轴的两个镜表面之距离)与其焦距长度相比不能忽略的透镜。透镜的厚度在计算其物距、像距、放大率等时是必须考虑的。

**09.101 薄透镜 thin lens**
光学系统中透镜的厚度(穿过光轴的两镜面之间的距离)与其直径相比小得多以至于在设计、制作中可忽略不计的透镜。它对像差的影响也可被忽略。

**09.102 可变焦距透镜 variable focus lens**
通过改变透镜间隔来改变光学系统焦距的透镜。

**09.103 耦合透镜 coupling lens**
将光波聚焦以便与其他光学器件耦合的透镜。

**09.104 冷透镜 cold lens**
光学系统使用的低温透镜。

**09.105 红外透镜 infrared lens**
用红外透光介质材料制成的透镜。它只对红外光波透光、聚焦。

**09.106 浸没透镜 immersed lens**
由高折射率红外介质材料制成的平凸透镜。在红外光学系统中，它的平面端常与探测器光敏面(用折射率匹配介质)黏接，其瞬时视场一定时，可减小探测器光敏元面积、提高信噪比。

**09.107　电子透镜　electron lens**
能够实现电子束成形、聚焦或者利用电子束或离子束获取电子光学成像的一种具有透镜作用的特定电磁场。它除了具有透镜的功能，还具有旋转对称性。

**09.108　静电透镜　electrostatic lens**
利用在旋转对称型的若干个导体电极上分别加上一定的直流电压所形成的旋转对称静电场的一种电子透镜。它具有对电子束聚焦(或发散)的作用。

**09.109　磁透镜　magnetic lens**
利用永磁材料或在圆形线圈绕组中通以恒定电流所形成的旋转对称磁场的一种电子透镜。它通常分为不带铁壳的(开启式)和带有铁壳的(屏蔽式)两种类型，常用于各种电子束器件中。屏蔽式磁透镜加上特殊形状的铁磁体极靴可构成强磁透镜，常用于电子显微镜和电子束加工机中。

**09.110　单电位透镜　mono-potential lens**
通常由三个轴对称电极构成的一种电子透镜。该透镜与光学系统中的玻璃透镜相似，其特点是在透镜场区域外的电位值相同，所不同的是在整个电场中的电位连续变化，而玻璃透镜两侧的折射率是跃变的。

**09.111　膜孔透镜　diaphragm lens**
在轴对称膜孔电极两边具有不同的电位，从而使形成的电场对电子轨迹造成影响的一种电子透镜。

**09.112　阴极透镜　cathode lens**
一种像管电子光学系统。它的特点是：其光阴极浸没于透镜的电场中，光电子的成像特性由它与光阴极的电子发射特性结合来描述。

**09.113　圆锥透镜　conical lens**
一种特殊的轴对称静电透镜。其特点是：电极除沿$z$轴对称外，还在与对称轴成$q$的圆锥方向形成电子透镜(等电位透镜、浸没透镜等)，电子在其中形成特殊的轨迹，具有理想成像的性质。它主要用于分析仪器中。

**09.114　短透镜　short lens**
电场作用局限在有限的空间范围，其物和像均位于透镜场外的一种电子透镜。该透镜的作用与光学的短透镜作用类似。

**09.115　微透镜　microlens**
直径小于数百微米、具有透镜功能、利用微光学加工技术制成的透镜。

**09.116　自聚焦透镜　self-focusing lens**
又称“渐变折射率透镜(GRIN lens)”。介质折射率分布在横截面上沿径向逐渐减小的柱状透镜。它具有聚焦透镜的功能，可将入射的发散光会聚成模斑较大的平行光，或将模斑较大的平行光聚焦于透镜端面的数值孔径之内。它由渐变折射率光纤制成，其直径在0.5～2.0 mm。它与光纤固定在一起，做成光纤准直器(collimator)或其线阵，用于各种光纤与光波导器件的对接、耦合等。

**09.117　片载微透镜　integrated on-chip microlens**
利用微加工技术直接制作在微流控芯片内的一种微透镜。它可采用空气、液体或其他介质作为制作透镜的材料。其制作工艺简单，成本低，结构容易调整，易于和微流控芯片集成，是一种理想的微光学元件。

**09.118　光纤微透镜　optical fiber microlens**
在光纤端面上制造的微透镜。它可作为光波的轴向耦合器，使空间入射光波聚焦、耦合到下一级光器件或光纤中，或使从光纤发出的光波聚焦。

**09.119 谐衍射微透镜** harmonic diffractive microlens

简称“谐衍射透镜 (harmonic diffractive lens)”。基于谐波共振特点的衍射光学微透镜。它用于多波长或复色光的光学元件或系统中，可设计光波衍射级次从+1 级拓展到其他级次，光波的不同衍射级次对应于不同的分立波长。

**09.120 亚波长衍射微透镜** subwavelength diffractive microlens

通光孔径及深度与工作波长相当或更小的一种相位型衍射光学微透镜。它对入射光波衍射、产生预定的相位变化，实现聚焦等目的。

**09.121 衍射微透镜阵列** diffractive microlens array

由通光孔径及尺度为波长量级的多个衍射光学微透镜组成的阵列。它利用其表面的三维结构对光波进行二维的调制和变换。

**09.122 微透镜阵列** microlens array

由一系列尺寸很小的微小透镜按一定规律排列组合的阵列。它不仅具有传统透镜的聚焦、成像等基本功能，还具有尺寸小、集成度高的特点。一个完整的激光波前可由它在空间上分成许多微小部分，每一部分都被相应的小透镜聚焦在焦平面上，得到一系列焦斑。

**09.123 透镜元** lens element

在微透镜阵列上的直径很小并具有特定几何外形的单个微透镜。

**09.124 场镜** field lens

置于光学系统中间像处或像平面附近的透镜或镜组。它的特点是不影响轴上点光束和系统的放大率，不改变系统的光学特性，仅改变成像位置，可减小后光路尺寸或校正像差。

**09.125 集光镜** collectoring light mirror

将光线会聚到标本，使标本可以均匀明亮、色彩还原性好的光学元件。

**09.126 放大镜** magnifier

置于物体与眼睛之间用来增大视角，在视网膜上形成放大像的光学元件。

**09.127 变倍组** zoom lens-combination

变焦系统中主要用于实现变焦的透镜组。

**09.128 成像面不变装置** imaging plane surface invariant device

由变倍组和补偿组两部分组成的保持成像面不变的装置。由变倍组做线性运动，补偿组做非线性运动，通过凸轮、非线性螺纹等机构使补偿组做非线性运动来保持像面不动。

**09.129 啁啾镜** chirped mirror

镀膜介质的多层膜厚度周期性改变的一种介质镀膜反射镜。它的特点是：反射波长随厚度逐渐变化，可实现宽光谱反射，也可提供负的群时延色散。在超快激光系统中可用于补偿材料带来的正色散，是飞秒激光中重要的色散元件。

**09.130 反射镜** reflective mirror

基于反射定律工作的光学元件。它按形状可分为平面反射镜、球面反射镜和非球面反射镜三种；按反射程度可分为全反反射镜和半透半反反射镜(又名分束镜)。

**09.131 超反射镜** super reflective mirror

在较大的掠入射角范围内均具有相同反射率的一种反射镜。

**09.132 全方位反射镜** omni-directional reflector，ODR

置于 LED 模块底部、对 0°～90°的入射光波进行反射的反射镜。它一般为金属或塑料制成且内壁镀有高反射金属膜的倒锥形圆筒，能对 LED 发出的发散光进行适当会聚。

**09.133　全反射镜　total reflective mirror**
能够对入射光波产生全反射现象的反射镜。

**09.134　输出反射镜　output reflective mirror**
置于光学系统的输出端，对入射光波实现部分反射、部分透射输出的反射镜。

**09.135　高斯反射镜　Gaussian mirror**
反射率按高斯函数变化的反射镜。它在不稳定腔中能够提供更加稳定的激光模式，以实现基模振荡而消除高阶模。

**09.136　曼金折反射镜　Mangin catadioptric mirror**
对入射光波能够消球差的一种折射、反射混合系统。它由球面反射镜和与它相贴合的弯月形球面折射透镜（负透镜）组成，其造价低，加工装调容易。折射透镜给设计增加额外的自由度，用以校正球差、减小彗差，降低对补偿透镜的要求，但会带来色差，故常把曼金折反系统做成胶合消色差透镜。

**09.137　非球面反射镜　aspherical mirro**
反射面为椭圆柱面、双曲柱面、其他二次曲面以及非对称面，或者由多个非共焦球面拼接成的各类反射镜的总称。

**09.138　轻量化反射镜　light weight mirror**
基体重量很轻的一种反射镜。

**09.139　红外反射镜　infrared reflective mirror**
能够反射红外辐射光波的一种反射镜。它有平面反射镜、球面反射镜和非球面反射镜等种类，其表面通常镀有金属或介质反射膜。

**09.140　倾斜反射镜　tip-tilt mirror，TM**
能够改变反射镜面的倾斜角度而对入射光波的传播方向进行主动调制的反射镜。它由可改变倾斜角度的反射镜面、压电材料和音圈电机构成的驱动器等组成。其中反射镜面根据需要镀膜后在设计波段可达足够高的光学反射率，两个以上正交排布的驱动器被快速高精度驱动。它广泛应用于自适应光学、光束控制等领域。

**09.141　能动反射镜　active mirror**
能够改变镜面反射形态、校正温度或重力变化引起的慢变化像差的一类反射镜。它的结构和功能类似于变形反射镜，但使用的是速度较慢的机电式驱动器。它一般用在中大型望远镜系统中。

**09.142　布拉格反射器　Bragg reflector**
利用布拉格波导光栅（或布拉格光纤光栅）实现特定波长光波反射的光波导（或光纤）器件。常见的结构是在波导（或光纤）上直接刻蚀出特定周期的布拉格光栅，或者在波导（或光纤）两侧或单侧（如波导或光纤侧壁）刻蚀相应周期的微扰图形来实现。

**09.143　标准反射板　standard reflector**
具有良好朗伯特性的一种标准参照体。它按反射率的高低分为白板和灰板。白板在可见光波段的方向的半球反射比能够达到 98% 以上，在近红外波段也可达到95%以上。

**09.144　角反射体　corner reflector**
由两个或者多个反射面构成的、实现将入射光沿原路反射的物体。常用的角反射体是由两个反射面构成的直角反射体，入射光以45°入射到第一个反射镜面，经过两次反射，以同方向反射回去。

**09.145　理想反射体　perfect reflector**
能够反射入射光波的全部光能量的物体。

**09.146　四分之一波镜**　quarter-wave mirror

又称“布拉格镜”。由一系列的两种不同光学材料层交替构成的电介质反射镜。其中每一层介质的厚度为所设计光波长的四分之一并具有高反射率。

**09.147　眼镜**　glasses，spectacles

用于人眼视力矫正或防护的光学透镜。常见的有球镜、柱镜或球柱镜(现多为环曲面)等，其中正球镜用于矫正单纯远视，负球镜用于矫正单纯近视，柱镜或球柱镜用于矫正散光。

**09.148　快门眼镜**　shutter glasses

左右镜片可以时序交替开关的一种眼镜。

**09.149　偏光眼镜**　polarization glasses

左右镜片采用偏振片且偏振方向互相正交的一种眼镜。

**09.150　激光防护镜**　laser safety glasses

能够防止或者减少激光对人眼伤害的一种高效安全的护目眼镜。它利用了光波的吸收、反射、衍射等原理，将激光强度衰减到人眼安全范围，并可吸收某些波长的光波而让其他波长的光波透过(故呈现出透过光的颜色)。有反射式和吸收式两种类型，可全方位防护特定波段的激光和强光。适用于多种激光器设备。一般根据激光器的最大输出功率、波长等参数配备有相应的护目镜。

**09.151　角膜接触镜**　contact lens，CL

根据人眼角膜的形态制成的、直接附着在角膜表面的泪液层上的眼镜。它的矫正原理与框架眼镜基本相同，且能与人眼生理相容。它除了矫正视力外，还可实现美容、治疗等功能。

**09.152　软性角膜接触镜**　soft contact lens

制作材料柔软、需要支撑才能维持其形状的一种角膜接触镜。这种眼镜的制作材料通常用亲水性共聚物，它容许氧气通过并到达角膜，形状可塑性好，佩戴适应性好。

**09.153　屈光度**　diopter

在眼镜光学中描述眼镜屈光能力大小的一个参量。以眼镜焦距的倒数表示，且无量纲。例如，眼镜焦距为 2 m，则屈光度为 0.5。

**09.154　物镜**　objective lens

由若干个透镜组合而成、在光学成像系统中用于物体放大、成像等功能的一个透镜组。它的透镜组合在于克服单个透镜的成像缺陷，提高物镜的光学质量。

**09.155　微光物镜**　low-light level objective lens

收集夜间外界视场的微光信息，并将它成像于像增强器的输入面上的一种物镜。由于针对微光成像，除了通常要求物镜需校正像差具有好的成像质量，还要求有较大的相对孔径，使像增强器的光阴极输入面上能够获得足够的光通量。

**09.156　佩茨瓦尔物镜**　Petzval objective lens

基本结构是由两个焦距为正的双胶透镜组合的物镜。其结构简单，球差和彗差校正较好，但其视场加大时场曲严重。

**09.157　双胶合物镜**　doublet objective lens

由两片完全耦合的透镜胶合而成的一种透镜。

**09.158　风景物镜**　landscape objective lens

孔径光阑设置在透镜凹面附近一小段距离处的一种弯月形单透镜。

**09.159　消色差物镜**　achromatic objective lens

由不同阿贝数($V$)的折射材料设计、制作而成的消除了初级色差的一种物镜。它能将同一物点发出的两种或两种以上波长的光波会聚到同一个像点。工程中一般使用不同 $V$ 值的材料实现消色差。

09.160 复消色差物镜 apochromatic objective lens

能消除红、绿、蓝三色光的色差并同时校正红、蓝二色光的球差或消除二级光谱的物镜。其结构复杂，采用特种玻璃或萤石等材料制作。它对各种像差的校正极为完善，比相应倍率的消色差物镜有更大的数值孔径，故其分辨率高，像质量优且有更高的有效放大率。

09.161 平场复消色差物镜 eliminating field apochromatic objective lens

在光学成像系统中既能复消色差又能消除场曲的一种物镜。复消色差指在消除色差的同时校正二级光谱。

09.162 双高斯物镜 double Gaussian objective lens

分别制作在不同材料衬底上的有源、无源光波导器件以一定的耦合方式结合并产生完整光路的一种物镜。

09.163 广角物镜 wide-angel objective lens

全视场角在60°以上的一种照相物镜。

09.164 变焦物镜 zoom objective lens

改变透镜组件之间的间隔以改变其焦距长短但保持焦点位置不变的一种物镜。

09.165 反远距型物镜 reversed-telephoto objective lens

由前组负透镜和后组正透镜构成、其后截距比焦距长的一种物镜系统。

09.166 目镜 eyepiece

光学系统中用来观察成像面上图像的目视光学器件。它通常是望远镜、显微镜等目视光学仪器的组成部分，常置于物镜后方，相当于一个放大镜将物镜的像成像于眼睛的视网膜上。

09.167 接目镜 eye lens

目视光学系统中靠近眼睛一端的透镜。有些显微镜中的接目镜是固定倍率，有些则有不同的倍率。

09.168 惠更斯目镜 Huygens eyepiece

由两个平凸透镜组成且其平面都朝向眼睛的一种目镜。它的焦平面位于这两个透镜之间。这个目镜结构由惠更斯设计并实现，故以他的名字命名。

09.169 轻武器微光瞄准镜 passive light weight-weapon night sight

安装在轻武器(如步枪、机枪和近程反坦克武器等)上的一种微光夜视瞄准镜。射手利用它进行夜间精确观察、瞄准、射击等，也可手持或架在三脚架上作为观察仪使用。

09.170 协同操作轻武器夜间瞄准镜 crew-served weapon night vision sight

由多人同时操作和使用的一种轻武器夜视瞄准镜。

09.171 瞄准 pointing

在空间光通信系统中控制某个光终端(发射端)的发射光束对准某一预定方向或目标，以便其对应方向的光终端(接收端)进行捕获或接收的过程。它分为粗瞄准(粗瞄，coarse pointing)、精瞄准(精瞄，fine pointing)和提前瞄准(超前瞄准，advance pointing)三种方式。粗瞄用于实现大角度对准；精瞄用于实现小角度高精度对准；提前瞄准由提前瞄准装置或精瞄装置完成，用于预补偿两个链路光终端间的相对角运动。

09.172 斧形扫描镜 axehead scanning mirror

由单个或两个法线与转轴成 45°夹角的镜面组成的一种旋转扫描镜。单面的斧形扫描镜即旋转 45°平面扫描镜。

**09.173　旋转 45°扫描镜**　45° rotating scanning mirror

能够绕与镜面法线成 45°夹角的转轴旋转的平面反射镜。在光轴与转轴重合的物镜前旋转该平面反射镜，可对物方图像或场景实现直线扫描。

**09.174　可变形反射镜**　deformable reflective mirror

简称“变形镜”。用于自适应光学系统中的一种可控形变、执行像差校正的反射镜。它由多个小单元组成阵列且各单元通过多个驱动器快速高精度地驱动、进行多维(包括平移和倾斜等)控制，使镜面发生形变，从而改变入射到镜面的波前形状或相位，实现像差校正或主动调制入射光波的相位。其中反射镜面根据需要镀膜后在所设计的波段可达足够高的反射率；多个驱动器的排布方式一般采用三角形、正方形、环形等。它根据镜面驱动方式和驱动器排布方式的不同有很多种类，它们是自适应光学系统中的常用器件。

**09.175　微机电变形镜**　micro-electro-mechanical system deformable mirror，MEMS deformable mirror

利用微机电系统技术而制造的一种变形镜。其特点是外形尺寸小，集成度高。

**09.176　薄膜变形镜**　membrane deformable mirror

利用薄膜材料制成镜面的径厚比非常大的一种变形镜。它具有结构简单、变形量大的特点，一般采用静电力驱动。

**09.177　变形次镜**　deformable secondary mirror

采用变形镜结构制成、能对光波相位进行调制的一种望远镜系统次镜。它的镜面初始面形一般为球面或非球面。常用音圈电机和压电驱动器驱动。

**09.178　连续表面变形镜**　continuous surface deformable mirror

由一块完整的镜面构成反射面并能在其通光孔径上产生连续相位调制的变形镜。与分离表面的变形镜相比，其光能利用率高。

**09.179　分立表面变形镜**　discrete surface deformable mirror

由多个独立可调的子镜面在通光口径上拼接而成的一种变形镜。它的每个子镜面在驱动器作用下可产生平移、倾斜或其他形式的变化，由多个子镜共同作用对入射光波产生高阶相位调制。子镜面之间的间隙将造成光能损失和衍射效应。

**09.180　双压电片变形镜**　bimorph deformable mirror

用两片压电材料薄片一起黏接到反射镜面的背面且对入射光波能实现波前相位调制的一种变形镜。利用压电材料电压极性的不同使压电材料中的一片收缩而另一片扩张，从而使镜面表面产生曲率变形。一般将两片压电材料划分为若干独立的电极区域，在不同的区域上加载控制电压形成对应的局部面形，使入射光波被反射后引入相位调制。

**09.181　内窥镜**　endoscope

由图像传感器、光学镜头、照明光源、机械装置等构成并能经过人的口腔进入胃内或经其他天然孔道进入体内的一种小型潜望镜。

**09.182　介质镜**　dielectric mirror

在表面交替镀折射率不同的两种介质膜，每层介质膜厚度均为入射光波长的1/4的一种反射镜。

**09.183　金属镀膜镜**　metal-coated mirror

在表面镀金属膜层的一种光学反射镜。它采用蒸发或溅射技术制备，常见的金属膜材料层主要有铝、银、金等。

**09.184　聚光镜**　condenser mirror
在照明光学系统中会聚能量的光学器件。

**09.185　分色镜**　dichroic mirror
能反射某种色光而透射其他色光的一种专用光学元件。

**09.186　标准镜**　standard lens
干涉仪中组成标准具的一对反射镜。它是干涉仪对光学元件面形检测的基准，其面形精度决定了干涉仪的精度。

**09.187　补偿镜**　null lens
干涉仪中能够将球面波或平面波转化为检测所需的非球面波的光学元件(或系统)。

**09.188　半导体可饱和吸收镜**　semiconductor saturable absorber mirror，SESAM
一种起可饱和吸收体作用并兼有反射镜作用的半导体与反射镜构成的复合光器件。它可简化飞秒激光器的设计，并能改善激光器的输出能量、重复率及脉冲宽度等性能，获得广泛应用。

**09.189　多焦点镜**　multifocal lens
具有两个或多个明显不同区域且其焦度不同的透镜。

**09.190　K 镜**　K mirror
由三块平面反射镜按“K”字形排列构成的光学转像组件。它的反向转动可用以补偿45°扫描镜转动引起的像旋。由于它全部由反射元件组成，故可用于宽波段的成像仪器中。

**09.191　双平面镜**　bimirror
由两个平面镜组成的一种反射镜系统。

**09.192　平行平板**　parallel plate
由两个相互平行的折射平面构成的光学元件。它对光的聚焦无贡献，光波经过它后方向不变，只在其横向和轴向产生一定的位移。

**09.193　平行平晶**　parallel optical flat
平板的两个端面相互平行，具有很高的平面度(0.2～0.05 μm)和平行度(0.4～0.1 μm)的一种检测用的圆柱形透明玻璃平板。可以利用光波干涉原理进行平面度及平行度测定，通常将具有微小厚度差的4块平行平晶组成一组。

**09.194　平面平晶**　plane optical flat
又称“平面样板”。其中一个平面具有很高的平面度(0.1～0.05 μm)，利用光波干涉原理进行平面度测定的一种检测用的圆形透明玻璃平板。

**09.195　数字微镜器件**　digital micromirror device，DMD
基于微机电技术和半导体制造技术制作的、由高速数字式光反射镜组成的光开关阵列。其作用相当于空间光调制器，也可用于数字全光交换。

**09.196　衍射微光学器件**　diffractive micro-optical element
基于光波衍射原理及微细加工技术设计、制作的一种光学器件。它通常具有较高的光学转换效率、独特的色散性能、更多地涉及自由度以及宽广的材料可选性等优点。

**09.197　光束形成器**　beam shaper
能够重塑光束参数空间分布的一种光学器件。例如将输入的高斯光束重塑为平顶光束。

**09.198　光束偏向器**　beam deflector
又称“光束扫描器”。能使携带空间(如二维图像等)信息的光束沿一定方向、顺序周期性移动，将其空间信息转化为时序信息的光学器件。它主要用于激光扫描中以获得高分辨率动态信息。有棱镜或多面转镜、振镜、声光扫描器、泡克耳斯扫描器、光纤扫描器、干涉扫描器、数字偏向激光选模扫描器等类型。它通常与光调制器组合，用于光显示和光存储中。

**09.199　电光光束偏向器**　electro-optic beam deflector

基于晶体的电光效应改变光波传播方向的一种光学器件。其结构中晶体被制作成棱镜，电场导致其折射率变化，使通过的光波阵面发生倾斜，从而光束传播方向发生偏转。

**09.200　数字光偏向器**　digital light deflector

基于克尔效应或泡克耳斯效应、由双折射晶体等元件组成二进制阵列结构的一种光束偏向器。它的特点是：定位很准确，但速度、效率不太高。

**09.201　声光偏向器**　acousto-optic deflector

利用声光效应制成的可改变光波传播方向而实现扫描的一种光学器件。它的主要性能指标是衍射频率和宽带。它通过改变声波频率来控制光波的衍射角，从而控制光波的传播方向，其扫描角不大，一般在毫弧度量级。

**09.202　分束片**　beam splitter

将斜入射光束分离为反射光束和透射光束的片状光学元件。有中性分束片、分色分束片、偏振分束片等类型。

**09.203　中性分束片**　neutral beam splitter

入射光束分离为光谱成分相同的反射光束和透射光束的分束片。

**09.204　分色分束片**　dichroic beam splitter

简称“分色片”。将入射光束分离为光谱成分不同的反射光束和透射光束的分束片。

**09.205　消偏振分束片**　non-polarizing beam splitter

又称“偏振不敏感分束片”。在一定的光波段和入射角范围内使s偏振光和p偏振光的透射或反射特性趋于一致且不增加附加的偏振度的分束片。

**09.206　光分束器**　optical beam splitter

简称“分束器”。又称“分光器”“光束分离器”。对光信号按一定比例或一定规则分路的无源器件。它通常由金属膜或介质膜构成。按其功能分有功率分束和偏振分束两种，前者有1×2、2×2、1×*N*和*N*×*M*路等类型；按其制作材料分类有光波导和光纤的功分器或分路器，也可作为马赫–曾德尔(Mach-Zehnder，MZ)光波导调制器的单元部件等。

**09.207　散射板分束器**　beam splitter with scatter plate

对光波的长波长波段反射而对其短波长波段不断散射的一种分束板。它由某种磨料磨制而成，实现选择性的散射。例如它用在红外仪器中消除可见光。

**09.208　分束比**　splitting ratio

描述分束器功率分配的一个参量。以分束器的两个或多个输出端口出射的光功率之比表示。

**09.209　棱镜–光栅–棱镜分光组件**　prism-grating-prism splitter

又称“PGP 分光组件(PGP splitter)”。由棱镜、(全息)光栅和棱镜三个元件按顺序胶合成一体构成的一种透射式色散分光器件。它具有出射光波与入射光波的光轴同轴的特点。

**09.210　扩束器**　beam expander

能够改变光束直径尺寸和发散角度的镜头组件。通过它改变光束直径和发散角，以便用于不同的光学仪器设备或光信息处理系统中。

**09.211　光分路器**　optical splitter

又称“分束器(beam splitter)”。能够将一路入射光分开成为两路光出射的光器件。

**09.212 偏振分束器** polarization beam splitter，PBS

将一束含有两个正交偏振态的入射光，按照正交的偏振方向分为两束光的光器件。

**09.213 光纤偏振分束器** fiber polarization beam splitter

输入端和输出端都是用光纤制作的偏振分束器。通常输出端为保偏光纤。

**09.214 光波导偏振分束器** waveguide polarization beam splitter

将一个端口输入的两个正交线偏振光波分配到两个能保持偏振正交的端口输出的光波导器件。

**09.215 光合束器** optical beam combiner

又称"光合路器(optical combiner)"。将多路入射光波合并成一路或较少路数的光学器件(包括光波导或光纤器件等)。将光分束器的输出端作为输入、输入端作为输出时也构成光合束器。

**09.216 光纤光合路器** fiber optical combiner

能够将多根光纤输入的光信号会聚到一根光纤输出的光纤器件。

**09.217 光波导光合路器** waveguide optical combiner

能够将光波导端口输入的光会聚到一个光波导端口输出的光器件。

**09.218 偏振合束器** polarization beam combiner，PBC

又称"偏振光合路器"。将两束正交偏振态的线偏振光波合为一束光波(圆偏振光或线偏振光)的光学器件。

**09.219 光纤偏振合束器** fiber polarization beam combiner

又称"光纤偏振合路器"。将两个端口输入的两个正交线偏振光波会聚到一个光纤的光纤器件。

**09.220 波导偏振合束器** waveguide polarization beam combiner

又称"光波导偏振合路器"。将两个端口输入的两个正交线偏振光波会聚到一个光波导端口输出的光波导器件。

**09.221 光耦合器** optical coupler

利用光耦合原理实现不同光路中光互相交换的光学器件(包括光纤或光波导等器件)。它用于激光器、光放大器、光分束器、光调制器、光开关等有源、无源的光器件中。

**09.222 光纤耦合器** fiber coupler

利用光纤耦合原理制作的光耦合器。它属于无源器件，其主要性能参量有插入损耗、分光比及不均匀度等。它按功能分有分路与合路的光纤耦合器(如1×2、2×2和$N \times M$等多种结构)，光纤连接器(如连接器、适配器、法兰盘)，光纤定向耦合器、星形耦合器与T形耦合器。它们广泛用于光纤通信、光信息处理和光纤传感系统。

**09.223 定向耦合器** directional coupler

当两光波导芯层靠得很近并满足相位匹配条件的时候，在它们之间实现光波功率相互转移的一种横向耦合器件。

**09.224 星形耦合器** star coupler

实现光信号的一路对多路($1 \times M$)或多路对多路($N \times M$)之间耦合的光纤或光波导器件。它们通过多根光纤熔融拉锥或光波导设计制作而成。

**09.225 多模干涉耦合器** multimode interference coupler

基于多模干涉原理实现光信号的一路对多

路或多路对多路耦合的平面波导器件。由于多模波导中入射光波激励的不同阶导模在传输过程中互相干涉，并在某些特定长度上出现干涉的一重或多重主极大(称自映像效应)，将该器件的输出端口设定在某特定长度上，可耦合出这些干涉主极大的能量，从而实现一束或多束入射光波能量分配到多个或一个输出波导端口。

**09.226　棱镜耦合器　prism coupler**
利用棱镜将光波耦合入或耦合出光波导的器件。这是通过光波在棱镜与波导之间产生的倏逝波，棱镜辐射模与波导导模相互作用，在相位匹配条件下，实现相互耦合。它通常用作空间光束对波导的输入耦合器和输出耦合器。

**09.227　锥形耦合器　taper coupler**
光纤或波导的形状呈锥形缓变过渡的一种光纤或光波导耦合器。其主要作用是通过模场匹配提高耦合效率。它常用于纳米线波导与光纤波导的耦合等。

**09.228　Y 分支耦合器　Y-type coupler**
以 Y 型波导或光纤将一路光波分束到两路波导或光纤中传输的三端口光波导或光纤耦合器。可实现光波的 1×2 和 2×1 等耦合。

**09.229　X 分支耦合器　X-type coupler**
以 X 型波导或光纤实现两路光波的相互耦合和分配的四端口光波导或光纤耦合器。可实现光波的 1×1、1×2、2×2 和 2×1 等耦合，用于光波的分束、合束、切换(开关)等。

**09.230　保偏光纤耦合器　PMF coupler**
由两根或多根保偏光纤熔接而成具有分束和连接功能的光耦合器。它常用于保偏光纤陀螺系统中，实现相同保偏特性光波的合成、分解及系统中各器件间的连接。

**09.231　微耦合器　micro-coupler**
微纳尺度的光耦合器。典型结构有Y分束器、拉锥光纤耦合器等。

**09.232　光隔离器　optical isolator**
只允许光波单向传输而阻止其反方向光波通过的一种无源光器件。通常利用光波导的非互易特性(如法拉第旋转、非互易相移和非互易吸收等)制成。在光纤通信系统中，它用于激光器、放大器等与后续光路器件的隔离，防止反射光进入激光器、放大器等引起器件性能的恶化。

**09.233　法拉第光隔离器　Faraday optical isolator**
基于法拉第磁致旋光效应和光波的偏振特性制备的、只允许光波单向通过的光学器件。它主要由输入偏振器(竖直偏振)、法拉第旋光器和输出偏振器(或叫作分析器，偏振角度为 45°)三部分组成。光波通过第一个偏振器成为竖直偏振光，法拉第旋光器将该偏振光旋转 45°，正好能够通过第二个偏振器。反射光反向传播，通过法拉第旋光器再次将光旋转 45°后，成为水平偏振光，该光无法通过第一个偏振器，从而对反向传播的光波起到隔离的作用。光波在这种隔离器中只能单向传播。

**09.234　磁光隔离器　magneto-optic isolator**
又称“光单向器”。基于光波非互易传输特性制作的一种光隔离器。它是一种光无源器件，对沿光轴正向传输方向的光波具有较低光学损耗，而对反向传输的光波有很大的衰减作用。

**09.235　波长选择隔离器　wavelength-selective isolator，WSI**
对光波具有波长选择功能的一种双向光隔离器。它的实现通常是在偏振无关的光隔离器中加入波长选择光延时器。

**09.236　光环行器　optical circulator**

由多端口输入输出的一种非互易光学器件。它使入射光波只能按一定顺序传输、沿规定的端口进入或输出。例如，三端口的环形器，1端口输入的光波只能从2端口输出，2端口输入的光波只能从3端口输出，3端口输入的光波不能到达另两个端口输出。它常用于光时域反射计、利用光纤光栅构成的光纤分插复用器中。

**09.237　光路　lightpath**

光学系统、链路或网络中光波信号透明传输的、没有经过光电或电光转换的一段连续路径。

**09.238　开放光路　open lightpath**

开放空间内测量气体的一段光路。测量对象常为目标气体的柱浓度或路径平均浓度，其测量光程从几米至几千米不等。

**09.239　光栅　grating**

由空间或光学介质(如光纤或光波导等)中大量的平行窄狭缝(或窄条)或光学介质材料特性(如折射率、密度或厚度等)周期性排列所组成的光学元件。它能对入射光波产生衍射，调制其振幅或相位或振幅与相位二者等。按光栅面型可分为平面光栅、凹面光栅和凸面光栅、三维光栅；按光波入射及传播方式分为透射光栅和反射光栅；按其制造方法可分为刻划光栅、复制光栅、全息光栅、光子晶体光栅等。

**09.240　全息光栅　holographic grating**

利用全息技术制作(即以双光束干涉的方法在记录介质上记录两束平面波产生的干涉条纹，经处理后所得到)的光栅。它的特点是：记录了光波的全部光信息(振幅和相位信息)，故名为全息光栅；通过改变两束平面波的夹角，可得到所需的不同频率光栅；没有刻划光栅的周期误差，对制作环境要求远没有刻划光栅苛刻。通常采用银盐乳胶、重铬酸盐乳胶、光致抗蚀剂等材料作为记录介质。它分为凹面全息光栅、凸面全息光栅、平面全息光栅和体全息光栅(三维光栅)。

**09.241　刻划光栅　ruled grating**

用光栅刻划机在基底上镀有金属薄膜的表面进行挤压或摩擦，使其发生弹塑性形变而形成的周期性表面浮雕结构的光栅。它是一种典型的衍射光栅。

**09.242　潜像光栅　latent-image grating**

光刻胶在干涉场中被曝光后，不同空间位置的光刻胶曝光量不同导致其折射率和吸收系数产生不同程度的微小周期性变化而形成的光栅。

**09.243　复制光栅　replica grating**

将母版光栅的周期性表面浮雕结构以压印的方法转移到涂有一层树脂材料的光栅坯料上，再镀以反射膜后获得的子光栅。

**09.244　凹面光栅　concave grating**

光栅基底面形为凹面的光栅。其特点是结合了平面光栅的色散作用和凹面反射镜的聚焦成像作用。它作为色散元件使用时，可不用准直系统和成像系统，有利于简化系统结构。

**09.245　凸面光栅　convex grating**

光栅基底面形为凸面的光栅。其特点是结合了平面光栅的色散作用和凸面反射镜的聚焦成像作用。它作为色散元件使用时，可不用准直系统和成像系统，有利于简化系统结构。

**09.246　闪耀光栅　blazed grating**

刻槽呈锯齿形、能够将衍射光能量集中到所要求的一个或少数几个非零衍射级次上的一种反射光栅。控制这种光栅刻槽面与光栅平面的夹角，可实现所要求的衍射光强各级主极大的相对光强分布。

**09.247 罗兰圆凹面全息光栅** concave holographic grating for Rowland spectrographs

入射狭缝和光栅均安装在罗兰圆上，光波经过光栅衍射后不同波长的光波被色散，其成像点也聚焦在罗兰圆上的一种全息光栅。

**09.248 平场凹面全息光栅** concave holographic grating for flat-field spectrographs

对光波产生衍射，使其不同波长的成像点聚焦到同一平面上的凹面全息光栅。这种光栅使光波各波长的像差得到校正，故可使用线阵 CCD 接收到理想的像，工作时不需要移动光栅和接收器。

**09.249 Ⅳ型凹面全息光栅** Ⅳ concave holographic grating

兼具准直、衍射、聚焦功能的一种全息光栅。它是一个单色仪系统，兼有准直系统、衍射系统、聚焦系统的作用。

**09.250 体全息光栅** volume holographic grating

利用厚记录介质和全息技术制作并具有体效应的一种全息光栅。厚记录介质有光学玻璃上涂布的重铬酸盐明胶、光致聚合物等材料。这种全息光栅的衍射基于所记录干涉条纹的体效应，故其衍射效率高、再现像质量好。

**09.251 完全电导率光栅** perfectly conducting grating

又称“理想导体光栅”。采用可近似为完全电导率金属的材料制备的光栅。它的特点是其光栅表面的金属电导率无限大，对入射光全部反射、没有吸收。对 4 μm 以上的光波波长，金、银、铜和铝等金属的复折射率虚部与其实部比值较大，反射率接近于 1，故它们可近似为完全电导率金属。

**09.252 有限电导率光栅** finite conducting grating

又称“非理想导体光栅”。用有限电导率材料制备的光栅。入射光同光栅表面作用时有损耗，对 4 μm 以下的波长，金、银、铜和铝等金属由于复折射率虚部与实部比值较小，入射能量被部分吸收，属于有限电导率材料。

**09.253 超声光栅** ultrasonic grating

超声波引起光学介质折射率周期性变化而形成的一种相位光栅。

**09.254 衍射光栅** diffraction grating

具有周期性空间结构或光学性能(如折射率等)的衍射光栅。其衍射基于多缝衍射原理。

**09.255 阶梯衍射光栅** echelle diffraction grating

利用凹面阶梯光栅的衍射特性实现光波分复用和解复用功能的一种光栅。它由具有罗兰圆结构的星型平面波导耦合器和在耦合器一凹面侧壁刻蚀的阶梯波导构成。其功能与阵列波导光栅相同，具有结构紧凑、面积小的特点。

**09.256 周期性光栅** periodic grating

使入射光波的振幅或相位(或两者同时)受到周期性空间调制的一种光栅。按工作方式分类有透射光栅(透射光受调制)和反射光栅(反射光受调制)两种。只能使光受到振幅调制或相位调制的光栅分别称为振幅光栅和相位光栅。

**09.257 偏振光栅** polarization grating

利用双折射材料制作的一种衍射光栅。它能将入射光分成两束(+1级和−1级)圆偏振光，在成像偏振仪中起到薄膜分束器的作用。

**09.258 阶梯光栅** echelon grating

通过增加相邻光束的光程差、利用高级次来提高分辨本领的一种高分辨本领的光栅。分为透射式阶梯光栅和反射式阶梯光栅。

**09.259　中阶梯光栅　echelle grating**

又称“反射式阶梯光栅”。具有大光栅周期(通常为几十条线/mm)、大闪耀角、小周期误差，在入射光大角度入射条件下使用高衍射级次工作的衍射光栅。它因采用高衍射级次和高入射角度而具有很高的分辨率(几十万至上百万)。

**09.260　棱栅　prism grating**

将棱镜与光栅组合成一体的一种反射型光栅。其结构是在楔形棱镜的第二面上制作了反射式平面全息光栅。利用棱镜校正光栅彗差可提高该器件的光谱分辨率。

**09.261　浸入式光栅　immersion grating**

衍射发生在浸入式介质内部的一种光栅。由于光栅浸入介质内，其分辨本领被提高（倍数为该介质折射率与空气折射率之比)。

**09.262　二维正交光栅　two-dimensional orthogonal grating**

由两个平面光栅在面叠加且干涉条纹相互垂直的一种组合光栅。

**09.263　体积相位全息光栅　volume phase holographic grating**

简称“体光栅”。对入射光波进行相位调制的一种体全息光栅。它具有极高的光谱分辨率和衍射效率，工作波段从可见光至短波红外波段。

**09.264　红外光栅　infrared grating**

对红外线产生色散的一种反射式光栅。相对于可见光光栅而言，其刻线密度较小。

**09.265　光纤光栅　fiber grating**

光纤中折射率分布沿光纤轴向周期性调制的光栅。它对波长满足谐振条件的光波产生反射，而对其他波长的光波透射，故分为反射型和透射型两类。按其周期不同分类有均匀光纤光栅、倾斜光纤光栅、啁啾光纤光栅、长周期光纤光栅等；按其功能分类有振幅型光纤光栅、相移光纤光栅、均匀光纤光栅(用于传感)、色散补偿光纤光栅、切趾光纤光栅等。

**09.266　均匀光纤光栅　uniform fiber grating**

又称“光纤布拉格光栅(fiber Bragg grating, FBG)”。折射率调制度为常数、调制周期严格相等的一种光纤光栅。它具有多谐振荡特性，其反射谱为对称的边模振荡形状，其应用最普遍、广泛。

**09.267　切趾光纤光栅　apodized fiber grating**

折射率调制度沿光纤轴向呈某一函数分布且其反射谱的边模振荡很小的一种光纤光栅。常用的切趾函数有高斯函数、升余弦函数等。

**09.268　倾斜光纤光栅　tilted fiber grating**

又称“闪耀光纤光栅(blazed fiber grating)”。折射率周期性调制的、同相面与光纤轴成一定夹角的光纤光栅。其特点是将基模的功率耦合到反向传输的基模、高阶模和辐射模中。

**09.269　啁啾光纤光栅　chirped fiber grating**

折射率调制度不变、光栅周期沿光纤轴向逐渐变化的一种光纤光栅。其特点是反射谱宽，反射带宽内不同波长的光波在光栅不同位置反射，导致它们具有渐变的群时延，常用于色散补偿。

**09.270　长周期光纤光栅　long-period fiber grating**

光栅周期接近于两个模式传播常数差所确定的拍长的一种光纤光栅。它使满足谐振条件的模式之间发生同向耦合，如多模光纤中基模与高阶模的耦合、高阶模与高阶模的耦合等，故一定波长范围内入射光芯内导模能够耦合到同向传播的包层模并损耗掉。由于模式耦合对温度、弯曲、周围折射率非常敏感，它可用这些参量进行传感，如用于光通信系统或光传感系统中掺饵光纤放大器的增益平坦、模式转换器或各种传感器等。

**09.271　级联长周期光纤光栅**　cascaded long-period fiber grating

将两只或多只长周期光纤光栅间隔一定距离连接起来、形成新的干涉结构(比如 FP 腔)、用以压缩吸收峰的一种光纤光栅组件。

**09.272　波导光栅**　waveguide grating

波导的几何形状或折射率分布按一定规律变化的一种光栅。常见的有布拉格波导光栅、波导啁啾光栅、波导闪耀光栅等。它们常用作滤波器、布拉格反射镜、谐振腔、输入/输出耦合器及光信号处理器件等。

**09.273　阵列波导光栅**　array waveguide grating

由输入输出波导、两个具有罗兰圆结构的星型平面波导耦合器和一组相邻波导长度差为常数的阵列波导构成的具有光栅色散特性的一种光栅。它能对一个固定波长的光波产生固定的相位差，其机理及色散功能类似于普通光栅。利用其色散功能和平面波导耦合器的多光束干涉特性，它可实现光波分复用和解复用功能。

**09.274　布拉格光栅**　Bragg grating

对波长满足布拉格条件的光波进行选择性反射或衍射的一种光栅。它包括光纤布拉格光栅(FBG)、体布拉格光栅(VBG)等。常用于滤波、光束偏转、光束整形等领域。

**09.275　透明光栅**　transmission amplitude grating

由等宽的透光狭缝和挡光狭条交替排列组成的一种光栅。

**09.276　相位光栅**　phase grating

仅对入射光波的相位进行空间调制的一种光栅。它是一种衍射器件。

**09.277　振幅光栅**　amplitude grating

仅对入射光波的振幅进行空间调制的一种光栅。它是一种衍射器件。

**09.278　迈克耳孙阶梯光栅**　Michelson echelon grating

由一组厚度相同、长度等差的平行玻璃板排成阶梯状而构成的一种阶梯光栅。光波通过这个器件时，每相邻两个阶梯产生的相位落后的差相等。

**09.279　余弦光栅**　cosine grating

屏函数在某平面上为周期的余弦函数的一种光栅。

**09.280　狭缝光栅**　parallax barrier

透光狭缝和挡光狭条周期性交替排列的一种光栅。

**09.281　柱透镜光栅**　cylindrical lens grating

由多个完全相同的柱透镜(一面是平面，另一面是圆柱面)平行排列而成的一种光栅。常用于3D裸眼显示。

**09.282　多层介质膜光栅**　multilayer dielectric grating

由多层介质高反膜和位于其上的光栅浮雕结构构成的一种光栅。它对入射光波具有高衍射效率和损伤阈值。

**09.283　色散补偿光栅**　dispersion compensation grating，DCG

对光纤传输系统进行色散补偿或色散管理的一种光纤光栅。

**09.284　短周期光纤布拉格光栅**　fiber Bragg grating with short period

周期小于 1μm 的一种光纤布拉格光栅。

**09.285　相移光纤布拉格光栅**　phase-shift fiber Bragg grating

在光纤布拉格光栅上引入一个相移而形成的一种法布里–珀罗滤波器。其腔的长度(相移)小于它的一个布拉格波长。

**09.286　达曼光栅**　Dammann grating

具有不等间距、周期重复的一种二元相位光栅。它可用于产生任意排列的点阵图形。

**09.287　复合光栅**　multi-grating

空间频率有微小差异、两套或两套以上的干涉条纹叠合在同一张底片上制成的光栅。这种光栅是实现光学图像的相加、相减、微分(差分)以及边缘增强等处理所用的关键元件。

**09.288　复合正弦光栅**　multi-sine grating

振幅透过率为正(余)弦函数分布的一种复合光栅。它通常采用全息(干涉)曝光和线性处理等工艺而制成。

**09.289　龙基光栅**　Ronchi grating

以黑色线条及等空间间隔刻划的透明条组成的平板光栅。它一般用刻划与化学腐蚀以及其他刻蚀方法制作。

**09.290　复合龙基光栅**　multi-Ronchi grating

由龙基光栅复合形成的一种光栅。其中龙基光栅的振幅透过率呈现矩形波形状，它一般用刻划与化学腐蚀以及其他刻蚀方法制作。这种复合光栅不仅用于光学信息处理，也常用于产生莫尔条纹进行几何量的光学测量与光学三维传感(三维面形测量)等。

**09.291　光栅对**　grating pair

由两个完全相同的光栅组成的一对光栅。它可用于提供负色散、补偿超短光脉冲色散。

**09.292　光栅常量**　grating constant

又称“光栅周期(grating period)”。描述光栅特性的一个参量。以光栅的空间结构或光学性能(如折射率等)的周期值表示。例如表面浮雕光栅的相邻两刻线对应点之间的距离。

**09.293　光栅方程**　grating equation

描述光栅的入射光方向与各级次衍射光方向之间的关系的方程。这也就是平面衍射光栅的色散公式。其数学表达式为 $\sin\theta_m=\sin\theta_i+m\lambda/d$，其中，$\theta_m$ 为衍射角，$\theta_i$ 为入射角，$m$ 取整数值，为衍射级次，$\lambda$ 为入射波长，$d$ 为光栅常量。

**09.294　光栅反常**　grating anomaly

光栅衍射效率随入射角或波长变化的曲线在某些位置发生突变的现象。

**09.295　光栅信噪比**　signal-to-noise ratio of grating

描述光栅作为色散元件对光学系统性能影响的一个参量。以光学系统中光波通过光栅衍射进入接收器件的期望衍射光能量与其他非期望衍射光能量的比值表示。通过提高光栅衍射效率、降低杂散光和鬼线强度等措施可提高光栅信噪比。刻划母版光栅及其复制光栅因鬼线和杂散光强度一般比全息光栅的高，所以它们的信噪比相对较低。

**09.296　光栅角色散率**　angular dispersion rate of grating

表征光栅对光波产生色散能力大小的一个参数。数值上为单位波长间隔内两条单色谱线因光栅衍射而分开的角度 $d\phi/d\lambda$。它与光栅的衍射光级次成正比，与光栅常量成反比。当其衍射角很小时，光栅角色散率等于常数，即其衍射角与波长近似呈线性关系。

**09.297　光栅线色散率**　line dispersion of grating

表征光栅对光波产生色散能力大小的一个参数。数值上等于光栅的角色散率与其衍射光经过的成像镜焦距的乘积。

**09.298　光栅分辨率**　resolving power of grating
表征光栅能分辨等强度、波长相差很小的光波的能力大小的一个参量。数值上等于光栅的衍射光级次与光栅的总刻线数的乘积。光栅线数越大，衍射条纹越锐。

**09.299　布拉格波长**　Bragg wavelength
使光纤或光波导的光栅处于谐振状态而呈现全反射的特定波长。数值上等于光栅的有效折射率 $n_{\mathrm{eff}}$ 与其周期 $\Lambda$ 乘积的 2 倍(即满足布拉格方程 $\lambda_0=2n_{\mathrm{eff}}\Lambda$)。

**09.300　光纤器件**　optical fiber device
利用光纤制造的一类光学器件。它可分无源器件和有源器件两大类。

**09.301　光波导无源器件**　optical waveguide passive device
除光信号本身能量以外，工作时无需其他能量源的光波导器件。如衰减器件、阵列波导光栅、滤波器等。在光波导无源器件基础上，为了引入某些性能的调节功能而增加某些外部电驱动部件但不改变内部工作原理的同类器件也视为无源器件，例如光调制器和光开关。

**09.302　光纤无源器件**　optical fiber passive device
除光信号本身能量以外，工作时无需其他能量源的光纤器件。如光纤连接器、光耦合器、光纤波分复用器件、光纤衰耗器、光纤滤波器等。在光纤无源器件基础上，为了引入某些性能的调节功能而增加某些外部电驱动部件但不改变内部工作原理的同类器件也视为无源器件，例如光调制器和光开关。

**09.303　光波导有源器件**　optical waveguide active device
除信号本身能量外，工作时还需要其他能量源参与的光波导器件。如激光器、发光二极管、光探测器(光电二极管、雪崩光电二极管)、光放大器件(半导体光放大器、掺铒光纤放大器)等。

**09.304　光纤有源器件**　optical fiber active device
除光信号本身能量以外，工作时还需要其他能量源参与的光纤器件。如光纤激光器、光纤放大器件等。

**09.305　光纤准直器**　optical fiber collimator
将光纤的出射光会聚成近似平行光，或者将一束近似平行的光波会聚成满足光纤接收数值孔径接收的光的一种光纤器件。利用一对光纤准直器可以构成一段较长的空气平行光路，在其中插入各种非光纤光学元件，可构成新的光纤器件。比如构成光开关、可调光衰耗器、可调光纤延迟线、微机电系统(MEMS)等。

**09.306　光延迟线**　optical delay line
利用光在介质中传输时引起的光信号在时间上延迟的器件。利用它可把光波或光信号在时间上的延迟转化为在空间上的延迟。

**09.307　光纤延迟线**　optical fiber delay line
利用光纤作为传输介质的一种光延迟线。它可使光波或光信号沿着不同路径传输时经历不同的传输延迟时长。

**09.308　相位延迟器**　phase retarder
使入射光的互相正交的两个偏振分量产生相位延迟的一种光学元件。它可用单轴双折射晶体或者多层光学薄膜构成，产生的相位延迟量与两偏振分量的折射率差及晶体或者多层光学薄膜的厚度成正比。

**09.309　偏振器**　polarizer
又称“起偏器”。将自然光或部分偏振光转换成线偏振光的一种光学器件。它是利用物质的某种光学特性(如二向色性、散射、反射和折射、双折射等)来获得线偏振光的光学器件。

**09.310 检偏振器** analyzer of polarization

又称“检偏振镜”。由偏振片(或镜)组成、用于检验某光波是否为线偏振光的一种光学器件。它通常与起偏器(或镜)连用。起偏器(或镜)用来使自然光、部分偏振光等变换成线偏振光。

**09.311 光纤偏振器** optical fiber polarizer

只输出单一线偏振态的一种光纤器件。它利用某种(如双折射)光纤对光波两个线偏振模的偏振相关损耗差异极大的特性而制作。根据用途不同可分为起偏器和检偏器。

**09.312 红外偏振器** infrared polarizer

基于光波的双折射、反射、材料的二向色性等偏振效应制成的只输出红外偏振光的一种光学元件。

**09.313 洛埃特消偏器** Loyt depolarizer

由两段长度为1∶2的高双折射保偏光纤熔接并保持这两段保偏光纤的快轴或慢轴之间的夹角为45°而组成的光学元件。

**09.314 薄膜偏振器** thin-film polarizer

基于多层薄膜及其偏振效应制成的一种偏振器。其机理是：当光波斜入射到多层薄膜时，一般 p 偏振光和 s 偏振光的反射率、透射率和相位移动不同，导致入射光的偏振状态在透射光、反射光中不能保持。这里的多层膜等效于二向色性线性偏振器。

**09.315 波导偏振器** waveguide polarizer

基于光波导结构对光波的双折射、耦合、吸收等效应实现单一偏振态光波(如TE模或TM模)输出的一种光波导器件。如控制波导的几何形状实现的只能激励单个TE基模、截止TM模的扁平截面波导。

**09.316 干涉起偏器** interference polarizer

基于光波的干涉原理制成的一种起偏器。其工作机理是：光波进入表面光滑的薄片内发生相长干涉和相消干涉，以布儒斯特 (Brewster) 角入射时， 电矢量处于入射平面内的分量(称作p分量)，其反射率$R_p$为0、透过率$T_p$为1，且它们随波长变化很小；而电矢量垂直于入射面的分量(称作s分量)，透射光随波长或厚度变化， 其透过率$T_s$可从1变化到$(1-R_s)^2/(1+R_s)^2$。

**09.317 偏振控制器** polarization controller

将输入光波的偏振态转变为任意期望的输出偏振态的一种无源光器件。光波的偏振控制器结构通常由两个四分之一波片并在其中插入一个二分之一波片构成。它们的偏振主轴分别为45°夹角，分别调节这三个波片可实现光波的输出偏振态的各态遍历。

**09.318 光纤偏振控制器** fiber polarization controller

基于光纤环或者挤压光纤导致双折射的光纤波片的一种偏振控制器。

**09.319 偏振选择器** polarization-selective device

能够调整入射光波某一偏振态以适用于所需工作状态的一种控制器。

**09.320 布儒斯特窗** Brewster window

以光波的入射角为布儒斯特角放置的一种反射式光器件。通过这种反射镜的光波的 p 偏振分量完全透过，而 s 偏振分量被反射，它本质上是一个偏振器。

**09.321 光衰减器** optical attenuator

又称“光衰耗器”。能够实现光波的光功率固定衰减或者变化衰减的一种光学器件。它可用光纤、光波导或其他光学介质制成。有光纤衰减器、光波导衰减器等种类，例如光纤衰减器常利用光纤的连接损耗、介质损耗或光调制器机理制成。

**09.322　光可变衰减器**　variable optical attenuator，VOA

通过手动或电控方法来改变输出光功率的一种光衰减器。它可根据系统和/或网络总体性能要求调节光波信号功率，并可补偿光波传输过程中的功率波动，改善网络总体性能。

**09.323　光纤连接器**　optical fiber connector

用于两根光纤或需要在其中传输的两光波之间的连接并可重复地连接或分断的一种光纤器件。它按照连接端面可分为平头(PC)型、圆头(APC)型和倾斜面圆头(UPC)型；按连接头结构形式可分为组合式、插入式、对接式等。其紧固方式有螺纹紧固(FC)、定位销旋转定位(ST)及使用卡扣(SC)等。

**09.324　光缆连接器**　optical cable connector

用于两根光缆或多根光缆中的光纤连接、具有机械防护和环境防护作用的光纤器件。

**09.325　光交叉连接器**　optical cross connector

能实现光网络物理层光信号的不同光纤的交叉连接的光器件。

**09.326　光层交叉连接**　optical cross connect

在光网络的光层上对不同路由的光信号进行交叉连接的过程。

**09.327　波长交叉连接**　wavelength cross connect

在光网络的光层上对不同波长的光波重新进行配置的过程。

**09.328　光交叉连接装置**　optical cross connect equipment

在光网络的光层上实现对光波或光信号的同时复用、路由、配线、保护/恢复、监控和网管功能的光交换设备。它的特点是：在整个交叉连接过程中保持光传输信号速率不变、协议透明，能够灵活配置以光波资源(如波长、频率等)为基础的光信道，提高利用率，实现网络资源的优化。

**09.329　同步数字交叉连接器**　synchronous digital cross connector

适用于同步数字网络(synchronous digital hierarchy，SDH)的数字交叉连接(DXC)的一种设备。它能在其接口间提供可控的虚通道透明连接和重复断开与连接，这些接口的光信号可以是SDH速率，也可以是异步数字网络(PDH)速率。

**09.330　光纤接续**　optical fiber splice

两根光纤永久地连在一起，保证光功率有效传输的操作。

**09.331　光阑**　stop，aperture

光学系统中能限制成像光束的开孔屏或各种成像元件(如透镜、棱镜等)的边框。

**09.332　孔径光阑**　aperture stop

又称“有效光阑(effective stop)”。在光学系统中限制光束孔径的最小光阑。它影响成像系统的质量或通光能量。

**09.333　高斯光阑**　Gaussian stop

为光学系统特殊设计的透过率函数为高斯函数的一种孔径光阑。即其顶部和底部边缘对入射光波的调制满足高斯函数分布。

**09.334　渐晕光阑**　vignetting stop

在光学系统中能使轴外光波充满入瞳、产生渐晕现象的光阑(或一定大小的孔)。

**09.335　消杂光光阑**　stray light elimination stop

在光学系统中为限制杂散光而设置的一种光阑。

**09.336　视场光阑　field stop**

光学系统中限制成像光束范围(即视场)大小的一种光阑。

**09.337　遮光罩　shade，buffer**

抑制杂散光进入光学系统的一种装置。

**09.338　中心遮拦　central obscuration**

阻挡光波在光学系统中央区域通过的遮挡物。

**09.339　光学相关器　optical correlator**

光学信息处理系统中对两个或者一个光学图像信号或时域信号实现相关运算的光学器件。对两个光学信号实现相关运算的称为互相关器(简称相关器)，对一个光学信号实现自身相关运算的称为自相关器。

**09.340　匹配滤波相关器　matched filtering correlator**

用于光学信息处理系统实现匹配滤波处理的一种光学相关器。它实质上是与输入光信号(或图像)相匹配的滤波器，置于光学信息处理系统的频谱面上，其复振幅透过率与输入光信号(或图像)的傅里叶变换相互共轭，它们相乘得到等相位面为平面的平行光组合，再经过后续的傅里叶变换在其输出面上得到其相关亮点，从而实现了对输入光信号(或图像)的相关识别。

**09.341　[光学]自相关器　self-correlator**

在光学信息处理系统中提供输入光信号(或图像)的自相关性能的一种光学仪器或装置。在其频谱面上放置有与输入光信号(或图像)自相关的滤波器。它用于测量光信号(或图像)光强或光场的自相关函数，或者确定超短激光脉冲在皮秒或飞秒量级的持续时间等。

**09.342　脉冲展宽器　pulse stretcher**

用来展宽光脉冲宽度的一种光学装置。它通常由色散介质或色散元件(例如光栅)组成。色散介质或色散元件能使光脉冲中不同频率成分的传播速度(相速度)发生变化，导致其光脉冲形状的改变或展宽。

**09.343　光锥　optical conic**

一种由光纤或者光纤束制成的、两端口径不同的非成像聚光元件。其大端一般放置在透镜焦面附近，借助光纤把入射光引导到小端，以便探测器接收。它有空腔圆锥、实心圆锥、角锥等类型。主要用于像增强器与CCD或互补金属氧化物半导体(CMOS)成像器件的耦合(缩小型)，实现荧光屏图像向探测器光敏面的缩小、传递，也可用于激光束扩束等。

**09.344　积分球　integrating sphere**

光度测量用的中空球体。在球的内表面涂有无波长选择性的(均匀)漫反射性的白色涂料，在球内任一方向上的照度均相等。积分球出口输出均匀的漫射光束。

**09.345　标准积分球　standard integrating sphere**

作为测量标准用的积分球。

**09.346　积分球光阱　optical trap at integrating sphere**

装在积分球表面上用以吸收样品镜面发射光的空腔。

**09.347　光敏电阻　photo resistor**

利用半导体的内光电效应制作的电阻器。在受光照射之后，其自由载流子增多，电导变大，电阻变小。

**09.348　吸收损耗　absorption loss**

在光学系统中因光学介质或器件等的吸收导致光波或光信号能量减少的一种现象。例如，光波通过任何透明物质时，使其分子在不同振动状态之间和电子的能级间发生跃迁、吸收入射光波能量(其中一部分转化为热能储存在物质内)，即为吸收损耗。

**09.349　插入损耗　insertion loss**
描述光器件或光电器件插入其传输系统的某处引起光信号功率衰减的一个参量。以插入的光器件或光电器件的输入光功率与输出光功率之比的分贝数[$10\lg(P_t/P_r)$]表示，单位为 dB。

**09.350　偏振相关损耗　polarization-dependent loss，PDL**
描述光波通过某光学器件或系统时其各种可能的偏振态透射特性的一个物理量。以光波各种可能偏振态的最大透过率 $T_{max}$ 与最小透过率 $T_{min}$ 之比的分贝数[$10\lg(T_{max}/T_{min})$]表示，单位为 dB。

**09.351　菲涅耳数　Fresnel number**
描述稳定的光学系统或球堆成光学器件的衍射损耗特性的一个参量。例如，对于两个二反射镜组成的共焦腔系统，它等于 $N=a^2/(\lambda L)=a^2/(J w^2)$，其中 $a$ 为圆形镜反射的半径，$L$ 为共焦腔的长度，$w$ 为镜面处基模光斑半径，这里 $N$ 越大，共焦腔系统的单程损耗越小。

**09.352　掩模版　mask**
又称“掩模板”。在基底材料上制备的透光率具有一定分布的图形结构的模版(参照的版本)或者模板(实物板)。有暗场掩模、亮场掩模、编码掩模、灰度掩模等类型。常用于激光刻蚀中覆盖、屏蔽或保留无需刻蚀的部分。

**09.353　抛光　polishing**
利用机械、化学或电化学等方法对光学材料的表面进行高精度面形修整，降低其粗糙度，使其光学表面光亮、平整的加工过程。它的分类有古典抛光(传统的光学冷加工等方法或加工过程)、磁流变抛光、离子束抛光、应力盘抛光、浮法抛光等。

**09.354　光顺　fairing**
利用大面积抛光模对光学元件进行抛光，使其面形仅存在低频误差的加工过程。

**09.355　对准　alignment**
在进行光学元件加工或检测之前将加工件及加工设备调整至满足加工或检测要求的位置的过程。

**09.356　胶合　gluing**
以胶黏剂、光胶或表面熔化等方法将两个或两个以上的光学零件按照一定技术要求连接在一起的工艺过程。其主要目的包括改善像质、减少光能损失、简化加工、保护元件表面等。

**09.357　微纳光栅加工　micro/nano grating fabrication**
按所设计的光栅参数(如周期和高宽比等)要求，选取其基底和膜层材料，利用微纳加工技术制备微纳光栅的过程。

**09.358　微透镜加工　microlens fabrication**
按所设计的微透镜材料、结构和性能等要求，利用相应的微纳加工技术制备微透镜的过程。

**09.359　蝇眼透镜阵列加工　fly’s eyes lens array fabrication**
按所设计的蝇眼透镜阵列材料、结构和性能等参数要求，利用相应的微纳加工技术制备蝇眼透镜阵列的过程。

**09.360　表面微机械加工术　surface micromachining**
利用机械手段在待加工光学器件的基底表面上一层层地加工、构建所需微结构图形的技术。

**09.361　微纳光学加工　micro/nano optical fabrication**

在光学、光电、塑料等材料表面，以各种图形复制、转移和腐蚀等方法制备出微纳尺度或微纳米精度图形结构的过程。

**09.362　压电驱动器**　piezoelectric actuator
由压电材料制成的精密位移驱动器。利用压电陶瓷的逆压电效应，在电场的驱动下产生纳米至微米量级的位移。广泛用于需要精确调整位移的场合。

**09.363　磁致伸缩驱动器**　magnetostrictive actuator
用磁致伸缩材料制成的精密位移驱动器。利用材料的磁致伸缩效应，在电场的驱动下产生纳米至微米量级的位移。

**09.364　音圈驱动器**　voice coil actuator
用电磁驱动原理制成的精密位移驱动器。由线圈绕着一根磁性芯构成，线圈在驱动电流的作用下对磁芯产生可控的位移驱动。

**09.365　驱动器行程**　actuator stroke
位移驱动器在自由状态下所能产生的最大正向位移和最大负向位移的绝对值之和。用于表征驱动器的能力。

**09.366　驱动器极间距**　actuator spacing
变形镜等波前校正器中两相邻驱动器的中心点之间的距离。用于表征变形镜的空间分辨能力。

**09.367　驱动器布局**　actuator configuration
变形镜等波前校正器的所有驱动器在通光口径上的几何分布格局。影响变形镜的空间校正特性。

**09.368　驱动器交连值**　actuator coupling value
连续面形的变形镜单个驱动器施加作用时，相邻未施加作用驱动器中心点的位移量与施加作用驱动器中心点的位移量的相对比值。是反映变形镜空间拟合能力的主要参数之一。

# 10. 光　源

**10.001　光源**　light source
能发出一定波长范围的电磁波(包括可见光以及紫外线、红外线和 X 射线等不可见光)的物体。通常则指能发可见光的物体。

**10.002　热辐射光源**　thermal radiation source
炽热物体发出的伴随大量热辐射的可见光光源。

**10.003　标准光源**　standard light source
相对光谱功率分布模拟标准照明体的光源。

**10.004　A 光源**　A light source
实现标准照明体 A 的相对光谱功率分布、色温为2856 K的钨丝白炽灯。

**10.005　C 光源**　C light source
由 A 光源加置特定的戴维斯-吉伯逊液体滤光器组成的以实现色温为 6774 K 光辐射的光源。

**10.006　D65 光源**　D65 light source
实现标准照明体D65的色温为6500 K的日光时相的标准光源。是最常用的人工日光。

**10.007　D50 光源**　D50 light source
实现标准照明体D50的色温为5000 K的日光时相的标准光源。是国际上印刷业公认的标准色温光源(ICC标准)。

**10.008　E 光源**　E light source

可见区内相对光谱功率分布实现等能量分布的标准光源。

**10.009 中红外激光源** mid-infrared laser source
波长在中红外波段的激光光源。波长范围在3～5 μm。

**10.010 红绿蓝光源** RGB light source
能同时发射红色、绿色、蓝色光的光源。主要应用于彩色显示领域。

**10.011 点源** point source
全称“点光源”。辐射面线度对光电观测系统的张角小于瞬时视场或像元视场的辐射源。点源辐射的强弱一般用辐射强度表示。

**10.012 面源** extended source
又称“扩展源”。辐射面线度对光电观测系统的张角大于瞬时视场或像元视场的辐射源。面源辐射的强弱一般用辐射亮度表示。

**10.013 相干光源** coherent light source
能够产生相干光的光源。

**10.014 PDT 激光源** PDT laser source
用于光动力治疗的激光光源。

**10.015 超连续谱光源** supercontinuum light source
采用超短脉冲激光激发高非线性光纤(通常是光子晶体光纤)所产生的超宽带光谱光源。

**10.016 背光源** backlight
置于液晶显示屏背后，用来照射本身不发光的液晶，实现液晶显示的光源。LED的应用之一。

**10.017 激光器** laser
在某种能够对光子产生受激辐射放大作用的物质中，通过谐振腔或者其他途径形成的光反馈产生光振荡并发射出激光的器件或装置。能够形成受激辐射放大作用的物质为该激光器的工作物质。

**10.018 气体激光器** gas laser
以气态物质(气态原子、气态离子和气态分子)作为激光工作物质的激光器。常见的有氦氖激光器、氩离子激光器、氦镉离子激光器、铜蒸气激光器、二氧化碳激光器、氮分子激光器等。

**10.019 射频气体激光器** RF gas laser
通过射频放电激励气体工作物质产生激光的激光器。

**10.020 氰气体激光器** cyanic laser
以氰气体为工作物质的原子气体激光器。

**10.021 金属蒸气激光器** metal-vapor laser
以金属原子蒸气为工作物质的激光器。

**10.022 金蒸气激光器** aurum-vapor laser
以金原子蒸气为工作物质的激光器。

**10.023 铜蒸气激光器** copper-vapor laser
以铜、铜的卤化物、铜的有机化合物等的铜原子蒸气为激光工作物质的激光器。属于原子气体激光器，产生的主要激光波长为510.6 nm和578.2 nm。

**10.024 纯铜蒸气激光器** pure copper-vapor laser
利用纯铜蒸气作为工作物质的激光器。属于原子气体激光器，是平均功率比较高的可见光激光器。

**10.025 氦氖激光器** He-Ne laser
以氖为工作物质、氦为辅助气体的激光器。最常用的原子气体激光器之一。将

106.65792 Pa的氦和13.33224 Pa的氖置于无电极但有毛细放电管的辉光放电管中，管端为互相平行的多层介质膜反射镜，构成谐振腔，以辉光放电激励，激光从两端输出。所产生的电子主要激发氦的亚稳态23 s，这与氖的2s能级极其相近。氦与氖相碰撞，就将能量转移给氖。因其不易激发其他能级，随后氖从2s跃迁到2p，发出波长为1152.3 nm的激光。另一种情况是将氦激发到2′s，再共振转移到氖的3s。由此可跃迁到3p而发射出3391 nm的激光，或跃迁到2p而发出632.8 nm的可见激光。氦氖激光可连续工作，输出功率一般为1～10 mW，最大到1 W。

**10.026　准分子激光器**　excimer laser

以受到电子束激发的惰性气体和卤素气体结合的混合气体形成的准分子为工作物质的激光器。

**10.027　氟化氙准分子激光器**　xenon fluoride excimer laser

以氙、三氟化氮(或氟)、氦的混合气体为工作物质的准分子激光器。

**10.028　氮分子激光器**　nitrogen molecular laser

以氮气为工作物质的激光器。脉冲输出波长为 337.1 nm。

**10.029　氙分子激光器**　xenon excimer laser

利用强电子束激励液态氙，获得氙准分子的激射作用。激光波长为 1720 Å。

**10.030　氟化氪准分子激光器**　krypton fluoride excimer laser

以氪、三氟化氮(或氟)、氦的混合气体为工作物质的准分子激光器。

**10.031　氟化氩激光器**　argon fluoride laser

以氟化氩混合物为工作物质的激光器。

**10.032　一氧化碳激光器**　carbon monoxide laser

以一氧化碳气体为工作物质，以氦、氮、氧、氙、汞等为辅助气体的激光器。

**10.033　二氧化碳激光器**　carbon dioxide laser

以二氧化碳气体或者它与氦/氖等的混合气体为工作物质的激光器。输出激光波长主要在10.6 μm附近，可以连续和脉冲输出。

**10.034　横向激励大气压二氧化碳激光器**　transversely excited atmospheric carbon dioxide laser

工作气体的压强接近或者高于1 atm(1 atm= $1.01325\times10^5$ Pa)，采用气体放电通道方向与共振腔光轴垂直方式激励的二氧化碳激光器。

**10.035　高气压二氧化碳激光器**　high pressure carbon dioxide laser

工作气压较高的二氧化碳激光器。提高工作气压的好处有：①可以使输出功率随气压增大而增大；②不纯气体比相应减小，有利于长时间运行；③气压增大，碰撞引起谱线展宽，减小纵模平移的影响；④气体质量流量随气压增大而增大，有利于风机的正常工作，同时气体温度不易上升。

**10.036　高速轴流型二氧化碳激光器**　high speed axial flow carbon dioxide laser

激光工作气体沿着放电管轴向快速流动的二氧化碳激光器。气流方向同电场方向和激光传播方向一致，激光器输出的光束质量好，功率密度高，电光效率高，可以连续和脉冲输出。

**10.037　横向流动二氧化碳激光器**　transverse flow carbon dioxide laser

二氧化碳混合气体沿垂直于共振腔轴方向流

动的二氧化碳激光器。它能够比较有效地冷却工作气体，大幅度提高激光器输出功率。

**10.038　束缚–束缚激光器**　bound-bound laser
激光跃迁产生于分子缔合物的束缚态和束缚态之间的激光器。

**10.039　等离子体激光器**　plasma laser
以等离子体作为工作物质的激光器。

**10.040　离解激光器**　dissociative laser
以在激发态原子的激发态能量离解某些气体分子，在离解产物中形成布居反转，并获得激光振荡的激光器。

**10.041　氦镉离子激光器**　helium-cadmium ion laser
一种以氦、金属镉蒸气为工作物质的激光器。其中产生激光跃迁的是镉离子($Cd^{+}$)，氦气(He)作为辅助气体。它与氦氖激光器类似，可以在直流放电的条件下连续工作。它比氦氖激光器有更高的输出功率(一般为几十毫瓦)，发射波长较短，为441.6 nm(蓝紫色)和325 nm(紫外)，因此，是一种更适用于光敏材料曝光和全息印刷制版的较理想的光源。

**10.042　氪离子激光器**　krypton ion laser
以氪离子为工作物质的激光器。

**10.043　氩离子激光器**　argon ion laser
以氩离子为工作物质的激光器。发射的激光波长在绿、蓝、紫色波段。

**10.044　铥离子激光器**　thulium ion laser
在基质材料中掺杂铥离子作为工作物质的激光器。

**10.045　钨酸盐激光器**　tungstate laser
在钨酸盐基质中掺杂激活粒子的材料作为工作物质的激光器。

**10.046　双掺杂激光器**　double-doped laser
在工作物质中掺杂两种不同激活粒子的激光器。

**10.047　多掺杂激光器**　alphabet laser
在一种基质材料中掺入多种激活粒子作为工作物质的激光器。通常用于产生多波长激光。

**10.048　电子振动激光器**　vibronic laser
主要以$Cr^{3+}$、$Ti^{3+}$、$Ni^{2+}$等过渡金属离子和$Ce^{3+}$、$Ho^{3+}$、$Sm^{2+}$等稀土离子掺杂的晶体作为工作物质，能以脉冲、连续波、$Q$开关、锁模等方式运转的激光器。

**10.049　液体激光器**　liquid laser
使用液体工作物质的激光器。有两类液体工作物质：一类为有机化合物液体(染料)，另一类为无机化合物液体。染料激光器是液体激光器的典型代表。液体激光器的工作物质有两类：一类是稀土元素溶液，利用稀土离子的能级跃迁来工作；另一类是有机分子，利用电子能级工作，其中以染料激光器居多。稀土溶液激光器在很多方面类似于固体激光器(如钇铝石榴石激光器)。最先出现的是有机溶剂中的铕螯合物激光器，后出现了无机液体激光器，在$SeOCl_2$中溶解$Nd_2O_3$以获得$Nd^{3+}$，其毒性和腐蚀性都很强。液体激光器的优点在于可方便加长尺寸。

**10.050　染料激光器**　dye laser
有机染料溶解在乙醇、甲醇或水等液体中形成的溶液作为工作物质的激光器。

**10.051　可调谐染料激光器**　tunable dye laser
以受激辐射可调频的有机染料溶液作为工作物质的激光器。

**10.052　紫外染料激光器**　UV dye laser

激光波长范围处于紫外光谱区的染料激光器。

**10.053　氩泵浦可调谐染料激光器**　argon pumped dye laser

以荧光性染料为工作物质，以氩离子激光器为能量补充的泵浦激光器。其波长在498～638 nm可调，通过快门开关装置使激光照射时间控制在20 ms，比氩激光更具血管选择性和较深的穿透力，准连续输出，术后副作用多，临床应用少。

**10.054　闪光灯泵浦脉冲染料激光器**　pulsed dye laser with flashlamp pumping

闪光灯经过荧光液体染料(罗丹明)产生波长为585 nm或595 nm的黄色脉冲激光的激光器。其对血红蛋白吸收强，治疗深度达1.2 mm，可调脉宽0.45～40 ms，最短脉宽可短于皮损内的血管的热弛豫时间，疗效确切，副作用小。

**10.055　固体激光器**　solid state laser

用固体激光材料作为工作物质的激光器。

**10.056　二极管泵浦固体激光器**　diode pumped solid state laser

用半导体二极管激光器的激光输出对固体或气体工作物质进行泵浦的激光器。

**10.057　激光二极管泵浦固体激光器**　laser diode pumped solid state laser

利用输出固定波长的半导体激光器对激光晶体进行泵浦的激光器。

**10.058　高平均功率固体激光器**　high average power solid state laser

输出平均功率在千瓦级以上的固体激光器。

**10.059　可调谐固体激光器**　tunable solid state laser

在一定范围内可以连续改变激光输出波长的固体激光器。实现激光波长调谐的原理大致有三种：使用具有宽荧光谱线的工作物质；通过改变某些外界参数(如磁场、温度等)使能级移动；利用非线性效应实现波长变换和调谐。

**10.060　整体固体激光器**　monolithic solid state laser

整个激光共振腔仅包含一块激光晶体或激光玻璃的固体激光器。在晶体或玻璃表面直接镀膜形成腔镜。

**10.061　全固态激光器**　all-solid state laser

以半导体激光器或者半导体激光器阵列泵浦固体激光工作物质的激光器。它的体积小、重量轻、能量转换效率高、性能稳定、使用寿命长、光束质量高，全部由固态元件组成。

**10.062　掺杂绝缘体激光器**　doped insulator laser

激光工作物质的基质材料为一些透明和电绝缘的固体材料，掺杂离子为三价稀土离子(例如$Nd^{3+}$、$Yb^{3+}$或$Er^{3+}$)或过渡金属离子(例如$Ti^{3+}$、$Cr^{4+}$或$Cr^{2+}$)的激光器。

**10.063　掺钕钇铝石榴石激光器**　Nd:YAG laser

一种在钇铝石榴石晶体中掺钕离子($Nd^{3+}$)作为工作物质的固体激光器。

**10.064　钇铝石榴石陶瓷激光器**　YAG ceramic laser

采用掺有激活粒子的钇铝石榴石(YAG)陶瓷作为工作物质的激光器。

**10.065　钇铝石榴石激光器**　YAG laser

又称"YAG激光器"。在钇铝石榴石晶体中掺钕离子作为工作物质的激光器。可以脉冲和连续工作，常用的激光波长为1.06 μm。

**10.066 掺铒钇铝石榴石激光器** erbium-doped yttrium aluminum garnet laser

以钇铝石榴石晶体为基质，掺进激活粒子铒离子作为工作物质的激光器。主输出激光波长范围在 1.6～2.9 μm，属于对人眼安全的激光。

**10.067 钆镓石榴石激光器** GGG laser

以钆镓石榴石作为工作物质的激光器。

**10.068 镁橄榄石激光器** forsterite laser

用镁橄榄石作为工作物质的激光器。

**10.069 磷酸钛氧钾激光器** KTP laser

一种掺钕钇铝石镏石（Nd:YAG）激光器级联钾钛磷酸盐倍频晶体（KTP）、产生532 nm绿色激光的激光器。它具有血红蛋白吸收强的特性，可调脉宽1～100 ms，长脉冲输出，适用于治疗50 μm浅表血管性疾病。

**10.070 钒酸盐激光器** vanadate laser

以钒酸盐作为工作物质的激光器。

**10.071 钒酸钇激光器** $YVO_4$ laser

以钒酸钇晶体作为工作物质的激光器。

**10.072 掺钕钒酸钇激光器** neodymium-doped yttrium vanadate laser

以钒酸钇晶体为基质，掺入钕离子作为激活粒子的激光器。主输出激光波长为 1064.3 nm。

**10.073 钒酸钆激光器** $GdVO_4$ laser

以钒酸钆晶体作为工作物质的激光器。

**10.074 钒酸镥激光器** $LuVO_4$ laser

以钒酸镥晶体作为工作物质的激光器。

**10.075 铝酸钇激光器** YAP laser

用掺有激活粒子的铝酸钇（$YAlO_3$）作为工作物质的激光器。

**10.076 氟化锂钇激光器** YLF laser

以氟化锂钇晶体作为工作物质的激光器。

**10.077 掺钕氟化锂钇激光器** Nd:YLF laser

以氟化锂钇晶体为基质，掺进钕离子作激活粒子的激光晶体作为工作物质的激光器。

**10.078 掺钕氟磷酸钙激光器** neodymium-doped calcium fluorophosphates laser

在氟磷酸钙基质晶体中掺入钕离子而形成的激光晶体作为工作物质的激光器。

**10.079 掺钕铍酸镧激光器** neodymium-doped beryllium citrate laser

以铍酸镧晶体为基质，掺进钕离子作激活粒子的激光晶体作为工作物质的激光器。

**10.080 掺钕钨酸钙激光器** neodymium-doped calcium tungstate laser

在钨酸钙基质晶体中掺入钕离子而形成的激光晶体作为工作物质的激光器。

**10.081 红宝石激光器** ruby laser

以红宝石为工作物质的激光器。

**10.082 蓝宝石激光器** sapphire laser

以钛宝石晶体作为工作物质的激光器。是输出光谱在红光和近红外波段调谐范围最宽的固体激光器之一。

**10.083 钕玻璃激光器** neodymium-doped glass laser

以在光学玻璃基质中掺钕离子作为工作物质的激光器。采用光辐射泵浦，主要输出激光波长为 1060 nm，是这种激光器比红宝石激光器优越之处。

**10.084 钆玻璃激光器** gadolinium glass laser

以钆玻璃作为工作物质的激光器。

**10.085　色心激光器**　color center laser
以色心激光晶体为激光工作物质的激光器。它也是一种可调谐激光器，波长调谐范围为0.8～3.8 μm。

**10.086　复合激光器**　recombination laser
将工作物质制成复合结构的固体激光器。如将非掺杂的YAG胶合在Nd:YAG晶体上制成Nd:YAG/YAG复合结构。这样可以提高固体激光器工作物质的热均匀性，保证输出激光的光束质量和激光效率等。

**10.087　类氢碳离子复合激光器**　recombination laser with hydrogen-like carbon ions
用原子核外只有一个电子的碳离子(类氢碳离子)作为工作物质的激光器。

**10.088　板条激光器**　slab laser
工作物质为板条状的激光器。

**10.089　棒状激光器**　rod laser
工作物质为圆棒形状的固体激光器。

**10.090　分节棒激光器**　segmented rod laser
激光棒内激活粒子浓度为分节掺杂的激光器。一般为两端不掺杂，中间掺杂低浓度离子。在端面泵浦条件下，利用分节激光棒可以有效改善激光棒内部的热梯度分布，获得高光束质量输出。

**10.091　微片激光器**　microchip laser
具有单片式结构的固体激光器。

**10.092　薄碟激光器**　thin disk laser
工作物质厚度为几百微米量级薄碟状的激光器。其工作物质的散热方向与激光器输出激光方向一致。

**10.093　碟片激光器**　disk laser
工作物质是一系列叠置碟片的激光器。各碟片之间有冷却液流动，冷却液折射率应与工作物质相同。

**10.094　半导体激光器**　semiconductor laser
以半导体材料中电子与空穴的复合发光为工作原理的激光器。

**10.095　外腔半导体激光器**　external-cavity semiconductor laser
由外部光学谐振腔与半导体增益介质组成的激光器。

**10.096　可调谐半导体激光器**　tunable semiconductor laser
输出的激光波长可以在某个波长范围连续调谐的半导体激光器。其工作物质是元素周期表中的Ⅲ-Ⅴ族化合物和Ⅳ-Ⅵ族化合物。

**10.097　脉冲半导体激光器**　pulse semiconductor laser
工作在脉冲状态的半导体激光器。

**10.098　锁相列阵半导体激光器**　phase-locked laser semiconductor array
半导体激光器线阵各条形激光器之间具有确定光相位差的列阵激光器。它具有改善激光方向性的特性。

**10.099　单元阵列式半导体激光器**　semiconductor laser array
多个单片式半导体激光器生长在同一半导体衬底上得到的激光器。

**10.100　表面发射半导体激光器**　surface-emitting semiconductor laser
激光输出方向垂直于PN结的半导体激光器。其结构包括垂直腔型和水平腔型两种。

**10.101 垂直腔表面发射半导体激光器** vertical-cavity surface-emitting semiconductor laser，VCSEL

简称“垂直腔表面发射激光器”。在结平面的两边制作多层膜反射镜形成谐振腔，实现激光激射，其发射方向垂直于半导体 PN 结的结平面的一种表面发射激光器。

**10.102 PN 结激光器** PN junction laser

以半导体 PN 结为工作物质的激光器。

**10.103 同质结激光器** homojunction laser

以同一种半导体材料制成的PN结（同质结）作为有源区的半导体激光器。

**10.104 异质结激光器** heterojunction laser

以晶格基本匹配、禁带宽度有一定差别的两种半导体材料构成PN结作为有源区的半导体激光器。

**10.105 注入式激光器** injection laser

通过向 PN 结注入非平衡载流子，产生布居反转，实现激光振荡的半导体激光器。

**10.106 砷化镓激光器** GaAs laser

用掺杂的砷化镓半导体作为工作物质的半导体激光器。属于最先研制成功的半导体激光器，输出波长受温度影响，低温时约 804 nm，室温时约 902 nm。

**10.107 量子阱激光器** quantum well laser

将量子阱作为有源发光区的半导体激光器。

**10.108 单量子阱激光器** single quantum well laser

有源区只包含由一个势阱构成的量子阱结构的半导体激光器。

**10.109 量子点激光器** quantum dot laser

对注入载流子具有三维量子限制结构的量子点作为有源发光区的半导体激光器。

**10.110 量子线激光器** quantum wire laser

对注入载流子具有二维量子限制结构的量子线作为有源发光区的半导体激光器。

**10.111 量子级联激光器** quantum cascade laser

由数组量子阱结构串联在一起构成的半导体量子阱激光器。在量子级联激光器中，电子在半导体量子阱中导带子带间跃迁，并与声子产生辅助共振隧穿。

**10.112 二极管激光器** diode laser

在半导体正偏PN结注入载流子获得激光输出的激光器。

**10.113 锁模二极管激光器** mode-locked diode laser

激光不同纵模之间具有确定的相同相位关系、各模式相干叠加得到超短脉冲的半导体二极管激光器。

**10.114 外腔二极管激光器** external-cavity diode laser

以放置在有源区外部的光学元件作为激光谐振腔的半导体激光器。

**10.115 光纤激光器** optical fiber laser

利用光纤或者光纤器件构成的一类激光器。增益介质不限于光纤，光纤激光器分为两种：一种以有源光纤作为增益介质，如掺铒、钕、镨、钇等稀土元素的光纤等；另一种以其他有源器件作为增益介质，光纤仅起反馈作用，反馈方式有光纤环形谐振腔、光纤光栅反射以及法布里-珀罗谐振腔等。

**10.116 锁模光纤激光器** mode-locked optical fiber laser

输出激光中不同振荡纵模具有确定的相位

关系，各个模式相干叠加得到超短脉冲的光纤激光器。

**10.117 光纤环形腔激光器** optical fiber ring laser

以稀土掺杂光纤作为工作物质，采用环形共振腔的激光器。

**10.118 光纤耦合激光器** optical fiber-coupled laser

输出激光通过光纤耦合出来的激光器。

**10.119 史密斯-珀塞尔自由电子激光器** Smith-Purcell free electron laser

一种以在空间周期变化磁场中高速定向运动的自由电子束作为工作物质，通过改变其速度产生电磁辐射的激光器。它是一种不依赖于电子能级跃迁产生激光的激光器，原则上其辐射谱可由 X 射线波段一直到微波区域。

**10.120 原子激光器** atom laser

将处于玻色-爱因斯坦凝聚态(BEC态)中的冷却原子一个个地取出来，在空间形成相干原子束，并以这种原子束作为工作物质的激光器。

**10.121 单原子激光器** single-atom laser

仅用一个原子作为工作物质的激光器。

**10.122 孤子激光器** soliton laser

输出受孤子控制的激光器。其输出的激光脉冲宽度很窄，一般为皮秒至百飞秒量级，而且宽度可以调谐。目前的孤子激光器使用的工作物质主要是光纤，分为两类：一类是把产生孤子的光纤接入激光器的反馈回路中，作为激光器外腔的一部分；另一类是用锁模激光脉冲泵浦光纤，产生的受激拉曼散射形成孤子激光器。

**10.123 波导激光器** waveguide laser

激光器谐振腔为一种光波导结构的激光器。

**10.124 光子晶体激光器** photonic-crystal laser

利用光子晶体所具有的光子禁带性质所形成的激光器。其激射阈值较低。

**10.125 化学激光器** chemical laser

通过化学反应来实现粒子数反转，即利用化学能泵浦的激光器。工作物质为气体、液体，多用气体，结构与一般气体激光器相似。引发化学反应的方式有光引发、放电引发和化学引发。其特点是无需激发能源，能获得巨大的功率输出。

**10.126 氧碘化学激光器** chemical oxygen-iodine laser，COIL

利用化学反应释放的能量将碘原子激发到电子激发态，并建立布居反转，产生激光输出的激光器。

**10.127 单模激光器** single mode laser

采用一定的限模技术，使激光器以单横模(横基模)或单纵模(纵基模)状态运转的激光器。

**10.128 单纵模激光器** single-longitudinal mode laser

共振腔内只有单一纵模(单一频率)发生振荡的激光器。

**10.129 多模激光器** multimode laser

共振腔内同时有多个模式(横模或者纵模)发生振荡的激光器。

**10.130 拉曼激光器** Raman laser

基于受激的拉曼散射光建立激光振荡的激光器。在共振腔内放置激光工作物质，在适当强的泵浦作用下，斯托克斯拉曼散射分量或者反斯托克斯拉曼散射分量的增益超过它们在腔内的功率(能量)损耗，发生激光振荡，输出激光。

**10.131 自旋反转拉曼激光器** spin-flip Raman laser

基于电子自旋反转受激拉曼散射获得可调谐相干辐射的激光器。这种激光器在红外波段有宽的可调谐范围和高的连续输出功率。

**10.132 内腔式激光器** internal cavity laser

工作物质置于谐振腔内的激光器。

**10.133 外腔式激光器** external cavity laser

工作物质与谐振腔完全分开的激光器。

**10.134 半内腔激光器** semi-internal cavity laser

工作物质紧贴在谐振腔的一个面上，而与另一个面分离的激光器。

**10.135 环形腔激光器** ring cavity laser

又称“行波激光器(travelling-wave laser)”。采用环形共振腔的激光器。它不存在空间烧孔效应，而模式竞争强烈，容易获得单频激光输出。

**10.136 倾腔激光器** cavity dumped laser

当激光器共振腔内的受激发射强度达到极大值时，突然使共振腔输出反射镜的透过率增大到接近 100%，储存在共振腔中的受激辐射能量瞬间全部泻出共振腔，获得高激光功率输出的激光器。它属于 $Q$ 开关激光器的一种。

**10.137 双腔激光器** dual-cavity laser

具有两个相对独立共振腔的激光器。两个共振腔的作用不同。

**10.138 折叠腔激光器** folded cavity laser

腔内光路为折叠型，即具有“Z”字形的谐振腔的激光器。

**10.139 二能级激光器** two-level laser

工作物质内的激活粒子与产生激光发射直接关联的能级仅有两个的激光器。

**10.140 三能级激光器** three-level laser

工作物质内的激活粒子与产生激光发射直接关联的能级有且仅有三个的激光器。激活粒子在泵浦能作用下从低能级的基态首先跃迁到最高能级(亚稳态)，然后经过自发辐射到达上能级(稳态)。三能级系统容易形成粒子数反转，发出激光。

**10.141 多能级激光器** multi-level laser

激活粒子的跃迁涉及工作物质多个能级的激光器。

**10.142 光泵浦激光器** optically pumped laser

利用光辐射能量激发工作物质建立粒子数反转的激光器。

**10.143 闪光灯泵浦激光器** lamp pumped laser

利用闪光灯作为泵浦光源的一种光泵浦激光器。

**10.144 电泵浦激光器** electrically pumped laser

直接利用电能泵浦的激光器。

**10.145 二极管泵浦激光器** diode pumped laser

用激光二极管作为泵浦光源的激光器。

**10.146 单频激光器** single frequency laser

输出的辐射频谱中只有一条与共振腔的纵模、横模相对应的谱线的激光器。

**10.147 非平面环形腔单频激光器** non-planar ring oscillator single frequency laser

通过全内反射形成非平面闭合共振腔，并通过输出端面上的偏振选择反射膜和外加磁场产生的法拉第旋光效应，实现单向行波激光振荡，输出单频激光的激光器。

**10.148　可调谐激光器**　tunable laser

输出的激光波长(或频率)可在一定的范围内受控变化的激光器。

**10.149　谐波激光器**　harmonic-generator laser

输出激光的频率(波长)为谐振腔谐波的激光器。

**10.150　分布式布拉格反射激光器**　distributed Bragg reflector laser，DBR laser

利用激光器有源区外侧的分布式布拉格反射镜形成反馈，从而实现选频振荡的半导体激光器。

**10.151　分布式反馈激光器**　distributed feedback laser，DFB laser

利用激光器有源区内置的分布式衍射光栅的分布反馈实现激光选频振荡的半导体激光器。

**10.152　塞曼调谐激光器**　Zeeman tuned laser

利用介质在磁场中发生的塞曼效应，通过改变磁场强度调谐激光器输出波长的激光器。外加磁场可以将塞曼双线和三线与多重线分开。

**10.153　双频激光器**　two-frequency laser

同时产生两个不同频率激光振荡的激光器。广泛应用于激光干涉仪等多种精密测量系统中。

**10.154　扫频激光器**　frequency sweep laser

具备频率快速扫描功能的可调谐激光器。

**10.155　倍频激光器**　doubling laser

用非线性材料产生输入激光倍频光的激光器。

**10.156　腔内倍频激光器**　intracavity frequency-doubling laser

在光学谐振腔内加入倍频晶体的激光器。

**10.157　碘稳频激光器**　iodine stabilized laser

利用高纯度碘分子作为吸收介质的稳频激光器。

**10.158　甲烷稳频激光器**　methane stabilized laser

在外腔激光器的腔内放置甲烷吸收管，吸收管内的甲烷气体，在激光振荡频率处有强吸收峰，利用分子的基态与振转能级间的饱和吸收进行稳频的一类饱和吸收稳频的激光器。

**10.159　可见光激光器**　visible laser

发射激光波长在人眼可感知的可见光波长范围(380～790 nm)的激光器。

**10.160　红光激光器**　red laser

发射激光在红光波段的激光器。

**10.161　绿光激光器**　green laser

发射激光在绿光波段的激光器。波长范围为510～570 nm。

**10.162　蓝光激光器**　blue laser

发射激光在蓝光波段的激光器。波长范围为400～500 nm。

**10.163　黄橙光激光器**　yellow and orange laser

输出激光从黄色光到橙色光波段的激光器。波长范围一般为570～620 nm。

**10.164　黄绿光激光器**　yellow-green laser

输出激光从黄色光到绿色光波段的激光器。

**10.165 红外激光器** infrared laser
输出激光在红外波段的激光器。工作波长为770 nm～1 mm。

**10.166 近红外激光器** near infrared laser
输出激光在近红外波段的激光器。

**10.167 远红外激光器** far infrared laser
输出激光在远红外波段的激光器。

**10.168 断续调谐红外激光器** discretely tunable infrared laser
输出激光在红外波段断续可调谐的激光器。

**10.169 紫外激光器** ultraviolet laser
输出激光在紫外波段的激光器。

**10.170 真空紫外激光器** vacuum ultraviolet laser
激光波长范围处于真空紫外光谱区（50～2000 Å）的激光器。

**10.171 X射线激光器** X-ray laser
输出激光在X射线波段的激光器。

**10.172 伽马射线激光器** gamma-ray laser, graser
输出激光在$\gamma$射线波段的激光器。

**10.173 多色激光器** multicolor laser
通过器件调谐可以产生不同颜色激光输出的激光器。

**10.174 窄线宽激光器** narrow-linewidth laser
激光以腔内单一纵模的形式输出的激光器。特征是输出的激光光谱线宽非常狭窄。

**10.175 锁模激光器** mode-locked laser
采用一定的技术，使各个模式之间(即各个频率分量之间)有确定的相位关系，从而使激光输出的时域波形保持稳定的一种激光器。

**10.176 主动锁模激光器** active mode-locked laser
通过外部信号对激光器的振荡进行相位或频率调制，从而实现模式锁定的一种锁模激光器。主动锁模分为两种：振幅或相位损耗调制和同步锁模。

**10.177 被动锁模激光器** passive mode-locked laser
直接利用腔内无源介质的饱和吸收等非线性效应实现模式锁定的一种锁模激光器。

**10.178 声光锁模激光器** acousto-optic mode-locked laser
利用声光调制器周期性调制谐振腔的衍射损耗，使调制造成的损耗变化频率与谐振腔纵模间隔相等，谐振腔的各纵模相位差为零(相位锁定)，从而形成周期性超短脉冲输出的一种主动锁模激光器。

**10.179 连续光激光器** continuous wave laser
简称“连续激光器(continuous laser)”。输出激光持续时间很长的一种激光器。气体激光器、部分固体激光器、半导体激光器、染料激光器属于这种激光器。

**10.180 准连续光激光器** quasi-continuous wave laser
相对于介质的时间响应特性，输出激光脉冲的重复频率较低且占空比较高的一种脉冲激光器。通常认为脉冲的重复频率低于1 kHz，且输出脉冲的持续时间大于1 μs的激光器可视为准连续光激光器。

**10.181 脉冲激光器** pulse laser
以单脉冲或序列脉冲形式输出激光的激光器。

**10.182　超短脉冲激光器**　ultrashort pulse laser

泛指输出激光脉冲宽度小于纳秒($10^{-9}$ s)量级的激光器。

**10.183　巨脉冲激光器**　giant pulse laser

泛指输出激光脉冲宽度窄($10^{-3}$～$10^{-9}$ s 量级)、峰值功率高(大于兆瓦)的脉冲激光器。

**10.184　自脉冲激光器**　self-pulsing laser

在连续泵浦条件下也能发射出光脉冲序列的激光器。

**10.185　纳秒激光器**　nanosecond laser

输出激光脉冲宽度为纳秒量级的激光器。

**10.186　飞秒激光器**　femtosecond laser

输出激光脉冲宽度在飞秒量级的激光器。

**10.187　锁模飞秒激光器**　mode-locked femtosecond laser

输出激光脉冲宽度为飞秒量级的锁模激光器。

**10.188　重复频率脉冲激光器**　repetition rate laser

输出有规则激光脉冲序列的激光器。有两种工作方式：①采用重复频率脉冲泵浦；②对连续泵浦激光器使用 $Q$ 开关、锁模或者腔倒空技术。

**10.189　功率激光器**　high power laser

输出激光功率较高、可作为光学系统直接功率输出而无需放大的激光器。具体量值与激光器类型和用途有关。

**10.190　高能激光器**　high energy laser

输出激光能量较大的激光器。具体量值与激光器类型和用途有关。

**10.191　再生激光器**　regenerative laser

将一光束质量好的微弱光注入另一高增益大功率振荡器中，注入光作为“种子”控制高增益激光振荡的产生，从而获得性能优良的高功率激光的激光器。

**10.192　主激光器**　master laser

在注入锁定技术中，提供性能优良的注入“种子”光的激光器。

**10.193　从动激光器**　slave laser

一种输出激光特性由种子激光器通过注入锁定方式进行控制的高增益激光器。

**10.194　种子激光器**　seed laser

具有光学质量高但功率较低的激光输出、用以注入另一个激光器以便控制后者激光振荡产生的一种激光器。其目的在于后者的激光是在前者的“种子”激光基础上而不再是从噪声中发展起来，从而得到性能优良、功率高的激光。

**10.195　低温激光器**　cryogenic laser

需要工作在低温条件下的激光器。某些工作物质在室温下其激光下能级存在热布居，需要较高的泵浦功率密度才能实现粒子数反转，不利于实现高效率工作，而在低温条件下具有良好的激光特性，可以实现高效率工作。

**10.196　气动激光器**　gas dynamic laser

用气体动力学方法混合并冷却激光工作物质，有效地建立布居反转，实现激光振荡的激光器。

**10.197　水冷却激光器**　water cooling laser

通过水冷方式进行散热的激光器。

**10.198　固体热容激光器**　solid state heat capacity laser

运转方式是工作时间段和冷却时间段不断交替进行的固体激光器。它减少了固体激光器工作时的热效应。

**10.199 指示激光器** aiming laser
发射指示光束的激光器。

**10.200 工作激光器** working laser
在激光医疗中，发射激光辐射以准备用于诊断、治疗或者外科手术的激光器。

**10.201 纳米线激光器** nanowire laser
将一维半导体纳米线作为有源发光结构的波导型激光器。

**10.202 激活镜激光器** active mirror laser
共振腔中采用有源反射镜，使反射激光束获得增益的激光器。能实现高质量激光输出。

**10.203 人眼安全激光器** eye-safe laser
波长在1.4～2 μm的激光器。这种辐射进入人眼时大部分会被晶状体吸收，只有少数到达视网膜，对人眼损伤低。最安全的激光波长在1.54 μm附近。

**10.204 激光器组件** laser assembly
由激光装置以及专门用来处理光束的光、机、电等部件所组成的组件。

**10.205 多路激光器系统** multichannel laser system
将多路激光通过特殊设计的光学系统耦合在一起的激光系统。

**10.206 激光器基质** laser host
激光器工作物质中能够掺入激活粒子的介质。工作物质的物理和化学性质基本上由基质特性确定。

**10.207 激光器寿命** laser lifetime
激光器持续维持按规定性能指标运转的时间段或者发射的激光脉冲总数目。它是衡量激光器质量的重要物理量。

**10.208 激光器稳定性** stabilization of laser
激光器各个参数性能的稳定性。如频率稳定性、功率稳定性、光束指向稳定性等。

**10.209 激光器效率** laser efficiency
一个衡量激光器能量消耗性能的重要参数。其值定义为激光器输出的激光功率(或能量)与输入的电或者光泵浦功率(或能量)的比值，无量纲。可细分为总效率、斜率效率和动态效率等。

**10.210 激光器噪声** laser noise
激光器输出光功率、相位、偏振等参数的随机涨落。可分为强度噪声、相位噪声与偏振噪声等。

**10.211 激光泵浦阈值能量** threshold pump energy
激光器实现布居反转需要对其提供的最低泵浦能量。

**10.212 激光泵浦阈值功率** threshold pump power
为了实现布居反转需要向介质提供的最小泵浦功率。

**10.213 激光器光谱定标法** spectral calibration used laser
使用激光器作标准光源对干涉型光谱成像仪进行实验室光谱定标的方法。将定标实验获得的激光波长值与激光器波长名义值进行比对就可得到干涉型光谱成像仪的光谱定标精度，使用一种激光器即可完成干涉型光谱成像仪的光谱定标。

**10.214 激光介质** laser medium
激光器中能够产生光增益的介质。它可以是固体、气体、半导体、液体介质。

**10.215 轴偏度 misalignment angle**
激光器的光束轴相对制造商定义的机械轴的偏角。

**10.216 阈值条件 threshold condition**
光增益等于总损耗实现激光振荡时，激光器各种工作参数需要满足的临界条件。只有当这些参数使增益大于腔内损耗(高于阈值条件)时才能实现光的受激放大。

**10.217 能级 energy level**
微观粒子(原子、电子、分子等)可能存在的状态所对应的不连续的能量值。粒子所处状态的能量值不连续是量子力学的基本原理之一。

**10.218 能级宽度 width of energy level**
处于绝对零度以上的粒子，因电子自旋–轨道耦合而使线状能级分裂为一系列细小子带的宽度。

**10.219 能级寿命 energy level lifetime**
微观粒子(原子、分子和电子)被激发后，激发态粒子通过辐射或非辐射跃迁自发返回更低能级的过程中，激发态粒子数衰减到初始粒子数1/e的时间。

**10.220 能级图 energy level diagram**
按照微观粒子可能所处状态能量的高低，绘制出的微观粒子各能级能量分布示意图。

**10.221 杂质能级 impurity energy level**
半导体材料中，杂质使晶体严格的周期性势场受到破坏而在杂质附近形成局部化电子态所对应的能级。杂质能级总是处在价带到导带的范围(带隙)内。

**10.222 杂质电离能 impurity ionization energy**
晶体中，杂质向导带释放电子或接受价带电子而自身成为电离状态所需要的最小能量。施主向导带释放电子所需要的最小能量称为施主电离能，受主接受由价带激发跃迁而来的电子所需要的最小跃迁能量称为受主电离能。

**10.223 四能级系统 four energy level system**
产生激光跃迁涉及4个能级并且激光跃迁终态是激活粒子的低激发态的激光工作系统。这种工作系统的激光振荡阈值泵浦功率较低，并且容易获得连续输出激光。

**10.224 费米能级 Fermi energy level**
用以描述在一定温度下费米子(电子、质子、中子以及空穴等)在能带中统计分布的一个虚拟的参考能级。

**10.225 带隙 band gap**
导带与价带之间的能量间隙。在此间隙内不允许(或禁止)电子的存在。带隙决定了半导体发光器件的光发射波长，也决定了光探测器的最长工作波长(吸收限)。

**10.226 光子带隙 photonic band gap，PBG**
波不能在折射率周期性分布结构介质中稳定传播的某一频率范围(频带)。这一概念最初是在光学领域提出的，现在它已扩展应用到微波与声波波段。

**10.227 布居数 population number**
简称“*布居*(population)”。表征微观粒子在不同能级的概率分布的物理量。

**10.228 粒子数反转 population inversion**
又称“*布居反转*”。一种高能级粒子数多于低能级粒子数的粒子数分布状态。粒子数反转是受激辐射放大的基本条件，实现粒子数反转要采取诸如光照、放电等方法不断地从外界向发光物质输入能量，从而把处于低能级的粒子激发到高能级上去。

**10.229　激光振荡**　laser oscillation

激光在共振腔内部多次反射或者经过外部反馈在共振腔中形成稳定的模式分布的过程。

**10.230　激光振荡阈值**　laser oscillation threshold

激光器产生并维持激光振荡需要满足的各种最低要求。

**10.231　多模振荡**　multimode oscillation

多个模式同时在共振腔中发生振荡的现象。

**10.232　激光[振荡]条件**　laser oscillation condition

又称“*阈值条件*”。激光器达到稳定振荡必须满足的临界条件，即激光器系统的总增益等于系统总损耗时的临界条件。

**10.233　参量振荡**　parametric oscillation

几种不同频率的光入射到由非线性介质构成的谐振腔中，当其高频泵浦光的输入功率超过阈值时，产生光参量放大而形成的激光振荡。

**10.234　简并参量振荡**　degenerate parametric oscillation

两束低频光(闲置光和信号光)频率相同的参量振荡过程。

**10.235　寄生振荡**　parasitic oscillation

在高增益的激光器或放大器中，一些闭合光路上会形成的非需要激光振荡。

**10.236　共振反常**　resonance anomaly

由于入射波在光栅表面激发的表面波与传播波的耦合，入射波的部分能量转移到表面波，导致光栅各衍射级次能量的重新分配，造成的衍射效率在相位匹配点附近发生急剧起伏的现象。光栅所能激发的表面波有两种：一种是波导波，它需要一个参数得当的层状结构；另外一种是表面等离子体波，它只可能发生在高反射率的金属表面，而且只能被 TM 偏振的光波激发。

**10.237　光学参量振荡器**　optical parametric oscillator，OPO

实现参量振荡的光学器件。即几种不同频率的光入射到有非线性介质的谐振腔中，当其高频泵浦光的输入功率超过阈值时，产生光参量放大而形成的激光振荡的器件。

**10.238　环形振荡器**　nonlinear ring oscillator

一种基于空间环形振荡腔的单频激光振荡器。

**10.239　注入锁定振荡器**　injection-locked oscillator

能使频率和相位均与输入信号保持确定关系的振荡器。

**10.240　飞秒振荡器**　femtosecond oscillator

利用光学谐振腔实现飞秒激光脉冲输出的激光振荡器。具有宽增益谱宽，通过多纵模相位锁定实现飞秒脉冲输出。常见的飞秒振荡器有钛蓝宝石飞秒激光振荡器。

**10.241　光学谐振腔**　optical resonant cavity

又称“*光学共振腔*”。由反射镜或其他光学器件围成的、使光波在其中来回反射并建立起稳定模式分布的介质或者真空的空间。它是激光器的必要组成部分，最简单的谐振腔由两块与工作介质轴线垂直的平面或凹球面反射镜构成。

**10.242　曲面镜谐振腔**　curved-mirror resonator

由两块曲面镜构成的开放式的光学谐振腔。

**10.243　平行平面谐振腔**　plane parallel resonator

又称“*法布里–珀罗谐振腔*”。由两块互相平行且垂直于激光器光轴的平面镜组成的谐振腔。它可认为是一种法布里–珀罗干涉仪。

**10.244 波导谐振腔 waveguide resonant cavity**
由光波导器件构成的光学谐振腔。其特征是只有某些特定波长才能满足相位匹配条件形成谐振，因此具有选频(或滤波)的功能。例如间隔一定长度的两个布拉格波导光栅结构、微环波导结构等都可构成波导谐振腔。

**10.245 环形共振腔 ring laser resonator**
由多块球面反射镜、平面反射镜或者光纤环路构成的共振腔。主要特点是可以实现单向行波振荡，消除烧孔效应，提高单纵模激光振荡功率。

**10.246 微环谐振器 micro-ring resonator**
又称“微环谐振腔”。由单模圆环波导和相邻的直波导构成的光波导谐振腔。由一个微环波导和一条直波导可构成全通滤波器(带阻滤波器)，一个微环波导与两条直波导可构成上下路波分复用器。

**10.247 共心谐振腔 concentric resonator**
简称“共心腔”。又称“共心共振腔”。组成激光器共振腔的两块球面反射镜球心重合的共振腔。

**10.248 半共心谐振腔 half-concentric resonator**
又称“半共心共振腔”。由一块平面镜和一块曲率半径为 $R$ 的凹面镜组成的光学谐振腔。其中凹面镜的球心正好落在平面镜上。

**10.249 半球面谐振腔 semispherical resonator**
又称“半球面共振腔”。由一块平面反射镜和一块曲率半径为 $R$ 的凹面反射镜组成的光学共振腔。其中凹面反射镜的球心正好落在平面镜上。

**10.250 复合谐振腔 complex resonator**
又称“复共振腔”。在普通共振腔两个腔镜之外再增加一个反射面构成的腔。和简单腔相对应。

**10.251 共焦非稳腔 confocal unstable resonator**
由两个曲面共焦镜组成的非稳腔。分为实共焦非稳腔和虚共焦非稳腔两种。实共焦非稳腔由两块凹面镜组成，两块反射镜的实焦点相重合。虚共焦非稳腔由一个凹面镜和一个凸面镜构成，凹面镜的实焦点和凸面镜的虚焦点相重合。

**10.252 共焦共振腔 confocal resonator**
组成共振腔的两块球面镜的曲率半径相等且两球心各落在对方表面上的共振腔。

**10.253 球面镜共振腔 spherical mirror resonator**
简称“球面镜腔”。组成共振腔的两反射镜是球面的共振腔。

**10.254 共轴球面镜共振腔 coaxial spherical mirror resonator**
简称“共轴球面腔”。由两块具有公共轴线的球面镜构成的共振腔。

**10.255 亚稳共振腔 metastable resonator**
简称“亚稳腔”。共振腔两个共焦参数($g$因子)的乘积$g_1g_2$等于1或者0的共振腔。其光学衍射损耗介于稳定共振腔和非稳腔之间。

**10.256 双椭圆腔 double-elliptical cavity**
由两个相同椭圆反射面构成的聚光腔体。

**10.257 折叠腔 folded cavity**
利用反射镜将共振腔内光路变为“Z”字形的共振腔。当需要激光工作物质长度比较大时，为增大泵浦光和激光的交叠长度但减小空间长度而采用的一种共振腔结构。

**10.258　热稳定腔**　hot stabilization cavity
使激光器输出特性对激光工作物质热透镜效应表现不灵敏的共振腔。

**10.259　微腔**　microcavity
尺寸在光波波长量级的共振腔。

**10.260　真空法布里–珀罗腔**　vacuum Fabry-Perot cavity
具有很好的气密性且腔内具有高真空度的法布里-珀罗腔。

**10.261　非稳腔**　nonstable resonator
由光学反射器件或者其他器件围成的并使光波在其中反射但不足以形成稳定模式分布的空间。在这种腔内，光波往返有限次即横向溢出腔外，因此不能建立稳定的模场分布。

**10.262　等价共焦腔**　equivalent confocal resonator
与共焦共振腔有相同模式的各种结构的共振腔。因此任何一个球面反射镜共振腔的模参数都可以由它的等价共焦腔求得。

**10.263　等价腔**　equivalent resonator
具有相同模式的各种结构类型的激光器共振腔。

**10.264　激光泵浦腔**　laser pumping cavity
由反射器或其他光学器件围成的、将泵浦光能聚集到激光工作物质上的空间。如聚光腔等。

**10.265　耦合共振器**　coupled resonator
在原激光共振腔之外再接一个共振腔的光学系统。此腔越短则波模越少，两者耦合就意味着只有两个共振腔共同的波模才能加强。

**10.266　激光振荡模式**　oscillation mode
简称“模式”。激光器光学共振腔中可稳定存在的光场分布方式。垂直于激光传播方向的横截面上的稳定场分布称为横模，沿激光传播方向的稳定场分布称为纵模。

**10.267　纵模**　longitudinal mode
激光器光学谐振腔中沿激光传播方向的激光振荡模式。

**10.268　单纵模**　single longitudinal mode
谐振腔内沿激光传播方向分布的单一稳定的激光振荡模式。

**10.269　横模**　transverse mode
激光器光学共振腔中垂直于激光传播方向的横截面上的激光振荡模式。

**10.270　选横模**　transverse mode selection
控制并选择激光器某个横振荡模的激光振荡模式。

**10.271　选纵模**　longitudinal mode selection
控制并选择激光器某个纵振荡模的激光振荡模式。

**10.272　回音壁模式**　whispering gallery mode
高频声波及光波在某些圆形谐振腔中，具有紧贴着谐振腔弧面产生“回音”效应的模式。

**10.273　模式竞争**　mode competition
满足激光阈值振荡条件的模式发生相互竞争，其中增益较大者最终实现激光振荡，并抑制了其他模式出现的现象。

**10.274　模跳跃**　mode hopping
谱线均匀展宽工作物质的激光器中由模式竞争效应引起各振荡模出现突然消失或者复出的现象。

**10.275 模匹配 mode matching**
使激光束的电场分布与共振腔模式或波导模式实现精确的空间匹配。

**10.276 模体积 mode volume**
激光振荡模在光学共振腔中所占有的空间体积。模体积大，模与激光工作物质的激活粒子相互作用的体积大，相应地能够获得较大的激光功率(能量)。

**10.277 边模抑制比 side mode suppression ratio，SMSR**
激光纵模的主模强度和边模强度的最大值之比。是标志纵模性能的一个重要指标。

**10.278 单程损耗 loss by one pass**
共振腔内光辐射从一端传播到另一端所发生的光能量(功率)损耗。

**10.279 共焦参数 confocal parameter**
又称"*g*因子"。描述稳定共振腔的特性参数之一。其大小定义为共焦腔中两反射镜焦点的距离。

**10.280 谐振腔菲涅耳数 Fresnel number of resonator**
又称"共振腔菲涅耳数"。表征共振腔衍射损耗的参量。由共振腔两块腔镜的曲率半径$R_1$、$R_2$及腔长$L$决定，数值为$R_1 R_2/(\lambda L)$，$\lambda$为光波波长，菲涅耳数越大，其光学衍射系数越小。

**10.281 谐振腔品质因子 quality factor of resonator**
又称"共振腔品质因子"。衡量共振腔内光能量损耗大小的物理量。有三种等价定义：①储存在共振腔内的光能量与每秒损耗能量的比值。②存储在腔内的光波能量与一个振荡周期中损耗光波能量的比值。③共振腔的共振频率与共振腔带宽的比值。

**10.282 谐振腔损耗 loss of resonator**
又称"共振腔损耗"。光辐射在共振腔内的损耗。包括以下几个方面：①几何偏折损耗；②衍射损耗；③腔镜反射不完全引起的损耗；④材料中的非激活吸收、散射，腔内插入物所引起的损耗等。

**10.283 谐振腔 *g* 参数 *g* parameter of resonator**
又称"共振腔*g*参数"。由共振腔两块腔镜的曲率半径及腔长确定的、表征共振腔稳定性的参数。其数值为$g=1-L/R$，其中$L$是腔长度，$R$是反射镜的曲率半径。从腔内看反射镜，凸面的曲率半径为负值。

**10.284 纵模间距 longitudinal mode spacing**
共振腔内相邻两纵模之间的频率间隔。

**10.285 *Q* 突变 *Q* mutation**
通过$Q$开关，使$Q$值突然改变从而在短时间内形成巨脉冲的技术。

**10.286 [谐振腔]衍射损耗 diffraction loss**
由共振腔孔径衍射造成的共振腔能量损耗。其大小与共振腔结构和振荡模阶数有关。

**10.287 腔倒空 cavity dumping**
通过改变光学谐振腔的$Q$值，把储存在谐振腔中的能量倒空，以获得激光输出的方法。

**10.288 *ABCD* 矩阵 *ABCD* matrices**
描述光学系统对高斯光束变换规律的矩阵。它的四个元素分别为$A$、$B$、$C$、$D$。

**10.289 腔内调制 intracavity modulation**
通过改变激光器的内部参数，如增益、共振腔$Q$值或光程等实现对激光调制的方法。主要有$Q$开关、腔倒空、锁模等技术。

**10.290 腔外调制 outer cavity modulation**

只改变激光器输出激光参数而不影响激光器振荡的调制方法。主要用于光偏转、扫描、隔离、调相、调幅和斩波等方面。

**10.291　调制共振**　modulation resonance

相干光谱学中，通过调制频率与两能级的频率差相匹配使得所发辐射受到调制，其调制深度有共振性质，可用来对受激态之间的间隔做精确测定的方法。

**10.292　谐振腔品质因数**　resonator quality factor

又称“$Q$ 值($Q$-value)”。一个描述谐振腔谐振特性优劣的量。定义为谐振腔的光谱特性曲线中谐振波长与半高全宽的比值。无量纲。$Q$ 值的大小取决于共振腔内的光能量与一个振荡周期内损耗能量之比。

**10.293　[激光器]调 $Q$ 技术**　$Q$-switching

简称“调 $Q$”。又称“$Q$ 调制($Q$-modulation)”。通过调 $Q$ 开关控制激光器谐振腔的 $Q$ 值，使激光产生或者不产生，从而获得高功率脉冲激光输出的一种方法。

**10.294　调 $Q$ 开关**　$Q$-switch

用来改变光学谐振腔的$Q$值，以获得一定脉冲宽度的强激光输出的光学器件或者装置。

**10.295　电光 $Q$ 开关**　electro-optic $Q$-switch

在电场作用下，利用电光器件使入射偏振光的偏振方向发生变化而实现的谐振腔调$Q$开关。属于一种主动调$Q$开关。

**10.296　$Cr^{4+}$:YAG $Q$ 开关**　$Cr^{4+}$:YAG $Q$-switch

以$Cr^{4+}$:YAG晶体的可饱和吸收特性实现的谐振腔调$Q$开关。

**10.297　被动 $Q$ 开关**　passive $Q$-switch

利用可饱和吸收介质的非线性吸收效应或者其他非线性效应实现的激光器谐振腔调 $Q$ 开关。最常使用的可饱和吸收介质是染料。

**10.298　超声 $Q$ 开关**　ultrasonic $Q$-switch

基于超声波在光学介质中传播过程中的声光效应工作的调 $Q$ 开关。

**10.299　染料 $Q$ 开关**　dye $Q$-switch

利用有机染料饱和吸收特性实现的激光器谐振腔调$Q$开关。如调$Q$染料片和调$Q$染料盒等。

**10.300　色心 $Q$ 开关**　color center crystal $Q$-switch

利用色心晶体的可饱和吸收特性实现的激光器谐振腔调 $Q$ 开关。

**10.301　声光 $Q$ 开关**　acousto-optic $Q$-switch

利用声光效应实现的谐振腔调 $Q$ 开关。

**10.302　主动式 $Q$ 开关**　active $Q$-switch

以外部某种信号控制谐振腔品质因子($Q$ 值)而实现的谐振腔调$Q$开关。

**10.303　转镜 $Q$ 开关**　rotating mirror $Q$-switch

以高速旋转的反射镜实现的谐振腔主动调$Q$开关。

**10.304　光克尔 $Q$ 开关**　optical Kerr $Q$-switch

利用材料的克尔效应制成的调 $Q$ 开关。

**10.305　[调 $Q$]开关时间**　switching time

在调 $Q$ 激光器中，调 $Q$ 开关使谐振腔 $Q$ 值从最小值变到最大值所经历的时间。调 $Q$ 激光器输出的激光脉冲宽度与开关时间密切相关。

**10.306　动静比**　output ratio of $Q$-switching to free running

激光器使用 $Q$ 开关时与没有使用 $Q$ 开关时

的输出激光能量(功率)之比。该比值越接近1表示$Q$开关激光器的性能越好。

**10.307 激光二极管** laser diode

具有二极管结构，以半导体材料为激光介质，并以电流注入二极管有源区为泵浦方式的半导体激光器。

**10.308 半导体激光二极管** semiconductor laser diode

由半导体PN结二极管构成，在正向注入电流驱动下工作的激光器。

**10.309 半导体激光二极管阵列** semiconductor laser diode array

在一个芯片上由多个条形半导体激光二极管集成、具有大功率输出特性的激光器。

**10.310 宽频激光二极管** broad-area laser diode

发光区宽度远大于基横模半导体激光器的条宽的激光器。具有输出功率大的特点，主要用于对横模没有要求的应用场合，如作为固体激光器的泵浦光源。

**10.311 法布里–珀罗激光二极管** Fabry-Perot laser diode，FP-LD

以半导体 PN 结为增益介质，芯片两端自然解理面构成法布里–珀罗谐振腔，实现激光振荡的激光二极管。

**10.312 激光二极管线阵** laser diode linear array

由多个条形激光二极管侧向排列、以同一解理面为共振腔反射镜的激光器。其发光点排列成一条直线。

**10.313 激光二极管面阵** laser diode array

多个激光二极管发光点在一个平面上排列成一个二维列阵的激光器。其主要结构有两种：一是由多个激光二极管线阵上下键合构成的叠层，二是用多个垂直腔面发射激光器在同一衬底芯片上制作二维阵列。

**10.314 激光二极管叠层列阵** laser diode stack array

将多个激光二极管芯片上下叠加键合组装的激光器。

**10.315 激光二极管模块** laser diode module

包含激光二极管、光学整形元件、制冷和热敏元件、输出耦合元件等功能器件的组件。

**10.316 泵浦** pumping

又称“抽运”。向激光器工作物质提供能量，从而使其粒子从低能级跃迁到高能级，建立布居反转的方法。

**10.317 端面泵浦** end pumping

泵浦光由端面耦合进入激光工作物质的一种泵浦方式。

**10.318 侧泵浦** side pumping

泵浦能量从激光工作物质侧面耦合进入的泵浦方式。

**10.319 包层泵浦** clading pumping

泵浦光在内包层中传输，在传输过程中与纤芯有效耦合，实现对纤芯中掺纤离子激发并建立布居反转的包层光纤激光器的一种泵浦方式。

**10.320 电子束泵浦** electron beam pumping

利用电子枪产生的电子束进行泵浦的一种泵浦方式。

**10.321 谐振泵浦** resonance pumping

又称“共振抽运”。将激活粒子由基态直接激发到激光上能级的泵浦。能够降低无辐射弛豫过程产生的热量，能够有效提高量子效率，减少在工作物质中的热量，获得更高性能激光输出的一种泵浦方式。

**10.322　化学泵浦**　chemical pumping
利用化学反应产生的能量激发原子、分子，并形成布居反转的泵浦方式。有3种方式：化学反应产生的能量直接激发原子、分子；利用化学反应产生的激发原子、分子通过非弹性碰撞能量转移激发激活粒子以及通过物质在紫外线作用下发生分解形成激发态原子、分子；使分子或原子间的化学键破坏或形成，化学能转化为某种激发而出现布居反转，产生激光。

**10.323　光泵浦**　optical pumping
以外部注入光作为工作物质粒子从低能级跃迁到高能级的能量源的一种泵浦方式。

**10.324　激光泵浦**　laser pumping
以外部激光向工作物质提供能量，激发其粒子到激发态并达到布居反转状态的泵浦方式。

**10.325　纵向泵浦**　longitudinally pumping
沿激光器光传输方向给工作物质注入泵浦能量(功率)的泵浦方式。

**10.326　闪光灯泵浦**　flash lamp pumping
用闪光灯的光辐射激发激光工作物质产生布居反转状态的泵浦方式。

**10.327　直接泵浦**　direct pumping
将激活粒子直接泵浦到激光上能级的泵浦方式。

**10.328　泵浦灯**　pumping lamp
给激光器工作物质输入光辐射能量，使其建立布居反转状态的闪光灯。

**10.329　激发**　excitation
外来能量使原子、分子从任意能级跃迁到另一较高能级的过程。

**10.330　非共振激发**　off-resonant excitation
在外部光对原子或分子等体系进行激发时，外部光的波长或频率与被激发的原子或者分子体系的共振频率不对准的一种激发方式。

**10.331　敏化**　sensitized
在晶体中掺入一种或多种能够吸收晶体被激活粒子的施主离子，从而提高激光器泵浦能量利用率的技术。

**10.332　注入种子**　injection seeding
将主振荡器产生的信号(称为“种子”信号)注入另一从动振荡器中的过程。

**10.333　泵浦参数**　pumping parameter
激光器泵浦单元的参数。包括泵浦源结构参数、泵浦光波长、泵浦脉冲宽度、泵浦光腰斑大小、在激光介质中的聚焦位置等。

**10.334　泵浦速率**　pumping rate
单位时间内泵浦源激发工作物质能级粒子数。

**10.335　泵浦效率**　pumping efficiency
工作物质有效吸收的泵浦功率与泵浦源发出的总功率的比值。

**10.336　泵浦功率**　pumping power
又称“抽运功率”。泵浦光源的功率。和激光的输出功率直接相关。

**10.337　模式锁定**　mode-locking
又称“锁模”“稳频”。使激光器谐振腔不同振荡纵模之间，即输出激光的不同频率分量之间实现相位锁定，从而使激光器输出稳定的光脉冲序列的一种技术。锁模分为主动锁模及被动锁模两类。

**10.338　被动锁模**　passive mode-locking

利用可饱和吸收介质的非线性吸收效应或者其他非线性效应实现激光器锁模的技术。最常使用的可饱和吸收介质是染料。

**10.339 主动锁模** active mode-locking
又称“主动稳频(active frequency stabilization)”。采用注入外来信号使激光器谐振腔处于强迫振荡状态从而实现锁模的技术。

**10.340 自锁模** self mode-locking
利用激光器工作介质自身的非线性效应对激光振荡进行强度调制、相位锁定的一种被动锁模技术。

**10.341 附加脉冲锁模** additive-pulse mode-locking
在外腔中利用非线性相互作用实现的锁模激光技术。是一种用于产生皮秒或者飞秒量级超短脉冲的被动锁模技术。

**10.342 克尔镜自锁模** Kerr lens mode-locking
又称“克尔透镜锁模”。利用激光器工作介质的克尔效应实现的一种锁模技术。

**10.343 调 *Q* 模式锁定** *Q*-switched mode-locking
从连续波锁模激光器选出单个短脉冲激光输入放大器放大，并利用 *Q* 开关和腔倒空技术获得高功率激光输出的技术。

**10.344 自启动模式锁定** self-starting mode-locking
无需采用外部调制方式或施加外部信号而实现模式锁定的现象。

**10.345 全正常色散锁模** all normal dispersion mode-locking
光纤激光器中使有源光纤的增益波段处于正常色散的一种锁模技术。

**10.346 自相似锁模** self-similar mode-locking
光脉冲在激光腔中传播时脉冲以同一轮廓被不断放大的锁模机理。

**10.347 拉伸脉冲锁模** stretched pulse mode-locking
光纤激光器中通过分段间隔使用正、负色散光纤的方法，使脉冲在传播过程中循环展宽–压缩，降低非线性效应对锁模机制的抑制，从而产生较大脉冲能量的一种被动锁模机制。

**10.348 碰撞锁模** colliding pulse mode-locking
在被动锁模激光器中，两束沿相反方向传播的光同时到达可饱和吸收体并发生碰撞干涉，在吸收体中形成光强的空间调制，从而实现锁模的一种锁模技术。

**10.349 [光]注入锁定** optical injection locking
用一个相干性优良的低功率激光器(称主激光器)作为种子源注入高功率激光器(称从激光器)中的主动锁模技术。在一定条件下，从激光器就可以在注入光频率处建立起稳定振荡，其自主运转模式则被抑制。

**10.350 分布反馈** distribution feedback
依靠分布在激光工作物质内部周期性结构(光栅)的光学衍射建立的光学反馈。这种反馈不同于几种反射的镜子，而是分布式地发生在光栅各点。

**10.351 超辐射态** super radiant state
在建立了布居反转的介质中出现的可合作(相干)自发辐射的状态。发射的光辐射强度与发光粒子数的平方成正比。

**10.352 超强激光场** super strong laser field
对应的电场强度大大超过介质内部形成的

库仑场强度的激光场。

**10.353　[激光]大气击穿**　atmospheric breakdown

在强激光作用下，大气原子吸收光子发生光电离，光电离产生的电子和大气原有电子经过强激光逆轫致辐射加热，再与中性分子碰撞电离而导致大气导电的现象。

**10.354　标准灯**　standard lamp

用于复制和保持光度、辐射度量的单位及量值传递的各种光源。它们是光学辐射及光度、色度计量中的标准量具。

**10.355　光强标准灯**　luminous intensity standard lamp

用于复现、保持和传递发光强度单位量值的标准灯。

**10.356　光通量标准灯**　luminous flux standard lamp

用于复现、保持和传递光通量单位量值的标准灯。

**10.357　辐射亮度标准灯**　radiance standard lamp

用于复现、保持和传递辐射亮度单位量值的标准灯。

**10.358　亮度标准灯**　standard luminance lamp

用于复现、保持和传递亮度单位量值的标准灯。

**10.359　LED 标准灯**　LED standard lamp

利用LED作为标准光源的标准灯。

**10.360　氙闪光灯**　xenon flash lamp

又称"脉冲氙灯(pulse xenon lamp)"。发光气体是惰性气体氙的气体放电灯。闪光时间可达毫秒甚至微秒量级，在高速电影摄影或多次曝光以及快速单闪摄影中有重要的应用。

**10.361　贴片式 LED 灯**　surface mounting technology packed LED light，SMT packed LED light

利用贴片工艺将多个 LED 制作成的一体化照明灯具。

**10.362　直插 LED 灯**　plug in LED lamp

有接插电源引脚并以灌注封装的LED灯。将区分正负极的一长一短的引脚直接插入电源使用。

**10.363　气体放电灯**　gas discharge lamp

又称"气体放电光源"。电流流经气体或金属蒸气，使之产生气体放电而发光的灯具(光源)。放电有低气压、高气压和超高气压之分。荧光灯、低压钠灯等属低气压放电灯；高压汞灯、高压钠灯、金属卤化物灯等属高气压放电灯；超高压汞灯等属超高气压气体放电灯。而碳弧灯、氙灯等属放电气压跨度较大的气体放电灯。

**10.364　氙灯**　xenon lamp

一种阴极由电子发射性能良好的钍钨或钡钨制成、阳极由耐高温钨制成、灯内充以氙气的气体放电灯。

**10.365　金属卤化物灯**　metal halide lamp

利用金属卤化物碘化镝、碘化钬的蒸气放电而发光的高强度气体放电灯。

**10.366　汞灯**　mercury lamp

一种以汞蒸气作为发光物质的气体放电灯。

**10.367　低压汞灯**　low pressure mercury lamp

工作于低气压的汞灯。

**10.368　高压汞灯**　high pressure mercury lamp

工作于高气压的汞灯。

10.369　超高压汞灯　ultrahigh pressure mercury lamp

又称“UHP 灯(UHP lamp)”。一种以超高压汞蒸气作为唯一发光物质的气体放电灯。

10.370　冷阴极荧光灯　cold cathode fluorescent lamp，CCFL

一种在玻璃管内封入含有微量水银蒸气的惰性混合气体，在两电极间加上高压高频电场激发紫外线，紫外线激发玻璃内壁涂布的荧光体而发射出可见光的荧光灯。

10.371　荧光灯　fluorescent lamp

在玻璃管内壁上涂有荧光材料，在放电过程中产生紫外线辐射，并转化为可见光的一种低压汞蒸气放电灯。

10.372　弧光灯　arc lamp

当电流在两根白炽炭精棒或金属电极之间通过时引起电弧从而发光的一种强光灯。

10.373　氙弧灯　xenon arc lamp

氙气放电灯。辐射波段为220～850 nm，发射功率为150 W，多用作荧光分光光度计的光源。

10.374　氪灯　krypton lamp

使用氪气体的气体放电灯。

10.375　卤素灯　halogen lamp

在灯泡内注入碘或溴等卤素气体，在高温下升华的钨丝与卤素发生化学作用，升华的钨会重新凝固在钨丝上，形成平衡的循环，避免钨丝过早断裂的白炽灯。

10.376　裂隙灯　slit lamp

利用强聚焦光线将透明的眼组织做成光学切面，然后通过显微镜像观察病理组织切片那样，精确地观察病变的深浅、组织厚薄的仪器。

10.377　能斯特炽热灯　Nernst glower lamp

一种能在空气中直接通电加热的红外辐射源。辐射体是由氧化锆、氧化钇、氧化铈和氧化钍的混合物烧结成的棒材。

10.378　红外灯　infrared lamp

红外辐射加强的白炽灯和石英管灯。一般采用反射镜和透红外线能力强的石英玻璃罩壳以提高辐射的利用率，通常用于辐射加热、红外治疗等。

10.379　白光照明　white lighting

将 LED 所产生的白光用于一般的空间照明或用作液晶显示屏背光的照明方式。

10.380　普通照明　general lighting

用于一般的室内外空间、没有特殊要求的照明方式。

10.381　亮场照明　bright-field illumination

形成亮场的照明方式。

10.382　脉冲照明　pulse illumination

用以脉冲方式工作的光源实现的照明方式。

10.383　临界照明　critical illumination

聚光镜所成的光源像与被观察物体的物平面重合的一种透射照明方式。相当于物面上放置一个光源，灯丝的形状同时出现在像面上，而造成不理想的观察效果。

10.384　科勒照明　Kohler illumination

一种将光源成像在放映物镜瞳孔处的均匀照明方式。

10.385　照明条件　illuminating condition

符合 CIE 各种光度、色度测量要求的照射角、测量角、光束角的规定。

10.386　E 照明体　E illuminant

一种理论上具有等能相对光谱功率分布的照明体。

**10.387　F 照明体**　F illuminant

相对光谱功率分布代表各种常用荧光灯辐射特性的系列“荧光”照明体。

**10.388　标准照明体**　standard illuminant

具有特定相对光谱功率分布的理想辐射体。这种相对光谱功率分布不一定能用一个具体的光源来实现。

**10.389　A 照明体**　A illuminant

绝对温度大约为 2856 K 的辐射体。

**10.390　C 照明体**　C illuminant

相关色温大约为6774 K的平均日光。它的色品坐标点位于黑体轨迹线下方。

**10.391　D 照明体**　D illuminant

一系列代表不同时相日光的标准照明体。最常用的是D50照明体和D65照明体，其相关色温分别为5003 K和6504 K。

**10.392　CIE 标准照明体**　CIE standard illuminant

由CIE规定的入射在物体上的一个特定的相对光谱功率分布的照明体。包括标准照明体A、B、C、D、E等。

**10.393　[激光器]泵浦源**　pumping source

对激光工作物质进行激励，将激活粒子从基态泵浦到高能级，以实现粒子数反转的能量源。

**10.394　连续光谱源**　continuous spectral source

在较宽的波段内，辐射能量随波长连续分布的辐射源。

**10.395　选择性光谱源**　discontinuous spectral source

辐射能量集中在一些较窄的光谱区间内，发射光谱呈现一系列分立谱线或谱带的辐射源。

**10.396　单色源**　monochromatic source

人工制造的单一波长或极窄谱带的辐射源。

**10.397　人工红外源**　artificial infrared source

人工制造的标准或非标准红外辐射源。标准源如黑体、卤钨灯等，非标准源如利用固体加热、气体放电、激光等原理制造的各种工程上通用的辐射源。

**10.398　漫射面源**　diffuse extended source

辐射或反射的能量向空间漫射的面源。如果辐射强度的空间分布遵循朗伯余弦定律，即为朗伯面源。

**10.399　光出射度**　luminous exitance

光源上每单位面积向半个空间($2\pi$ sr)内发出的光通量。单位是流明/米$^2$ (lm/m$^2$)。

**10.400　辐射源**　radiator

能够产生电磁辐射的物体。

**10.401　同步辐射源**　synchrotron radiator

速度接近光速的带电离子在磁场中做变速运动时产生的辐射源。

**10.402　自然辐射源**　natural radiator

自然形成的辐射源。如地物、大气以及地球外物质等。自然辐射源的辐射既可以是自身辐射，也可以是反射的辐射。

**10.403　目标辐射源**　target radiator

作为光电系统探测对象的辐射源。目标辐射源可以是自然辐射源，或是人工辐射源。

**10.404　朗伯辐射源**　Lambertian radiator

又称"朗伯体""余弦辐射体(cosine law radiator)"。表面漫辐射或漫反射的辐射强度空间分布的规律与cos$\theta$成正比的辐射体。其中$\theta$为发射方向与发射平面法线的夹角，即亮度与方向无关；上述按cos$\theta$规律发射光通量的规律，称为朗伯余弦定律。

**10.405　人工辐射源**　artificial radiator

人工建造的辐射定量标准或非标准辐射源。如黑体辐射源、积分球、各种灯源等。

**10.406　选择性辐射体**　selective radiator

光谱发射率小于1且随波长变化的辐射体。

**10.407　灰体**　gray body

光谱发射率小于1且不随波长变化的辐射体。

**10.408　黑体**　black body

对任何波长的入射辐射均能全部吸收的理想物体。它的吸收率和发射率都等于1。

**10.409　标准黑体**　standard blackbody

据ISO的规定，发射率大于0.9995的用作标准辐射源的黑体。主要用于校准辐射温度计、红外温度计和辐射温度传感探测器。

**10.410　黑体轨迹**　blackbody locus

在色品图上，把完全辐射体(黑体)在不同温度下的色品坐标连接起来的曲线。

**10.411　LED有效寿命**　LED lifetime

在正常工作条件下LED的光通量(流明值)下降到初始值的70%的连续工作时间。

**10.412　LED响应时间**　LED response time

半导体LED从注入电流到发出自发辐射光的时间。这是因为载流子存在自发辐射复合寿命与带内弛豫现象。

**10.413　[LED]启动时间**　starting time

LED从加电后到正常光通量的10%所经历的时间。

**10.414　[LED]点亮时间**　run-up time

LED从正常光通量的10%上升至90%所经历的时间。

**10.415　[LED]熄灭时间**　ceasing time

LED断电后光通量从正常光通量降至其值的10%所经历的时间。

**10.416　LED耐候性**　LED weather ability

LED耐受室外恶劣工作条件(如光照、寒冷或酷热、风、雨、潮湿、细菌等)的能力。

**10.417　LED耐久性**　LED durability

LED抵御自身老化和外部自然环境长期损害的能力。耐久性越好，工作寿命越长。

**10.418　LED封装**　LED packaging

一种半导体器件制造工艺。包括将LED外延片分离成芯片后在芯片上互连、芯片与外壳之间互连构成元件，或多个元件在母板上互连、母板之间互连成照明系统，以及将它们置入外壳或与环境隔离的保护介质中。

**10.419　软封装LED**　flexible packaging LED

将LED芯片直接粘贴在印刷电路板上由连接导线使LED显示字符和陈列效果，用透明树脂封装的一种LED封装方式。用于字符或数码显示、软灯带等。

**10.420　板上LED**　chip-on-board LED

封装中将芯片用导电或非导电胶黏附在互连母板后键合引线实现互连的一种LED。

**10.421　LED失效**　LED failure

①瞬时过电压或过电流、突然的机械冲击等使LED遭受破坏而完全丧失发光功能的现

象，此为破坏性失效；②LED工作寿命期内器件本身物理原因导致光通量缓慢下降至某一允许值的现象，此为退化性失效。

**10.422 LED 浪涌损伤** LED surge damage
启动LED电源时存在瞬时过渡过程，瞬时电压和电流可高出其标称值数倍乃至数十倍而致使LED器件毁灭性破坏的现象。为此常要求电源含有电容或电感等抗浪涌的慢启动电路。

**10.423 LED 支架** LED stand
对 LED 起支撑、导电和导热作用的金属片构件。

**10.424 LED 许用功率** LED normal power
在工作温度为25℃时由LED正向电流和正向电压之积表示的功率。超出此限将导致LED寿命减少乃至损坏。

**10.425 LED 最大正向直流电流** LED maximum forward current
LED运行时的极限电流。超过此值将导致器件破坏。

**10.426 LED 最大[峰值]反向电压** LED maximum [peak] reverse voltage
工作时所能承受的最高负电压。超出此值可能导致LED的反向击穿而损坏。

**10.427 发光二极管** light emitting diode，LED
在用半导体材料制成的PN结或类似的结构中通以正向电流，使载流子复合从而发出可见光或红外线的电致发光器件。属于冷光源。

**10.428 有机发光二极管** organic light emitting diode，OLED
利用电子和空穴在有机薄膜中复合发光的一种发光器件。利用OLED制作的显示器具有自发光性、广视角、高对比、低耗电、高反应速率、全彩化及制造简单等优点，与薄膜晶体管液晶显示器为不同类型的产品。OLED显示器可分为单色、多彩及全彩等种类，它按照驱动方式分为被动式OLED与主动式OLED两种。

**10.429 荧光有机发光二极管** fluorescent organic light emitting diode
利用传统的荧光发射的一种有机发光二极管。

**10.430 有源矩阵有机发光二极管** active matrix organic light emitting diode，AMOLED
利用有源器件构成的矩阵去驱动不同发光二极管的OLED阵列。是一种应用于电视和移动通信终端显示屏的技术。相比传统的液晶面板，AMOLED显示具有反应速度较快、对比度更高、视角较广等特点。

**10.431 无源矩阵有机发光二极管** passive matrix organic light emitting diode，PMOLED
利用无源器件构成的矩阵去驱动不同发光二极管的OLED阵列。

**10.432 白光有机发光二极管** white organic light emitting diode，WOLED
有机材料在电场作用下发白色光的发光二极管。通常是利用多重发色团进行光色调节达到发射白光的目的。

**10.433 聚合物发光二极管** polymer light emitting diode，PLED
采用聚合物材料为发光层在电场作用下发光的发光二极管。利用聚合物良好的成膜性能简化器件的工艺。

**10.434 柔性有机发光二极管** flexible organic light emitting diode，FOLED
采用柔性基板代替现有的导电玻璃的有机

发光二极管。

**10.435 超辐射发光二极管** super luminescent light emitting diode，SLED/SLD

又称“超荧光光源(super fluorescent light source)”。一种发光特性处于激光二极管和发光二极管之间，基于强激发状态下定向辐射的半导体发光二极管。这种光源既具有激光二极管的高功率和高亮度的特点，又具有发光二极管低相干、宽光谱等特点。

**10.436 紫外发光二极管** ultraviolet light emitting diode

使用宽带隙的有源材料(如Ⅲ族氮化物)、光发射波长小于390nm的发光二极管。

**10.437 发光二极管芯片** LED chip

简称“LED芯片”。由有源材料构成的发光二极管的发光芯片。

**10.438 倒装 LED 芯片** flip LED chip

衬底朝上封装的发光二极管芯片。可提高芯片散热能力。

**10.439 垂直电极 LED 芯片** vertical electrode LED chip

正和负接触电极分别制作在正面P型和N型半导体衬底背面上的LED芯片。

**10.440 水平电极 LED 芯片** horizontal electrode LED chip

正和负接触电极分别在P型半导体表面和外延时在N型半导体正面电极预留区内同时制作的LED芯片。

**10.441 薄膜 LED 芯片** thin film LED chip

将LED外延层从衬底上剥离出、再将其黏附在导电基板上的薄膜状LED芯片。这样可以使衬底材料重复使用，降低制造成本。

**10.442 能量密度** energy density

单位被照射面积上的能量。能量密度主要用于描述光束的辐射分布。

**10.443 平均能量密度** average energy density

光束横截面上单位面积平均光能量。

**10.444 平均功率密度** average power density

光束横截面上单位面积平均光功率。

**10.445 功率密度分布椭圆度** ellipticity of power density distribution

最小光束宽度和最大光束宽度之比。

**10.446 输出功率不稳定度** output power instability

在一定的时间范围内，激光器输出功率(能量)变化的标准差与输出功率的平均值的比值。是衡量激光器输出性能的主要参数之一。

**10.447 斜率效率** slope efficiency

激光器输出功率(或能量)与泵浦功率(或能量)和激光器阈值振荡泵浦功率(能量)差的比值。是激光器输出特性参数之一。

**10.448 转换效率** conversion efficiency

能量从一种形式转换为另一种时，输入量和输出量的比值。

**10.449 总体效率** wall plug efficiency

直接插入电源使用、电功率直接转换为发射光功率的半导体光发射器件的工作效率。为所发出的光功率与输入的电功率之比。

**10.450 均匀饱和** homogeneous saturation

激光工作物质的激活粒子光谱线属于均匀展宽增益饱和的现象。

**10.451 非均匀饱和** inhomogeneous saturation

光谱线内不同频率光波有不同饱和增益的现象。

**10.452 兰姆半经典理论** Lamb's semiclassical theory

采用经典麦克斯韦方程组描述光频电磁场，而物质量子则用量子力学描述的半经典理论。它能较好地揭示激光器大部分特性，如强度特性(反转粒子数烧孔效应与振荡光强的兰姆凹陷)、增益饱和、多模耦合与竞争、模的相位锁定、激光振荡的频率牵引与频率推斥效应等。

**10.453 兰姆凹陷** Lamb dip

曾称“拉姆凹陷”。在工作物质谱线非均匀展宽的激光器中，激光器振荡频率在工作物质增益曲线的中心频率附近出现的凹陷。最早在He-Ne激光器1.152 μm谱线上观察到这种凹陷。

**10.454 倒兰姆凹陷** inverted Lamb dip

激光器共振腔内加进对激光振荡波长发生强烈吸收的物质，在激光振荡功率–频率曲线上对应于谱线中心频率处出现的窄宽度尖峰。置于激光器谐振腔中的特殊气体盒，使激光器输出功率随频率变化的曲线在激光振荡频率等于该气体盒吸收谱线中“L”频率处出现尖峰的现象。

**10.455 激光建模** laser modeling

对激光器的各个参量和相关物理机理建立数学模型，对其进行理论研究和分析的方法。

**10.456 速率方程** rate equation

表征激光器腔内光子数和工作物质各有关能级上的原子数随时间变化的微分方程组。

**10.457 速率方程建模** rate equation modeling

采用一系列速率方程组对工作物质中各能级粒子数密度和光子密度进行动态模拟的方法。

**10.458 菲希特鲍尔–拉登堡方程** Fuechtbauer-Ladenburg equation

一种计算激活粒子从激发态向基态跃迁的受激发射截面的公式。

**10.459 半经典激光方程** semiclassical equation

又称“兰姆自洽方程(Lamb self-consistent equation)”。半经典理论中激光场所满足的电磁场方程。该方程说明激光振荡特性与介质极化强度之间存在着简单的关系，只要能确定介质的极化状态，利用自洽方程就可以求出场模的振幅及频率的特性。

**10.460 激活粒子** active particle

可以通过受激发射而产生激光的原子、分子、离子和电子–空穴对等的总称。

# 11. 光有源器件

**11.001 电光器件** electro-optical device

应用电光效应制成的器件。如高速相机中的电光快门。

**11.002 光电探测器** photoelectric detector

简称“光探测器”。利用材料的光电效应，将光信号转换为电信号的器件。常用的光电探测器有光电管、光电二极管、光生伏特电池等。

**11.003 半导体光电探测器** semiconductor photoelectric detector

利用半导体的光电效应将光信号转换为电信号的器件。如光导管、光电池、光电二极管、光电晶体管等。

**11.004 本征探测器** intrinsic detector

又称“内禀探测器”。由纯净半导体制成的

光电探测器。

**11.005　非扫描探测器**　nonscanned detector
器件本身不带使电子偏转的磁系统或者机械扫描系统或者其他光电扫描系统的一种光电探测器。如光电倍增管、光电二极管、像增强器等。

**11.006　辐射探测器**　radiation detector
将辐射能转换为电能的器件。常用于实现光电转换。

**11.007　微光探测器**　low light level detector
用于探测微弱光信号的光电探测器。常用于夜视望远镜、像增强器、大孔径相机等。

**11.008　外赋探测器**　extrinsic detector
又称“非本征探测器”。以掺杂的外赋半导体材料制成的光电探测器。

**11.009　楔环探测器**　wedge-ring detector
一种用于光学功率谱探测的光电探测器件阵列。该阵列通常由光电二极管或硅光电池构成，并制成楔形环状。

**11.010　金属–半导体–金属光电探测器**　metal-semiconductor-metal photoelectric detector
一种基于金属–半导体–金属结构的光电探测器。它易于和场效应管单片集成实现光电子集成回路。

**11.011　外光电效应探测器**　external photoelectric effect detector
又称“光电发射探测器”。利用外光电效应(即光电效应)制成的光电探测器。

**11.012　光磁电效应**　photo-magneto-electric effect
半导体在强磁场中受到光照射时产生光生电子–空穴对，并在磁场洛伦兹力的作用下电子与空穴分别向不同方向扩散的现象。

**11.013　光磁电探测器**　photo-magneto-electric detector
又称“PME 器件”。一种利用光磁电效应制成的光电探测器。

**11.014　光子牵引探测器**　photon drag detector
利用半导体中的载流子吸收光子获得动量而产生与入射光功率成正比的光子牵引电压的一种光电探测器。这种探测器的机理是一种非势垒光伏效应，适用于强光探测。

**11.015　光电位置探测器**　photoelectric position sensing detector
一种对入射到光敏面上的光点位置敏感的光电器件。可用于高分辨率地测量光斑在光电位置敏感器件上的位置。

**11.016　热辐射探测器**　thermal radiation detector
简称“热探测器”。又称“光热探测器”。基于光与物质相互作用的热效应而制成的探测器。

**11.017　光电导效应**　photoconductive effect
半导体材料吸收入射光子后，产生光生载流子，使材料的电导率增加的现象。

**11.018　光电导探测器**　photoconductive detector
利用光电导效应制成的一种光电探测器。常见的有光电导管、光电导摄像管等。

**11.019　光伏探测器**　photovoltaic detector
利用光伏效应制成的一种光电探测器。

**11.020　量子阱探测器**　quantum well detector

一种基于半导体量子阱结构的光电探测器。

**11.021 纳米光电探测器** nano-photoelectronic detector

利用纳米丝、纳米棒制成的量子阱探测器。

**11.022 紫外波段光电导探测器** ultraviolet photoconductive detector

简称“紫外探测器”。将紫外波段的光转化为电信号的光电导探测器。

**11.023 红外波段光电导探测器** infrared photoconductive detector

简称“红外探测器”。将红外波段的光转化为电信号的光电导探测器。

**11.024 热电偶探测器** thermocouple detector

利用双金属结或半导体结的热电效应将辐射热转变为电压信号的光电探测器。

**11.025 光子探测器** photon detector

利用材料的光电效应制作的光电探测器。

**11.026 热气动探测器** thermo-pneumatic detector

利用光学系统检测一个气室由于吸收红外辐射引起温升后膨胀造成的形变来探测红外辐射的探测器。

**11.027 光电导型红外探测器** photoconductive infrared detector

简称“光导红外探测器”。利用半导体吸收红外辐射后引起的电导变化来探测红外辐射的光电探测器。

**11.028 本征光电导型红外探测器** intrinsic photoconductive infrared detector

利用检测半导体对红外辐射的本征吸收引起的电导变化来探测红外辐射的光电探测器。

**11.029 非本征光电导型红外探测器** extrinsic photoconductive infrared detector

利用检测半导体对红外辐射的非本征吸收引起的电导变化来探测红外辐射的光电探测器。

**11.030 光伏型红外探测器** photovoltaic infrared detector

利用半导体的 PN 结受红外辐射产生电压的光伏效应来探测红外辐射的光电探测器。

**11.031 肖特基势垒红外探测器** Schottky barrier infrared detector

利用红外辐射在金属和半导体接触界面的肖特基势垒中产生的光电流来探测红外辐射的光电探测器。

**11.032 量子阱红外探测器** quantum well infrared detector

利用吸收光子后电子在量子阱中子带间跃迁引起的电导或电动势变化来探测红外辐射的光电探测器。

**11.033 量子点红外探测器** quantum dot infrared detector

利用吸收光子后电子在量子点的子带间跃迁引起的电导或电动势变化来探测红外辐射的光电探测器。

**11.034 光磁电型红外探测器** photoelectromagnetic infrared detector

利用半导体中的光生电子–空穴对在磁场作用下向两侧分离，从而产生电压或电流的光磁电效应来探测红外辐射的光电探测器。

**11.035 II类超晶格红外探测器** type II superlattice infrared detector

利用II类超晶格结构制成的光导或光伏红外光电探测器。

**11.036 雪崩型红外探测器** avalanche infrared detector

又称“雪崩光电二极管”。利用光生载流子在 PN结耗尽区的强电场中产生雪崩倍增的现象来探测红外辐射的光电探测器。

**11.037 单光子探测器** single photon detector

具备探测单光子能力的光电探测器。常见的单光子探测器有光电倍增管、雪崩二极管或者超导探测器等。

**11.038 单光子红外探测器** single photon infrared detector

具备探测红外波段光子能力的单光子探测器。

**11.039 约瑟夫森结超导红外探测器** Josephson junction superconductor infrared detector

利用超导隧道结中的约瑟夫森效应来探测微波或远红外辐射的光电探测器。

**11.040 时间延迟积分效应** temporal integration effect

在光电导体内，当光生载流子的漂移速度与被探测的景象扫描移动速度一致时，探测到的电信号将随时间进行累加积分的现象。

**11.041 扫积型红外探测器** SPRITE infrared detector

利用时间延迟积分效应来提高信噪比的光电导探测器。

**11.042 红外焦平面阵列探测器** infrared focal plane array detector

带有读出电路的红外探测芯片阵列器件。由于该类器件大多配置在红外系统的焦(像)平面上使用，故得名红外焦平面阵列探测器。

**11.043 微悬臂梁红外探测器** micro-cantilever infrared detector

用两种热胀系数不同的材料黏合而成的复合膜制成的微悬臂梁结构作为敏感元，利用其受热后的形变转换成电容或者反射镜角度的变化来探测红外辐射的光电探测器。

**11.044 热释电探测器** pyroelectric detector

利用热释电材料的自发极化强度随温度而变化的效应制成的一种热敏型红外光电探测器。

**11.045 太赫兹热释电探测器** terahertz pyroelectric detector

利用太赫兹波辐照热效应引起的器件宏观极化变化来检测太赫兹波辐射强度的光电探测器。

**11.046 热电堆探测器** thermopile detector

由多个热电偶探测器串联组成的光电探测器。

**11.047 非本征半导体太赫兹探测器** extrinsic semiconductor terahertz detector

在高纯半导体中引入浅杂质能级，利用太赫兹波辐照使浅杂质发生离化，引起光电导或光伏效应，从而实现对太赫兹波辐射强度探测的光电探测器。

**11.048 太赫兹量子阱探测器** terahertz quantum well detector

在半导体多量子阱中引入束缚电子，利用在太赫兹波辐照下束缚电子发生子带跃迁形成光电流的现象来实现对太赫兹辐射强度探测的光电探测器。

**11.049 电光取样探测器** electro-optic sampling detector

利用太赫兹波照射到某些电光晶体上产生的瞬时双折射现象，并检测两束双折射偏振光的消光比，从而实现太赫兹波振幅测量的光电探测器。

**11.050 超导太赫兹探测器 superconductor terahertz detector**

利用太赫兹波辐照使超导体电阻发生变化来实现太赫兹波探测的光电探测器。超导太赫兹探测器通常用于外差探测，在天文学上有重要应用。

**11.051 多晶光电导探测器 polycrystalline photoconductive detector**

由多晶半导体材料制成的光电导探测器。多晶半导体是由许多不同导电类型的半导体(P 型或 N 型)组成的。

**11.052 狭缝探测器 slit detector**

用狭缝来限制透光范围的光电探测器。

**11.053 探测器尺寸 detector size**

光电探测器包含所有光敏元在内的几何面积，即像素矩阵面积。单位通常为 mm×mm。对于圆形光敏面探测器，通常用直径表示。

**11.054 探测器响应度 detector responsiveness**

描述光电探测器光电转换能力的物理量。其值等于光电探测器的平均输出电信号电流大小与平均输入光信号功率大小之比。单位为 A/W。

**11.055 探测器光谱响应 detector spectral response**

光电探测器对于不同波长单色光响应度随波长的分布特性。

**11.056 探测器峰值波长 detector peak wavelength**

光电探测器光谱响应中响应度最大时对应的波长。

**11.057 探测器截止波长 cutoff wavelength of a detector**

光电探测器光谱响应度下降为特定值时对应的波长。可分为前截止波长和后截止波长。特定值一般为峰值波长的一半。

**11.058 探测器视场 field-of-view of a detector**

光电探测器接收辐射的立体角。

**11.059 探测器驻留时间 dwell time of detector**

采用扫描工作方式的探测器对物方场景进行扫描时，扫过一个瞬时视场所需要的时间。瞬时视场是指探测器单元在物空间所张的视场角。

**11.060 电压灵敏度 voltage sensitivity**

热释电探测器输出的电压幅值与入射光功率之比。

**11.061 光子噪声 photon noise**

又称“量子噪声(quantum noise)”。按照光的量子理论，功率恒定的光因光子数随机起伏而引入的噪声。对于光子数为泊松分布的光，其噪声(均方差)正比于光子数的平均值。无论是激光器发出的激光，还是入射光照射探测器时，都存在这种噪声，是一种不可消除的噪声。

**11.062 闪烁噪声 noise 1/*f***

又称“1/*f* 噪声”“低频噪声(low frequency noise)”。由于探测器光敏层的微粒不均匀或其他微量杂质而产生的噪声。

**11.063 热相位噪声 thermal phase noise**

根据奈奎斯特定律，当温度在绝对零度以上时，光纤折射率将产生涨落，导致光纤中的相位发生随机变化的一种噪声。

**11.064 前置放大器噪声 preamplifier noise**

由光接收机的前置放大器引入的噪声。它包括探测器的量子噪声、闪烁噪声、放大器的噪声等。

**11.065　噪声等效反射率**　noise equivalent reflectivity

在可见、近红外波段，探测器能分辨的目标反射的电磁辐射强度的最小变化量。

**11.066　噪声等效温差**　noise equivalent temperature difference

在热红外波段，探测器能分辨的目标温度最小变化量。

**11.067　噪声等效功率**　noise equivalent power，NEP

又称“*等效噪声功率*”。当光电探测器输出的信号电流(或电压)与噪声的均方根电流(或均方根电压)相等时所对应的输入光功率。

**11.068　探测率**　detectivity

光电探测器噪声等效功率的倒数。单位是$W^{-1}$。

**11.069　归一化探测率**　normalized detectivity

又称“*比探测率(ratio-detectivity)*”。当光电探测器接收光的敏感面积为单位面积、测量系统带宽为1 Hz时的探测率。常用$D^*$表示。

**11.070　暗电流**　dark current

又称“*剩余电流*”“*无照电流*”。光电探测器在无光照或无背景辐射的照射下，器件材料内部的电子热运动所产生的输出电流以及其他表面漏电流之和。它主要受到温度影响，降低温度可减小暗电流。

**11.071　光电效应**　photoelectric effect

全称“*外光电效应*”。在高于某特定频率的电磁波照射下，某些物质内部的电子会被光子激发出来而形成电流的现象。

**11.072　内光电效应**　internal photoelectric effect

又称“*光电导性*”。半导体受到光照时，吸收光子而引起载流子激发，使其导电性增加、电阻率变小的现象。

**11.073　光电导**　photoconductivity

半导体受到光照时，由内光电效应引起的电导增加的部分。

**11.074　本征光电导**　intrinsic photoconductivity

外来辐射使半导体价带电子激发跃迁到导带引起的光电导。半导体对光的吸收系数随光的波长而变化，所以光电导具有一定的光谱分布。

**11.075　非本征光电导**　extrinsic photoconductivity

又称“*外赋光电导*”“*杂质光电导*”。外来辐射由于半导体中杂质能级而使电子跃迁所引起的光电导。

**11.076　光电正比定律**　photoelectric proportion law

电子获得的最大动能与入射光频成正比，从而产生的光电流与入射光强成正比的物理定律。但在超过一定长波限后不再有光电流。

**11.077　光电效率**　photoelectric efficiency

描述光电效应的光电转换效率的量。数值上等于射入的辐射通量即辐射功率与光电流之比，也等于吸收的光子数与产生的电子数之比。单位为W/A。

**11.078　量子效率**　quantum efficiency

在光电效应中，在某特定波长上单位时间内光电探测器输出的光电子数与这一特定波长入射光电子数之比。属无量纲量，最大值为1。

**11.079　内量子效率**　internal quantum efficiency

在光电探测器内部光电效应的量子效率。

**11.080　光谱量子效率**　spectral quantum efficiency

指在某一特定的波长上，每秒钟产生的光电子数与入射光量子数之比。就是等量子光谱响应曲线中用光电子数代替电流或电压。

**11.081　荧光量子效率**　fluorescence quantum efficiency

在泵浦能量固定的条件下，激活粒子所发射的荧光光子数目与吸收的泵浦光子数之比。其意义是工作物质每吸收一个泵浦光子之后，释放出的荧光光子数目；或者说它是泵浦光子转换成荧光光子的平均概率。

**11.082　外量子效率**　external quantum efficiency

①光入射到光探测器表面的总光子数与在光敏材料中激发的电子–空穴对数之比。②注入光发射器件的电子–空穴对数与辐射出器件的光子数之比。它总是小于内量子效率。

**11.083　光电管**　phototube

应用外光电效应原理制成的光电探测器。如石英光电管、真空光电管等。

**11.084　红外光电管**　infrared phototube

用于检测红外线的光电管。主要以氧银铯为阴极。它在可测波长范围内有较高的灵敏度。

**11.085　硅光电导管**　silicon photoconductor tube

利用半导体硅的内光电效应制成的光电导管。它主要用来检测电磁辐射的强度。

**11.086　热电光电导管**　pyroelectric photoconductor tube

由具有热电效应的电介质(如热电晶体)制成的一种光电导管。

**11.087　真空管**　vacuum tube

由抽真空的玻璃外壳制成的各种光电器件。

**11.088　真空光电管**　vacuum phototube

由玻璃外壳、光电阴极和阳极三部分组成，基于外光电效应的抽真空光电管。它按外形称呼有环形光电管，按管子材料称呼有石英光电管，按使用波段称呼有红外光电管，按光敏面材料称呼分类有钾、铯、镉等光电管。

**11.089　真空光电二极管**　vacuum photodiode

抽成真空的光电二极管。它有两个电极，施以反向偏压，暗电流小，在有光照射时，产生与入射光成正比的光电流。

**11.090　光电倍增管**　photomultiplier，PMT

内部有电子倍增机构并基于二次发射倍增机理的一种真空光电管。它具有内增益极高、灵敏度极高和噪声极低的特点，并已用于紫外、可见和近红外区的辐射能量的灵敏度探测。

**11.091　阴极射线管**　cathode ray tube，CRT

又称“显像管(picture tube)”。利用阴极电子枪发射电子，电子在阳极高压的作用下加速，激发荧光屏上的荧光粉发光，同时电子束在偏转电磁场的作用下，通过上下左右的移动来实现扫描功能的电真空显示器件。

**11.092　彩色阴极射线管**　color cathode ray tube

又称“彩色显像管(color picture tube)”。一种采用红、绿、蓝三基色相加混色原理实现彩色图像显示的阴极射线管。主要由电子枪、偏转线圈、荫罩、荧光屏和玻壳组成。

**11.093　闪烁计数器**　scintillation counter

由闪烁体、光波导、光电倍增管等构成的闪烁探测器及相应的电子仪器组成的一种辐射探测装置。主要用于电离辐射的定性定量测量。如能谱、活度和剂量测量。

**11.094　光电阴极**　photocathode

光电管、光电倍增管或其他具有光电子发射功能的光电探测器等器件中由具有光电子发射功能的材料制成的阴极。

**11.095　银氧铯光电阴极**　Ag-O-Cs photocathode

又称“S1 光电阴极(S1 photocathode)”。在银(Ag)薄膜上以辉光放电的方法氧化后再引入铯(Cs)敏化制成的对近红外线敏感的一种光电阴极。它的光谱响应范围在 300～1200 nm 的波长区域。

**11.096　单碱光电阴极**　alkali photocathode

用钾(K)、钠(Na)、铯(Cs)中的一种碱金属对锑(Sb)膜进行激活形成的光电阴极。它是一种半导体膜层。

**11.097　锑铯光电阴极**　Cs-Sb photocathode

由锑(Sb)与碱金属铯(Cs)的化合物构成、用于紫外和可见光波段的一种光电阴极。

**11.098　碲铯光电阴极**　Cs-Te photocathode

由碲(Te)与碱金属铯(Cs)的化合物构成、用于日盲紫外波段的一种光电阴极。

**11.099　多碱光电阴极**　multialkali photocathode

由锑(Sb)、钾(K)、钠(Na)、铯(Cs)等多种金属元素在真空环境下蒸镀合成的一种光电阴极。它是半导体膜层，对可见光的灵敏度极高。

**11.100　短波红外光电阴极**　shortwave infrared photocathode

光谱响应范围处于短波红外波段的一种光电阴极。目前实用的短波红外光电阴极是 InGaAs 光电阴极，其长波截止波长限可达 1.6 mm 以上。

**11.101　实用光电阴极**　practical photocathode

国际电子工业协会规定的、在负电子亲和势光电阴极出现之前的各种光电阴极。它具有广泛的实用性，按其发现的先后顺序和所配窗材料的不同以S-数字形式进行编排。

**11.102　光电发射阴极**　photoemission cathode

根据外光电效应制成的一种光电发射材料。

**11.103　光电阴极灵敏度**　photocathode sensitivity

表征光电阴极发射(或转换)特性的一个参量。数值上等于标准光源(色温 2856 K)照射到一定面积上所产生的饱和光电流与照射到该面上的光通量之比，单位为 mA/lm。

**11.104　光电阴极有效直径**　photocathode effective diameter

表征光学成像系统中光电阴极孔径大小的一个参量。它以其像管输入端与光轴同心时能完全成像于荧光屏上的最大圆直径表示。

**11.105　初电子角度分布**　angle distribution of initial electron

表征光电阴极逸出电子束能量沿角度的分布。

**11.106　初电子能量分布**　energy distribution of initial electron

表征光电阴极逸出电子束能量的空间分布。

**11.107　光电发射极限电流密度**　photoemission limiting current density

像管的电子光学系统所提供的电场能够维持光电阴极电子发射的最大光电发射电流密度。

**11.108　电子枪**　electron gun

一种能够发射出具有一定能量、一定束流以及速度和角度的电子束的部件。通常由阴极(发射极)、栅极(控制极)和若干加速阳极组成。

**11.109 荫罩** shadow mask

安装在显像管的荧光屏内侧的薄金属障板。上面有很多小孔或细槽，分别与同一组的荧光粉单元即像素相对应，以保证电子束穿过同一个荫罩孔后准确地击中并激发对应的荧光粉单元发光。

**11.110 逻辑尺** logical rule

在电子光学电场的 FDM 法计算中，包含计算域内各个节点的类型(正常点、电极点或边界点等)及其迭代计算所需的参数信息的一个矩阵。这些参数信息是在迭代计算之前对计算域内的所有节点进行一次扫描预先得到的，目的是为了提供计算效率。

**11.111 电磁偏转系统** electromagnetic deflection system

建立起一种特定的电场和磁场系统，用于改变电子束偏转方向的电子光学器件。

**11.112 电偏转系统** electric deflection system

采用静电场实现电子束偏转的电子光学系统。典型的静电偏转器有平行板、单折斜板或多折斜板等不同形式。

**11.113 磁偏转系统** magnetic deflection system

采用磁偏转器实现电子束偏转的电子光学系统。磁偏转器常采用集中绕组、分段绕组或分布绕组的线圈，一组是垂直偏转(帧偏转)线圈，另一组是水平偏转(行偏转)线圈，两者互相垂直放置。磁偏转线圈可以无铁芯，也可以有铁芯，形状可以是矩形、环形、鞍形。

**11.114 静电偏转灵敏度** electrostatic deflection sensitivity

在电偏转系统中，电子束的偏转角与所施加的电压之间的比值。

**11.115 磁偏转灵敏度** magnetic deflection sensitivity

在磁偏转系统中，接收靶上电子束的位移与偏转电流之比。

**11.116 偏转线圈** deflection coil

通过改变电流从而改变磁场实现电子束磁偏转的线圈。它由一对水平线圈和一对垂直线圈组成，是实现图像的行、场扫描功能的部件。

**11.117 偏转因数** deflection coefficient

静电或磁偏转灵敏度的倒数。

**11.118 偏转均匀性因子** deflection uniformity factor

静电或磁偏转灵敏度的最大变化与该偏转灵敏度之比。

**11.119 电子光学逆设计** electron optical inverse design

在给定系统的成像特性、像面位置与放大率的条件下，反求电子轨迹与电位分布，从而确定系统的结构参量和电参量的设计过程。包括通过寻求像差极小值，实现系统的优化设计等。

**11.120 聚焦** focusing

平行于光轴的入射光束经过光学系统会聚于焦点的现象。

**11.121 自聚焦效应** self-focusing effect

简称“自聚焦”。介质被强光照射时，其材料的折射率发生与光强相关变化而产生会聚的一种非线性光学现象。例如，均匀介质在光强的作用下，其折射率变化导致截面呈高斯分布的光束自聚焦，即介质表现出透镜的效果。

**11.122　电磁复合聚焦移像系统**　combined electrostatic and magnetic focusing system

利用静电场和磁场对电子束进行复合聚焦，使阴极面上的光电子图像转移到荧光屏或靶上的一种移像系统。

**11.123　倾斜型电磁聚焦系统**　oblique electromagnetic focusing system

由轴对称均匀磁场与纵向均匀电场轴倾斜一个角度构成的一种特殊的电磁聚焦成像系统。当采用反射式光电阴极时，可以实现理想成像，且具有场和电子轨迹的解析解。

**11.124　调焦**　focusing

移动焦点的位置，使物体的像清晰地成像于成像面的过程。

**11.125　焦深**　depth of focus

光学系统像方理想聚焦点附近满足瑞利准则的深度空间。

**11.126　正程**　trace

电视图像在采集与显示过程中，电子束或像素驱动方式是从上到下一行一行、从左到右一列一列扫描，从左到右能够形成图像信号的扫描正向过程。

**11.127　逆程**　flyback，retrace

扫描正程结束后的回扫过程，即从图像最右向左快速回到图像起点的过程。逆程包括行逆程、场(帧)逆程。逆程不获取或显示图像信号。

**11.128　电视同步信号**　synchronizing signal

为了使发送端与接收端电视信号的行扫描与场扫描同步、在行(场)扫描正程结束后由发射机发出的脉冲同步信号。彩色电视信号的同步信号还包括色同步信号。

**11.129　消隐**　blanking

电视信号中在逆程抑制电子束以减少对荧光屏的无用烧损的方法。

**11.130　消隐电平**　blanking level

电视信号中图像信号和同步信号之间的分界电平。它相应于图像信号的参考电平。

**11.131　半导体**　semiconductor

在常温下其电导率介于金属导体(～$10^9$ S/m)和绝缘体(<$10^{-15}$ S/m)之间，一般为$10^5$～$10^{-7}$ S/m的无晶格缺陷和无外部污染的纯晶体材料。半导体有负的电阻温度系数，在绝对零度时成为绝缘体；与金属的费米能级在导带内不同，半导体的费米能级处在其带隙之中；对外部光辐射的吸收有一阈值波长(即长波限或红限)。

**11.132　直接带隙半导体**　direct band gap semiconductor

导带底和价带顶具有相同的动量，在光子激发下载流子可在两个带隙之间直接跃迁而不需要其他动量参与的半导体。

**11.133　间接带隙半导体**　indirect band gap semiconductor

导带底与价带顶具有不同的动量，光子激发下的载流子在这两个能量极值之间的跃迁必须有声子参与才能维持的一种半导体。

**11.134　化合物半导体**　compound semiconductor

由两种或两种以上元素构成的一类化合物半导体。如光电子学中常用的GaAs、AlGaAs、InP、InGaAsP、ZnSe、GaN等。

**11.135　Ⅲ-Ⅴ族化合物半导体**　Ⅲ-Ⅴ compound semiconductor

由元素周期表中Ⅲ族元素和Ⅴ族元素构成的化合物半导体。

**11.136　Ⅲ-N 化合物半导体**　Ⅲ-nitrogen compound semiconductor

元素周期表中 ⅢA 中的铝(Al)、镓(Ga)、铟(In)元素和ⅤA 中的氮(N)元素组成的一类化合物半导体。如 GaN、AlN、InN、AlGaN、InGaN、AlInN、AlInGaN 等。

**11.137　非极性半导体**　nonpolar semiconductor

在各向同性半导体内或在异质界面上不产生电偶极矩或极化内电场的半导体。

**11.138　本征半导体**　intrinsic semiconductor

没有外掺杂且晶格完整的纯净半导体。其特点是费米能级居带隙中间，参与导电的自由电子和空穴浓度相等。

**11.139　掺杂半导体**　doped semiconductor

为满足应用需求，在半导体中掺入一定浓度的某种杂质原子，以改变其导电性和实现某种功能的半导体。为尽量减少因杂质掺入引起的内应力，应选择与本征半导体格点上某元素原子半径相近的杂质原子并最好以替代方式掺入本征半导体晶格中。

**11.140　N 型半导体**　N-type semiconductor

又称“电子型半导体”。掺有施主杂质的半导体。其导电性由带负电的电子所决定。

**11.141　P 型半导体**　P-type semiconductor

又称“空穴型半导体”。掺有受主杂质的半导体，其导电性由带正电的空穴所决定。

**11.142　体材料半导体**　bulk semiconductor

三维空间各维宏观尺寸大于电子平均自由程的半导体。电子在这种半导体中可相对自由地运动，即有三个自由度。

**11.143　有机半导体**　organic semiconductor

用有机材料制作的半导体。其导电性介于绝缘体和金属之间。

**11.144　金属绝缘半导体**　metal insulator semiconductor，MIS

以金属层和半导体衬底作为两个极板、绝缘体作为电介质组成的类似于电容器三层结构的半导体。

**11.145　PN 结**　PN junction

在P型和N型半导体之间由化学键所连接的晶体界面附近形成的空间电荷区。具有单向导电性。

**11.146　同质结**　homojunction

由两种带隙相同但掺杂类型不同的半导体组成的 PN 结。

**11.147　异质结**　heterojunction

由两种不同带隙半导体组成的PN结。因结面两边半导体材料折射率和带隙的差异，对注入窄带隙材料中的电子和在其内辐射复合产生的光子有双重限制作用，可提高半导体光电子器件性能。

**11.148　同型异质结**　same-type heterojunction

由两种掺杂类型相同但带隙不同的半导体形成的异质结。

**11.149　异型异质结**　hetero-type heterojunction

由两种掺杂类型和带隙都不相同的半导体形成的异质结。

**11.150　结温**　junction temperature

同质结或由异质结限定的有源区的热耗散引起温度升高，达到动态热平衡时有源区的温度。

**11.151　载流子**　carrier

在导体和半导体中能够承载定向电流的带电粒子。半导体中的载流子包括导带中的电子和价带中的空穴。半导体的导电性能与载流子的数目相关。单位体积的载流子数目称为载流子浓度。

**11.152 过剩载流子 excess carrier**
又称“非平衡载流子(non-equilibrium carrier)”。当半导体受外来作用时产生的比热平衡状态时多余的载流子。

**11.153 载流子迁移率 carrier mobility**
均匀半导体中载流子在单位电场作用下的平均迁移速度。单位为cm/(V·s)。

**11.154 载流子复合 carrier recombination**
半导体中电子在外部能量作用下从价带跃迁到导带的逆过程。如电子从导带跃迁至价带与价带空穴复合过程中伴有光子的产生称辐射复合，否则称非辐射复合。

**11.155 过剩载流子寿命 excess carrier lifetime**
过剩载流子浓度从初始值衰减到初始值的1/e的平均时间。

**11.156 过剩载流子浓度 excess carrier concentration**
单位体积中的单种过剩载流子数。

**11.157 载流子注入 carrier injection**
半导体受外界作用而产生过剩载流子的过程。使用光照法得到载流子的方法称为载流子的光注入。

**11.158 福斯特能量转移 Forster energy transfer**
能量从主体材料向掺杂材料的传递方式。

**11.159 德克斯特能量转移 Dexter energy transfer**
以载流子直接交换的能量传递方式。

**11.160 有源层 active layer**
在外部能量作用下半导体光电子器件中能产生光子或放大光子的薄层。如双异质结半导体光发射器件中夹在两个异质结之间的薄层或量子阱光发射器件的阱层等。

**11.161 阻挡层 barrier layer**
在半导体 PN 结或某些金属半导体接触的表面附近，由带电杂质所形成的电势较高、阻挡着载流子运动的一个特殊区域。阻挡层具有单向导电性，能起到整流或检波的作用。

**11.162 限制层 confinement layer**
异质结中紧接有源层且其带隙宽于有源层的半导体薄层。依靠在异质界面的势垒限制注入有源层载流子因扩散而流失，同时也对有源层产生的光子起波导作用。

**11.163 电流扩展层 current spreading layer**
用来改善注入LED有源层电流均匀性而在其上沉积的低电阻半导体薄层。借以提高LED的外量子效率。

**11.164 成核层 nucleation layer**
外延层与衬底有较大的晶体失配而可能导致失配位错时，先外延的一层与衬底晶格常数失配较小并为后续外延层提供晶体成核中心的半导体薄层。

**11.165 钝化保护层 passivation layer**
沉积在除接触电极之外的半导体表面的绝缘覆盖层。隔离环境对半导体器件的影响，增加其稳定性和可靠性。

**11.166 电子注入层 electron injection layer**
在OLED中为使电子从阴极有效地注入有机发光层，插在阴极与电子传输层之间的一种有机材料层。

**11.167　空穴注入层**　hole injection layer

在 OLED 中为使空穴从阳极有效地注入有机发光层，插在阳极与空穴传输层之间的一种有机材料层。

**11.168　电子传输层**　electron transport layer, ETL

在 OLED 中，能使从阴极注入的电子有效地传输进入发光层的有机层材料。

**11.169　空穴传输层**　hole transport layer, HTL

在 OLED 中，能使从阳极注入的空穴有效地传输进入发光层的有机层材料。

**11.170　刻蚀**　etching

利用溶液或者反应离子等物理化学手段，对基底表面或者表面涂覆的材料进行选择性的去除、剥离的工艺过程。根据原理、机制不同可分为湿法刻蚀和干法刻蚀两大类。

**11.171　物理刻蚀**　physical etching

通过高能离子撞击待刻蚀表面，使材料发生溅射脱离表面，从而形成图形的工艺过程。

**11.172　化学刻蚀**　chemical etching

通过化学腐蚀去除待刻蚀表面的材料，从而形成图形的工艺过程。

**11.173　物理-化学刻蚀**　physical-chemical etching

物理刻蚀及化学刻蚀结合的工艺过程。化学反应削弱化学键以增强离子溅射的效果，离子轰击又给化学反应提供了能量，具有较好的选择性。

**11.174　反应离子束刻蚀**　reactive ion etching

射频电源使反应室的混合气体产生等离子体，离子被加速并与待刻蚀的表面材料相互作用，发生物理和化学反应，高能离子轰击待刻蚀材料、使原子溢出、实现刻蚀的工艺过程。

**11.175　前烘**　before exposure bake

在显影之前对涂好光刻胶的基底在一定的温度下进行烘焙的过程。前烘可消除光刻胶中的残余溶剂，增强胶层与基底之间的黏附性。

**11.176　后烘**　post exposure bake

对显影后的光刻胶光栅在特定温度条件下进行烘焙的过程。后烘可去除光栅基底上残余的显影溶剂，改善掩模与光栅基底的黏附能力，同时使掩模硬化。

**11.177　光电二极管**　photodiode

又称“光敏二极管”。基于半导体PN结的内光电效应原理的、具有二极管结构的一种光电探测器。

**11.178　硅光电二极管**　silicon photodiode

又称“硅光敏二极管”。以硅材料制造的光电二极管。

**11.179　PIN 型光电二极管**　PIN photodiode

又称“PIN 型光敏二极管”。在掺杂浓度很高的 P 型半导体和 N 型半导体之间夹着一层较厚的高阻本征半导体 I，形成 PIN 结构光电二极管。

**11.180　肖特基势垒光电二极管**　Schottky barrier photodiode

利用金属与半导体接触形成的 PN 结制作的光电二极管。

**11.181　GaAsP 光电二极管**　GaAsP photodiode

以GaAsP材料制作的光电二极管。它在紫外和可见光区域有很高的灵敏度。

**11.182　GaP 光电二极管**　GaP photodiode

以GaP材料制作的光电二极管。它在紫外区域有很高的灵敏度，是一种良好的紫外传感器。

**11.183 InGaAs PIN 型光电二极管** InGaAs PIN photodiode

以 InGaAs 材料制作的 PIN 型光电二极管。它在红外区域(0.9～2.6 μm)有很高的灵敏度。

**11.184 雪崩光电二极管阵列** avalanche photodiode array

一种由雪崩光电二极管组成二维阵列结构的光电探测器。

**11.185 自扫描光电二极管阵列** self-scanned photodiode array，SSPA

将光电二极管阵列、移位寄存器和 MOS 多路开关等电路集成在同一硅片上来实现自扫描成像功能的器件。

**11.186 有机发光晶体管** organic light emitting transistor，OLET

含有有机发光二极管和有机场效应管的发光晶体管，即具有电致发光的场效应晶体管。

**11.187 光敏三极管** phototransistor

又称“光电晶体管”。包含一个光电二极管和放大单元、具有晶体管结构的三端光电探测器。

**11.188 NPN 型光敏三极管** NPN-type phototransistor

放大单元采用 NPN 型晶体管的一种光敏三极管。

**11.189 光电耦合器** photoelectric coupler

将发光器件(如LED)和光电转换器件(如光敏二极管、光敏三极管等)组合而成的一种电–光–电信号转换器件。可实现输入侧与输出侧的电隔离。

**11.190 光伏效应** photovoltaic effect

半导体 PN 结吸收入射光子产生电子–空穴对，在结电场作用下，两者以相反的方向流过结区，从而在外电路产生光电流的现象，或者介质在光照下产生极化而形成极化电压的现象。基于半导体光伏效应的器件有以硅、锗、砷化镓等材料做成的光电池、光电二极管、光电三极管等。基于介质极化的光伏效应材料有各种铁电体材料，如铁酸铋等。

**11.191 光生伏特电池** photovoltaic cell

简称“光电池”。利用各种势垒的光生伏特效应制成的直接把光变成电的光电器件。

**11.192 硅光电池** silicon cell

在半导体硅 PN 结的两端，因吸收光子能量而产生电动势的光电器件。这是一种不需加偏置电压就能把光能直接转换成电能的器件，所产生的电动势与入射光强和所照射的面积成正比，它可用于检测或测量光辐射能量。

**11.193 电解光电池** electrolysis photocell

当光照射到浸于电解液中的两电极之一时可产生电动势，以此构造成的电池。

**11.194 摄像器件** image pick-up device

将二维空间分布的光学图像转换为一维时序电信号的光电转换器件。

**11.195 电荷耦合器件** charge coupled device，CCD

又称“固体摄像器件(solid state camera)”。一种在源极和漏极之间沟道极长的、将光能转化为电荷的多栅 MOS 晶体管。它分为线阵 CCD 和面阵 CCD 两种。用于储存和传递电荷信息，以及将光学影像转化为离散电信号。

**11.196 表面沟道电荷耦合器件** surface channel charge coupled device，SCCD

简称“表面沟道器件”。一种沟道位于半导

体与绝缘体之间的界面表面并沿长度方向分布、使信号电荷包沿界面转移的电荷耦合器件。

**11.197　体沟道电荷耦合器件**　bulk channel charge coupled device，BCCD

又称“埋沟道电荷耦合器件(buried channel charge coupled device，BCCD)”。信号电荷包存储在距离半导体表面一定深度的半导体体内并在体内沿一定方向转移的器件。具有转移效率高、工作频率高的特点。

**11.198　线阵 CCD**　linear array CCD

将CCD光敏单元沿一条直线规则排列，可以同时储存一行电视信号的一种电荷耦合器件。

**11.199　面阵 CCD**　area array CCD

按一定的方式将一维线阵CCD的光敏单元及移位寄存器排列成二维阵列的一种电荷耦合器件。

**11.200　微光 CCD**　low light level CCD

又称“低照度CCD”。将像增强技术和CCD结合一起，制成能够在暗光、弱光和较远距离等低照度条件下成像的电荷耦合器件。

**11.201　电子轰击电荷耦合器件**　electron bombarded charge coupled device，EBCCD

把适合接受电子轰击的 CCD 作为电子图像探测器，直接在像增强器内用电子轰击 CCD 产生增益的电荷耦合器件。

**11.202　像增强 CCD**　image intensified CCD，ICCD

将像增强器荧光屏上的增强光学影像，经中继光学系统或光锥耦合到 CCD 相机上，从而得到微光电视图像的电荷耦合器件。ICCD 是当前微光视频技术领域最主要的应用模式。

**11.203　行间转移结构 CCD**　interline transfer CCD，IT-CCD

在电荷包行间转移时隔列遮光的一种面阵 CCD。它具有毫秒级电子快门功能，可有效降低帧转移结构 CCD 产生的垂直拖影噪声。

**11.204　帧转移结构 CCD**　frame transfer CCD，FT-CCD

在电荷包帧转移时由光敏区与转移区共同完成为了产生电视信号而对特定光敏单元进行的遮光的一种面阵 CCD。

**11.205　三相 CCD**　three-phase CCD

将一个周期电压分为三组依次加到CCD各电极上，三组之间保持一定的相位差，使得电极下的电荷包沿半导体表面按一定方向移动的一种电荷耦合器件。

**11.206　二相 CCD**　two-phase CCD

一种具有二电极结构的CCD。它的电极本身必须设计成不对称结构，在这种不对称电极下产生体内势垒，以保证电荷能定向运动。

**11.207　四相 CCD**　four-phase CCD

一种具有四电极结构的CCD。它与三相、二相器件相比，较为适合于工作时钟频率很高(100 MHz)的情况，此时的驱动波形接近正弦波。

**11.208　虚相 CCD**　virtual-phase CCD

通过制造虚栅而使驱动电路简化的一种二相电荷耦合器件。它在制造大型高分辨力像元面阵中具有重要优势。

**11.209　红外电荷耦合器件**　infrared charge coupled device，IRCCD

将红外探测焦平面器件的每个像素与其他电荷敏感衬底器件像素对应进行互连，将红外焦平面像素累积的光生电荷传输给电荷敏感器件的对应像素，采取帧、行等读出方式输出以形成电视信号的一种电荷耦合器件。

**11.210　背照明 CCD**　back illuminate CCD
通过半导体的减薄工艺，使器件背面厚度减小到载流子扩散长度之内，并使光线从背面入射的一种电荷耦合器件。该器件由于增大了入射辐射的利用率，从而显著提高了 CCD 成像器件在低光照条件下的拍摄效果。

**11.211　制冷 CCD**　cooled CCD
通过对 CCD 进行制冷，降低其暗电流的一种低噪声的电荷耦合器件。这种器件的信噪比高，可以提高系统成像质量。

**11.212　电子倍增 CCD**　electron multiplying CCD，EMCCD
采用增益寄存器来实现电子倍增，从而使信号电荷得到明显增益的一种电荷耦合器件。它可用于实现低照度成像。

**11.213　电荷包**　charge packet
当 CCD 工作时，由于光注入或电注入，在 CCD 的势阱中所存储的自由电荷总量。

**11.214　转移效率**　transfer efficiency
CCD 在读出过程中势阱电荷从一个势阱不断向另一个势阱转移的电荷与势阱初始电荷之比，即初始电荷与未正确转移的电荷(在势阱内的残余电荷)之差与初始电荷之比。引起电荷转移不完全的主要原因是表面态对电子的俘获。由于读出过程中电荷需要转移上千次甚至更多次，这要求电荷转移效率极其高，否则有效光电子数会在读出过程中损失严重。

**11.215　互补金属氧化物半导体器件**　complementary metal oxide semiconductor，CMOS
又称“CMOS 器件(CMOS device)”。一种利用 CMOS 技术在硅晶片上同时制作出光敏 PMOS 和 NMOS 管的光电探测器。具有耗能低、发热少的特点。

**11.216　超低照度 CMOS**　extreme low light CMOS
在传统 CMOS 成像器件基础上，通过改变光电探测器结构、采用黑硅及微小信号放大电路等技术，使 CMOS 灵敏度得到提高，可工作于三级夜天光低照度下的 CMOS 器件。

**11.217　面阵 CMOS**　area array CMOS
一种由多个互补金属氧化物半导体光电敏感单元在平面内按照二维结构规则排列而构成的多元面阵器件或二维列阵 CMOS 器件。

**11.218　背照明 CMOS**　back illuminate CMOS，BCMOS
通过半导体的减薄工艺，使器件背面厚度减小到载流子扩散长度之内，并使光线从背面入射的一种 CMOS 器件。该器件由于增大了入射辐射的利用率，从而显著提高了 CMOS 成像器件在低光照条件下的拍摄效果。

**11.219　制冷 CMOS**　cooled CMOS
通过对器件制冷，降低其暗电流的一种低噪声的 CMOS 器件。这种器件的信噪比高，可以提高系统成像质量。

**11.220　电荷注入器件**　charge-injection device，CID
当栅极上加上电压时，表面形成吸收光子的少数载流子(电子)势阱，电子被累积在势阱里的一种 MOS 器件。

**11.221　光放大**　optical amplification
将电能或者其他波长光的能量或者其他形式能量转变为信号光的能量从而使信号光能量增大的过程。

**11.222　受激拉曼放大**　Raman amplification

简称“拉曼放大”。光信号与另一束强光同时在介质中传输，由于受激拉曼散射作用而使信号光放大的过程。该束强光称为泵浦光。

**11.223 分布式拉曼放大** distributed Raman amplification，DRA
以传输光纤作为增益介质，利用光信号在整根光纤每个小段都产生受激拉曼放大的过程。

**11.224 参量放大** parametric amplification
全称“光学参量放大”。一束弱信号光在非线性介质中传输时在另一束满足相位匹配条件的强光(泵浦光)作用下产生简并四波混频而实现弱信号光放大的过程。参量放大同时会产生满足四波混频条件的闲频光。

**11.225 多程放大** multirange amplification
信号光多次经过光放大器的放大区的一种放大过程。可有效提高放大器激光能量提取效率。

**11.226 光参量啁啾脉冲放大** optical parametric chirped-pulse amplification
超短啁啾脉冲的光参量放大过程。

**11.227 光学放大器** optical amplifier
简称“光放大器”。不经过光电转换而直接使弱的光信号获得功率增加的器件或装置。

**11.228 拉曼放大器** Raman amplifier
基于拉曼效应的光放大器。

**11.229 光学参量放大器** optical parametric amplifier，OPA
简称“光参量放大器”。基于光参量放大原理实现的光放大器。

**11.230 分布式放大器** distributed amplifier
光放大的过程不集中于一点，而是分布在整根光纤每一段的光放大器。

**11.231 光纤放大器** optical fiber amplifier
以光纤作为增益介质的分布式光放大器。实现光纤中光放大的原理有：基于光纤中掺杂离子跃迁的光子受激辐射放大和基于光纤自身非线性的放大。基于掺杂离子跃迁的光纤放大器有掺铒、掺镨、掺铥、掺镱等光纤放大器；基于光纤自身非线性的光纤放大器有光纤拉曼放大器、光纤参量放大器等。

**11.232 掺铒光纤放大器** erbium-doped fiber amplifier，EDFA
利用在纤芯中掺入铒离子($Er^{3+}$)的掺铒光纤作为增益介质制作的基于受激辐射原理的光放大器。可实现1550 nm附近波段的放大。

**11.233 掺铥光纤放大器** thulium-doped fiber amplifier，TDFA
利用在纤芯中掺入铥离子($Tm^{3+}$)的掺铥光纤作为增益介质制作的基于受激辐射原理的光放大器。可实现1460~1530 nm和1800~2100 nm附近波段的放大。

**11.234 掺镨光纤放大器** praseodymium-doped fiber amplifier，PDFA
利用在纤芯中掺入镨离子($Pr^{3+}$)的掺镨光纤作为增益介质制作的基于受激辐射原理的光放大器。可实现1.3 μm附近波段的放大。

**11.235 掺镱光纤放大器** Yb-doped fiber amplifier
利用在纤芯中掺入镱离子($Yb^{3+}$)的掺镱光纤作为增益介质制作的基于受激辐射原理的光放大器。

**11.236 布里渊光纤放大器** Brillouin fiber amplifier
基于光纤中受激布里渊散射效应来实现光信号放大的光纤放大器。

**11.237　拉曼光纤放大器　Raman fiber amplifier**

基于光纤受激拉曼散射效应的光放大器。一般泵浦光的发射波长比信号光波长小 70～100 nm。通过合理选择泵浦波长，理论上可以实现对任意波段光信号的放大。

**11.238　半导体光放大器　semiconductor optical amplifier，SOA**

利用向半导体 PN 结注入电流使载流子实现粒子数反转，从而产生受激辐射放大的光放大器。

**11.239　多通道放大器　multipass amplifier**

工作物质具有多个放大通道的光放大器。信号光多次通过激光工作物质增益区，有效提高放大器的提取效率。

**11.240　光增益　optical gain**

简称“增益”。描述光放大器中某种光放大效应对弱光信号放大效果的量。数值上等于放大后的输出光信号功率与放大前的输入光信号功率之比的对数。单位为dB。

**11.241　净增益　net gain**

描述光放大器总体放大效果的量。数值上等于各种放大效应光增益之和减去各种损耗部分之后的剩余光增益。单位为 dB。

**11.242　小信号增益　small signal gain**

当输入光放大器的光强较低，增益不随光强改变时的光增益。

**11.243　拉曼增益　Raman gain**

受激拉曼放大效应的光增益。

**11.244　偏振相关增益　polarization-dependent gain，PDG**

在具有各向异性的光放大器中，输入信号光以两个正交的偏振主轴输入时，光的两个偏振态获得的光增益差值。单位为 dB。

**11.245　单程增益　gain by one pass**

光放大器或谐振腔的增益介质中光从一端传播到另一端所获得的光增益。

**11.246　增益系数　gain coefficient**

描述光放大器中增益介质放大性能的量。其值等于光信号在单位长度介质获得的光增益。单位为dB/m。

**11.247　增益饱和　gain saturation**

增益介质的增益系数随入射光强增加而下降的现象。

**11.248　增益谱线　gain profile**

简称“增益谱”。增益系数随频率变化的曲线。

**11.249　增益带宽　gain bandwidth**

对应于增益谱线的峰值半高处的全频率范围。

**11.250　增益控制　gain clamping**

对放大器或者激光器增益进行控制的技术。

**11.251　增益曲线　gain curve**

增益系数随注入光强的变化而变化的曲线。

**11.252　放大系数　amplification factor**

信号光进入放大器后被放大的倍数。

**11.253　自动增益控制　automatic gain control，AGC**

使放大电路的增益自动地随信号强度而调整的自动闭环控制方法。是一种负反馈的控制方法。

**11.254　光电导增益因数　photoconductive gain factor**

每秒钟流过由单位长度正立方体半导体构成的电路的电子数与每秒钟被该立方体吸

收的入射电磁波的光子数之比。

**11.255　饱和功率**　saturation power
光放大过程的增益系数随入射光功率的增加降低到小信号增益系数一半时所对应的输入光功率。

**11.256　饱和光强**　saturation intensity
光放大过程的增益系数随入射光强的增加降低到小信号增益系数一半时所对应的输入光强。

**11.257　放大自发辐射噪声**　amplified spontaneous emission noise，ASE noise
光放大过程中增益介质发生粒子数反转时，由于自发辐射光被放大而形成的一种噪声。它还包括输入光子噪声与ASE噪声相互作用的拍噪声以及不同ASE噪声之间的拍噪声。

**11.258　光开关**　optical switch
一种在光传输过程中，能使光信号接通、切断或实现路径切换、逻辑操作等的光器件。根据所利用的材料和物理效应，常用的有微机电(MEMS)光开关、电光开关、磁光开关、声光开关、热光开关等。

**11.259　电光开关**　electro-optical switch
利用介质的电光效应制成的光开关。

**11.260　磁光开关**　magneto-optical switch
利用磁光材料的法拉第效应实现的光开关。

**11.261　电光波导开关**　electro-optical waveguide switch
利用波导材料的电光效应改变波导的折射率，实现其选择光路连接状态的光开关。

**11.262　热光波导开关**　thermo-optic waveguide switch
利用波导材料的热光效应改变波导的折射率，实现其选择光路连接状态的光开关。采用聚合物材料的热光波导开关是这类波导开关的典型代表。

**11.263　全光开关**　all optical switch
又称“光控光开关”。用光信号控制光路连接状态(切断、接通或光路选择)的光开关。可利用波导材料的非线性效应、半导体光放大器的非线性偏振旋转等效应实现。光开关具有很高的开关速度，可无需电光转换而直接在光域实现信号处理，是全光交换的关键器件之一。

**11.264　半导体光开关**　semiconductor optical switch
利用半导体光器件实现对光路连接状态(接通、切断以及光路选择等)的光开关。常用的半导体光器件有半导体光放大器(SOA)、垂直腔表面发射激光器(VCSE)以及半导体光电导器件等。由于具有多个可控制的光学参数，实现不同的光学处理，比如交叉增益调制、交叉相位调制、交叉偏振调制、四波混频等，因此可以构成不同原理的光开关。

**11.265　光电导开关**　photoconductive switch
利用半导体的光电导特性制成的光开关。

**11.266　荧光分子开关**　fluorescent molecular switch
在紫外或可见光波照射下，发生可逆光异构化反应，并产生可逆荧光的有机分子而实现的光开关。

**11.267　光子晶体光纤光开关**　photonic crystal fiber optical switch
以具有双折射性质的光子晶体光纤为主要部件，基于法拉第效应，通过改变光纤周围磁场强度或磁场作用位置，从而改变出射光偏振态的光开关。

**11.268　波长选择开关　wavelength selective switch**

可将不同波长的入射光波分配到不同光路输出的波导器件。它是波分复用器与光开关组合形成的集成功能器件。可用于波分复用系统中实现以波长为基础的光信号路由与交换。

**11.269　光开关串扰　optical switch crosstalk**

光开关输出端导通状态时选定通道的信号光功率与非选定通道在此端口输出的光功率之比。单位常用分贝(dB)。

**11.270　光开关消光比　optical switch extinction ratio**

简称“消光比”。光开关器件某一输出端口处于导通状态与关断状态时的光功率之比。单位常用分贝(dB)。

**11.271　声光器件　acoustic-optical device**

基于声光效应原理工作的光器件。

**11.272　体声光器件　bulk acousto-optic device**

基于体声波工作的声光器件。其特点是声波和光波均在介质体内传播，产生声光互作用。

**11.273　表面声光器件　surface acousto-optic device**

又称“薄膜声光器件(thin film acousto-optic device)”。基于声表面波工作的一类声光器件。其特点是声波为沿介质表面传播的声表面波，光波则为在平面光波导中传播的导光波。

**11.274　[光]二倍频　frequency doubling**

简称“倍频”。一种使输出光波的频率等于输入光波频率 2 倍的技术。常利用介质的二次非线性电极化效应实现。

**11.275　倍频器　frequency multiplier**

利用倍频晶体和其他倍频光学器件产生倍频光的光器件。

**11.276　双光子效应　two-photon effect**

在激光倍频实验中，两个入射光子被吸收后，再发射出一个倍频新光子的现象。

**11.277　波长转换　wavelength converting**

将一个波长的光信号所承载的信息转载到另一波长光上的过程。

**11.278　波长转换器　wavelength converter**

将一个波长的输入光信号所承载的信息转载到另一波长光上输出的光器件。

**11.279　光电继电器　photoelectric relay**

在光的作用下使电路通断的器件。如路灯装上这种继电器，太阳出来后，路灯会自动关闭。

**11.280　光栅读数头　grating reading-head**

又称“光栅发讯器(grating sensing device)”。利用光栅莫尔条纹技术，将光信号转换成电信号，实现位移和长度测量的部件。它由光源照明系统、指示光栅、光学接收系统、光电转换元件等组成。按光路结构分直接读式、分光式、镜像式和调相式等四种。

# 12. 光电检测与光学传感器

**12.001　光电转换　photoelectric conversion**

采用各种类型的光电探测器或热电探测器，将光信号或者光能转换成电信号或者电能的过程。

**12.002　光–电–光转换　optic-electrical-optic conversion**

先将输入的光信号转换为电信号，然后对电信号进行交换和处理，再转换为光信号，从而实现对光信号处理的过程。

**12.003　光探测　optical detection**

又称“光检测”。利用被测物的光学性质或各种光学效应实现对被测物性质参数测量的技术。

**12.004　差拍探测　heterodyne detection**

又称“差拍检测”。将与信号光频率有一定差别的本地参考光和调频(或调相)信号光共同注入探测光强的光电探测器中，获得二者的差拍从而解调出信号光承载信息的光探测技术。

**12.005　光学外差探测　optical heterodyne detection**

简称“外差探测”。又称“外差检测”。参考光频率高于信号光频率的差拍探测技术。

**12.006　零差探测　homodyne detection**

又称“零差检测”。一种本地参考光频率与调频信号光的载波频率相等的差频探测技术。由于被测参量为零时调频信号只有载波，故差拍后输出的光频差为零。因此通过检测差频信号的频率或相位可以测定被测参量值。

**12.007　平衡零差探测　balance homodyne detection**

又称“平衡零差检测”。将接收到的调频(或调相)光信号分为正交偏振的两路，通过与本地的两路正交偏振的参考光进行混频，检测出信号光所承载信息的一种零差探测技术。

**12.008　超短激光脉冲测量　ultrashort laser pulse measurement**

利用二阶光电效应的倍频晶体对待测的超短激光脉冲进行光倍频，然后利用干涉仪进行自相关，从而测量出超短脉冲波形的一种技术。

**12.009　激光三维面形测量　three-dimensional surface contouring measured by laser**

一种获取物体形面三维数据的测量技术。分为被动激光三维测量和主动激光三维测量两种。被动激光三维测量有多摄像系统、非结构光照明等方法；主动激光三维测量采用经过时间和空间调制的结构光照明，然后解调出被测物形面的三维数据。

**12.010　激光扫描测量　laser scanning measurement**

一种用激光束对物体的形面进行逐点扫描从而获取形面三维数据的测量技术。具有精度高、数据处理复杂的特点。

**12.011　纹影测量　schlieren optical measurement**

一种基于被测流场的折射率梯度正比于流场气流密度原理的流场测量技术。广泛用于观测气流的边界层、燃烧、激波、气体内的冷热对流以及风洞或水洞流场。

**12.012　哈特曼检验　Hartmann test**

一种利用开有多个小孔的哈特曼光阑在光组中移动来测试光组不同环带焦点的像差检验技术。

**12.013　龙基检验　Ronchi test**

一种利用白光光源照明一个小孔或一条平行于光栅刻线的狭缝形成的干涉条纹来检验光学表面的方法。是评价和测量一个光学系统像差的最简单、最有效的方法之一。

**12.014　瑞奇–康芒检验　Ritchey-Common test**

一种利用高精度标准球面来检验大口径平面镜面形的方法。

**12.015　探针式轮廓术　probe profilometry**

利用探针沿着预先设定好的路线对被检非球面进行逐点扫描，得到非球面表面各测量点相对于某一测量基准的绝对矢高的轮廓测量方法。可通过软件对测量的离散点数据进行处理并与理论值相对比，直接得到非球面表面各点的三维坐标值和非球面表面形状误差。

**12.016　错位法　wavefront shearing method**
又称“错波法”。将一个具有空间相干性的波面分裂成两个完全相同或相似的波面，并且使这两波面产生一定的错位，在错位后的两波面重叠区形成一组干涉条纹，根据错位干涉条纹的形状来获得原始波面所包含信息的测量方法。

**12.017　电浮法　electrofloat process**
又称“热离子交换法(thermal ion exchange)”。以熔金属作为平台，玻璃浮在上面并与金属产生热离子交换，从而改变玻璃光谱性能的方法。

**12.018　电扫描　electronic scanning**
利用摄像器件将工件的像转换成电子图像，然后通过电子自扫描获取图像信息的方法。

**12.019　二次相位调制法　secondary phase modulation method**
在干涉测量中，为自动分析干涉条纹，通常将参考光的相位人为地随时间进行二次调制，使干涉图上各点处的光学相位变换为相应点处时序电信号的相位，以进行动态相位检测的方法。

**12.020　菲佐法　Fizeau method**
一种利用光束照射反射镜，往返透过高速旋转直齿轮齿隙的断续闪光，从而求得光的传播速度的方法。

**12.021　分离间隙法　separating gap method**
一种使组成单狭缝的两个衍射边不在同一平面内从而通过检测它们之间的间隙以便实现衍射计量的方法。

**12.022　激光三角法　laser triangulation**
一种利用激光束照射到待测物体平面上其反射光点随物面移动的位置检测来获得物体表面位置变化信息的测量技术。因其光路呈三角形而得名。

**12.023　样板法　template method**
根据光学元件的曲率半径和口径制造出标准样板(平面或凹凸一对球面)，再将生产的工件与标准样板进行比对来评价工件的方法。

**12.024　条纹投影法　fringe projection**
一种将干涉条纹或光栅投影到物体表面，然后根据观测到的条纹与原投射条纹的偏离来测量物体表面轮廓的方法。

**12.025　外差平面干涉法　heterodyne interference plane method**
将固定频率偏移的方法与光波面相位调制相结合，使被测的反射波面各点处分别形成不同的差频信号，进而通过外差检测得到二维光波面相位图的测量方法。

**12.026　相位展开　phase unwrapping**
俗称“去包裹”。找出相位曲线的跳跃点，将包裹相位连接成光滑的曲面的过程。

**12.027　相位复原　phase retrieval**
一种借助光场的强度信息恢复光场相位信息的方法。利用图像探测器输出的光场强度分布逆向推算出光场的相位信息，是一种基于图像的波前传感技术，可以实现对光波波前分布、光学镜头波像差的计算，其数值算法可以分为迭代算法和非迭代算法两类。

**12.028　菲涅耳近似　Fresnel approximation**
在研究大气中的电磁波传播时，认为湍流大气折射率的起伏不大且散射角较小的一种基本近似假设。

**12.029　光学传感器　optical sensor**
利用光学方法将被测量转换成光学量或电

学量传输出去的传感器。

**12.030 光纤传感器** fiber optic sensor

利用光纤来感知和/或传递外界被测参量(物理量、几何量、化学量等)的传感器。被测参量通过对光纤中传输的光波的某个参数(波长、频率、光强、相位、偏振等)进行调制而加载到光波上，通过解调系统对光波参数的解调实现对被测参量的感知和测量。

**12.031 强度调制型光纤传感器** intensity modulated fiber optic sensor

利用被测参量引起的光纤中传输的光强的变化来实现对被测参量传感的一类光纤传感器。主要有反射式、透射式、倏逝波耦合式等几种类型。

**12.032 相位调制型光纤传感器** phase modulated fiber optic sensor

利用被测参量引起的光纤中传输的光波的相位变化来实现对被测参量传感的一类光纤传感器。例如各种光纤干涉仪。

**12.033 频率调制型光纤传感器** frequency modulated fiber optic sensor

利用被测参量引起的光纤中传输的光波频率的变化来实现对被测参量传感的一类光纤传感器。例如基于多普勒效应的光纤传感器。

**12.034 波长调制型光纤传感器** wavelength modulated fiber optic sensor

利用被测参量引起的光纤中传输的光波的波长或光谱变化来实现对被测参量传感的一类光纤传感器。例如光纤光栅传感器。

**12.035 偏振态调制型光纤传感器** polarization modulated fiber optic sensor

利用被测参量引起的光波偏振态的变化来实现对被测参量传感的一类光纤传感器。偏振态调制主要基于旋光效应或双折射效应，如法拉第旋光效应、电光效应、弹光效应等。

**12.036 功能型光纤传感器** functional fiber optic sensor

又称“全光纤传感器(all optical fiber sensor)”“本征型光纤传感器(intrinsic optical fiber sensor)”“传感型光纤传感器”。光纤本身既作为敏感元件，又起传光作用，即光纤同时具有“传”和“感”两种功能的一类光纤传感器。如光纤光栅传感器、光时域反射仪(OTDR)等。

**12.037 非功能型光纤传感器** non-functional fiber optic sensor

又称“非本征型光纤传感器(extrinsic optical fiber sensor)”“传光型光纤传感器”。光纤本身不是敏感元件，而仅起传光作用的一类光纤传感器。被测参量通过与光纤耦合的独立敏感元件调制到光纤中传输的光波上。光纤介于敏感元件与解调系统之间，仅起传光作用。

**12.038 点式光纤传感器** single-point fiber optic sensor

又称“分立式光纤传感器(discrete fiber optic sensor)”。由一个或者多个独立的传感单元构成，可感知和测量某一点附近很小区域被测参量变化的一类光纤传感器。常用的分立式光纤传感器有光纤布拉格光栅、各种光纤干涉仪等。

**12.039 分布式光纤传感器** distributed fiber optic sensor

可实现对被测参量沿光纤分布情况连续测量的一类光纤传感器。这种传感器通常利用光纤中的瑞利散射、拉曼散射、布里渊散射等效应进行传感测量。

**12.040 准分布式光纤传感器** quasi-distributed fiber optic sensor

多个分立式光纤传感器组合在一起以实现对一定区域被测参量分布情况传感的一类

光纤传感器。例如，将多个光纤光栅串联在同一条光纤上，可以实现沿光纤分布的温度和应力的准分布传感。

**12.041 光纤布拉格光栅传感器** optical fiber Bragg grating sensor

基于光纤布拉格光栅的一类传感器。可以实现对温度、应力的传感。

**12.042 光纤光栅温度传感器** optical fiber grating temperature sensor

利用温度变化引起的热胀冷缩效应和热光效应导致的光栅周期和有效折射率的变化，从而引起的光纤光栅反射或透射光谱变化来进行温度测量的光纤光栅传感器。

**12.043 光纤光栅应力/应变传感器** optical fiber grating stress/strain sensor

在外力作用下由弹性形变和弹光效应导致的栅格和周期有效折射率的变化而引起的光纤光栅反射或透射光谱变化来进行应力/应变测量的光纤光栅传感器。

**12.044 长周期光纤光栅传感器** long-period optical fiber grating sensor

基于长周期光纤光栅的一类传感器。可以实现温度、应力、折射率的传感。

**12.045 膜片型光纤法布里–珀罗压力传感器** diaphragm-based optical fiber Fabry-Perot pressure sensor

利用膜片感受压力，且膜片表面构成法布里–珀罗腔中一个反射面的光纤法布里–珀罗传感器。

**12.046 磁光传感器** magneto-optical sensor

利用磁光材料的法拉第效应来工作的一类传感器。

**12.047 色敏传感器** color sensor

具有颜色识别与测量功能的光电传感器。可实现对彩色光源或物体颜色的测量。

**12.048 接触式图像传感器** contact image sensor

利用CMOS工艺制作的，由LED光源阵列、微自聚焦棒状透镜阵列、光电传感器的阵列、保护玻璃、铝质壳体及聚光棱镜等组成的传感器阵列。其具有体积小、光路短的特点，便于实现产品小型化。

**12.049 夏克–哈特曼传感器** Shack-Hartmann sensor

又称“哈特曼–夏克传感器(Hartmann-Shack sensor)”。一种由微透镜阵列和高速CCD组成的测量光波波前分布的传感器。

**12.050 角速率传感器** rotation rate sensor

能够实现对旋转运动的角速率直接或间接测量的传感器。如光纤陀螺仪、激光陀螺仪、微机电陀螺仪等。

**12.051 生物传感器** biosensor

利用生物某些参量对环境的敏感性进行环境参数测量或者对生物的某些特性行测量的一类传感器。

**12.052 波导生物传感器** waveguide biosensor

基于生物分子对波导传光特性的改变制成的生物传感器。如利用光纤束作为探针来监测生物分子间的相互作用的光纤生物传感器。

**12.053 干涉生物传感器** optical interference biosensor

利用光在平面薄膜两表面多次反射光产生的干涉条纹来测量吸附于薄膜表面的生物分子浓度等特性的一种生物传感器。

**12.054 表面等离子体激元共振生物传感器** surface plasmon resonance biosensor

利用表面等离子体激元对紧靠在金属薄膜表面的介质产生的共振响应来检测生物样品的传感器。

**12.055　相位型表面等离子体激元共振生物传感器**　phase-sensitive surface plasmon resonance biosensor
利用介质对表面等离子体激元激发的偏振光引起的相位变化来检测生物样品的传感器。

**12.056　波前传感器**　wavefront sensor
又称“波前探测器”。对光束波前相位分布进行直接或间接探测的传感器。主要应用于自适应光学、光学像差测量等方面。

**12.057　曲率波前传感器**　curvature wavefront sensor
一种通过测量畸变波前在聚焦光路中的两个对称离焦面上光强分布的归一化差，得到入射口径上的波前曲率的波前传感器。

**12.058　自参考波前传感器**　self-referencing wavefront sensor
一种将入射光束的一部分光经针孔滤波器后变成平面参考波，另一部分光与平面参考波形成干涉条纹，然后根据干涉图像恢复出入射光束相位分布的波前传感器。

**12.059　金字塔波前传感器**　pyramid wavefront sensor
又称“四棱锥波前传感器”。一种将入射光束的远场光斑投射到四棱锥棱镜的顶点上，通过探测面上四个子光瞳像之间的强度差复原出入射波前相位的波前传感器。

**12.060　剪切干涉波前传感器**　shearing interferometer wavefront sensor
一种把被测波面分裂成两个，并使两波面彼此相互错开，探测两波面重叠部分干涉图形的波前传感器。产生波前剪切的方法有横向位移剪切和径向缩放剪切。

**12.061　光纤传感网**　fiber optic sensor network
将多个光纤传感器按照一定的拓扑结构、功能分工有机组合在一起而形成的传感器网络。

**12.062　传感器噪声**　sensor noise
叠加在传感特征信号上的无用信号。

**12.063　传感器信噪比**　sensor signal-to-noise ratio，SNR
传感器输出的有效信号功率与噪声功率的比值。

**12.064　双折射色散补偿相位解调法**　birefringence-dispersion-based phase demodulation
利用低相干干涉包络峰值与零级条纹的相位差对双折射色散参数的依赖关系来实现对光纤法布里–珀罗腔长解调的算法。

**12.065　杂散背景**　in-plane scatter light
光在光栅各衍射级之间的暗淡背景。

# 13. 一般光学系统与光学设计

**13.001　傅里叶光学**　Fourier optics
一门利用二维傅里叶变换方法来分析和研究光场在二维空间分布的光学分支学科。它把光强的空间分布分解为一系列二维周期性函数的叠加，而光学系统的特性用传递函数表述，从而把空间的卷积变换成空间频域的乘积。

**13.002　理想光学系统**　ideal optical system

对大视场大孔径均能产生清晰的、与物貌完全相似的像的光学系统。

**13.003　成像光学系统　imaging optical system**

将物体发出的光会聚到接收平面并形成稳定清晰图像的光学系统。常见的成像光学系统有望远镜、显微镜、照相机等。

**13.004　位移不变光学系统　shift invariant optical system**

简称“位移不变系统”。当输入的空间单位冲激函数的光位移时，其输出光场响应函数也产生相同位移的一种理想化的光学系统。

**13.005　反射式光学系统　reflective optical system**

全部由平面、球面或非球面反射镜等反射式光学元件组成的光学系统。

**13.006　双反射式光学系统　dual-mirror optical system**

由两个反射镜，即主镜与次镜组成的光学系统。有卡塞格林系统、格里高利系统、牛顿系统、里奇–克雷蒂安系统等类型。一般用于光学系统主系统。

**13.007　三反射式光学系统　three-mirror optical system**

由三个反射镜组成的光学系统。可分为同轴与离轴三反射式系统。这类系统易于校正像差，可获得较大视场。

**13.008　格里高利反射式光学系统　Gregory optical system**

简称“格里高利系统”。一种由抛物面主镜、凹椭球面次镜组成的全反射光学系统。次镜位于主镜光轴焦距之外，主反射镜的焦点与椭球面反射镜的一个焦点重合，椭球面反射镜的另一个焦点为整个系统的焦点。系统对无穷远轴上点成像无像差，即无球差，彗差也较小。

**13.009　折射式光学系统　refractive optical system**

全部由透镜、棱镜等折射光学元件组成的光学系统。

**13.010　折反射式光学系统　refractive and reflective optical system**

由折射式光学元件和反射式光学元件组成的光学系统。相对全部采用反射式光学元件的系统，可增强像差校正能力，扩大视场。

**13.011　施密特折反式光学系统　Schmidt optical system**

简称“施密特系统”。一种使用球面反射镜做主镜的折反射式光学系统。常用于望远镜中，该系统在球面镜的曲率中心放置非球面透射式施密特校正板来改正球面像差，没有彗差、像散和畸变。

**13.012　傅里叶光学系统　Fourier optical system**

一种根据傅里叶光学原理构建的光学系统。如 4F 系统等。可以实现光学空间频率分布的滤波、变换等。

**13.013　红外光学系统　infrared optical system**

用于对红外线进行成像的光学系统。

**13.014　目视光学系统　visual optical system**

用人眼作为接收器的光学系统。

**13.015　共轴光学系统　coaxial optical system**

光学元件的曲率中心在同一轴线(光轴)上的光学系统。

**13.016　离轴光学系统　off-axis optical system**

光学元件曲率中心不在同一条轴线上的光

学系统。

**13.017　主光学系统**　primary optical system
又称“前光学系统”。在收集多波段辐射能的光学系统中，位于光路前端、为多个波段共用的光学系统。主光学系统通常是大口径、反射式光学系统。

**13.018　后光学系统**　rear optical system
在收集多波段辐射能量的光学系统中，共用主光学系统后的由各种光学元件构成的光学系统。具有光谱分光、光路折向、中继成像、聚光等功能。

**13.019　辅助光学系统**　auxiliary optical system
又称“探测器光学系统”。不直接参与成像，仅为减小探测器尺寸、降低噪声而设置的光学系统。有设置在主光学系统焦面附近的场镜，以及与探测器直接耦合的浸没透镜、光锥等。

**13.020　冷光学系统**　cryogenic optical system
工作时需冷却到低温的光学系统。可以减少系统自身辐射的影响，提高探测灵敏度，常用于红外遥感、天文探测及其他深空探测。

**13.021　微光学系统**　micromodule optical system
以含有表面微结构的二元光学以及微小光学器件为基础的微米尺度的光学系统。

**13.022　空间光学系统**　space optical system
利用光学原理进行空间成像、空间通信和空间光信息传递的光学系统。

**13.023　中继光学系统**　relay optical system
简称“中继系统”。一种具有在较长距离上传递像面功能的后光学系统。如将主光学系统的像面传递到探测器或传递到下一个光学系统的物面，以满足结构或光学设计的需要。

**13.024　奥夫纳中继光学系统**　Offner relay optical system
简称“奥夫纳中继系统”。一个完全由球面反射镜组成的放大率为 1 的同心光学系统。具有结构紧凑、光学加工相对容易等优点。

**13.025　奥夫纳色散光学系统**　Offner dispersion optical system
将奥夫纳中继系统中的凸面反射镜用凸面光栅代替构成的色散分光系统。具有畸变小、成像质量优良、结构简单等优点。

**13.026　戴森色散光学系统**　Dyson dispersion optical system
将戴森型中继系统中的凹面反射镜用凹面光栅代替构成的色散分光系统。用折射元件校正由光栅引起的残余像差，具有孔径大、结构紧凑、畸变小等优点。

**13.027　对称式光学系统**　symmetric optical system
孔径光阑前后的光学元件相互对称的光学系统。对称式光学系统可以消除垂轴像差，如彗差、畸变和横向色差。

**13.028　牛顿物镜系统**　Newton objective system
一种采用反射镜的物镜系统。它以旋转抛物面反射镜作为主镜，在主镜光轴的焦点附近前放置一个与光轴成 45°的平面反射镜，使经主镜反射后的会聚光经反射镜后以 90°向侧方反射出镜筒后到达目镜，成倒像。其对无穷远的轴上点成像无像差，像质只受衍射极限限制，但轴外像差较大、镜筒长。常用于对像质要求较高的小视场系统中。

**13.029　里奇–克雷蒂安光学系统**　Ritchey-Chrétien optical system
简称“R-C 系统(R-C system)”。由凹型双曲面主反射镜和凸型双曲面次反射镜组成的光学系统。

**13.030　变焦系统**　zoom optical system
焦距连续或非连续变化的光学系统。

**13.031　光学补偿变焦系统**　optical compensation zoom lens system
一种利用若干组透镜进行变倍和补偿的焦距可变光学系统。

**13.032　平面系统**　plane surface system
由平面镜或平面镜加棱镜组成的光学系统。

**13.033　非球面系统**　aspheric system
含有非球面光学元件的光学系统。

**13.034　同心系统**　concentric system
由有限个曲率中心位于一点的球面所组成的光学系统。该点称为系统的中心。

**13.035　远心光学系统**　telecentric system
简称“远心系统”。主光线平行于光轴并且主光线会聚中心位于无限远处的光学系统。

**13.036　物方远心光路系统**　object telecentric system
简称“物方远心系统”。入射光瞳位于物方无限远处的光学系统。

**13.037　像方远心光路系统**　image telecentric system
简称“像方远心系统”。出射光瞳位于无穷远的光学系统。

**13.038　转像系统**　relay system
用于使光束的方向偏转一定角度以符合设计需要的特定光学系统。分为由棱镜或反射镜组成的转像系统和由透镜组成的转像系统。

**13.039　组合系统**　compound system
由若干相对独立的子系统构成的光学系统。

**13.040　光学互易性**　reciprocity
简称“互易性”。在光学系统中，将系统输入侧的物置于系统输出侧的成像位置，在系统的输入侧得到的像与原输出侧像相同的一种光学现象。

**13.041　光学非互易性**　nonreciprocity
简称“非互易性”。在光学系统中，将系统输入侧的物置于系统输出侧的成像位置，在系统的输入侧得到的像与原输出侧像不同的一种光学现象。

**13.042　光学传递函数**　optical transfer function，OTF
描述空间位移不变线性光学系统频域特性的量。数值上等于该系统输出光强的空间频谱函数(角谱)与输入光强的空间频谱函数(角谱)之比。

**13.043　振幅传递函数**　amplitude transfer function，ATF
又称“调制传递函数(modulated transfer function，MTF)”。光学传递函数的振幅部分。其物理意义为：某一空间频率的余弦型像振幅相对于物振幅的变化比例。

**13.044　相位传递函数**　phase transfer function，PTF
光学传递函数的相位部分。其物理意义为：某一空间频率的余弦型光强分布的像相对于物光光强分布的横向位移量与空间周期之比(换算成角度)。

**13.045　光谱传递函数**　spectral transfer function
考虑波长变化的成像系统的传递函数。

**13.046　相干传递函数　coherent transfer function**

在相干光照明下光学系统的传递函数。相干传递函数表征相干光照明下的系统成像质量，它与系统冲激响应是一对傅里叶变换。

**13.047　部分相干传递函数　partial-coherent transfer function**

在准单色光照明条件下，输出光强度的四维傅里叶变换与输入光强度的傅里叶变换之比。它描述了系统对互强度在频域的传递特性。对于衍射受限系统，部分相干传递函数与系统的光瞳函数之间有直接的联系。在部分相干成像中判断光学系统的分辨本领时必须考虑照明光相干性的影响。

**13.048　电子光学传递函数　transfer function of electron optics**

描述电子光学成像系统对不同频率正弦分布调制度的衰减程度的传递函数。是系统成像综合性能的描述。在像管电子光学中，通常用线扩散函数的傅里叶变换来表示。

**13.049　对比传递函数　contrast transfer function**

描述光学系统对不同频率方波亮度分布调制度传递特性的量。对比传递函数可用等宽的交替透光与不透光条带组成的测试靶标对光学系统进行传递函数测试得到。

**13.050　大气对比传递函数　atmospheric contrast transfer function**

大气作为传输介质的光学系统的对比传递函数。

**13.051　时间传递函数　time transfer function**

以时间作为参数的光学系统传递函数，即不同时间的传递函数。和单纯的时间分辨率相比，时间传递函数能更精确、更全面地描述变像管电子光学系统的时间弥散特性。

**13.052　湍流受限传递函数　modulation transfer function of turbulence**

描述大气湍流对成像系统影响的传递函数。

**13.053　调制传递函数补偿　modulation transfer function compensation，MTFC**

一种通过图像处理提高图像调制对比度而改善调制传递函数的方法。

**13.054　通光孔径　aperture**

简称“孔径”。在光学系统中，系统透光孔的直径。

**13.055　数值孔径　numerical aperture，NA**

衡量光学系统允许光进入该系统的量。对于均匀折射率分布的接收截面构成的光学系统，其值等于该系统能够接收的半光锥角正弦与折射率之积，无量纲。

**13.056　相对数值孔径　relative numerical aperture**

简称“相对孔径”。光学系统的孔径光阑与焦距之比。

**13.057　光纤数值孔径　optical fiber numerical aperture**

表征光纤对入射光接收能力大小的物理量。对阶跃折射率光纤，其大小与光纤芯–包层的相对折射率差有关。

**13.058　光波导数值孔径　optical waveguide numerical aperture**

表征光波导对入射光接收能力大小的物理量。对阶跃折射率光波导而言，其大小与光纤芯–包层的相对折射率差有关。

**13.059　本地数值孔径　local numerical aperture**

表征折射率连续变化的光学器件或者光学系统在横截面上某一位置对入射光接收能

力大小的物理量。

**13.060　孔径角**　aperture angle
由于光学系统通光孔径的限制，对入射光束所限制的最大锥角。

**13.061　孔径坐标**　aperture coordinate
在光学系统的入瞳孔径范围内的坐标。

**13.062　光学系统透过率**　optical system transmittance
表征光通量透过能力的物理量。数值上等于出射光通量与入射光通量的比值。

**13.063　光密度**　photographic density
又称"黑度(blackness)"。描述透明片(胶片)阻止光透过能力的量。其值等于强度透过率分布幅值倒数的对数。

**13.064　*f*数**　*f*-number
表征光学系统通过光能多少的物理量。其值等于光学系统相对孔径的倒数。

**13.065　光瞳**　pupil
对通过光学系统的光束起限制作用的光学元件。

**13.066　出瞳**　exit pupil
光学系统的孔径光阑经其后方的部分光学系统所成的像。

**13.067　出瞳距离**　exit pupil distance
自光学系统最后一面顶点到出瞳平面与光轴交点的距离。

**13.068　入瞳**　entrance pupil
光学系统的孔径光阑经其前方的部分光学系统所成的像。

**13.069　入瞳直径**　entrance pupil diameter
光学系统入瞳的直径。

**13.070　入瞳距离**　entrance pupil distance
自光学系统第一面顶点到入瞳平面与光轴交点的距离。

**13.071　目镜出瞳直径**　eyepiece exit pupil diameter
光线经过目镜会聚后，在目镜后形成的亮斑的直径。对于直视式光学器材，经目镜会聚后的光线形成的亮斑将投射到人眼瞳孔并进入视网膜成像，人眼瞳孔直径在白天大约为3 mm，夜晚最大可达7 mm左右。因此，出瞳直径越大，人感觉成像的亮度也越大。夜视系统往往需要较大的出瞳直径。

**13.072　目镜出瞳距离**　eyepiece exit pupil distance
能看清整个视场时眼睛与目镜最后一片镜片之间的距离。根据光电成像系统的用途，出瞳距离有较大的差异，与系统放大倍率、镜片数量、物镜焦距视场大小、目镜的结构和焦距有关。通常出瞳距离小于一定值(例如8 mm)时，观测的舒适感变差。

**13.073　镜目距**　eye relief
目视光学仪器中，光学系统最后一面与出瞳之间的距离。

**13.074　光瞳函数**　pupil function
又称"出瞳函数(exit pupil function)"。在光学成像系统或光学信息处理系统中出瞳处的复振幅透过率分布。由于有限的光瞳大小及其透过率分布引起衍射效应，一般来说，这个出瞳函数在光瞳内的值为1，在光瞳外的值为0；为了得到一定的光学信息处理的效果，在出瞳处放置这种具有复振幅透过率分布的特殊透明片，可以得到特殊设计的光瞳函数。

13.075　**环形瞳函数**　annular pupil function

光能通过的区域值为 1，光不能通过的区域值为 0 的光瞳函数。

13.076　**广义光瞳函数**　generalized pupil function

系统没有像差时的光瞳函数与出射光瞳平面上的光场波像差函数的乘积。有像差的光学成像系统或光学信息处理系统，光瞳上的出射波前都会偏离理想球面。

13.077　**近轴光瞳放大倍率**　paraxial pupil magnification

根据近轴规则进行光线追迹，光瞳经光学系统成像后的大小与实际大小的比值。

13.078　**光学系统光轴**　optical axis of optical system

光学系统中各透镜面球心的连线。

13.079　**近轴**　paraxial axis

根据近轴规则进行光线追迹的区域。光线高度和角度是无穷小。

13.080　**近轴近似**　paraxial approximation

又称“傍轴近似”。对光学系统进行分析时，以近轴光线为基础的一种近似分析方法。近轴光线高度和角度近似无穷小。

13.081　**轴上点**　on-axis point

光学系统光轴上的点。

13.082　**轴外点**　off-axis point

光学系统光轴外的点。

13.083　**基点**　cardinal point，Gauss point

表征光学系统特征的六个几何点，即光学系统的两个主点、两个节点和两个焦点。

13.084　**顶点**　vertex of surface

在轴对称系统中，光学元件表面与光轴的交点。

13.085　**基面**　cardinal plane

用来表征光学系统折光特性的一些特征面。基面包括主面和焦面。

13.086　**菲涅耳表面**　Fresnel surface

一种由阶梯形环带区组成的光学表面。菲涅耳表面的每个环带区的曲率和斜率都与一个普通表面的曲率和斜率相对应，常用于聚光系统、信号发送系统和照明系统中。

13.087　**后截距**　back focal length

光学系统最后表面顶点到焦点的距离。

13.088　**正弦条件**　sine condition

成像系统和球差均等于零的条件，即满足 $ny\tan U = n'y'\tan U'$。

13.089　**正切条件**　tangent condition

理想光学系统中物方和像方的焦距、物像高和孔径角的正切值满足 $fy\tan U = -f'y'\tan U'$ 的条件。

13.090　**弥散斑**　defocused spot

物点成像时，由于衍射和像差，其成像光束不能会聚于一点，在像平面上形成的一个较小面积的像斑。

13.091　**弥散圆**　circle of confusion

近似于圆形的弥散斑。

13.092　**会聚**　convergent

一种使光线折向光轴的现象。

13.093　**会聚光路**　convergent optical path

平行于光轴的入射光束经过光学系统会聚于焦点的光路。

**13.094　发散　divergent**
一种使光线折离光轴的现象。

**13.095　等效空气层　equivalent air layer**
由于平行平板不改变物体的大小和空间方向，而仅将物沿光轴平移一段距离，在光路追迹时将平行平板当作一层空气的理论模型。等效空气层的厚度等于平行平板厚度除以平板材料的折射率。

**13.096　前固定组　front fixed group**
变焦光学系统中前面固定不动的组元。

**13.097　全局优化　global optimum**
在光学系统设计过程中，通过阻尼最小二乘法等优化方法，对光学系统结构参数进行优化从而得到可能的最佳形式，即具有最小的评价函数的过程。实际上，全局优化不能求解出精确解，而只能通过迭代求取合适解。

**13.098　拉格朗日不变量　Lagrange invariant**
光学系统在近轴范围内成像时，任意空间的折射率、像高(或者物高)和轴上光束会聚角三参数的乘积。它是一个不变量。

**13.099　光晕　halation**
在曝光拍摄过程中，强光投射到胶片上时，透过胶片乳剂在片基表面进行反射，从显影后影像边缘漫延出来的虚影使图像发晕的现象。对于微光夜视系统，通常指强光所造成的荧光屏上局部饱和发光漫延虚影的现象。

**13.100　等晕条件　isoplanatic condition**
使轴上点与近轴点有相同的成像缺陷的条件。

**13.101　渐晕　vignetting**
光学系统通光口径引起的边缘成像照度下降的现象。

**13.102　渐晕系数　vignetting coefficient**
轴外点能通过光学系统的成像光束在入(出)瞳面上的截面积与入(出)瞳面积之比。

**13.103　机械补偿变焦组　mechanical compensation zoom lens**
通过凸轮、非线性螺纹等机构驱动，使补偿组做非线性运动以实现变焦的一种变焦距系统。

**13.104　光线追迹　ray trace**
在实际处理光学系统成像问题时，追迹具有代表性的光线通过光学系统准确路径的光学设计方法。

**13.105　放大率　magnification**
成像光学系统表征物像关系的重要参数。放大率可分为轴向放大率、横向放大率和视角放大率。

**13.106　轴向放大率　longitudinal magnification**
光学系统中，当物在光轴上移动时，对应的像在光轴上移动的距离与物移动距离之比。

**13.107　横向放大率　transverse magnification**
又称“垂轴放大率(vertical axis magnification)”。像与物沿垂轴方向的长度之比。它表示物经光学系统所成的像在垂轴方向上的放大程度及取向。当像与物的方向一致时(正像)，放大率为正值；当像与物的方向相反时(倒像)，放大率为负值。

**13.108　视角放大率　visual angular magnification**
眼睛通过光学仪器观察物体时视网膜上的物高与人眼直接观察物体时视网膜上的像高之比。

# 14. 成 像 技 术

**14.001　镜像　mirror image**
与物的尺寸完全相同且位于平面镜中与物对称位置的像。

**14.002　实像　real image**
由实际光线会聚而成的，可以形成在屏幕上的像。

**14.003　虚像　virtual image**
由实际光线的反向延长线的交点形成在光学系统中或者之前、不能被接触到或者聚焦在屏幕上的像。

**14.004　后像　after image**
又称“幻像”。当刺激光消失以后仍然残留在视觉系统中的映像。通常被认为是人眼视觉系统的一种光学幻觉。

**14.005　不等像　aniseikonia image**
两眼大脑皮层像的大小和形状存在差异，不能形成理想的双眼视觉的现象。

**14.006　原始像　original image**
光波照明全息图，实现波前重建，由衍射波产生的与原始物体振幅和相位相同的像。

**14.007　共轭像　conjugate image**
光波照明全息图，实现波前重建，由衍射波产生的与原始物体复振幅成共轭关系的像。

**14.008　孪生像　twins image**
光波照明全息图，实现波前重建，衍射波产生的像。包括原始像和共轭像。

**14.009　高斯像　Gaussian image**
近轴光线经过理想光学系统所成的像。

**14.010　相似像　similar image**
物体经理想光学系统所成的像。

**14.011　鬼像　ghost image**
通过光学系统的二次或更高次的剩余反射光在像面附近形成的像。

**14.012　元像　elemental image**
微透镜阵列中的单个透镜元从所在的方位记录三维空间场景并获得的一幅表征三维空间场景在该方向上光学信息的微小图像。

**14.013　冷反射像　narcissus image**
制冷型探测器探测到的自身的反射像。它是从系统中各透镜表面反射回来进入光敏面的辐射。

**14.014　像高　image height**
物体经光学系统所成像的高度。

**14.015　像质　image quality**
光学系统的成像质量。如畸变、像差、色差等。

**14.016　高斯像面　Gaussian image plane**
又称“理想像面(ideal imaging plane)”。近轴条件下，理想光束所成的像面。高斯像面可作为实际光束成像的基准，从而确定系统像差并予以校正。

**14.017　极限像面　limit image plane**
在像管电子光学系统中，以轴向初电位为零(即光电子沿光电阴极面发射)所对应的近轴轨迹像面。其确定了光电阴极发射电子理论像面位置的最小值。

**14.018　最佳像面**　best image plane, optimum image plane

对应于最小光点弥散斑均方根半均值的像面。它是实际像管电子光学设计像面的位置。

**14.019　像空间**　image space

经光学系统变换后的光束所在的空间。

**14.020　图像像素**　image pixel

简称"像素(pixel)"。又称"图像像元"。用来计算数字图像的一种基本单位。

**14.021　子像素**　sub-pixel

构成彩色图像的红、绿、蓝三基色中单个基色的像素。

**14.022　无源像素**　passive image pixel

又称"被动像素"。完全由外部输入光激发的图像的像素。

**14.023　有源像素**　active image pixel

又称"主动像素"。对无源像素进行放大处理后得到的像素。

**14.024　像素合并**　pixel binning

把几个相邻像素的电荷包合并输出，当作一个像素电荷来处理的技术。该技术可以进行CCD/CMOS成像预览，提高采集速度和灵敏度，但会降低空间分辨力。

**14.025　探测器像元**　detector pixel

简称"像元"。红外阵列探测器的探测单元。探测器的像元与成像后图像的像元并不一定一一对应，可能多个探测器像元对应于一个成像系统的像元。

**14.026　死像元**　dead pixel

响应率小于平均响应率1/*N*的像元。通常*N*取4。

**14.027　亚像元**　subpixel

又称"亚像素"。用数学的方法从原始像元中分解出的尺度更小的图像像元。

**14.028　暗像元**　dark object, dark pixel

反射率或辐射亮度可以认为是零的像元。在暗目标法大气校正中被作为直接反映大气影响的一类地物的像元。如茂密植被、水体、云影、山体阴影等。

**14.029　纯像元**　pure pixel

一个像元中只包含一种地物类型的像元。

**14.030　混合像元**　mixed pixel

一个像元内存在两种或者两种以上的地物类型的像元。混合像元的存在是影响识别分类精度的主要因素之一，特别是对线状地类和细小地物的分类识别影响较为突出。

**14.031　过热像元**　overheated pixel

噪声电压大于平均噪声电压*N*倍的像元。通常*N*取4。

**14.032　无效像元**　unoperable pixel

死像元和过热像元的统称。

**14.033　有效像元率**　operable pixel factor

成像平面的像元总数扣除无效像元后剩余的有效像元数占总像元数的百分比。

**14.034　点分辨率**　point resolution

简称"分辨率"。能够分辨相邻两个物点或像点的能力。可用在显示屏上能分辨的最高空间频率表示。单位为lp/mm。

**14.035　线分辨率**　line resolution

又称"线数(number of line)"。摄像器件或者显示器的水平扫描线数目。

**14.036　像元分辨率**　pixel resolution

遥感系统瞬时视场对应的最小像元，或与探

测器单元对应的最小地面投影区域的长度分辨能力。

**14.037　地面分辨率　ground resolution**
对地观测系统在地面上对物体细节的分辨能力。用与像元对应的地面目标的二维线度表示。

**14.038　地面像元分辨率　ground sampling distance，GSD**
表征光谱成像仪空间分辨率高低的指标。在数值上等于探测器一个像元的尺寸对应的地面扫描距离。单位为 m。

**14.039　目视分辨率　visual resolution**
人眼在光学系统成像面的调制阈为 0.025 左右时的分辨能力。单位为 lp/mm。

**14.040　极限分辨率　limiting resolution**
像面上刚好满足瑞利准则的分辨能力。数值上等于刚好满足瑞利准则的两个像点之间最小距离的倒数。单位为lp/mm。

**14.041　角隅分辨率　corner resolution**
广角相机成像画幅角落处的分辨能力。数值上等于角落处最小可分辨的两个像点距离的倒数。单位为lp/mm。

**14.042　面积加权平均分辨率　area weighted average resolution，AWAR**
以测试角所对应的像幅内环带面积与像幅总面积之比作为权计算的平均分辨率。

**14.043　图像超分辨率　image super-resolution**
从一幅低分辨率图像或图像序列中能够恢复出高分辨率图像的原始图像分辨率。图像超分辨率技术分为超分辨率复原和超分辨率重建。

**14.044　成像　imaging**
一个位于光学系统输入侧物体的自发光或者由其他光源对其照射产生的反射光或激发荧光，经由光学系统在输出侧出现的与物体形状非常相似的光强分布的过程。最简单的成像过程是将物置于一个透镜前而在其后形成像的过程。

**14.045　非相干成像　incoherent imaging**
采用非相干光进行照明的成像过程。光学系统传输和处理的基本物理量是光场的强度分布，非相干成像系统是强度的线性系统，满足强度叠加原理。

**14.046　光电成像　photoelectric imaging**
经由光学系统、光电变换器、同步扫描和控制单元、视频信号处理单元和荧光显示部分等共同完成的成像过程。

**14.047　时间分辨成像　time-resolved imaging**
根据超短脉冲激光在生物组织中传播时的时间分辨特性，使用门控技术分离出漫反射脉冲中未被散射的早期光来进行成像的过程。主要用于医学成像，是光学层析摄影中的一种重要技术。

**14.048　鬼成像　ghost imaging**
使用动量关联光子对中的一个光子照射物体而使用另一个光子成像的过程。

**14.049　磁光成像　magneto-optic imaging**
一种利用铁磁薄膜的法拉第效应对磁场分布进行成像的过程。被检测的磁性物质在薄膜中产生磁场，线偏振光通过该薄膜后发生偏转，通过检测透过线偏振器的光强度，获得被检测物质的磁场分布图像。

**14.050　原子分子成像　atomic and molecular imaging**
利用强激光场与原子/分子相互作用对原子/分子的电子云分布进行的成像过程。

**14.051　眼科光学成像**　ophthalmic optical imaging

采用光学方法对眼组织进行成像的，以便于进行医学观察的过程。与其他成像技术相比，通常具有非接触、无损、高分辨和快速的特点。

**14.052　眼底自发荧光成像**　fundus autofluorescence imaging

不通过注射外源性荧光物质，而是使用眼底组织自身具有的荧光基团经光照激发出的荧光来形成图像的成像技术。

**14.053　双光子激发荧光成像**　two-photon excitation fluorescence imaging，TPEF

基于双光子吸收的非线性光学过程的一种多光子成像技术。生物组织在同时吸收两个近红外波长的光子后激发出荧光，双光子吸收的过程需要高度的时间集中以及空间集中，时间集中由超短脉冲实现，空间集中由高数值孔径物镜实现。

**14.054　显微成像**　microscopic imaging

实现对微小物体或物体微细结构进行观测或显示的一种成像方式。

**14.055　超分辨显微成像**　super-resolution microscopy imaging

打破光学显微镜的分辨率极限，即分辨率超越阿贝衍射极限的显微光学成像技术。通常指的是基于远场光学显微镜的超分辨成像技术，主要包括两种实现途径：一种是基于特殊强度分布照明光场的超分辨成像方法，如受激发射损耗（STED）显微成像；另一种是基于单分子成像和定位的方法，如光激活定位显微成像（PALM）。

**14.056　光学显微成像**　optical microscopic imaging

将微小物体置于物镜前并通过与目镜组合成高倍率放大镜，实现对微小物体的放大观察的成像方式。

**14.057　声学显微成像**　acoustic microscopic imaging

通过聚焦超声换能器实现的一种显微成像方式。分辨率可达几十微米。

**14.058　激光共焦扫描显微成像**　confocal laser scanning microscopic imaging

一种特殊的显微成像方式。采用激光作扫描光源，逐点、逐行、逐面快速扫描成像，扫描激光与荧光收集共用一个物镜，物镜的焦点即为扫描激光的聚焦点，也是瞬时成像的物点；系统经过一次调焦，扫描限制在样品的一个平面内，不同的调焦深度可获得样品不同深度层次的图像，因此可以获得样品的立体显微结构图像。主要用于细胞及生物荧光样品观察分析、荧光蛋白分析、三维图像处理等。

**14.059　数字共焦显微成像**　digital confocal microscopic imaging

一种基于数字图像处理方法获得透明样品立体显微结构图像的成像方法。首先通过测试或标定获得显微成像系统的三维点扩散函数，然后通过在成像面上下垂直方向采集存在微位移的 $N$ 层层析图像，由此（$2N+1$）幅图像去卷积，获得清晰的三维断层切面图像，进而可构造样品的三维立体显微图像。

**14.060　基态损耗显微成像**　ground state depletion microscopic imaging，GSD microscopic imaging

一种基于扫描成像的远场超分辨成像技术。通过特殊的激发光控制使激发光焦点区域大部分分子处于长寿命的三线态或暗态，对处于基态的少量分子进行成像，可以减小艾里斑的有效尺寸，实现超分辨成像。

**14.061　光激活定位显微成像**　photo activation localization microscopic imaging，PALM

一种基于宽场荧光成像的远场超分辨显微成像技术。该技术利用遗传表达的光激活探针，实现了荧光团在亮态和暗态之间的转换，将原本在空间上密集分布的荧光分子在时间上进行充分分离；然后，结合单分子定位算法，对采集到的稀疏发光的大量单分子图像进行发光中心的精确定位与重建，实现超分辨成像。

**14.062　随机光学重构显微成像**　stochastic optical reconstruction microscopic imaging，STORM

一种基于宽场荧光成像的远场超分辨显微成像技术。其成像原理与光激活定位显微成像类似，略有不同的是，该技术主要对有机染料对（如 Cy3-Cy5 对）的发光状态进行控制。

**14.063　结构光照明显微成像**　structured illumination microscopic imaging

一种利用某种特定图案对样品进行照明，获得超分辨率的显微成像技术。通过分析莫尔条纹中包含的结构信息，重组出样本的高分辨率图像。由于莫尔条纹发生在样本空间频率与照射光空间频率有差异的地方，可以凸显样本的高频结构信息。相对于常规的荧光显微成像，结构光照明显微成像技术的分辨率提高了两倍。

**14.064　光片照明显微成像**　selective plan illumination microscopic imaging

使用一层薄片状的光束从样品侧面激发荧光，在垂直于光片的方向上通过显微物镜与面阵探测器（如 CCD 或 COMS）来获取照明层面的荧光图像的成像技术。通过移动样品或光片可以实现荧光样品的三维层析成像，同时获得细胞水平的分辨率。

**14.065　相差显微成像**　phase contrast microscopic imaging

通过样品相位差的变化来产生对比度的成像方法。其最大特点是可以观察未经染色的透明的样品，如活细胞等。

**14.066　偏振显微成像**　polarization microscopic imaging

将偏振技术与光学显微结合的成像方法。包括显微偏振度成像、显微缪勒矩阵成像等。

**14.067　受激发射损耗显微成像**　stimulated emission depletion microscopic imaging，STED microscopic imaging

一种基于扫描成像的远场超分辨显微成像技术。通过叠加两束强度分布不同的光场，即激发光和损耗光，在焦点处形成特殊光强分布，结合特殊样品的激发特性可以选择性消除激发光焦点外围区域激发态分子的荧光发射能力，减小艾里斑的有效尺寸，实现超分辨成像。

**14.068　荧光寿命成像**　fluorescence lifetime imaging，FLIM

通过逐点测量样品，如生物组织或细胞的荧光寿命，以荧光寿命作为图像的对比度的一种成像技术。荧光寿命成像可以用于测量荧光团分子的微环境信息（如 pH、离子浓度、氧浓度）以及用于 FRET 以研究分子之间的相互作用。

**14.069　频域法荧光寿命成像**　frequency-domain fluorescence lifetime imaging

用强度正弦调制的激光激发样品的一种荧光寿命成像技术。样品所发出的荧光强度也按正弦调制，且二者的调制频率相同，但相对于激发光，荧光信号的相位存在延迟。通过测量荧光相对于激发光的相位差及解调系数，可以逐点计算出荧光寿命并进行成像。

**14.070　零差法荧光寿命成像　homodyne fluorescence lifetime imaging**

一种频域法荧光寿命成像技术。其像增强器增益的调制频率与激发光的调制频率相同，都为 $\omega$，在像增强器的荧光屏上可得到强度恒定的信号，该信号包含了荧光信号的相位和调制度信息。

**14.071　外差法荧光寿命成像　heterodyne fluorescence lifetime imaging**

一种频域法荧光寿命成像技术。其像增强器增益的调制频率与激发光的调制频率不同，设激发光的调制频率为 $\omega$，像增强器增益的调制频率为 $\omega+\Delta\omega(\Delta\omega\ll\omega)$，那么在像增强器的荧光屏上可得到一个频率为 $\Delta\omega$ 的低频信号，且该信号保留了原高频调制荧光信号的相位和调制度信息。通过快门选通方法，得到一组不同时刻的图像信号，对测量数据拟合分析，可得到样品中各点对应的荧光信号的相位和解调系数，从而计算出荧光寿命值，实现荧光寿命成像。

**14.072　时域法荧光寿命成像　time-domain fluorescence lifetime imaging**

又称“脉冲法荧光寿命成像(pulse fluorescence lifetime imaging)”。用高重复频率的超短光脉冲激发样品的一种荧光寿命成像技术。处于激发态的荧光分子在退激发回到基态时发射荧光，荧光强度的衰减可表达为单指数函数或多指数函数，通过驻点分析荧光信号的衰减可得到各点的荧光寿命值，进而得到样品的荧光寿命图像。

**14.073　门控法荧光寿命成像　time-gated fluorescence lifetime imaging**

采用一种将微通道板像增强器与电荷耦合器件相耦合的探测器的宽场荧光寿命成像技术。利用高重复频率的脉冲光激发样品，然后在激发后不同时刻(也就是不同时间窗口)选通像增强器和 CCD 相机，获得一系列荧光强度图像，利用单指数或多指数函数模型逐点拟合所测量到的数据，从而可以计算出样品上各点的荧光寿命并成像。

**14.074　荧光共振能量转移–荧光寿命成像　fluorescence resonance energy transfer-fluorescence lifetime imaging，FRET-FLIM**

将荧光共振能量转移技术与荧光寿命成像技术相结合的成像技术。通过测量供体荧光寿命的变化来实现。是一种研究蛋白质分子及生物大分子之间相互作用的有效方法，具有测量方法简单、测量时间短、不受荧光强度因素影响等优点，可在溶液、细胞悬液、多细胞、单细胞、细胞膜和细胞器等不同层次对生物大分子间的相互作用距离、动力学特性等进行研究。

**14.075　多光子成像　multiphoton imaging**

基于光与物质相互作用发生的非线性光学效应的一种成像技术。通常包括多光子荧光成像和多次谐波成像。

**14.076　二次谐波成像　second harmonic generation imaging，SHG**

基于分子二次谐波效应的成像技术。二次谐波效应是一个二阶非线性过程，当两个具有相同基频的光子与具有非对称结构的组织作用时，组织内部分子的取向极化会散射出倍频的相干光，散射光的频率恰好为激光发光频率的两倍。

**14.077　显微光学切片断层成像　micro optical sectioning tomography，MOST**

一种利用机械切片方法实现对生物样本连续断层三维成像的显微光学成像技术。可用于获取大块生物组织中各类光学染料和标记物的三维空间分布，其连续三维探测范围可达到数立方厘米，三维探测精度可达亚微米量级，所获取断层图像无需后期处理即可配准。

**14.078　荧光显微光学切片断层成像**　fluorescence micro optical sectioning tomography，FMOST

一种结合了荧光成像与显微光学切片断层成像的成像技术。

**14.079　光声成像**　acousto-optic imaging

基于光声效应的一种成像技术。当脉冲光照射到生物组织时，生物组织内的吸收体吸收光能量后产生局部温升，瞬间发生热弹性膨胀而应激产生光声信号。光声信号携带了组织内部的光学特征信息，通过检测光声信号能重建出组织中的光吸收分布图像。光声成像不用添加造影剂即可进行，也可添加造影剂或靶向探针进行成像，即光声分子成像。

**14.080　微波热声断层扫描成像**　microwave-induced thermoacoustic tomography imaging

利用放置在微波吸收体周围的超声探测器来采集微波热声效应激发出的超声波，由热声波通过投影算法逆向重建物质的电磁吸收分布图像的成像技术。

**14.081　微波热声极性分子成像**　microwave-induced thermoacoustic polar molecular imaging

一种基于热声效应的分子成像技术。在微波场中，极性分子易受到电磁场的作用而发生取向极化，当取向极化运动相对滞后于外场的变化时，就会产生弛豫损耗，造成微波吸收从而产生热声效应。而非极性分子在微波场作用下不会产生取向极化，没有微波热声效应的产生。利用极性分子较强微波吸收的特性，可以通过成像算法实现极性分子的微波热声成像。

**14.082　红外热成像**　infrared thermal imaging

运用光电技术检测物体热辐射的红外线特定波段信号，将该信号转换成可供人类视觉分辨的图像和图形的一种成像技术。可由此计算出温度值。

**14.083　热断层扫描成像**　thermal texture map imaging

利用红外扫描器接收人体辐射出的红外信号，经计算机处理和分析重建出人体体表的温度分布的一种成像技术。通过建立人体的热电模型理论，对体表的温度分布进行层析，从而获得人体相应部位组织器官细胞新陈代谢强度的分布图，即人体体内辐射热源的深度和数值。

**14.084　光声层析成像**　photoacoustic tomography imaging

用脉冲激光照射整个待成像的生物组织区域，生物组织吸收光能后产生光声信号，用侧向放置的单个超声探头或超声探头阵列围绕生物组织扫描接收所产生的光声信号，并用一定的图像重建算法重建出组织的吸收结构断层图像的成像技术。

**14.085　光声内窥成像**　photoacoustic endoscopic imaging

利用光纤与微型超声探测器的一种成像技术。包括机械扫描和电子扫描两种模式。脉冲激光经过光纤传导至成像导管远端，侧向发射照射管腔壁(呼吸道、肠道、血管)，超声探测器接收组织产生的光声信号，投影后获得反映管腔内光吸收分布的结构图像。

**14.086　光声黏弹成像**　photoacoustic viscoelasticity imaging

组织受到强度调制的周期性激光激发，所产生的受迫光声信号由于受到组织自身黏弹特性影响而发生阻尼效应，会与入射激光的初相位产生一定的相位延迟，通过检测光声信号的相位延迟量，重建出不同组织的黏弹性差异分布图像的成像技术。

**14.087　光声分子成像**　photoacoustic molecular imaging

利用光学的指纹特性，以特异性分子(如血红蛋白、染料分子、纳米探针等)的特征吸收波长激发光声信号，通过采集此信号重建该分子的吸收分布图像，从而显示生物过程在分子水平上的特征的成像技术。

**14.088　多光谱成像**　multispectral imaging

将传统的二维成像技术和光谱技术有机结合在一起形成的成像技术。即利用图像采集设备在可见光范围内采集拍摄现场的几个或多个通道光谱信息，同时获得所探测目标的空间和光谱分布信息，通过对空间各点的光谱分析即可获得组织结构与功能信息。

**14.089　生物自发光断层成像**　bioluminescence tomography，BLT

通过多角度获取体表的二维自发荧光的光通量分布，利用生物体内光传输模型和重建算法重建出体内生物自发光信号的空间位置和强度分布的成像技术。

**14.090　荧光断层成像**　fluorescence molecular tomography，FMT

利用生物自荧光染料、荧光蛋白或外源荧光染料，获取多角度的外部光源激发产生的荧光信号，利用光子传播模型重建出体内荧光光源的强度和位置分布的三维成像技术。可在分子和细胞层面上实现对在体的特定生物过程的定性和定量研究。

**14.091　切连科夫光成像**　Cherenkov radiation imaging

基于切连科夫辐射效应的成像技术。使用高灵敏度CCD相机、特别设计的成像暗箱及软件控制来记录光子，从所获得的切连科夫荧光图像推测核素发光源的深度。由于核素标记的显像剂既可以进行核素显像，又可以进行切连科夫辐射成像，因此，通过一种分子探针可同时实现多模式的成像。

**14.092　切连科夫荧光断层成像**　Cherenkov luminescence tomography imaging

利用切连科夫辐射原理并结合断层扫描技术的一种断层成像技术。

**14.093　切连科夫辐射能量转移成像**　Cherenkov radiation energy transfer imaging

通过使用切连科夫荧光激发量子点或荧光团，使光谱红移，使用高灵敏度的CCD相机的光学成像技术。可以降低生物组织对切连科夫光的吸收，从而采集到体表更多的光学信号。

**14.094　自适应光学相干层析成像**　adaptive optical coherence tomography

把自适应光学技术与光学相干层析成像技术结合在一起的眼底成像技术。通过自适应光学技术来校正大瞳孔成像时存在的人眼像差，使衍射光斑接近或达到衍射极限，来获得高横向分辨率的光学相干层析(OCT)图像。

**14.095　X射线荧光断层成像**　X-ray luminescence tomography

将微束 X 射线荧光分析和计算机断层成像技术有机结合，通过测量特征 X 射线荧光，重构出元素在样品内部的分布图像而不需要对样品进行破坏的切片处理手段。是一种无损检测手段。

**14.096　多模式成像**　multimodality imaging

将不同的成像模式整合在一起的生物医学成像技术。为了更深入地理解生物体的某些生理现象，往往需要不同方面的各种信息，如结构、功能、分子信息等。由于每一种成像模式的对比度机制不同，它所能够提供的信息也不同，因此多模式成像能够更加全面地对生物体进行描述。此外，不同的成像模式间信息的相关性也为不同成像模式成像性能的提高提供了可能性。

**14.097 内窥成像** photodynamic diagnosis imaging

将光纤内窥镜放置于生物组织或者器官内部，并通过光纤束将生物组织或者器官内部的性状投送到显示器或者目镜的一种成像方式。是一种直接观察病灶的诊断方法。

**14.098 胶囊内窥成像** capsule endoscopic imaging

利用胶囊式内窥镜，经过生物各种管道或者人为形成的管道进入体内，从而观察生物内部状况的成像方式。内窥镜检查能以最少的伤害达到观察人体内部器官的目的。

**14.099 活体视网膜成像** living retinal imaging

又称“视网膜在体成像(in vivo retinal imaging)”。对活体眼组织进行成像的方式。与之相对的是把眼组织从机体上剥离出来进行的离体成像。

**14.100 角膜光学相干弹性成像** cornea optical coherence elastography imaging

一种测量角膜生物力学性能的成像技术。通常由激励机构使角膜产生形变或微位移，再用 OCT 系统来探测这一形变，最后通过算法来获得角膜的生物力学性能。

**14.101 扩散光学层析成像** diffuse optical tomography，optical diffusion tomography，DOT/ODT

一种面向厚组织体的三维功能成像方法。利用近红外线(700～900 nm)照射组织体，通过高灵敏的近红外光子检测仪和基于生物组织光子输运模型的图像重建技术，从多点激励下表面扩散(漫射)光的时间、空间和光谱分布测量信息中反演出组织体内部光学特性参数的三维分布。通过光学参数与组织的生理状态(血红蛋白浓度及氧饱和度等)等的关系，实现功能层析成像。

**14.102 烟羽二维成像** plume two-dimensional imaging

利用光学方法对污染物烟羽的二维浓度进行成像以确定其排放趋势、高度及扩散趋势的成像技术。

**14.103 多曝光激光散斑衬比成像** multi-exposure laser speckle contrast imaging

为了消除静态散射成分影响而提出的一种激光散斑衬比成像技术。为了获取某一空间区域内静态光强占总光强的比例，使用多个不同的曝光时间进行衬比测量，最后得到一条随曝光时间变化的衬比值曲线。通过使用理论公式对实验测量曲线进行拟合，最终得到消除了静态散射成分影响的相对流速值。

**14.104 空间频域激光散斑衬比成像** frequency-domain laser speckle contrast imaging

一种结构光照明与多曝光成像相结合的激光散斑衬比成像方法。采用结构光照明的方式可以更有效抑制多次散射对流速测量的影响。光强自相关函数采用蒙特卡罗模拟获得，使之更接近实验测量数据。采用多曝光成像，通过对实验数据进行理论公式的曲线拟合，能够获取静态组织厚度、静态散射光强与动态散射光强所占比例等细节信息。

**14.105 集成成像** integral imaging

又称“集成摄影术(integral photography)”。一种利用微透镜阵列或针孔阵列对三维空间场景进行拍摄，并显示出同时包含水平和垂直视差的三维图像的成像技术。

**14.106　一维集成成像　one-dimensional integral imaging**

只包含水平视差的一种集成成像。

**14.107　全光学集成成像　optical integral imaging**

在拍摄和显示过程中均使用真实的光学器件来完成的一种集成成像。

**14.108　计算机生成集成成像　computer generated integral imaging**

用计算机程序代替实际微透镜阵列生成微图像阵列的一种集成成像。

**14.109　全息成像　holographic imaging**

光波照明全息图，实现波前重建，全息图的衍射光波传播产生原始像或共轭像的过程。所成的像可能是虚像或实像。

**14.110　光全息成像　optical holographic imaging**

采用相干光成像技术把物体发出的光束用参考光束“冻结”到照相用的乳胶中，然后通过化学方法显影，再用同样的参考光把物体“重现”出来的一种照相术。

**14.111　激光距离选通成像　range-gated laser imaging**

利用脉冲激光照明和选通像增强器实现距离层析成像的模式。可有效滤除观察路径上后向散射光的影响。主要用于水下光电成像探测、陆上夜视(特别是烟雾等条件下)等领域。

**14.112　欠采样成像　under sampling imaging**

由于受到探测器单元尺寸及填充率等条件的限制，实际的空间采样频率低于像所需要分辨率的一种成像技术。

**14.113　微扫描过采样成像　upsampling imaging with the micro-scanning**

利用多种具有帧间微位移的图像，通过直接嵌入或相关的算法实现过采样图像重构，得到高分辨率成像方法。过采样图像可提高成像分辨率，但是其空间采样仍然受探测器单元空间尺寸限制。

**14.114　微扫描亚像元成像　subpixel imaging with the micro-scanning**

在过采样图像的基础上，通过递推或其他处理算法获得小于探测器单元空间尺寸限制的高分辨率成像方式。

**14.115　超视距成像　over-the-horizon imaging**

借助光电系统、光子雷达或其他装置实现的超过人眼视距的成像。视距是指人眼视力的范围，随气象条件而不同。超视距成像表示在基于 CCD/CMOS 成像器件的超视距光电成像中，能见度即为视距限，常采用近红外波段成像以及视频图像处理的方法实现超视距，因此也称为超能见度成像。

**14.116　非视域成像　non-line of sight imaging**

泛指借助光电成像仪器实现对人眼视域不可达场景目标成像的技术。目前较为实用的技术是基于激光距离选通成像以及基于线激光扫描的瞬态光学成像的非视域成像技术，其借助具有一定镜面反射特性的中介面，通过选通模式滤除中介面散射，实现对非视域区域的成像探测。非视域成像技术在城镇街道反恐、地震搜救以及交通管理等领域具有广泛的应用前景。

**14.117　偏振成像　polarization imaging**

利用光的偏振相关参量作为对比度量的成像技术。

**14.118　分振幅偏振成像　division of amplitude polarization imaging**

将一束光经过一系列的偏振光分束器和延迟器，得到的 4 个不同振幅偏振光束分别独立成像的偏振成像技术。其优点是同时获取场景的4个不同的偏振态图片具有实时性，图像分辨率高；但缺点是到达每个探测器的光束都经过两次分光和一次偏振片的起偏作用，探测器接收能量只是入射能量的1/8，能量利用率低，系统分光元件较多，体积、质量大。

**14.119　分孔径偏振成像**　division of aperture imaging

使用1个物镜和1个光学成像系统，经过偏振光学元件，将景物辐射的不同偏振态在同一个探测器上成像的技术。不仅实现了同时偏振成像，还保证4个偏振通道的视场共轴。该技术的优点是不存在过多的分光元件，光学系统稳定；缺点是损失空间分辨率。

**14.120　分焦平面偏振成像**　division of focal plane polarization imaging

把偏振片列阵直接耦合在焦平面阵列(focal plane array，FPA)上，4个微偏振片组成1个偏振片单元，1个偏振片单元对应4个探测器像元，每一个像元对应不同偏振方向的微偏振片，再进行适当的电子学处理就可形成偏振探测器，不需分光，实现单次曝光4偏振态成像的方法。

**14.121　偏振度成像**　degree of polarization imaging

利用偏振度这一偏振参量进行的成像技术。利用该成像技术能获得浅表组织较高分辨率的结构信息，适合于对皮肤及器官内腔的成像。

**14.122　输片式高速成像**　high speed film imaging

靠胶片的运动和开口叶子板(或者滚筒)来实现的高速成像技术。高速输片的极限受制于胶片的材料和输片力的作用性质，可用输片动力学微分方程进行描述。高速输片分为间歇式输片和连续输片两种，分别对应间歇式高速成像和光学补偿式高速成像。

**14.123　光学补偿式高速成像**　optical compensation high speed imaging

采用光学办法使瞬态事件的光学像和连续高速运动的胶片在曝光时保持相对静止，以获得高像质的成像技术。曝光和分幅是靠开口叶子板快门的同步高速旋转来实现的。光学方法是指用旋转棱镜、旋转反射镜鼓、旋转透镜环的方法补偿光学像和底片的相对运动，或者控制底片速度和目标像速一致的同步摄影方法。由于补偿运动的非线性和胶片的线性运动，光学补偿式高速成像存在原理误差，成像的质量低于间歇式高速成像。

**14.124　多幅变像管高速成像**　multi frame image converter high speed imaging

在荧光屏得到一系列在时间上不连续、有不同曝光中心的二维图像的一种成像技术。主要性能指标是曝光时间(在变像管分幅成像领域也称时间分辨率)、分幅频率、动态空间分辨率、画幅大小和画幅数。这种成像的核心技术是如何分幅和形成时序的超高速快门，据此可分为电子束扫描分幅、电压选通分幅和取样扫描分幅。

**14.125　激光脉冲分幅高速成像**　laser high speed pulse framing imaging

利用激光脉冲序列的高亮度、窄脉冲宽度和时间特性的可控性得到多幅瞬变图像的时空信息的成像技术。这种技术的曝光和分幅是相互独立的。脉冲序列的脉宽就是曝光时间 $t$，脉冲序列的脉冲间隔时间就是分幅时间 $t_1$，并且在脉冲间隔时间里，扫描光束能移动一个画幅的距离。

**14.126　激光全息相干快门极高速成像**　ultrafast imaging with laser holographic coherent shutter

利用超短激光脉冲的相干长度极短的特性来记录物光波的传播过程的成像技术。物光和参考光的光程差小于相干长度，则干涉记录，相关快门打开；光程差大于相干长度，则不相干，相干快门关闭。这种技术最能体现利用光波自身特性来实现极高速成像记录。

**14.127　激光克尔盒快门极高速成像**　ultrafast imaging with laser Kerr-cell shutter

利用克尔效应制作的克尔盒作为快门的一种高速成像技术。硝基苯一类的极性分子在电场作用下有一致的双折射现象。同样，在激光巨脉冲电场的作用下，$CS_2$ 分子也有一致的取向，从而产生双折射现象，利用这种光致克尔效应可以做成激光驱动克尔盒皮秒摄像机。

**14.128　网格高速成像**　high speed multiwire imaging

又称“像分解高速成像”。将一个带限图像用阵列分立值来精确表示、采用两倍于最大空间频率的抽样频率与合适的抽样函数实现的成像技术。抽样函数如 sinc 函数。

**14.129　直视微光成像**　direct LLL imaging

将在夜间或低照度下感知的微弱光或主动近红外照明的图像通过物镜组、像增强器的光–电–光转换在荧光屏上获得增强的光学图像的成像技术。得到的像通过目镜组传输给人眼，以实现夜间或低照度下的直接观察。

**14.130　磁共振成像**　magnetic resonance imaging，MRI

利用原子核在磁场内共振所产生信号经重建成像的一种成像技术。

**14.131　光刻成像**　lithography imaging

经过光刻系统将光刻掩模图形成像到基底上抗蚀剂或光刻胶中的成像过程。

**14.132　矢量光刻成像**　vector lithography imaging

含有光场矢量特征信息的光刻成像。

**14.133　标量光刻成像**　scalar lithography imaging

只含有光场的标量特征信息的光刻成像。

**14.134　折衍混合成像**　hybrid refractive-diffractive imaging

成像系统中结合衍射光学元件(衍射系统)与传统光学元件(折/反系统)的一种光学成像技术。

**14.135　单分子成像**　single molecular imaging

利用荧光显微镜、原子显微镜等仪器观察单个分子的显微成像技术。

**14.136　高分辨率成像**　high resolution imaging

利用自适应光学原理的实时波前像差补偿或事后图像处理等方法来获得更高分辨率图像的成像技术。

**14.137　凝视成像**　staring imaging

用大量光敏元构成的焦平面面阵探测器、不需扫描装置的遥感成像方式。

**14.138　深度分辨激光散斑衬比成像**　depth-resolved laser speckle contrast imaging

通过暗场照明或扩散光学成像方法获取深层散射粒子流速的激光散斑衬比成像方法。暗场照明方式如采用线形光扫描和侧向散射光获取并行的方法，能够增大采样深度。扩散光学成像方法是指通过解扩散方程得到光强自相关函数(该函数与组织吸收系数、散射系数相关)，而不是使用传统的洛伦兹谱型或高斯谱型对应的光强自相关函数。透射式照明激光散斑衬比成像也可提高深层血管可视度。

**14.139　激光散斑成像**　laser speckle imaging

基于激光散斑原理的对随机干涉的光散射信号进行分析的光学成像技术。对激光散斑图案进行分析，可获取生物组织散射粒子运动速度信息。该技术在生物医学及农业生产中得到了较广泛的应用，可用于生物组织血流、淋巴流、细胞黏弹性检测，还可用于种子活力、水果成熟度检测。

**14.140　立体成像**　stereo imaging

在两次拍照之间，把眼底相机横向移动几毫米，使照明光束落在角膜的两侧斜面上，当相继采集的两幅图像被一起观看时，由角膜引起的视差产生立体视觉效果的成像方法。由于能提供隐藏在常规二维图像中的深度和真实的视觉感受，立体图像能提供更多的诊断信息。也就是在不同位置或以不同角度观测同一目标，从而形成目标的空间立体图像。

**14.141　太赫兹波成像**　terahertz imaging

利用太赫兹波与物体相互作用的各种特性来获取物体像的成像技术。如太赫兹二维电光取样成像、层析成像、太赫兹啁啾脉冲时域场成像、近场成像、时域太赫兹逆向变换成像等技术。

**14.142　阿贝成像**　Abbe theory of image formation

1873年阿贝提出的一个与传统理论不同的二次成像理论。阿贝把相干照明下显微镜成像过程分为两步：物平面上发出的光波在物镜后焦面上发生夫琅禾费衍射，得到第一次衍射像；该衍射像作为新的相干波源，其次波在像平面上干涉得到第二次衍射，构成物体像。

**14.143　激光散斑成像空间衬比分析**　laser speckle spatial contrast analysis

一种对激光散斑图中局部空间区域的光强波动进行统计的分析方法。即使用某一固定大小的空间窗口(例如 7 像素×7 像素的窗口)，以像素为单位滑动，并遍历整个图像。每滑动一次窗口，即计算该区域内的散斑衬比值，最后获取空间衬比图像。

**14.144　激光散斑成像时间衬比分析**　laser speckle temporal contrast analysis

一种对激光散斑图中单个像素在时间域上的光强波动进行统计的分析方法。即使用某一固定大小的时间窗口(例如 50 帧图像)，对每个像素在该时间窗口内的光强波动进行统计，计算散斑衬比值，最后获取时间衬比图像。

**14.145　阿贝正弦条件**　Abbe sine condition

光学系统中轴上物点已消除球差的前提下，近轴物点以大口径光束完善成像的条件。它由德国物理学家阿贝在研究改善显微镜成像品质时提出并得名。

**14.146　阿贝–波特实验**　Abbe-Porter experiment

为验证阿贝成像理论，采用二维正交光栅为物，由相干单色平面波照明，在显微镜焦平面上放置不同的光阑滤波器，以各种方式改变第一次衍射像的结构的实验。在像平面上可观察到各种与物不同的像，如一维光栅、衬度反转的正交光栅、栅线边缘锐度降低或增强的像等。阿贝本人于 1873 年、波特于 1906 年分别做了实验。

**14.147　电子轨迹方程**　electron trajectory equation

由于静电场属于保守力场，利用能量守恒定律进行变量转换，可将以时间为变量的运动方程转换为以空间坐标描述的轨迹方程。轨迹方程常用于电子光学系统成像性能的描述。在以 $z$ 轴为对称轴的电磁场中，常采用柱坐标系$(z,r,q)$描述。

**14.148　电子近轴轨迹方程**　electron paraxial trajectory equation

简称“近轴轨迹方程”。又称“傍轴轨迹方程”。在阴极透镜中，满足近轴条件的电子轨迹方程。所有自阴极面原点或不同物高逸出的电子轨迹，只要它们的轴向初电位相同，就将会聚于轴上或像面上的同一点。近轴轨迹方程是研究阴极透镜成像性能的基础。

**14.149　激光干涉成像术**　laser interferometric imaging technology

利用激光在空域形成干涉条纹场，当目标同条纹场间有相对运动时，其产生的回波信号强度会发生变化，利用探测器探测回波强度，再将此强度信号进行处理，便可获得目标强度反射率分布函数，达到还原像的目的的一种成像技术。

**14.150　显微光谱成像术**　microspectro-imaging technology

将显微技术与光谱技术结合获取微观样品光谱图像的成像技术。显微光谱成像术在生物医学研究领域有重要应用。

**14.151　光谱成像技术**　spectral imaging technology

又称“成像光谱技术”。能同时获取被探测目标的二维空间信息和一维光谱信息的成像技术。

**14.152　光学投影成像技术**　optical projection tomography

一种涉及显微成像的层析成像模式，类似于CT扫描成像的光学成像技术。利用显微光学成像技术，通过测量样品某断层在不同方向上的一维投影，再利用拉东(Radon)逆变换来重建该断层的二维图像，得到样品的多个断层图像后，叠加可重建出样品的三维图像。

**14.153　成像仪**　imager

获取目标图像信息的遥感仪器。

**14.154　红外热成像仪**　infrared thermal imager

简称“红外成像仪”“热像仪”。利用红外探测器探测物体发出的不可见红外光转变为可见的热图像的成像仪。这种热像图与物体表面的热分布场相对应。热像技术的主要指标包括温度分辨率、空间分辨率、帧幅速度、视场角与景深等。由于人体病理状态与正常状态下辐射温度存在差异，因此利用红外热像仪即可实现疾病的诊断。

**14.155　多角度成像仪**　multi-angle imager

能够从多个角度观测目标，获得包含目标反射或辐射方向性特性的遥感图像的成像仪。

**14.156　分时偏振成像仪**　division of time polarimeter

在不同时刻获取同一景物不同偏振态图像的成像仪。它适用于静止目标。分时偏振成像仪器通过旋转偏振片或波片在4个时刻获取4幅不同的偏振态图像，或者通过单个沃拉斯顿棱镜加半波片两次曝光实现4个偏振态成像。这类装置结构简单、成本低，但不同偏振态图像在不同时间获取，对于时变场景不适用。

**14.157　偏振成像仪**　polarization imager

以不同的检偏方向获取景物的偏振信息，通过反演得到辐射偏振度图像的成像仪。利用自然物与人造物偏振度的差异，能在复杂背景中识别目标。

**14.158　同时偏振成像仪**　simultaneous polarization imager

同时偏振成像一次曝光获得目标的 4 幅不同偏振态图像的成像仪。探测速度快，可用于快速变化目标的探测。另外，系统无运动部件，可靠性和稳定性高。按照实现方式的不同，可分为分振幅同时偏振成像仪、分孔径同时偏振成像仪、分焦平面同时偏振成像仪。

**14.159 直接型光谱成像仪** direct spectral imager

不需要任何数学变换，能直接获得目标光谱图像的光谱成像仪。

**14.160 空间调制光谱成像仪** spatially modulated spectral imager

又称“静态干涉光谱成像仪”。采用干涉仪将点目标横向剪切成两个相干点源，再通过光学系统聚焦，在面阵探测器上得到一幅完整的点干涉图的光谱成像仪。经傅里叶逆变换反演得到探测目标的三维数据立方体。是一种无运动部件、稳定性高的干涉型光谱成像仪。

**14.161 色散型光谱成像仪** dispersive spectral imager

使用色散元件(棱镜或光栅)作为分光元件，将入射的复色光在一定方向上展开，再通过成像镜会聚实现光谱图像采集的光谱成像仪。

**14.162 滤光片型光谱成像仪** filter type spectral imager

采用滤光片作为分光元件，将入射复色光分成所需的谱段，实现光谱图像采集的光谱成像仪。是一种结构简单的直接型光谱成像仪。

**14.163 计算光谱成像仪** computational spectral imager

采用相应的重构算法获取目标光谱图像的成像仪。

**14.164 干涉型光谱成像仪** interferometric spectral imager

又称“傅里叶变换型光谱成像仪”。使用干涉仪作为分光元件，利用干涉图和光谱图之间的傅里叶变换关系获取目标光谱图的光谱成像仪。是一种通过傅里叶逆变换反演得到探测目标光谱的计算光谱成像仪。

**14.165 时间调制光谱成像仪** temporary modulated spectral imager

通过干涉仪动镜的运动产生变化的光程差，以时间积分的方式记录不同光程差对应的不同级次的干涉图信号的光谱成像仪。通过傅里叶逆变换反演得到探测目标的光谱。是一种高光谱分辨率的干涉型光谱成像仪。

**14.166 时空联合调制光谱成像仪** temporary and spatial-joint modulated spectral imager

采用面阵探测器连续曝光获取多帧干涉图像并按特定的方式进行拼接获得完整的点干涉图的光谱成像仪。经傅里叶逆变换反演得到探测目标的三维数据立方体。是一种高能量利用率、高空间分辨率的干涉型光谱成像仪。

**14.167 中分辨率光谱成像仪** middle resolution spectral imager

星下点地元分辨率为几百米的星载成像光谱仪。

**14.168 高分辨率光谱成像仪** high resolution spectral imager

星下点地元分辨率为几十米至几米的星载成像光谱仪。

**14.169 自适应光谱成像仪** adaptive spectral imager

一种光谱调制阿达玛(Hadamard)变换光谱成像仪。该类仪器常将数字微镜阵列用作调制器，完成二维图像的光谱编码；用阿达玛逆变换对记录的图像解码可得到每一通道的图像。它具有多通道的性能和快速处理的优势。

**14.170 多光谱成像仪** multispectral imager

采用滤光片、棱镜、光栅或其他分光方式，能同时获取观测目标的几个至十几个波段辐射图像的光谱成像仪。

**14.171　机载多光谱成像仪**　airborne multi-spectral imager

安装于飞机上，能根据飞行的速高比调整扫描速率，并能根据飞机的俯仰、侧滚、偏航等姿态参数对图像进行校正的多光谱成像仪。

**14.172　高光谱成像仪**　hyperspectral imager

相对光谱分辨率达到0.01量级并由几十至上百个波段组成的成像光谱仪。

**14.173　机载高光谱成像仪**　airborne hyper-spectral imager

安装于飞机上，能根据飞行的速高比调整扫描速率，并能根据飞机的俯仰、侧滚、偏航等姿态参数对图像进行校正的高光谱成像仪。

**14.174　超光谱成像仪**　ultra-spectral imager

相对光谱分辨率达到0.001量级并由几百至上千个波段组成的成像光谱仪。

**14.175　机载超光谱成像仪**　airborne ultra-spectral imager

安装于飞机上，能根据飞行的速高比调整扫描速率，并能根据飞机的俯仰、侧滚、偏航等姿态参数对图像进行校正的超光谱成像仪。

**14.176　光场光谱成像仪**　light field spectral imager

在光场相机系统的孔径光阑处加入二维分布的滤光片得到的一种新型的光谱成像仪。该系统利用光场相机在一次曝光中获取四维信息的特点，实现空间信息和光谱信息的同时获取。这是一种快照式的光谱成像仪，具有无运动部件、稳定度高等优点。

**14.177　编码孔径光谱成像仪**　coded aperture spectral imager

在编码成像系统光路中引入色散棱镜得到的一种光谱成像仪。该系统可实现空间维的调制和光谱维的色散，再通过算法处理从混叠的二维数据中反演数据立方体。

**14.178　仪器线型函数**　instrumental line shape function

又称“*干涉型光谱成像仪扫描函数*”。干涉型光谱成像仪截断函数的傅里叶逆变换。表征干涉型光谱成像仪输入光谱强度分布为完全单色光时对应的复原光谱的形状。通常用 ILS 表示。

**14.179　定标**　calibration

用标准的仪器对被标定设备的精度、原始参数(包括零点和比例系数)进行测定的过程。其手段是测定仪器对一个已知辐射特征目标的响应。定标内容分为相对辐射通量定标、绝对辐射通量定标和光谱定标等。定标阶段分为实验室定标、星上定标和场地定标等。

**14.180　光谱定标**　spectral calibration

测量光谱成像仪光谱响应随入射辐射波长变化而变化的过程。其目的是确定光谱成像仪各谱段的中心波长位置和光谱分辨率。

**14.181　单色仪光谱定标**　spectral calibration used monochromator

使用单色仪作标准光源对直接型(色散型和棱镜型)光谱成像仪进行实验室光谱定标的方法。定标中需用低压汞灯或氪灯的发射谱线对单色仪进行预标定，色散型光谱成像仪的光谱定标应对所有谱段进行。

**14.182　波长扫描定标**　wavelength scanning calibration

使用单色仪对光谱成像仪进行波长扫描实现光谱定标的方法。使用该方法得到光谱成像仪对不同波长的相对光谱响应度，绘制各通道的相对光谱响应曲线，可求出光谱成像仪每个通道的光谱分辨率和中心波长值。

**14.183　特征光谱定标**　characteristic spectrum calibration

使用具有已知特征光谱的面光源对光谱成像仪进行光谱定标的方法。将光谱成像仪得到的光谱曲线与已知的面光源特征光谱曲线进行比对，得到光谱成像仪某些通道的中心波长位置精度及光谱分辨率。

**14.184　定标精度**　calibration accuracy

用测量不确定度对定标进行评定得到的结果。一般用相对标准差表示的不确定度来评定。

**14.185　实验室定标**　laboratory calibration

光谱成像仪研制完成后在实验室进行的光谱定标、相对辐射通量定标和绝对辐射通量定标。

**14.186　铂/铬–氖谱线定标灯**　Pt/Cr-Ne line calibration lamp

由美国国家标准化与技术研究所研发的一种光谱谱线定标灯。它在 115～1100 nm 的光谱范围内提供了数千条标准谱线，波长不确定度为 0.001 nm。

**14.187　谱段数**　number of spectral band

又称“波段数”。表征光谱成像仪光谱分辨率高低的指标。在数值上等于在光谱成像仪光谱范围内可分辨的光谱通道数。

**14.188　波数分辨率**　wave-number resolution

表征光谱成像仪光谱分辨率高低的指标。在数值上等于在光谱成像仪光谱范围内能分辨的最小光谱间隔。单位为$cm^{-1}$。

**14.189　波长分辨率**　wavelength resolution

又称“波谱分辨率”。表征光谱成像仪光谱分辨率高低的指标。在数值上等于在光谱成像仪光谱范围内能分辨的最小光谱间隔。单位为nm。

**14.190　有效采样点数**　number of effective sampling point

根据干涉光谱成像仪光谱分辨率的定义和采样理论确定的干涉光谱成像仪所需的最小采样点数。有效采样点与仪器的最大光程差成正比，与仪器的采样间隔成反比。

**14.191　重构算法**　reconstructing algorithm

非直接型光谱成像仪获取最终光谱图像所需的各种算法。如干涉型光谱成像仪的傅里叶逆变换、计算型光谱成像仪中的拉东变换、阿达玛变换等。

**14.192　相位修正**　correction of phase error

消除干涉成像光谱仪由各种原因引起的干涉图非对称性，获得零光程差的精确位置，实现高精度光谱反演的过程。

**14.193　相对光谱二次误差**　relative spectral quadratic error

又称“失真度”。干涉型光谱成像仪图像压缩质量的一个评价指标。数值上等于干涉光谱图像压缩/解压缩重构后的光谱与原始光谱的均方根误差与原始光谱的比值。无量纲。

**14.194　刈幅宽度**　swath width

表征光谱成像仪能有效成像的、垂直于飞行方向上物方的幅宽大小的指标。在数值上等于地面像元分辨率与垂直于飞行方向上探测器像元数的乘积。单位为 m 或 km。

**14.195　最小可分辨温差**　minimum resolvable temperature difference

热成像系统能分辨的栅条目标与背景的最小温差。最小可分辨温差可综合描述系统的空间分辨率和温度灵敏度性能，它是目标空间频率的函数，与系统调制传递函数、噪声等效温差等因素有关。

**14.196 最小可探测温差** minimum detectable temperature difference

热成像系统能从均匀热背景中探测到的点目标与背景的最小温差。最小可探测温差可描述系统探测点目标的温度灵敏度，它是目标孔张角的函数。

**14.197 层析术** tomography

将介质分为若干层，确定各层特性的技术。

**14.198 光学层析术** optical tomography

通过光学方法获取被测物体内部特性的层析术。它将一个复杂的三维立体测量简化为对一系列层面的二维测量，进一步再将复杂的二维问题简化为测量平面上多方向的一维投影数据的检测技术。

**14.199 光学相干层析术** optical coherence tomography

又称"*光学相干断层扫描*"。利用低相干光的相干门分辨深度方向的信息，生成二维或三维图像的光学层析术。其图像信号的对比度源于生物组织或材料内部的背向散射特性的空间差异。该成像模式的核心部件包括宽带光源和干涉仪，其轴向分辨率取决于宽带光源的相干长度，一般可以达到10μm，而横向分辨率则取决于样品内部焦斑尺寸。此外，该技术还具有成像速度快(可实时动态成像)、非接触、非侵入等优点。大致可以分为时间域光学相干层析术和傅里叶域光学相干层析术两大类。

**14.200 时间域光学相干层析术** time domain optical coherence tomography, TD-OCT

一种基于低相干光干涉原理的微米量级高分辨率的光学相干层析术。可实现生物组织或者材料内部结构的三维、实时、在体成像。它以迈克耳孙干涉仪为主体，利用单点探测器记录低相干光(即宽带光源，如超发光二极管)干涉的时域信号，通过干涉仪参考臂的扫描，实现样品内部纵向信息(深度方向)的逐点获取。

**14.201 光谱域光学相干层析术** spectral domain optical coherence tomography, SD-OCT

以迈克耳孙干涉仪为主体，利用线阵相机同时记录低相干光(即宽带光源，如超发光二极管)的干涉光谱信号，通过傅里叶变换，实现样品内部纵向信息(深度方向)的并行获取的一种光学相干层析术。

**14.202 全场光学相干层析术** full-field optical coherence tomography

一种基于并行探测模式的光学相干断层扫描成像技术。其采用面阵探测器记录干涉信号，可以在没有横向扫描的情况下获得样品的三维图像，使得成像效率大为提高。

**14.203 多普勒光学相干层析术** Doppler optical coherence tomography

结合了光学相干层析术的空间分辨能力和多普勒测速技术的光学相干层析术。可同时获得样品的微观结构图像以及其中运动粒子的速度信息，能够在无损伤、活体状态下实现血流的空间定位以及流速测量。

**14.204 偏振灵敏光学相干层析术** polarization-sensitive optical coherence tomography

利用低相干光作为入射光源，将光学相干断层扫描技术与偏振光学方法结合，得到生物组织不同深度的偏振光学性质的技术。该技术广泛应用于烧伤程度检测、视网膜神经检测和龋齿检测等医学诊断中。

**14.205 散射势重建衍射层析术** diffraction tomography for reconstruction of scattering potential

让辐射波沿不同的方向通过一个三维的物体，测量波场强度的变化，从而测定出物体的三维结构的技术。如果物体的尺度和波长差不多，要提高分辨率，必须考虑衍射效应。

**14.206　量子态层析术**　quantum state tomography

通过对一些分量的投影测量确定量子态密度矩阵的一种层析术。

**14.207　扫频光源光学相干层析术**　swept source optical coherence tomography，SS-OCT

又称“光学频域成像术(optical frequency domain imaging，OFDI)”。以迈克耳孙干涉仪为主体，利用点探测器分时记录宽带扫频光源的干涉光谱信号，通过傅里叶变换，实现样品内部纵向信息(深度方向)的并行获取的一种光学相干层析术。

**14.208　像管**　image tube

可以将人眼不可见波段的光学图像或者可见波段的微弱光学图像转换为人眼可直接观察的图像的一类电真空成像器件。它包括变像管和像增强器两种真空成像器件。

**14.209　变像管**　image converter tube

又称“图像转换器”。用于将非可见光波段的图像转换为可见光图像的一种像管。非可见光图像先成像在相应的光电阴极上，转换为与辐射强度对应的电子图像信号，再经过电子光学系统增强和微通道板的电子倍增后，聚焦在荧光屏上再现出可见光图像。常见的变像管有红外变像管、紫外变像管、X射线变像管等。

**14.210　二代倒像管**　gen Ⅱ inverter

输出图像相对于输入图像为倒立，其垂轴放大率为负值的一种电真空成像器件。它采用电子光学锐聚焦成像方式，即设计像管光阴极、阳极等使像管内等电位面弯曲成球形或其他曲面形状，使单元电子束在荧光屏上形成锐聚焦点，成像质量好。一代倒像管在聚焦面处为荧光屏，二代倒像管则在聚焦面处放置MCP，构成二代倒像管的前级成像环节。

**14.211　二代近贴管**　gen Ⅱ wafer

又称“薄片管”。采用沿轴纵向均匀电场，获得放大倍率为1、无畸变正立图像的静电像管。它由分别作为光阴极与阳极(荧光屏)的两个平行平面组成(平板电容器结构)，使电子束形成投射成像。克服了缩小极间距离导致静电击穿的限制，成像质量大大提高。在近贴管的光阴极与阳极之间加入MCP，就构成了双近贴管，具有结构紧凑、高增益等突出优点。

**14.212　变倍管**　zoom image tube

在微光管各电极结构不变的情况下，仅通过调节中间电极电压就可实现电子图像放大倍率变化的像管。

**14.213　选通管**　gated image intensifier

又称“快门管”。一种具有选通控制功能的静电聚焦式像增强器。对于倒像式选通管，在普通两电极像增强器的光阴极与孔阑阳极之间增加选通电极(也称控制栅极)。当栅极电位低于光电阴极电位时，形成反向电场拒斥光电阴极的电子逸出，使器件处于截止状态；当在栅极上施加正电位的工作脉冲时，构成聚焦成像的电场，由此实现选通式工作状态。对于双近贴像增强器，当MCP前端面为电位零点时，通过对光阴极施加负电压实现选通工作。选通管与相应的(程控)电源、主动脉冲照明光(如近红外、蓝绿光)相结合，可用于选通夜视、选通测距、水下成像等。

**14.214　杂交管**　hybrid image intensifier tube

第二代或第三代近贴管与第一代像增强管耦合，并将高压电源封装在一起的像增强器。

**14.215　条纹管**　streak tube

在静电像管电子光学系统后端的等电位区域增加静电偏转或磁偏转系统的一种像管。通过施加不同的偏转电压，使电子图像完成水平和垂直方向的位移，从而在荧光屏上连续(或断续)拍摄瞬态光现象不同时刻的多幅照片。常用于高速摄影、水下成像等场合。

**14.216　日盲紫外变像管**　solar blind UV image converter tube

将日盲紫外图像转换为可见光学图像的变像管。

**14.217　像增强管**　image intensifier tube

又称“微光管”。一种能把微弱的可见光图像增强为适合人眼观察的可见光图像的像管。由安装在高真空管壳内的光电阴极、电子透镜(有静电聚焦、磁聚焦、电磁复合聚焦等)、微通道板和荧光屏等组成。微弱可见光图像先成像在光电阴极上，转换为与辐射强度对应的电子图像信号，再经过电子光学系统增强和微通道板的电子倍增后，聚焦在荧光屏上再现出增强后的可见光图像。

**14.218　像增强器**　image intensifier

用于把光强低于视觉阈值的图像增强到高于视觉阈值以便直接观察的光电成像器件。

**14.219　微通道板像增强器**　micro-channel panel image intensifier

在单级像增强器结构基础上，加置微通道板，利用其二次电子倍增的原理，实现图像增强功能的一种像管。

**14.220　光纤扭像器**　fiber optic inverter

简称“扭像器(twister image device)”。把光学纤维面板的两端整体围绕其中心轴进行180°扭转，使输入端图像和输出端图像刚好呈互为倒立的器件。

**14.221　像差**　aberration

实际光学系统中，由非近轴光线追迹所得的像与由高斯光学(一级近似理论或近轴光线)得到的像之间的偏差。与理想的近轴像相比，像差包括横向位移、纵向位移、角偏离或者波前变形等多种情况。

**14.222　初级像差**　primary aberration

将像差函数展开成孔径和视场的幂级数的一次幂项。对应的单色初级像差包括：球差、彗差、像散、场曲、畸变、轴向色差和横向色差。

**14.223　三级像差**　third-order aberration

将像差函数展开成孔径和视场的幂级数的三次幂项。对应的单色三级像差是：球差、彗差、像散、场曲和畸变。

**14.224　五级像差**　fifth-order aberration

将像差函数展开成孔径和视场的幂级数的五次幂项。对应的单色五级赛德尔像差包括：球差、彗差、像散、场曲和畸变以及呈椭圆的彗星形像差和斜光束球差。

**14.225　低阶像差**　lower-order aberration

通常指光学相位误差中的倾斜、离焦、像散等空间频率较低的像差，其余部分为高阶像差。

**14.226　高阶像差**　higher-order aberration

光学相位误差中除去倾斜、离焦、像散等空间频率较低的低阶像差部分外的其他空间频率较高的像差。高阶像差的每阶各包括许多项，其中的每一项又代表不同的内容。例如，高阶像差第三阶包括彗差、三叶草样散光等四项内容。

**14.227　近轴像差**　paraxial aberration

根据近轴规则进行实际光线追迹的光线经光学系统后所成像与理想像的偏差。

**14.228　赛德尔像差　Seidel aberration**
1856 年德国的赛德尔(Seidel)提出的五种基本的单色初级像差。即初级球差、彗差、像散、场曲和畸变。

**14.229　人眼像差　ocular aberration**
来自物体的光进入人眼后，不能在视网膜上成清晰像而与真实像之间的像差。

**14.230　剩余像差　residual aberration**
对像差实施校正后仍然残存的像差。

**14.231　波像差　wavefront aberration**
全称“波前像差”。光学系统实际出射波前与理想出射波前之差。

**14.232　单色像差　monochromatic aberration**
单色光经过光学系统后产生的像差。主要有球差、彗差、像散、场曲和畸变五种像差。

**14.233　像差曲线　aberration curve**
由计算的各种像差数据绘制的曲线。

**14.234　像差部分校正　partial aberration compensation**
自适应光学系统中对波前畸变中的特定部分像差进行校正的过程。通常是对其中的低空间频率像差部分和低时间频率像差部分进行校正。

**14.235　雷克纳格尔–阿尔季莫维奇公式　Recknagel-Artimovich formula**
在成像电子光学系统中，描述不同的轴向初电位所引起的二级近轴横向像差的表示式。以德国科学家雷克纳格尔和苏联科学家阿尔季莫维奇命名，它是阴极透镜最主要的横向像差，决定了系统的极限分辨率。

**14.236　场曲　field curvature**
物平面经过光学系统后形成的像面为曲面的一种像差。

**14.237　平像场　flat field**
校正了子午场曲与弧矢场曲的成像面。

**14.238　点列图　spot diagram**
在几何光学成像过程中，由一点发出的多条光线经光学系统成像后在像面上形成的一个弥散分布图形。

**14.239　畸变　distortion**
由于球差的影响，不同视场的主光线通过光学系统后和高斯像面的交点高度与理想像高的差。畸变是一种垂轴像差，只改变轴外物点在理想像面上的成像位置，使像的形状产生失真，但不影响像的清晰度。

**14.240　桶形畸变　barrel distortion**
具有均匀方格的物平面，经光学系统成像后，所成的像由于在远离光轴区域的放大率比光轴附近的低而呈木桶状的一种畸变像差。

**14.241　枕形畸变　pillow distortion**
具有均匀方格的物平面，经光学系统成像后，其像呈枕头状(即随视物增大，放大率变大)的一种畸变像差。

**14.242　绝对畸变　absolute distortion**
经光学系统成像后，实际像高与理论像高之差。

**14.243　相对畸变　relative distortion**
经光学系统成像后，实际像高与理论像高之差与理论像高的百分比。

**14.244　径向畸变　radial distortion**

沿视场半径方向度量的畸变。

**14.245　切向畸变**　tangential distortion
垂直于视场半径方向度量的畸变。

**14.246　色畸变**　color distortion
由光学系统对不同波长的轴外物体成像时放大率不一致造成像高差异的一种畸变。

**14.247　转面倍率**　transfer magnification
计算球差分布公式时使用的中间量。

**14.248　像差校正**　aberration correction
将实际的像修正为理想近轴像的过程。

**14.249　单色像差校正**　monochromatic aberration correction
针对单色光经过光学系统后产生的像差进行校正，以提高光学系统的成像质量的过程。

**14.250　色像差校正**　chromatic aberration correction
针对多色光经过光学系统后产生的色差进行校正，以提高光学系统的成像质量的过程。

**14.251　全像差校正**　aberration pan correction
对单色像差和多色像差都进行校正，以提高光学系统的成像质量的过程。

**14.252　泽尼克金字塔**　Zernike pyramid
把泽尼克多项式按金字塔形式排列的方式。可方便像差观察。

**14.253　几何校正**　geometric correction
又称“几何校准”。为消除影像的几何畸变而进行投影变换和不同谱段影像的套合等校正工作的过程。

**14.254　几何配准**　geometric registration
将不同时间、不同波段、不同传感器系统所获得的同一地区的影像(数据)，经几何变换使同名像点在位置上和方位上完全叠合的操作。

**14.255　色差**　chromatic aberration
由光学介质中的色散形成的、由物点发出的不同波长的光线经过由各种介质组成的光学系统成像后在像面上不会交于一点的成像缺陷。

**14.256　垂轴色差**　lateral chromatic aberration
又称“倍率色差(transverse chromatic aberration)”。由轴外点以不同波长的光通过光学系统后在垂直于光轴方向上形成的像高差。

**14.257　轴向色差**　axial chromatic aberration
又称“位置色差(longitudinal chromatic aberration)”。由轴上点以不同波长的光通过光学系统后在光轴方向上的位置差。

**14.258　恰可察觉色差**　just noticeable color difference
在色差研究中，人眼刚能感觉到的颜色色差。

**14.259　色差公式**　color difference formula
计算两个色刺激之间的色知觉差异的公式。例如CIELAB、CIELUV以及CIE2000色差公式。

**14.260　CIELAB 色差公式**　CIELAB color difference formula
基于 CIELAB 颜色空间建立的、用于计算两种不同颜色色差的公式。其色差值等于该颜色空间中两坐标点的距离。

**14.261　CIELUV 色差公式**　CIELUV color difference formula
基于 CIELUV 颜色空间建立的、用于计算两种不同颜色色差的公式。其色差值等于该颜色空间中两坐标点的距离。

**14.262　CIEDE2000 色差公式　CIEDE2000 color difference formula**

由 CIE 于 2000 年提出并于 2001 年得到 CIE 的推荐的一个新的色差评价公式。

**14.263　像散　astigmatism**

在轴外物点沿主光线的细光束锥中，子午面上的子午光束在主轴上的会聚点与弧矢面上的弧矢光束在主轴上的会聚点之间发生位置差异的现象。

**14.264　束腰分离　beam waist separation**

对于一束在两个正交方向上质量不同的光束，经过聚焦系统后两个方向的束腰位置不同的现象。

**14.265　像散束腰分离　astigmatic waist separation**

又称“像散差”。对于简单像散的光束，两个正交主面上的束腰位置在轴向的间距。

**14.266　相对像散束腰分离　relative astigmatic waist separation**

像散束腰分离相对于瑞利长度的比值。

**14.267　三反射镜消像散系统　anastigmatic system of three mirror**

消除球差、彗差、像散的平像场的三反式系统。

**14.268　点扩散函数　point spread function**

点光源经过光学系统后形成的包括衍射在内的弥散光斑分布函数。此函数是对一物点所成像平面的光分布的描述，可用来从空域上表征光学系统的特性。

**14.269　彗差　coma**

轴外物点发出的宽光束通过光学系统后在像平面上得到的形如彗星光斑的一种像差。

**14.270　正弦差　off sine condition**

表示光学系统偏离正弦条件的程度的一种像差。它等于弧矢彗差与像高的比值。

**14.271　轴外高级球差　off-axis high order spherical aberration**

轴外点经光学系统成像，除初级球差以外的各项球差的统称。

**14.272　像移　image motion**

遥感器与地物目标之间的相对运动使遥感器焦面上的像随之移动的现象。

**14.273　像移补偿　image motion compensation**

采用旋转反射镜或棱镜，消除或补偿由探测器帧频偏低或平台运动造成的像移的技术。

**14.274　瑞利判据　Rayleigh criterion**

一种用于判断成像质量的标准，即波面形变应小于四分之一波长。

**14.275　道威判据　Dove judgment**

一个定义光学系统分辨能力的判据，即两个相邻像点之间的衍射斑中心距为0.85倍的艾里斑半径时，这两个点恰好被光学系统分辨。

**14.276　泰勒判据　Taylor criterion**

一种用于判定光学系统成像能力的评判依据。两光点衍射图样的合强度分布曲线中，当暗点的强度恰等于一个发光点所形成的衍射图样之最大强度时，认为这两点刚可被分辨。

**14.277　斯特列尔准则　Strehl criterion**

一种用于判定光学系统成像完善程度的评判依据，即有像差的像点衍射斑照度峰值与无像差像点照度峰值之比优于 0.8 时，则可认为其像是完善的。

**14.278　约翰逊准则　Johnson criterion**

根据实验研究结果所建立的一种把目标探测和识别等问题与等效条纹探测联系起来的不依赖人眼视觉感知的客观评判标准。在不考虑目标本质和图像缺陷的情况下，用目标等效条纹的分辨方法来确定光电成像系统对目标的探测和识别等各相应能力，对应的分辨规律即为约翰逊准则。

**14.279　噪声等效反射率差　noise equivalent reflectivity difference，NERD**

当光学成像系统的信噪比等于1时目标和背景的反射率差。

**14.280　星点检验　star test**

检验光学成像系统质量时最基本、最简单的一种方法。星点检验通常在光具座上进行，光源照亮位于平行光管焦面的星点板小孔，从平行光管出射的平行光经待测物镜，在其焦面上成像，然后用目镜(测量显微镜)对所成的像进行观察，可检测出各种像差和工艺疵病。

**14.281　杂光系数　veiling glare index**

放置在亮度均匀扩展光屏上的理想黑斑，在被测光学系统像面上形成的黑斑像中心的照度与黑斑移去后像面照度之比。该系数用于描述采用黑斑法对光谱成像仪系统进行杂光测试的测量结果。

# 15. 影 像 技 术

**15.001　照相机　camera**

简称“相机”。一种利用光学成像原理形成影像并在感光片上曝光记录影像的装置。通常用于对事物瞬间特征和状态单次单幅的摄影记录。

**15.002　多光谱照相机　multispectral camera，multiband camera**

简称“多光谱相机”。将来自目标的光波按波长分割成若干波段，分别将各个波段的影像同时拍摄下来的一种专用照相机。它是一种直接型光谱成像仪。其结构形式有多相机型、多镜头型和单镜头光谱分离型等。

**15.003　水下照相机　underwater camera**

适合在水下对目标进行摄像作业的照相机。

**15.004　海洋遥感照相机　ocean remote sensing camera**

适合在海洋水面和水下对目标进行摄像作业的照相机。

**15.005　空间照相机　space camera**

适用于高层大气或大气外层空间环境的照相机。

**15.006　传输型空间照相机　transmission-type space camera**

采取无线发送的方式传输数字图像的空间照相机。

**15.007　航天侦察照相机　space-borne reconnaissance camera**

安装在航天器上用于获取对方目标及其特性的空间照相机。

**15.008　航天测图照相机　space-borne mapping camera**

安装在航天器上测绘天体表面用于制图的空间照相机。

**15.009　航天导弹预警照相机　space-borne missile early warning camera**

安装在航天器上用于探测导弹的发射并能实时跟踪的空间照相机。

**15.010　空间监视照相机　space surveillance camera**

对目标(区域)进行实时监测，并能快速提取信息的空间照相机。

**15.011　全景照相机**　panoramic camera

对于景物具有(超)大视场观测能力的照相机。

**15.012　推扫式照相机**　push-broom camera

线阵探测器单元排列方向与相机的飞行方向垂直来进行摄影的空间照相机。

**15.013　延时积分 CCD 照相机**　camera of time delay integration charge coupled device

以延时积分电荷耦合器件(TDICCD)为探测器的空间照相机。

**15.014　画幅式照相机**　frame camera

又称“分幅照相机”。一次曝光得到一幅影像的照相机。

**15.015　恒星照相机**　stellar camera

获取飞行器相对惯性空间姿态信息的光学照相机。它是通过摄取具有一定数量和等级的天区恒星，用于确定飞行器姿态的测量照相机。

**15.016　鼓轮扫描照相机**　drum streak camera

将胶片固定在一个高速旋转鼓轮上边缘的内表面或表面上，并利用旋转棱镜或反射镜进行像移光学补偿，从而实现胶片与场景相对静止的一种高速扫描照相机。通常用于弹道轨迹、中低速冲击波记录等。

**15.017　转镜扫描照相机**　rotating-mirror streak camera

全称“转镜扫描条纹照相机”。胶片固定、狭缝影像切割配以高速快门的一种高速照相机。其图像扫描时间分解率达 $10^{-9}$~$10^{-12}$ s，适用于爆轰物理、流体力学等领域。

**15.018　转镜分幅照相机**　rotating-mirror framing camera

采用固定胶片焦平面阵列快门、特定光阑、转镜扫描，依次分幅通过排透镜组成像于焦平面的胶片上，形成系列画幅的一种高速照相机。其摄影拍频为每秒几十万幅到上千万幅，适用于爆轰物理和流体力学研究。

**15.019　X 射线分幅照相机**　X-ray framing camera

能显示 X 射线辐射的二维空间信息随时间变化图像的分幅照相机。其光阴极对输入的 X 射线可达皮秒量级速率分幅扫描。可用于惯性约束聚变等的强辐射场研究。

**15.020　克尔盒高速照相机**　Kerr-cell high speed camera

利用具有克尔效应的快速电光开关进行曝光的高速照相机。

**15.021　变像管高速照相机**　image converter tube for high speed camera

一种以宽电子束成像器件(变像管)为核心部件的高速照相机。它根据管内外不同的电路设置，可实现单幅、分幅及扫描条纹等多种高速摄影功能。空间分辨力较低，但其时间分辨力很高。是超快现象研究的主要工具。

**15.022　条纹照相机**　streak camera

将光强随时间的变化转变为空间二维分布进行记录的照相机。相机中有横向条纹狭缝，二维图像的横向与狭缝位置对应，纵向表现了光电子产生的时间。相机具有皮秒量级的时间分辨率，并具有高灵敏度、大动态测量范围等特点。

**15.023　光场照相机**　light field camera

捕捉一个场景中来自所有方向的光线，然后再借助计算机进行对焦处理，能得到完美效果照片的照相机。

**15.024 眼底照相机 fundus camera**
利用感光元件，记录被照亮的眼底视网膜图像的一种照相机。眼底照相机常用非球面设计，使其成像焦面与眼底曲面相匹配。

**15.025 红外照相机 infrared camera**
红外成像系统的统称。

**15.026 推扫型红外照相机 push-broom infrared camera**
用长线列焦平面探测器推扫成像的红外照相机。

**15.027 时间延迟积分型照相机 time delay integration camera**
采用多级长线列焦平面器件推扫方式成像的照相机。照相机在推扫方向具有时间延迟积分(TDI)功能。

**15.028 光机扫描型照相机 opto-mechanical scanning camera**
泛指用机械机构驱动光学部件扫描成像的照相机。

**15.029 凝视成像型照相机 staring camera**
用面阵焦平面探测器凝视成像的照相机。

**15.030 照相系统 photographic system**
由摄影物镜和感光胶片、电子光学变像管等接收器件组成的光学系统。

**15.031 李普曼彩色照相术 Lippmann's color photography**
一种利用光干涉原理实现的彩色显示技术。李普曼因为此工作获得 1908 年诺贝尔物理学奖。

**15.032 分幅时间 framing time**
多幅摄影时相邻画幅的时间间隔。是摄影频率 $f$ 的倒数。

**15.033 光圈 diaphragm**
安装在照相机上孔径大小可以调节的圆形光阑。用于调节景深和进入照相机内的光量。

**15.034 自动光圈 auto-aperture**
能根据照相机或摄像机输出的图像信号的感光度，对其孔径大小进行自动调节，以保证在大动态范围内正常成像的一种光圈。

**15.035 $f$制光圈 $f$ aperture**
以 $f$ 数表示的表征光学系统聚光本领的物理量。数值上等于光学系统的焦距与孔径光阑直径的比值($f$ 数)。系统所成像的照度与 $f$ 数的平方成反比。我国采用的标记刻度值是 2，2.8，4，5.6，8，16，22，32，45 等。

**15.036 景深 depth of field**
能在像面上获得清晰像的物空间深度。

**15.037 显影 development**
经过摄像的照相胶片在显影液中按光照强弱而溶解显示影像的过程。

**15.038 光栅显影加工 grating development working**
将经过全息曝光的样片放入按一定浓度配比的显影液中，利用曝光部分与未曝光部分的光刻胶在显影液中溶解的速率的不同而形成光刻胶光栅的过程。

**15.039 显影实时监测 *in-situ* monitoring of development**
光刻胶光栅在制作显影中，按检测激光某一非零级衍射条纹强度要求的实时监测过程。

**15.040 相片 photograph**
经过摄像和显影、定影后的感光胶片及其复印照片。

**15.041　全色片　panchromatic film**
对波长在 700 nm 以下的可见光都感光的感光片。

**15.042　黑白片　black-and-white film**
以从黑到白不同程度灰色调的变化来表现被摄景物影像的感光片。

**15.043　彩色片　color film**
以色彩再现目标物体的彩色影像的感光片。

**15.044　假彩色片　false color film**
又称“彩色红外片(color infrared film)”。能感受红外线、红光和绿光的感光片，它以假彩色显示物体影像。

**15.045　红外片　infrared film**
能对光谱的近红外部分感光的感光片。

**15.046　快门　shutter**
应用于照相机内、利用机械或各种光电效应实现对光的开关的装置。

**15.047　磁光快门　magneto-optical shutter**
又称“法拉第快门(Faraday shutter)”。一种用于照相机内的磁光开关。通常由一个磁性线圈、两个正交偏振片和置于它们间的磁光材料构成。在磁性线圈未通电时，光无法通过该快门；当线圈通以合适大小的电流脉冲时，法拉第效应使入射光片偏振方向发生改变，从而能够透过第二个偏振片，由此实现快门的功能。

**15.048　电光快门　electro-optical shutter**
利用电光效应或电子光学做的快门。其启闭时间达$10^{-12}$s量级，缺点是透过光量少。典型的如克尔快门。

**15.049　电子快门　electron shutter**
利用电子器件控制快门的启闭以达到控制曝光时间目的的快门。

**15.050　电子卷帘快门　electronic rolling shutter**
利用成像器件本身电路使其通电或不通电的原理来控制器件曝光时间的快门。这类快门的缺点是速度慢、易造成图像变形。

**15.051　机电快速快门　electromechanical fast shutter**
脉冲电流使电磁铁瞬间具有磁性而能快开或快关的快门。可用于中心快门，也可用于帘布快门。有时把这种快门称为机械快门，开关时间能达到 10ms，快门速度主要受机械惯性和电磁惯性的影响。

**15.052　电动快速快门　electric fast shutter**
又称“磁电快速快门(magnetoelectric fast shutter)”。位于磁场内很轻的、惯性很小的蜗形导向或者框架用作运动元件的一种电动快门。磁场由永久磁铁或者电磁铁产生。这种结构可以显著缩短开(关)时间到2ms以内。

**15.053　金属箔电涌式快门　metal foil surge type shutter**
当连接金属箔(或者薄板)的螺旋线圈的磁场和金属箔的感生电流相互作用时，可使金属箔或薄板运动而实现开关动作的快门。

**15.054　爆炸快门　blast shutter**
利用电雷管或其他电器的爆炸实现光路切换的快门。切换时间在 2～30 μs 内。目前有 4 种类型：固体爆炸快门、液体爆炸快门、粉末爆炸快门和铝膜蒸发快门。

**15.055　克尔盒快门　Kerr-cell shutter**
由起偏器、电光材料和检偏器构成的电光开关(克尔盒)，在电脉冲或光脉冲作用下实现快速开关动作的一种快门。它的开关时间在纳秒量级，透光率为55%～70%。当电光材料为$CS_2$液体时，可用1.06 μm波长的红外巨脉冲打开。

**15.056 光纤磁光快门** fiber optics magneto-optic shutter

利用磁光效应引起偏振面旋转形成的一种快速快门。当配以多束光纤构成分离元件时，可构成若干个光纤磁光快门。

**15.057 机械快门** mechanical shutter

用机械装置控制摄影机曝光时间的快门。

**15.058 焦点** focus

无限远物点发出的近轴光线经过光学系统后与光轴的交点。

**15.059 焦点调节** focus accommodation

为了把所注视的物体清晰地成像到视网膜上的眼球动作。

**15.060 焦距** focal distance

物方主点到物方焦点或者像方主点到像方焦点的距离。

**15.061 [数码相机]等效焦距** equivalent focus length

针对不同尺寸大小的 CCD 而换算为标准 135 胶片相机的焦距。

**15.062 调焦范围** focusing range

表征焦面调整距离大小的一个参数。数值上等于光学系统通过调焦机构或其他调节手段实现焦面位置调整的距离范围。

**15.063 自动调焦** automatic focusing

用一定方法探测出光学系统的聚焦锐度，并以最佳聚焦锐度为基准误差信号输入控制系统，以驱动光学系统中的某些光学元件或直接驱动焦面上的探测器，使系统处于最佳成像位置的过程。

**15.064 遥控调焦** remote focusing

在地面通过遥控指令实现的在轨光学系统调焦过程。

**15.065 调焦步长** focusing step size

表征光学系统调焦过程中焦面移动一步的距离大小。

**15.066 调焦误差** error of focusing

在瞄准过程中，所取的实际平面不可能和真正像面正好重合，这个位置误差反映到物方所对应的数值。

**15.067 焦平面** focal plane

通过焦点并垂直于光轴的平面。

**15.068 红外焦平面阵列** infrared focal plane array

所有探测器布置于同一个焦平面上的红外探测器阵列。

**15.069 单片型红外焦平面阵列** monolithic infrared focal plane array

探测阵列和读出电路集成在一个芯片上的一种红外焦平面阵列。

**15.070 直接混成型红外焦平面阵列** direct hybrid infrared focal plane array

探测阵列和读出电路直接互连而成的一种红外焦平面阵列。

**15.071 间接混成型红外焦平面阵列** indirect hybrid infrared focal plane array

把探测阵列和读出电路分别互连到热膨胀系数相匹配的衬底上，从而实现两芯片互连的红外焦平面阵列。

**15.072 背照式红外焦平面阵列** back-side illumination infrared focal plane array

由探测阵列芯片背面入射辐射的红外焦平

面阵列。

15.073 **正照式红外焦平面阵列** front-side illumination infrared focal plane array
由探测阵列芯片正面入射辐射的红外焦平面阵列。

15.074 **时间延迟积分红外焦平面阵列** TDI infrared focal plane array
在读出电路中增加了时间延迟积分功能，使串行读出过程中各像元的注入信号得到累加，从而提高信噪比的红外焦平面阵列。

15.075 **多色红外焦平面阵列** multicolor infrared focal plane array
有两个以上红外辐射波段信号输出的焦平面阵列。

15.076 **双波段红外焦平面阵列** dual-band infrared focal plane array
有两个红外波段信号输出的焦平面阵列。

15.077 **电荷注入红外焦平面阵列** CID infrared focal plane array
以金属–绝缘体–半导体(MIS)电容组成作为探测单元并排列成面矩阵，利用MIS结构的电荷注入效应读出信号的红外焦平面阵列。

15.078 **致冷型红外焦平面阵列** cooled infrared focal plane array
必须工作在室温以下或者采用制冷才能工作的红外焦平面阵列。绝大部分光子型探测器组成的红外焦平面都是致冷型红外焦平面。

15.079 **非致冷型红外焦平面阵列** uncooled infrared focal plane array
在室温条件下无需采用制冷措施也可以工作的红外焦平面阵列。大部分由热探测器组成的红外焦平面阵列都是非致冷型红外焦平面阵列。

15.080 **光伏型红外焦平面阵列** photovoltaic infrared focal plane array
由光伏探测阵列与读出电路互连构成的红外焦平面阵列。

15.081 **肖特基势垒红外焦平面阵列** Schottky barrier infrared focal plane array
由肖特基势垒探测阵列与读出电路互连构成的红外焦平面阵列。

15.082 **量子阱红外焦平面阵列** quantum well infrared focal plane array
由量子阱探测阵列与读出电路互连构成的红外焦平面阵列。

15.083 **Ⅱ类超晶格红外焦平面阵列** type Ⅱ superlattice infrared focal plane array
由Ⅱ类超晶格红外探测阵列与读出电路互连构成的红外焦平面阵列。

15.084 **高工作温度红外焦平面阵列** high operating temperature infrared focal plane array，HOT IRFPA
泛指通过改变材料或器件的性能和结构，使红外焦平面可工作在比传统的致冷型红外焦平面更高温度下的致冷型红外焦平面阵列。

15.085 **热敏电阻红外焦平面阵列** thermistor-type infrared focal plane array
又称“*微测辐射热计红外焦平面阵列* (infrared focal plane array of a microcalorimeter)”。由热敏电阻作为探测器阵列敏感元的一种非致冷型红外焦平面阵列。

15.086 **热释电红外焦平面阵列** pyroelectric infrared focal plane array
由热释电材料作为探测器阵列敏感元的一种非致冷型红外焦平面阵列。

**15.087　铁电薄膜红外焦平面阵列**　ferroelectric thin film infrared focal plane array

由铁电薄膜制成探测器阵列敏感元，利用其热释电性或电容随温度的变化来探测红外辐射的一种非致冷型红外焦平面阵列。

**15.088　PN结非致冷红外焦平面阵列**　PN junction uncooled infrared focal plane array

由多个PN结串联制成探测器阵列的敏感元，利用PN结正向压降的温度特性来探测红外辐射的红外焦平面阵列。

**15.089　微悬臂梁红外焦平面阵列**　microcantilever infrared focal plane array

由微悬臂梁作为探测器阵列敏感元的一种非致冷型红外焦平面阵列。是一种可用光输入和输出来探测红外辐射的红外焦平面阵列。

**15.090　智能红外焦平面阵列**　smart infrared focal plane array

集成了多种像元级和芯片级前端信息处理电路，可以实现分辨能力调节、动态信号探测、对数响应、图像对比度及边缘增强等多种功能的红外焦平面阵列。

**15.091　光敏面**　photosensitive surface

泛指照相乳胶层、光电管、光电池或光敏电阻中感光的膜层及眼的视网膜等。

**15.092　扫描**　scanning，sweep

将光束或电子束对空间目标或屏幕，沿水平方向从左到右，再迅速从右到左返回起始点，以便将空间分布的光信号转变为时间序列光信号的光束或者电子束的往返运动过程。

**15.093　电视扫描**　television scanning

在电视中，顺序将图像上各像素的光学信号转变为电信号的过程，或者将这些电信号重现为光学图像的过程。扫描方式有逐行扫描、隔行扫描等。

**15.094　光学扫描**　optical scanning

利用一束平行光对被测工件(或工件投影)进行扫描，然后用光电接收器测量这束平行光扫过工件(或投影)时的光电信号的过程。

**15.095　光扫描技术**　optical scanning technology

利用激光束的扫描运动来计量物体的几何尺寸的技术。这是一种非接触的、动态的、可测定远距(大于1m)物体尺寸的光学技术。

**15.096　三维激光扫描**　three-dimensional laser scanning

使用运动的激光扫描仪或者采用多个布放于不同位置多角度测量的激光扫描仪，对被测物的三维形貌进行测量的一种扫描技术。

**15.097　频域光学相干断层扫描**　frequency domain optical coherence tomography，FD-OCT

通过对散射光的频率进行扫描探测来得到宽谱范围内的干涉信号的光学相干断层扫描技术。通常采用频率扫描光源或在线阵探测器前加入色散分光元件(如光栅)来实现不同频率散射光的分离。该技术通过对宽谱范围内的干涉信号进行傅里叶变换，可以直接得到深度扫描信息，而不必像TD-OCT那样需要改变干涉仪的参考臂长度。

**15.098　空间编码频域光学相干断层扫描**　spatially encoded frequency domain OCT，SEFD-OCT

又称“*傅里叶光学相干断层扫描*(Fourier domain optical coherence tomography)”“*谱域光学相干断层扫描*(spectrum domain optical coherence tomography)”。通过将不同频率的光分布投射到探测器阵列上(线阵CCD或CMOS)从而提取不同频率的相干信息的光学相干断层扫描技术。不同空间位置的探测器像元接收不同频率的散射光的信息(空间编码)，仅通过一次曝光就可完成原来需要通过扫描才能获得的被测样品的深度信息。

**15.099　激光条码扫描　laser scanning for bar code**
用激光束对包含各类信息的条形码进行扫描，从而把条形码的信息解码出来的过程。

**15.100　微扫描　micro-scanning**
在成像系统成像帧积分的间隙，利用光学或机械运动或振动形成不同图像帧之间微位移的成像过程。

**15.101　可控微扫描　controllable micro-scanning**
微位移与微探测间隔的比例可控的一种微扫描。根据扫描的水平和垂直移动的顺序，分为1×1、2×2、3×3等扫描模式。典型的2×2模式的微扫描所形成的微位移是微探测器间隔的一半。

**15.102　不可控微扫描　uncontrolled micro-scanning**
微位移与微探测间隔的比例不可控的一种微扫描。不可控微扫描需要通过算法确定帧间的微位移。

**15.103　五棱镜扫描　pentaprism scanning**
利用五棱镜使入射光线偏转90°出射的特点，依次测量被测波面的若干个子波前，通过各个子波前光斑质心相对于理想位置的偏移，计算各采样点(每个子波前相对原始被测波面均相当于一个采样点)的斜率，从而求得待测波面的扫描方法。

**15.104　临边扫描　limb scanning**
又称“临边探测(limb detect)”。通过接收与地球地平相切方向上大气辐射信号(发射、吸收或散射)获取大气信息的遥感技术。

**15.105　光机扫描　optical-mechanical scanning**
利用机械传动光学部件完成对目标区域各像元的观测的一种扫描方式。

**15.106　固体自扫描　solid self-scanning**
利用多个观测方向不同但固定的探测器件同时完成对目标区域各像元的探测的一种扫描方式。

**15.107　连续扫描　continuous scanning**
通过光机扫描部件的连续运动进行观测的一种扫描方式。

**15.108　步进扫描　step scanning**
光机扫描部件快速移过一个角度后暂停，进行观测，再快速移过一个角度后暂停，进行观测，依次一步一步实现的扫描过程。

**15.109　时间延迟积分扫描　time delay integration scanning**
扫描信号采用了时间延迟积分处理的串行扫描或串并扫描的过程。为保证时间延迟积分是对同一目标点、不同时刻信号的累加，串行扫描像元信号的延时必须与光机扫描同步。

**15.110　扫描轨迹　scanning track**
扫描成像仪对物方扫描时，采样点在物面上移动形成的轨迹，即物方瞬时视场中心的运动轨迹。

**15.111　扫描视场　scanning field of view**
扫描成像系统在一个扫描周期内能有效成像的空间范围。行扫描仪的扫描视场用穿轨方向的张角表示，二维扫描的扫描视场用二维张角表示。

**15.112　扫描速率　scanning rate**

行扫描仪在单位时间内的扫描行数，或二维扫描成像仪单位时间内对物面的扫描帧数。

**15.113　扫描速度**　scanning speed
扫描点运动的线速率。

**15.114　扫描线**　scanning line
扫描点在一定方向扫描一次绘出的窄线。

**15.115　扫描仪**　scanner
利用光束或者电子束对目标进行扫描以实现对目标物的测量的各种仪器。它广泛地用于对目标物进行遥感遥测。

**15.116　光机扫描仪**　optical-mechanical scanner
一种利用光学机械扫描方式对地面进行探测的扫描仪。它利用旋转镜或摆动镜对地面进行垂直于遥感平台运动方向的逐点扫描，飞行器的向前运动使扫描仪完成二维扫描。

**15.117　红外扫描仪**　infrared scanner
根据被测地物自身的红外辐射，借助仪器本身的光学机械扫描和遥感平台沿飞行方向移动形成图像的扫描仪。

**15.118　海洋水色扫描仪**　ocean color scanner
装载在航天、航空观测平台上，用多光谱扫描反射系统观测海面水色的扫描仪。可用于海洋初级生产力、海洋环境污染的监测。

**15.119　行扫描仪**　line scanner
采用光学机械行扫描及平台移动方式对目标成像的扫描仪。

**15.120　机载行扫描仪**　airborne line scanner
安装在飞机上，能根据飞行的速高比调整扫描速率，并能根据飞机的俯仰、侧滚、偏航等姿态参数对图像进行校正的行扫描仪。

**15.121　多光谱扫描仪**　multispectral scanner
以多个波段的光同时扫描同一地区或景物，分别记录成图像或数据，并对各个波段的图像或合成的假彩色图像与地物波谱特性进行比较、判读和分析，提取所需信息的扫描仪。这是一种光电式遥感器，其可选波段为紫外、可见及红外波段。

**15.122　摄像**　photography
又称“摄影”。利用光学成像原理对相对于摄像机连续变化的景物进行连续曝光记录的过程。

**15.123　红外摄像**　infrared photography
用红外胶片对来自物体的红外线进行记录的一种摄像方式。由于红外辐射对一些材料具有穿透能力，可用于军事、公安、考古、医学等领域。

**15.124　高速实时全息摄影术**　high-speed real-time holography
把激光全息干涉装置与适合的高速摄影机结合起来，实现高速实时地记录全息的一种摄影技术。可获得被测物体瞬时变化过程干涉条纹的实时记录。

**15.125　航天摄影测量**　spatial photogrammetry
通过航天飞行器所载传感器进行摄影，在获取的影像上进行量测与判译的测量技术。

**15.126　摄影分辨率**　photographic resolution
摄影底片能分辨被摄物体细节的能力。通常用感光胶片上每毫米长度内可分辨的最大黑白线对数表示。

**15.127　静态摄影分辨率**　static photographic resolution

遥感器在实验室内对静止分辨率板测得的摄影分辨率。

**15.128 动态摄影分辨率** dynamic photographic resolution

遥感器在实验室内模拟卫星前进运动条件下测得的摄影分辨率。

**15.129 电视摄像管** television camera tube

简称“摄像管”。能够将被测物的光学图像转变为视频信号输出的真空光电管。

**15.130 超正析摄像管** super-orthicon camera tube

一种具有快速光电子移像区、双面靶、慢电子束阅读和在管内进行倍增放大的摄像管。其灵敏度很高，得到广泛应用。

**15.131 硅靶摄像管** silicon target camera tube

具有硅光电二极管阵列靶面的光电导摄像管。

**15.132 硅增强靶摄像管** silicon intensifier target camera tube

在硅靶摄像管之前增加一个像增强器作为移像段的摄像管。它在硅靶上完成电子-电子的倍增，在硅靶摄像管上完成光子-电子的转化和倍增。

**15.133 二次电子导电摄像管** secondary electron conduction camera tube

利用具有二次电子导电特性的材料作为靶面，靶前加入一个像增强级作为移像段的摄像管。具有灵敏度高、分辨率高等特点，用于微光电视、天体观测、军事侦察等方面。

**15.134 氧化铅摄像管** plumbicon camera tube

利用氧化铅(PbO)的光电导特性取代正常光电导管中的三硫化二锑($Sb_2S_3$)或硒(Se)的一种体积小、重量轻的电视摄像管。

**15.135 视像管** vidicon

在光电导靶上完成光电转换并形成电荷密度图像的积累型摄像管。用于之后的电子束扫描读出。

**15.136 摄像机** camera

又称“摄影机”。一种利用光学成像原理对连续运动的景物进行连续曝光记录并形成电视信号输出的装置。

**15.137 量测摄像机** metric camera

又称“量测摄影机”。一种内方位元素已知的、摄影物镜的畸变经过严格校正的摄像机。习惯上将具有框标的摄影机称为量测摄影机。

**15.138 航空摄像机** aerial camera

又称“航空摄影机”。配有自动曝光控制、消震及平衡装置，装在飞行器上对地面进行摄影的专用量测摄影机。

**15.139 地平线摄像机** horizon camera

又称“地平线摄影机”。一种附设在航空摄像机上沿像平面$x$、$y$方向记录相片的地平线的摄影机。

**15.140 单个量测摄像机** single measurement camera

又称“单个量测摄影机”“摄影经纬仪(photographic theodolite)”。以单个形式使用的地面摄影测量用的量测摄影机。其轴线可在水平面内回转，在垂直平面内倾斜一定的角度。

**15.141 立体量测摄像机** stereo-metric camera

又称“立体量测摄影机”。具有摄影基线的量测摄影机。通常是由两台量测摄影机与基线杆组合而成，用于地面摄影测量。

**15.142 网格高速摄像机** reticulation high-speed camera

又称“网格高速摄影机”。一种利用将图像分割成许多极其细微并规则排列的像元，在底片上形成网格像的分解方法，可在单张底片上获得多幅图像的分幅摄影机。

**15.143 棱镜补偿式高速摄像机** prismatic compensation high-speed camera

又称“棱镜补偿式高速摄影机”。利用旋转棱镜实现光学补偿而使胶片与场景相对静止的高速摄像机。

**15.144 星光型摄像机** star level camera

又称“星光型摄影机”。低工作照度的摄像机。按工作照度等级划分CCD或CMOS成像系统，可分为：①普通型，工作照度为1～3 lx以上；②月光型，工作照度可达0.1 lx左右；③星光型，工作照度可达0.01 lx以下；④红外型，采用红外灯照明，在没有光线的情况下也可以成像。

**15.145 白平衡** white balance

R、G、B三种颜色按照3：6：1的亮度比例达到的白色平衡。这是描述显示器中红、绿、蓝三基色混合生成的白色精确度的一项指标。

**15.146 白平衡调节** white balance adjustment

对 R、G、B 三种颜色的亮度比例及白色坐标进行调节。

**15.147 曝光** exposure

感光材料成像时接受光照的过程。

**15.148 全息曝光** holographic exposure

将涂有光致抗蚀剂的光栅基底置入两束单色光形成的干涉场内，经过明暗相间的干涉条纹照射后，使光致抗蚀剂涂层发生与干涉条纹相对应的化学变化的处理过程。

**15.149 扫描干涉场曝光** scanning beam interference exposure

两束小截面高斯激光相干涉形成直线度误差为几纳米的干涉条纹，通过精密工作台的二维运动以扫描方式将干涉条纹记录于光刻胶上的一种感光过程。

**15.150 二次掩模曝光** double mask exposure

简称“二次曝光(double exposure)”。将密集掩模按照一定规则分割为两个稀疏掩模，并采用这两个掩模，先后对同一光刻胶层进行两次曝光，获得比一次曝光一块掩模图形更密集的图形的技术。是一种光刻分辨率增强技术。

**15.151 曝光实时监测** *in-situ* monitoring of exposure

通过探测曝光过程中光刻胶折射率空间分布发生的微小变化而形成的潜像光栅，记录光束某一非零衍射级实现对曝光过程的实时监测的方法。可根据所要制作的光栅刻槽形状确定在监测曲线适当位置处停止曝光。

**15.152 曝光时间** exposure time

根据光强度和胶片特性确定的受光时间。

**15.153 全曝光时间** total exposure time

一张画幅曝光的全部时间。通常在高速成像领域，曝光过程通光孔径是变化的(像面照度变化)，全曝光曲线并非矩形，只有理想情况下的全曝光曲线才是矩形的。

**15.154 有效曝光时间** effective exposure time

考虑到快门的曝光函数和感光介质的感光特性，将实际曝光过程等效为一个理想曝光过程(快门动作时间等于0，照度不变)的等效时间。

**15.155 曝光量** exposure

感光面上的照度与曝光时间的乘积。单位为勒克斯·秒(lx·s)。

**15.156 饱和曝光量** saturated exposure

使感光元件达到饱和的最小曝光量。

**15.157 有效曝光系数** effective exposure index

又称“快门效率(shutter efficiency)”。有效曝光时间和全曝光时间的比值。

**15.158 曝光因数** exposure factor

又称“曝光系数(exposure index)”“快门因数(shutter factor)”“快门系数(shutter index)。全曝光时间与分幅时间之比。分幅时间为摄影频率的倒数。

**15.159 曝光补偿技术** exposure compensation technology

为了使记录在同一空间的所有全息图再现时具有相同的衍射效率而采取的曝光方法。对于空间复用的平面全息图阵列，只需保证记录每个全息图的条件相同即可。而对于共同体积复用，特别是对于全息图部分重叠的混合复用，由于全息图之间用不同的方式相互影响，为了获得等衍射效率，需要针对具体情况采用适当的曝光补偿机制，即计算出曝光时间序列。

**15.160 电视** television

在发送端利用摄像机把现场活动景象转换为电视信号后，经由通信系统传送到一定距离之外，在接收端利用显示技术和人眼视觉残留效应恢复或重建视觉活动图像的技术。

**15.161 微光电视** low light level television, LLLTV

又称“低照度电视”。利用低照度摄像机录制、远传、恢复与再现微弱照度条件下现场活动场景的一种电视技术。它是微光像增强技术、电视与图像处理技术相结合的产物，能在黄昏后至黎明前的夜间(地面照度为$10^{-5}$～1lx)完成电视摄像。

**15.162 水下电视** underwater TV

在水下借助人工光源进行电视摄像的一种电视技术。

**15.163 电视制式** television system

用来确定电视信号的形成、传送和图像重现的一整套技术标准。包括扫描方式、同步信号形状、伴音和图像传送方法、频道宽度、频率间隔及载频位置等。

**15.164 NTSC制彩色电视** NTSC color television system

两个色差信号对色度副载波进行正交平衡调制的一种兼容性同时制彩色电视制式。由美国全国电视制式委员会(National Television System Committee，NTSC)提出，因此得名。

**15.165 PAL制彩色电视** PAL color television system

两个色差信号对色度副载波进行正交平衡调幅逐行倒相调制、色度信号的一个分量逐行倒相的一种兼容性同时制彩色电视制式。由联邦德国提出。

**15.166 SECAM制彩色电视** SECAM color television system

行轮换调频制，亮度信号始终传送而两色差信号按行顺序调频传送，接收端用延时线逐行记忆以恢复三基色的一种兼容性同时–顺序制彩色电视制式。由法国提出。

**15.167 全电视信号** composite signal

将并行的图像信息(黑白图像或彩色图像)经过扫描转换为串行时间序列，并包括复合消隐脉冲、复合同步脉冲、均衡脉冲，以及彩色电视的色度信号与色同步信号的一种电信号。全电视信号可用信号波形图来表示。

**15.168 顺序扫描** sequential scanning
构成整个图像的各扫描行是依次而连续扫出的扫描方式。

**15.169 隔行扫描** interlaced scanning
在显示设备上,以扫描方式同时显示运动图像中每帧的奇数或偶数行像素的一种方法。显示的整幅图像由奇数和偶数两组(或多组)各行等间距相嵌组成。隔行扫描比逐行扫描引起的视觉闪烁小。在电视的PAL制式和NTSC制式中都是先扫描奇数行(即奇数场)信息的。

**15.170 逐行扫描** progressive scanning
在显示设备(如CCD阵列)上同时显示运动图像中每帧所有像素的一种方法。具体做法是在曝光之前将整个图像重置,CCD阵列上探测单元的残余电荷被清除;在曝光过程中积累电荷;曝光结束后,所有电荷同时传送到传感器的光屏蔽区域,再从光屏蔽区域转移并同时显示出来。这种方法的曝光控制不需要机械快门。

**15.171 行扫描** line scanning
扫描成像仪在垂直于搭载平台运动方向的扫描。行扫描可采用单元或多元光机扫描或长线列推扫等方式实现。

**15.172 并扫** parallel scanning
采用多元列阵探测器在垂直于探测器排列的方向进行光机扫描的行扫描方式。

**15.173 串扫** serial scanning
采用多元列阵或扫积型探测器在沿着探测器排列方向进行光机扫描的行扫描方式。

**15.174 串并扫** serial and parallel scanning
采用二维探测器阵列,可同时实现多元并扫和多元串扫的光机扫描的行扫描方式。采用一个$N$行×$M$列的阵列,可同时实现在列方向的$N$元并扫和在行方向的$M$元串扫。

**15.175 推扫** push-broom scanning
又称"沿轨扫描(scanning along the track)"。长线列探测器的排列方向与飞行方向垂直,靠探测器内部的电子自扫描和飞行器向前飞行的结合获得二维图像的一种扫描方式。

**15.176 行频** line frequency
每秒钟内的扫描行数。

**15.177 行同步信号** line synchronizing signal
又称"行同步脉冲(line sync pulse)"。在行消隐期间传送的用来保持收、发两端行扫描同步的脉冲信号。

**15.178 行消隐** line blanking
又称"水平消隐 (horizontal blanking)"。在电视扫描过程(录像或者显示)中,使行与行之间返回过程不录像或者不显示以避免出现行与行之间的回程线的一种技术。

**15.179 行消隐期间** line blanking period
行消隐的时间,即换行扫描的回程时间。

**15.180 行正程期间** active line period
一行中除行消隐期间以外的时间段,即一行中能传送图像信息的时间段。

**15.181 场频** field rate,field frequency
每秒钟扫描出的场数。在隔行扫描方式中,一帧完整图像是由均匀分布在整个图像上的几组扫描行组成的,其中的每一组称为场。场频是帧频的整数倍。

**15.182 场同步信号** field synchronizing signal
又称"场同步脉冲(field sync pulse)"。在场消隐期间传送的用来保持收、发两端场扫描同步的脉冲信号。

**15.183 帧频** frame rate,frame frequency

每秒钟扫出完整图像的数目。

**15.184 均衡脉冲** equalizing pulse
位于场同步脉冲前、后，频率为行频两倍的脉冲。它的作用是保证隔行扫描场同步稳定。

**15.185 外同步** external synchronization
不同的摄像机或其他视频设备之间将同一外来同步信号送到它们各自的外同步输入端来保证视频信号的同步，以保证它们输出的视频信号具有相同的帧、行起止时间的一种技术。

**15.186 音频** voice frequency
在 20 Hz~20 kHz 的频率。

**15.187 音频信号** voice frequency signal
频率处于音频波段，即20 Hz~20 kHz的振动信号。可以是声信号或者电信号，以及机械振动等。

**15.188 视频** video frequency
电视信号所处的频段。因电视信号的制式不同而不同。普通模拟电视信号的带宽为8 MHz，数字电视信号的带宽为34 MHz，压缩编码电视信号的带宽为2 MHz，高清数字信号采用了压缩编码技术，带宽没有明显增加。

**15.189 视频信号** video frequency signal
频谱在视频范围内的电信号的通称。在电视中，泛指图像信号、有复合消隐脉冲的图像信号和全电视信号。

**15.190 数字视频信号** digital video frequency signal
以数字形式表示的视频信号。它由原始的模拟视频信号通过取样、模数(A/D)转换后得到。当取样速率大于模拟视频信号带宽的 2 倍时，可以不失真地再现原始的模拟信号。

**15.191 视频频带** video frequency band
视频信号的频率范围，即频谱上位于允许传送的两个特定频率(最高与最低)界限之间的部分。单位是赫兹(Hz)。

**15.192 摄影频率** photographic frequency
摄影机每秒钟能拍摄的画幅数。它的单位用帧/秒(f/s，或者fps)表示，也可用张/秒(p/s，或者pps)、格/秒(c/s，或者cps)表示。

**15.193 放映频率** projection frequency
电影放映机每秒钟能放映的画幅数。它的单位和摄影频率的单位相同。通常放映机的放映频率为24 f/s。

**15.194 消隐期间** blanking interval
使显示屏亮点消隐的时间。

**15.195 电视接收机** television set，TV set
简称“电视机”。用于接收视频图像信号并在显示屏进行显示的装置。

**15.196 激光电视机** laser TV set
通过电视信号控制三基色激光在屏幕上扫描显示图像的彩色电视接收机。它的色彩鲜明、亮度高、屏幕尺寸灵活。

**15.197 热平衡试验** thermal balancing test
检验卫星热设计并考核卫星热控系统功能的地面模拟试验。

**15.198 [辐射量]绝对定标** absolute calibration
通过各种标准辐射源，在不同谱段建立入瞳处的光谱辐射亮度值与输出的数字量化值之间的定量关系的过程。

**15.199 [辐射量]相对定标** relative calibration
确定场景中各像元之间、各探测器之间、各谱段之间以及不同时间测得的辐射量的相对值的过程。

**15.200 内定标** internal calibration
遥感器在轨工作时，卫星自身提供辐射源的辐射定标。

**15.201 真空红外定标** vacuum infrared calibration
模拟真空热环境下，对红外相机进行的辐射定标。

**15.202 CCD视轴** CCD viewing axis
简称“视轴”。过后节点与CCD线阵垂直的直线。

**15.203 视主点** view principal point
视轴与CCD线阵的交点。

**15.204 像方主点** image principal point
像方主平面与光轴的交点。

**15.205 高程** elevation
某点沿铅垂线方向到绝对基面的距离。

**15.206 高程精度** elevation accuracy
某点沿铅垂线方向到大地水准面的不确定度。

**15.207 基高比** base-height ratio
摄影基线长度与摄影航高或物距之比。

**15.208 主距** principle distance
后节点沿视轴到像场的平均最佳清晰面间的距离。

**15.209 等效主距** equivalent principal distance
根据轴外平行光线在相片平面上的构像点与沿主光轴的平行光线在相片平面上的构像点的距离 $\gamma$ 和入射角 $\beta$，计算求得的主距。

**15.210 色球差** sphere chromatic aberration
球差随波长的变化。

**15.211 交会角** intersection angle
立体成像时，两个投影中心与同一地面点连线的夹角。

**15.212 内方位元素** element of interior orientation
确定物镜内投影中心(后节点)相对于相片平面的位置数据。由相机的检定主距和像主点的相框坐标等组成。

**15.213 热离焦** thermal defocusing
镜头本体的热波动引起的光学焦点位置的变化量。

**15.214 光学配准** optical registration
使不同谱段探测器相应光敏元对准物方同一个物的光学调整过程。

**15.215 微重力** microgravity
航天器在空间轨道条件下受到的弱引力。

**15.216 相关双采样** correlated double sampling
一种通过对不同时刻具有相关性或具有相关特性的不同信号分别进行采样和相关处理的噪声抑制方法。

**15.217 数据压缩** data compression
通过去除冗余信息和利用信息相关性，用尽可能少的比特数代表图像或图像中所含信息的技术。

**15.218 数据压缩比** data compression ratio
数据压缩前的数据率与数据压缩后的数据率之比。是衡量压缩效率的质量指标。

**15.219 最小可分辨对比度** minimum resolvable contrast，MRC
表征光电成像系统阈值对比度的评价物理

量。数值上等于噪声等效反射率差与调制传递函数之比。

**15.220　温度梯度**　temperature gradient

元件或者空间温度分布场的梯度。它是一个矢量，其方向为温度增加最大的方向，其大小为最大温度变化率。

**15.221　径向温度梯度**　radial temperature gradient

在定义温度场的轴向与径向的前提下，垂直于轴向的横截面上的温度梯度。

**15.222　轴向温度梯度**　axial temperature gradient

在定义温度场的轴向与径向的前提下，沿轴向的温度梯度。

**15.223　电子印像机**　electronic-controlled printer

利用电子装置自动补偿像点反差的原理晒印相片的设备。

# 16. 显 示 技 术

**16.001　显示**　display

采用电信号控制将其所承载的信息或者其他信息载体所承载的信息转换为可见的信息表达方式。

**16.002　激光显示**　laser display

以红、绿、蓝三基色激光为光源，对其发射光束进行调制和利用光偏转器实现水平、垂直矢量扫描的显示技术。

**16.003　有机发光二极管显示**　organic light emitting diode display，OLED display

利用有机发光二极管中电子与空穴复合发光的一种信息显示方式。

**16.004　有源矩阵有机发光二极管显示**　active matrix organic light emitting diode display，AMOLED display

利用有源器件构成的矩阵去驱动不同的有机发光二极管，以便实现不同信息显示的一种显示方式。

**16.005　无源矩阵有机发光二极管显示**　passive matrix organic light emitting diode display，PMOLED display

采用无源器件构成的矩阵去驱动不同的有机发光二极管，以便实现不同信息显示的一种显示方式。

**16.006　柔性显示**　flexible display

利用柔性材料制作的可弯曲和折叠变形显示屏的一种显示方式。

**16.007　等离子体显示板**　plasma display panel，PDP

基于惰性气体的场致电离辉光放电并进一步激发屏上的荧光粉产生光致发光原理的一种显示方式。

**16.008　直流等离子体显示板**　direct current plasma display panel，DC-PDP

放电气体与电极直接接触，电极外部串联电阻作限流之用，发光位于阴极表面且为与电压波形一致的连续发光的等离子体显示。

**16.009　交流等离子体显示板**　alternating current plasma display panel，AC-PDP

放电气体与电极由透明介质层相隔离，隔离层为串联电容作限流之用，放电因受该电容的隔直通交作用，需用交变脉冲电压驱动，为此无固定的阴极和阳极之分，发光位于两电极表面且为交替脉冲式发光的等离子体显示。

**16.010　电致发光显示**　electroluminescent display

一种基于气体在电场作用下电致发光原理的平板显示。

**16.011　场致发射显示**　field emission display，FED

一种基于金属或热阴极在强电场作用下产生场致电子发射进而轰击荧光屏的平板显示。

**16.012　电泳显示**　electrophoresis image display，EPID

利用电泳的原理使夹在电极间的带电物质在电场的作用下运动，带电物质的运动导致交替显示两种或两种以上不同颜色的一种显示方式。

**16.013　数码显示**　digital display

用 7 段可见光组成“8”字形和一个可见光小数点构成的数码管实现的一种显示方式。引线在数码管内部以共阴极或共阳极连接。

**16.014　三维显示**　three-dimensional display，3D display

又称“3D显示”“立体显示”。采用光学、计算机等多种技术手段来模拟实现人眼的立体视觉特性，将空间物体以3D形貌再现出来，呈现出具有纵深感的图像的显示方式。

**16.015　助视 3D 显示**　stereoscopic 3D display

需要观看者借助 3D 眼镜、头盔等助视设备才能观看到立体效果的 3D 显示方式。

**16.016　裸视 3D 显示**　glass-free 3D display

又称“裸眼三维显示”。不需要观看者佩戴 3D 眼镜、头盔等助视设备就能观看到立体效果的 3D 显示方式。

**16.017　光场 3D 显示**　light field 3D display

通过重构 3D 物体上各个点元朝向各个方向发出的光线来再现 3D 场景的空间特性，而且能够正确表现 3D 场景中不同物体之间的相互遮挡关系，可供多人裸眼同时观看的 3D 显示方式。

**16.018　体 3D 显示**　volumetric 3D display

能够在真正具有高度、宽度和深度的真实3D空间内进行立体图像信息再现的一种3D显示方式。包括基于旋转屏和层屏等方式。

**16.019　分色 3D 显示**　color based 3D display

基于颜色的分光原理，观看者戴上分色眼镜，使左右眼分别看到不同颜色的左右视差图像而产生 3D 效果的一种助视 3D 显示方式。

**16.020　互补色 3D 显示**　complementary color based 3D display

利用互补色原理和双目视差原理，将左右视差图像采用互补色显示，佩戴对应互补色眼镜的观看者便能观看到 3D 图像的分色 3D 显示方式。

**16.021　光谱分离 3D 显示**　spectral unmixing based 3D display

利用光谱分离原理和双目视差原理，将左右视差图像由两组红、绿、蓝窄带光谱传递，佩戴对应窄带滤波眼镜的观看者便能观看到彩色 3D 图像的分色 3D 显示方式。

**16.022　快门 3D 显示**　shutter based 3D display

在显示屏上时序交替地显示左右视差图像，佩戴同步快门眼镜的观看者便能看到 3D 图像的一种助视 3D 显示方式。

**16.023　偏光 3D 显示　polarization based 3D display**

将左右视差图像分别赋以互相正交的偏振方向，佩戴相应偏光眼镜的观看者的左右眼分别看到不同偏振方向的视差图像，从而产生 3D 效果的一种助视 3D 显示方式。

**16.024　狭缝光栅 3D 显示　3D display based on parallax barrier**

采用狭缝光栅作为分光元件的 3D 显示方式。

**16.025　柱透镜光栅 3D 显示　3D display based on lenticular gratings**

采用柱透镜光栅作为分光元件的 3D 显示方式。

**16.026　2D/3D 可切换显示　2D/3D switchable display**

在 2D 显示模式和 3D 显示模式之间实现切换的显示方式。

**16.027　多视点 3D 显示　multi-view 3D display**

又称“自由立体显示(autostereoscopic display)”。采用光栅或方向性光源等元件，将多幅视差图像分别在空间中排布成与之对应的图像观看区域，当观看者的左右眼分别位于这些区域时便看到 3D 图像的裸视 3D 显示。

**16.028　集成成像显示　integral imaging display**

带有微透镜阵列的显示屏将其上的微图像阵列在空间中重建出 3D 图像的显示方式。

**16.029　投影显示　projection display**

由图像信息控制光源，利用光学系统和投影空间把图像放大并投影到屏幕上的显示方式。

**16.030　透射型液晶显示　transmissive liquid crystal display**

在显示屏背后配置照明光源，用显示屏改变透过光的光强进行显示的液晶显示方式。

**16.031　反射型液晶显示　reflective liquid crystal display**

不采用背光源，而是利用周围环境光进行显示的液晶显示方式。

**16.032　透反型液晶显示　transflective liquid crystal display**

既能对背光源透光，又能对环境光反射，集透射型与反射型于同一显示屏的液晶显示方式。

**16.033　薄膜晶体管液晶显示　thin film transistor liquid crystal display，TFT-LCD**

每个像素都由一个薄膜晶体管直接控制的液晶显示方式。由于每个节点都相对独立，并可以连续控制，不仅提高了显示屏的反应速度，同时可以精确控制显示色阶的液晶显示。

**16.034　电控双折射液晶显示　electrically controlled birefringence liquid crystal display，ECB-LCD**

一种可以由电压控制显示多种颜色的液晶显示方式。

**16.035　头盔显示　helmet mounted display**

利用头盔上两个相对独立的显示屏向观看者提供左右图像，使观看者完全沉浸在显示的场景中，具有极强的临场感的一种显示方式。

**16.036　头盔 3D 显示　helmet mounted 3D display**

又称“头盔三维显示”。在头盔显示器的两个显示屏上呈现左右视差图像，使观看者获得 3D 效果的一种助视 3D 显示方式。

**16.037　实模式**　real mode
微透镜阵列与微图像阵列的距离大于微透镜阵列焦距的一种集成成像显示模式。

**16.038　虚模式**　virtual mode
微透镜阵列与微图像阵列的距离小于微透镜阵列焦距的一种集成成像显示模式。

**16.039　超扭曲向列相模式**　super twisted nematic，STN
当向列相液晶分子的扭曲角大于 90°时的扭曲向列显示模式。

**16.040　边缘电场开关模式**　fringe-field switching，FFS
通过边缘电场开关基板上的顶层条状像素电极和底层面状公共电极之间产生的边缘电场，使电极之间正上方的液晶分子都能在平行于玻璃基板的平面上发生转动，从而实现亮度控制的液晶显示模式。

**16.041　面内转换显示模式**　in-plane switching，IPS
液晶分子的取向平行于玻璃基板的面内，在梳形电极间施加电压后，使液晶分子在面内发生转动，引起双折射变化，从而实现亮度控制的显示模式。

**16.042　常白显示模式**　normal white mode
在没加电压时，显示白态的一种显示模式。

**16.043　常黑显示模式**　normal black mode
在没加电压时，显示黑态的一种显示模式。

**16.044　显示器**　display device
将视频电信号转换为人眼可见图像的装置。

**16.045　液晶显示器**　liquid crystal display，LCD
利用液晶的各种电光效应实现图像和视频的显示器。

**16.046　显示屏**　display screen
将视频电信号转换为人眼可见图像的显示器的屏幕部分。

**16.047　发光二极管显示屏**　LED display screen
又称“LED 显示屏”。通过一定的控制方式，由发光二极管阵列组成的显示屏。

**16.048　发光二极管阵列显示模块**　LED matrix array display module
又称“LED 阵列显示模块”。将显示用发光二极管依像素点组成的阵列式模块。

**16.049　显示屏宽高比**　aspect ratio
显示屏横向和纵向的尺寸比。

**16.050　投影**　project
将成幅的图像尺寸放大投射到屏幕上的过程。

**16.051　投影机**　projector
将成幅的图像放大投射到屏幕上的一种显示设备。

**16.052　单片式投影机**　single-chip projector
由单片空间光调制器作为图像源的投影机。

**16.053　三片式投影机**　three-chip projector
由三片空间光调制器作为图像源的投影机。

**16.054　背投影机**　rear projector
安装位置与观众分别位于屏幕的两侧，发出的光线从屏幕的一侧直射到屏幕，光线透过屏幕被观众眼睛接收的投影机。

**16.055　前投影机**　front projector
安装位置与观众在屏幕的同侧，发出的光线投射到屏幕，在屏幕上形成图像，图像光线通过屏幕反射被观众眼睛接收的投影机。

**16.056 阴极射线管投影机** CRT projector
又称“CRT投影机”。采用阴极射线管(CRT)作为显示器的投影机。

**16.057 光阀投影机** light valve projector
采用空间光调制器作为图像源的投影机。主要有油膜光阀投影机、液晶投影机以及微显示投影机等。

**16.058 液晶投影机** liquid crystal projector
利用液晶模组作为图像源的光阀投影机。

**16.059 数字光路处理器投影机** digital light processing projector，DLP projector
又称“DLP投影机”。利用数字光路处理器作为图像源的光阀投影机。

**16.060 激光投影机** laser projector
采用激光作为光源的投影机。

**16.061 投影仪** measuring projector，profile projector
利用精确的放大倍率将物体的图像放大并投射到屏幕上，以便精确测定物体形状、尺寸的仪器。

**16.062 截面投影仪** section projector
利用特殊的照明方法或测量附件进行截面轮廓测量的投影仪。

**16.063 光谱投影仪** spectrum projector
用来放大光谱干板谱线的投影仪。

**16.064 正射投影仪** ortho projector
又称“微分纠正仪”“缝隙纠正仪”。应用分带纠正的原理，将中心投影的航摄相片变换成地面正射投影相片和制作正射投影影像地图的投影仪。

**16.065 针孔阵列** pinhole array
多个针孔在二维方向上呈周期性紧密排列，通过小孔成像的原理实现对光的调制作用的一种光学器件。

**16.066 扭曲向列** twisted nematic，TN
向列相液晶分子的扭曲取向偏转90°的过程。

**16.067 指向矢** director
从统计观点角度来说，描述液晶分子总体排列方向的单位矢量。

**16.068 空间电荷限制电流** space-charge limited current，SCLC
当陷阱被填满后，由空间电荷限制引起的、决定器件的电流–电压($I$-$V$特征)的电流。

**16.069 陷阱电荷限制电流** trap-charge limited current，TCLC
当发光层中的陷阱对电流有影响而载流子迁移率与电场无关时，有机发光器件产生的电流。

**16.070 [液晶显示]阈值电压** threshold voltage
又称“临界电压”。在液晶显示中，对应外场刚出现的指向矢再排列现象(即出现弗里德里克斯转变)的电压。

**16.071 弗里德里克斯转变** Freedericksz transition
在液晶显示中，当施加的外电场达到某个值时，液晶的指向矢会出现重新排列的现象。

**16.072 黑矩阵** black matrix，BM
为了修复液晶显示器的不良亮点而位于子像素与子亚像素的连接处的黑色遮光条组成的矩阵。它用于防止相邻子像素混色及子像素连接处漏光。

**16.073 有源矩阵** active matrix

在液晶显示器的玻璃基板上纵横布置薄膜三极管或二极管等有源元件，由其驱动每个像素发光的一种驱动信号布置方式。

**16.074　无源矩阵**　passive matrix
在液晶显示器的玻璃基板上纵横布置电极，以交叉点电信号驱动像素发光的一种驱动信号布置方式。

**16.075　显示器响应时间**　response time
简称“响应时间”。显示器从施加电压到出现显示图像和电压撤销到图像消失所需的时间。

**16.076　融合功能**　fusion faculty
大脑将同时来自双眼视网膜对应点上有轻微差别的两个影像综合为一个完整物像的功能。

**16.077　同源像点**　homologue point
空间场景中同一物点在左右视差图像中所成的像点。

**16.078　眼点**　eye-point
能看到取景器内完整画面时，眼睛与取景器的最远距离。

**16.079　两眼集合**　convergence
当人在注视某个物体时，左右眼视线往注视点上交会而产生的眼球动作。

**16.080　体素**　voxel
3D显示中可再现的最小体单元。

**16.081　[液晶]垂直排列**　vertical alignment
液晶分子的长轴与基板表面垂直排列的取向方式。

**16.082　[液晶]平行排列**　parallel alignment
液晶分子的长轴与基板表面平行排列的取向方式。

**16.083　玻璃基板**　glass substrate
一种表面极其平整的薄玻璃片。是构成液晶显示器件的一个基本部件。

**16.084　导光板**　light guide
将线光源和点光源变为面光源的液晶显示器的部件。常用于侧光式背光源。

**16.085　隔离子**　spacer
位于液晶显示屏内上下两层玻璃基板之间的透明微小颗粒。用于控制液晶盒的厚度。

**16.086　取向层**　alignment layer
液晶显示器中用于控制液晶分子排列方向的绝缘层。

**16.087　清亮点**　clear point
液晶材料从液晶态到各向同性态时的转变温度。

**16.088　拖影**　motion blur
液晶显示器在显示动态画面时出现模糊的现象。

**16.089　有序参量**　order parameter
表示分子排布有序程度的物理量。用$S$表示，定义为$S=(3\cos 2\theta-1)/2$，其中$\theta$为分子长轴与指向矢单位矢量的夹角。

**16.090　色域覆盖率**　color domain coverage ratio
显示器色三角形面积和全部光谱所围成的总面积之比。

**16.091　开口率**　aperture ratio
显示屏有效的透光区域与显示屏面积之比。

**16.092　显示对比度**　contrast ratio
简称“对比度”。又称“显示反差”。显示屏处于最大亮度时与处于最小亮度时的亮度比值。

**16.093　花样垂直取向**　patterned vertical alignment，PVA
通过在两块基板表面设置条状透明电极，利用透明电极之间的狭缝就可使电场线发生弯曲，从而实现垂直方向亮度控制的一种技术。

**16.094　多畴垂直取向**　multi-domain vertical alignment，MVA
一种用于增加视角范围的技术。液晶分子未加电时处于垂直于屏幕的状态，每个像素均由这些垂直取向的液晶分子畴组成；当加上电压之后，液晶分子指向不同的方向，对各个角度都进行了相应的补偿，从而获得更宽广的视角。

**16.095　混合取向**　hybrid aligned nematic，HAN
液晶分子在一块基板上与基板平行排列，而在另一块基板上却与基板垂直排列的取向方式。

**16.096　线性电极**　linear electrode
在利用有限元法计算像管静电场时，将其电压分布近似为线性的像管电极。

**16.097　对数电极**　logarithm electrode
在利用有限元法计算像管静电场时，将其电压分布近似为对数分布的像管电极。

**16.098　透明电极**　indium tin oxide，ITO
由氧化铟锡（$In_2O_3$）中溶入氧化锡（$SnO_2$）的固溶体制成的、具有既透明又导电特性的电极。

**16.099　铟锡氧化物透明电极**　indium tin oxide transparent electrode
将铟锡氧化物涂制在玻璃基板上得到的透明电极。常用作 OLED 或光伏器件中使光透过的透明阳极。

**16.100　帧反转驱动**　frame inversion drive
为防止液晶屏的劣化，需要每一帧发生极性反转的驱动方式。

**16.101　螺距扭曲形成力**　helical twisting power，HTP
引起液晶材料取向发生相应扭曲的力。

**16.102　视点数**　view number
3D 显示所显示的视差图像个数。

**16.103　半视角**　half viewing angle
刚好能看到显示屏上图像内容的方向与显示屏法线方向之间所成的夹角。

**16.104　预倾角**　pretilt angle
液晶层中液晶的指向矢受取向膜和液晶分子共同作用而与基板之间形成的夹角。

**16.105　最佳观看距离**　optimum viewing distance
能刚好完整地看到显示屏上的内容且不偏色、图像内容最清晰的位置相对于显示屏的垂直距离。

**16.106　液晶螺距**　liquid crystal pitch
简称“螺距”。手性液晶材料中，指向矢取向发生360°扭曲时所对应的长度。

**16.107　场色序法**　field-sequential color，FSC
按时间先后顺序依次显示三原色光的图像的彩色显示方法。

**16.108　中心深度平面**　central depth plane
显示屏上的像素发出的光线，经过微透镜阵列折射后聚焦形成的各个交点所在的平面。

# 17. 图像处理技术

**17.001　三维图像　3D image**
又称"3D图像""立体图像"。视觉上具有纵深感的图像。

**17.002　合成图像　synthetic image**
将多幅视差图像以一定规律排列生成的图像。

**17.003　数字图像　digital image**
将一幅二维图像的灰度表示为离散坐标点的二维函数 $f(m,n)$，并将其量化为离散数值时所对应的图像。

**17.004　灰度图像　gray image**
只包含景物亮度信息的图像。

**17.005　彩色图像　color image**
既包含景物亮度信息又包含色度信息的图像。

**17.006　假彩色图像　false color image**
又称"伪彩色图像"。将二维分布函数的不同特征或者不同函数值用不同的颜色和灰度加以区分而人工绘制的图像。假彩色图像可以使分布函数的特征可视化，具有易于区分、突出事物特征的优点。假彩色合成图像往往与真实物体或景观的色彩不一致。可根据需要，人为地选取多波段单色图像的不同组合来改变假彩色图像的色彩，以达到不同的应用目的。

**17.007　图像表示　image presentation**
选择景物的外部特征(图像区域边界)或者内部特征(如组成该区域的像素)之一来表示图像，以便图像数据适合于计算机进一步处理的方法。

**17.008　图像描述　image description**
基于所选择的图像表示来描述图像的方法。例如，区域可由其边界表示，边界可用特征对其进行描述，如长度、连接端点的直线的方向，以及边界上凹陷的数量。

**17.009　图像清晰度　image sharpness**
表示图像各细部纹理及边界的清晰程度的参数。包含分辨率和锐度两方面，是评价图像质量的参数之一。分辨率反映图像细节信息，锐度则表示边缘变化的尖锐程度。清晰度好的图像具有较丰富的细节信息，表现出边缘和纹理方面较好的辨识性。

**17.010　图像对比度　image contrast**
反映一幅图像灰度反差大小的参数。数值上等于该图像中明暗区域的最亮部分和最暗部分之间灰度等级之比。

**17.011　图像粗糙度　image roughness**
一种评价含有噪声图像的噪声大小的参数。数值上等于图像水平微分范数和图像垂直微分范数之和与图像本身范数之比。常用于实际图像非均匀性校正处理效果的客观评价。

**17.012　图像熵　image entropy**
将一幅图像看作一个虚构的零记忆"灰度信源"的输出，根据对图像直方图的估计所得到的信源符号概率。

**17.013　图像格式　image formats**
组织和存储图像数据的标准方法。它规定了所使用的图像数据排列的方式和压缩的类型。

**17.014　图像边界　image edge**
图像在局部区域上产生不连续性的区域周

界。图像的不连续性表现如灰度级的突变、纹理结构的突变、颜色的变化等。

**17.015　图像消旋**　image rotation eliminating

通过硬件调整或者软件处理的方法解决由遥感器扫描方式或扫描故障引起的图像旋转及图像地理定位误差的过程。

**17.016　图像反转**　image negatives

将原图像的各个从低到高灰度等级的像素，依次转换为从高到低灰度等级像素的过程。反转后得到的图像常称为负片。

**17.017　图像空域平滑**　image spatial smoothing

在待处理图像中逐点移动平滑滤波器掩模，按照掩模确定的关系，计算此点滤波器的响应作为处理后图像该点的像素灰度的过程。

**17.018　图像直方图**　image histogram

描述一幅数字图像中不同灰度等级(以其为自变量)的统计分布图。灰度直方图反映了数字图像中每一灰度级与其出现频数间的关系，能描述该图像的概貌。

**17.019　直方图均衡化**　histogram equalization

将原图像通过变换函数得到一幅灰度直方图为均匀分布的新图像的方法。

**17.020　直方图规定化**　histogram specification

又称“直方图匹配(histogram matching)”。使原图像灰度直方图变成规定形状的直方图而对图像作修正的方法。

**17.021　图像灰度**　image gray level

简称“灰度”。又称“灰阶”“灰度级”。将模拟图像进行量化时，数字图像亮度的等级差别。

**17.022　灰度分割**　intensity slicing

把一幅黑白数字图像的不同灰度级给指定一种彩色变成一幅伪彩色图像的方法。

**17.023　灰度变换**　gray-scale transformation

将一幅图像不同像元的灰度等级按照一定的对应关系变换成另一幅图像的一种图像处理方法。常用于图像的对比度增强、边缘增强。

**17.024　灰度变换函数**　gray-scale transformation function

将一幅图像灰度级别的集合变换为另一组灰度级别集合的函数。

**17.025　灰度级形态学**　gray-scale morphology

将膨胀、腐蚀、开操作和闭操作的基本操作扩展到灰度级图像的学科分支。

**17.026　灰度标尺**　gray scale

由黑到白，具有等差明度的一系列分度或标尺。例如，芒赛尔(Munsell)颜色系统中心的明度轴色卡组成了灰度标尺，可用来作为明度和色差的判断标准。

**17.027　灰阶反转**　gray-scale inversion

液晶显示器在某个大角度看到低灰阶反而比高灰阶还亮的类似黑白反转的现象。

**17.028　过驱动**　overdrive

一种提高中间灰阶响应速度的技术。画面从黑方向的灰阶转到白方向的灰阶时，通过施加更高的过冲电压来补偿一帧驱动难以达到的透过光；画面从白方向的灰阶转到黑方向的灰阶时，通过施加更低的下冲电压来补偿一帧驱动难以达到的透过光。

**17.029　描绘子**　descriptors

描绘图像的边界、区域或者它们之间的关系所采用的基本几何要素和特征参数。

**17.030　边界描绘子　boundary descriptors**
描绘边界所采用的基本几何要素和特征参数。

**17.031　简单描绘子　simple descriptors**
边界的长度、直径、长轴、短轴、偏心率、曲率等边界描绘子的统称。

**17.032　傅里叶描绘子　Fourier descriptors**
将一幅图像的边界置于复平面中，对依次排列的边界点所对应的复数序列进行离散傅里叶变换得到的描绘子。

**17.033　区域描绘子　regional descriptors**
描述图像区域的基本几何要素和特征参数。简单的描绘子如区域的面积、周长，区域灰度级的均值和中值，最小灰度值和最大灰度值等。

**17.034　拓扑描绘子　topological descriptors**
描述图像区域的拓扑特性的拓扑学参数。

**17.035　关系描绘子　relational descriptors**
描述图像区域或边界的子结构间相互关联的参数。

**17.036　图像噪声　image noise**
图像中妨碍人们对其信息接收的各种随机因素。常见的噪声类型有高斯噪声、椒盐噪声、伽马噪声、指数噪声、均匀噪声等。

**17.037　图像信噪比　signal-to-noise ratio of the image**
一幅引入了噪声的图像信号，其信号功率与噪声功率之比的对数。单位为分贝(dB)。是衡量图像质量的重要指标之一。

**17.038　谱段平均信噪比　average signal-to-noise ratio**
在光谱成像仪光谱范围、谱段数均满足要求的条件下，系统各谱段信噪比的平均值。

**17.039　转移噪声　transfer noise**
电荷耦合器件的电荷转移过程中，前一个电荷包在势阱中的残存电荷形成的对后一个电荷包的干扰噪声。包括转移损失、界面态俘获及体内陷阱俘获而产生的噪声。

**17.040　固定图案噪声　fixed pattern noise, FPN**
由摄像或者照相器件像素性能的随机不均匀性造成的噪声。通常用均匀光照条件下单个像素输出响应的变化来表示。

**17.041　三维噪声　three-dimensional noise**
又称"3D噪声"。为了描述焦平面系统噪声而引入的、把系统噪声分解为一维时间噪声与二维空间噪声的三维模型。

**17.042　图像去噪　image denoising**
消除图像噪声的图像处理方法。

**17.043　数字图像处理　digital image processing**
用计算机对数字图像所进行的各种处理，或者对模拟图像进行的数字化处理后复原模拟图像的技术。

**17.044　图像处理延时　image processing delay**
评价图像处理算法实时性的指标参数。数值上等于经过图像处理后的视频信号相对于原始输入信号的延时，单位为毫秒(ms)。

**17.045　形态学图像处理　morphological image processing**
简称"形态学处理"。将数学形态学作为工具从图像中提取表达和描绘区域形状的有用图像分量(如边界、骨架和凸壳等)的图像处理方法。

**17.046　数学形态学　mathematical morphology**

简称“形态学(morphology)”。研究不同类别的图像中不同像元之间特定的关联性构成的图像结构特征(形态)的理论和方法。这种结构特征也被称为结构元素。

**17.047 形态学平滑** morphological smoothing

利用形态学原理对图像进行平滑和去噪的一种图像处理方法。

**17.048 形态学开操作** morphological opening

简称“开操作”。利用结构元素对一幅图像进行先腐蚀后膨胀的一种形态学图像处理方法。开操作一般会平滑物体的轮廓、断开狭颈并消除细的突出物。

**17.049 形态学闭操作** morphological closing

简称“闭操作”。利用结构元素对一幅图像先膨胀后腐蚀的一种形态学图像处理方法。闭操作同样会平滑轮廓的一部分，但与开操作相反，它通常会弥合较窄的间断和细长的沟壑，消除小的孔洞，填补轮廓线中的断裂。

**17.050 分水岭分割算法** watershed segmentation algorithm

一种基于拓扑理论的数学形态学的分割方法。其基本思想是将图像看作地形学中的拓扑地貌，图像中每个像素点的灰度值表示该点的海拔，每一个局部极小值及其影响区域称为集水盆，而集水盆的边界则形成分水岭。分水岭的概念和形成通过模拟侵入过程来说明，其计算过程是一个迭代标注过程。

**17.051 帧叠加滤波** frame adding filtering

将连续的两帧或多帧图像对应像素点的灰度值相加，求取它们算术平均值的数字滤波方法。常用于对微光夜视图像的降噪处理。

**17.052 递归加权平均滤波** recursive weighted filtering

采用最小均方误差准则求取最佳加权系数的进行图像滤波达到降噪目的的一种方法。它可以减小帧叠加滤波对动态目标或场景的滞后效应。

**17.053 图像时域滤波** image time domain filtering

简称“时域滤波”。利用连续两帧或多帧图像的噪声时域均值为零的原理，通过求取它们的平均值和方差获得降噪效果的图像处理方法。

**17.054 图像空间滤波** image spatial filtering

简称“空间滤波”。在待处理图像中逐点移动滤波器掩模，在每个像素处用滤波器在该点的响应代替原图像像素灰度值的图像处理方法。

**17.055 图像频域滤波** image frequency domain filtering

简称“频域滤波”。将一幅图像进行傅里叶变换，然后对其不同频率成分进行抑制或者增强，再经逆变换还原图像，以达到增强图像边缘和细节或者抑制噪声的一种图像处理方法。

**17.056 图像同态滤波** image homomorphic filtering

简称“同态滤波”。将像元灰度值看作低频的照射光和高频的反射光的组合，通过频域滤波抑制照射光分量的影响以便揭示阴影区细节特征的一种频域滤波方法。

**17.057 图像中值滤波** image median filtering

简称“中值滤波”。中值滤波是将当前像素邻域内各像素的灰度平均值从大到小进行排列，将其中间值作为其输出值的滤波去噪方法。

**17.058 时域和空域结合滤波** spatiotemporal filtering

综合使用图像时域滤波和图像空域滤波的

三维降噪方法。

**17.059　逆滤波**　inverse filtering
将退化图像的傅里叶变换函数除以点扩散函数的傅里叶变换函数，再进行傅里叶逆变换的图像复原方法。

**17.060　均值滤波**　averaging filtering
又称“邻域平滑”。将当前像素邻域内各像素的灰度平均值作为其输出值的滤波去噪方法。

**17.061　差分滤波**　differential filtering
利用两相邻光程差处干涉数据的差值滤除干涉图背景噪声的影响的滤波方法。

**17.062　拟合滤波**　fitting filtering
通过拟合直流分量的方法获取系统的不一致性系数，然后再对调制分量进行修正的干涉图滤波方法。拟合滤波主要用来修正干涉型光谱成像仪光场分布不均匀对数据质量的影响。

**17.063　经验模态分解法滤波**　empirical mode decomposition filtering
采用经验模态分解法对干涉图数据进行滤波的方法。该算法表明任何复杂的时间序列都可以分解成一组互不相同的、非正弦的固有模态函数(IMF)和一个趋势项；固有模态函数的和即可作为去除趋势项后的信号。

**17.064　图像压缩**　image compression
一种减少描绘一幅图像所需处理的数据量的方法。

**17.065　光谱图像压缩**　spectrum-image compression
利用变换编码等方法减少光谱成像仪的输出数据量的技术。

**17.066　无损压缩**　lossless compression
图像经压缩/解压缩过程后不引起任何失真的图像压缩技术。

**17.067　压缩比**　compression ratio
压缩前原始图像的数据量与压缩后数据量的比值。

**17.068　压缩方法评价**　evaluation of compression algorithm
对压缩/解压缩后重构图像进行质量评价的过程。评价重构图像质量的方法有主观评价方法和客观评价标准。

**17.069　图像融合**　image fusion
将多源信道所采集到的关于同一目标的图像数据经过图像处理，最大限度地提取各自信道中的有利信息，最后综合成高质量的图像的一种技术。目的是提高图像信息的利用率、改善计算机解译精度和可靠性、提升原始图像的空间分辨率和光谱分辨率，利于监测。

**17.070　夜视图像融合**　night vision image fusion
将两种或两种以上微光图像、红外图像进行图像融合，保留共有信息，并增强互补信息的一种实时夜视成像的图像处理方式。

**17.071　灰度图像融合**　gray image fusion
将双波段或多波段灰度图像进行图像融合，但仍以灰度图像显示的图像处理技术。

**17.072　图像变换**　image transformation
利用灰度变换函数将描述一幅原有图像的二维函数变换到描述图像的另一个二维分布函数的过程。

**17.073　对数变换**　log transformation
灰度变换函数是一个对数函数的图像变换。这种变换使得图像灰度分布与人眼视觉特性相匹配。

**17.074 指数变换** exponential transformation

灰度变换函数是一个指数函数的图像变换。这种变换使得图像的高灰度区被拉伸而低灰度区被压缩。

**17.075 线性变换** linear transformation

灰度变换函数是一个线性函数的图像变换。这种变换使得图像的灰度范围被放大或者缩小。

**17.076 汉克尔变换** Hankel transformation

对于圆对称函数的图像，灰度变换函数是一个以第一类零阶贝塞尔函数为核的积分变换函数的图像变换。它可使二维傅里叶变换转化为一维汉克尔变换。

**17.077 幂律变换** power-law transformation

又称"伽马变换(gamma transformation)"。灰度变换函数是一个幂函数的图像变换。它的幂指数记为 $\gamma$，当 $\gamma$ 值大于 1 时，幂律变换对图像的高灰度区进行拉伸而对低灰度区进行压缩；当 $\gamma$ 值小于 1 时，幂律变换对图像的低灰度区进行拉伸而对高灰度区进行压缩。$\gamma$ 值不同会产生不同形状的幂律变换曲线。

**17.078 图像特征提取** image feature extraction

使用计算机判定图像中的点是否属于某个图像特征(孤点、连续曲线、连通域)的过程。特征提取的结果是把图像上的点分为不同的子集，这些子集往往属于孤立的点、连续曲线或者连通域。

**17.079 点检测** point detection

在待处理图像上逐点移动点检测模板(如拉普拉斯模板)，如果在某点处该模板的响应的绝对值超过某指定阈值，从而实现模板中心位置的点的检测的过程。

**17.080 线检测** line detection

通过对待处理图像运行线检测模板，并对结果进行阈值处理，留下有最强响应的点，从而实现特定方向上线的检测的过程。

**17.081 边缘检测** edge detection

基于灰度突变来分割图像的最常用的方法。检测灰度变化可用一阶或二阶导数来完成。

**17.082 目标检测** target detection

在获得的图像中根据图像的特征、通过一定的算法来确定该图像中是否存在需要探寻的目标或者获得相关目标特征的一种检测方法。

**17.083 运动目标检测** moving target detection

利用统计的方法得到背景模型，并实时地对背景模型进行更新以适应光线变化和场景本身的变化，用形态学方法和检测连通域面积进行后处理，消除噪声和背景扰动带来的影响，在 HSV 色度空间下检测阴影，得到准确的运动目标的检测过程。

**17.084 纹理** texture

图像区域的平滑度、粗糙度和规律性等特征。

**17.085 纹理分析** texture analysis

通过一定的图像处理技术提取出纹理特征参数，从而获得纹理的定量或定性描述的处理过程。纹理分析方法按其性质而言，可分为两大类：统计分析方法和结构分析方法。

**17.086 掌纹识别** palmprint recognition

利用数字图像处理技术对手掌图像特征(掌纹)进行提取，用于身份识别的技术。

**17.087 虹膜识别** iris recognition

利用数字图像处理技术对人眼虹膜的图像特征(斑点、细丝、冠状、条纹、隐窝等)进行提取，用于身份识别的技术。

**17.088　无损编码　lossless encoding**
经过编码压缩的图像能够通过解码复原的一种可逆的图像编码方式。

**17.089　有损编码　lossy encoding**
经过编码压缩的图像不能通过解码复原的一种不可逆的图像编码方式。

**17.090　预测编码　predictive encoding**
通过消除紧邻像素在空间和时间上的冗余来实现的编码方式。基于相邻像素的相关性，用已知值去预测未知值，像素的实际值与预测值之间的差为新信息，预测编码仅对每个像素中的新信息进行提取和编码。

**17.091　统计编码　statistical encoding**
又称"熵编码"。根据信息出现概率的分布特性进行编码的压缩编码方法。统计编码注重寻找概率与码字长度间的最优匹配，因此又称熵编码。哈夫曼(Huffman)编码是一种经典的熵编码。

**17.092　变换编码　transform encoding**
采用映射变换并对变换后的数据进行量化和编码的压缩编码方法。变换编码是将模型设计成一个映射变换，利用该映射变换将原始信号中的各个样值从一个域变换到另一个域，产生一批变换系数，然后对变换系数进行编码处理。离散小波变换和 JPEG2000 图像压缩标准是常用的变换编码。

**17.093　子带编码　subband encoding**
将一幅图像的频带分解为一组频带受限的分量(子带)进行的编码方法。

**17.094　图像量化　image quantization**
简称"量化"。将像素灰度转换成离散的整数值的过程或将连续信号以分离值表示的过程。

**17.095　图像复原　image restoration**
利用图像在形成、传输和记录过程中退化的先验知识，去恢复已被退化图像本来面目的过程。

**17.096　图像拼接　image stitching**
两幅或多幅图像，其覆盖区域可以略有重叠或略有空隙，采用一定的方法使它们无缝衔接，消除接缝处的相互错位和几何特征差异，从而构成一幅覆盖区域更大的图像的技术。

**17.097　器件拼接　device butting**
将多个较小规模的线列或面阵探测器组合成更大规模的线列或面阵探测器以便探测更大视场图像的方法。

**17.098　光学拼接　optical butting**
一种实现较大视场探测的方法。利用光学元件将视场分割到不同空间位置，用多片图像传感器接收，将接收到的图像进行拼接，从而达到利用较小规模探测器实现较大视场探测的目的。

**17.099　机械拼接　mechanical butting**
一种通过机械手段将多片图像传感器在焦平面上进行拼接的器件级拼接方法。

**17.100　图像锐化　image sharpening**
补偿图像的轮廓、增强图像的边缘及灰度跳变的部分，使图像变得清晰的处理方法。分为空域处理和频域处理两类。

**17.101　图像退化　image degradation**
图像在形成、传输和记录过程中，由于成像系统、传输介质和设备的不完善，质量变差的现象。在成像过程中导致图像质量下降即退化的因素有：光学系统的像差、大气扰动、运动、离焦、探测器和系统噪声，它们会造成图像的模糊和变形。

**17.102　图像配准**　image registration

将不同时间、不同成像设备或不同条件下(天候、照度、摄像位置和角度等)获取的两幅或多幅图像进行匹配、叠加的技术。已广泛地应用于遥感数据分析、计算机视觉、图像处理等领域。

**17.103　图像篡改**　image tamper

采用暗室操作、数码图像制作技术或计算机图形学技术对原始图像内容进行修改或生成伪造图像的过程。

**17.104　图像拼贴**　image splicing

从同一张图像或从其他一张或多张图像中截取部分内容，粘贴在伪造图像中的一种图像篡改手段。通常可根据其拼贴边缘的异常对其进行检测识别。

**17.105　图像分块**　image partitioning

把一幅图像分成不重叠的块状区域的过程。如矩形。

**17.106　图像分割**　image segmentation

把图像分成若干个特定的、具有独特性质的区域并提出感兴趣目标的技术和过程。

**17.107　图像增强**　image enhancement

通过算法改善图像的视觉效果，或将图像转换成一种更适合人或机器进行分析和处理的形式的过程。例如，采用一系列技术有选择地突出某些感兴趣的信息，同时抑制一些不需要的信息，提高图像的使用价值。

**17.108　图像金字塔**　image pyramids

一系列以金字塔形状排列的、分辨率局部降低的图像的集合。金字塔的底部以待处理图像的高分辨率表示，而顶部则包含一个低分辨率近似。当向金字塔的上层移动时，尺寸和分辨率降低。

**17.109　数字图像水印处理**　digital image watermarking

把表示该幅图像属性特征的数据(水印)插入一幅图像中的过程。水印处理可以实现对图像的保护。水印本身可以是完全可见或不可见的。

**17.110　微图像阵列**　element image array

微透镜阵列中所有的透镜元记录的图像元的集合。包含了三维空间场景在水平和垂直方向上的三维信息。

**17.111　图像内插**　image interpolation

根据数个已观测点的灰度值估算未观测点的灰度值的过程。

**17.112　图像获取**　image acquisition

通过传感器接收照射能量并对光强分布进行离散采样和量化及采集记录的过程。

**17.113　图像感知**　image perception

将图像传感器接收到的入射光强量转换成图像信息并对其进行理解的过程。

**17.114　彩色图像合成仪**　color image commination device

将多光谱遥感图像或相片通过光学投影方式进行假彩色合成，以得到假彩色图像或相片的设备。

**17.115　数字图像扫描记录系统**　digital image scanning and plotting system

通过对图像进行扫描，将图像转换成数字图像信号，也可将所贮存的数字图像信号转换成图像的一种图像信息处理系统。

**17.116　认清**　identification

可辨别出目标的型号及其他特征的一种图像信息提取技术。按照约翰逊准则，50%认清概率时目标临界尺寸需要有(6.4±1.5)线对。认清概率越高，目标临界尺寸内需要对应更多的线对数。

**17.117 图像探测灵敏阈** image detection threshold

根据图像探测方程确定的光电成像系统图像探测极限。

**17.118 帧积累** frame integration

在 CCD 或 CMOS 传感器中，景物图像首先转为每个像素内的积累电荷图像，进而转换为数字信号进行预处理，最终形成视频信号的过程。图像像素电荷量决定于景物光强和曝光积分时间之积，但储存量受限于像素势阱容量。在低照度条件下，景物光强较弱，信号受随机噪声影响明显，延长积分时间可获得更好的图像信噪比，通过电荷模拟量的积累方式实现。帧积累分为帧内积累与帧间积累。帧内积累是通过控制器件的电子快门来延长在帧内像素的曝光积分时间，或利用器件的传输方式采用行或列合并来增加电荷积累；帧间积累是减慢成像帧速、减小帧频，将原来意义上的帧进行多帧之间的电荷合并积累。这种方式已广泛应用在具有电子快门、行/列输出方式、可变帧频等功能的 CCD 和 CMOS 摄像机，在低照度条件下可获得更好的景物成像。但对于快速动态场景或目标，将产生图像分辨力下降、模糊混叠、影像拖尾等现象。

**17.119 分辨率测试图案** resolution test chart

为测试光电成像系统的空间分辨图特性及极限分辨率而设计、具有一定对比度的条纹状或辐射状图案。根据不同的光电成像系统类型，具有不同的实际测试图案。

**17.120 标准三条带分辨率测试图案** standard three bars resolution test target

微光夜视采用的水平和垂直两组三条带分辨率测试图案。每张测试图案具有指定的条带对比度，且从外到内循环分布多组条带图案，每一组包含 6 块条纹图案，每块条纹包括长宽比为 5∶1 的水平和垂直三条带条纹；相邻组之间相同块号的条纹宽度为 2 倍关系(例如，第 0 组第 1 对条纹的宽度是第 1 组第 1 对的 2 倍，即后者表示的空间分辨频率是前者的 2 倍)，组内相邻块的条纹宽度为 21/6 的关系(例如，第 0 组第 1 对条纹的宽度是第 2 对条纹宽度的 21/6 倍，即后者的空间分辨频率是前者的 21/6 倍)。

**17.121 图像非均匀性校正** image non-uniformity correction

一种用数学运算方法校正阵列探测器像元响应率和暗电流的非均匀性的图像处理技术。常用的校正算法有多点温度定标校正、场景自适应校正等。

**17.122 非均匀性校正** non-uniformity compensation，NUC

对于多元探测器，通过调节各单元探测器对应增益放大器和偏置电路，减小探测器之间的响应非均匀性，实现对图像的非均匀性进行校正的处理过程。对于焦平面探测器，通常采用数字图像处理方法，探测器的输出信号经过 A/D 变换后，再通过增益系数矩阵和偏置系数矩阵处理，减小探测器之间的响应非均匀性，实现输出图像的非均匀性校正。

**17.123 基于辐射源非均匀性校正** calibration-based non-uniformity correction，CBNUC

通过标准辐射源(黑体或积分球)提供均匀场景或通过探测器前切入挡板、遮盖镜头盖等离焦均匀场景等方法获取非均匀性校正参数矩阵，进而实现应用中的非均匀性校正的技术。CBNUC 需要停止成像过程。

**17.124 基于场景非均匀性校正** scene-based non-uniformity correction，SBNUC

通过对实际应用中数帧到数百帧实际场景图像的动态计算获得非均匀性校正参数，之后自动更新并进行实时校正的技术。目前典型的算法有恒定统计法、神经网络法、代数算法和自适应时域高通滤波等。这类算法相对较为复杂，对器件的要求较高，适合成像系统应用中的动态校正。

**17.125　$\gamma$ 校正　$\gamma$ correction**
对光电成像的整个过程中各个环节的非线性响应使用 $\gamma$ 次幂函数对图像进行校正的技术。

**17.126　多分辨率展开　multiresolution expansion**
按照数学理论中多分辨率分析的方法，用多分辨率来表示图像的过程。

**17.127　结构元　structuring element**
研究一幅图像中感兴趣特性所用的小集合或子图像。

**17.128　区域处理　region processing**
在图像中感兴趣区域的位置已知或可以确定的情况下，使用在区域的基础上连接像素的技术，得到该区域边界的近似的处理。

**17.129　区域生长　region growing**
根据预先定义的生长准则将像素或子区域组合为更大的区域的过程。

**17.130　区域分裂　region splitting**
根据事先选择的一个属性，使整幅图像分裂成具有相同性质的邻接区域的过程。

**17.131　区域聚合　region merging**
根据事先选择的属性聚合满足该属性的组合像素的邻接区域的过程。

**17.132　边界线段　boundary segment**
为了降低边界的复杂性、简化描述过程，将边界分解而成的线段。

**17.133　边界跟踪　boarder following**
按照预先设定的方向(顺时针或者逆时针)来对区域边界上的点进行排序的过程。

**17.134　多边形近似　polygonal approximation**
数字边界可以用多边形以任意精度来近似的方法。对于一条闭合边界，当多边形的边数等于边界上的点数时，这种近似会变得很精确，此时，每对相邻的点定义了多边形的一条边。多边形近似的目的是使用尽可能少的线段数来获取给定边界的基本形状。

**17.135　聚合技术　merging technique**
基于平均误差或者其他准则的多边形近似方法。其中一种方法是沿一条边界来聚合一些点，直到拟合这些聚合点的直线的最小均方误差超过一个预设的阈值。当这种条件出现时，存储该直线的参数，将误差设为零，并且重复该过程，沿边界聚合新的点，直到该误差再次超过预设的阈值。这一过程结束后，相邻线段的交点就构成多边形的顶点。

**17.136　分裂技术　splitting technique**
通过分裂边界线段来进行的多边形近似方法。一种方法是将线段不断地细分为两部分，直到满足规定的准则。例如，一个要求可能是：一条边界线段到连接其两个端点的直线间的最大垂直距离不超过一个预设的阈值。如果准则满足，则与直线有着最大距离的点就成为一个顶点，这样就将初始线段分成两条子线段。

**17.137　链码　chain code**
用于表示由顺次连接的具有指定长度和方向的直线段组成的边界。

**17.138　标记图　signature**

边界的一维函数表示。可使用各种方式来生成。

**17.139 形状数** shape number
最小量级的一次差分。形状数的阶 $n$ 定义为其表示的数字个数。

**17.140 模板匹配** template matching
把不同传感器或同一传感器在不同时间、不同成像条件下对同一景象获取的两幅或多幅图像在空间上对准，或根据已知模式到另一幅图像中寻找相应的模式的过程。

**17.141 匹配形状数** matching shape number
用形状数描述区域边界(形状)时，两个区域边界(形状)之间的形状数仍保持一致(匹配)的最大阶数 $k$。如果 $k$ 越大，则形状就越相似(对于相同的形状，$k$ 为无穷大)。

**17.142 像素邻域** neighbor of a pixel
简称“邻域”。对于图像任一像素$(i,j)$的集合$\{(i+p,j+q)\}$，其中$p$、$q$取合适的整数。常见的邻域有 4 邻域和 8 邻域。

**17.143 像素区域** pixel region
简称“区域”。图像中的一个连通域形式的像素子集。

**17.144 阈值处理** thresholding
通过选择一个阈值 $T$ 来将含有物体像素和背景像素的灰度图中的两种支配模式分开的图像处理方法。

**17.145 多阈值处理** multiple thresholding
带有多个阈值的阈值处理。

**17.146 可变阈值处理** variable thresholding
对一幅图像进行阈值处理时，阈值 $T$ 是改变的。

**17.147 密度分割** density slicing
将黑白遥感图像按亮度和相片的密度分成若干间隔或等级，赋予每级指定编码和不同的色彩，使之成为彩色图像的图像处理方法。常用于航空相片、多光谱扫描影像和热红外扫描影像等单色影像的彩色增强。

**17.148 结构方法** structural method
通过精确地运用模式形状中固有结构关系来实现模式识别的方法。

**17.149 电子稳像** electronic image stabilization
使用高性能 DSP/FPGA 作为核心处理单元，在图像处理算法上采用 Harris 角点、全精度运动估计及卡尔曼滤波技术，对图像的各种抖动进行计算并去除，从而实时实现对图像的去抖处理的过程。电子稳像器使用在前端设备(如彩色、黑白、红外、热成像等摄像机)和后端设备(如 DVR、矩阵切换器、显示器等)之间，它去除摄像机因机械振动而引起的图像抖动，为后端设备提供一个清晰、稳定的图像。

**17.150 上反稳像火控** reverse image stabilized fire control
瞄准镜镜体刚性安装在炮塔顶部，在上反射镜的方向轴和俯仰轴上，分别安装了小型稳定系统，实现瞄准线的独立稳定，当车体颠簸带动瞄准镜镜体随炮塔摆动时，视场中的目标会向与炮塔运动相反的方向运动的技术。这时瞄准镜中的陀螺仪会测量出镜体摆动的角度，然后控制上反射镜向相反的方向摆动该角度的一半，使目标成像后依然位于视场中原来的位置，达到稳像的目的。

**17.151 有效读出速率** effective read out rate
每秒可以从读出电路输出的数字图像信号的位数(bit)。通常以 Mbit/s 为单位。

**17.152 时间放大率** time magnification

摄影频率和放映频率的比值。

**17.153　三维块匹配算法**　3D block matching
一种利用三维空间滤波的图像去噪算法。通过与相邻图像块进行匹配，将若干相似的块整合为一个三维矩阵，在三维空间进行滤波处理，再将结果反变换融合到二维空间，形成去噪后的图像。该算法去噪效果显著，可以得到目前为止最高的峰值信噪比，但时间复杂度比较高。

**17.154　点源透射比**　point sources transmittance，PST
表征光学成像系统对杂光抑制水平的一个参数。点源透射比数值上等于光学系统视场外离轴角为 $\theta$ 的点光源经过光学系统后在像面上产生的辐射照度与垂直于该点源的输入孔径上的辐射照度之比，与杂光源的个数、杂光源的辐射强度无关。

**17.155　数据立方体**　data cube
由目标的二维空间信息和一维光谱信息组成的三维信息的形象表达。

**17.156　中心切片定理**　central slice theorem
一种关于图像变换与投影关系的定理。该定理指出，拉东变换是高维图像的直线积分后的低维投影；低维投影数据在直线积分的径向方向的傅里叶变换是高维图像的傅里叶变换域中的一个切面，且该切面垂直于投影射线并通过频域中心零点。层析所采集的数据称为投影数据，也就是所寻求的图像内部层析成像物理量的积分值。换言之，投影数据就是待求图像内部物理量的拉东变换的积分值。该定理是层析图像重构的理论基础。

# 18. 光学仪器Ⅰ：基本结构与光参数检测

**18.001　干涉术**　interferometry
利用光波的干涉特性，将载有被测物信息的探测光与参考光干涉，形成空域或者时域干涉条纹，从而实现光传感、光学计量和各种光学测试技术的统称。

**18.002　多程干涉术**　multipass interferometry
又称“多通道干涉术”。准直光束多次($n$次)从光被测波面来回反射或透射，光程差被放大 $n$ 倍形成多程干涉条纹的干涉术。可使测量灵敏度提 $n$ 倍。多程干涉仪可用来测量平板的均匀性、大平面的粗糙度、角锥棱镜的角度误差等。

**18.003　相位偏移干涉术**　phase shifting interferometry，PSI
又称“相移术”“移相术”。通过有规律地移动参考镜或者其他相位调制方法，使参考光的空域或者时域相位被调制，从而形成干涉条纹的一种干涉术。用 CCD 采集不同相位的干涉图，经信号处理求得被测相位分布。

**18.004　同步移相干涉术**　simultaneous phase shifting interferometry
一种在瞬间同时采集三幅以上具有一定移相间隔的干涉图的干涉术。所有的干涉图全部是在瞬间同时采集的，从而克服了其他主动抗振干涉系统的振动补偿实时性欠缺的弊端。

**18.005　多光束干涉术**　multiple-beam interferometry
利用三束或者三束以上的多光束进行干涉，以便实现光学测量的一种干涉术。不同于双光束干涉的干涉条纹呈余弦分布的特性，多光束干涉突出干涉条纹中的极大值，从而提高观测精度。条纹精细度为条纹间距与条纹半宽度之比 $\pi R^{1/2}/(1-R)$。

**18.006　偏振移相干涉术**　polarization phase shifting interferometry

在偏振光干涉光路中，利用偏振器件实现移相的干涉术。

**18.007　合成孔径雷达干涉术**　interferometric synthetic aperture radar，InSAR

从干涉条纹中获取地形高程数据的空间对地观测的一种干涉术。以同一地区的两张合成孔径雷达(SAR)图像为基本处理数据，通过求取两幅合成孔径雷达图像的相位差，获取干涉图像，然后经相位解调，获取地形数据。

**18.008　干涉仪**　interferometer

根据光的干涉原理制成的、通过测量光程差形成的干涉条纹而测定其他物理量的一种光学仪器。

**18.009　迈克耳孙干涉仪**　Michelson interferometer

将一束光一分为二，分开的两束光经过不同的路径到达各自的反射面，两束反射回的光波产生干涉图样的装置。这是一种典型的分振幅干涉装置。

**18.010　马赫–曾德尔干涉仪**　Mach-Zehnder interferometer

将一束光一分为二，分开的两束光经过不同的路径，在前行的过程中产生干涉图样的装置。这是一种典型的分振幅干涉装置。

**18.011　法布里–珀罗干涉仪**　Fabry-Perot interferometer

又称“*法布里–珀罗标准具*”。一种由两个相互平行的高反射面组成的多光束干涉仪。为保证两平板间精确的平行性，常采用固定的锢钢间隔圈结构型式，则称为法布里–珀罗干涉仪。

**18.012　萨尼亚克干涉仪**　Sagnac interferometer

一束相干光束被分为两束，它们在同一环路内沿相反方向环行一周后会合，产生干涉(称为萨尼亚克效应)的一种共光路环形干涉装置。当环路平面内有旋转角速度时，所产生的干涉条纹将发生移动，实现角速度测量，用于光学陀螺和高光谱探测等领域。

**18.013　瑞利干涉仪**　Rayleigh interferometer

点光源发出的光被分成两束，分别穿过不同的气室，然后透射到屏幕上，形成干涉条纹的装置。它是一种分波前干涉装置，是用于精确测定气体折射率的仪器。

**18.014　雅明干涉仪**　Jamin interferometer

由两块等厚度、同折射率的平面平行平晶和平行光束构成的一种分振幅原理干涉仪。该干涉仪由于厚度平晶使两束反射相干光间距足够大，可以方便地在两支光路中安放玻璃管用于测量流体或气体的折射率。

**18.015　菲佐干涉仪**　Fizeau interferometer

一种在光路中具有两个反射点从而形成两路反射光的干涉仪。特点是干涉结果仅与两个反射点之间的光程差有关，而与第一个反射点之前的光路无关。

**18.016　迈克耳孙星体干涉仪**　Michelson stellar interferometer

一种利用光的空间相干性测量星体大小和星体角径的天文干涉仪。

**18.017　道尔端规干涉仪**　Dowell end-gauge interferometer

一种迈克耳孙干涉仪的变型。它能够精确地比较两个端规的长度，而不需要和基准面贴紧。

**18.018 贝茨波前剪切干涉仪** Bates wavefront shearing interferometer

一种由贝茨修改的马赫-曾德尔干涉仪。用于检验大孔径系统的光学性能。

**18.019 拉姆齐干涉仪** Ramsey interferometer

一种将原子分束成两种状态(内态或外部运动态)的叠加，演化一段时间后再进行干涉的原子干涉仪。用于观察两个状态演化的相对相位。

**18.020 海丁格干涉仪** Haidinger interferometer

一种基于等倾干涉原理的干涉仪。主要用于检测光学元件平行度。海丁格干涉仪可以作为菲佐干涉仪检验方法的一种补充。

**18.021 科斯特斯干涉仪** Kosters interferometer

又称“绝对光波干涉仪”“量块干涉仪”“科氏干涉仪”。利用光波干涉现象和小数重合法检定量块的高精度长度测量仪器。用同一光源中 3～6 种不同谱线的波长分别测量，以取得 3～6 个不同小数值的干涉条纹，再利用专用计算尺或图表，找出在上述尺寸范围内与这几个小数值都能适应的尺寸作为测量量块的全长。通常用于检定 1、2 等量块。

**18.022 林尼克干涉仪** Linnik interferometer

又称“干涉显微镜”“显微干涉仪”。一种利用显微物镜放大干涉条纹的干涉仪。

**18.023 原子干涉仪** atom interferometer

利用原子波动性产生的干涉现象制成的干涉仪。

**18.024 点衍射干涉仪** point diffraction interferometer

以直径只有微米量级的针孔(或不透明圆屏)衍射所形成的波面作为参考波面的干涉仪。通过分析这种干涉仪所产生的干涉图来测量被测样品波前的畸变信息。这种干涉仪是由 Smartt 于 1972 年提出的。

**18.025 引力波干涉仪** gravitational wave interferometer

用于探测引力波的干涉仪。

**18.026 光栅干涉仪** grating interferometer

一种基于衍射原理的横向错位干涉仪。它在有环境干扰的情况下具有良好的稳定性。干涉信号是由光栅上衍射的两束光波顺序互相重叠产生，计算两束光之间的相位差可获得测量值。

**18.027 掠入射干涉仪** grazing incidence interferometer

适用于表面反射率较低或未抛光的光学元件表面面形检测的干涉仪。

**18.028 米劳干涉仪** Mirau interferometer

一种嵌入显微物镜中的紧凑型干涉仪。其测试光路和参考光路共用一个光路，测量时不会引入附加光程差。用于测量物体表面微观轮廓、表面纹理等参数，纵向测量分辨率可达亚纳米量级。

**18.029 外差干涉仪** heterodyne interferometer

又称“外相位调制干涉仪”“交流干涉仪”“双频干涉仪”。基于两种不同频率光的差拍检测的一种测量干涉仪。它由于强的抗干扰能力，适于在车间等现场环境进行精密测量，广泛地用于测速、测长、测振、测角、测粗糙度以及测量连续变化的随机过程等高精度的测量领域。

**18.030 特外曼–格林干涉仪** Twyman-Green interferometer

又称“棱镜检验干涉仪”“照相物镜检验干涉仪”“显微镜物镜检验干涉仪”。一种迈克耳孙干涉仪的变型。它使用准单色点光源，经准直透镜变成平行光束，形成等厚干涉条纹。是光学测量领域主要的双光束干涉仪，广泛用于平面、球面等各种光学零件的检验。如显微镜物镜、照相物镜、棱镜等。

**18.031　塔尔博特干涉仪**　Talbot interferometer

基于塔尔博特干涉效应(光栅的自成像特性)的干涉仪。根据放入物体前后莫尔条纹的变化，可得到物体的相位信息。

**18.032　锁相干涉仪**　phase-locked interferometer

一种运用锁相技术的光学干涉仪。其原理是使用探测器将干涉图样转换为电信号，然后去控制干涉臂或者参考臂，从而实现干涉条纹的稳定。为了测量一个区域，探测器需要扫描整个波前，由于扫描速度会发生改变，含有大量条纹的干涉图可以通过锁相干涉仪测量出来，重复精度可以达到百分之一波长。

**18.033　诺马斯基干涉仪**　Nomarski interferometer

又称“微分干涉仪”。在显微镜中采用偏振棱镜为核心器件的横向剪切干涉仪。用于物体表面粗糙度测量、颗粒及细胞测量等，在生物学、金属学、矿物学、精密工程学、电子学等领域有广泛应用。

**18.034　散射板干涉仪**　scatter plate interferometer

利用一种弱散射板作分束器的一种共路干涉仪。仪器的准单色点光源经透镜和散射板成像在被检测镜面，并反射返回，再次通过散射板，成像于像平面，形成镜面反射光和散射光的干涉条纹，以检测镜面缺陷。

**18.035　散斑干涉仪**　speckle interferometer

利用激光照射粗糙物面形成的散斑与另一参考光波干涉叠加形成的一种组合散斑场，来进行位移、应变等测量的一种干涉仪。

**18.036　光纤干涉仪**　optical fiber interferometer

光路主要由光纤和光纤器件构成的干涉仪。光纤干涉仪可以用来制作滤波器、激光器、干涉型光纤传感器等。

**18.037　光纤萨尼亚克干涉仪**　Sagnac optical fiber interferometer

又称“光纤环镜(optical loop mirror)”。基于萨尼亚克效应，将光纤耦合器同时作为光路的分路器与合路器并以一根光纤的正反向传输作为两个干涉臂的一种光纤干涉仪。该干涉仪的两个干涉臂天然相同，因此具有稳定性好的优点，广泛用于光纤陀螺、超快光信号处理等。该干涉仪从光耦合器的一个端口输入时，光信号将被全部反射，类似一个全反射镜，故名光纤环镜。

**18.038　光纤迈克耳孙干涉仪**　Michelson optical fiber interferometer

以一个光纤耦合器同时作为光路的分路与合路器件，并以两根具有终端反射的光纤分别作为光的两个干涉臂，实现迈克耳孙干涉原理的光纤干涉仪。

**18.039　光纤法布里–珀罗干涉仪**　fiber Fabry-Perot interferometer，FFPI

又称“光纤 F-P 干涉仪”“光纤法–珀干涉仪”。利用两个光纤端面的部分反射或一个光纤端面与某种反射面间的反射光的干涉原理而制成的法布里–珀罗干涉仪。

**18.040　本征型光纤法布里–珀罗干涉仪**　intrinsic fiber Fabry-Perot interferometer，IFFPI

又称“内腔式光纤法布里–珀罗干涉仪”。由一段光纤的两个反射端面间的部分反射而构成的光纤法布里–珀罗干涉仪。

**18.041　非本征型光纤法布里–珀罗干涉仪　extrinsic Fabry-Perot interferometer，EFPI**

又称“外腔式光纤法布里–珀罗干涉仪”。干涉腔由一条光纤的端面和另一条光纤的端面或人为设置的反射面(如反射镜或膜片等)构成的光纤法布里–珀罗干涉仪。干涉腔中的介质通常是空气或其他透明介质。

**18.042　光纤马赫–曾德尔干涉仪　Mach-Zehnder optical fiber interferometer**

以一个光纤耦合器作为光路的分路器件，另一个光纤耦合器作为合路器件，以两根光纤作为连接分路器与合路器的干涉臂，实现马赫–曾德尔干涉原理的光纤干涉仪。

**18.043　光纤菲佐干涉仪　Fizeau optical fiber interferometer**

以一根光纤内的不同点的反射光作为两路干涉信号，或者以光纤外反射光与光纤端面的反射光作为两路干涉信号，实现菲佐干涉原理的光纤干涉仪。该干涉仪两臂接近相同，因此稳定性好，广泛用于光学多普勒效应检测中。

**18.044　扫描干涉仪　scanning interferometer**

干涉臂的光程可连续地改变(扫描)的干涉仪。改变光程的典型方法有：改变光程的几何长度、改变介质的折射率等。

**18.045　接触式干涉仪　contact interferometer**

应用光的干涉原理接触测量微差尺寸的长度计量仪器。

**18.046　孔径干涉仪　bore interferometer**

利用光波干涉原理，将量块(或环规)与内孔尺寸相比较，测出其微差尺寸的非接触式孔径测量仪器。

**18.047　平面干涉仪　flat interferometer**

又称“等厚干涉仪”。一种产生准直光束，垂直照射被测透明对象，形成等厚干涉条纹的分振幅干涉计量仪器。用于测量透明薄膜、透明平行板的光学均匀性，平板的平面度误差、表面缺陷等。

**18.048　球面干涉仪　sphericity interferometer**

利用光的干涉原理测量球面面形误差和曲率半径的仪器。应用激光器作为光源的称为激光球面干涉仪。

**18.049　剪切干涉仪　shearing interferometer**

利用错位后的波面与原波面产生干涉的干涉仪。

**18.050　光电干涉度量术　photonic interferometry**

将光电转换与自动计数技术应用于光干涉仪，实现对干涉条纹进行自动计数的一种计量测试技术。

**18.051　自由光谱宽度　free spectral range**

色散器件或装置(如光谱仪等)能测量的光谱范围。

**18.052　自由谱范围　free spectrum range**

干涉(衍射)元件两个连续的透(反)射率最大(小)值之间的频率(波长)差。

**18.053　反射计　reflectometer**

测定反射因数和总反射比的仪表。有单向专用、综合并测、主观目视、客观目视等多种检测形式。

**18.054　光时域反射计　optical time-domain reflectometer，OTDR**

又称“光时域反射仪”。利用光脉冲在被测

物中的反射在时域上的延迟来进行传感或测量的仪器。

**18.055　光纤光时域反射计**　optical fiber time-domain reflectometer

利用光脉冲在光纤中不同部位的背向散射对光纤特性进行分布式测量的一种仪器。背向散射包括瑞利散射、受激布里渊散射、受激拉曼散射等，因此可构成瑞利散射的光时域反射计、布里渊光时域反射计和拉曼光时域反射计。如不加说明，常规的光纤光时域反射计特指瑞利散射的光时域反射计。该装置常用来测定光纤的断点、损耗等，也是分布式光纤传感器的主要结构。

**18.056　布里渊光时域反射计**　Brillouin optical time-domain reflectometer，BOTDR

利用光纤的受激布里渊背向散射的光时域反射计。布里渊光时域反射计通过探测光脉冲后向布里渊散射光功率或频移的时域分布可实现对温度或应变等的分布式传感。

**18.057　拉曼光时域反射计**　Raman optical time-domain reflectometer，ROTDR

利用光纤的受激拉曼背向散射的光时域反射计。拉曼光时域反射计通过探测后向拉曼散射光强度的时域分布实现对温度沿光纤分布的传感。

**18.058　光频域反射计**　optical frequency-domain reflectometer，OFDR

利用瞬时频率变化的光在被测物的不同部位反射光的频率不同来进行传感或测量的仪器。

**18.059　诺伦贝格反射偏振计**　Norrenberg's reflecting polariscope

根据布儒斯特定律制作的偏振计。由两片玻璃组成，光线在布儒斯特角下与之相遇。第一片玻璃起到起偏器的作用，第二片玻璃起到检偏器的作用。

**18.060　光时域反射计空间分辨率**　spatial resolution of an OTDR

表征光时域反射计分辨待测光纤上两相邻测量点的能力的参数。空间分辨率高意味着能分辨的测量点间距短，光纤上能测量的信息点多。光时域反射仪的理论空间分辨率定义为 $SR=nDt/2$，其中 $n$ 为光脉冲在光纤中的传输速度，$Dt$ 为光脉冲的脉宽。

**18.061　光时域反射计取样分辨率**　sampling resolution of an OTDR

光时域反射计时域两个相邻取样点所对应的最短光纤距离。该参数直接决定了光时域反射仪测量的精度和故障定位能力，它与光时域反射仪的探测脉冲宽度和测量距离有关，通常在4cm到几米。

**18.062　反射测量技术**　reflectometry

利用各种光学效应的散射光、反射光进行传感或测量的技术。

**18.063　光时域反射技术**　optical time-domain reflectometry

通过分析光脉冲在光纤中传输时在不同位置的后向散射或反射光来进行传感的技术。光脉冲在光纤中传输时，沿光纤不同位置的后向散射光(瑞利散射、拉曼散射、布里渊散射)和菲涅耳反射光携带了光纤不同位置的信息(损耗、应变、温度等)，通过分析光纤的后向散射或反射光的时域分布来实现对光纤不同位置的被测参量的传感。

**18.064　布里渊光时域反射技术**　Brillouin optical time-domain reflectometry

基于光纤中的受激布里渊背向散射光来工作的光时域反射技术。

**18.065　拉曼光时域反射技术**　Raman optical time-domain reflectometry

基于光纤中的受激拉曼背向散射光来工作

的光时域反射技术。

**18.066 偏振光时域反射技术** polarization optical time-domain reflectometry，POTDR

利用光纤中后向散射光的偏振态随被测参量的变化来实现对被测参量传感的光时域反射技术。

**18.067 相干光时域反射技术** coherent optical time-domain reflectometry，COTDR

基于相干探测的光时域反射技术。与普通光时域反射技术的区别在于，相干光时域反射技术中增加了与后向瑞利散射(信号光)进行相干的参考光(又称本振光)。信号光与本振光一同送入光电探测器，光电探测器通过检测二者的拍频来实现对被测量的传感。相干光时域反射技术的主要优点是信噪比高，它可以有效去除其他非相干光的干扰。

**18.068 光频域反射技术** optical frequency-domain reflectometry

利用光纤中不同位置的后向瑞利散射光与参考光混频产生差频信号，实现沿光纤的分布式传感的技术。

**18.069 光时域反射仪盲区** dead zone of an OTDR

光时域反射仪从强反射事件(如光纤熔接点等处的菲涅耳反射)导致的探测器饱和到探测器恢复功能所需要的时间。通常用该时间所对应的空间距离来表示。根据成因不同，光时域反射仪盲区又可分为事件盲区和损耗盲区。

**18.070 光时域反射仪事件盲区** event dead zone of an OTDR

能够被光时域反射仪区分开的光纤中两次相邻反射事件间的最短距离。事件盲区内如果发生了其他事件，光时域反射仪无法分辨。常用反射峰值的–1.5dB 带宽所对应的距离来估算。

**18.071 光时域反射仪损耗盲区** attenuation dead zone of an OTDR

从一次强反射事件发生到光时域反射仪能够准确测量后续事件的损耗所需的最短距离。损耗盲区内发生的事件的损耗无法准确测量。通常用从反射事件开始到反射幅度降至光纤中后向散射水平以上 0.5dB 所对应的距离来进行估算。

**18.072 椭圆偏振测量术** ellipsometry

简称“偏振测量术”“椭偏术”。利用椭圆偏振光在遇到样品被反射散射或透射时，其偏振状态的改变而实现的一种测试技术。常用于测量薄膜的厚度、折射率等光学常数，并广泛用于生物学、半导体物理、腐蚀与表面科学以及电化学等领域。

**18.073 缪勒矩阵偏振术** Mueller matrix polarimetry

利用缪勒矩阵测量样品偏振特征的技术。缪勒矩阵的分解使偏振态变换的子过程具有明确的物理意义，通过其子过程的叠加，可以得到样品和这些过程对应物理量的图像。

**18.074 光谱仪** spectrometer

研究光的光谱成分、光谱分光、光谱分析和光谱测量等的一类光学仪器。

**18.075 瞬态光谱仪** instantaneous spectrometer

测量光源瞬态(单次闪光)辐射光谱的仪器。系统通过 CCD 光电转换和电信号放大、处理，输出相对光功率曲线、色坐标、主波长、色温色纯度和显色指数等。

**18.076 发射光谱仪** emission spectrometer

使被分析物质激发发光，由色散元件和光学

系统获得该物质的光谱，再进行观察、记录或光电接收等的光谱仪。

**18.077　光栅光谱仪**　grating spectrometer

以光栅衍射进行分光的光谱仪。它的优点是适用的光谱范围宽(因较难找到极紫外波段和远红外波段的棱镜材料)，缺点是光栅难于制作、鬼线和杂散光会影响其光谱纯度。

**18.078　激光微区光谱仪**　laser microspectral analyzer

利用激光使样品局部气化的光谱仪。

**18.079　光电直读光谱仪**　direct-reading spectrograph，direct-reading spectrometer

又称“光量计”。应用光电转换接收方法作多元素同时分析的发射光谱仪。

**18.080　吸收光谱仪**　absorption spectrometer

利用被分析物质对光的吸收来对物质成分、结构进行分析和测量的光谱仪。

**18.081　被动差分吸收光谱仪**　passive differential optical absorption spectrometer，passive DOAS

一种用于监测大气中痕量气体成分的专用光谱仪。它以太阳光为光源，采用被动差分吸收光谱方法，结合大气辐射传输模型，实现大气成分的整层垂直柱浓度、气体的垂直分布廓线的反演。

**18.082　激光显微光谱仪**　laser micro-spectrometer

激光显微镜和激光光谱仪相结合、具有高空间分辨率和高光谱分辨率的一种光谱仪。把高相干性的激光束会聚到样品表面上极小的区域，实现对样品某处一个维度上的微区光谱分析，来检测体积极小的粒子或不均匀物体中的杂物，从光谱中可获得分子结构信息，鉴定其化学组成或得到样品中某些成分的分布及浓度。

**18.083　激光光谱仪**　laser spectrometer

以激光为光源的光谱仪。激光光谱仪利用激光作为光源，大大改善了原有的光谱技术在灵敏度和分辨率方面的不足。

**18.084　成像光谱仪**　imaging spectrometer

又称“光谱成像仪”。能获得目标景物二维空间信息同时又能获得景物波长几乎连续的高光谱分辨率的光谱仪。具有“图谱合一”的特点。

**18.085　干涉成像光谱仪**　interference imaging spectrometer

对物面进行二维光机扫描，用时间调制干涉光谱仪获取景物各点的精细光谱并构建景物图像的光谱仪。

**18.086　中分辨率成像光谱仪**　middle resolution imaging spectrometer

星下点的地面分辨率为几百米的低轨星载成像光谱仪。有可见光、近红外、热红外等观测波段，其中有的波段还可细分为数十个子波段。

**18.087　机载成像光谱仪**　airborne imaging spectrometer

安装在飞机上、能根据飞机的速高比调整帧频的光谱成像仪。通常需配装惯性稳定平台及POS系统，以获得高质量的光谱图像。

**18.088　时间调制干涉光谱仪**　time modulated interference spectrometer

又称“傅里叶变换光谱仪(Fourier transform spectrometer)”。利用迈克耳孙双光束干涉原理制成的光谱仪。移动干涉仪的动镜，可对两束相干光间的光程差进行时间调制，从而得到干涉图。经过傅里叶变换可得到入射光的光谱。

**18.089　空间调制干涉光谱仪**　space modulated interference spectrometer
利用双光束干涉原理制成的静态傅里叶变换光谱仪。对干涉条纹强度的空间分布进行傅里叶变换可得到入射光的光谱。仪器无运动元件，抗外界扰动和震动能力强。可用于运动物体或瞬变光源的光谱测量。

**18.090　平行光管**　collimator
由物镜、置于物镜焦平面上的分划板及光源等元件组成的，在光源照射下输出一束平行光的装置。平行光管是装校、调整光学仪器的重要工具。

**18.091　利特罗装置**　Littrow mounting
光栅入射光与其某一级衍射光共线且反向的一种体积紧凑的光栅光谱仪装置。其入射光的准直和衍射光的成像采用同一透镜。

**18.092　棱镜光谱仪分辨率**　resolution of the prism spectrometer
表征棱镜能分辨开两条波长相差很小的等强度谱线的能力大小的参数。在数值上它与棱镜底边长度和材料的色散成正比。棱镜的光谱分辨率与波长呈非线性关系。

**18.093　空间分辨率**　spatial resolution
仪器分辨空间物体最小细节的能力。用每毫米多少条线来衡量，即单位为线/毫米（1/mm或$mm^{-1}$）或者线对/毫米（lp/mm）。空间分辨率与衍射、像移（由目标运动产生或相机本身产生）、底片等因素有关。

**18.094　单色仪**　monochromator
利用色散原理从一束光中能够分离出波长带宽极窄的单色光且其中心波长和带宽可调节的仪器。

**18.095　光栅单色仪**　grating monochromator
以光栅为色散元件的单色仪。

**18.096　棱镜单色仪**　prism monochromator
以棱镜为色散元件的单色仪。

**18.097　双单色仪**　double monochromator
采用中间狭缝和两个色散元件的单色仪。可减少杂光，提高单色性。

**18.098　自相关**　autocorrelation
光信号与其自身时延信号的乘积对时间的积分。它是互相关的特殊情况。利用交叉相关信号，可解析光脉冲自身的特性。

**18.099　自相关仪**　autocorrelator
利用自相关原理实现飞秒脉冲宽度测量的仪器。将入射脉冲分解为两个脉冲，并使脉冲在空间中重叠。利用重叠时增强的光场引发非线性效应，反映电场叠加的程度。通过电动或手动扫描改变脉冲间的延时，获得时间相关信号，从而对脉冲的强度及光谱等信息进行描述。

**18.100　光度学**　photometrics
关于可见光对人眼刺激引起的光感觉程度的光学学科分支。

**18.101　光度**　photometric
可见光对人眼刺激引起的感觉程度的度量。

**18.102　光度计**　photometer
测定光度量或辐射量的仪器。

**18.103　荧光光度计**　fluorophotometer
测量荧光光度的仪器。有时与测量荧光时间的荧光计同称荧光计。

**18.104　测角光度计**　goniophotometer
一种测量光亮度因数、带有测角装置的光度计。能使光从各个方向入射，或在各个方向测量物体的光亮度。

**18.105　光电显微光度计**　photonic microphotometer

带显微放大的照片透光光度测量仪器。显微镜将照片受测试局部照射的光点，放大成像于光电池，进行光密度测量。主要用于测量光谱照片、卫星照片等。

**18.106　显微镜光度计**　microscope photometer

用显微镜测量样品的可见光谱反射比和吸收比的光度计。

**18.107　分光光度计**　spectrophotometer

又称“光谱光度计”。在波长和波长间隔相同的条件下，测量两个辐射量之比的仪器。它是用于比较标准样品和被分析样品的光强度来分析物质成分的光谱仪器。由单色仪、特殊光源和探测系统组成。

**18.108　紫外–可见分光光度计**　ultraviolet and visible spectrophotometer

波长范围在紫外–可见波段的分光光度计。

**18.109　紫外分光光度计**　ultraviolet spectrophotometer

波长范围在紫外波段的分光光度计。

**18.110　红外分光光度计**　infrared spectrophotometer

波长范围在红外波段的分光光度计。

**18.111　原子吸收分光光度计**　atomic-absorption spectrophotometer

利用各元素的原子蒸气对光选择吸收的特性而制成的分光光度计。

**18.112　荧光分光光度计**　spectrofluorometer

利用某些物质受激发出的荧光的强度与该物质含量呈一定函数关系的性质而制成的分光光度计。

**18.113　拉曼分光光度计**　Raman spectrophotometer

利用拉曼散射效应分析试样的结构成分的分光光度计。

**18.114　测微光度计**　microphotometer

又称“显微光度计”。测量微小部分的透射系数或反射系数的仪器。

**18.115　积分光度计**　integrating photometer

有积分球装置的光度计。

**18.116　太阳光度计**　sun photometer

通过测量太阳和天空在可见光和近红外的不同波段、不同方向、不同时间的辐射亮度，来推算大气气溶胶、水汽、臭氧等成分的仪器。用于大气环境监测、卫星校正等。

**18.117　光电光度计**　photonic photometer

以光电发射管、光电池、雪崩光电二极管或光电倍增管等作为光电接收器件的光度计。

**18.118　太阳常数**　solar constant

描述太阳亮度的一个参数。其值为：不受大气的影响，在距太阳一个天文单位内、垂直于太阳辐射方向上、单位面积、单位时间所接收的太阳辐射能量，即$1.36\times10^3$ W/m$^2$。用作大气层顶端接收的太阳能量值。

**18.119　照度计**　illuminometer

专门测量被照面光照度的仪器。

**18.120　水下辐射照度计**　underwater irradiance meter

测量水中光照度的仪器。

**18.121　色度计**　colorimeter

用以测量物体颜色的三刺激值或色品坐标等色度量的仪器。

**18.122　分光色度计**　spectro-colorimeter
通过分光光谱测光原理实现物体色的三刺激值或色品坐标测量的仪器。

**18.123　色差计**　color difference meter
一种相对于标准色卡的颜色偏差测试仪器。

**18.124　白度计**　whiteness meter
用于测量物体表面白度的仪器。

**18.125　辐射计**　radiometer
测量光辐射量的仪器。是辐射能量计和辐射功率计的泛称。按仪器测量带宽分为窄带的(如光谱辐射计)和宽带的(如全辐射计)两类；按功能可分为克鲁克斯辐射计、尼科耳辐射计及太阳辐射计等。

**18.126　光谱辐射计**　spectroradiometer
用于测量光源或者目标的光谱辐射亮度的仪器。它能在紫外、可见到近红外(0.3～2.5 μm)的太阳反射波段获取地物目标的连续光谱曲线，是建立地物标准反射光谱数据库的重要手段。

**18.127　红外辐射计**　infrared radiometer
测量和记录被探测目标的红外辐射的遥感器。其典型工作波长范围为8～14 μm。

**18.128　地物光谱辐射计**　ground-object spectroradiometer
测定地面物体光谱辐射特性的仪器。在可见光和近红外区通常是测定物体的光谱反射特性。

**18.129　绝对辐射计**　absolute radiometer
以入射光和电功率加热定标交替的方式来测量光辐射的一种黑体腔型热电探测仪器。

**18.130　扫描辐射计**　scanning radiometer
采用光学机械行扫描方式实现大视场观测，能对目标成像并定量获取目标辐射量的辐射计。

**18.131　多角度多光谱成像辐射计**　multi-angle and multi-spectral imaging radiometer
能对目标进行多角度、多光谱成像和辐射测量的辐射计。可由多台分别指向星下点、前方和后方的多光谱相机组成，或是一台可从多个角度对同一目标进行分时观测的多光谱相机。

**18.132　热辐射计**　bolometer
通过检测由红外辐射热效应引起的材料电阻率随温度的变化来探测红外辐射的辐射计。

**18.133　微型热辐射计**　microbolometer
利用入射辐射使敏感元件的温度提高从而使电阻随之改变而测出辐射量的热辐射计。是目前广泛应用的一类非制冷红外成像器件。

**18.134　超导型热辐射计**　superconductor bolometer
利用超导体相变点附近电阻随温度急剧变化的特性，通过检测红外辐射热效应引起的超导体电阻随温度的变化来探测红外波段的热辐射计。

**18.135　亮度计**　luminance meter
具有一定测试距离、一定光孔的固定立体角接收，测量光源或物体亮度的仪器。

**18.136　光功率计**　light powermeter
用于测量电磁波各种波段光功率的仪器。

**18.137　激光功率计**　laser powermeter
用来测试连续激光功率或者脉冲激光在某一段时间的平均功率的仪器。

**18.138　焦距仪**　focometer

测定透镜和光学系统焦距的仪器。

**18.139 干涉折射计** interference refractometer

利用光的干涉原理测量介质折射率的装置。

**18.140 光学平台** optical table

一个水平、稳定的，供各种光学组件放置的实验平台。

**18.141 万能光具座** optical bench

简称“光具座”。能够方便地安装和调整光学元件的空间摆放位置与摆放状态以便灵活地组成光学系统的通用机械结构件。

**18.142 光学转台** optical rotating stage

又称“光学分度台”。一种用作角度分度，装有角度基准(如度盘、圆光栅)和光学读数系统的可旋转工作台。通常作为精密机床的附件。

**18.143 光学导轨** optical measurement bench

使两个或多个部件之间轴向的相对位置对准，并在其相对移动时保持对准关系的机械结构件。

## 19. 光学仪器Ⅱ：其他物理量检测

**19.001 光学计量** optical metrology

关于光辐射能量的发射、媒介中的传输以及探测过程的一个计量学分支学科。该测量包含纯物理的测量以及采用模拟人眼感觉的心理、生理、物理测量。

**19.002 光学计量仪器** optical metrological instrument

利用光学原理和光通过介质时的各种光学效应，对几何量、物理量、机械量以物质结构和生理特征进行光学计量的一类仪器。

**19.003 光学测试仪器** optical testing instrument

用于测量和检查光学玻璃、光学零部件及光学系统的性能、质量和光学参数的一类光学仪器。

**19.004 物理光学仪器** physic-optical instrument

利用物理光学中的原理诸如光的干涉、衍射、偏振、吸收、散射等进行精密测量或对物质成分、结构进行分析的一类光学仪器。

**19.005 坐标量测仪器** coordinate measuring instrument

量测航空摄影和地面摄影相片上像点平面坐标的仪器。

**19.006 立体坐标量测仪** stereo comparator

以立体像对上的同名像点为量测对象的坐标量测仪器。用于量测左(右)相片的像点坐标与同名像点的视差和坐标。

**19.007 单像坐标量测仪** monocomparator

以单张相片的像点为量测对象的坐标量测仪器。

**19.008 光学经纬仪** theodolite

简称“经纬仪”。在大地测量中，对远方目标的地平经度和纬度进行测量的光学仪器。由望远镜、水平度盘、垂直度盘、水准器和基座等构成。

**19.009 陀螺经纬仪** gyroscopic theodolite

利用陀螺的动力学原理及地球的自转影响实现寻真北目标的经纬仪。

**19.010　归算经纬仪**　reducing theodolite
能将经纬仪视距测量中所得斜距直接归算成水平距离的经纬仪。

**19.011　激光经纬仪**　laser theodolite
带有激光指向装置的经纬仪。

**19.012　电子经纬仪**　electronic theodolite
具备自动补偿、电子测角，带有数字显示和/或存储装置的经纬仪。

**19.013　电子速测仪**　electronic tachometer
可测量水平方向上距离和高程差的一种经纬仪。

**19.014　全站型电子速测仪**　total station electronic tachometer
具有电子测角、测距功能的经纬仪。

**19.015　水准仪**　level
测量地面上两点间高度差的光学仪器。

**19.016　自动安平水准仪**　automatic level
在一定倾斜范围内能使望远镜视轴自动处于水平状态的水准仪。

**19.017　激光水准仪**　laser level
带有激光指向装置的水准仪。

**19.018　电子水准仪**　electronic level
采用电子方式显示物体水平位置的水准仪。

**19.019　数字水准仪**　digital level
具有自动安平功能、CCD采集系统，使用带有特定比例条码的数字水准标尺的水准仪。

**19.020　光学倾斜仪**　optical clinometer
又称“象限仪”。利用水准器测量空间平面、柱面轴线与水平面间夹角的光学仪器。

**19.021　长度计量仪**　length measuring instrument
测量一维长度的光学计量仪器。

**19.022　端度计量仪**　terminal meter
测量两个端面之间距离的光学计量仪器。

**19.023　测长仪**　length measuring machine
带有长度基准且测量范围较大(通常1 m以上)的长度计量仪器。

**19.024　激光测长仪**　laser length measuring machine
基于干涉原理，用激光波长作为长度基准进行长度测量的仪器。

**19.025　激光长度基准仪**　laser length benchmark instrument
以高稳定的极窄线宽激光的波长为长度基准的长度计量基准仪器。

**19.026　三坐标测量机**　coordinate measuring machine
简称“坐标测量机”。一种测量物体上各部分的几何尺寸、形状和位置的通用光学仪器。测量机提供测头与被测件的相对运动，测头在所需位置测量几何元素的一系列特征点的空间坐标，然后利用软件实现元素的重构，获得被测参数的量值。

**19.027　测距仪**　range finder
测量远方目标至仪器之间距离的光学仪器。

**19.028　光电测距仪**　electro-optical telemeter
将光学与电子学技术相结合进行距离测量的一种测距仪。

**19.029　红外测距仪**　infrared telemeter
工作波段在红外区的光电测距仪。

**19.030 激光测距仪** laser telemeter, laser range finder

以激光照射目标，根据激光往返于目标和光发射或接收装置间的参数变化，实现目标距离测定的测距仪。分为脉冲激光测距仪和相位激光测距仪两种。

**19.031 光栅式线位移测量装置** grating linear displacement measuring system

将计量光栅尺作为长度基准，利用光栅莫尔条纹测量运动部件直线位移量的装置。

**19.032 光学测角仪** optical goniometer

简称“测角仪”。利用望远镜或自准直仪以及内装的度盘测量平面间夹角的光学仪器。配备单色光源和平行光管的测角仪称为分光计，可测量折射棱镜的偏向角。

**19.033 光电测角仪** photoelectric goniometer

利用光电转换器件将角度位移量的编码或干涉光的信息转换为电信息后，经译码或参与运算的电子电路而得出所测角度的测角仪。

**19.034 比较测角仪** comparison goniometer

利用自准直仪和外部角度基准，以测量角度微差的方法测定零件角度的仪器。

**19.035 光栅式角位移测量仪** grating digital angular displacement measuring instrument

将光栅盘作为角度基准，利用光栅莫尔条纹测量运动部件角位移量的装置。

**19.036 反射测角术** reflecting goniometry

准直管发出的平行光束两次经所测物体两个面反射至望远镜的测量方法。如小台转动角度为 $\alpha$，则两个面的夹角为 $180°-\alpha$。

**19.037 多普勒测速法** Doppler velocimetry

利用波源与目标之间的相对移动速度与多普勒频移成正比的原理，测量运动物体线速度的一种方法。

**19.038 光学多普勒效应** optical Doppler effect

由于光源与探测器(接收者)的相对运动，接收到的光频率发生变化的一种效应。该效应由多普勒在 1942 年发现并得名。当光源与探测器远离时，探测器接收到的光频率会降低，而两者靠近时，光频率升高。其频率变化量称为多普勒频移。

**19.039 激光多普勒测速仪** laser Doppler velocimeter

利用从运动物体反射或者散射的激光在接收时的多普勒频移，测量物体运动速度的仪器。由光学系统和信号处理系统两部分组成，具有无接触测量、空间分辨率高、动态响应快及测速范围宽等特点。

**19.040 光声多普勒效应** photoacoustic Doppler effect

当光吸收体相对于超声探测器发生相对运动时，光吸收体所产生的光声信号的频率与激光的激发频率产生相对频移的现象。

**19.041 差动多普勒技术** differential Doppler technology

采用双光束照射被测运动目标，实现外差式光学混频，得到光学拍光强信号的一种多普勒测试技术。它具有信噪比高和光能充分利用的优点而被广泛采用。

**19.042 加速度计** accelerometer

输出量与输入加速度成正比的一种运动测量仪器。有分压电式、压阻式、应变式、力平衡式、电位计式等多种形式。

**19.043 光学加速度计** optical accelerometer

用于测量载体相对于惯性空间运动加速度

的光学仪器。

**19.044　激光加速度计**　laser accelerometer
利用激光进行线加速度测量的光学仪器。

**19.045　光纤加速度计**　fiber optic accelerometer
利用光纤传感原理和技术测量载体线加速度的光学仪器。

**19.046　光阱加速度计**　optical trap accelerometer
又称“*光力加速度计*(light force accelerometer)”。基于光阱中物体的位移与线加速度呈比例关系的原理，通过检测其位移实现物体线加速度测量的光学仪器。光阱是指物体被光压限制于其中的一个小区域。

**19.047　光纤布拉格光栅加速度计**　FBG accelerometer
利用光纤布拉格光栅进行线加速度测量的光学仪器。

**19.048　微光机电加速度计**　micro-optical-electrical-mechanical-system accelerometer
利用微光学、微机电技术进行线加速度测量的仪器。

**19.049　纤维直径光学分析仪**　optical fiber diameter analyzer
测定纺织纤维平均直径和分布的光学仪器。

**19.050　平直度测量仪**　flatness and straightness measuring instrument
测量零部件的平面度、直线度、同轴度以及用作导向的一类光学计量仪器。

**19.051　X射线形貌术**　X-ray topography
利用X射线在晶体完整区和缺陷区的衍射光束强度的变化及其规律，观测晶体及器件表面和内部结构缺陷的一种测试技术。这是一种无损检验，其样品制备简单，实验重复性好，能决定缺陷的性质。X射线形貌学主要有5种：反射形貌术、透射形貌术(包括截面形貌术、投影形貌术和限区形貌术)、双晶形貌术(又分为透射和反射两种)、异常(厚晶体)透射形貌术、同步辐射源X射线形貌术(分白光和单色光)。

**19.052　双折射检测仪**　birefringence meter
应用偏振光检查玻璃和晶体的双折射现象的光学仪器。

**19.053　气泡检测仪**　bubblemeter
检查玻璃内部气泡大小和数量的光学仪器。

**19.054　条纹检查仪**　schlieren equipment
检查玻璃内部条纹的光学仪器。

**19.055　杂光检查仪**　stray light testing instrument
测定光学系统来自非本系统的杂散光或者本系统发出的但不按照规定光路漏出的杂散光的仪器。

**19.056　度盘检查仪**　circle tester
测量度盘分划误差的光学仪器。

**19.057　光学零件表面疵病检查仪**　optical surface inspection gauge
检查光学元器件表面疵病的光学仪器。

**19.058　摄谱仪**　spectrograph
对光谱进行摄谱记录的发射光谱仪器。由入射狭缝、准直物镜、色散元件、摄谱物镜和感光元件等组成。仪器按色散率的大小分大、中、小型摄谱仪；按色散系统分棱镜摄谱仪和光栅摄谱仪。摄谱仪是用原子发射光谱法对物质进行定性、定量分析的重要仪器。

**19.059　光栅摄谱仪**　grating spectrograph
以光栅为色散元件的摄谱仪。

**19.060　棱镜摄谱仪**　prism spectrograph
以棱镜为色散元件的摄谱仪。

**19.061　高速时间分辨摄谱仪**　high-speed time-resolving spectrograph
能获得一系列时间分辨光谱图像的摄谱仪。适用于爆炸研究、温度场的辐射测量等。仪器由物镜将被研究物体成像于入射狭缝上，然后经准直透镜、闪耀光栅、高速相机，聚焦于扫描相机的入射狭缝上并扫描至探测器，获得时间分辨图像。

**19.062　动片扫描摄谱仪**　flying plate scanning spectrograph
又称“飞片扫描摄谱仪”。一种透射式时间分辨摄谱仪。仪器由沃兹沃斯(Wadsworth)凹面光栅及其焦平面上的小孔光阑、准直透镜、分光棱镜或平面光栅获得分光光谱，被相机成像于记录介质上，通过相对运动或扫描获得时间分辨光谱。

**19.063　帕邢装置**　Paschen mounting
基于凹面反射光栅的一种光栅摄谱仪。入射光狭缝和光栅都固定在圆钢轨上，环绕钢轨安装一排底片架，可以同时拍摄几个序的光谱。

**19.064　测图仪**　plotter
根据摄影相片测制地表形貌的仪器。

**19.065　立体测图仪**　stereo-plotter
通过由两张相片构成的立体像对直接测制地图的全能型测图仪器。

**19.066　模拟立体测图仪**　analogue stereo-plotter
通过模拟摄影时空间光束的几何关系，重建地面立体模型的方法直接测出地面点的三维坐标并绘制出地形图的立体测图仪。根据仪器在模拟摄影光线时体现投影光线的方法，通常有三种不同的类型，即光学解法仪器、机械解法仪器和光学-机械解法仪器。

**19.067　解析立体测图仪**　analytical stereo-plotter
在测量像点平面坐标的基础上，应用解析计算方法解算地面数学模型来进行测图的立体测图仪。

**19.068　海水光吸收仪**　sea water absorption meter
测量海水对光波吸收特性的光学仪器。

**19.069　海水光散射仪**　sea water scatterometer
测量海水对光波散射特性的光学仪器。

**19.070　海水透射率仪**　sea water transmittance meter
测量海水对光波的透射率的光学仪器。

**19.071　海水浊度仪**　sea water turbidity meter
测量海水浊度的光学仪器。

**19.072　海水荧光计**　sea water fluorometer
用于海水荧光分析的光学仪器。根据海水中某些物质被紫外线照射时发射的荧光强度来测定被测物质的含量。

**19.073　光栅能量测定仪**　grating energy measuring device
测量光栅的衍射光强度分布的光学仪器。

**19.074　光学传递函数测定仪**　OTF instrument
测定光学系统光学传递函数的仪器。

**19.075 折射仪** refractometer

利用折射定律，测量介质折射率的一种计量仪器。常见的有阿贝式、V棱镜和浸入式三种。仪器还可用于确定物质的分子结构相对分子量的浓度，以及检测物质的纯度等。

**19.076 阿贝折射仪** Abbe refractometer

利用全反射现象测量介质折射率和平均色散的仪器。

**19.077 V棱镜折射仪** V-prism refractometer

一种基于光的折射定律，利用立式精密测角仪测量透明或半透明固体和液体折射率的光学仪器。可以用于平均色散和部分色散的快速测量。

**19.078 球径仪** spherometer

测定透镜球面曲率半径的光学仪器。

**19.079 准直仪** collimator

由准直望远镜产生的一条准直光束作为直线基准，用于测量相对它的垂直和水平方向位移的一种光学计量仪器。准直是将发散光束变成严格平行光束的过程。准直仪广泛用于大型工件、机床的平直度检测，机械安装，造船的装配、校正等各个领域。

**19.080 激光准直仪** laser collimator

以激光束为直线基准进行直线度和同轴度测量的准直仪。

**19.081 自准直仪** autocollimator

又称“自准直平行光管”。利用光学自准直原理测量微小角度变化的仪器。通过计算可将角度变化量换算成平面度和直线度。

**19.082 光电自准直仪** photoelectric autocollimator

又称“光电自准直平行光管”。采用光电装置瞄准反射像的自准直仪。

**19.083 时间扫描型低相干干涉解调仪** temporal scanning low coherence interference demodulator

采用低相干宽带光源，利用机械运动装置在时域上进行光程差扫描的干涉解调仪。

**19.084 空间扫描型低相干干涉解调仪** spatial scanning low coherence interference demodulator

采用低相干宽带光源，使光程差在空间上线性分布，利用线阵探测器阵列一次性接收完干涉条纹的干涉解调仪。

**19.085 电子探针X射线微区分析仪** electron probe X-ray microanalyzer

利用电子束轰击试样微纳尺度的区域表面，并根据其发射的X射线波长(或能量)和强度进行定性和定量分析的仪器。

**19.086 阿贝比长仪** Abbe comparator

基准标尺与被检标尺的布局符合阿贝原理，用两只光学显微镜分别作瞄准和读数的目视式线纹比较仪器。

**19.087 光电比较仪** photoelectric comparator

用两只光电显微镜分别对基准标尺和被检标尺进行瞄准和读数的光电式线纹比较仪器。

**19.088 激光线纹比较仪** laser linear comparator

用激光光波波长作为长度基准，检定分划尺的分划线位置误差的光学仪器。

**19.089 平板仪** plane table instrument

图解记录和直接绘制地形图的光学仪器。

**19.090 归算平板仪** reducing plane table instrument

能把斜距直接归算成水平距离和高差的平板仪。

**19.091 激光导向仪** laser alignment instrument

由激光器发射系统和光电接收系统组成的给出直线方向的光学仪器。

**19.092 激光指向仪** laser orientation instrument

仅有激光器发射系统的给出直线方向的光学仪器。

**19.093 立体判读仪** stereo interpretoscope

简称“判读仪”。利用体视效应对摄影取得的立体像对进行立体观察判读的仪器。

**19.094 变倍立体判读仪** zoom stereo interpretoscope

放大率在一定范围内连续可变的立体判读仪。用于观察和判读不同比例尺的相片所构成的立体像对。

**19.095 转绘仪** transfer photoplotter

将航摄相片、卫星相片的图像转绘到地图上或进行地图修正的仪器。

**19.096 纠正仪** rectifier

利用光学投影纠正原理，将因相片倾斜和摄影时航高变化引起影像变形或比例尺不一致的航摄相片，纠正为水平的或比例尺一致的相片的仪器。主要用于平坦地区的航摄相片纠正和制作平坦地区的影像地图。

**19.097 刺点仪** point transfer device

在构成立体像对的两张航摄相片上高精度转刺同名像点的仪器。通常采用加热高硬材料制作的刺针或激光束进行刺点。

**19.098 复照仪** copying camera，reproduction camera

能将各种地形图、相片原图等按一定比例进行复制的一种专用照相机。

**19.099 相片镶嵌仪** mosaicker

简称“镶嵌仪”。用于将一张张相片依次镶嵌拼成相片略图或相片平面图的仪器。

**19.100 光弹性仪** photo-elastic meter

使线偏振光或圆偏振光通过处于应力状态的试件，观察或摄取所获得的应力干涉条纹来判断试件受力状态的仪器。

**19.101 晶体光轴定向仪** crystal optical axis orientation instrument

确定晶体光轴方向的仪器。

**19.102 刀口仪** knife-edge instrument

用阴影法来检验曲面面形不规则误差的带有照明器的刀口装置。

**19.103 透镜中心仪** lens-centering instrument

测量外圆几何轴线与透镜光轴同轴度的仪器。

**19.104 黑炭测量仪** aethalometer

根据光吸收原理分析气溶胶黑炭浓度的仪器。

**19.105 摄影测量仪器** photogrammetric instrument

又称“航测仪器”。通过对地形或地面各类目标物进行摄影，根据摄得的相片测制各种比例尺的地形图或确定地物形状、大小和位置的一类光学仪器。这类仪器包括从摄影到成图的一系列装备。用于航空摄影测量的仪器和装备统称为航测仪器。

**19.106 孔径测量仪器** bore measuring instrument

测量内孔直径的光学计量仪器。

**19.107 量糖计** saccharimeter

又称“糖量计”。一种利用糖等手性分子的旋光性测量其溶液浓度的仪器。

**19.108　克尔磁强计**　Kerr magnetometer

一种用来测量磁矩和磁滞曲线的仪器。基于克尔效应工作，通过检测在磁性表面发生反射的激光束的偏振方向来确定被检测样品的磁矩和磁滞曲线。

**19.109　光测高温计**　optical pyrometer

将灼热物体所发光与高温计内置已知光源的光相比较，从而判断其温度的光学仪器。测量范围为800～3200℃。

**19.110　激光能量计**　laser energy meter

用来测量脉冲激光单脉冲能量的仪器。

**19.111　倍率计**　dynameter

测量光学仪器出瞳直径、出瞳距离和放大率的仪器。

**19.112　数值孔径计**　numerical apertometer

测定显微镜物镜数值孔径的装置。

**19.113　光学计**　optimeter

又称"光学比较仪(optical comparator)"。应用光学杠杆方法测量微差尺寸的长度计量仪器。测量时轴线与工作台垂直的称为立体式光学计，轴线与工作台平行的称为卧式光学计。

**19.114　积分浊度计**　integrating nephelometer

根据光散射原理测量气体或气溶胶全散射系数和后向散射系数的广角全散射测量仪器。

**19.115　光学分度头**　optical dividing head

利用内装角度基准(如度盘、光栅盘)进行圆周分度和圆心角测量的光学仪器。通常其主轴可以在水平位置和垂直位置之间任意安置。

**19.116　光学投影读数装置**　optical projection reading device

采用光学投影方式对标尺的刻度进行细分的光学装置。通常装在机床上使用。

**19.117　塞曼减速器**　Zeeman slower

一种基于激光多普勒冷却和塞曼效应原理，用来对原子束或分子束进行减速的仪器。

# 20. 显微镜与望远镜

**20.001　显微镜**　microscope

由物镜和目镜组成的，用来提高放大率的组合放大镜。是用来观察微小物体或物体微细结构的仪器。显微镜分为：生物显微镜、偏光显微镜、金相显微镜、测量显微镜、读数显微镜、双目显微镜、荧光显微镜、红外显微镜、紫外显微镜，X射线显微镜、电子显微镜以及其他各种特殊用途的显微镜等。

**20.002　克尔显微镜**　Kerr microscope

一种利用磁光克尔效应实现对磁性材料表面的磁变化进行成像的显微镜。偏振光被磁性样品表面反射，偏振方向发生改变，通过检测透过线偏振器的反射光强度，获取磁性表面磁场分布图像。

**20.003　测丝显微镜**　wire measuring microscope

一种专门用于测量细丝直径的显微镜。它在物镜和目镜之间安置辅助装置，利用双像重合的方法，实现高精度测量。

**20.004　干涉显微镜**　interference microscope

应用光学干涉原理的一种显微镜。分反射式和投射式，用于测量零件表面粗糙度、透明介质的内部缺陷等。

**20.005　戴森干涉显微镜　Dyson interference microscope**

应用等倾干涉原理的干涉显微镜。由戴森提出而得名。

**20.006　微分干涉显微镜　differential interference microscope**

使照明光束通过起偏器并投射到石英棱镜上，在胶合面上光束分为寻常光和非常光平行地透过样品，这两束光经物镜后重新被两个石英棱镜会集，这样由于波面的相互位移(侧向)，干涉后可以得到鲜明的色调和立体感，从而观察到样品表面或内部的微小起伏的显微镜。

**20.007　粗糙度干涉显微镜　roughness interference microscope**

用于测量零件表面粗糙度的干涉显微镜。其表面粗糙度的测量范围在纳米量级。

**20.008　内表面干涉显微镜　inner-surface interference microscope**

测量零件内孔(壁)表面粗糙度的干涉显微镜。

**20.009　多光束干涉显微镜　multiple-beam interference microscope**

利用多光束干涉原理测量表面微观高低不平的干涉显微镜。

**20.010　微分干涉相差显微镜　differential interference contrast microscope**

一种利用沃拉斯顿(Wollaston)棱镜将入射光分解为两束正交线偏振光，当它们通过样品时，由于样品厚度及折射率不同，两束光的相位差变化，再通过检偏器检出相位差进而得到样品微结构的光学显微镜。

**20.011　光学相干显微镜　optical coherence microscope，OCM**

结合了光学相干层析术的共焦显微镜。利用OCT的相干门增强共焦显微镜的轴向断层能力，尤其适用于高散射样品的高分辨成像。

**20.012　生物显微镜　biological microscope**

主要用于观察和研究生物切片、生物细胞的显微镜。

**20.013　紫外显微镜　ultraviolet microscope**

利用紫外线作光源观察细小物体的显微镜。

**20.014　相衬显微镜　phase-contrast microscope**

利用相衬原理观察生物标本的一种显微镜。常用于观察未染色的生物标本。

**20.015　偏光显微镜　polarizing microscope，polarized-light microscope**

利用光的偏振特性观察各向异性材料偏振特性的一种显微镜。

**20.016　金相显微镜　metallographic microscope**

利用其他光学元件的反射光对被测金属试样进行照明实现对其表面组织的观测的显微镜。

**20.017　高温金相显微镜　high temperature metallographic microscope**

呈现和记录金属的显微组织(金相)在不同温度下变化情况的显微镜。

**20.018　比较显微镜　comparison microscope**

使用光器件将两个显微镜系统的像呈现在同一个视场中的显微镜。

**20.019　数字显微镜　digital microscope**

对显微图像进行光电转换和数字图像处理后显示的显微镜。

**20.020　图像分析显微镜　quantitative image analysis microscope**

利用扫描原理和光度测量法进行图像分析的显微镜。

**20.021 全息显微镜** holographic microscope
采用全息技术的显微镜。其特点是解决了一般显微镜中分辨力与景深的矛盾，避免了因像差影响而达到很小的衍射极限，从而获得了更大的视野。

**20.022 体视显微镜** stereo microscope
两只眼睛分别从略有不同的角度观察物体，这样由不同的像点成像于视网膜上的相应点而引起立体感觉的双目显微镜。

**20.023 倒置显微镜** inverted microscope
载物台在物镜上面的显微镜。

**20.024 红外显微镜** infrared microscope
利用红外线观察细小物体的显微镜。

**20.025 手术显微镜** operation microscope
工作距离长、用于外科精细手术中的一种体视显微镜。

**20.026 万能显微镜** universal microscope
配置多种附加装置、具有多种用途的高级显微镜。

**20.027 电子显微镜** electron microscope
利用电子光学原理用电子束使样品成像的显微镜。

**20.028 透射电子显微镜** transmission electron microscope
用透射样品的电子束使其成像的电子显微镜。

**20.029 扫描电子显微镜** scanning electron microscope
用电子探针对样品表面扫描使其成像的电子显微镜。

**20.030 反射电子显微镜** reflection electron microscope
由样品反射的电子束使其成像的电子显微镜。

**20.031 发射电子显微镜** emission electron microscope
由样品发射的电子束使其成像的电子显微镜。

**20.032 低压电子显微镜** low voltage electron microscope
加速电压在 50kV 以下的透射电子显微镜和加速电压在 10kV 以下的扫描电子显微镜。

**20.033 高压电子显微镜** high voltage electron microscope
加速电压在 200kV 以上的电子显微镜。

**20.034 静电电子显微镜** electrostatic electron microscope
采用静电式电子透镜的电子显微镜。

**20.035 光切显微镜** light-section microscope
利用光切法测量零件表面粗糙度的显微镜。

**20.036 机床显微镜** machine-tool microscope
又称“对刀显微镜”。一种装在机床上、在加工过程中对零件或刀具进行测量和检查的轮廓显微镜。可用于检查刀具切削刃角度、螺纹轮廓、刻线粗细等。

**20.037 读数显微镜** reading microscope
用于对标尺的刻度进行细分的一种测量用显微镜。通常作为机床、设备的附属测量装置，与格值为 1mm 的标尺配合使用。

**20.038 角膜内皮显微镜** specular microscope
一种基于裂隙灯摄影术的专门用来观察角膜内皮细胞的显微镜。采用高放大率(20 倍至 200 倍)和镜面反射，以便清晰显示细胞的边界从而检测与角膜健康状态相关的细胞的密度和形态。

**20.039　扫描近场光学显微镜**　scanning nearfield optical microscope，SNOM

利用光学扫描探针近场探测原理的一种高分辨率显微镜。它利用纳米局域光源在纳米尺度的近场内探测样品附近的电磁场(采用网格状逐点扫描技术)以获取样品显微图像，其分辨率突破了光学衍射极限。

**20.040　共聚焦显微镜**　confocal microscope

利用逐点照明和空间针孔调制去除样品的非焦点平面的散射光从而获得物体光学图像的显微镜。

**20.041　激光扫描共聚焦显微镜**　confocal laser scanning microscope

一种由激光电子摄像、计算机图像处理技术与光学显微镜相结合的细胞分子生物学显微镜。可实现对样品的三维断层扫描成像，获取生物样品的三维空间结构。

**20.042　激光显微镜**　laser microscope

采用激光光源照射被测物的高探测灵敏度的显微镜。可考察研究激光对单一活细胞或活细胞某一部分的作用，无接触地影响以至改变单个细胞的生长、分裂、转化等。

**20.043　荧光显微镜**　fluorescence microscope

以较短波长(比如紫外线)为光源照射被检物体，观察被测物中的荧光色团发出的荧光的显微镜。可获得被测物的形态及空间位置。常用于研究细胞内物质的吸收、输运、化学物质的分布及定位等。

**20.044　全内反射荧光显微镜**　total internal reflection fluorescence microscope，TIRFM

利用光全反射在低折射率的介质中产生的倏逝波，激发荧光分子以观察荧光标定样品极薄区域的光学显微镜。观测的动态范围通常在 200nm 以下。广泛应用于细胞表面物质的动态观察。

**20.045　扫描探针显微镜**　scanning probe microscope，SPM

基于扫描隧道显微镜的基本原理设计出的超近扫描高分辨率显微镜。分辨率可达纳米级，并可将观察的原子或分子形成三维图像，是原子力显微镜(AFM)、激光力显微镜(LFM)、磁力显微镜(MFM)等的统称。

**20.046　结构光照明显微镜**　structure illumination microscope，SIM

利用特定结构调制的照明光与荧光探测光在样品上产生干涉条纹来观察物体微结构的显微镜。主要包括线性结构光照明显微镜和饱和结构光照明显微镜。

**20.047　光敏定位显微镜**　photo-activated localization microscope，PALM

将荧光分子附着在目标蛋白上并通过全内反射显微镜(TIRFM)和单分子定位技术得到细胞内荧光蛋白纳米级分辨率图像的显微镜。

**20.048　随机光学重建显微镜**　stochastic optical reconstruction microscope，STORM

基于光子可控开关的荧光探针和质心定位原理，在双激光激发下荧光探针随机发光，并通过分子定位和分子位置重叠重构形成超高分辨率图像的显微镜。

**20.049　光子扫描隧道显微镜**　photon scanning tunneling microscope，PSTM

基于光子的隧道效应原理，利用光学探针探测样品表面附近被内全反射光所激励的倏逝波，从而获得物体表面结构信息的显微镜。

**20.050　暗场显微镜**　dark-field microscope

利用斜射照明法阻挡透过物体的直射光，然后以反射光和衍射光来观察物体的轮廓或运动的光学显微镜。

**20.051 光电显微镜** photoelectric microscope

应用光电装置进行精确瞄准、定位或测量的显微镜。

**20.052 扫描隧道显微镜** scanning tunneling microscope

一种利用隧道效应探测物质表面结构的高分辨率非光学显微镜。它利用一根尖细的钨金属探针与被测金属或半导体物体表面之间由于电子转移形成穿隧电流，在扫描过程中，探针随样品形状上下移动来保持穿隧电流大小恒定，并依此获取物体表面的形貌特征。

**20.053 原子力显微镜** atomic force microscope，AFM

利用一端固定而另一端装有纳米级针尖的弹性微悬臂与样品表面的原子之间产生极其微弱的相互作用(如机械接触力、范德瓦耳斯力或静电力等)引起的微悬臂梁的弯曲变形来检测样品表面形貌与物理特性的显微镜。属于非光学显微镜。其成像模式分为接触模式(contact mode)、非接触模式(non-contact mode)和轻敲模式(tapping mode)等。

**20.054 显微术** microscopy

利用光学或者光电子学放大原理，观察和测量微细物体的技术。

**20.055 超快速扫描探针显微术** ultrafast scanning probe microscopy

一种超快激光技术与扫描探针相结合的时间分辨显微术。可以达到皮秒至飞秒级的时间分辨率和原子间距量级的空间分辨率。

**20.056 共焦明场显微术** confocal bright-field microscopy

以激光作光源照明针孔，并对透镜平面内的标本进行扫描，成像于和照明小孔共轭的探测器针孔上，从而获得标本横断面信息的一种共聚焦成像显微术。

**20.057 多焦点多光子显微技术** multifocal multiphoton microscopy，MMM

一种快速的多光子激发荧光显微成像技术。它首先将飞秒激光器输出的光分成许多子光束或子光束阵列，经显微镜会聚到样品上，产生衍射极限的激发光点阵，实现样品的多焦点、多光子并行激发，利用扫描振镜在样品上快速扫描激发光点阵，利用显微物镜、CCD 等面阵探测器记录荧光图像。

**20.058 相干拉曼散射显微术** coherent Raman scattering microscopy

基于拉曼散射的光学显微技术。其特点为：通过探测目标分子特定的振动来提供成像所需的衬度；通过非线性光学过程大大提高检测的灵敏度；同时具备三维成像能力。主要包含相干反斯托克斯拉曼散射和受激拉曼散射两种方法。

**20.059 光纤共焦扫描干涉显微术** fiber-optical confocal scanning interference microscopy

在光纤共焦扫描系统的基础上通过分光镜和反射镜引入一个干涉光束实现干涉成像的一种显微术。

**20.060 望远镜** telescope

将远方物体进行视角放大，供眼睛观察的光学仪器。

**20.061 双筒望远镜** binocular telescope

将两个性能相同的望远镜平行结合在一起，用两眼观察获得有立体感正像的望远镜。

**20.062 双目望远镜** binocular telescope

一种具有两个目镜的望远镜。

20.063　反射望远镜　reflecting telescope
利用反射式物镜的望远镜。

20.064　肘形望远镜　elbow telescope
利用棱镜使视线折转90°的一种折射望远镜。

20.065　准线望远镜　alignment telescope
一种用于测量同轴度的望远镜。它以视轴为基准直线，通过调节调焦镜对不同距离上的目标进行观察和测量。

20.066　导航望远镜　navigation telescope
一种航空摄影飞行时用的导航仪器。用于测定控制航空摄影机工作所需要的导航数据。

20.067　天文望远镜　astronomical telescope
观察天体用的望远镜。

20.068　空间天文望远镜　astronomical space telescope
在远离地球的外太空，对其他星体进行天文探测的望远镜。

20.069　伽利略望远镜　Galileo telescope
利用负目镜得到正像的望远镜。最初由伽利略设计而得名。

20.070　开普勒望远镜　Kepler telescope
利用正目镜得到倒像的望远镜。最初由开普勒设计而得名。

20.071　卡塞格林望远镜　Cassegrain telescope
由具有中心通孔的抛物面镜(主镜)和凸双曲面镜(副镜)组成物镜的一种望远镜。由卡塞格林发明而得名。

20.072　格里高利望远镜　Gregorian telescope
具有由一个凹面主镜(传统上的抛物面)和一个凹面次镜(椭球面)组成的双反射镜物镜的望远镜。由格里高利发明而得名。

20.073　牛顿望远镜　Newtonian telescope
利用抛物面镜作为物镜，并用平面反射镜将会聚光束侧向反射到镜管外的一种望远镜。最初由牛顿设计而得名。

20.074　红外空间望远镜　infrared space telescope
由大孔径低温致冷望远镜与红外相机、红外摄谱仪、多波段成像光度计等仪器组成的天文望远镜。能观测到地面光学望远镜无法涉足的银河系中心附近的区域。

20.075　潜望镜　periscope
一种从海面下伸出海面或从低洼坑道伸出地面用以窥探海面或地面上事物的光学仪器。

20.076　红外潜望镜　infrared periscope
装载于潜艇的利用红外成像原理的潜望镜。利用反射镜、转像棱镜等反射元件，可实现对周边景物的全方位成像观瞄。

# 21. 光学遥感技术

21.001　遥感　remote sensing
一种应用探测仪器对远距离目标进行非接触式探测，信息提取、处理和分析的技术。

21.002　光学遥感　optical remote sensing
工作波段位于紫外、可见光、红外到太赫兹波段范围内的遥感技术。

21.003　主动光学遥感　active remote sensing
又称“有源遥感”。利用人工辐射源，向目标发射电磁波，再根据遥感器探测到的目标对该电磁波的响应信号来确定目标特性的遥感技术。

**21.004　被动光学遥感**　passive remote sensing
又称“无源遥感”。利用自然辐射源(如太阳光、月光、目标自身辐射等)，根据遥感器探测到的电磁波信号来确定目标特性的遥感技术。

**21.005　激光遥感**　laser remote sensing
向目标发射激光，根据目标对激光的响应信号(如反射、激发等)来确定目标特性的主动遥感技术。

**21.006　红外遥感**　infrared remote sensing
通过红外敏感元件，探测目标的红外辐射或反射能量，确定目标特性的遥感技术。

**21.007　定量遥感**　quantitative remote sensing
从观测电磁波信号中定量提取探测目标参数的遥感技术。通过遥感技术确定目标特性，特性的描述用具体数值表达，且提供相应的精度等信息。

**21.008　水色遥感**　water color remote sensing
利用紫外、可见光、近红外光谱范围(380～900 nm)的多个高灵敏窄波段探测水体光学特性(如离水辐射率)以及水色要素(叶绿素、悬浮泥沙以及黄色物质等)的遥感技术。

**21.009　海洋水色遥感**　ocean color remote sensing
探测海洋水体的水色遥感。

**21.010　非成像遥感**　non-imaging remote sensing
以非成像方式获取目标信号的遥感技术。

**21.011　海水透明度遥感**　ocean transparence remote sensing
探测海洋水体光谱特征及水色要素，反演海水透明度的遥感技术。

**21.012　海洋叶绿素遥感**　ocean chlorophyll remote sensing
根据高信噪比遥感器的可见光水色波段的信息，采用统计模式或分析模式，以及神经网络模型等非物理模型，反演水体中叶绿素浓度的遥感技术。

**21.013　泥沙含量遥感**　sediment content remote sensing
根据水色遥感信号，采用各种反演模型，反演水体中悬浮泥沙浓度的遥感技术。

**21.014　赤潮遥感**　red tide remote sensing
利用遥感探测海面水色水温的异常，结合赤潮引起的异常光谱特征，监测赤潮发生区域中心和范围的遥感技术。

**21.015　推扫式遥感**　push-broom scanning remote sensing
利用多个观测方向固定的探测器件同时完成穿轨方向各目标像元的观测，并利用遥感平台的运动，实现对目标区域成像观测的一种遥感方式。

**21.016　画幅式遥感**　frame camera remote sensing
又称“分幅式遥感”。整个画幅同时曝光，正中心投影成像的一种遥感方式。

**21.017　对地遥感**　remote sensing of the earth
从空中或宇宙空间对地球(包括大气空间及地球体)进行观测的遥感。

**21.018　空间光学遥感**　space optical remote sensing
采用空间光学方法，揭示目标的几何、物理性质和相互关系及其变化规律的非原位遥感技术。

**21.019　海洋遥感**　remote sensing of ocean
对海洋中各种现象和过程进行监测的遥感技术。海面用电磁波遥感(可见光、红外线和微波等)，海水中用声波遥感。

**21.020　海冰遥感**　sea ice remote sensing
在空中或者卫星上对海冰进行观测的遥感技术。通过可见光、红外和微波遥感资料可提取海冰的覆盖范围、外缘线、密集度、冰厚、冰温、冰类型等海冰主要参数。

**21.021　海面风遥感**　remote sensing of sea surface wind
利用微波散射计测量星下扫描带内的后向散射系数或微波辐射计的微波亮度温度，估算海面风速、风向等参数的遥感。

**21.022　海面粗糙度遥感**　remote sensing of sea surface roughness
利用微波辐射计、散射计和合成孔径雷达测量海面水平极化微波辐射率和亮度温度，以测定海面粗糙度的遥感技术。

**21.023　遥感卫星**　remote sensing satellite
用于遥感的人造卫星。按其遥感目的可分为气象卫星、海洋卫星、陆地卫星、侦察卫星和天文卫星等。按其轨道可分为定轨卫星和变轨卫星，定轨卫星又可分为太阳同步轨道卫星、地球同步轨道卫星等。卫星遥感则是指以卫星作为平台的遥感技术。

**21.024　遥感反射率**　remote sensing reflectance
海面的离水辐射亮度与其入射辐射照度之间的比值。

**21.025　遥感海洋测深**　bathymetry using remote sensing
运用激光、可见光、微波等遥感器测量某一点自平均海平面至海底的垂直距离。

**21.026　海洋遥感波谱分析**　sea wave spectrum analysis by ocean remote sensing
利用遥感图像(如星载高度计数据与合成孔径雷达图像)导出海面波浪的波高、功率谱和波向谱的技术。

**21.027　遥感仪**　remote sensing instrument
通过电磁辐射获取的记录远距离目标的特征信息，以及对所获取的信息进行处理和判读的一类仪器。

**21.028　遥感器**　remote sensor
安装在遥感平台上直接测量和记录被探测对象的电磁辐射特性或反(散)射特性的装置。

**21.029　掩星探测**　occultation measurement
从遥感卫星接收到来自另一颗卫星的辐射信号，根据大气对该信号传递路径和传递能量等特性的影响获取大气信息的遥感技术。

**21.030　空间探测**　space exploration
对地球高层大气和外层空间所进行的探测技术。

**21.031　深空探测**　deep space exploration
脱离地球引力场，进入太阳系空间和宇宙空间的探测技术。主要有两方面的内容：一是对太阳系的各个行星进行深入探测，二是天文观测。

**21.032　大气垂直探测**　atmospheric sounding
获取大气参数随高度变化曲线的探测技术。

**21.033　[大气]遥感量直接校正**　direct atmospheric correction
简称“直接校正”。根据大气状况对遥感图像测量值进行调整，以消除大气影响的方法。大气状况可以是标准的大气模式或地面实测资料，也可以是由图像本身进行反演的结果。

**21.034　[大气]遥感量间接校正**　indirect atmospheric correction

简称“间接校正”。通过不同通道、不同时相或不同像元遥感量值的波段运算，以消除或减少大气影响的大气校正方法。这种大气校正方法不必知道大气的各种参数。

**21.035　大气绝对校正**　absolute atmospheric correction

简称“绝对校正”。将遥感器采集的DN值转换为地表反射率或地表辐射亮度的大气校正过程。

**21.036　大气相对校正**　relative atmospheric correction

简称“相对校正”。不考虑下垫面实际反射率或辐射亮度大小，通过采用相同的DN值反映相同的下垫面反射率或辐射亮度的大气校正过程。

**21.037　几何精校正**　precisely geometric correction

简称“精校正”。特指在遥感图像几何粗校正基础上，进一步减小遥感图像几何形变，使之满足某种地理投影或图形表达要求的新图像的几何校正过程。包括两个环节：一是像素坐标的变换，即将图像坐标变换为地图或地面坐标；二是对坐标变换后的像素亮度值进行重采。

**21.038　几何粗校正**　roughly geometric correction

简称“粗校正”。对遥感图像形变进行初步的几何校正，消除系统性、确定性因素引起的图像几何畸变的校正过程。

**21.039　地形校正**　terrain correction

将遥感图像所有像元的反射率或辐射亮度变换到某一参考平面上(通常取水平面)，从而对遥感影像由于地形起伏而导致的太阳辐射亮度值差异进行校正的过程。

**21.040　辐射校正**　radiometric correction

根据遥感器辐射定标结果，对遥感仪器测得的辐射量与目标实际辐射量的偏差进行的校正。

**21.041　遥感定标**　remote sensing calibration

简称“定标”。将遥感设备(遥感器、遥感仪)的测量基准(光源和探测器等)与国家(或国际)标准设备进行比对，以修正遥感设备的测量误差的过程。

**21.042　光学遥感器实验室定标**　optical remote sensor laboratory calibration

在实验室可控条件下，利用可溯源到国际/国家计量基准的标准光源或标准探测器，对光学遥感器的波长、辐射量等进行定标的过程。

**21.043　光学遥感器外场定标**　optical remote sensor field calibration

在外场条件下，利用太阳光源和标准反射板，通过大气同步测量，实现对光学遥感器的定标过程。外场定标可以实现全孔径、全视场、全动态范围的定标，并考虑到了大气传输和环境的影响。外场替代定标主要有反射率法、辐射照度法和辐射亮度法。

**21.044　光学遥感器在轨定标**　optical remote sensor on-orbit calibration

卫星在轨运行状态下，结合地面同步测量进行星上光学遥感器定标的过程。以地表大面积、均匀目标区为地面参照，在卫星过顶时，同步进行地面目标光谱特性以及大气光学特性测量，并通过辐射传输模型计算确定遥感器入瞳处的辐射亮度值，与遥感器同步观测值比较，从而建立辐射亮度与遥感器辐射响应关系的一种绝对辐射定标方法。

**21.045　飞行定标**　in flight calibration

又称“星上定标”“在轨定标(on-orbit calibration)”。在遥感器飞行过程中，使用飞行定标系统对遥感器进行的辐射定标和光谱定标。通过飞行定标对遥感器的性能进行周期性的监测，确保遥感数据的正确、可靠；按光源的形式，飞行定标可分为太阳辐射定标、内置灯定标和黑体定标。

**21.046　[在轨]内置灯定标**　on-orbit calibration using a built-in lamp

使用定标灯作遥感器飞行定标系统的标准源对遥感器进行辐射定标或光谱定标的过程。一般使用卤钨灯作定标灯，对遥感器进行可见、近红外或短波红外波段的定标。

**21.047　[在轨]黑体定标**　on-orbit calibration using a black body

将黑体用作遥感器的定标标准源，进行遥感器的红外谱段的绝对辐射定标的过程。

**21.048　天文定标**　astronomical calibration

利用天文星体对在轨遥感器进行的辐射通量定标或光谱定标的过程。

**21.049　场地定标**　ground-looking calibration

将辐射校正场均匀、稳定的地面目标用作遥感器的辐射参考标准，通过飞行-地面同步测量来进行光谱成像仪的辐射定标或光谱定标的过程。

**21.050　[光学遥感器]绝对定标**　absolute calibration

确定光学遥感器入瞳处的辐射量值与光学遥感器输出信号值之间的函数关系的过程，即确定响应度系数的过程。

**21.051　[光学遥感器]相对定标**　relative calibration

确定光学遥感器不同像元响应度不一致的过程。

**21.052　交叉定标**　cross calibration

将一个较高精度的在轨遥感器的定标结果应用于具有重叠谱段的较低精度遥感器的定标过程。参与交叉定标的遥感器具有类似的光谱通道、尽可能一致的光谱特性、共同的在轨观测覆盖区、接近的观测时间以及一致的观测角度等条件。该方法不需要进行精确的大气参数测量，可以在投入较少的情况下得到较高的定标精度。

**21.053　定标源**　calibration source

在光学遥感器测量中用作参考标准的辐射源。如标准灯、激光器、积分球、黑体、太阳、月球等。

**21.054　定标系数**　calibration factor

描述光学遥感器入瞳处辐射量值与光学遥感器输出信号值的定量关系模型的系数。

**21.055　定标不确定度**　calibration uncertainty

一个表达定标质量的指标。指由于定标误差的存在，对被定标值的不能肯定的程度。不确定度越小，表明定标值越准确。

**21.056　反照率**　albedo

漫射物体表面受到正入射的光照射后，漫射到各个方向去的光与入射光之比。

**21.057　半球反照率**　hemisphere reflectance

表征物体表面反射能力强弱的物理量。数值上等于物理表面出射通量密度与入射通量密度的比值。

**21.058　海面反照率**　albedo of the sea

海面向上返回的短波辐射与入射到海面的

太阳辐射(包括直接辐射和天空向下的漫射辐射)的比值。

**21.059 行星反照率** planetary albedo
又称“*局地反照率*”。表征行星表面反射太阳辐射能力强弱的物理量。数值上等于行星表面反射(向上)通量密度与太阳入射(向下)通量密度之比。

**21.060 地球反照率** earth albedo
地球–大气系统对太阳光漫反射的出射度与太阳辐射照度之比。

**21.061 地表反照率** surface albedo
表征地表反射能力强弱的物理量。数值上等于地表面向上的通量密度与向下的通量密度之比。

**21.062 激光测高** laser altimetry
利用机载或星载的激光设备，对地面目标进行高度测量的技术。

**21.063 光电测距** photoelectric distance measurement
利用光电手段实现距离测量的技术。通过测定红外或可见光信号在两点间往返的传播时间，算出两点间距离。

**21.064 摄影测量** photogrammetry
利用摄影相片测定物体的形状、大小和空间位置的技术。

**21.065 航高** flight altitude
空中的飞机到地球表面某一基准水准面的垂直距离。根据所选取的基准面不同，可分为绝对高度、相对高度和真实高度。

**21.066 辐射分辨率** radiation resolution
遥感器在接收光谱辐射信号时能分辨的最小辐射通量差。能分辨的辐射通量差越小，则辐射分辨率就越高。

**21.067 漏扫** missing sweep
遥感区域中由遥感器扫描方式或仪器故障导致的某一部分遥感数据缺失的现象。

**21.068 扫描周期** scan cycle
遥感器前后两个扫描过程的时间间隔。

**21.069 侧视** side observation
遥感器以穿轨方向一定的倾斜角观测地面目标的观测方式。

**21.070 垂直投影** vertical projection
地面点沿铅垂线投到水平面上，得到地面点在水平面上的平面位置，构成地面点的相应平面图形的一种投影方式。

**21.071 投影变换** projection transformation
将一种地图投影点的坐标通过合适的函数变换为另一种地图投影点坐标的过程。

**21.072 遥感通道** remote sensing channel
简称“*通道*”。又称“*探测通道*”。遥感器接收电磁辐射的特定光谱区间。通常用中心波长(频率)、带宽、起止波长(频率)及光谱响应函数来表示。

**21.073 通道选择** band selection
根据遥感目的确定探测波段参数的过程。根据遥感目的，确定需要多少通道、通道所在的光谱段以及详细的起止波长等参数。

**21.074 分裂窗通道** split-window channel
波长为10.5～12.5 μm的大气窗区内的两个相邻遥感通道。其地表发射率差异变化很小，大气透过率差异主要是水汽连续吸收的差异。

**21.075 通道配准** band registration
又称“*波段间配准*”。多波段遥感图像不同波段之间的定位、对齐或重合的配准处理过程，是遥感器的基本要求之一。

**21.076　端元　endmember**
包含单一地物信息的抽象像元或亚像元。受分辨率影响，一个像元的遥感信号往往是若干目标信号的混合结果，采用数学的方法从像元信号中分离出只包含单一地物的像元，称为纯净像元，可以作为一种端元，一般使用丰度表示端元在物理像元中所占的比例。

**21.077　亮目标　bright object**
遥感图像上信号明显高于周围物体的目标。

**21.078　暗目标　dark object**
遥感图像上信号明显低于周围物体的目标。

**21.079　阴影　shadow**
阳光被物体遮挡不能直接照射到的部分。阴影是遥感影像解译的重要标志之一，根据阴影的位置、形状、大小可识别遮挡物体的特征。

**21.080　云污染　cloud contamination**
卫星探测大气或地面特性时，云的存在造成遥感器无法获取目标信号，或目标信号由于云的存在而受到干扰的现象。

**21.081　云检测　cloud detection**
通过采用特定的算法区分出遥感数据中晴空像元和受云影响的像元的过程。

**21.082　同物异谱　different spectra characteristics with the same object**
相同地物由于周围环境、病虫害、季节变化或放射性物质等影响，呈现不同光谱特征的现象。

**21.083　异物同谱　different object with same spectrum**
在某一个谱段区，背景环境等因素的影响造成两个不同地物呈现相同谱线特征的现象。

**21.084　正演　forward modeling**
根据已知的目标状态特性参数，利用理论模型和先验知识来推算目标在遥感器上响应的过程。

**21.085　反演　inversion**
根据遥感器获得的信号，利用理论模型和先验知识来确定目标状态特性参数的过程，即根据观测信息和后向物理模型，求解或推算描述目标真实状况参数的过程。

**21.086　同步反演　simultaneous inversion**
通过求解多参数方程，同时反演多个物理量的方法。可减少参数假定对反演结果的影响。

**21.087　廓线反演　profile inversion**
通过反演的方法得到大气中描述风向、风速、温度、湿度等诸气象要素或气体(如污染气体)浓度的垂直分布曲线或函数的反演过程。

**21.088　浏览图　browse image**
又称“快视图”。数据段或单景遥感图像数据的采样缩略图，由卫星原始数据(或0级数据)经分景(或不分景)、图像增强、采样和波段组合处理后生成的尺寸较小的图像文件。主要供数据存档管理和检索使用。

**21.089　景　scene**
遥感图像的一种分割单位，对连续的图像数据段进行数据分割处理所得的结果。数据分景以预设的网格编号对数据进行编排，将遥感数据在逻辑上划分成一系列的单元。每一个分景单元对应着地面相对固定的区域，以便于对遥感数据的管理和用户的检索。在预设的网格基础上对图像范围进行上浮或下移的结果称为移动景。

**21.090　正射影像**　orthophotograph，orthophoto，orthoimage

利用数字高程模型，消除中心投影性质的遥感影像由地面高程起伏所造成的像点位移后，在地面控制点的支持下，采用微分校正原理将该影像校正并映射到某一地图投影坐标系下得到的遥感影像。

**21.091　条带噪声**　stripe noise

一种由遥感器各探测器单元光谱或辐射响应的细微差异或者传感器信号响应的随机波动导致的获取的遥感图像中产生的噪声。

**21.092　尺度转换**　scale transform

利用物理转换模型或数学转换关系，消除来自模型非线性和空间异质性的遥感产品尺度差异的过程。

**21.093　[空间]尺度效应**　spatial-scale effect

遥感图像随空间分辨率变化而变化的现象，即由于地表空间异质性和遥感模型非线性，不同分辨率遥感反演结果不一致的现象。

**21.094　光谱角匹配**　spectral angle match，SAM

又称“夹角余弦法”“光谱角制图法”。通过一个测试光谱(像元光谱)与一个参考光谱之间的“角度”来确定两者之间的相似性的方法。夹角越小越相似。参考光谱可以是实验室测定或野外测定或从图像上提取的像元光谱。

**21.095　几何定位**　geometric positioning

确定遥感图像像元在物方空间坐标系中的三维坐标的过程。

**21.096　目视判读**　visual interpretation

又称“目视解译”。借助人的知识，直接观察遥感影像，研究目标物在影像上的特征(如形状、大小、位置、彩色、灰度、阴影、纹理等)及目标物之间的相互关系，通过分析、判断识别目标的分布、类型、性质的过程。

**21.097　观测算子**　observation operator

将模式空间上的分析变量通过空间插值和物理模型变换到观测空间的算法或模型。

**21.098　客观分析**　objective analysis

对时空分布不规则的观测资料在一定约束下进行无人工调整的分析处理过程。

**21.099　波段运算**　band calculation，band math

对不同波段图像中的像元值进行数学运算的过程。把结果输出到一张新的图像，使这新的图像具有新的物理意义。例如，近红外波段减去红光波段图像就是一帧差值植被指数的图像。

**21.100　地面应用系统**　ground system

地面上对遥感卫星及其数据进行管控、接收记录、处理和分发的各个系统的总称。不同卫星的地面应用系统，可以根据实际需求确定其组成。如美国 LANDSAT-8 卫星地面应用系统由4个主要部分组成：①计划安排；②任务运行；③地面数据接收站；④数据处理及存档。

**21.101　直接模式**　direct mode

遥感卫星在获取观测数据的同时，就将获取到的数据发送到地面，供地面应用系统接收和处理的工作方式。

**21.102　回放模式**　playback mode

卫星在获取观测数据时，先将数据存储在星上存储器中，待卫星飞临预定的地面数据接收站或得到进一步指令时，再将数据发送到地面的工作方式。

**21.103　工程数据**　engineering data，telemetry data

卫星星上用于监控管理星上执行卫星任务及支撑卫星运行的仪器、设备或分系统的状态及测控数据。如卫星姿态轨道控制数据、电源及温度控制数据、星上数据管理数据、数据采集与传输等设备或系统的状态或统计数据。

**21.104　载荷数据**　payload data

卫星星上直接执行卫星任务的仪器、设备或分系统采集到的信息数据。如执行光学遥感任务的卫星，星载CCD相机、红外相机等光学遥感设备采集到的可见光/近红外、短波红外、热红外等波段的地面图像数据。

**21.105　[遥感采样]重访周期**　revisit cycle

又称“重复周期”“时间分辨率”。对同一地点进行遥感采样的时间间隔。其倒数为采样的时间频率。它由飞行器的轨道高度、轨道倾角、运行周期、轨道间隔、偏移系数等参数决定。

**21.106　地面控制点**　ground control point

对航空相片和卫星遥感影像进行几何纠正和地理定位时，通过实地测量等途径已获取三维地理坐标的地面点。它的数量、质量和分布直接影响了影像纠正的精确性和可靠性。

**21.107　混合光谱分解**　spectra unmixing

假设某一像元的光谱是由有限几种地物的光谱曲线按某种函数关系和比例混合而成，通过某种分析和计算估计出光谱混合方式和混合像元包含的光谱成分及相应比例的过程。

**21.108　光矢量追踪**　light vector trace

根据遥感平台和遥感器技术参数、遥感目标和传输介质特性参数，从遥感探测器获得信号，用数学模型表达确定经历光源发射、目标响应、传输介质影响、进入遥感器、在遥感器内部传输、最终到达探测元器件的光在三维空间传输的完整物理过程。

**21.109　植被指数**　vegetation index

选择能反映绿色植物生长状况的光谱波段探测数据，进行组合、运算得到的指数。如“农业植被指数(AVI)”“比值植被指数(RVI)”“归一化植被指数(NDVI)”等。

**21.110　红边蓝移**　red edge shift to blue

植被反射光谱在红光向近红外过渡的波段具有的陡坡特征因植物病虫害等原因而发生的该波段位置向蓝光方向(短波方向)偏移的现象。

# 22. 光通信技术

**22.001　光通信**　optical communication

一种以光波为信息载体的通信技术。以光纤为传输媒介的称为光纤通信，以大气或真空为传输媒介的称为无线光通信。

**22.002　光纤通信**　optical fiber communication

以光波作为信息载体，以光纤作为传输线路的通信方式。由于光纤通信具有通信容量大、传输距离长、保密性强、节约铜材、不受电磁干扰和抗核辐射等优点，已经成为现代通信网的骨干网络。

**22.003　空间光通信**　space optical communication

又称“空间激光通信(space laser communication)”。以激光作为载波，以大气和宇宙空间作为传输介质的信息传输技术。

**22.004　激光通信**　laser communication

一种以相干性和指向性好的激光为信息载体的通信技术。

**22.005　水下激光通信**　underwater laser communication

以海水为信道的激光通信技术。450～550 nm波段内蓝绿光是海水的透光窗口。

**22.006　大气激光通信**　atmosphere laser communication

以大气作为信道的激光通信技术。主要用于完成点到点或点到多点的信息传输，主要采用半导体激光器为光源。

**22.007　红外通信**　infrared communication

一种用近红外波段光作为信息载体的光通信技术。如便携式计算机之间的信息传输。由于大气衰减，红外通信的距离一般不长，宜于在室内使用。

**22.008　太赫兹波通信**　terahertz communication

以太赫兹波为信息载体进行信息传输的技术。太赫兹波通信具有巨大的带宽资源，有利于实现高速、大容量通信。

**22.009　光纤通信系统**　optical fiber communication system

以光波作为信息载体，以光纤作为传输媒介，包括发射机、以光纤为主的传输光路以及光接收机的一种完整的通信系统。

**22.010　相干光通信系统**　coherent optical communication system

采用相干光传输和相干检测技术的光通信系统。

**22.011　自由空间光通信系统**　free-space optical communication system

利用激光作为信息载体，在自由空间(陆地或外太空)进行信息传输，包括发射机、光学天线以及接收机的完整通信系统。

**22.012　光传输系统**　optical transmission system

利用光波做载体进行信息传输的系统。包括基于光纤的光通信系统和空间无线光通信系统。

**22.013　光纤传输系统**　optical fiber transmission system

由光源、光纤和光检测器构成的信息传输系统。

**22.014　异步传输模式**　asynchronous transfer mode，ATM

一种基于固定长度(53 字节)信元但信元非周期随机到达(异步)的传输与交换的通信方式。是一种为多业务设计的、通用的、面向连接的、异步的传输方式。

**22.015　传输系统误码率**　bit error ratio，BER

简称“误码率”。数字光通信系统(包括数字图像通信系统)中，接收到的码元被错误判决的概率。在长时间测试中，误码率可以表示为错误判决的码元数占总传送的码元数的比例。

**22.016　信息传输速率**　data transfer rate

简称“传输速率”。又称“数据传输速率”“比特率”。在以数字格式传输数据的系统中单位时间内传输的信息量。单位为位/秒(bit/s)。所述的数据传输系统，包括数字通信系统、数据传输设备以及计算机总线、板级数据传输线和片内数据传输通道等。信息传输速率在数值上等于符号传输速率(单位为波特)与单个符号所承载的信息量(单位为比特)之乘积。

**22.017　符号速率**　symbol rate

单位时间内产生或者传输的符号个数。单位

为波特。

**22.018　虚容器**　virtual container，VC

一种用来支持数字同步体系通道层连接的信息结构，由重复周期的块状帧结构中的信息净荷和通道开销组成。虚容器的输出将作为其后接入的支路单元(TU)或管理单元(AU)的信息净荷。

**22.019　光载波**　optical carrier

简称“载波”。由于承载信息而未被调制的光波。

**22.020　光直接探测系统**　optical direct detection system

又称“强度检测系统”“干检测系统”。利用光电检测器直接将光强信号转换为电信号的光探测系统。

**22.021　光发射机**　optical transmitter

将用户信息调制到光的强度、幅度、相位、频率、光子态中的某个或者多个参数上，并发射到传输介质(大气、自由空间、光纤等)的设备。

**22.022　可调谐光发射机**　tunable optical transmitter

输出光波长可以动态调节的光发射机。

**22.023　预啁啾**　prechirp，PCH

在光信号发送前对光载波做一些特定的频率调制，以便抵消传输过程中光信号频谱畸变、延长传输距离的方法。

**22.024　预均衡**　pre-equalization

为补偿在传输信道中信号发生的失真而在发送端提前对信号做相应预处理的技术。例如，在波分复用系统中，为了补偿放大器的增益谱不均衡，在传输前提高放大器增益低波长的输入信号，使输出信号的频谱趋于均衡。

**22.025　后均衡**　post equalization

在接收端对失真波形整形而采取的相应技术手段。

**22.026　光接收机**　optical receiver

从传输介质(大气、自由空间、光纤等)中接收来自光发射机、传感器或者遥感设备发出的光信号，并从接收到的光信号中解调出原始信息的设备。

**22.027　光平衡接收机**　optical balanced receiver

一种用于相干接收的、能够检测输入光信号复振幅的光接收机。它通常包含光混频器和差动接收光探测器两部分，其中光混频器完成待接收光信号和本振光信号复振幅的加减与相移运算，差动接收光探测器完成复振幅的模方运算，最后获得待接收信号的强度与相位信息。

**22.028　光接收机灵敏度**　optical receiver sensitivity

在保证光通信系统达到所要求的误码率的条件下，接收机所需要的最小平均接收光功率。单位为dBm。

**22.029　光接收机动态范围**　optical receiver dynamic range

简称“动态范围”。一个系统对于激励做出正确响应的最大激励量与最小激励量之比。单位为dB。针对特定的系统和激励，具体的动态范围有特定的含义。例如，对于光接收机，其动态范围定义为正确接收的最大入射光功率与最小入射光功率之比；对于光放大器，其动态范围定义为能够放大的最大输入功率与最小输入功率之比；对于光学遥感器，其动态范围定义为可测量的最大非饱和信号与光学遥感器的可检测的最小信号之比等。

**22.030　偏振分集接收**　polarization diversity receiving，PD receiving

将接收到的光信号按正交偏振方向分束，分别进行光电转换后进行代数相加的一种接收技术。目的在于消除光信号在传输过程中偏振态的随机变化的影响。

**22.031　相干检测**　coherent detection

通过本地激光器与接收到的光信号拍频，以获得光的幅度、频率、相位，以及偏振等被调制信息的一种接收技术。包括外差接收和零差接收两种。

**22.032　光中继器**　optical repeater

在光通信系统中补偿由传输光路引起的光信号能量损耗和消除光信号畸变的装置。对于光纤通信，传输光路包括光纤及相关器件；对于无线光通信，传输光路包括大气、太空以及相关的光学器件等。主要功能包括光信号功率放大、光信号波形整形与定时三项。

**22.033　光学复用技术**　optical multiplexing technique

简称“光复用(optical multiplexing)”。在光通信系统、光传感系统以及其他光信息传输系统中，利用光的频率(波长)、相位、时隙、模式、偏振等不同的特征参数分别承载不同的信息(用户信息、被检测的信息等)，组合成一个更高速率调制或者多参数调制的光信号在同一介质信道中一起传输的多通道传输技术。该技术可有效提高信道的利用率。

**22.034　光解复用**　optical demultiplexing

在光通信系统、光传感系统以及其他光信息传输系统中复用过程的逆过程。即将来自同一介质信道的一个更高速率调制或者多参数调制的承载多个信息的光信号，分离为多个低速率调制或者单一调制光信号的过程。

**22.035　光时分复用**　optical time division multiplexing，OTDM

在光通信中，将多个低速率信号所承载的信息按照不同时隙组合到高速率信号的复用技术。

**22.036　光码分复用**　optical code division multiplexing，OCDM

将多个低速率信号去调制不同组的由高速率码元构成的码字从而以高速率传输的复用技术。

**22.037　光频分复用**　optical frequency division multiplexing

将多个不同频率承载不同用户信息的光信号组合为一个宽带多光频信号的复用技术。由于光的频率和真空中的波长一一对应，频分复用即波分复用，但通常频分复用的波长间隔较小。

**22.038　光正交频分复用**　optical orthogonal frequency division multiplexing，OOFDM

将多个调制速率等于频率间隔的不同频率的光信号组合为一个多光频信号的光频分复用技术。

**22.039　波分复用**　wavelength division multiplexing，WDM

将多个不同波长承载不同信息的光信号组合为一个宽谱多波长光信号的复用技术。由于光的频率和真空中的波长一一对应，波分复用即频分复用，但“波分复用”常用于波长(频率)间隔较大的场合，而“频分复用”常用于波长(频率)间隔较小的场合，当频率间隔在100 GHz以下时，称为密集波分复用。

**22.040　粗波分复用**　coarse wavelength division multiplexing，CWDM

信道间隔为 20 nm 的波分复用方式。按国际电信联盟2002年规定(ITU-T G.684.2)，粗波分复用的信道间隔为 20 nm，波长范围为1270～1610 nm。2003年国际电信联盟对波长范围进行了重新规定，调整为1271～1610 nm。

**22.041 密集波分复用** dense wavelength division multiplexing，DWDM

信道频率间隔不大于100 GHz（约0.8 nm）的波分复用方式。国际电信联盟2002年规定（ITU-T G.694.1），密集波分复用的信道频率间隔为100 GHz（约0.8 nm），参考频率为193.10 THz（1552.52 nm）。现在DWDM系统的频率间隔可以达到50 GHz甚至25 GHz。

**22.042 空分复用** spatial division multiplexing

按照电磁波空间位置分割，将多个空间位置或方向不同的信号复用到同一信道中进行传输的技术。通常利用不同物理空间介质实现空分复用。

**22.043 模分复用** mode division multiplexing

将多个承载不同信息的单模光信号组合成一个多模光信号并在同一信道中进行传输的复用技术。在光纤通信中，可以利用多模光纤进行模分复用传输。

**22.044 偏振复用** polarization division multiplexing，PDM

将多个承载不同信息的单偏振光信号组合成一个多偏振态光信号并在同一信道中传输的复用技术。

**22.045 光波分复用器** wavelength division multiplexer，WDM

简称"复用器""波分复用器"。特指在波分复用光通信系统中，将多根光纤（波导）中的不同波长的光会聚到单根光纤（波导）中的光器件。

**22.046 熔锥型波分复用器** fused wavelength division multiplexer

采用光纤熔融拉锥法制成的波分复用器。

**22.047 滤波片型波分复用器** filter-based wavelength division multiplexer，FWDM

利用镀膜滤光片的波长选择性透射或反射实现不同波长光的分离或合成的一类波分复用器。滤波片型波分复用器比熔锥型波分复用器工作带宽宽，但插入损耗稍大。

**22.048 光波分解复用器** optical wavelength division demultiplexer

简称"解复用器""波分解复用器"。一种能够将在同一波导中传输的多个波长（或频率）的光波分解到对应的多根波导中传输的光波导器件。常利用布拉格波导光栅、波导阵列光栅等器件实现。

**22.049 终端复用器** terminal multiplexer，TM

在光线路终端或光信道终端实现信号复用的设备或功能组件。

**22.050 光分插复用器** optical add/drop multiplexer，OADM

从波分复用系统多波长信道中分出或插进一个或多个波长的光波分复用器。有固定型（fixed OADM）和可重构型（ROADM）两种类型，固定型只能上下一个或多个固定的波长，节点的路由是确定的。

**22.051 可重构光分插复用器** reconfigurable optical add/drop multiplexer，ROADM

一种能动态调节上下通道波长从而灵活分配网络的波长资源的光分插复用设备。

**22.052 光交叉复用器** optical interleaver

将分别在两根光纤中传输的奇次波道和偶次波道交织成一个顺序排列的波长组并在一根光纤中传输的复用器。

**22.053 太赫兹光非对称解复用器** terahertz optical asymmetric demultiplexer，TOAD

一种具有光纤萨尼亚克干涉仪结构并在光环路中非对称地置入有源器件，以便在控制信号作用下从高速光时分复用信号中解出某单路信号的解复用器。被解调的信号速率可达 Tbit/s 量级，故名太赫兹解复用器。

**22.054　调制　modulation**
用一个信号去控制另一个物理对象(光、电磁波、光纤折射率等)的某一参量的过程。其中控制信号称为调制信号，被控制参量如果是电磁波或者光波，则称为载波。用调制信号改变载波的某些参量，使之随信号的变化而变化，通常有调幅、调频、调相、调光强、调偏振等调制方式，大体分为模拟调制、数字调制两大类调制。

**22.055　光调制　optical modulation**
被调制的物理对象是光的调制过程。

**22.056　光强度调制　optical identity modulation**
简称“强度调制”。被调制的光参数是光强的调制过程。

**22.057　相位调制　optical phase modulation**
被调制的光参数是光相位的调制过程。

**22.058　自相位调制　self-phase modulation**
光在非线性介质中传播时，光的相位受到光自身强度调制的一种非线性现象。该现象来自介质的三阶非线性效应(克尔效应)。

**22.059　交叉相位调制　cross phase modulation**
又称“互相位调制”。光在非线性介质中传播时，光的相位受到其他波长、其他偏振方向或者其他模式光的强度调制的一种非线性现象。该现象来自介质的三阶非线性效应(克尔效应)。

**22.060　偏振调制　polarization modulation**
被调制的光参数是光偏振态的调制过程。

**22.061　频率调制　frequency modulation**
又称“调频”。被调制的光参数是光瞬时频率的调制过程。

**22.062　交叉增益调制　cross gain modulation，XGM**
两束光波同时通过同一光放大系统时，放大系统对一束光的增益受到另一束光的光强调制的现象。

**22.063　空间调制　spatial modulation**
当一束具有二维分布的光通过一个光学系统时，不同位置的光受到不同调制的一种调制方式。

**22.064　锯齿波调制　sawtooth modulation**
调制信号是具有一定周期的锯齿波的一种调制方式。

**22.065　电光调制　electro-optic modulation**
利用电光效应进行光波调制的方法。根据所施加的电场方向，可分为纵向电光调制和横向电光调制。

**22.066　声光调制　acousto-optic modulation**
利用声光效应以超声波对光载波进行调制的方法。声波在透明介质中传播时，介质折射率发生周期性变化，若光以恰当的角度入射的光束在不同方向上衍射或散射，使光信号的强度、频率和偏转方向等发生变化或受到调制，变化的量值则随声波的波长、强度和传播速度等参量而变。

**22.067　磁光调制　magneto-optic modulation**
利用光的偏振面在磁场作用下能够旋转(磁光效应)的一种光调制方法。

**22.068 电磁调制** electromagnetic modulation
通过稳频稳幅的交流电源驱动电磁铁，利用电磁驱动反射镜实现与交流电源同频率振动，从而实现反射光的调制。

**22.069 调制带宽** modulation bandwidth
调制信号在各种调制方式下能够实现调制的最大频率范围(带宽)。

**22.070 调制度** modulation
被调制的物理对象的某个参数调制后的最大单向变化量与未被调制时的平均值之比。无量纲。

**22.071 调制不稳定性** modulation instability
当直流连续光在非线性介质中传输时，环境扰动、光源的波动以及其他扰动因自相位调制而导致光功率不稳定从而产生自脉冲的现象。

**22.072 光信号消光比** extinction ratio，ER
简称“消光比”。数字光信号两种不同光强状态的功率比。单位为 dB。

**22.073 解调** demodulation
从已调信号中恢复调制信号的过程。

**22.074 光调制器** light modulator
使光波的某一参量随调制信号而变从而将信息载在光波上的一种器件。按工作原理可分声光调制器、电光调制器、磁光调制器和机械调制器。按调制参数来分有相位调制器、偏振调制器、强度调制器等，按调制信号来分有模拟调制器和脉冲编码调制器。

**22.075 电光调制器** electro-optical modulator
调制信号是电信号而被调制的物理对象是光波的一类调制器。通常是利用电光晶体的电光效应实现，但不限于电光效应。

**22.076 光波导调制器** optical waveguide modulator
由控制信号改变波导传输光波参数的一种光调制器。通常是利用电信号改变波导的折射率、双折射并配合其他无源光器件来实现光波的相位、强度、频率或偏振态等，故分别称为相位调制器、强度调制器等。

**22.077 电光波导调制器** electro-optical waveguide modulator
利用波导材料的电光效应(如泡克耳斯效应)将控制信号所承载的信息调制到传输光波上的光波导调制器。常见的有铌酸锂电光波导调制器。

**22.078 声光波导调制器** acoustic-optical waveguide modulator
利用波导材料的声光效应改变波导折射率，形成声光光栅，进而改变传输光波某种参数的光波导器件。该器件能实现的常见功能包括：声光强度调制、声光频率调制、声光偏转、声光模式(偏振态)变换和声光滤波等。

**22.079 磁光波导调制器** magneto-optical waveguide modulator
利用波导材料的磁光效应控制波导的折射率变化、改变传输光波偏振态，进而实现光调制的波导器件。如利用法拉第旋光效应(即线偏振光沿平行于磁场方向传播时偏振面发生旋转的现象)实现偏振态的调制，与其他偏振器结合还可实现光强度调制。

**22.080 磁光调制器** magneto-optic modulator
利用晶体的磁光效应(如法拉第效应、科顿-穆顿效应)对光波某一参数(如振幅、频率、光强、相位等)进行调制的光波导调制器。

**22.081 空间光调制器** spatial light modulator，SLM
实现对一束具有二维分布的空间光进行调制的电光调制器。可实现的空间调制包括改变光的振幅或强度、相位、偏振态以及波长的空间分布，或者把非相干光转化成相干光，可应用在实时光学信息处理、光计算和光学神经网络等系统中。

**22.082　实时空间光调制器　real-time spatial light modulator**

可满足光学实时信息处理要求的空间光调制器。主要利用的物理效应为泡克耳斯效应、混合场效应、形变热塑和光导热塑、声光效应、磁光效应等。使用的有泡克耳斯调制器、液晶显示器、热塑材料显示器、$LiNbO_3$铁电晶体空间声光调制器、德拜–西尔斯调制器、拉曼–奈斯调制器、布拉格角调制器、$LiNbO_3$调制器、$LiTaO_3$调制器、钛锆酸镧铅(PLZT)显示陶瓷、光致二向色显示器、氘代磷酸二氢钾显示器、法拉第磁光调制器、磁光克尔调制器、塞曼调制器、半导体激光调制器等。

**22.083　相位调制器　phase modulator**

基于电光、弹光等光学效应，通过对波导施加电场或机械应力，使得波导中传输光的相移随波导内电场或应变而变化的光调制器。常用的相位调制器有$LiNbO_3$光调制器、压电陶瓷调制器等。

**22.084　电光相位调制器　electro-optical phase modulator**

基于电光效应、调制信号为电的相位调制器。

**22.085　电吸收调制器　electric absorption modulator**

利用波导材料的电吸收效应，如量子限制的斯塔克(Stark)效应、弗朗兹–凯尔迪什(Franz-Keldysh)效应，实现控制信号对传输光波强度调制的一种电光调制器。常见的有InP系半导体化合物电吸收光调制器，该类型强度调制器一般都伴随有啁啾现象。

**22.086　马赫–曾德尔调制器　Mach-Zehnder modulator，MZM**

基于马赫–曾德尔干涉仪原理，将输入光分成两路功率相等的信号，分别进入由两个光耦合器级联组成的光路，利用电信号或者光信号改变两个光路的光程差，从而实现对光波调制的光调制器。

**22.087　液晶空间光调制器　liquid crystal light spatial modulator，LC-LSM**

利用液晶实现的一种空间光调制器。其原理为：在二维分布式电场作用下，不同位置的液晶分子排列方向和位置变化，从而导致其反射率、透射率或折射率分布变化。

**22.088　半波电压　half-wave voltage**

加在电光相位调制器上使其中的传输光的相位改变180°时，或加在强度调制器上使被调制的光强度从最大值变化到最小值(或反之，从最小值变化到最大值)时所需要的电压。电光调制器半波电压的大小与调制器材料的折射率、电光系数、电极形式(集总/行波电极)、电极结构参数以及调制信号频率等多种因素有关。

**22.089　集总参数型调制电极　lumped modulator electrode**

一种采用集总型参数来设计的光波导调制器的平面电极结构。采用该种电极结构的光波导调制器的调制带宽主要受限于该电路的RC参数。

**22.090　行波型调制电极　traveling-wave modulator electrode**

一种将电极作为行波传输线来设计制作的光波导调制器的电极结构。在这种电极结构中，高频电信号沿着电极传输线做行波运动，其方向与光波传输方向一致，速度尽可能匹配，从而增加电信号对光信号的作用长度，可获得较宽的调制带宽。

**22.091　光纤通信网**　optical fiber telecommunication network

以光纤通信为基础构成的、具有多个节点和多条路径的通信网络。

**22.092　光传送网**　optical transport network，OTN

以光纤为基础，仅实现光信号的传送、复用与解复用等功能以及相应的控制管理功能的光纤通信网络。由传输链路(link)和交换节点(node)构成。

**22.093　分组传送网**　packet transport network，PTN

以分组业务为传送单位，承载电信级以太网业务，支持多业务传送和服务质量保证的光传送网。

**22.094　全光网络**　all optical network

用户信息在网络内部传送和交换时，始终保持光信号形式而不进行光电或者电光转换的光纤通信网。一般认为，全光网内部传送的管理与控制信息可以进行光电或者电光转换，用户信息的光电或者电光转换只可以在网络的边缘节点进行。

**22.095　波长交换光网络**　wavelength switched optical network，WSON

基于波分复用技术，以光波长信道为交换单元进行传输和交换的光网络。

**22.096　自动交换光网络**　automatically switched optical network，ASON

拥有控制平面、自动(非人工)实现网络的动态控制与资源管理的光传送网。用以实现网络资源按需分配与智能化。

**22.097　弹性光网络**　elastic optical network

信号带宽、调制格式或者传输速率可根据需要重新配置的光网络。其中，传输频率和带宽可调的弹性光网络称为灵活带宽光网络(flexible bandwidth optical network)。

**22.098　软件定义光网络**　software defined optical network

以软件方式实现网络控制与规划的光网络。将路由器或交换机的控制平面和数据平面分离，是一种虚拟化光网络。可以让网络管理者或智能控制器在不改动硬件设备的前提下，以中央控制方式，用程序重新规划光网络，并控制网络流量。

**22.099　软件定义无源光网络**　software defined passive optical network

被控制与规划的网络是无源网络的一种软件定义光网络。

**22.100　异构光网络**　heterogeneous optical network

存在两个或两个以上不同信号类型、网络设备、节点结构、传输技术、控制机制和协议的光通信网络。

**22.101　同步光网络**　synchronous optical network，SONET

基于严格时钟同步(比特同步)与帧同步的数字传输系统的传输网络。根据国际电信联盟电信标准部(ITU-T)的建议，在同步光网络(SONET)中采用同步数字网络(SDH)的信息结构，以便使不同速率、不同体制的数字信号通过复用和映射，组成一个统一的信息结构和相应的技术体制。

**22.102　光接入网**　optical access network

又称“接入传送网(access transmission network)”。连接光骨干网或者核心网与用户的全部或部分采用光纤作为传输介质的网络。是光传输支持的共享同一网络侧接口的接入连接的集合。接入网内部的各个用户之间不直接进行信息交换。

**22.103　无源光网络**　passive optical network，PON

除了网络的终端设备需要供电以外，网络内部全部由无源光器件组成的光接入网。其基本结构由光线路终端(OLT)、光网络单元(ONU)和光分配网(ODN)组成。

**22.104　光分配网络**　optical distribution network，ODN

处于无源光网络线路侧终端(OLT)和用户单元(ONU)之间的、由光纤和光无源器件组成的光网络。是光纤接入网的一部分。

**22.105　千兆无源光网络**　gigabit-capable passive optical network，GPON

在物理层支持千兆(Gbit/s)传输速率的无源光网络。

**22.106　时分复用无源光网络**　time division multiplexing passive optical network，TDM-PON

以时分的方式作为接入技术、将不同时隙分配给不同用户单元(ONU)使用的无源光网络。

**22.107　波分复用无源光网络**　wavelength division multiplexing passive optical network，WDM-PON

采用波分复用作为接入技术、将不同波长分配给不同用户单元(ONU)使用的无源光网络。一般有三种方案：第一种是每个用户单元分配一对波长，分别用于上行和下行传输；第二种是用户单元采用可调谐激光器，根据需要为用户单元动态分配波长，各用户单元能够共享波长；第三种是采用无色用户单元(colorless ONU)，即ONU与波长无关方案。

**22.108　光纤无线网络**　optical fiber-wireless network

组合了无源光纤网(PON)和无线网状网(WMN)的一类网络。光网络用于提供长距离、高带宽通信，无线网络用于提供无所不在的、灵活的用户最后一公里接入服务。

**22.109　空间光网络**　space optical network

以空间光通信为基础构成的、具有多个节点和多条路径的通信网络。

**22.110　空间全光网络**　space all-optical network

信号只是在进出空间光网络时才进行电/光和光/电的变换，而在网络内部传输和交换时始终以光的形式存在的空间光网络。

**22.111　光网络规划**　optical network planning

在一定的光网络资源(如光纤跨度、节点数目、建设费用等)限制下满足一定的业务需求(如系统容量等)的计算、设计的过程。通常包括网络分层、设备选择、拓扑设计、生存性设计、业务调度规划等。

**22.112　网络管理系统**　network management system，NMS

一个用来监测与管理网络的软硬件结合应用系统。根据国际电信联盟电信标准部(ITU-T)建议的电信管理网络(telecommunications management network)层次模型，它具有性能管理、配置管理、安全管理、计费管理和故障管理等功能。

**22.113　网元管理系统**　element manager system

管理特定类型的一个或多个电信网元的系统。根据国际电信联盟电信标准部建议的电信管理网络层次模型，通过北向接口与网络管理系统相连，通过南向接口与网元相连。

**22.114　标记管理系统**　label management system，LMS

多协议标签交换(multi-protocol label switching)网络中，标记边缘路由器(LER)用来管理标记分发的系统模块。

**22.115　光纤自动监测系统**　optical fiber line automatic monitoring system，OAMS
又称“*光缆自动监测系统*”。采用告警、测试、数据库、网络控制、业务流程控制和地理信息系统等技术，将光纤测试、网管告警与维护体制全面结合起来，通过对光缆的实时自动监视、告警信息的自动分析，自动启动相应的测试，对故障进行自动定位、自动派修，从而压缩障碍历时，把用户的损失降到最低的监控系统。

**22.116　频谱资源管理**　spectrum resource management，SRM
在弹性光网络中，通过引入频谱标签，兼容不同的频谱格式，并根据频谱信息进行路由计算与频率选择的一种对全网频谱分配的集中管理方式。

**22.117　频谱碎片整理**　spectrum defragmentation
在弹性光网络中，对动态业务的建立和拆除过程中产生的频谱碎片进行整理的一种管理方式。频谱碎片整理通过对已建立的业务进行调整来消除频谱碎片以提高频谱资源利用率。

**22.118　控制平面**　control plane，CP
自动交换光网络中，由实现控制功能的网络组件组成的网络平面。可以进行网络自动连接交换和资源管理。在多域或异构网络中实现的具有相同结构、相互兼容、相互统一的控制平面称统一控制平面(unified control plane，UCP)。

**22.119　管理平面**　management plane，MP
自动交换光网络中，由实现管理功能的网络组件组成的网络平面。完成管理者与网络之间的管理交互。

**22.120　传送平面**　transport plane，TP
自动交换光网络中，由一系列的传送实体(传输数据的硬件和逻辑)组成的网络平面。在两个节点之间提供端到端用户信息传送，也可以提供控制和网络管理信息的传送。

**22.121　链路状态公告**　link state announcement，LSA
一种链路状态协议[如开放式最短路优先路由协议(OSPF)]使用的协议报文。它包括有关邻居节点和链路代价的信息，用于将本地的链路状态变化信息传递至子网中的其他节点，实现链路资源信息的同步。

**22.122　网络侧接口**　network to network interface，NNI
光网络中不同网络域之间或域内控制面实体之间的信令接口。实现多个网络域中的连接的建立、维护和删除等功能。分为内部网络–网络接口(I-NNI)和外部网络–网络接口(E-NNI)。

**22.123　用户侧接口**　optical-user-to-network interface，O-UNI
又称“*用户网络接口*(user network interface，UNI)”。光网络中用户设备和传送网络之间的物理接口。它定义了传送网络提供的连接服务，规定了调用服务所使用的信令协议，同时提供了传送信令消息所使用的机制，并可辅助信令来实现自动发现等功能。

**22.124　网络接口设备**　network interface unit，NIU
控制用户终端与通信网络进行交互的一种接口设备。位于运营商本地环路和用户线路的分界点。

**22.125　交换连接**　switched connection

自动交换光网络中，由终端用户向控制平面发起呼叫，在控制平面内通过信令建立起的一种连接建立方式。

**22.126　永久连接**　permanent connection

自动交换光网络中，通过网络管理平面向网元下发命令建立长期业务的一种连接建立方式。

**22.127　软永久连接**　soft permanent connection

自动交换光网络中，用户到网络单元之间的连接由网络管理平面直接配置；而网络单元之间的连接由网络管理平面向入口网元控制平面发起请求，由控制平面完成的一种连接建立方式。这种方式介于交换连接和永久连接之间。

**22.128　虚级联**　virtual concatenation，VC

一种针对同步光网络/同步数字网络(SONET/SDH)、光传送网(OTN)和异步数字(PDH)通道信号定义的反向复用网络技术。在光通信网络中，采用虚级联技术的承载业务的各个虚容器是独立的，位置可以灵活处置，可以方便、灵活地在传输通道的任何一点取出或插入，进行同步复用或交叉连接。

**22.129　片上光互连**　on-chip optical interconnect

在同一芯片上实现各单元之间信息传递功能的一种光学连接。通常基于光波导实现这种信息互连的技术。

**22.130　光信道**　optical channel，OCh

光传送网中，被封装在单个波长中的光信号传输通道。在光传输信息载荷上增加光信道开销进行传输的信号单元。

**22.131　光信道间干扰**　inter channel interference，ICI

在给定光传输信道里，来自其他一路或多路信道中的信号对该信道的光所产生的干扰。

**22.132　邻近信道干扰**　adjacent channel interference

在给定光传输信道里，相邻信道中的信号对该信道的光所产生的干扰。

**22.133　光信道适配**　optical channel adaptation，OCA

光传送网中，实现光信道的信号格式调整与整合功能的过程。负责客户层信号(如 SDH 信号)与给定带宽的光信号之间的适配，同时也负责加入和取出光信道开销。

**22.134　光监控信道**　optical supervisory channel，OSC

光传送网中，用于传送光信号质量监控信息的独立光信道。

**22.135　光旁路**　optical bypass

光信号在网络节点的某输入端口经旁路光纤直接连接至某输出端口的一种操作。这时，光信号既不进行下路，也不进行光–电–光转换。

**22.136　激光通信链路**　laser communication link

简称“激光链路(laser link)”。空间光通信系统中，由光发射机、光接收机以及光传播的大气组成的两个节点间的物理通道。依据传输介质和通信目标的不同，可以有星间激光链路、星地激光链路、深空激光链路、月地激光链路等。

**22.137　开销**　overhead

光通信中，在帧结构中为实现网络的运行、管理、维护和指配而设定的，不能用以传输用户信息的相关字节。

**22.138　段开销**　section overhead，SOH

为实现同步数字网络的运行、管理、维护和

指配，按照同步数字协议模型规定的传输段的开销。

**22.139 再生段开销** regenerator section overhead，RSOH

按照同步数字网络协议模型中规定的再生段终结的段开销。

**22.140 复用段开销** multiplex section overhead，MSOH

按照同步数字网络协议模型中规定的复用段终结的段开销。

**22.141 光功率代价** power penalty

光传输系统中，为了补偿由于抖动、漂移和色散等各种因素使系统传输性能劣化而需要增大的发射光功率。一般系统最大可以容忍的光功率代价是1dB。

**22.142 光交换** optical switching

光信号在光信道之间不经过光电转换(保持光的形式不变)实现的转移。

**22.143 光路交换** optical circuit switching，OCS

为每一个连接请求建立从源端到目的地端的光链路，链路上每一段均分配一个专用波长的光交换方式。交换过程分如下三个阶段：①链路建立阶段，是双向的带宽申请过程，需要经过请求与应答确认可用的链路；②链路保持阶段，链路始终被通信双方占用，不允许其他通信方共享该链路；③链路拆除阶段，任意一方首先发出断开信号，另一方收到断开信号后进行确认，资源就被真正释放。

**22.144 光分组交换** optical packet switching，OPS

将用户数据划分成若干个等长或不等长的分组，并加上一个含有地址信息的分组头，在网络节点上根据分组头指明的目的地址，采用存储转发的方式将分组转发到新信道上的光交换方式。

**22.145 光突发交换** optical burst switching，OBS

一种基于数据分组和控制分组分离的光交换方式。将多个抵达网络源端的数据包封装成一个大数据包(突发包)，并加上控制头，控制头先于突发包发送，在沿途准备出一个新信道，使突发包转发到新信道的光交换方式。典型的数据净荷是由大量分组所构成的大粒度数据流，它直接在端到端透明传输通道中传输和交换。

**22.146 光流交换** optical flow switching，OFS

数据单元以流的方式在一段时间内沿着网络中相同的波长信道持续地穿过光网络的光交换方式。光流交换网络所有的数据队列在终端用户处排队，网络的核心节点不再需要缓存功能，光流交换的流量在核心节点高效聚合。

**22.147 光时片交换** optical time slice switching，OTSS

分时间段选择光节点输出口和输入口分配光链路的光交换。

**22.148 多协议标签交换** multi-protocol label switching，MPLS

IP 网络中一种用于数据包快速交换和路由的体系。能够为网络数据流量提供目标、路由、转发和交换等能力，具有管理各种不同协议通信流的机制。

**22.149 光标记交换** optical label switching

把光数据包的包头地址等信息打在光包上，在交换节点上根据这些信息即光标记来实现全光交换的光交换方式。

**22.150 光交换节点** optical switch node，OSN

不经过任何光电转换，将输入端光信号直接转接到输出端的设备。典型的是可重构光分插复用器(ROADM)和光交叉连接(OXC)设备。

**22.151 粒度** granularity
光传输和交换的基本信息单元。比如比特、分组、帧(信元)、时隙、波长、波带、偏振、模式、纤芯以及光纤等。

**22.152 路径计算单元** path computation element，PCE
在计算机网络或光网络中，一种专门用来进行路径计算的网元(可以是网络节点、专用设备或应用)。主要用于复杂多域网络中受限路由的计算，这种计算通常非常困难，需要强大的计算能力。

**22.153 光网络单元** optical network unit，ONU
无源光网络(PON)中包括光接收机、上行光发射机等功能器件或模块的用户端设备。

**22.154 光标记交换路由器** optical label switching router，OLSR
在采用通用多协议标记交换(GMPLS)的光网络中，一种能够实现特定协议标记的快速交换并进行路由配置，从而实现对特定粒度光信号的交换的中间节点设备。

**22.155 光标记边缘路由器** optical label edge router，OLER
在采用通用多协议标记交换(GMPLS)的光网络中，一种能够采用源路由方式进行特定粒度光路选择并分发特定协议标记，从而决定该光路在 GMPLS 网络中的交换路径的边缘节点设备。源路由是指在业务源节点指定所发送的数据包沿途经过的部分或者全部路由器的路由方式。

**22.156 固定路由** fixed routing，FR
预先为每对源/目的节点计算出最佳路由，然后用这些路由在每个节点构造一个固定的路由表，并按照这些路由表进行路由的路由方法。

**22.157 自适应路由** adaptive routing，AR
在光网络中，根据网络实时资源状况为光路连接请求动态分配路由的计算方法。

**22.158 固定备选路由** fixed alternative routing，FAR
在光网络中，为给定源/目的节点对预先计算的一个固定的备选路由集合。该源/目的节点对间的任意光路连接请求仅能选择备选路由集合中某一条路由的计算方法，该路由经过的所有光纤链路中应具有共同的空闲波长。

**22.159 路由波长分配** routing and wavelength assignment，RWA
在对给定光路(lightpath)有连接请求时，计算光网络中从源节点到目的节点的路由，并为这些路由分配相应的波长的过程。在无波长转换能力的网络中，光路在其经过的所有光纤链路中必须使用相同的波长，即受到波长连续性约束的限制。

**22.160 路由频谱分配** routing and spectrum assignment，RSA
在弹性光网络中，给定连接请求带宽条件下，计算光网络中从源节点到目的节点的路由，并为这些路由分配相应的频谱的过程。在无频谱转换能力的网络中，频谱分配受到频谱连续性约束的限制。

**22.161 时隙分配** timeslot assignment，TSA
在光网络中，通过时分复用技术将一个波长信道分为多个时隙子通道，从而实现亚波长粒度的交换。当接入亚波长粒度的业务时，需要为每个业务进行波长分配的同时进行时隙分配。

**22.162　分层路径计算单元架构**　hierarchical path computation element architecture

一种基于路径计算单元(PCE)进行跨域路径计算的光网络控制架构。将PCE划分层次，最底层的PCE直接与本域的路径计算终端(PCC)相连，接收原始路径计算请求并向高层的PCE提交跨域计算请求，高层的PCE与多个低层的PCE相连并计算跨域路径。

**22.163　[光网络]业务梳理**　traffic grooming

光网络中，将小粒度的业务流量汇聚到大粒度的传输容器的过程。

**22.164　[光网络]业务恢复**　traffic restoration

在网络中发生故障(链路故障、节点故障、端口故障等)时，通过对冗余资源或者空闲资源的重新配置，使受故障影响的业务或者部分业务在新的配置下继续传输的过程。

**22.165　[光网络]业务保护**　traffic protection

在网络中发生故障(链路故障、节点故障、端口故障等)时，采用冗余的备用资源实现的一种业务恢复方式。

**22.166　光层业务保护**　optical traffic protection

光通信网络在建立连接时，除建立主用光信道外，还建立备用光信道以便在光层发生故障时实现的一种业务保护。它是在主用光信道故障情况下，将业务自动倒换到备用光信道上的光网络生存性技术。

**22.167　$M$：$N$保护**　$M$：$N$ protection

为$M$条工作通路准备了$N$条保护通路，但这$N$条保护通路中的任一通路并不为$M$条工作通路中的某一通路所专用，此$N$条保护通路通常是采用抢占、约定和随机的方式实施保护的一种共享保护方式。这种保护方式采取双端倒换的方式实施，需要相应协议的支持。当$M$=$N$=1时即为1：1保护方式。

**22.168　1+1保护**　1+1 protection

为一个业务工作的系统或者信道都热备用了另一套系统或者信道的一种业务保护方式。

**22.169　自愈环**　self-healing ring

具有两个传输方向相反的环状拓扑结构，当一个环出现故障时，可以通过环回、反向重发等方式实现业务恢复的一种环状通信网结构。

**22.170　故障发现**　fault identification

在网络局部发生故障后，网络的主控设备能及时采集到故障类型信息的过程。预置的告警单元等通过收集网络中相关探测器监控信号和相关软件分析得出故障类型、位置、重要性等信息，并向管控系统发送报告，以便系统对故障做出恢复响应。

**22.171　故障定位**　fault location

在网络局部发生故障后，网络的主控设备能及时采集到故障位置信息的过程。预置的告警单元等通过收集网络中相关探测器监控信号和相关软件分析得出故障类型、位置、重要性等信息，并向管控系统发送报告，以便系统对故障做出恢复响应。

**22.172　路径计算终端**　path computation client，PCC

在计算机网络或光网络中，向路径计算单元(PCE)提交路径计算请求的网元(可以是网络节点或节点的一个应用模块)。

**22.173　光线路终端**　optical line terminal，OLT

无源光网络(PON)的局端设备。其作为同时支持数据业务与传统语音业务的平台，通常配置在城域网边缘或社区接入网出口，一方面将承载各种业务的信号进行汇聚，并按照一定的信号格式以广播方式向光网络单元(ONU，接入网用户终端)发送，另一方面用于汇聚来自光网络单元的接入业务并实现信号复用。

**22.174 激光通信终端 laser communication terminal**

在激光通信链路的端点处，用以建立链路的光通信设备。由光学天线、收发光路、粗瞄装置、精瞄装置、光源和探测器等组成。比如星载(星上)光终端和地面光终端等。

**22.175 光通信地面站 optical communication ground station**

又称“光通信地球站(optical communication earth station)”。在星地光通信链路中，可以配合星上光终端实现星地光信号接收和发射的地面系统。主要由地面光终端和配套基础设置及测试设备组成。地球站涵盖地面、空中和海上。

**22.176 光谱幅度码 spectral amplitude coding，SAC**

基于平衡检测法的光谱幅度编码方案。即设计不同码字间有固定的互相关，可以消除光码分多址通信系统中的多址干扰(MAI)。

**22.177 捕获 acquisition**

在空间光通信系统激光链路建立前，两个光终端通过瞄准和扫描，探测(接收)到对方发射光束(光信号)的过程。捕获用于激光链路的建立和中断后的恢复，分为单向捕获和双向捕获两种方式：单向捕获指仅通过一个光终端粗瞄装置扫描完成的捕获；双向捕获指通过两个光终端粗瞄装置同时扫描完成的捕获。

**22.178 无信标捕获 non-beacon acquisition**

在空间光通信系统的捕获过程中，不使用捕获信标光，直接捕获或借助跟踪信标光的一种捕获过程。

**22.179 自然信标捕获 natural beacon acquisition**

在空间光通信系统的捕获过程中，使用自然界存在的光源作为信标光，建立激光链路的一种捕获过程。

**22.180 捕获不确定角 acquisition uncertainty angle**

在空间光通信系统的捕获过程中，可以预测变化范围但不能消除的瞄准角度误差。产生捕获不确定角的主要因素有：卫星轨道误差、卫星姿控误差、光终端瞄准误差、光终端热形变误差、光终端装配校正误差等。

**22.181 跟踪 tracking**

空间光通信系统的两个终端完成瞄准和捕获后，为补偿相对角运动和其他干扰，根据测得的角度偏差和轨道姿态数据实时控制粗瞄、精瞄和提前瞄准以保持链路中两终端的双向对准过程。跟踪用于激光链路的保持，要求达到一定的跟踪精度以确保光通信质量。

**22.182 瞄准捕获跟踪 pointing acquisition tracking，PAT**

又称“PAT技术”。瞄准、捕获、跟踪三个操作过程共同实现空间激光通信链路建立和保持的技术。

**22.183 多业务传送平台 multi-service transport platform，MSTP**

一种基于同步数字网络(SDH)的接入、汇聚层网络传送平台。可将以太网业务、异步传输模式(ATM)业务及传统时分复用(TDM)业务封装承载在同步数字网络(SDH)传输系统之上，满足包括语音、数据业务在内的多种业务的传送需求。

**22.184 ATM适配层 ATM adaptation layer**

负责异步传输模式(ATM)层与高层之间的信元转发过程的单元。主要操作为分段与重组：从上层收到信息后，将其数据分割成ATM信元；从ATM层收到信息后，该层重新组合数据形成一个上层能够辨识的格式。不同的

ATM适配层支持不同的流量或服务类型。

**22.185 共享风险链路组** shared risk link group，SRLG

网络中共享相同物理资源(如节点、光缆等)从而具有共同失效风险的一组链路。在实际应用中，连接两个节点间的光缆中往往包含多根光纤，如果单根光缆被切断，会造成多根光纤链路的故障，这就形成了共享风险链路组。另一方面，单条物理链路承载了多个上层逻辑链路，单条物理链路的故障也会造成相应逻辑链路的衍生故障，这也形成了共享风险链路组。

**22.186 光回波损耗** optical return loss，ORL

输入光信号在传输过程中由于遇到反射和散射等原因产生的沿原路径返回到输入端口的光功率与入射光功率的比值。单位为dB。是光隔离器的重要指标。

**22.187 链路冗余** link redundancy

在空间光通信系统中，为了提高激光链路系统捕获、跟踪和通信的稳定性与可靠性，在链路设计中适当增加接收端光功率的预算余量。一般为至少3dB。

**22.188 频谱连续性约束** spectrum continuity constraint，SCC

在弹性光网络中，当不具备频谱转换能力时，连接请求的路由在其经过的所有光纤链路中必须使用相同的连续频谱的一种约束条件。

**22.189 波长连续性约束** wavelength continuity constraint，WCC

在波长路由光网络中，当不具备波长转换能力时，连接请求的路由在其经过的所有光纤链路中必须使用相同波长的一种约束条件。

**22.190 光任意波形发生器** optically arbitrary waveform generator

在光域中对输入的超短光脉冲进行整形，以获得高重复频率的任意光波形的器件或设备。

**22.191 光锁相环** optical phase lock loop

一种利用光学反馈控制原理实现的光信号频率及相位同步锁定的技术。

**22.192 光相位共轭** optical phase conjugating，OPC

在一个光信号传输过程中，使输出光波相位与输入光波相位整体反相而幅度不变的过程。可以用于光纤传输系统的色散补偿。

# 23. 光全息与光存储技术

**23.001 全息术** holography

又称“全息摄影”“全息照相术”。基于干涉和衍射原理，实现物光波前记录和重建的技术。通常包括两个步骤：第一步，将物体衍射、散射或者经由光学系统后出射的光(物光)与引入的相干参考光干涉，将物光波前的振幅和相位以干涉条纹的形式记录下来，得到全息图。全息图的记录可用感光材料成像或者光电器件实现。第二步，光波照明全息图，由于衍射效应能重建原始物光波，该衍射光波传播将产生包含物体全部信息的三维再现像。

**23.002 光电子全息术** photoelectron holography

以原子、电子或者其他粒子在 X 射线激发下产生的光电子波作为物波，而以未经散射的光电子波作为参考波，由此获得光电子全息图的全息术。

**23.003 激光全息术** laser holographic technology，laser holography
用高相干性的激光作为光源的全息术。

**23.004 彩虹全息术** rainbow holography
记录时在光路的适当位置加上狭缝，再现时采用白光照明，再现的像在不同位置呈现按波长顺序排列的多种颜色的一种全息术。

**23.005 透射全息术** transmission holography
物光和参考光从记录介质的同一侧入射，再现时由照明光的透射光成像的全息术。

**23.006 反射全息术** reflection holography
物光和参考光从记录介质的两侧入射，再现时由照明光的反射光成像的全息术。

**23.007 体全息术** volume holography
记录介质厚度比记录干涉条纹间距大得多、干涉条纹被记录在介质内部、形成三维立体结构干涉图样的一种全息术。再现像需要满足布拉格条件，因而可以改变参考光方向把不同物体的全息图存储在同一体积的记录介质内，再现时改变角度可再现出不同的物体像。

**23.008 同轴全息术** in-line holography
物光和参考光都来自同轴方向的全息术。光波照明全息图，透射光波中直接透射光和产生孪生像的衍射光波都在同一方向传播，无法分离。

**23.009 伽博全息术** Gabor holography
采用单一光束照明物体，没有分离的参考光源，物体直接透射光作为参考光，物体衍射或散射光作为物光的一种同轴全息术。由伽博首先提出。

**23.010 离轴全息术** off-axis holography
引入一束与物光不在同一轴线上的单独的参考光倾斜照明记录介质的一种全息术。全息图被照明时，产生孪生像的两个衍射光波以及直接透射光传播方向彼此可以分离，避免了相互干扰。

**23.011 光学扫描全息术** optical scanning holography
用空间编码(如菲涅耳波带板作为编码孔径)的非相干光束对物体扫描，获取物体的强度信息，得到物体的光学扫描全息图的一种全息术。然后利用计算机对其进行数字信号处理，解码重建出物体的三维再现像。

**23.012 数字全息术** digital holography
采用 CCD 等光电探测器记录全息图的一种全息术。然后利用计算机对衍射场作数字计算和投射，实现波前重建。由于提高了处理速度，为实时全息成像提供了可能，分辨力受到探测器分辨力的限制。

**23.013 全息干涉测量术** holographic interferometry
将两次或多次曝光、连续曝光记录物体变化状态的波前记录在同一个全息图上，在波前重建时进行干涉测量，从而实现物体形貌与微小运动的一种精密测量技术。可测量透明或不透明物体，甚至对三维漫反射表面实现无损检测。研究物体微小形变或振动、高速运动、封闭容器爆炸过程等。

**23.014 数字全息干涉测量** digital holographic interferometry
基于数字全息术的一种全息干涉测量技术。

**23.015 全息显微术** holographic microscopy

利用激光记录三维物场的全息图，照明全息图实现高分辨率三维物体放大、成像的技术。对再现三维物场可在静止状态下逐层进行显微观测，实现超焦深显微术。多用于活体生物标本或运动微粒场测量。

**23.016 数字全息显微术** digital holographic microscopy

利用 CCD 等光电器件记录来自微小物体的全息图，运用计算机数字图像处理技术，得到微小物体的高清晰度、高分辨率图像的全息显微术。

**23.017 全息图** hologram

全息照相的波前记录时，物光波与参考光波干涉，将物光波前的振幅与相位以干涉条纹的形式记录在感光介质上的干涉图样。用于记录全息图的感光介质称为记录介质。

**23.018 同轴全息图** in-line hologram

记录的物光波与参考光波的方向相同的全息图。

**23.019 离轴全息图** off-axis hologram

利用激光的高相干性，引入倾斜的参考光波记录的全息图。

**23.020 基元全息图** elementary hologram

由单一物点发出的光波与参考光波干涉所构成的全息图。

**23.021 菲涅耳全息图** Fresnel hologram

记录平面位于物体衍射光场的菲涅耳衍射区而得到的近场衍射光的全息图。

**23.022 傅里叶变换全息图** Fourier transform hologram

利用透镜的空间傅里叶变换性质，记录物光复振幅傅里叶变换的全息图。利用平面波照明全息图，可再现物光的空间频谱及其共轭。再次利用透镜作傅里叶变换，才能得到物体的原始像和共轭像。

**23.023 夫琅禾费全息图** Fraunhofer hologram

全息记录时，使记录介质位于物体衍射光场的夫琅禾费衍射区(远场)，记录平面上物光分布为物体的夫琅禾费衍射，与参考光干涉得到的全息图。

**23.024 像全息图** image hologram

全息记录时，记录介质置于物体像平面附近所记录的全息图。它可用扩展的白光光源照明再现，用于全息显示。

**23.025 振幅全息图** amplitude hologram

当受到照明时，仅对光波的振幅分布调制，不影响其相位分布的全息图。引入常量相位延迟并不影响透射波前的形状。

**23.026 相位全息图** phase hologram

受到光波照明时，仅相位被调制，不影响其振幅分布的全息图。有浮雕型相位全息图和折射率型相位全息图两种。相位全息图的衍射效率比振幅全息图高得多。

**23.027 迂回相位全息图** tortuous phase hologram

利用迂回相位效应进行相位编码制作的二元计算的相位全息图。采样点的相位取决于编码孔在采样单元中的位置。

**23.028 模压全息图** embossed hologram

在透明塑料片上利用金属模板进行热压而得到的大批量复制的全息图。广泛用作商品的防伪商标和各种银行卡、有价证券等的防伪标记以及装饰包装材料。

**23.029 点源全息图** hologram of point source

光波照明时，产生会聚或发散的衍射光波，

经传播得到的点源的实像或虚像的全息图。记录时物光是由空间某一点发散或向某一点会聚的球面波，与参考光(球面波或平面波)相干涉记录而成。

**23.030　平面全息图**　plane hologram
全息记录时，记录的干涉条纹间距大于记录介质厚度时得到的全息图。具有基于二维平面光栅的结构。

**23.031　体全息图**　volume hologram
又称“厚全息图”。全息记录时，记录介质厚度比记录干涉条纹间距大得多、干涉条纹在记录介质内形成的三维体光栅结构的全息图。再现像需要满足布拉格条件，因而可以改变参考光方向把不同物体的全息图存储在同一体积的记录介质内，再现时改变照明角度可再现出不同的物体像。

**23.032　透射全息图**　transmission hologram
照明光源和观察者在全息图的两侧，从其透射的光中观察再现像的全息图。全息记录时，参考光与物光位于记录介质的同侧记录。

**23.033　反射全息图**　reflection hologram
照明光源和观察者在全息图同一侧，从其反射的光中观察再现像的全息图。全息记录时，采用厚记录介质，物光和参考光来自记录介质两侧，近似相反方向记录。全息图具有波长选择性，可以用白光照明，产生单色像。

**23.034　彩色全息图**　color hologram
记录和再现彩色三维物体的全息图。利用红、绿、蓝三种波长激光依次在全色记录介质上记录物体的三基色反射或透射体积全息图。白光照明，由于全息图具有波长选择性，红光、绿光和蓝光记录的全息图分别被白光中的红光、绿光和蓝光成分同时再现，产生真彩色物体的三维像。

**23.035　彩虹全息图**　rainbow hologram
采用白光照明，物体的三维像和狭缝像同时再现，观察者眼睛沿垂直于狭缝像方向移动，看到的物体像的颜色如同彩虹般连续变化的全息图。记录全息图时，可在光路的适当位置加狭缝予以实现。

**23.036　合成全息图**　multiplex hologram
将一系列从不同角度拍摄物体的普通二维照片通过全息干涉记录的方法顺序记录并压缩在一张全息软片或全息干板上得到的全息图。当用白光照明全息图时，人的双眼观察到从不同角度拍摄的物体的像，从而产生立体视觉。可用于三维显示。

**23.037　数字像素全息图**　digital pixel hologram
以全息像素(例如线度小于 0.1mm 的小区域)为单位逐点记录双光束干涉条纹所得到的全息图。像素点所在的小区域内条纹的初相位、空间频率和条纹倾角表示该区域的相位，其衍射效率表示该区域的振幅信息。

**23.038　计算全息图**　computer-generated hologram，CGH
又称“计算全息片”。一种用计算机技术和光刻方法制作的光学全息图片。在光学信息处理、二元光学、光学非球面与自由曲面检测等方面具有广泛应用。

**23.039　二元计算全息图**　binary computer-generated hologram
透过率只有 0 或 1 两个值的计算全息图。优点是制作简单、噪声弱、抗外界干扰能力强。

**23.040　相息图**　kinoform hologram
仅对物光波的相位进行计算，忽略振幅信息，再经过绘图、缩版等处理，将物光波的相位信息以浮雕形式记录在记录介质上的一种计算全息图。优点是衍射效率高。

**23.041 全息光学元件** holographic optical element

采用光学全息或计算全息方法设计或制作的光学元件。全息光学元件对入射光波具有相位调制的能力，其功能基于衍射原理，属于衍射光学元件(DOE)。全息光学元件主要有全息光栅、全息透镜、全息扫描器、全息滤波器等。

**23.042 衍射光学元件** diffractive optical element，DOE

基于衍射原理实现光分布的变换或调制的光学元件。例如全息光学元件(包括计算全息产生的光学元件)。优点是重量轻、体积小、制造成本低，缺点是色散高，因此更适合用于单色光的系统。

**23.043 二元光学元件** binary optical element

基于光波的衍射理论，通过计算机辅助设计，采用超大规模集成电路(VLSI)制造技术(光刻或微细加工)，在片基上刻蚀出浮雕结构(深度到几微米)的一种衍射光学元件。利用这种元件可以获得极高衍射效率的纯相位同轴再现。

**23.044 全息透镜** holographic lens

具有聚焦、成像等透镜功能的全息光学元件。基于光的衍射原理。由于色差大，通常用于激光或准单色光的光学系统，具有容易制作、重量轻等优点。

**23.045 全息扫描器** holographic scanner

由全息图构成的光学扫描器。实现扫描的原理基于衍射。当激光束照射扫描器时，衍射光的方向由全息图上所记录的干涉图样确定。

**23.046 全息光盘** holographic disk

简称“全息盘”。用全息方法在盘式记录介质中制作的光存储器件。

**23.047 光学头** optical head

又称“光头”“读写头”。光盘存储器中，置于光源到记录介质之间的、实现读写与擦除功能的光学系统。为了降低存储器的平均寻址时间，可将光学系统分为可动与不可动两个部分。可动部分仅包括物镜、调焦线圈和全反射棱镜，成为分离后的光学头，安装在线性电机驱动的小滑车上实现光盘的轨道寻址，这样大大减少光学头和滑车的整体质量，从而减少平均寻址时间。

**23.048 组页器** page composer

把代表数字数据的电信号时间序列转换为二维数据页面的器件。组页器是全息存储的关键器件之一，所有的空间光调制器都可作为组页器。

**23.049 光信息存储技术** optical storage

简称“光存储”。利用光学原理或者光学技术实现的一种信息存储技术。包括缩微胶片存储、光盘存储、双光子光学存储、持续光谱烧孔光学存储以及光全息存储等。光存储具有存储密度高、并行程度高、抗电磁干扰、存储寿命长、非接触式读/写信息、信息位价格低等优点。光存储按存储介质的厚度可分为面存储(二维存储)和体存储(三维存储)，按数据存储的方式可分为逐位存储(又称光学打点式存储)和页面并行式存储，按鉴别存储数据的方式可分为位置选择存储和频率选择存储等。

**23.050 激光存储技术** laser storage

简称“激光存储”。利用被信息调制的激光束聚焦到记录介质上，在光照微区发生物理的或化学的变化的一种光存储技术。此后用激光束扫描记录信息的介质，被信息调制的反射光经探测器接收、解调可获得存储的原始信息。

**23.051 双光子吸收存储技术** dual-photon absorption storage

简称“双光子吸收存储”。利用双光子吸收过程进行三维光存储的技术。双光子过程指的是：介质中的分子同时吸收两个光子，通过一个虚拟中间态而被激发到高的电子能态。双光子激发过程的速率正比于入射光强度的平方，在光强度极高的光束聚焦区域才能引起双光子吸收，因此具有优越的空间分辨率和空间选择性。

**23.052　高密度光存储技术**　high-density optical storage

又称“海量光存储技术(optical mass storage)”。致力于提高存储密度的光存储技术。对于固定尺寸的存储介质而言，高存储密度也就相当于大存储容量。提高存储密度或容量的技术途径主要有两个：三维存储技术和超衍射极限光存储技术。

**23.053　三维存储技术**　three-dimensional storage

又称“体存储技术”。在介质的三维体积中存储信息的技术。由于光可以在三维空间中传播，光学存储较其他存储技术更容易实现三维存储，从而充分利用记录介质的整个体积，提高存储容量。三维光学存储主要包括双光子吸收存储、体全息存储等。它以毫米级至厘米级厚度的体存储材料为载体，按并行输入与输出信息的方式，利用光学技术一次性地同时写入或读出多幅图像信息，是一种高密度海量存储技术。

**23.054　超衍射极限光存储技术**　ultra-diffraction limitation optical storage

通过压缩记录符的尺寸使之突破衍射极限的限制，从而提高存储密度的光存储技术。目前超衍射极限光存储技术有远场和近场两个途径。远场是指可以用光传播的衍射理论来描述光场行为的距离范围内的场，对于高密度光存储技术而言，光学头与存储记录介质之间的距离远大于光波长时的光场称为远场，在远场条件下存在衍射极限。采用光学切趾术可以在远场条件下实现超衍射极限的分辨率。光学头与存储记录介质之间的距离小于波长量级范围的场称为近场，基于近场光学的高密度光存储，其成像分辨率可以突破衍射极限。近场光学的高密度光存储主要有以下三种方案：①采用固体浸没透镜的读/写光学头；②扫描探针显微镜型；③超分辨近场结构型。

**23.055　固体浸没透镜技术**　solid immersion lens technology

通过使用高数值孔径的固体浸没透镜(solid immersion lens，SIL)来减小记录光斑的直径，从而提高存储密度的技术。携带信息的激光经平切的半球形或超半球形 SIL 聚焦，聚焦在 SIL 底面的光斑通过近场耦合将光能量传输到光盘记录介质上，形成超衍射分辨光斑，实现高密度记录。

**23.056　超分辨率光存储技术**　super-resolution optical storage

采用特殊记录材料和常规光驱读写头，在记录层上写入或读出小于光学衍射极限记录点的一种存储技术。超分辨率记录介质具有多层膜系，其中的掩模层具有三阶非线性双稳态开关特性。当聚焦激光照射到与记录介质薄膜有纳米级间距的掩模层时，虽然聚焦光斑的尺寸受衍射极限限制，但光斑中心部分的极高光强与掩模层介质相互作用的结果，使掩模层中产生纳米尺度散射小孔，其作用类似于近场光学显微镜的扫描探针在读写时的作用，因此也称为孔径层。孔径层的产生使得超分辨衍射极限的光信息存取得以实现。

**23.057　多层存储技术**　storage technology by multi-layer

在单一盘片厚度中容纳不止一个记录层的光盘存储技术。多层光盘利用了存储介质的厚度维度，从而提高光盘的存储密度和存储容量，例如DVD系列的双层结构就比单层结构的容量提高一倍。多层光盘要尽量减少层间串扰，并且要能对任意层面进行寻址。

**23.058　多阶存储技术　storage technology with multi-level**

在一个记录单位的空间上记录多于1位(2阶)的灰阶信息的存储技术。常规光盘的一个记录斑(信息符)只能记录1比特信息，而多阶技术记录的是聚焦激光的强度，故一个记录斑可记录多比特信息。

**23.059　体全息存储技术　optical volume holographic storage**

采用体全息术的原理、方法和材料进行信息存储的技术。体全息存储可以充分利用记录介质的整个体积，可以采用各种复用技术将大量全息图记录在介质同一位置的共同空间中，从而实现大容量的信息存储。

**23.060　微全息存储技术　micro-holographic storage**

按“位”存储的体全息存储技术。不同于按“页”存储的常规全息存储技术，微全息存储采用两束相向传播的高斯光束，在其焦斑范围内干涉形成微米量级的全息图存储于材料中，每个全息图代表一个数据位。

**23.061　光随机存储器　optical random access memory，ORAM**

在光交换(包括比特交换)、光路堵塞或其他需要临时存放光数据的情况下可以在光域快速从中随时随机读取数据和写入数据的存储器。由于光子静止质量为零，目前还没有真正意义上的ORAM，只是用光延迟线替代而起部分ORAM作用。

**23.062　易失性存储器　volatile memory**

在读出期间和保存期间信息会逐渐退化以至消失的存储器。许多光学存储器是易失性存储器。

**23.063　非易失性存储器　nonvolatile memory**

信息一旦存入后可以保持长久不丢失的存储器。

**23.064　存储容量　storage capacity**

在介质中存储的数据总量。单位为位(bit)或字节(byte)。

**23.065　存储密度　storage density**

度量信息存储的密集程度的量。

**23.066　面存储密度　surface storage density**

简称“面密度”。描述在记录介质表面的存储密度的量。数值上等于记录介质的单位表面积上存储的数据位数(比特数)。单位为$bit/cm^2$。

**23.067　体存储密度　bulk storage density**

简称“体密度”。描述在体记录介质中存储密度的量。数值上等于在记录介质的单位体积内存储的数据位数。单位为$bit/cm^3$。

**23.068　并行存取　parallel access**

一次同时存入或取出存储单元所有位或所有字数据的技术。由于二维光分布本身的高度并行性，光学存储在并行存取方面具有很大的优势。例如，采用全息存储器的光学相关系统，可以对存储的所有页面信息同时进行并行相关处理，信息处理更为灵活、方便。

**23.069　记录符尺寸　size of recorded mark**

记录一位信息所占用的记录介质的空间尺寸。在光存储中，记录符尺寸取决于使用的读写激光波长和光学系统的数值孔径，缩小记录符尺寸是提高存储密度的有效途径。

**23.070　全息存储　holographic storage**

采用全息术记录(含写入与存储)和读出信息的技术。

**23.071　全息存储材料**　holographic storage material

又称“全息记录材料”。可以直接记录全息图的感光材料。

**23.072　全息数据存储系统**　holographic data storage system，digital holographic storage system

用全息术存储数字数据的存储系统。由于全息图本质上存储的是二维光场分布，通常表现为二维图像的形式，因此与常规全息系统相比，全息数据存储系统还需要增加组页器以及数据编码和解码的环节。

**23.073　页面式信息存储**　page-oriented information storage

将信息以二维光分布的形式一次性写入或读出的存储技术。二维光分布因此称为一个信息页。全息存储是典型的页面式信息存储，页面可以是文字或图像。如果页面包含的是数字数据，就称为页面式数据存储。

**23.074　分块全息存储**　block-oriented holographic storage

将平面全息图的空间复用和体全息图的共同体积复用技术相结合的一种混合全息复用存储技术。是将二维存储向三维存储的直接推广。其基本思路是将记录材料划分成不同的空间区域或称“块”，在每一块中采用纯角度、纯波长或纯相位等共同体积复用记录。这样能够充分利用记录材料的面积，缓解光学系统的数值孔径有限以及记录材料的动态范围等造成的困难。与单个全息图记录一个“页面(page)”相比，全息“块”有时也称为“册(book)”。在传统分块复用方式中，每册占据介质的一部分体积。这些册必须在空间分得足够开，以避免来自邻册的串扰。每册占用的实际面积远大于单一物光束腰部(傅里叶谱区)的尺寸，因为在介质厚度方向，其他位置的光束都要大得多，同时参考光束也必须避开其他册的物光束。

**23.075　激光光盘**　laser disc

简称“光盘”。一种利用激光技术将信息写入和读出的、具有盘状结构的高密度的光存储器。其结构分为四层：基片、记录介质、反射层和保护层，具有信息存储密度高、成本低廉等优点。光盘可分为不可擦除光盘和可擦除光盘两类：不可擦除光盘只能进行一次性写入/多次读取信息，存储的信息也不能被改变；可擦除光盘可改变已存储的信息，进行多次的信息写入/读取/擦除。

**23.076　只读存储光盘**　compact disc read-only memory，CD-ROM

一种只能用来读出记录在光盘上的信息而不能再写入信息的光盘。

**23.077　一次写入光盘**　write once read many disc，WORM disc

信息写入后可以立即读出、随录随放的光盘。激光光斑在一次写入(WORM)存储介质的微区产生不可逆的物理或化学变化以记录信息，介质应能实时记录信息并及时读出，不需要任何中间处理过程。用户可以自行一次写入，写完即可读，但信息一经写入便不可擦除。它特别适合于文档和图像的存储与检索。

**23.078　可擦重写光盘**　rewrite erasable disc

除用来写、读信息外，还可将已经记录在光盘上的信息擦去再写入新的信息的一类光盘。通常重写需要两束不同的激光和先后两个动作才能完成，即先用擦除激光将某一信道上的信息擦除，然后再用写入激光将新的信息写入。可擦重写光盘是利用记录介质在两个稳定态之间的可逆变化来实现反复的写与擦，其技术的关键是找到新的存储介质材料，已在磁光型(热磁反转型)存储材料上获得实用化。

**23.079 直接重写光盘** overwrite disc

用一束激光、一次动作录入信息，也就是在写入新信息的同时自动擦除原有信息，无需分别擦与写两次动作的一类光盘。这种光盘能够有效地提高数据传输率。实现直接重写的可能途径之一，是利用光致晶化的可逆相变过程，激光束的粒子作用使介质完成快速晶化。当擦除激光脉宽与写入激光脉宽相当时(20～50 ns)，相变光盘可进行直接重写，从而大大缩短数据的存取时间。

**23.080 相变光盘** phase-change disc

采用结构相变介质制成的可重写光盘。结构相变介质是主要由多元半导体元素配制成的记录介质，当激光与这类介质薄膜相互作用时，激光的热和光效应导致介质在晶态和玻璃态之间发生可逆性相变，从而可以实现反复的写与擦，因此相变光盘属于直接重写类型。

**23.081 激光唱片** compact disc，CD

用激光刻录方法记录音频信号的圆形薄片载体。激光唱片具有记录密度大、重放音质好、体积小、易保存等优点。

**23.082 光盘驱动器** compact disc driver

简称“光驱”。又称“光盘机”。利用激光记录、读出或擦除光盘上存储信息的装置。

**23.083 光盘纠错编码** error correcting code

在待存储的数据中加入冗余码并按某种规则组合起来，构成具有检错和纠错功能代码的过程。目的是提高存储的可靠性，降低由光盘缺陷引起的误码率。

**23.084 光盘存储材料** material of optical disc memory

光盘中用于记录(写入与存储)、读出或者擦除数据的材料。存储材料与聚焦的激光束相互作用，产生物理和化学反应，形成记录斑，其性质与周围介质形成反差，从而可以读出信号。

**23.085 衬盘** substrate disc

又称“光盘基片”。光盘盘片的基底层。常用衬盘材料有聚甲基丙烯酸甲酯(PMMA)、聚碳酸酯(PC)、钢化玻璃等。

**23.086 主盘** master disc

又称“母盘”。制作只读型光盘的第一步产品。在玻璃衬盘上均匀涂布光刻胶，干燥后置于高精度激光刻录机中，按预定声光调制进行曝光。若衬盘以恒定角速度旋转，刻录机的光学头沿径向匀速平移，则在布胶盘片上可刻出螺旋形的信息道潜像。显影后曝光部分脱落，信息道上就出现与写入信息相关的信息凹坑。这种由激光直接刻录形成的具有凹凸信息结构的盘片就是正像主盘。主盘通过电解镀镍工艺形成负像子盘(副盘)，子盘用作模压复制过程中的印模。

**23.087 全息复用技术** holographic multiplexing

在同一记录介质中记录多个全息图的技术。在全息存储中采用复用技术的目的是在介质中记录尽可能多的全息图，即提高存储容量，同时要保证每幅全息图的再现性能，相互间的串扰要在允许的范围之内。

**23.088 [全息]波长复用技术** wavelength multiplexing

在记录介质的同一体积内用不同波长的光记录多幅全息图的全息复用技术。它是利用体积全息图的波长选择性来抑制全息图间的串扰的全息存储复用技术。

**23.089　波长选择性**　wavelength selectivity

描述全息图的衍射效率对读出波长的敏感程度的一个参量。以允许的照明光波相对于记录参考光波的波长偏移量来表示。

**23.090　角度选择性**　angle selectivity

描述体积全息图衍射效率对读出角度的敏感程度的一个参量。以允许的再现光方向相对记录时参考光方向的角度偏移量来表示。

**23.091　角度复用**　angle multiplexing

在记录介质的同一体积中用相同波长和不同角度的参考光记录多幅全息图的复用技术。角度复用技术利用体积全息图的角度选择性来抑制全息图间的串扰。

**23.092　电场复用**　electric field multiplexing

在不同外加电场下记录和读出不同的全息图的复用技术。电场复用本质上是外加电场改变介质的平均折射率。例如，外加直流电场可以通过电光效应改变某些光折变材料的折射率，相应地改变介质中记录和再现的波长。在这种情况下，电场复用等同于波长复用。

**23.093　位移复用**　shift multiplexing

通过存储介质相对参考平面的微小位移来实现相邻全息图之间的鉴别的复用技术。

**23.094　相位编码复用**　phase-coding multiplexing

简称“相位复用”。使用不同相位分布的参考光记录多重全息图的复用技术。相位编码技术包括确定性相位编码(通常是正交相位编码)和随机相位编码。

**23.095　确定性相位编码复用**　deterministic phase-coding multiplexing

又称“正交相位编码复用”。对参考光进行正交相位调制实现的相位编码复用技术。每个全息图的参考光束是许多受到相位调制的平面波的集合，这些相位集合称为相位码，用来记录一个数据页，代表了该数据页的存储地址。不同参考光束的相位码间具有正交性，使得在读出一个特定页面时，对其他不需要的页面的再现发生相消干涉以致强度为极小，实现不同全息图的鉴别。

**23.096　随机相位编码复用**　random phase-coding multiplexing

又称“相关复用”“散斑复用”。利用激光通过漫射物体(例如毛玻璃)产生的具有稳定散斑结构的光作为参考光的相位复用技术。只要散斑参考光场与存储介质之间有相对移动，不论是参考光静止、介质移动的“静态散斑”，或是介质不动、参考光角度变化的“角度散斑”，全息图的选择性都有所改善。同时介质在三个空间方向上的移动都呈现选择性，因而可以实现真正的三维寻址。散斑复用在本质上不是利用体光栅的布拉格选择性，而是利用散斑光场的相关性质，所以又被称为相关复用。

**23.097　寻址器件**　access device

在全息存储器中将读出光束引导到指定的物理地址，用以读出相应的存储信息的器件。不同的全息存储复用方式要求不同的寻址器件，例如空间寻址、角度寻址、波长寻址、相位寻址等。

**23.098　光信息处理**　optical information processing

不将承载信息的光信号转换为电信号，在光域直接对光信号承载的信息进行处理的技术。比如光学傅里叶变换、光空间滤波等。

**23.099　白光信息处理**　white light information processing

利用白光照明的一种光信息处理技术。它通常利用光栅色散本领使各波长的信号频谱分离，以便对各波长的频谱独立滤波。由于吸取了相干处理和非相干处理的优点，白光信息处理产生了一些特殊的应用，如假彩色编码、黑白胶卷存储彩色照片、$\theta$调制滤波等。

**23.100　光计算　optical computing**

以光子代替电子作为信息载体实现数学计算的一种技术。光计算也分为模拟计算与数字计算。

**23.101　光子模数转换器　photonic analog-to-digital conversion**

在光域将模拟光信号转换为数字光信号的器件。

# 24. 光学导航技术

**24.001　光学导航　optical navigation**

基于光学原理或利用光学方法，引导某一物体按照一定规律从一点运动到另一点，实时得到载体当前位置、航向等信息的技术。比如光学惯性导航、星光导航等。

**24.002　景象匹配导航　scene matching navigation**

事先获取并存储相应区域范围的原始景象图，物体在运行过程中实时测量当前景象生成实时图，将实时图与原始景象图进行实时对比、计算、分析、匹配，得到载体当前位置、航向等信息的一种光学导航方法。

**24.003　偏振光导航　polarized navigation**

利用太阳光被地球大气层散射后，不同方位角上的散射光具有不同的偏振度的原理，算出该位置相对于太阳的方位角度，得到载体当前位置、航向等信息的一种光学导航方法。

**24.004　星光导航　star navigation**

利用星系作为相对近似静止的宇宙坐标系，根据地球上不同位置观测到恒星的位置和方向的不同，得到载体当前位置、航向等信息的一种光学导航方法。

**24.005　脉冲星导航　pulsar navigation**

利用脉冲星(一种快速自转并具有强磁场的中子星)辐射的电磁波信号是一个较窄的锥体(锥角<10°)的特点，接收三颗不同的脉冲星的辐射能量，测量载体相对于三颗脉冲星的角度，得到载体当前位置、航向等信息的光学导航方法。

**24.006　光学惯性导航　optical inertial navigation**

利用光学陀螺仪和加速度计或陀螺仪和光学加速度计提供的测量数据确定所在运载体位置、方向等信息的一种光学导航方法。通过这两种测量的组合，可确定该运载体在惯性坐标系里的平移运动，并计算它的实时位置。

**24.007　捷联式惯性导航　strap-down inertial navigation**

惯性测量元件(陀螺仪和加速度计)直接装在飞行器、舰艇、导弹等需要姿态、速度、航向等导航信息的主体上并用计算机把测量信号变换为导航参数的一种光学惯性导航方法。

**24.008　光学惯性技术　optical inertial technology**

基于光学原理或者利用光学方法，实现载体相对于惯性空间的角度、角速率、角加速度、位移、速度、加速度等的自主测量的技术。主要包括光学陀螺技术和光学加速度计技术，其突出优点是在测量物理量时不依赖于外部信息，实现对惯性量的自主测量。

**24.009　激光制导**　laser guidance

利用激光获得制导信息或传输制导指令使飞行器按一定导引规律飞向目标的制导方法。

**24.010　红外制导**　infrared guidance

以目标自身的红外辐射为探测对象，可实现被动寻的、目标跟踪和导弹控制等功能的制导方式。红外制导分点源制导和成像制导。

**24.011　红外景象匹配制导**　infrared scene matching guidance

目标及航线沿途的景象预先装定，采用红外景象匹配技术，计算并修正导弹航线，使其准确到达目的地的制导方式。

**24.012　激光武器**　laser weapon

利用高能激光束毁伤目标或者使之失去战斗力的一种定向能武器。分激光战略武器和激光战术武器两类。

**24.013　激光制导武器**　laser guided weapon

采用激光制导技术的制导武器。激光制导技术的方式主要为激光半主动寻的制导和激光架束式制导。这两种制导方式都离不开目标指示器。典型的激光制导武器包括制导导弹、制导炸弹和制导炮弹。

**24.014　激光瞄准**　laser aiming

又称“激光引导”，在激光制导过程中，用激光引导武器瞄准目标的技术。它由激光器发射机、激光接收机和信号处理系统等组成。

**24.015　陀螺**　gyroscope

一个绕对称轴高速旋转并具有定轴性和进动性的回旋体。利用该原理制成的机械式陀螺仪可以实现惯性空间的方位姿态、角度和角速度的测量。

**24.016　光学陀螺**　optical gyroscope

利用各类光学效应，实现载体相对于惯性空间的角度、角速度的测量的陀螺。

**24.017　激光陀螺**　laser gyroscope

基于环形激光器中沿相反方向传播光束产生的多普勒拍频信号测量物体转动速度的光学陀螺。在航海、航空、航天中使用。

**24.018　微光机电陀螺**　MOEMS gyroscope

利用微加工技术和微光学集成技术，将环形腔、光源、调制器及探测单元集成为一微小结构，并利用萨尼亚克效应原理制成的微小型陀螺。

**24.019　光纤陀螺**　fiber optic gyroscope

基于萨尼亚克效应、具有感知相对于惯性空间转动角速度能力的光学陀螺。光纤陀螺主要用于惯性导航。

**24.020　闭环光纤陀螺**　closed-loop fiber optic gyroscope

将光纤陀螺输出信号的测量值与所期望的给定值相比较，进行反馈控制，使输出信号值尽量接近于期望值的一种光纤陀螺。闭环光纤陀螺具有一定的滞后性。

**24.021　开环光纤陀螺**　open-loop fiber optic gyroscope

不具有反馈控制功能，通过精密检测方法(比如锁相放大等方法)测量得到输出信号的一种光纤陀螺。这种陀螺没有反馈带来的信号延迟，可进行较大带宽的角速度测量。

**24.022　保偏光纤陀螺**　polarization-maintaining fiber optic gyroscope

采用保偏光纤制作敏感线圈的光纤陀螺。

**24.023　消偏光纤陀螺**　depolarized fiber optic gyroscope

又称“退偏光纤陀螺”“去偏光纤陀螺”。利用宽谱光源消偏、由普通单模光纤制作敏感线圈的光纤陀螺。

**24.024　混偏光纤陀螺**　mixed polarized fiber optic gyroscope

采用保偏光纤制作敏感环，并在出纤处加消偏器进行消偏的一种光纤陀螺。

**24.025　干涉型光纤陀螺**　interferometric fiber optic gyroscope

以光纤线圈为敏感元件，采用光干涉原理的光纤陀螺。最常使用的干涉原理为萨尼亚克干涉原理。

**24.026　谐振型光纤陀螺**　resonant fiber optic gyroscope

以光纤线圈的正反两个旋向形成正反两个谐振腔，通过检测正反两个谐振腔的谐振频率差实现角速度检测的光纤陀螺。

**24.027　布里渊型光纤陀螺**　Brillouin fiber optic gyroscope

利用光纤中的受激布里渊散射构成正反两个旋向的光纤环形腔激光器，以正反两束光因旋转产生的频差作为一次被测量的一种光纤陀螺。

**24.028　光子晶体光纤陀螺**　photonic crystal fiber optic gyroscope

以光子晶体光纤制作敏感线圈的光纤陀螺。光子晶体光纤陀螺仪分谐振型和干涉型。

**24.029　光学陀螺仪**　optical gyroscope

基于光学原理或者利用光学方法，实现载体相对于惯性空间的角度或角速率自主测量的仪器。主要有激光陀螺仪、光纤陀螺仪及核磁共振陀螺仪、微光学陀螺仪等。

**24.030　光纤陀螺仪**　fiber optic gyroscope

一种采用光纤陀螺作为核心部件的光学陀螺仪。

**24.031　三轴光纤陀螺仪**　three-axis fiber optic gyroscope

能够同时测量三个正交方向角速率的光纤陀螺仪。三轴光纤陀螺仪可以是三只单独的光纤陀螺相互正交安装而形成，也可以是三轴共用一只光源或其他光学器件而三只光纤线圈相互正交的光纤陀螺系统。

**24.032　速率级光纤陀螺仪**　rate-level fiber optic gyroscope

又称“低精度光纤陀螺仪”。按照阿伦(Allan)方差评价方法计算得到的零偏不稳定性≥10°/h 的光纤陀螺仪。

**24.033　战术级光纤陀螺仪**　tactical-level fiber optic gyroscope

又称“中精度光纤陀螺仪”。按照阿伦方差评价方法计算得到的零偏不稳定性在0.01～10°/h 的光纤陀螺仪。

**24.034　惯性级光纤陀螺仪**　inertial grade fiber optic gyroscope

又称“高精度光纤陀螺仪”。按照阿伦方差评价方法计算得到的零偏不稳定性≤0.01°/h 的光纤陀螺仪。

**24.035　陀螺阈值**　gyroscope threshold

简称“阈值”。陀螺仪能检测的最小输入角速率。由该输入角速率产生的输出量至少应等于按标度因数所期望输出值的 50%。单位为°/h 或°/s。

**24.036　光纤陀螺死区**　dead zone of fiber optic gyroscope

简称“死区”。在给定振动条件下陀螺零偏相对于无振动条件下陀螺零偏的变化量。在随机振动或正弦扫频振动条件下，光纤陀螺的零偏会产生变化，变化的原因来自振动对光学元件特别是光纤环的调制。

**24.037　标度因数　scale factor**

陀螺仪输出量与输入角速率的比值。它是用某一特定直线的斜率表示，该直线是根据整个角速率范围内测得的输入输出数据，用最小二乘法拟合求得。

**24.038　标度因数重复性　scale factor repeatability**

在同样条件下及规定时间间隔内，重复测量陀螺仪标度因数之间的一致性的量。以各次测试所得标度因数的标准差与其平均值之比表示，无量纲。

**24.039　标度因数非线性度　scale factor nonlinearity**

在输入角速率范围内，陀螺仪输出量相对于最小二乘法拟合直线的最大偏差值与最大输出量之比。无量纲。

**24.040　标度因数不对称度　scale factor asymmetry**

在输入角速率范围内，陀螺仪以正、反方向输入角速率的标度因数差值与其平均值之比。无量纲。

**24.041　标度因数温度灵敏度　scale factor temperature sensitivity**

相对于室温标度因数，由温度变化引起的陀螺仪标度因数相对变化量与温度变化量之比。单位为 ppm/℃（$1\ \text{ppm}=10^{-6}$）。

**24.042　光纤陀螺输入轴　fiber optic gyroscope input axis**

简称“输入轴(input axis)”。垂直于光纤线圈等效平面的轴。当陀螺仪绕该轴旋转时，将引起最大输出量。

**24.043　输入基准轴　input reference axis**

与陀螺仪安装面垂直的轴。

**24.044　输入轴失准角　input axis misalignment**

输入轴与输入基准轴之间的夹角。单位为mrad。

**24.045　输入角速率　input angular rate**

单位时间内陀螺仪绕输入轴的角位移。

**24.046　输入角速度　input angular velocity**

大小为单位时间内陀螺仪绕输入轴的角位移，方向指向输入轴的角速度矢量。

**24.047　最大输入角速率　maximum input angular rate**

陀螺仪正、反方向输入角速率的最大值。在此输入角速率范围内，陀螺仪标度因数非线性度满足规定要求。单位为°/s。

**24.048　法拉第效应误差　Faraday effect error**

当外加磁场（地磁场或者其他磁场）作用于光纤敏感环时，法拉第磁光效应的非互易性给光纤陀螺带来的误差。

**24.049　热致非互易效应误差　thermal nonreciprocity error**

又称“Shupe效应误差(Shupe effect error)”。光纤陀螺线圈中位于非线圈中部的一段光纤存在着时变温度扰动时，两束反向传播光波在不同时间经过这段光纤，因温度扰动的非互易性而产生的误差。

**24.050　随机游走系数　random walk coefficient**

由白噪声产生的随时间积累的陀螺仪输出误差系数。单位为$°/\text{h}^{1/2}$。

**24.051　零偏　zerobias**

当输入角速率为零时，陀螺仪的输出量。以规定时间内测得的输出量平均值相应的等效输入角速率表示，单位为°/h 或°/s。

**24.052　零偏温度灵敏度**　zerobias temperature sensitivity

相对于室温零偏，由温度变化引起的陀螺仪零偏变化量与温度变化量之比。一般取最大值表示，单位为°/(h·℃)或°/(s·℃)。

**24.053　零偏温度速率灵敏度**　zerobias temperature rate sensitivity

由温度变化率引起的陀螺仪零漂变化量与该温度变化速率之比。单位为(°/h)/(℃/min)或(°/s)/(℃/min)。

**24.054　零偏磁场灵敏度**　zerobias magnetic field sensitivity

在磁场条件下，光纤陀螺的零偏产生偏移的大小与磁场大小的比值。

**24.055　场灵敏度**　zerobias axial magnetic field sensitivity

在与陀螺敏感轴平行的轴向磁场条件下，光纤陀螺的零偏产生偏移的大小与轴向磁场大小的比值。

**24.056　偏径向磁场灵敏度**　zerobias radial magnetic field sensitivity

在与陀螺敏感轴垂直的径向磁场条件下，光纤陀螺的零偏产生偏移的大小与径向磁场大小的比值。

**24.057　零偏辐照漂移**　zerobias irradiation drift

光纤陀螺在辐照条件下零偏产生的变化量。

**24.058　零偏振动误差**　zerobias vibration error

在给定振动条件下，陀螺零偏相对于无振动条件下陀螺零偏的变化量。

**24.059　零偏稳定性**　zerobias stability

当输入角速率为零时，陀螺仪输出量围绕其均值的离散程度。以规定时间内输出量的标准差相应的等效输入角速率表示，也可称为零漂，单位为°/h 或°/s。

**24.060　零偏重复性**　zerobias repeatability

在相同条件下及规定时间间隔内，重复测量陀螺仪零偏之间的一致程度。以各次测试所得零漂的标准差表示，单位为°/h或°/s。

# 25. 红 外 技 术

**25.001　红外[波]**　infrared

又称“红外线”“红外域”。波长范围在0.76～1000 μm 的电磁辐射。

**25.002　近红外[波]**　near infrared

波长范围在0.76～1.1 μm的电磁辐射。是红外子波段之一。

**25.003　短波红外[波]**　shortwave infrared

波长范围在 1.1～3 μm 的电磁辐射。是红外子波段之一。

**25.004　中波红外[波]**　midwave infrared

波长范围在3～6 μm的电磁辐射。是红外子波段之一。

**25.005　长波红外[波]**　longwave infrared

波长范围在 6～25 μm 的电磁辐射。是红外子波段之一。

**25.006　远红外[波]**　far infrared

波长范围在 25～100 μm 的电磁辐射。是红外子波段之一。

**25.007　热红外[波]　thermal infrared**

红外遥感、热成像等仪器用于常温目标热辐射探测的工作波段。通常指的是3～14 μm的红外波段。

**25.008　红外景象发生器　infrared scene generator**

又称“红外景物发生器”。可产生红外场景仿真辐射图像的器件。有热辐射型、调制型和非热辐射型等种类。

**25.009　热辐射型红外景象发生器　thermal-radiation-based infrared scene generator**

又称“热辐射型红外景物发生器”。利用电加热原理产生红外场景的仿真热辐射图像的器件。典型的有微热电阻阵列、薄膜电阻等。

**25.010　调制型红外景象发生器　modulation-based infrared scene generator**

又称“调制型红外景物发生器”。利用空间光调制原理产生红外场景的仿真辐射图像的器件。典型的如数字微镜阵列(DMD)、液晶光阀等。

**25.011　光子型红外景象发生器　photon-based infrared scene generator**

又称“量子型红外景物发生器(quantum-based infrared scene generator)”。利用光量子原理产生红外场景仿真辐射图像的器件。可用于投射式红外景象仿真系统。典型的如激光二极管阵列、LED 阵列、等离子阵列等。通常用于高辐射强度、窄波段场合。

**25.012　红外系统仿真　infrared system simulation**

采用计算机数字仿真、半物理仿真、缩比物理仿真等技术手段检验系统的总体性能和应用效果的方法。

**25.013　红外系统半物理仿真　semi-physical infrared system simulation**

将仿真图像用投影或数据注入真实红外系统中的一种半实物的仿真方法。可用来检验红外系统的总体性能和应用效果。

**25.014　投射式红外景象仿真系统　infrared scene project simulation system**

又称“投射式红外景物发生器”。采用光学手段生成红外场景辐射的仿真图像，并投射至被测系统的景物模拟系统。如可用红外景象发生器产生的辐射仿真图像，通过投影光学镜头投射到被测红外成像光学系统中。

**25.015　数据注入式红外景象仿真系统　data injection infrared scene simulation system**

又称“数据注入式红外景物发生器”。采用电学手段生成红外景象的数字仿真图像，并以数字视频信号形式注入被测系统信号处理器进行动态仿真试验的景物模拟系统。

**25.016　太赫兹波　terahertz wave**

又称“亚毫米波”“毫米波”“甚远红外波”。波长在100～1000 μm(频率在1011～1013 Hz)范围的电磁波。

**25.017　太赫兹时域谱系统　terahertz time-domain spectroscopy**

一种利用太赫兹时域谱测量材料的介电特性的探测系统。将飞秒激光分为泵浦光和探测光，泵浦光照射光导天线等实现宽频太赫兹辐射，探测光通过光延迟线实现光导或电光采样，得到太赫兹波在时域的波形，通过傅里叶变换得到频域信息，从而可以测量材料的透射谱和反射谱等，得到材料的介电特性。

**25.018　太赫兹源　terahertz source**

用于产生太赫兹波的器件或装置。按产生机

理分为光学太赫兹源和电子学太赫兹源，按太赫兹波的特性分为相干源和非相干源，按工作模式分为连续太赫兹源和脉冲太赫兹源。

**25.019 光学太赫兹源** terahertz source based on photonic technique

以红外或更短波长的激光为泵浦源，以固体或气体为工作介质的太赫兹源。光学太赫兹源分为脉冲激光泵浦太赫兹源和连续激光泵浦太赫兹源两大类。

**25.020 脉冲激光泵浦太赫兹源** pulsed laser-pumped terahertz source

以红外或更短波长的飞秒激光为泵浦源，在固体或气体介质中产生瞬态(皮秒或亚皮秒)电流，从而辐射宽频脉冲的光学太赫兹源。

**25.021 光整流太赫兹源** optical rectification terahertz source

利用固体材料的光整流效应，在飞秒激光照射下形成瞬变(皮秒或亚皮秒)的电场，产生太赫兹波的装置。

**25.022 光导天线太赫兹源** photoconductive antenna terahertz source

以飞秒激光照射光导天线，瞬时(皮秒或亚皮秒)产生电子–空穴对，在外加强偏压下形成快速变化的光电流的一种宽频太赫兹源。光导天线太赫兹源通常应用于太赫兹时域谱系统。

**25.023 等离子体太赫兹源** plasma terahertz source

将高峰值功率飞秒激光聚焦于气体介质中，瞬间形成等离子体，等离子体形成的瞬变电场产生宽频脉冲的太赫兹源。

**25.024 连续激光泵浦太赫兹源** continuous laser-pumped terahertz source

利用固体中的非线性效应，或固体和气体中特定的电子能级结构，将高频连续泵浦激光通过频率下转换实现的太赫兹源。

**25.025 激光泵浦气体太赫兹源** laser pumped gas terahertz source

短波长泵浦激光照射低气压小分子气体，将分子中的电子从基态泵浦到激发态，利用分子的振动和转动能级，形成粒子数翻转，并通过谐振腔实现辐射的受激太赫兹源。

**25.026 光学参量太赫兹源** optical parametric terahertz source

利用非线性晶体中的光学参量效应，采用连续激光泵浦的宽频太赫兹源。采用光学谐振腔或闲频光种子注入技术可以实现相干太赫兹源，同时通过调节泵浦光与谐振腔腔轴或种子光之间的夹角可以实现连续可谐相干太赫兹辐射。

**25.027 激光差频太赫兹源** laser difference-frequency terahertz source

利用两束频率相近的激光照射二阶非线性晶体，通过差频实现辐射的太赫兹源。

**25.028 电子学太赫兹源** electronic terahertz source

以瞬变传导电流为场源实现辐射的太赫兹源。

**25.029 真空电子学太赫兹源** vacuum electronic terahertz source

基于真空(微)电子器件中自由电子的自激振荡原理，利用微波管分布作用机制实现辐射的太赫兹源。常见的太赫兹真空(微)电子器件有行波管、返波管和速调管等。

**25.030 相对论太赫兹源** relativistic terahertz source

通过对带电粒子集束加速，使其速度接近光速，而后利用强磁场等手段改变其速度的大小或方向，从而实现强辐射的太赫兹源。属于这类的辐射源有同步辐射光源、奥罗管、回旋管和自由电子激光器等。

**25.031　太赫兹波检测**　terahertz wave detection

在太赫兹波辐照下，材料的性质发生改变，从而实现太赫兹波强度、振幅和相位信息的检测。太赫兹波的检测分为非相干检测和相干检测。

**25.032　非相干太赫兹波检测**　non-coherent terahertz detection

仅对太赫兹波的强度进行检测、不能检测其相位的太赫兹波检测方法。

**25.033　相干太赫兹波检测**　coherent terahertz detection

能同时检测振幅和相位的太赫兹波检测方法。其探测灵敏度一般比非相干检测高。

**25.034　太赫兹辐射热计**　terahertz bolometer

利用太赫兹波辐照热效应引起的器件电导特性变化检测太赫兹波强度的装置。

**25.035　红外地平仪**　infrared horizon sensor

利用测量外层空间背景中地平圈红外辐射信号突变位置相对于基准的偏离，确定航天器姿态的地球敏感器。

**25.036　圆锥扫描式红外地平仪**　conical scanning infrared horizon sensor

一种用单元探测器对地平圈进行圆锥扫描的红外地平仪。其视轴用双平面反射镜或光楔以一定的倾角对地球进行单圆锥扫描，检测扫描轨迹与地平圈的两个交点相对于基准位置的偏离，可确定航天器一维方向的姿态误差。

**25.037　双圆锥扫描式红外地平仪**　dual conical scanning infrared horizon sensor

一种改进型圆锥扫描式红外地平仪。用两套双平面反射镜、一个单元探测器实现对地圈的双圆锥扫描，检测扫描轨迹与地平圈的四个交点相对于基准位置的偏离，可确定航天器在俯仰和侧滚方向的姿态误差。

**25.038　线列阵凝视型红外静态地平仪**　linear array staring infrared horizon sensor

一种无运动部件的静态红外地平仪。利用空间取向相互正交的四个线列探测器，检测线列的空间像与地平圈的四个交点，根据地平仪的基准可解算出航天器俯仰和侧滚两个方向的姿态误差。

**25.039　面阵凝视型红外静态地平仪**　area array staring infrared horizon sensor

一种采用面阵探测器凝视成像的静态红外地平仪。将地球成像在面阵探测器上，检测地球像在面阵上的位置，解算地平圈热像在俯仰和侧滚方向相对于标定的基准位置的偏离，可确定航天器姿态误差。

**25.040　红外前视仪**　forward looking infrared sensor

一种将红外辐射场景转换为能在屏幕显示的可见光图像的设备。红外前视仪是军用热像仪，早期以机载为主。

**25.041　红外测温仪**　infrared thermometer

一种非接触式的测温仪器。原理是用红外光学系统将测温点发射的红外辐射调制并会聚于探测器，信号经辐射定标，可反演算出物体表面的温度。

**25.042　红外气体分析仪**　infrared gas analyzer

一种利用气体有不同红外吸收峰的特点来检测气体组分和浓度的仪器。可用于监测大气成分变化和污染程度、检测汽车废气、测量物质中的部分微量元素含量等。

**25.043　红外碳硫分析仪**　infrared carbon and sulphur analyzer

一种可测量黑色金属、有色金属、稀土金属、矿石等物质中的碳、硫元素含量的分析仪器。原理是用高频感应加热炉燃烧样品，生成二氧化碳、二氧化硫吸收气体，测量其吸收特性，可确定碳、硫元素的含量。

**25.044　红外水分仪**　infrared moisture meter

一种利用水汽在短波红外的吸收峰制成的物质含水量的非接触测量仪器。用红外源照明纸张、烟草、木材等不透红外的物质，测量吸收峰值波长处的反射率，可得到水汽吸收率并反演出物质的含水量。可用于在线检测。

**25.045　辐射定标**　radiometric calibration

建立光学遥感器输出信号与对应像元输入辐射量之间关系的过程。

**25.046　红外辐射定标**　infrared radiation calibration

利用红外辐射计等仪器对入瞳辐射亮度的响应函数进行检测和将仪器输出反演为辐射亮度值的标定。

**25.047　太阳辐射定标**　solar radiation calibration

以太阳辐射作为标准源对星载光电测量仪器发射前的地面辐射进行标定的过程。

**25.048　红外光谱定标**　infrared spectral calibration

红外光谱仪各个光谱通道相对光谱响应的检测和中心波长、光谱带宽的标定。

**25.049　红外温度定标**　infrared temperature calibration

利用红外测温仪等仪器对黑体源温度的响应函数的检测和将仪器输出反演为黑体温度值的标定。

**25.050　相对辐射通量定标**　relative radiometric calibration

确定场景中各像元之间或各探测器之间、各光谱段之间或不同时间测得的辐射量比例关系的方法或过程。

**25.051　绝对辐射通量定标**　absolute radiometric calibration

以辐射标准源为基准，通过比对实验，建立仪器输出信号与观测目标绝对物理量间的换算关系的方法或过程。通常采用线性定标换算关系式，并通过线性回归算法计算绝对辐射通量定标系数。

**25.052　红外监视系统**　infrared surveillance system

采用凝视或扫描方式对特定区域目标进行较远距离的观测与监视的红外成像系统。

**25.053　红外告警系统**　infrared warning system

能在较大视场范围内搜索捕获威胁目标并引导跟踪、发送告警信息的被动式红外探测系统。

**25.054　红外搜索与跟踪系统**　infrared search and track system

集大范围目标搜索与小视场目标跟踪功能于一体的红外系统。能在背景辐射和干扰环境下，可靠捕获、定位、识别目标并引导连续跟踪。

**25.055　红外系统评估**　infrared system evaluation

根据红外系统仿真或测量的结果，采用计算机软件对系统总体性能和应用效果的评估。

**25.056　红外武器观瞄器**　infrared weapon sight

装载在枪炮等轻型武器上的小型红外成像

瞄准器。多用于夜间对目标的瞄准射击。

**25.057　红外激光告警器**　infrared laser warner
能探测视场范围内目标发射的红外激光，获取激光方向、强度、波长、威胁等级等信息的告警装置。

**25.058　红外目标模拟器**　infrared target simulator
红外寻迹的弹头及星载和机载红外遥感遥测控制系统的主要检测和校准设备。如检测导弹红外寻的系统的灵敏度、捕获概率、调制特征和跟踪特性等。

**25.059　红外制导炸弹**　infrared guided bomb
利用红外寻迹的制导方法，自动搜寻、探测、识别和攻击目标的炸弹。

**25.060　红外干扰弹**　infrared jammer
又称"红外曳光弹""红外诱饵弹"。用来诱骗敌方红外制导武器脱离真目标、具有较高温度的红外辐射弹。

**25.061　红外烟幕弹**　infrared smoke
爆炸后产生能大片吸收被保护目标红外辐射烟幕的炮弹或炸弹。可降低敌方红外武器系统对该目标的探测和识别能力，保护该目标免受攻击。

**25.062　红外引信**　infrared fuse
能自动引爆炸弹、导弹等的战斗部的红外敏感器控制装置。

**25.063　红外对抗**　infrared countermeasure
光电对抗的一个技术分支。主要任务是在红外波段对敌方目标进行侦察，并采用干扰、摧毁等有源方式削弱、破坏其作战效能，或用烟幕、隐形等无源方式保护己方免受攻击。

**25.064　红外伪装**　infrared camouflage
一种无源的光电对抗技术。原理是用物理手段改变被保护目标的红外辐射强度分布形态，以降低敌方红外武器系统对该目标的识别能力，达到保护目标的目的。

**25.065　红外隐形**　infrared stealth
又称"红外隐身"。一种无源的光电对抗技术。原理是用物理手段减少被保护目标的红外辐射能量，以降低敌方红外武器系统对该目标的探测和识别能力，达到保护目标的目的。

**25.066　红外报警**　infrared alarm
一种利用主动式或被动式红外辐射探测技术的入侵报警技术。主动式报警器发射的红外光束被入侵者穿越或阻挡时，接收机将会启动报警。被动式红外报警器的探测对象是人体热辐射，监控视场内的人员移动会触发报警。

**25.067　红光暴露距离**　red light exposure distance
夜间观察者沿主动红外夜视照明系统的光轴方向由远及近，当人眼刚能发现透过系统的红外光源伴随的微弱可见红光时，观察者与照明系统的距离。

**25.068　红外辐射加热**　infrared radiation heating
一种利用物质吸收红外辐射后升温来达到加热目的的红外应用技术。由于物质中分子吸收了红外辐射后，能产生分子振荡、碰撞等生热现象，从而提高了能效。

**25.069　红外无损探伤**　infrared nondestructive detection
一种利用热成像技术进行的无损探伤方法。可在一定距离内实时、定量、在线检测异常点的辐射强度或热点温度，绘出温度梯度热像图，从而判断物件的缺陷或异常发热部位。

**25.070　红外遥控**　infrared remote control
一种用近红外脉冲编码传输控制命令的遥控技术。如家用电器的遥控。由于大气衰减，红外遥控的距离一般不长，宜于在室内使用。

**25.071　红外天文学**　infrared astronomy
利用红外探测技术研究红外天体与其他宇宙物质的天文学分支学科。

**25.072　红外天文卫星**　infrared astronomical satellite
利用红外探测技术观测红外辐射天体的天文卫星。主要载荷一般为红外望远镜等。

**25.073　红外恒星**　infrared star
温度较低、发射的电磁辐射全部或者主要为红外辐射的恒星。

**25.074　红外探测芯片**　infrared detection chip
简称“探测芯片”。红外探测器中实现辐射能转换功能的芯片。

**25.075　敏感元**　sensitive element
又称“热敏元”“光敏元”。探测芯片中一个接收红外辐射的独立区域。

**25.076　戈莱管**　Golay tube
一种利用热气动原理的红外探测器。因戈莱(Golay)于1947年发明而得名。

**25.077　响应面积**　response area
敏感元接收辐射并产生响应的敏感区面积。在敏感区范围没有扩张时即为实际刻划的敏感元面积。

**25.078　电荷容量**　charge capacity
红外焦平面阵列上每个像元能容纳的最大电荷数。

**25.079　地球反照**　earth shine
被地球–大气系统漫反射的太阳辐射。地球反照的能量主要集中在可见光至短波红外波段。

**25.080　地物光谱特性**　spectral characteristics of terrestrial object
在可见至近红外波段内用地面物体的反射率随波长变化的曲线表示的反射光谱特性。

**25.081　切趾函数**　apodization function
在傅里叶变换红外光谱学中，干涉图的最大光程差受到限制而被截止，为了消除这种突然截止给傅里叶变换后的光谱图带来的频率旁瓣对周边弱光谱信号的干扰，用以代替原有截断函数、减小干扰的函数。

# 26. 激光加工技术

**26.001　激光加工**　laser machining
利用激光束投射到材料表面产生的热效应来完成对材料或元件的加工的一种工艺。激光加工使用大功率激光器，可用于焊接、打孔、切割、表面强化、蒸发镀膜物质、区域融化、区域升华、表面处理(如毛化)等。

**26.002　激光表面处理**　laser surface treatment
以激光扫描零件表面，使材料表面吸收光能迅速升至高温，随后快速冷却来实现零件改性的工艺过程。零件的改性包括相变、熔化或覆盖甚至熔入其他金属、非金属元素等。

**26.003　激光表面合金化**　laser surface alloying

激光束与材料表面互相作用，使材料表面发生金相、物理和化学变化，达到表面强化目的的一种表面处理工艺。该技术的特点是：①能在材料表面进行各种合金元素的合金化，改善材料表面的性能；②能在零件需要强化部位进行局部处理。

**26.004　激光表面涂覆**　laser surface cladding

简称“激光涂覆”。在基材表面添加熔覆材料，利用高能量密度激光束将不同成分和性能的合金与基材表层快速熔化，在基材表面形成与基材具有完全不同成分和性能的合金层的一种表面处理工艺。

**26.005　激光刻蚀**　laser etching

将聚焦激光照射到坚硬物体表面使其形成蚀痕的一种工艺。激光刻蚀具有精细、对被刻物损伤小等优点。

**26.006　微纳光刻**　micro/nano lithography

利用光束、电子束或离子束曝光系统，将预制的母版微纳结构图形转移到涂覆于基底(如硅片)上的抗蚀剂或光刻胶中的光刻工艺。

**26.007　光学光刻**　optical lithography

简称“光刻(photolithography)”。利用光束将需要的母版图形复制到涂覆于基底(如硅片)上的抗蚀剂或光刻胶中的光刻工艺。

**26.008　接触式光刻**　contact printing，contact lithography

将拟制备图形的掩模板直接和涂有抗蚀剂或光刻胶的基底(如硅片)进行接触，利用光束进行曝光，将掩模上的图形复制到抗蚀剂或光刻胶中的光刻工艺。

**26.009　接近式光刻**　proximity printing，proximity lithography

将拟制备图形的掩模板与涂有抗蚀剂或光刻胶的基底(如硅片)接近但不接触(间隙为10～50μm)的光刻工艺。

**26.010　缩小投影光刻**　reduced projection lithography

利用缩小投影光学成像的方式，将掩模板上的图形缩小投影到基底上的抗蚀剂或光刻胶中的光刻工艺。

**26.011　浸没光刻**　immersion lithography

在光刻投影镜头与基底之间充满介质，以增大投影镜头的数值孔径、提高光刻成像分辨率和焦深的光刻工艺。

**26.012　极紫外光刻**　extreme ultraviolet lithography，EUVL

用极紫外波段的光进行曝光的光刻工艺。

**26.013　X 射线光刻**　X-ray lithography

用 X 射线波段的光进行曝光的光刻工艺。

**26.014　计算光刻**　computing lithography

将光刻成像的物理模型数字化，利用优化的控制算法实现的光刻工艺。

**26.015　逆向光刻**　inverse lithography

依据光刻成像理论，利用目标光刻成像性能作为评价函数，逆向优化光刻设备(照明和物镜系统)、掩模和工艺参数的光刻工艺。

**26.016　无掩模光刻**　maskless lithography

一种不采用光刻掩模的光刻工艺。例如，①带电粒子无掩模光刻：电子束直写工艺过程、离子束直写工艺过程等；②光学无掩模光刻：激光直写、干涉光刻工艺过程等。

**26.017　干涉光刻**　interference lithography

利用双光束、多光束的干涉图样，一次曝光或者多次曝光实现的一种无掩模光刻工艺。

常用于周期图形的制备，如周期性光栅、孔阵、点阵、柱阵等图形。

**26.018 全息光刻** holographic lithography
利用全息照相方法构造的全息图代替标准的光刻掩模实现的光刻工艺。

**26.019 近场光刻** near field lithography
利用扫描近场光学显微镜产生的超分辨率光束实现的光刻工艺。

**26.020 平面光刻** lithography on planar substrate
待刻蚀基底为平面时的光刻工艺。

**26.021 非平面光刻** lithography on nonplanar substrate
待刻蚀基底为非平面(如球面、抛物面等)时的光刻工艺。

**26.022 立体光刻** stereo lithography
利用光学、黏结、熔结、聚合作用或化学反应等方式，选择性地固化(或接合)液体(或固体)材料，制作成所需 3D 形状或模型的光刻工艺。

**26.023 光刻机** photo-etching machine
用于完成光刻工艺的专用设备。

**26.024 激光雕刻** laser engraving
利用激光束对材料表面层或内部局部烧蚀或者气化实现的一种雕刻工艺。可对玻璃、陶瓷、金属等各种材料进行雕刻。

**26.025 激光材料加工** laser material processing
利用高功率(能量)密度的激光束作用于被加工材料，使之瞬间发生物理和化学变化，从而改变加工材料的几何形状、组织结构和热力学性能的一种加工工艺。

**26.026 激光冲击硬化** laser shock hardening
又称“表面冲击强化”。大功率短脉冲激光使材料表面瞬时气化甚至等离子体化，并引起爆炸波和在表面产生冲击波，使材料表面强化的技术。

**26.027 激光淬火** laser quenching
又称“激光相变硬化”。以高功率(能量)密度的激光束照射工件表面，在激光作用区的温度急剧上升，然后靠工件自身热传导快速冷却，获得极细小马氏体和其他组织的高硬化层的一种淬火技术。

**26.028 激光打标** laser marking
利用经信息调制的激光束使介质表层材料发生物理或者化学变化，留下永久性信息标记的技术。

**26.029 激光打孔** laser drilling，laser boring
利用高功率(能量)密度的激光束在工件指定位置形成一定直径和深度小孔的技术。其工作机理是材料在激光作用下被迅速加热到熔化及气化温度后，在材料内部形成的高温高压区产生定向喷射成孔。

**26.030 激光焊接** laser welding，laser bonding
利用高功率(能量)密度激光束作用于两工件，使其发生熔化，形成特定的熔池，将两者融合成一体的焊接技术。

**26.031 激光加热** laser heating
利用激光做热源加热材料的方式。

**26.032 激光切割** laser cutting
利用高功率(能量)密度激光束作用于加工工件，使其吸收激光能量而发生熔化、气化或冲击断裂，对工件实施切割的技术。

**26.033 激光切除** laser ablation

以激光去除物体表面部分材料的过程。

**26.034　激光热处理**　laser heat treatment
利用激光加热金属材料表面实现表面热处理的技术。

**26.035　激光合金化**　laser alloying
用高功率(能量)密度激光束照射预置到金属表面的合金元素，使其与基体金属表面熔化、混合，形成具有要求深度和化学成分的合金表面，达到强化材料表面目的的技术。

**26.036　激光显微加工**　laser micromachining
在显微成像系统的配合下利用激光束与物质相互作用的特性对包括金属与非金属的各种材料进行加工的技术。涉及焊接、切割、打标、打孔、热处理、成型等多种加工工艺，目前广泛应用于微电子、微机械和微光学加工三大领域。

**26.037　激光照排**　laser phototype
通过激光束将计算机产生的文字和图像信息在胶片上扫描曝光的制版过程。

**26.038　激光防护**　laser protection
防止或者降低激光对人体造成损伤或者健康损害的技术。

**26.039　激光加速**　laser acceleration
利用激光电场加速粒子，以获得高能粒子的技术。主要有激光尾场加速、激光束直接加速、真空激光俘获加速等技术。

**26.040　激光加速器**　laser accelerator
利用激光电场对粒子进行加速获得高能粒子束的激光加速装置。可分为两大类：第一类是把光子的能量传递给被加速粒子，第二类是把激光能量传递给被加速粒子。

**26.041　激光聚变**　laser fusion
利用高功率激光束照射含氘、氚核燃料靶，将其加热到上亿摄氏度高温，并压缩靶丸使氘核或者氘核和氚核发生聚变的技术。有两种驱动聚变机制，即直接驱动和间接驱动。

**26.042　激光准直**　laser aligning
利用激光进行准直的技术。优点是准直精确度高，再现性高，易操作，无需考虑环境光照度。

**26.043　激光修调**　laser trimming
使用激光束照射材料表面，使其局部发生气化或者结构变化，达到调整电阻或电容等元件的电阻值、电容值目的的技术。主要特点是调整精度高，能够在动态下进行调整。

**26.044　激光育种**　laser breeding
选用适当波段剂量的激光照射植物种子和其他器官，诱发其遗传基因突变的一种突变育种技术。目前已在果树等植物育种上应用获得初步成功。也可照射卵、蛹，用于家蚕育种上。

**26.045　激光打印机**　laser printer
用激光将计算机产生的文字和图像信息在硒鼓上扫描成像，再在纸张等介质上打印成印刷品的设备。

**26.046　激光光凝机**　laser cohesion device
利用激光照射病灶，使其组织蛋白凝固变性的激光治疗设备。主要用于凝固血管、止血、封闭视网膜裂孔等。

**26.047　激光指示器**　laser pointer
又称“激光笔”“光指示器”。把可见激光设计成便携、手易握、用激光模组(发光二极管)加工成的笔形发射器。

**26.048　激光感生击穿**　laser induced break-down
在强激光束作用下原先的电中性气体变成强导电性的等离子体的现象。如空气在强激光下被击穿，其等离子体呈现蓝白色的闪光并伴有爆炸声。

**26.049　脉冲激光沉积**　pulsed laser deposition
一种利用激光对物体进行轰击，然后将轰击出来的物质沉淀在不同的衬底上，得到沉淀或者薄膜的一种薄膜制备方法。

**26.050　激光损伤**　laser damage
当一定能量的激光束照射到薄膜(无机、有机薄膜以及生物膜，如皮肤、视网膜等)时，由薄膜的吸收、缺陷、杂质等因素所造成的薄膜损伤。薄膜损伤的机理主要分为热效应损伤和场效应损伤两种。

**26.051　激光损伤阈值**　laser induced damage threshold，LIDT
薄膜材料或者生物组织发生激光损伤和无损伤之间的临界剂量。损伤阈值与激光波长有关，又与靶组织的颜色有关。

**26.052　辐射损伤**　radiation damage
电离辐射造成物质的物理化学性质或生物组织发生改变的损伤。包括电离辐射伤和非电离辐射伤。电离辐射伤包括远紫外线(短波长)、X 射线、γ 射线及核辐射线引起的损伤。非电离辐射伤则包括由近紫外线、可见光、红外线、微波等引起的损伤。

**26.053　光动力微循环损伤**　microcirculation damage by photodynamic therapy
光动力对微循环的血管内皮细胞等结构的损伤。

**26.054　晶状体损伤**　lens injury
激光造成的眼球晶状体的损伤。

# 27. 环境光学、空间光学与自适应光学

**27.001　激光雷达**　laser detection and ranging lidar
又称“光学雷达”。以激光为信息载体，通过检测激光与目标发生相互作用后的反射回波信息，实现对一定距离内目标特征探测、识别或跟踪的雷达系统。根据检测工作模式可分为相干激光雷达和非相干激光雷达，根据激光发射方式可分为连续波激光雷达和脉冲激光雷达。最常用的是根据用途将其分为激光气象雷达、激光测风雷达、激光测污雷达等。

**27.002　相干光雷达**　coherent optical radar，coherent lidar
利用激光相干特性进行测距、跟踪以及环境状态观测的雷达。相干光雷达系统使用外差探测法，克服了噪声问题，其灵敏度比在红外区域的非相干系统提高 3~4 个数量级。

**27.003　大气探测激光雷达**　atmospheric detection lidar
依据激光与大气的相互作用原理，通过对大气后向散射信号进行定量反演来获得激光传输路径上大气参数的激光雷达。

**27.004　米散射激光雷达**　Mie scattering lidar
又称“弹性散射激光雷达(elastic scattering lidar)”。一种依据米散射原理，发射和接收采用相同波长的大气探测激光雷达。主要用来探测大气气溶胶和云。

**27.005　偏振激光雷达**　polarization lidar
一种基于线偏振光入射到非球形粒子时，其后向散射光会发生退偏的原理工作的大气探测激光雷达。主要用于大气中沙尘暴粒子和冰晶云粒子等非球形粒子的探测。

**27.006 拉曼散射激光雷达** Raman scattering lidar

又称“非弹性散射激光雷达”。一种依据大气分子拉曼散射的散射波长相对于发射激光变化的大气探测激光雷达。主要用于探测大气分子浓度轮廓线。

**27.007 瑞利散射激光雷达** Rayleigh scattering lidar

一种依据大气分子瑞利散射的散射光与发射光波长相同原理的大气探测激光雷达。主要用于探测高层大气的分子密度和温度等。

**27.008 差分吸收激光雷达** differential absorption lidar

一种针对不同气体分子具有成对的光谱吸收峰和吸收谷特征，通过差分接收二者的吸收截面来定量反演激光传输路径上大气分子浓度的大气探测激光雷达。

**27.009 荧光激光雷达** fluorescence lidar

针对某些大气成分在特定激发波长下会产生荧光的原理的一种大气探测激光雷达。

**27.010 多普勒测风激光雷达** Doppler wind lidar

一种依据多普勒效应，通过检测接收激光回波频率相对于发射激光频率的位移，来定量反演激光传输路径上大气风速的激光雷达。

**27.011 相干测风激光雷达** coherent wind lidar

采用相干外差技术来实现大气风场探测的激光雷达。

**27.012 白光激光雷达** white light lidar

发射激光脉冲宽度为飞秒量级或更窄脉冲宽度的大气探测激光雷达。由于其激光脉冲的峰值功率高，其与大气的相互作用多表现为非线性效应。

**27.013 微脉冲激光雷达** micro pulse lidar

发射激光脉冲的能量为微焦耳量级，重复频率为千赫兹量级的大气探测激光雷达。

**27.014 侧向散射激光雷达** side-scattering lidar

接收望远镜光轴与发射激光传输路径不平行，通过接收激光传输路径上大气侧向散射光进行探测的大气探测激光雷达。

**27.015 电荷耦合器件激光雷达** CCD lidar

采用电荷耦合器件(CCD)作为接收探测器的大气探测激光雷达。

**27.016 星载激光雷达** space-borne lidar

装载在航天飞机、载人空间站、卫星平台上的激光雷达。

**27.017 机载大气探测激光雷达** atmospheric detecting airborne lidar

安装在飞机平台上的大气探测激光雷达。

**27.018 弹性背向散射激光雷达** elastic-backscattering lidar

一种利用激光与大气分子和大气气溶胶的弹性背向散射的大气探测激光雷达。

**27.019 扫描激光雷达** scanning lidar

利用光学或机械扫描机构获得目标多角度空间特征的激光雷达。

**27.020 相控阵雷达** phased array radar

一种利用相控阵天线来实现电子或光子扫描的扫描雷达。相控阵天线由大量排成阵列的辐射单元构成，以改变各个单元馈电或激励光的相位来改变光波或电波的方向图与指向，天线无需转动即可进行电波或光波扫描。

**27.021 红外雷达** infrared radar

使用红外波段光作为信息载体的雷达。

**27.022　红外激光雷达　infrared lidar**
使用红外波段的激光作为信息载体的激光雷达。

**27.023　高光谱激光雷达　hyperspectral lidar**
利用高光谱分辨率的滤波器将同时接收到的大气分子瑞利散射和气溶胶米散射信号光区分开的激光雷达。

**27.024　激光雷达网　lidar network**
在不同地点放置多台激光雷达，连续进行大气探测的激光雷达网络。

**27.025　激光雷达比　lidar ratio**
气溶胶或云粒子的消光系数与后向散射系数的比值。单位为球面度(sr)。

**27.026　退偏振比　depolarization ratio**
偏振激光雷达探测的正交分量信号与原始偏振方向分量信号的比值。揭示了大气气溶胶或云粒子的非球形特征。

**27.027　气体可视化　visualization of gas**
利用光学方法视觉呈现大气中气体质量、温度、流速以及其他状态参数分布的技术。包括纹影技术、阴影技术、激光成像技术等。

**27.028　带模型　band model**
依据大气中气体对光波的吸收随波长变化而建立的一种理想化模型。用于计算大气的透射比。

**27.029　卫星云图　satellite cloud image**
由星载仪器观测到的云层覆盖和地表特征的图像。可用于获取大气中云的分布、大范围的云系、局地强风暴、海冰分布以及海面温度等中长期天气预报相关的海洋资料。分为可见光云图和红外云图。

**27.030　展宽云图　stretched cloud image**
将卫星遥感原始图像按星下点分辨率进行重采样而生成的图像。

**27.031　大气窗口　atmospheric window**
大气对电磁波的衰减作用相对较小、透射率较高、能量较易通过的波段。在近紫外到红外波段，常用的大气窗口有：0.3～1.3 μm、1.5～1.8 μm、2.0～2.6 μm、3.0～4.2 μm、4.3～5.0 μm、8～14 μm。在微波区段，常用的大气窗口为8 mm附近和频率低于20 GHz的波段。

**27.032　红外大气窗口　infrared atmospheric window**
处于红外波段的大气窗口。可粗略地认为地球大气有1～3 μm、3～5 μm和8～14 μm三个红外大气窗口。

**27.033　大气效应　atmospheric effect**
大气层对电磁波传播产生散射、吸收、折射以及其他光学现象的现象。

**27.034　大气光学质量　atmospheric optical mass**
利用光学方法测定的大气质量。以在大气层中沿光传输路径单位截面气柱的光吸收或散射进行度量。

**27.035　相对大气光学质量　relative atmospheric optical mass**
来自天体的光线穿过大气层到达海平面的路径长度除以整层大气的垂直距离。

**27.036　非线性大气光学效应　nonlinear effect of atrnospheric optic**
强光与大气介质(大气分子、气溶胶)相互作用而产生的非线性光学现象。包括布里渊散射、电致伸缩效应、光学击穿、克尔效应、热晕效应、自聚焦效应、自散焦效应等。

**27.037　能见度　visibility**
在特定环境下，正常视力者不用仪器的帮助

能将一定大小的黑色目标物从环境背景中区别出来的最大距离。单位为m。

**27.038　大气能见度**　atmospheric visibility
又称“气象视程”“大气能见距离”。在特定天气状况下，正常视力者从地平线附近的天空背景中区别目标物的能见度。

**27.039　水下能见度**　underwater visibility
视力正常者能够从水体背景中区别目标物的能见度。

**27.040　大气透明度**　atmospheric transparency
白光通过 1km 水平路径的大气透射比。

**27.041　大气消光**　atmospheric extinction
大气对透过光的强度衰减的现象。大气消光与大气成分、光波长和穿过大气的厚度有关。

**27.042　大气反射**　atmospheric reflection
光经过大气时，被大气中的云层和较大尘埃等反射的现象。

**27.043　大气透过率**　atmospheric transmission ratio
光通过大气后的强度与入射强度之比。它与光波长有关。

**27.044　大气平均透射比**　atmospheric mean transmittance
某一波段内的大气透过率的平均值。

**27.045　大气折射修正**　atmospheric refraction correction
对光波穿过大气偏离直线传播的角度进行修正的过程。

**27.046　掩日通量法**　solar occultation flux method，SOF
以太阳作为光源，通过测量太阳光被大气待测成分吸收后的光谱强度来反演大气待测成分浓度的方法。

**27.047　固有对比度**　intrinsic contrast
被测目标和背景在零距离上的亮度对比度。

**27.048　表观对比度**　apparent contrast
经过大气或者水传输衰减或成像系统等环节之后，目标和背景的实际亮度对比度。

**27.049　水中相对对比度**　relative contrast in water
水中物体辐射亮度和背景辐射亮度的差值与背景辐射亮度的比值。是水体的表观对比度的相对值。

**27.050　海洋光学系泊系统**　ocean optical mooring system
布设在典型海域测量海面以及水下光辐射照度、光辐射率、光衰减等水光学特性的系泊系统。

**27.051　海洋光学浮标**　marine optic buoy
布设在典型海域测量海面以及水下光辐射照度、光辐射率、光衰减等水光学特性的锚系数据浮标。

**27.052　海洋要素反演**　inversion of oceanographic element，retrieval of oceanographic element，reduction of oceanographic element
用辐射传递方程或其近似的模式从卫星探测数据中提取所携带的海洋、大气要素信息的过程。

**27.053　海水透明度**　sea water transparency
表示海水能见程度的一个量度。数值上等于垂直地将直径 30cm 的白色圆板沉入水中刚刚看不见的深度。单位为m。

**27.054　海水透过率**　sea water transmittance

透过单位长度海水的光通量与入射到该水体的光通量之比。

**27.055　海洋水色要素**　ocean color component

海水中决定海水颜色的各个要素。如溶解物质、悬浮颗粒及浮游生物等。

**27.056　海色**　sea color

海洋大面积海面的颜色。与日照条件、海洋水体以及云层透光性等要素有关。

**27.057　海洋水色温度探测仪**　ocean color and temperature scanner

可同时检测海洋表面水色和温度的宽视场多光谱扫描仪。通常配置了可见光、近红外和热红外等多个波段。

**27.058　生物–光学算法**　bio-optical algorithm

根据遥感数据或现场观测的光学数据计算反演有关水色要素的方法。

**27.059　海面闪耀**　glitter of the sea

一种波动的海面对入射阳光造成反射并形成许多闪烁点的现象。

**27.060　光照深度**　depth of light in water

水体中光线透射的深度。光照强度随着水深的增加呈指数下降。清澈大洋区，光照深度可达200 m；浑浊沿岸带水体区，有效的光线透射很少超过30 m水深。海洋水体因此形成了浅薄的透光带和深厚的无光带。

**27.061　浑浊度**　turbidity

表征水体浑浊程度的水质参数。由于水中含有悬浮及胶体状态的微粒，原来无色透明的水产生浑浊现象。

**27.062　表观光学特性**　apparent optical properties

随光照条件变化的海水光学特性。如下行辐射照度、上行辐射亮度等。

**27.063　真光层**　euphotic zone

又称“透光层”。湖泊或海洋中有阳光透过、光合作用得以发生的水层。是海洋生物生态作用最活跃的水层，也定义为水柱中支持净初级生产力的部分。

**27.064　无光层**　aphotic zone

海洋深处接近海底的地面光线不能到达的水层。

**27.065　弱光层**　dyssophotic zone

介于透光层和无光层之间的水层。该水层光合作用固定的碳量少于植物呼吸消耗的量。

**27.066　光学水型**　optical water type

根据海水光学特性划分的海水类型。如Jerlov 根据海水的辐射照度透过率把大洋水体分为三类，近岸水体分为五类。水色遥感中，根据水色要素将水体分为Ⅰ类和Ⅱ类。

**27.067　光学无限深水体**　optically infinite-depth water

来自海底边界的反射光辐射的贡献可以忽略的水体。

**27.068　光学浅水体**　optically shallow water

来自海底边界的反射光辐射的贡献不能忽略的水体。

**27.069　光学分层水体**　optically stratified water

在垂直方向上，不同水层的海水光学特性不均匀的水体。

**27.070　Ⅰ类水体　case Ⅰ water**
水体光学特性主要由叶绿素及与其共变的碎屑色素决定的水体。

**27.071　Ⅱ类水体　case Ⅱ water**
水体光学特性由叶绿素及与其共变的碎屑色素以及其他物质如悬浮颗粒物及有色可溶有机物决定的水体。

**27.072　生物–光学区域　bio-optical province**
海水生物–光学特性相似而明显不同于邻近海域的特定地理和时间范围。

**27.073　黑白瓶法　light and dark bottle technique**
测定水生植物光合作用速率的一种传统方法。通常是将装有样点水和光合植物的黑、白瓶置于不同水层中测定单位时间内溶解氧含量的变化借以估计水柱初级生产力的一种方法。初级生产力是指单位时间单位空间内合成有机物质的数量。

**27.074　光散射法　light scattering**
根据颗粒物对激光散射的原理，通过测量颗粒物散射光的强度变化等特征，以获得颗粒物粒径等信息的测量方法。

**27.075　粒子光学直径　particle optical diameter**
与所研究的不规则形状粒子具有相同光散射能力的球形粒子的直径。

**27.076　电迁移率直径　electromigration diameter**
与所研究的不规则形状粒子在电场中具有相同迁移率的球形粒子的直径。

**27.077　斯托克斯直径　Stokes diameter**
与所研究的不规则形状粒子具有相同的沉降速度和密度的球形粒子的直径。

**27.078　多次反射池　multipass cell**
一种常用的气体吸收光谱探测仪器。它利用反射镜反射，让激光多次通过探测样品，从而达到增加光程、提高探测灵敏度的目的。

**27.079　怀特池　White cell**
一种多次反射光谱吸收池。由三面等曲率的球面反射镜组成，可以通过转动反射镜调节光线在反射池内的反射次数而不改变出射光方向。具有光程可调、数值孔径大、稳定性好的优点。

**27.080　灯塔　light house**
装有发光灯且目标显著的塔形巨型航标建筑物。

**27.081　灯船　light vessel**
具有船体外形的较大的锚泊发光浮动航标。

**27.082　冰映光　ice blink**
光线在冰面上反射后在低云层底呈现的一种白色或微黄色的闪光。

**27.083　斯特列尔比　Strehl ratio**
在实际大气中传播光轴上的光强与真空中衍射极限光强的比值。

**27.084　*K* 分布　*K* distribution**
在计算大气分子吸收时，把频率域积分按吸收系数重排转化为吸收系数域积分的一种快速计算大气分子吸收的新方法。

**27.085　二流方程　two-flow equation**
用近似方法展开辐射亮度传输方程，只取前两项，由此得到的关于平行平面海水介质中向上和向下辐射照度传输的一组微分方程组。

**27.086　弗里德参数　Fried's parameter**
对经过大气湍流扰动的光波清晰成像的光

学系统最大允许直径。

**27.087　到达角**　angle-of-arrival
光束沿一定方向传输到达接收孔镜前，由于大气湍流的影响，实际到达的光束波前与接收孔镜所在平面的夹角。

**27.088　太阳高度角**　solar elevation angle
太阳所在方向与被观测点当地水平线的夹角。

**27.089　太阳高度角订正**　solar elevation angle correction
把不同时空定位的卫星遥感探测值转换成其在太阳直射条件下应有的值的过程。用于消除由太阳光入射高度角不一致引起的同一遥感图像不同像元之间或者不同遥感图像之间的遥感信号差异。

**27.090　太阳方位角**　solar azimuth angle
太阳光线在地平面上的投影与当地子午线的夹角。

**27.091　太阳定标**　solar calibration
遥感器在轨工作时，利用太阳辐射进行的辐射标定。

**27.092　速高比**　velocity to height ratio
搭载光谱成像仪的平台的航速与航高之比。速高比是决定光谱成像仪探测器积分时间的一个重要参数。

**27.093　自适应光学**　adaptive optics
一种关于实时探测和校正由大气湍流或其他因素造成的成像过程中动态波前像差的光学分支学科。

**27.094　自适应光学系统**　adaptive optical system
自动实现对动态波前误差的实时测量和校正的光学系统。一般由波前传感器、波前控制器和波前校正器三部分组成。

**27.095　多层共轭自适应光学系统**　multi-conjugate adaptive optical system
利用多个不同方向的信标获取大气湍流垂直结构信息，利用共轭于不同高度层的多个波前校正器对整层大气的波前畸变进行补偿的自适应光学系统。比单信标自适应光学系统具有更大的校正视场。

**27.096　地面层自适应光学系统**　ground layer adaptive optical system
距离地面 0～2km 范围内的近地表层大气的波前畸变为校正对象的自适应光学系统。与全程大气校正的自适应光学系统相比实现容易，但效果略差。

**27.097　信标**　beacon
为自适应光学系统中的波前传感器提供的携带了待校正波前误差信息的光。

**27.098　自然信标**　nature beacon
来自一定亮度的自然物体并作为自适应学系统中波前传感器的校正系统的信标光。如自发光物体或自身不发光但反射亮光的物体等。

**27.099　人造信标**　artificial beacon
又称“人造导星(artificial guide star)”。利用人工方法产生的有一定亮度的、作为自适应光学系统中波前传感器的信标光。如人造激光导星或主动照明后向反射信标等。

**27.100　激光信标**　laser beacon
又称“激光导星(laser guide star)”。发射特定波长、足够亮度的激光到大气中特定位置，利用大气成分对激光的后向散射、共振荧光散射等效应，在大气中产生的可探测光源的信标光。主要有钠信标和瑞利信标等。

**27.101　钠信标　sodium beacon**
又称“钠导星(sodium guide star)”。利用距地面约90 km高度上大气层中的钠原子的D2谱线(波长589.2 nm左右)对相应波段激光的共振荧光散射效应制作的一种人造信标。由于位置高，可以探测绝大部分的大气误差，在自适应光学系统中有重要应用。

**27.102　瑞利信标　Rayleigh beacon**
又称“瑞利导星(Rayleigh guide star)”。利用大气层内分子对激光的瑞利后向散射光的一种人造信标。由于瑞利散射效应随距离的增加迅速衰减，使用条件比较受限。

**27.103　开环控制　open-loop control**
利用波前传感器测量待校正像差，然后产生对应的波前校正器控制信号的一种自适应光学系统的控制方式。与闭环控制方式相比速度更快，但受波前传感器和波前校正器非线性效应的影响大。

**27.104　闭环控制　close-loop control**
利用波前传感器测量经过波前校正器之后的波前残差，经闭环负反馈控制算法产生波前校正器控制信号的一种自适应光学系统的控制方式。与开环控制方式相比，闭环控制方式有利于克服波前探测器和波前驱动器的非线性效应，使用广泛。

**27.105　控制带宽　control bandwidth**
反映自适应光学系统动态控制性能的频域特征参数。包括误差抑制带宽、闭环带宽和开环带宽。

**27.106　误差抑制带宽　error rejection bandwidth**
自适应光学系统误差传递函数幅值增益等于 –3 dB 对应的频率。它反映自适应光学系统对波前误差中低频部分的抑制能力。

**27.107　闭环带宽　close-loop bandwidth**
自适应光学系统闭环控制传递函数幅值增益等于–3 dB 对应的频率。它主要反映自适应光学系统对扰动信号的跟随能力，也反映系统对噪声的抑制能力。

**27.108　开环带宽　open-loop bandwidth**
自适应光学系统开环控制传递函数幅值增益为零对应的频率。它反映自适应光学系统对波前扰动中低频信号的放大能力。

**27.109　环围能量　encircled energy**
又称“桶中能量(power in bucket, PIB)”。以光学成像系统远场光斑指定位置为中心，以光斑的峰值点或质心位置为圆心，以理想无像差光斑的一阶暗环半径为指定半径的圆内所包含的光能量。以此远场光斑的总能量归一化来表示光斑能量的集中度。

# 28. 生物光学与激光医疗

**28.001　激光生物学效应　biological effect of laser**
激光作用于生物组织后，使生物组织发生形态或机能改变的现象。它通常经过两个过程：初级激光生物作用，即组织吸收激光能量后，发生一系列的能量转换过程；次级激光生物作用，即经历初级激光生物作用后，可能导致生命物质在分子、细胞、组织或系统水平上发生形态或机能等生物学改变。

**28.002　生物发光系统　bioluminescent system**
引起生物发光的各种生物组织组成的发光

系统。通常由荧光素、荧光酶和氧气组成，有的还有发光蛋白参与。

**28.003　光生物调节作用**　photobiomodulation，PBM

激光或单色光对生物系统的一种调节作用。它能够刺激或抑制生物功能，但不会产生不可逆性损伤。

**28.004　组织光学特性参数**　tissue optical properties parameter

表征人体组织对光响应的物理量。包括吸收系数、散射系数、各向异性因子等基本参量及约化散射系数、衰减系数、穿透深度等导出参量。

**28.005　组织光学特性控制**　controlling of tissue optical properties

通过诸如压缩、拉伸、脱水、凝固、紫外线照射、低温、化学试剂或油类浸泡等物化方法改变生物组织与血液中的反射、吸收、散射和荧光等光学特性的一种控制过程。

**28.006　光致发热**　photothermic

光照射到生物体后引起的温度升高的现象。温升的机理有两种：一种是直接加热，生物分子吸收能量较小的近红外或远红外线后，把光能直接转变成该生物分子的振动能或转动能；另一种是间接加热，生物分子吸收可见和紫外激光后跃迁到较高的电子能级(激发态)，然后以无辐射跃迁的方式使光能转变成热能。

**28.007　选择性光热作用**　selective photothermolysis

全称“选择性光热分解作用”。病变和生物组织在吸收激光发生光热分解时，对于激光参数(波长、脉冲持续时间、能量)具有选择性的现象。利用这个现象，可保证最有效治疗的同时，对周围正常组织的损伤程度最小。

**28.008　颜色心理学**　color psychology

研究颜色作为外界光刺激作用于人类视觉系统，从而引起心理、机理反应的分支学科。

**28.009　深度暗示**　depth cue

又称“深度线索”。用于获得纵深感而产生立体视觉的信息。包括生理暗示和心理暗示两个方面。

**28.010　心理深度暗示**　psychological depth cue

人们通过在日常生活中长时间的经验积累所获得的深度暗示。

**28.011　生理深度暗示**　physiological depth cue

通过人眼的各种生理活动所获得的深度暗示。包括焦点调节、单眼移动视差、两眼集合和双目视差。

**28.012　透明剂**　optical clearing agent

能使生物组织或细胞变得透明的化学试剂。这类试剂具有高折射率、高渗透性的特点；当用于活体时，其还需具有生物相容性。

**28.013　透明体**　optical transparent

允许光通过而完全不被吸收的生物组织体。即进入组织体的总辐射能量和出射的能量相等。

**28.014　不透明体**　optical opacity

可使入射辐射能量降为零的生物组织体。

**28.015　化学透明法**　chemical clearing method

利用特定化学试剂对生物组织进行一系列的处理，使生物组织中散射体与背景介质之间折射率匹配，从而使生物组织变得透明的方法。

**28.016　机械透明法**　mechanical clearing method

利用压缩、拉伸等机械作用使生物组织内散射体排列紧密减小厚度，从而减小组织散射，增加光的穿透深度，控制其光学特性的物理方法。

**28.017　穿透深度**　penetration depth

表征光在生物组织中穿透能力的物理量。取决于组织的吸收与散射性质。

**28.018　电压敏感染料**　voltage sensitive dyes

一种荧光强度或者发射波长可以随细胞跨膜电位的改变而改变的染料。

**28.019　光学标测**　optical mapping

借助于电压敏感染料，将细胞膜电位的变化转化成光学信号进行记录的一种新的功能成像技术。

**28.020　光感受器**　photoreceptors

专门用来感受或接收光的神经末梢、细胞或细胞群。

**28.021　锥体细胞**　cone cell

位于人眼视网膜中心部位、在明视觉条件下对色觉和视敏度起决定作用的一种感光细胞。

**28.022　杆体细胞**　rod cell

位于人眼视网膜上、在暗视觉条件下对明暗感觉起决定作用的一种感光细胞。

**28.023　对比度敏感函数**　contrast sensitivity function，CSF

描述人眼视觉系统空间特性的主要指标之一。它反映人眼对于一定对比度的标准图案的敏感度与该图案的空间频率之间的关系。

**28.024　盲点**　blind spot

又称“视盘(optic disk)”。视网膜上一个视神经从眼球通向脑部的小圆区域。该区域内没有锥体细胞和杆体细胞因而对光不敏感。

**28.025　Kappa 角**　Kappa angle

眼外注视点与角膜前顶点的连线和光轴所形成的夹角。

**28.026　分离运动**　disjunctive eye movement

交替注视较远或较近的物体时的眼球运动。眼球做分离运动时两眼视轴的夹角发生相应的变化。

**28.027　共轭运动**　conjugate eye movement

双眼同时以相同的方式运动。可分为扫视运动和平稳追随运动。

**28.028　双眼集合**　binocular convergence

简称“集合”。注视近物时，两眼视轴需转向内(鼻)侧的生理现象。在一定范围内，物体距离越近，眼球内转的程度也越大。

**28.029　模型眼**　schematic eye

模拟眼睛构造的具有简化屈光性质的光学系统模型。其中古尔斯特兰德(Gullstrand)模型眼较为精密。

**28.030　视觉**　vision

外界物体在眼睛的视网膜上成像，大脑视觉中枢对视觉信号进行分析获得对物的理解和认知的生理过程。

**28.031　双眼视觉**　binocular vision

外界物体在两眼视网膜上成像，大脑视觉中枢把两眼视觉信号分析并综合成一个完整的具有立体感的视觉的现象。分为同时视、融合功能以及立体知觉三个阶段。

**28.032　单眼视觉**　monocular vision

仅有单眼参与的视觉活动。单眼视觉不能产生立体视觉，但对于熟悉的物体，借助经验，在大脑中能把一平面像想象成一空间形象。

**28.033　立体视觉　stereoscopic vision**
视觉系统对三维空间的知觉。也就是辨别物体的距离、物体间的前后位置、方向等的能力。

**28.034　颜色视觉　color vision**
人眼或机器的视觉系统对可见光谱波段(380～780nm)的辐射能量所产生的颜色响应及对其进行辨别、理解的知觉。

**28.035　明视觉　photopic vision**
人眼在高亮度下由视网膜的锥体细胞起主要作用的视觉。明视觉能够辨认很小的目标细节，并有颜色的感觉。

**28.036　明视距离　distance of most distinct vision**
在正常光照条件下，最方便和最习惯的眼睛工作距离，即眼睛不用调节就能看清楚物体的观察距离。通常规定人眼的明视距离为25cm。

**28.037　暗视觉　scotopic vision**
人眼在低亮度下由视网膜的杆体细胞起主要作用的视觉。暗视觉只有明暗感觉而无颜色感觉。

**28.038　中间视觉　mesopic vision**
人眼的亮度适应介于明视觉和暗视觉之间，由视网膜的锥体细胞和杆体细胞同时起作用的视觉。

**28.039　斜视　squint**
双眼注视目标时，一眼光轴偏斜的视觉现象。

**28.040　弱视　amblyopia**
在视觉发育期间，由各种原因造成视觉细胞的有效刺激不足，即使矫正后其视力仍低于正常水平的视觉现象。

**28.041　复视　diplopia**
两眼的中心凹接收不同的像，无法将其融合成单一像，从而出现双重像的非常规视觉现象。

**28.042　偏心注视　eccentric fixation**
单眼注视时使用中心凹外的一点对目标进行的注视现象。

**28.043　视觉对比阈　visual contrast threshold**
眼睛能够从背景中识别目标物的最小亮度与最大亮度的比值。

**28.044　视觉敏锐度　visual acuity**
人眼分辨物体精细结构的能力。它定义为人眼恰能分辨出的两点对眼所张的视角(以分为单位)的倒数。

**28.045　视觉放大率　visual magnification**
用仪器观察物体时，视网膜上的像高与用人眼直接观察物体时视网膜上的像高之比。

**28.046　视见函数　visibility function**
表示人眼对不同波长的等能量光的视觉响应水平或灵敏度的函数。

**28.047　视觉暂留　duration of vision**
当光停止照射后，人眼的视觉形象并不立即消失的一种视觉现象。

**28.048　人眼绝对视觉阈　absolute visual threshold of human eye**
在充分暗适应的全黑视场中，人眼感觉到的最小光刺激值。以入射到人眼瞳孔上最小照度值表示时，人眼的绝对视觉阈值在 $10^{-9}$ lx 量级。

**28.049　人眼阈值对比度　contrast threshold of human eye**

在一定背景下，人眼视觉把目标从背景中鉴别出来的敏锐程度。与背景的亮度以及目标在背景中的衬度有关，其中衬度用目标和背景的亮度差与背景亮度之比(即对比度 $C$)来表示。

**28.050　手术视觉矫正**　surgical visual correction
采用眼科临床手术的方式来治疗、恢复或提高视觉功能的方法。

**28.051　眩光**　glare
又称“眩目”。人眼对一个或多个可见光源在空间或时间上存在极端的亮度对比所产生的不舒服感觉或者观察细部或目标的能力降低的一种视觉现象。例如，在白光 LED 中，有一定方向性的 LED 发射光与荧光粉引起的散射光或漫射光的混合对人眼引起的某种不适等。

**28.052　视轴**　visual axis
由眼外注视点通过后节点与黄斑中心凹的连线。

**28.053　视场拼接**　field butting
一种将几个较小视场的光学系统按照一定的排列形成较大视场光学系统的方法。

**28.054　视度**　diopter
与眼睛视网膜共轭的物面到眼睛距离(单位为 m) 的倒数。用 SD 表示。

**28.055　视度调节**　diopter accommodation
为了看清不同远近物体，眼睛自动改变焦距的过程。

**28.056　立体知觉**　stereoscopic perception
视觉器官对周围物体远近、宽窄和高低等立体空间位置的分辨感知能力。

**28.057　双眼视差**　binocular parallax
由于人的左右眼从不同角度观看物体而成像于左右眼视网膜上的图像略有差异的现象。

**28.058　单眼移动视差**　monocular motion parallax
当观看者或被观看物体发生移动时人眼看到物体的不同侧面的现象。

**28.059　水平视差**　horizontal parallax
同源像点在水平方向上的位置差异。

**28.060　垂直视差**　vertical parallax
同源像点在垂直方向上的位置差异。

**28.061　零视差**　zero parallax
同一物点在左右视差图像中所成的像点位置相同时的视差值。对应于深度位置在显示屏上的 3D 像点。

**28.062　正视差**　positive parallax
同一物点在右视差图像中所成的像点位置大于在左视差图像中所成的像点位置时的视差值。对应于凹进显示屏的 3D 像点。

**28.063　负视差**　negative parallax
同一物点在右视差图像中所成的像点位置小于在左视差图像中所成的像点位置时的视差值。对应于凸出显示屏的 3D 像点。

**28.064　发散视差**　divergent parallax
正视差值大于人眼瞳孔间距的一种视差。

**28.065　立体视差**　stereoscopic parallax
双眼观察时，物方不同距离物点对双眼所形成的立体视差角之差。

**28.066　远视眼**　farsightedness
由于眼轴较短，在不使用人工调节时，平行光线通过眼的屈折后主焦点落于视网膜之后不能形成清晰图像的视觉现象。

**28.067　近视眼**　nearsightedness
由于眼轴较长，在不使用人工调节时，平行光线通过眼的屈折后主焦点落于视网膜之前不能形成清晰图像的视觉现象。

**28.068　超视力**　hyperacuity
视力在 2.0 及以上的视力水平。

**28.069　远点**　far point
当眼睛处于松弛状态时，眼睛所能看清的最远物点。远点至眼睛的距离称为远点距，正常眼的远点距为无穷大。

**28.070　亮度适应**　luminance adaptation
简称“适应”。人或动物的视觉系统对于视场亮度变化的适应性。

**28.071　明适应**　light adaptation
从暗处突然进入亮处时，视觉系统对光的敏感度随时间逐渐升高的适应过程。明适应的进程比暗适应要快得多，通常在几秒内敏感度就逐渐恒定。

**28.072　暗适应**　dark adaptation
从亮处突然进入暗处时，视觉系统对光的敏感度随时间逐渐升高的适应过程。

**28.073　色刺激**　color stimulus
进入人眼并产生有彩色或无彩色的颜色感觉的可见光辐射。

**28.074　等色刺激**　isochromatic stimulus
同时作用在相邻视场而引起相同颜色感知的色刺激。

**28.075　异色刺激**　heterochromatic stimulus
同时作用在相邻视场而引起不同颜色感知的色刺激。

**28.076　色刺激函数**　color stimulus function
为描述颜色的刺激而采用的光谱密度(如辐亮度或辐射功率等)随波长变化的函数。

**28.077　三刺激值**　tristimulus values
表示人体视网膜对某种颜色感觉的三原色刺激程度的量。在红、绿、蓝三原色系统中，红、绿、蓝的刺激量分别以 R、G、B 表示。

**28.078　色盲**　color blindness
人眼无法正确感知部分或全部颜色之间区别的视觉异常。主要包括全色盲(单色觉者)、色弱(三色觉异常者)、局部色盲(二色觉者)。通常色盲发生的原因与遗传有关，但部分色盲则与眼、视神经或脑部损伤有关，也可由接触特定化学物质所致。

**28.079　色弱**　anomalous trichromatism
轻度色觉异常的一种色盲现象。它的红、绿、蓝三原色的比例与色觉正常者不同。

**28.080　色觉恒常**　color constancy
不管照明光的光谱组分如何变化，人们通常能像在白光下一样来分辨物体颜色的现象。

**28.081　检眼镜**　ophthalmoscope
检查人眼的屈光介质和眼底组织的一种仪器。它是眼科常用检查工具，由照明系统、屈光补偿转盘和观察系统组成。

**28.082　共焦扫描激光检眼镜**　confocal scanning laser ophthalmoscope
采用激光照明、逐点扫描和点探测方式的一种检眼镜。它基于共焦原理来形成图像，在照明、物方和像方空间的共轭面上分别设置针孔(实际操作时通常只需在像方，即探测端的共轭焦面上设置针孔)，探测端共轭焦面的针孔和点光源、物方焦点构成共轭关系，以滤除来自视网膜上焦点之外的光信号而只接收来自焦点处的光信号来生成图像。对它的利用已形成了相应的一种视网膜成像技术，该成像模式还可用于荧光成像。

**28.083 线扫描检眼镜** line scanning ophthalmoscope

通过柱透镜使照明光束在眼底形成线聚焦照明，并采用阵列探测器接收光信息的一种检眼镜。它是一种平行成像方式，也相应地形成了一种扫描激光检眼镜技术。

**28.084 声光检眼镜** photoacoustic ophthalmoscope

基于声光效应的一种检眼镜。其工作原理是非电离激光脉冲入射人眼底组织后，部分光能量被吸收后转换成热能，引起组织的短时热膨胀，从而产生超声波辐射，超声波被超声换能器接收后形成图像。其中光吸收与血色素浓度、血氧饱和度等视网膜生理特性密切关联。相应地已形成一种视网膜成像技术，它在视网膜微循环和视网膜色素上皮细胞功能障碍等疾病诊断方面具有重要意义。

**28.085 夜视** night vision

在夜间或低照度条件下人眼的视觉观察行为。

**28.086 彩色夜视** color night vision

将微光夜视系统和红外(热)成像系统的图像用光学或数字图像处理的方式融合，形成一幅自然感彩色图像，并提供标准视频信号供实时显示或处理的成像技术。彩色夜视利用了人眼彩色视觉特性，可提高目标探测和识别的能力，减轻夜间视觉判断的疲劳。

**28.087 夜视仪** night vision device

在夜间或低照度条件下可提高人眼夜视效果的光电成像仪器。

**28.088 微光夜视仪** LLL night vision device

利用夜间目标反射的低亮度的夜天光、星月光、大气辉光等自然光，将其增强放大到几十万倍的夜视仪。广泛用于战场或非战场侦察、观察、瞄准、车辆驾驶和其他夜间作业。

**28.089 红外夜视仪** infrared night vision device

利用目标物的红外辐射观察目标的夜视仪。分主动式和被动式两种，前者用红外源照射目标，对红外反射光成像，后者对目标自身的红外辐射成像。

**28.090 主动红外夜视仪** active infrared night vision device

采用近红外光源主动照明和红外变像管的夜视装置。可大幅提高目标探测与识别概率，但也容易自我暴露。早期照明主要采用近红外探照灯，目前主要采用近红外激光器。主动红外夜视根据照明方式可分为连续照明成像和脉冲照明成像。

**28.091 头盔夜视镜** night vision goggles

与车辆驾驶员或直升机驾驶员头盔佩戴在一起的小巧、轻便的微光夜视眼镜。

**28.092 被动式轻武器夜视镜** passive light-weight-weapon night sight

一种安装在轻武器(如步枪、机枪和近程反坦克武器等)上的微光夜视瞄准镜。可帮助射手进行夜间精确观察、瞄准、射击等，也可手持或架在三脚架上作为观察仪使用。

**28.093 夜视仪最小可分辨对比度** minimum resolvable contrast of night vision device

简称“最小可分辨对比度”。以人眼视觉特性为基础，综合考虑微光夜视器件与系统性能参数、目标特性以及与人眼视觉感知特性之间的关系所建立的感知模型参数。可作为微光夜视系统探测性能的综合评价指标。

**28.094　机器视觉**　machine vision

利用摄像装置摄取物体的像，并由计算机或其他智能设备实现对图像的校正、处理、识别、理解和特征提取，进而根据判别的结果来控制现场设备动作的过程。

**28.095　计算机视觉**　computer vision

用摄影机和计算机代替人眼对目标进行识别、跟踪和测量等的一种机器视觉。

**28.096　机器人视觉**　robot vision

安装在机器人上供机器人感知周围环境和自身定位的一种机器视觉。由于机器人不断地运动，所以机器人视觉比一般的机器视觉在实时性、可靠性、环境适应性方面有更高要求。根据功能不同，机器人视觉可分为视觉检验和视觉引导两种，广泛应用于电子、汽车、机械等工业部门和医学、军事领域。

**28.097　视觉处理**　visual processing

从视觉感受器到视觉认知这一过程中的信息处理步骤。感受器既可是动物的眼睛，也可是相机、传感器阵列等。

**28.098　激光医学**　laser medicine

将激光技术用于临床诊断、治疗及基础医学的一门新兴的学科。强调激光技术与医学相结合。目前激光医学已基本上发展成一门体系完整、相对独立的学科。

**28.099　激光医学光谱术**　laser medicine spectroscopy

激光光谱技术在医学诊断、分析领域中的应用。

**28.100　激光诊断**　laser diagnostics

采用激光技术开展医学诊断的技术。

**28.101　荧光诊断**　fluorescent diagnosis

以分子荧光作为信息载体的一种物理诊断方法。生物组织如癌组织与正常组织在某些物质含量上有差异，在受到适当波长的激光激发后，它们的荧光发射光谱就会存在差异，从而可根据荧光光谱形态和强度的不同来区分正常组织与癌组织，此即激光诱发荧光诊断肿瘤的基础。

**28.102　光敏化作用**　photosensitization

光敏剂吸收光后首先跃迁到激发单线态，经过系间窜越到寿命较长的激发三线态引发一系列化学反应。包括活性氧或自由基产生和相关激发态反应过程。

**28.103　近红外光谱诊断**　near infrared spectroscopy diagnosis

利用近红外波段光的一种诊断方法。

**28.104　流式细胞术**　flow cytometry

单细胞悬液在穿越流动室的过程中被鞘流液包绕并受激光照射，通过检测它们的散射光或者新产生的荧光来测定单细胞特性的技术。

**28.105　流式荧光分析**　flow fluorescence analysis

在液相生物芯片分析中，采用微流技术使荧光微球快速单列通过检测通道，并使用激光对单个微球上的编码荧光和报告荧光进行检测分析的过程。编码荧光可将微球分类，从而鉴定各个不同的反应类型(即定性)；报告荧光可确定微球上结合的报告荧光分子数量，从而确定微球上结合的探针分子的数量(即定量)。最终完成对反应的实时、定性和定量分析。

**28.106　光治疗**　light therapy

利用太阳光或者人造光源的光(红外线、可见光、紫外线等)照射人体的生物组织或者病变部位使之发生物理、化学或生理等变化来防治疾病或者保健的一种治疗技术。

**28.107　红外线治疗**　infrared light therapy
基于红外线照射生物组织产生的光热物理效应的一种光治疗技术。红外线的主要作用基础为热效应，其光量子能量小，穿透皮肤能力较强。

**28.108　可见光治疗**　visible light therapy
使用可见光照射生物组织的一种光治疗技术。可见光能引起视网膜的光感，其波长为400～760 nm。

**28.109　紫外线治疗**　ultraviolet light therapy
利用紫外线照射生物组织产生物理效应的一种光治疗技术。医用紫外线的波长范围为200～400 nm，目前多采用人工光源 UVB、UVA 以及 311 nm 的 UVB 窄谱中波紫外线(NB-UVB)和 UVA1(340～400 nm)等治疗皮肤病。

**28.110　激光治疗**　laser therapy
又称“*激光疗法*”。利用激光作用于生物组织的一种光治疗技术。

**28.111　激光理疗**　laser physiotherapy
用弱激光直接照射生物组织后引起一系列物理效应的激光治疗技术。

**28.112　微脉冲激光治疗**　micro pulse photocoagulation
通过裂隙灯将半导体激光(810nm)聚焦于视网膜或脉络膜病灶上，把热量以亚光凝固的水平传递给组织，引起细胞的损伤以达到治疗目的的激光治疗技术。

**28.113　腔内激光治疗**　endovenous laser treatment，EVLT
激光通过光纤输送到静脉内，光能转变成热能导致血液沸腾，产生蒸汽气泡引起静脉壁热损伤，血凝状态升高，静脉内广泛血栓形成，最终闭锁静脉腔的一种激光治疗技术。

**28.114　腔镜下激光治疗**　endoscopic laser treatment
激光通过光纤到达腔镜(如喉镜、胸腔镜、腹腔镜)并进入治疗部位，在腔镜直视下的激光治疗技术。

**28.115　激光组织间治疗**　interstitial laser therapy，ILT
利用一根或数根直接插入位于皮下或生物组织深处的肿瘤内的光纤引入激光，利用激光的热能在较大范围内杀伤肿瘤的激光治疗方法。

**28.116　靶组织**　target tissue
激光作用的目标组织。在激光医学中特指激光治疗的病变组织。

**28.117　激光入射时间**　laser incident time
激光与生物体组织作用的时间。在入射能量密度一定时，入射激光时间决定了作用于组织体的激光的总能量。

**28.118　最大活性深度**　maximal active depth
又称“*极限深度*”。到达生物组织的激光，其强度减弱到不产生任何生物效应的深度。

**28.119　气流反冲**　airflow anti-stamping
激光手术时，受照处组织吸收光能而急剧升温，使得体液升温，受照处喷发出一股气体，生物组织受到这股气流的反冲压作用形成气流反冲压的光–生物作用。

**28.120　光动力反应**　photodynamic reaction
敏化剂在光的作用下，在生物组织中氧的参与下发生的光化学反应。光动力反应产生单线态氧和(或)自由基，破坏组织和细胞中的多种生物大分子，使其发生功能或形态变化，严重时可致损伤或坏死，从而达到治疗的目的。

28.121　**光动力剂量**　photodynamic dose
描述光动力反应作用强度的激光照射量。数值上等于靶组织内光敏剂浓度(μg/g)与激光照射量($J/cm^2$)的乘积。它与光敏组织中的浓度、光敏药物的光漂白作用、光剂量以及组织中的氧浓度等因素密切相关。

28.122　**光动力阈值**　photodynamic dose threshold
开始引起靶细胞死亡的光动力剂量。在光动力研究中常用光动力阈值来比较各种组织细胞对光动力治疗的敏感性。

28.123　**光动力诊断**　photodynamic diagnosis
将能量密度大于击穿阈值的激光聚焦照射到一个很小的测试点(直径为10～400 μm)产生等离子体，利用光谱仪采集等离子体衰退过程中发出的信号光谱，对样品进行定性和定量分析的医学诊断技术。

28.124　**光动力疗法**　photodynamic therapy, PDT
又称“光动力术”。一种联合利用光敏剂、光和氧分子，通过光动力反应选择性地治疗恶性病变(如实体肿瘤和癌前病变)、良性病变(如湿性老年性黄斑变性、鲜红斑痣)和感染等疾病的激光治疗方法。

28.125　**光动力免疫治疗**　photo immunotherapy
简称“光免疫治疗”。将肿瘤单克隆抗体与光敏剂连接的光动力疗法。可选择性杀死肿瘤细胞。

28.126　**光动力免疫增强效应**　immune-enhancing effect of photodynamic therapy
光动力诱导的免疫机制活化，增强机体免疫力的生理现象。有利于抗肿瘤作用。

28.127　**光动力细胞毒作用**　photodynamic cytotoxicity
光动力效应对细胞的直接杀伤作用。包括坏死和凋亡。

28.128　**光动力有效剂量**　photodynamic effective dose
光动力免疫治疗过程中导致光化学效应的那一部分光动力剂量。

28.129　**光剂量**　light dose
入射到生物组织表面面元上的光照度(辐射能和相应的面元面积的比值)。单位是焦耳/米$^2$($J/m^2$)。

28.130　**光剂量率**　light dose rate
又称“光能流率”。入射到表面面元上辐射通量和相应面元面积的比值。用于光疗法时，与辐射照度是同义词。单位是瓦/米$^2$($W/m^2$)。

28.131　**激光手术**　laser operation
利用强激光束通过光热作用直接碳化、气化、凝固甚至切割病变组织以达到治疗目的的手术方式。主要指连续输出$CO_2$激光、Nd:YAG和半导体激光。

28.132　**激光切割术**　laser cutting operation
激光束聚焦(激光刀)在生物组织上移动，通过燃烧切开生物组织的激光手术。此时切口两侧的生物组织形成了热凝固区，封闭了血管，手术失血较少。

28.133　**气化切除**　gasification resection
利用激光的热效应，使生物组织脱水、碳化、气化，从而分离、去除病损的过程。

28.134　**激光组织吻合术**　laser organization anastomosis
利用激光照射可使生物组织加温至70 ℃ 时

胶原蛋白变得有黏性的特性进行生物组织吻合的激光手术。$CO_2$激光可使薄壁结构如小动脉、小静脉加热至满意的效果，激光吻合的生物组织不存在异物抗原产生的排斥反应，吻合的管壁光滑，不易形成血栓，且保留吻合原部位生物组织的生物学特性。

**28.135 激光生物组织焊接** laser welding biological tissue
应用激光能量并辅以蛋白胶合剂等，对生物组织如血管、神经等进行直接或间接的“吻合”，使断裂或部分损伤的组织创口闭合，恢复其结构完整性的一种激光手术。

**28.136 激光光凝** laser photocoagulation
又称“光致凝固(photocoagulation)”。生物组织吸收激光后，通过热效应引起生物组织温度上升导致蛋白变性凝固的现象。

**28.137 光凝固组织坏死** photocoagulated tissue necrosis
用穿透深度大的波长激光照射被完全凝固的待除去软组织团块，病变组织被破坏，并在几天和几周时间内由人体的“再吸收”机制除去或蜕去的现象。可用于无血切割手术。

**28.138 激光光凝术** laser photocoagulation
简称“光凝术(photocoagulation)”。利用激光光凝原理进行的激光手术。

**28.139 硬组织消融** hard tissue ablation
采用某些类型的脉冲激光来精确切割或消融硬钙化组织(如骨头和牙齿)的激光治疗方法。

**28.140 直接激光照射法** light direct irradiation
激光从光纤输出后对病变部位进行直接照射的激光治疗方法。适用于体表小面积及部分腔内病灶的照射治疗。

**28.141 原光束照射法** original beam of irradiation
激光器输出的激光不经任何光学透镜的处理的激光治疗方法。其功率密度大，光斑面积较小，适用于小面积病灶的照射治疗。

**28.142 扩束照射法** expanding beam of irradiation
将激光器发出的光束通过凹透镜扩束后照射患病部位的激光治疗方法。其功率密度较小，光斑面积较大，适用于较大面积病灶的治疗。

**28.143 低强度激光照射疗法** low intensity laser radiation therapy
利用低功率(毫瓦级)的激光照射生物组织，在不产生明显热效应、不造成不可逆损伤的情况下，对机体局部乃至全身产生生物刺激作用，影响或调整器官、组织与细胞的病理、生理过程的激光治疗方法。该疗法大致包括激光理疗、激光针灸、激光照射体外分离血液的白细胞后再输回及激光血管内照射等多种方法。

**28.144 激光穴位照射法** laser acupoint irradiation
应用低功率激光照射相应穴位，达到止痛、改善循环、提高免疫力等作用的激光治疗方法。

**28.145 光纤内窥镜照射法** fiber endoscopic irradiation
在内窥镜的配合下，利用光纤将激光送入腔内进行照射的激光治疗方法。

**28.146 激光麻醉** laser anesthesia
利用激光针灸照射某些穴位达到止痛效果的一种麻醉方法。

**28.147 激光消毒** laser disinfection
又称“光活化消毒(photo-activated disinfec-

tion，PAD)”。有氧存在的条件下，应用光敏剂和低能量激光，实现微生物灭活的一种抗微生物方法。主要通过破坏细胞壁起作用。

**28.148　激光汽化**　laser vaporization
当激光与生物组织相互作用时，激光产生的热效应使组织由固态变成气态的过程。

**28.149　激光汽化术**　laser vaporization
利用激光汽化原理使病变组织逐层破坏与消除的光治疗方法。激光汽化术适用于治疗多种良性增生物，如脂溢性角化、汗管瘤、疣以及色素痣等。

**28.150　激光开窗术**　laser fenestration
利用激光将病灶上覆盖的软组织去除达到暴露病灶目的的手术。

**28.151　激光蚀除**　laser ablation
生物组织在高功率激光作用下，发生汽化、碳化、高温分解、燃烧等物理化学反应，从而被蚀除的效应。常用于治疗近视、远视和散光的角膜屈光手术。

**28.152　激光病灶切除术**　laser focus ablation
又称“*激光光消融*”。以激光为能源使病变组织凝固坏死并脱离生物组织的技术。

**28.153　光学相干血流造影术**　optical coherent angiography
一种基于生物组织内部光学相干层析术的强度(散斑)信号或者相位信号，有效地将动态生物组织(如血流)从静态组织背景中分离出来，实现高灵敏度的活体三维血流成像的技术。

**28.154　激光热血管成形术**　laser thermal angioplasty
使激光能量转化为热能进行血管成形的一种激光手术。

**28.155　激光辅助球囊血管成形术**　laser-assisted balloon angioplasty
利用光纤将激光传输到血管中狭窄或闭塞的病变处，汽化切除病变组织，解除狭窄后再用球囊进一步扩大血管腔的一种激光热血管成形术。

**28.156　激光冠状动脉成形术**　laser coronary angioplasty
利用光纤将激光传输到冠状动脉，对导致冠状动脉狭窄的粥样斑块进行汽化切除，从而解除冠状动脉狭窄或闭塞的一种激光热血管成形术。

**28.157　激光心脏瓣膜成形术**　laser cardiac valvuloplasty
用激光能量对因病变而增厚、狭窄的心脏主动脉瓣或二尖瓣瓣膜进行增厚、钙化组织消除，切开粘连交界，最大限度恢复瓣膜功能的一种激光手术方法。

**28.158　激光心肌成形术**　laser myoplasty
用激光能量汽化切除肥厚的心肌，主要是左室流出道肥厚的心肌，解除肥厚心肌导致的流出道梗阻的一种激光手术。

**28.159　激光心肌血运重建术**　transluminal myocardial revascularization，TMR
利用激光在缺血的左心室壁制造多个直径约为 1mm 的孔道，使左心室腔内的血液经激光孔道进入心肌内，改善心肌缺血缺氧的一种激光手术。主要用于治疗冠心病。

**28.160　弱激光血疗术**　low-level laser hemotherapeutics
又称“*光量子疗法*”“*光量子血液疗法*”。利用弱激光进行血管内或血管外照射，激发体内一系列生物效应，以提高患者的氧合作用，改善微循环，调节免疫功能，增强对细菌或病毒的抑制作用的一种激光治疗方法。

**28.161　低功率激光血管内照射**　intravascular low level laser irradiation，ILLLI

一种应用低功率激光照射血液来治疗疾病的方法。He-Ne 激光器发出波长 632.8 nm 的连续性激光，利用光导纤维将激光通过光纤针穿刺入静脉进行照射。

**28.162　激光虹膜囊肿切除术**　laser iris cystectomy

用激光将囊肿壁击破后再对已皱缩的囊壁进行密集光凝，并进一步粉碎以达治疗目的的一种眼科激光光凝术。

**28.163　激光周边虹膜切除术**　laser peripheral iridotomy，LPI

用激光将某一局部的周边虹膜切穿，使前后房交通、解除或预防瞳孔阻滞的一种眼科激光手术。

**28.164　激光巩膜切除术**　laser sclerostomy

又称“激光巩膜造瘘术”。用激光切除一部分角巩膜小梁组织，形成瘘道，房水经瘘道引流到球结膜下，被毛细血管和淋巴管吸收，达到降低眼压的目的的一种眼科激光手术。

**28.165　激光虹膜切开术**　laser iridotomy，LI

利用激光穿透虹膜组织，使前后房沟通，瞳孔阻滞得到解除的一种眼科激光手术。

**28.166　氩激光瞳孔括约肌切开术**　argon laser iris sphincterotomy

应用高能量、短曝光时间的氩激光线状切开虹膜括约肌的一种眼科激光手术。

**28.167　眼内激光光凝术**　endolaser photocoagulation

玻璃体视网膜手术中，将连接激光器的光纤穿过患者的眼球壁，插入玻璃体腔内，直接对眼底病变施加的激光光凝术。

**28.168　透巩膜睫状体光凝术**　transscleral cyclophotocoagulation，TSCP

激光穿透球结膜和巩膜到达睫状体，破坏了睫状突分泌房水的功能，从而降低眼压的一种激光光凝术。

**28.169　睫状体光凝术**　cyclodiode photocoagulation

利用激光热效应破坏睫状突及其血管，减少房水生成，达到降眼压目的的一种激光光凝术。

**28.170　氩激光周边虹膜成形术**　argon laser peripheral iridoplasty，ALPI

利用氩离子激光器的激光热效应使虹膜基质收缩，从而加宽前房角治疗青光眼的一种眼科激光手术。

**28.171　选择性激光小梁成形术**　selective laser trabeculoplasty，SLT

利用激光选择性作用于小梁网色素细胞，通过细胞因子和转化因子增加局部组织巨噬细胞的数量，使小梁网色素颗粒得以清除，或通过刺激小梁网组织形成，促进房水外流并降低眼压的一种眼科激光手术。

**28.172　氩激光小梁成形术**　argon laser trabeculoplasty，ALT

利用激光束烧灼小梁网色素带前缘，使小梁网相邻区收缩，小梁网眼张大，增加房水外流易度，达到降低眼压的目的的一种眼科激光手术。

**28.173　激光瞳孔成形术**　laser pupilloplasty

以氩离子激光（515nm）对虹膜组织击射收缩灼伤，将瞳孔向光学位置较好的方向牵拉的一种激光成形术。

**28.174　激光角膜热成形术**　laser thermal keratoplasty，LTK

利用掺钬钇铝石榴石(Ho: YAG)激光器辐射的激光对周边角膜环形局部加热，使加热的角膜胶原纤维收缩，导致中心区角膜曲率增加，从而矫正远视和近视的屈光矫正手术。

**28.175　激光眼睑成形术**　laser blepharoplasty

应用高能脉冲$CO_2$激光器进行重睑手术、眼袋切除、皮肤去皱等的美容手术。

**28.176　泪道激光成形术**　laser dacryocystoplasty

通过激光(以 YAG 激光器为主)汽化切割解除泪道内粘连达到泪道畅通目的的一种眼科激光手术。

**28.177　荧光血管造影术**　fluorescein angiography

把荧光物质，如荧光素钠，通过静脉注射后循环至眼底血管，经光照射后激发出荧光，通过采集荧光形成眼底血管图像的技术。

**28.178　激光瞳孔散大术**　photomydriasis

以氩离子激光器的激光对虹膜组织进行击射使之收缩灼伤，将瞳孔扩大的一种激光手术。

**28.179　激光光凝封闭视网膜裂孔术**　laser photocoagulation of retinal tear

通过激光光凝在视网膜裂孔周围形成视网膜与脉络膜粘连，以减少视网膜脱离的机会的激光治疗方法。光斑应包围裂孔，光斑之间不要有间隙，一般光凝 1~2 排。

**28.180　局部视网膜光凝术**　focal retinal photocoagulation

对视网膜局部病灶所进行的激光光凝术。

**28.181　全视网膜光凝术**　panretinal photocoagulation，PRP

从赤道后部到后极部广泛播散性视网膜的激光光凝术。外视盘上、下鼻侧各 1 个视盘直径，颞侧上、下血管弓之内的斑盘束，以及黄斑区除外，光斑之间保留 1 个光斑的间距。

**28.182　内窥镜下睫状体光凝术**　endoscopic cyclophotocoagulation，ECP

经过玻璃体切割术后，将激光显微内窥镜伸入玻璃体腔，在电视屏直视下激光光凝睫状突，破坏睫状突分泌房水的功能，从而降低眼压的激光光凝术。

**28.183　经瞳孔睫状体光凝术**　transpupillary cyclophotocoagulation

通过反射镜将激光经瞳孔传递到睫状突，直接破坏了睫状突分泌房水的功能，从而降低眼压的激光光凝术。

**28.184　超全视网膜光凝术**　extra-panretinal photocoagulation，E-PRP

全视网膜光凝斑密度加大、光凝范围尽可能加大到自赤道部到锯齿缘的周边视网膜的一种激光光凝术。

**28.185　经瞳孔温热治疗术**　transpupillary thermotherapy，TTT

在温热疗法的基础上，运用半导体激光长脉冲(810nm)波段，采用低强度、大光斑、较长时间曝光，通过散大的瞳孔将热传导到脉络膜和色素上皮而起治疗作用的技术。治疗过程将照射区域组织温度升高控制在 42～60 ℃，产生不可见的阈下反应。

**28.186　激光乳化白内障摘除术**　laser phacoemulsification cataract extraction

将脉冲 Nd:YAG 激光器的激光通过导光纤维传导至晶状体，产生冲击波使核碎裂，然后抽吸晶状体碎片，从而完成白内障摘除的激光手术。

**28.187　黄斑网膜下新生血管光动力术　photodynamic surgery for macular subretinal neovascularization**

用于治疗黄斑区视网膜新生血管的光动力术。激光波长须与光敏剂相匹配，常用 689～693 nm 激光与维替泊芬，后者静脉推注 15 min 开始激光连续照射 83 s，能量 50 J/cm$^2$，光斑须大于新生血管病变范围 500 μm。

**28.188　准分子激光屈光性角膜切削术　photorefractive keratectomy，PRK**

以机械、化学或激光法去除角膜上皮，对角膜前弹力层和浅基质层进行准分子激光屈光性切削的激光手术。具体方法是先用角膜上皮铲刮除角膜表面中央区约 8 mm 直径上皮，再采用准分子激光根据屈光度切削角膜基质前表面，使角膜前表面弯曲度降低或提高，从而使角膜前表面的屈光力增大或减小，使进入眼内光线聚焦在视网膜上，达到矫正近视和远视的目的。

**28.189　激光老视逆转术　laser presbyopia reversal，LAPR**

一种新的改进老花眼近视力而不影响其原有远视力的激光手术。目的为提高患者的调节能力。该手术为使用紫外或红外激光于角巩膜缘处放射状切开 8 条浅细的切口，以提高患者的调节能力。与其他非激光手术（如巩膜扩张术、前巩膜切开术）相比，安全性高，回退率低，是美籍华人 J. T. Lin 的专利技术。

**28.190　氩激光矫正瞳孔移位　argon laser correction of pupil dislocation**

利用氩离子激光（515 nm）的光凝作用对瞳孔移位进行矫正的手术。首先以 300 μm 的光斑、400 mW 的功率和 0.2 s 的曝光时间，在瞳孔缘外 1.0 mm 处做一排光凝，光凝后立即可以见到虹膜收缩瞳孔扩大。然后在第一排光凝外侧做第二排光凝（光斑 500 μm，功率 600 mW，曝光时间 0.2 s），瞳孔可进一步向中央移位。

**28.191　视网膜血氧饱和度测量　retinal oxygen saturation measurement**

一种测量视网膜微血管内氧气含有量的技术。视网膜需要足够的氧气来维持正常的新陈代谢过程，供氧不足被认为是视觉致盲疾病的重要指标。血氧饱和度（$SO_2$）表示血液中氧基血红素（$HbO_2$）的容量占全部血红素氧基[血红素（$HbO_2$）与无氧基血红素（Hb）之和]容量的百分比，它直接反映了细胞和组织供氧与氧代谢的状况，是眼科疾病诊断的重要生理参数。

**28.192　[眼球]光轴　[eye] optic axis**

眼球中通过角膜中心和晶状体后节点的连线。

**28.193　前庭视反射　vestibular ocular reflex**

当头部在运动期间，眼睛会向相反的方向运动，以使影像在视网膜上维持稳定的反射运动。例如，当头向右移动时，眼睛会向左移动；反之亦然。

**28.194　视动反射　optokinetic reflex**

扫视运动和追随平稳运动的组合。

**28.195　扫视运动　saccade**

从一个注视点移向另一个注视点时的眼球运动。

**28.196　视动眼颤　optokinetic nystagmus**

一种不自主、有节律、往返摆动的眼球运动。方向分为水平型、垂直型、旋转型等。

**28.197　眼球运动　eye movement**

一种精细而又巧妙的协调一致性眼球动作。其目的有按照意志改变注视方向，调整眼球的相对位置以获得双眼单视的功能，以及代偿体位变动以维持视线的稳定等。

**28.198　视网膜跟踪**　retinal tracking
用于视网膜扫描成像时对眼球运动的实时跟踪，确保随访时精准的重复扫描成像，实现每次随访时采集同一区域数据资料的过程。

**28.199　外眼摄影**　external eye photography
用于观察眼睛及其周围的眼睑和面部组织的形貌的摄影成像过程。通常用于判断眼睛或者周围组织的病变、检查面部神经异常以及记录眼睛或眼睑在术前和术后的调整情况。

**28.200　单色视网膜摄影**　monochromatic retinal photography
使用单色或多色光照明的视网膜的摄影成像过程。通常和眼底摄影术结合使用。通过使用滤波片来改变单色图像中的色调和短波处增强的光散射，通过限制照明光源的光谱范围来增强不同眼底结构的可见度。

**28.201　房角摄影**　gonio photography
当眼内组织不能直接用裂隙灯观察时，可采用辅助透镜结合裂隙灯进行拍照的摄影成像过程。最常用的辅助透镜就是房角接触镜，它使用具有约60°的内反射镜来观察眼前房的房角组织结构。

**28.202　眼球运动照片**　motility photograph
眼睛及其处于不同注视眼位时的一系列外眼照片。用于显示由眼外肌组织不平衡或者其他病变(这些情况会阻碍或者限制正常的眼球运动)导致的眼睛的对准或未对准。

**28.203　光照性眼炎**　photophthalmia
紫外激光造成的角膜损伤。角膜组织对紫外波段光吸收有累积效应，症状可在光照后迟发，因此在应用紫外激光时，需特别注意对眼的防护。

**28.204　激光牙冠延长术**　crown lengthening laser surgery
利用激光的切割作用去除一定的牙龈和牙槽骨，使牙齿的暴露量增加，暴露更多的健康牙体组织的一种激光手术。目的是为下一步修复或改善牙龈形态做好准备。

**28.205　牙科激光充填术**　laser dental filling
用以代替常规的口腔快速涡轮机对中小龋洞进行去除腐质备洞的一种激光手术。

**28.206　激光牙钻**　laser drill
利用激光激发的液体动力系统有效去除龋坏组织的一种牙科治疗工具。具有无痛、噪声低的优点。

**28.207　激光义齿焊接**　laser denture welding
利用激光焊接设备对口腔义齿金属部分进行焊接的操作。

**28.208　牙科激光洁治**　laser dental cleaning
用来代替毛刷和刮匙等工具的激光手术。它不产生噪声，仅需要气体控制工作端的温度，去除牙齿和龈下的酸性物质与牙石。牙科激光洁治比常规洁治方法较少损伤牙龈，同时在洁治中造成的牙龈损伤愈合较快。

**28.209　激光防龋**　laser for caries prevention
利用激光照射牙釉质形成抗酸性的玻璃样物质，减少牙脱钙量而达到预防龋病目的的方法。

**28.210　激光去龋**　laser-removing dental caries
激光替代传统牙钻去除龋损组织的方法。通过激光激发的液体动力系统导致钙化组织表面发生机械分离，从而进行有效切割，达到去龋目的。

**28.211　激光牙体预备**　laser tooth preparation
利用专用的牙科激光将牙体龋坏部分去除，

为填充材料做准备的过程。

**28.212　激光牙体蚀刻**　laser tooth etching
激光照射对牙体硬组织的蚀刻作用。激光照射时，能量主要被牙质中的水和羟基磷灰石吸收，从而导致牙釉质、牙本质化学和形态学改变。

**28.213　激光牙龈成形术**　laser gingivoplasty
利用激光去除少量的牙龈和牙槽骨，使牙齿暴露更多的健康牙体，为下一步修复或美化牙龈形态做准备的一种激光手术。

**28.214　激光美白牙齿**　laser-whitening tooth
激光照射变色牙齿或牙面上涂布的过氧化物，能够催化和加速过氧化氢与牙齿色素的氧化还原反应，使牙齿表面的色素颗粒氧化分解，从而起到牙齿美白效果的一种方法。与传统方法比较，操作时间较短。

**28.215　激光活髓切断术**　laser-pulpotoming vitalis
通过激光照射切髓断面，止血的同时起到保存牙髓活力作用的一种激光手术。

**28.216　剥脱性换肤术**　ablative resurfacing
基于皮肤组织中水对波长为10.6 μm和2.94 μm激光的强烈吸收原理，使皮肤汽化的一种激光手术。共同特点是将表皮甚至部分真皮剥除掉。手术痛苦大，伤口创面大，感染概率大，恢复时间长。会造成不可预期的疤痕、色素沉着等负效应。

**28.217　非剥脱性换肤术**　non-ablative resurfacing
利用 1.06 μm、1.32 μm 和 1.44 μm 激光以及滤除紫外的宽谱氙灯强脉冲光(IPL)照射表皮，被色素或血管等组织选择性吸收而升温坏死，然后由新生细胞代替但不损伤皮肤的一种治疗方法。这些方法虽然都有一定效果，但由于光不能太强(否则会烧伤表皮)，穿透深度较浅，尽管多次治疗，效果仍有限。

**28.218　激光腋臭手术**　laser osmidrosis operation
利用激光刀治疗腋臭的手术方法。手术方式包括：①激光单纯毛囊烧灼法；②激光刀大部分切除+毛囊烧灼法；③激光刀腋毛区全切除手术。

**28.219　激光脱毛术**　laser depilation
根据选择性光热作用原理，采用不同波长高能量脉冲激光照射多毛部位皮肤，破坏皮肤中的毛干、毛囊，达到祛除毛发目的的一种激光手术。

**28.220　激光祛斑术**　laser pigmented spot removal
利用特定波长的高能量脉冲激光照射皮肤色斑，使真表皮中的色素颗粒瞬间吸收光能而迅速爆破形成微小碎片，被体内的吞噬细胞吞噬排出体外，或通过光热效应使表皮色素病变形成微剥脱，达到去除色斑目的的治疗方法。

**28.221　*Q* 开关激光祛斑术**　*Q* switched laser spot operation
利用不同波长 *Q* 开关高能量脉冲激光辐照皮肤色斑，使色素颗粒产生微爆，表皮层色素凝固脱落的一种激光祛斑术。

**28.222　脉冲激光祛斑术**　pulsed laser spot operation
应用微秒级脉冲激光辐照皮肤色斑，通过非选择性热效应，使色素颗粒连同周边皮肤产生热凝固，使凝固组织脱落的一种激光祛斑术。

**28.223　连续激光祛斑术**　laser spot operation
应用高强度连续激光在低功率输出状态下照射皮肤色斑，使表皮色斑组织因光热效应产生凝固，甚至汽化的一种激光祛斑术。

**28.224　激光祛痣术**　laser pigmented nevus surgery

利用连续或脉冲强激光，通过非选择性光热作用的原理，从皮肤表面逐层汽化、碳化去除色素痣的治疗方法。

**28.225　点阵激光技术**　fractional technology

用脉冲高功率微激光束照射皮肤形成许多微细的小孔(热损伤区)，小孔处的皮肤凝固变性，而孔间的正常皮肤迅速启动修复过程，达到紧肤、嫩肤及去除色斑效果的治疗方法。

**28.226　激光植发术**　laser hair transplant surgery

利用脉冲 $CO_2$ 激光的强汽化能力，在毛发移植受区根据需要形成数量不等的直径、深度适宜的激光汽化空洞，然后再将由毛发供区切取的毛囊移植单位植入空洞的手术方法。

**28.227　皮肤光敏反应**　skin photosensitizer reaction

光动力治疗后一段时间内，残留在皮肤内的光敏剂在光照下引发的皮肤病变。

**28.228　光子嫩肤**　nonablasive skin remodeling

一种利用激光技术使皮肤质地光滑细嫩而达到嫩肤效果的治疗方法。其原理是根据选择性光热作用理论，利用强脉冲光照射皮肤组织，产生光热作用和光化学作用，改善皮肤血管性和色素性病变，使胶原纤维和弹性纤维重新排列，增强皮肤弹性，从而去除细小皱纹。

**28.229　光电协同术**　photoelectric catalytic operation

将射频电波和光波的作用协同起来的一种组合治疗技术。如在电波技术脱毛治疗中，电能产生的热集中于毛囊和隆突部位，而光能产生的热则主要集中于毛干。两者结合起来就使毛干和毛囊都被均匀加热，从而达到更有效的脱毛效果。

**28.230　激光外科**　laser surgery

利用激光照射生物组织产生的各种光–生物效应来实施各级水平外科手术的医学分支学科。具体的临床应用方法如使用激光刀进行切开、切割、烧灼的治疗方式等。

**28.231　激光胸膜固定术**　laser pleurodesis

用激光能量分别在胸膜脏层与壁层去除上皮细胞，导致损伤面形成，从而促进胸膜壁层与脏层粘连，消灭胸膜腔，达到固定胸膜目的的一种激光手术。

**28.232　激光椎间盘切除术**　laser intervertebral disc decompression

利用皮定位穿刺将传输激光的光导纤维插到椎间盘间隙的前中部位使部分髓核汽化，降低突出的椎间盘压力使其回缩，从而减轻或解除对硬膜囊及神经根等刺激压迫的一种治疗方法。

**28.233　激光碎石术**　laser lithotripsy

简称“*激光碎石*”。用光纤传输的脉冲激光能量将结石击碎成小块，并被患者自然排出的一种治疗方法。

**28.234　激光包皮环切术**　laser circumcision surgery

利用激光刀进行的包皮环切除手术。手术方式包括：①借用金属“包皮环切套”激光环切法；②内板进入激光环切法；③止血钳钳夹激光环切法。

**28.235　激光诱导间质肿瘤热疗术**　laser-induced interstitial thermotherapy，LIIT

先把光导纤维插到肿瘤中心，然后用低功率激光直接对肿瘤加热，形成一个以光纤头为核心的、边界清楚的组织热凝坏死区，从而达到治疗肿瘤目的的一种治疗方法。

**28.236　光活检**　optical biopsy

依据人体不同组织所特有的光学特性，鉴别和诊断出被检组织所处的不同生理状态，从而实现组织病变的早期诊断方法。诊断内容包括正常组织、良性病变组织、早期癌变组织、动脉粥样硬化和组织的功能状态等，在临床医学应用中具有重大意义和实用价值。

**28.237　肿瘤激光间质热疗法**　tumor laser interstitial thermotherapy

利用正常细胞和肿瘤细胞对热耐受性差异，先把光导纤维插到肿瘤中心，然后用低功率激光直接对肿瘤加热达到适宜温度，形成一个以光纤头为核心的、边界清楚的组织热凝坏死区，以便抑制肿瘤生长的一种治疗方法。

**28.238　激光诱导药物荧光法**　laser-induced drug fluorescence，LIDF

利用光敏剂与肿瘤组织亲和能力强、滞留时间长的特点，通过给患者注射光敏剂，在注射药物后的某一个最佳时间段测量药物特征荧光的方法。

**28.239　激光免疫疗法**　laser immunotherapy

将特定波长的激光、光敏剂和免疫佐剂相结合的一种肿瘤综合治疗方法。激光免疫疗法既利用了激光光热、光化学的局部破坏作用，又激发了宿主的免疫防御系统；诱导宿主对肿瘤产生长久持续的免疫力；远期疗效好，在恶性肿瘤治疗上展现出很好的应用前景。

**28.240　激光医学设备**　laser medical equipment

又称“*医用激光设备*”。采用特定激光光源及相关部件制作的医学设备。包括医学实验设备、诊断设备、治疗设备及健康产品。

**28.241　激光治疗仪**　laser cure instrument

利用激光束作用于生物组织，使之发生物理、化学或生理等变化，进行疾病治疗的医疗仪器。

**28.242　激光角膜修整仪**　laser corneal trimmer

利用激光对人眼角膜进行曲率修整的激光治疗设备。

**28.243　角膜地形图仪**　corneal topography instrument

用于测量角膜前后表面的地形图、角膜屈光力以及角膜厚度等参数的仪器。结果通常用颜色编码进行显示，得到角膜地形图分布。

**28.244　激光美容仪**　laser face-beauty instrument

利用激光辐射作用于生物表皮组织，使之发生物理、化学或生理等变化，实现美化肌肤的仪器。

**28.245　激光溶栓仪**　laser thrombus cure instrument

利用激光辐射作用于血管中的栓塞物，使其熔化或者汽化，疏通血管的医疗仪器。

**28.246　激光手术刀**　laser scalpel

简称“*光刀*”“*激光刀*”。用激光束做外科手术的器具。是激光医疗的一种手段，工作方式有切割、汽化、烧蚀和凝固。激光刀手术的特点是非接触式切割；同时可以热凝固封闭切口的血管和淋巴管，无出血或少出血，手术视野清晰。

**28.247　光针**　light needle

将一定强度的弱激光通过聚焦以后输出的医疗器具。用此激光束照射腧穴以治疗疾病。

**28.248　紧急激光终止器**　emergency laser stop

在紧急情况下用于立即停止激光输出的手动或者脚动的装置。

**28.249　裂隙灯激光适配器**　laser optical adapter for slit lamp

具有调节激光束传播方向作用的连接装置。其包括适配器主体和反射镜，将激光从激光器连接到裂隙灯上，并使得激光束与裂隙灯照明光束同轴。

**28.250　荧光偏振法**　fluorescence polarization method

基于在荧光激发作用下受激分子发光的偏振特性(偏振度与偏振态)与受激分子性状之间存在一定关系的原理，判别受激分子形状(大小、旋转与翻转、静止)的技术。

**28.251　吸收光度检测**　absorbance detection

基于被测物质的分子对光具有选择性吸收的特性建立起来的分析方法。具有检测灵敏度高、准确度高、操作简单快速等特点，按照所用光波长的不同可分为红外吸光光度检测、紫外吸光光度检测、可见光吸光光度检测三种分析方法。

**28.252　激光诱导组织自体荧光**　laser induced autofluorescence，LIAF

组织体在激光作用下其分子产生受激跃迁并经弛豫过程发出的荧光。

**28.253　激光诱导组织自体荧光法**　laser induced autofluorescence method

基于组织体在激光作用下产生激光诱导组织自体荧光原理的一种激光诊断方法。该方法具有快速灵敏、不损伤正常组织、不会促使肿瘤细胞扩散与转移等优点。

**28.254　分子信标**　molecular beacon

基于荧光共振能量转移原理设计的一种荧光标记的核酸探针。可用于在液相中测定靶标序列。

**28.255　量子产率**　quantum yield

单位光子数和单位反应物浓度通过光化学反应形成产物的浓度值。

**28.256　化学发光检测**　chemiluminescence detection

通过检测特殊化学反应中发光的强度来分析被测物质成分的一种检测方法。化学发光检测无需外来光源，仅需要一个避光的样品室和光检测器即可，降低了对设备的要求，易于微型化和集成化，符合微流控芯片的发展趋势。

**28.257　光化反应**　photochemical reaction

物质在可见光或紫外线照射下吸收光能时发生的化学反应。它可引起化合、分解、电离、氧化、还原等过程。主要有光合作用和光解作用两类。

**28.258　热–光碳分析法**　thermal optical carbon analysis

将热分析法和光学测定法结合起来进行有机碳和元素碳分析的方法。

**28.259　光敏剂**　photoactive compound，PAC

又称“*光活性物质*”。在光作用下发生化学变化的物质。是光刻胶的成分之一。

**28.260　光敏剂氧效应曲线**　photosensitizer oxygen effect curve

以氧浓度为横坐标，以光敏剂的细胞杀伤率为纵坐标绘制的曲线。

**28.261　肿瘤光敏剂浓度**　photosensitizer concentration in tumor

光敏剂在肿瘤内的蓄积浓度。

**28.262　光敏剂氧增强比**　photosensitizer oxygen enhancement ratio，OER

在缺氧条件下光敏剂的细胞半数致死量与在有氧条件下光敏剂的细胞半数致死量的比值。用以衡量光敏剂氧效应的大小。

# 英 汉 索 引

## A


Abbe comparator 阿贝比长仪 19.086
Abbe diffraction limit 阿贝衍射极限 01.583
Abbe-Porter experiment 阿贝–波特实验 14.146
Abbe refractometer 阿贝折射仪 19.076
Abbe sine condition 阿贝正弦条件 14.145
Abbe's principle of image formation 阿贝成像原理 01.007
Abbe theory of image formation 阿贝成像 14.142
*ABCD* matrices *ABCD* 矩阵 10.288
aberration 像差 14.221
aberration correction 像差校正 14.248
aberration curve 像差曲线 14.233
aberration pan correction 全像差校正 14.251
ablative laser 剥脱性激光 01.251
ablative resurfacing 剥脱性换肤术 28.216
abnormal dispersion optical fiber 反常色散光纤 08.041
abrasion resistance 抗磨损性 07.026
absentee layer 虚设层 07.015
absolute atmospheric correction 大气绝对校正，*绝对校正 21.035
absolute calibration [辐射量]绝对定标 15.198, [光学遥感器]绝对定标 21.050
absolute diffraction efficiency 绝对衍射效率 01.584
absolute distortion 绝对畸变 14.242
absolute radiometer 绝对辐射计 18.129
absolute radiometric calibration 绝对辐射通量定标 25.051
absolute visual threshold of human eye 人眼绝对视觉阈 28.048
absorbance 吸光度 06.174
absorbance detection 吸收光度检测 28.251
absorption band 吸收带 01.511
absorption coefficient *吸收系数 01.509
absorption cross section 吸收截面 01.506
absorption loss 吸收损耗 09.348
absorption of biological tissue 生物组织吸收 01.504
absorption ratio *吸收率 01.509
absorption spectrometer 吸收光谱仪 18.080
absorption spectrum 吸收光谱 01.305
absorption structure 吸收结构 01.505
absorption wavelength 吸收波长 01.512
absorptive filter 吸收型滤光片 09.014
accelerometer 加速度计 19.042
access device 寻址器件 23.097
access transmission network *接入传送网 22.102
achromatic color 无彩色 05.015
achromatic objective lens 消色差物镜 09.159
acoustic microscopic imaging 声学显微成像 14.057
acoustic-optical device 声光器件 11.271
acoustic-optical waveguide modulator 声光波导调制器 22.078
acousto-optic crystal 声光晶体 06.058
acousto-optic deflector 声光偏向器 09.201
acousto-optic diffraction characteristic length 声光衍射特征长度 01.587
acousto-optic diffraction 声光衍射 01.578
acousto-optic filter 声光滤波器 09.037
acousto-optic frequency shifter 声光移频器 09.060
acousto-optic imaging 光声成像 14.079
acousto-optic mode-locked laser 声光锁模激光器 10.178
acousto-optic modulation 声光调制 22.066
acousto-optic programmable dispersive filter 声光可编程色散滤波器 09.036
acousto-optic *Q*-switch 声光 *Q* 开关 10.301
acousto-optic spectrum 光声谱 01.259
acousto-optic tunable filter 声光可调谐滤光片 09.027, 声光可调谐滤波器 09.041
AC-PDP 交流等离子体显示板 16.009
acquisition 捕获 22.177
acquisition uncertainty angle 捕获不确定角 22.180
action spectrum of photosensitizer 光敏剂作用光谱 01.292

activator 激活剂 04.127
active frequency stabilization *主动稳频 10.339
active image pixel 有源像素，*主动像素 14.023
active infrared night vision device 主动红外夜视仪 28.090
active layer 有源层 11.160
active line period 行正程期间 15.180
active matrix 有源矩阵 16.073
active matrix organic light emitting diode 有源矩阵有机发光二极管 10.430
active matrix organic light emitting diode display 有源矩阵有机发光二极管显示 16.004
active mirror 能动反射镜 09.141
active mirror laser 激活镜激光器 10.202
active mode-locked laser 主动锁模激光器 10.176
active mode-locking 主动锁模 10.339
active particle 激活粒子 10.460
active $Q$-switch 主动式 $Q$ 开关 10.302
active remote sensing 主动光学遥感，*有源遥感 21.003
actuator configuration 驱动器布局 09.367
actuator coupling value 驱动器交连值 09.368
actuator spacing 驱动器极间距 09.366
actuator stroke 驱动器行程 09.365
adaptive optical coherence tomography 自适应光学相干层析成像 14.094
adaptive optical system 自适应光学系统 27.094
adaptive optics 自适应光学 27.093
adaptive routing 自适应路由 22.157
adaptive spectral imager 自适应光谱成像仪 14.169
additive color 相加色，*加混色 05.004
additive mixture 相加混色 05.106
additive-pulse mode-locking 附加脉冲锁模 10.341
adhesion 附着力，*结合力 07.027
adhesion layer 附着层 07.016
adjacent channel interference 邻近信道干扰 22.132
aerial camera 航空摄像机，*航空摄影机 15.138
aethalometer 黑炭测量仪 19.104
AFM 原子力显微镜 20.053
afterglow 余辉 04.132
afterglow time 余辉时间 04.133
after image 后像，*幻像 14.004
AGC 自动增益控制 11.253
aggregation-induced emission 聚集诱导发光 04.014
AgInSbTe system phase change materials 银铟锑碲系相变光存储材料 06.023
Ag-O-Cs photocathode 银氧铯光电阴极 11.095
AIE 聚集诱导发光 04.014
A illuminant A 照明体 10.389
aiming laser 指示激光器 10.199
airborne hyperspectral imager 机载高光谱成像仪 14.173
airborne imaging spectrometer 机载成像光谱仪 18.087
airborne line scanner 机载行扫描仪 15.120
airborne multi-spectral imager 机载多光谱成像仪 14.171
airborne ultra-spectral imager 机载超光谱成像仪 14.175
airflow anti-stamping 气流反冲 28.119
Airy beam 艾里光束 01.025
Airy disk 艾里斑 01.637
albedo 反照率 21.056
albedo of the sea 海面反照率 21.058
A light source A 光源 10.004
alignment layer 取向层 16.086
alignment telescope 准线望远镜 20.065
alkali photocathode 单碱光电阴极 11.096
all-dielectric Fabry-Perot filter 全介质法布里–珀罗滤光片 09.023
all light distance 全发光距离 04.036
all normal dispersion mode-locking 全正常色散锁模 10.345
all optical fiber sensor *全光纤传感器 12.036
all optical network 全光网络 22.094
all optical switch 全光开关，*光控光开关 11.263
all-solid state laser 全固态激光器 10.061
alphabet laser 多掺杂激光器 10.047
ALPI 氩激光周边虹膜成形术 28.170
ALT 氩激光小梁成形术 28.172
alternating current plasma display panel 交流等离子体显示板 16.009
alternative method 等效层法 07.041
amblyopia 弱视 28.040
Amici double prism 双阿米奇棱镜 09.064
Amici prism 阿米奇棱镜，*屋脊棱镜 09.063
AMOLED 有源矩阵有机发光二极管 10.430
AMOLED display 有源矩阵有机发光二极管显示 16.004
amplification factor 放大系数 11.252

amplified spontaneous emission noise　放大自发辐射噪声　11.257
amplitude filter　振幅滤波器　09.054
amplitude grating　振幅光栅　09.277
amplitude hologram　振幅全息图　23.025
amplitude reflection coefficient　振幅反射系数　01.453
amplitude squeezed state　振幅压缩态　02.050
amplitude transfer function　振幅传递函数　13.043
amplitude transmission coefficient　振幅透射系数　01.477
analogue stereo-plotter　模拟立体测图仪　19.066
analytical stereo-plotter　解析立体测图仪　19.067
analyzer of polarization　检偏振器，*检偏振镜　09.310
anastigmatic system of three mirror　三反射镜消像散系统　14.267
angle distribution of initial electron　初电子角度分布　11.105
angle multiplexing　角度复用　23.091
angle-of-arrival　到达角　27.087
angle selectivity　角度选择性　23.090
angular dispersion　角色散　01.413
angular dispersion coefficient　角色散系数　01.431
angular dispersion power　角色散本领　01.424
angular dispersion rate of grating　光栅角色散率　09.296
aniseikonia image　不等像　14.005
anisotropy factor　各向异性因子　06.126
anisotropy medium　光学各向异性介质，*各向异性介质　06.006
annealing　退火　06.147
annihilation operator　湮灭算符，*消灭算符　02.098
annular pupil function　环形瞳函数　13.075
anomalous dispersion　反常色散　01.406
anomalous trichromatism　色弱　28.079
anti-commutator　反对易子　02.040
antireflection coating　增透膜，*减反膜　07.002
antireflection thin film　增透膜，*减反膜　07.002
AOPDF　声光可编程色散滤波器　09.036
AOTF　声光可调谐滤光片　09.027，声光可调谐滤波器　09.041
aperture　光阑　09.331，通光孔径，*孔径　13.054
aperture angle　孔径角　13.060
aperture coordinate　孔径坐标　13.061
aperture ratio　开口率　16.091
aperture stop　孔径光阑　09.332
aphotic zone　无光层　27.064
aplanatic　等光程　01.402
aplanatic lens　齐明透镜，*不晕透镜　09.092
apochromatic objective lens　复消色差物镜　09.160
apodization function　切趾函数　25.081
apodized fiber grating　切趾光纤光栅　09.267
apparent contrast　表观对比度　27.048
apparent optical properties　表观光学特性　27.062
apparent radiance　表观辐射亮度　01.141
apparent reflectance　表观反射率，*视反射率　01.456
AR　自适应路由　22.157
arc lamp　弧光灯　10.372
area array CCD　面阵 CCD　11.199
area array CMOS　面阵 CMOS　11.217
area array staring infrared horizon sensor　面阵凝视型红外静态地平仪　25.039
area weighted average resolution　面积加权平均分辨率　14.042
argon fluoride laser　氟化氩激光器　10.031
argon ion laser　氩离子激光器　10.043
argon laser correction of pupil dislocation　氩激光矫正瞳孔移位　28.190
argon laser iris sphincterotomy　氩激光瞳孔括约肌切开术　28.166
argon laser peripheral iridoplasty　氩激光周边虹膜成形术　28.170
argon laser trabeculoplasty　氩激光小梁成形术　28.172
argon pumped dye laser　氩泵浦可调谐染料激光器　10.053
array waveguide grating　阵列波导光栅　09.273
artificial beacon　人造信标　27.099
artificial guide star　*人造导星　27.099
artificial infrared source　人工红外源　10.397
artificial radiator　人工辐射源　10.405
ASE noise　放大自发辐射噪声　11.257
ASON　自动交换光网络　22.096
aspect ratio　显示屏宽高比　16.049
aspherical mirror　非球面反射镜　09.137
aspheric system　非球面系统　13.033
astigmatic waist separation　像散束腰分离，*像散差　14.265
astigmatism　像散　14.263

astronomical calibration 天文定标 21.048
astronomical space telescope 空间天文望远镜 20.068
astronomical spectroscopy 天文光谱学 01.253
astronomical telescope 天文望远镜 20.067
asymmetry factor 不对称因子 01.616
asynchronous transfer mode 异步传输模式 22.014
ATF 振幅传递函数 13.043
ATM 异步传输模式 22.014
ATM adaptation layer ATM 适配层 22.184
atmosphere laser communication 大气激光通信 22.006
atmospheric absorption *大气吸收 01.502
atmospheric absorption spectrum 大气吸收光谱 01.307
atmospheric attenuation 大气衰减 01.514
atmospheric attenuation coefficient 大气衰减系数 01.518
atmospheric background radiation 大气背景辐射 04.063
atmospheric back scattering ratio 大气后向散射比 01.631
atmospheric breakdown [激光]大气击穿 10.353
atmospheric complex refractive index 大气复折射率 06.117
atmospheric contrast transfer function 大气对比传递函数 13.050
atmospheric detecting airborne lidar 机载大气探测激光雷达 27.017
atmospheric detection lidar 大气探测激光雷达 27.003
atmospheric dispersion 大气色散 01.409
atmospheric effect 大气效应 27.033
atmospheric extinction 大气消光 27.041
atmospheric extinction coefficient *大气消光系数 01.518
atmospheric mean transmittance 大气平均透射比 27.044
atmospheric molecule absorption 大气分子吸收 01.502
atmospheric optical mass 大气光学质量 27.034
atmospheric radiation 大气辐射 04.062
atmospheric reflection 大气反射 27.042
atmospheric refraction 大气折射 01.459
atmospheric refraction correction 大气折射修正 27.045
atmospheric scattering 大气散射 01.615
atmospheric sounding 大气垂直探测 21.032
atmospheric transmission ratio 大气透过率 27.043
atmospheric transparency 大气透明度 27.040
atmospheric visibility 大气能见度，*气象视程，*大气能见距离 27.038
atmospheric window 大气窗口 27.031
atomic-absorption spectrophotometer 原子吸收分光光度计 18.111
atomic absorption spectrum 原子吸收光谱 01.265
atomic and molecular imaging 原子分子成像 14.050
atomic diffraction 原子衍射 01.575
atomic emission spectrum 原子发射光谱 01.264
atomic fluorescence spectrum 原子荧光光谱 01.266
atomic force microscope 原子力显微镜 20.053
atomic spectrum *原子光谱 01.262
atom interferometer 原子干涉仪 18.023
atom laser 原子激光器 10.120
attenuated total reflection 衰减全反射 01.441
attenuation coefficient 衰减系数 01.515
attenuation dead zone of an OTDR 光时域反射仪损耗盲区 18.071
attenuation ratio *衰减率 01.515
attosecond pulse 阿秒脉冲 01.651
aurum-vapor laser 金蒸气激光器 10.022
auto-aperture 自动光圈 15.034
autocollimator 自准直仪，*自准直平行光管 19.081
autocorrelation 自相关 18.098
autocorrelator 自相关仪 18.099
autofluorescence 自体荧光 01.229
automatically switched optical network 自动交换光网络 22.096
automatic focusing 自动调焦 15.063
automatic gain control 自动增益控制 11.253
automatic level 自动安平水准仪 19.016
autostereoscopic display *自由立体显示 16.027
auxiliary optical system 辅助光学系统，*探测器光学系统 13.019
avalanche infrared detector 雪崩型红外探测器，*雪崩光电二极管 11.036
avalanche photodiode array 雪崩光电二极管阵列 11.184
average energy density 平均能量密度 10.443
average power density 平均功率密度 10.444

average signal-to-noise ratio　谱段平均信噪比　17.038
averaging filtering　均值滤波，*邻域平滑　17.060
AWAR　面积加权平均分辨率　14.042
axehead scanning mirror　斧形扫描镜　09.172
axial chromatic aberration　轴向色差　14.257
axial ray　轴上光线　01.016
axial temperature gradient　轴向温度梯度　15.222
azimuthally polarized beam　角向偏振光束　01.036

# B

Babinet's principle　巴比涅原理，*衍射巴比涅原理　01.004
back focal length　后截距　13.087
background radiation　背景辐射　04.059
back illuminate CCD　背照明 CCD　11.210
back illuminate CMOS　背照明 CMOS　11.218
back scattering　后向散射　01.611
backlight　背光源　10.016
backreflection　背向反射　01.438
backscattering coefficient　后向散射系数　01.619
back scattering ratio　后向散射比　01.632
back-side illumination infrared focal plane array　背照式红外焦平面阵列　15.072
balance homodyne detection　平衡零差探测，*平衡零差检测　12.007
ballistic direct light　弹道直射光　01.206
band calculation　波段运算　21.099
band gap　带隙　10.225
band limited filter　*带限滤波器　09.050
band math　波段运算　21.099
band model　带模型　27.028
band of transparency　透过带　06.016
bandpass filter　带通滤光片　09.007，带通滤波器　09.050
band registration　通道配准，*波段间配准　21.075
band selection　通道选择　21.073
band spectrum　带状光谱　01.263
bare state　裸态　02.052
barium gallogermanate glass　钡镓锗玻璃　06.051
barrel distortion　桶形畸变　14.240
barrier layer　阻挡层　11.161
base-height ratio　基高比　15.207
basic radiative transfer equation　基本辐射传输方程　04.103
basis vector of primitive cell　原胞基矢　06.083
Bates wavefront shearing interferometer　贝茨波前剪切干涉仪　18.018
bathymetry using remote sensing　遥感海洋测深　21.025
BCCD　体沟道电荷耦合器件，*埋沟道电荷耦合器件　11.197
BCMOS　背照明 CMOS　11.218
beacon　信标　27.097
beacon light　信标光　01.212
beam angle　*光束角　01.044
beam axis　光束轴　01.040
beam cleanup　光束净化　01.065
beam combination　光束合成　01.069
beam cross-sectional area　光束横截面积　01.048
beam deflector　光束偏向器，*光束扫描器　09.198
beam diameter　光束直径　01.043
beam diffraction multiplying factor　光束衍射倍率因子　01.058
beam divergence　光束发散度　01.055
beam divergence angle　光束发散角　01.056
beam expander　扩束器　09.210
beam limiting　光束限制　01.070
beam parameter product　光束参数积　01.054
beam pointing stability　光束指向稳定度　01.051
beam position　光束位置　01.049
beam positional stability　光束位置稳定度　01.050
beam propagation factor　光束传输因子　01.057
beam propagation method　光束传输法　02.028
beam propagation ratio　光束传输比　01.060
beam quality　光束质量，*光束质量因子　01.052
beam quality $\beta$ factor　光束质量 $\beta$ 因子　01.059
beam radius　光束半径　01.041
beam shaper　光束形成器　09.197
beam shaping　光束整形　01.062
beam shaping in time domain　光束时间整形　01.064
beam splitter　分束片　09.202，*分束器　09.211
beam splitter with scatter plate　散射板分束器　09.207
beam spreading　光束扩展　01.067
beam stabling　光束稳定　01.066

beam waist 束腰，*腰斑 01.045
beam waist radius [高斯光束]束腰半径 01.046
beam waist separation 束腰分离 14.264
beam waist width [高斯光束]束腰宽度 01.047
beam wander 光束漂移 01.068
beam width 光束宽度 01.044
beat length 拍长 01.475
BEC 玻色–爱因斯坦凝聚 02.070
BEF 增亮膜 07.005
before exposure bake 前烘 11.175
Bell state 贝尔态，*EPR 态 02.053
BER 传输系统误码率，*误码率 22.015
best image plane 最佳像面 14.018
biaxial crystal 双轴晶体 06.063
bi-directional reflectance 双向反射率 01.455
bidirectional reflectance distribution function 二向反射分布函数 01.445
BIFC 双分子荧光互补 01.236
bimirror 双平面镜 09.191
bimolecular fluorescence complementation 双分子荧光互补 01.236
bimorph deformable mirror 双压电片变形镜 09.180
binary computer-generated hologram 二元计算全息图 23.039
binary optical element 二元光学元件 23.043
binocular convergence 双眼集合，*集合 28.028
binocular parallax 双眼视差 28.057
binocular telescope 双筒望远镜 20.061，双目望远镜 20.062
binocular vision 双眼视觉 28.031
biological effect of laser 激光生物学效应 28.001
biological microscope 生物显微镜 20.012
bioluminescence 生物发光 04.017
bioluminescence tomography 生物自发光断层成像 14.089
bioluminescent system 生物发光系统 28.002
bio-optical algorithm 生物–光学算法 27.058
bio-optical province 生物–光学区域 27.072
biosensor 生物传感器 12.051
birefringence 双折射 01.465
birefringence dispersion 双折射色散 01.407
birefringence-dispersion-based phase demodulation 双折射色散补偿相位解调法 12.064
birefringence meter 双折射检测仪 19.052
birefringence vector 双折射矢量 01.474
birefringent phase matching 双折射相位匹配 02.024
bit error ratio 传输系统误码率，*误码率 22.015
black 黑色 05.024
black-and-white film 黑白片 15.042
black body 黑体 10.408
blackbody locus 黑体轨迹 10.410
blackbody radiation 黑体辐射 04.057
black matrix 黑矩阵 16.072
blackness *黑度 13.063
blanking 消隐 11.129
blanking interval 消隐期间 15.194
blanking level 消隐电平 11.130
blast shutter 爆炸快门 15.054
blazed fiber grating *闪耀光纤光栅 09.268
blazed grating 闪耀光栅 09.246
blind spot 盲点 28.024
block-oriented holographic storage 分块全息存储 23.074
BLT 生物自发光断层成像 14.089
blue 蓝色 05.030
blue laser 蓝光激光器 10.162
blue shift 蓝移 01.125
BM 黑矩阵 16.072
boarder following 边界跟踪 17.133
bolometer 热辐射计 18.132
bore interferometer 孔径干涉仪 18.046
bore measuring instrument 孔径测量仪器 19.106
Bose-Einstein condensation 玻色–爱因斯坦凝聚 02.070
boson 玻色子 02.037
BOTDR 布里渊光时域反射计 18.056
bounce light 漫反射光 01.209
boundary descriptors 边界描绘子 17.030
boundary segment 边界线段 17.132
bound-bound laser 束缚–束缚激光器 10.038
bow-tie optical fiber 领结光纤 08.018
BPM 光束传输法 02.028
Bragg acousto-optic diffraction 布拉格声光衍射 01.579
Bragg condition 布拉格条件 01.589
Bragg diffraction 布拉格衍射 01.577
Bragg equation *布拉格方程 01.589
Bragg grating 布拉格光栅 09.274
Bragg optical fiber 布拉格光纤 08.052
Bragg reflector 布拉格反射器 09.142

Bragg wavelength 布拉格波长 09.299
BRDF 二向反射分布函数 01.445
Brewster angle 布儒斯特角 01.462
Brewster's fringes 布儒斯特[干涉]条纹 01.556
Brewster window 布儒斯特窗 09.320
Bridgman-Stockbarger method 布里奇曼–斯托克巴杰法 06.141
bright-field illumination 亮场照明 10.381
brightness enhancement film 增亮膜 07.005
bright object 亮目标 21.077
Brillouin fiber amplifier 布里渊光纤放大器 11.236
Brillouin fiber optic gyroscope 布里渊型光纤陀螺 24.027
Brillouin optical time-domain reflectometer 布里渊光时域反射计 18.056
Brillouin optical time-domain reflectometry 布里渊光时域反射技术 18.064
Brillouin scattering 布里渊散射 01.602
Brillouin shift 布里渊频移 01.128
broad-area laser diode 宽频激光二极管 10.310
broad-band absorption 宽带吸收 01.483
broad bandpass filter 宽带通滤光片 09.009
browse image 浏览图，*快视图 21.088
bubblemeter 气泡检测仪 19.053
buffer 遮光罩 09.337
buffer layer 缓冲层 07.017
bulk acousto-optic device 体声光器件 11.272
bulk channel charge coupled device 体沟道电荷耦合器件 11.197
bulk semiconductor 体材料半导体 11.142
bulk storage density 体存储密度，*体密度 23.067
buried channel charge coupled device *埋沟道电荷耦合器件 11.197
butt-coupling *对接耦合 08.137

# C

calibration 定标 14.179
calibration accuracy 定标精度 14.184
calibration-based non-uniformity correction 基于辐射源非均匀性校正 17.123
calibration factor 定标系数 21.054
calibration source 定标源 21.053
calibration uncertainty 定标不确定度 21.055
camera 照相机，*相机 15.001，摄像机，*摄影机 15.136
camera of time delay integration charge coupled device 延时积分 CCD 照相机 15.013
capsule endoscopic imaging 胶囊内窥成像 14.098
carbon dioxide absorption 二氧化碳吸收 01.503
carbon dioxide laser 二氧化碳激光器 10.033
carbon monoxide laser 一氧化碳激光器 10.032
cardinal plane 基面 13.085
cardinal point 基点 13.083
carrier 载流子 11.151
carrier injection 载流子注入 11.157
carrier mobility 载流子迁移率 11.153
carrier recombination 载流子复合 11.154
carrier transition 载流子跃迁 04.115
CARS 相干反斯托克斯拉曼散射 01.605
cascaded long-period fiber grating 级联长周期光纤光栅 09.271
case Ⅰ water Ⅰ类水体 27.070
case Ⅱ water Ⅱ类水体 27.071
Cassegrain telescope 卡塞格林望远镜 20.071
CAT 色适应变换 05.039
cathode lens 阴极透镜 09.112
cathode luminescence 阴极射线发光 04.011
cathode ray luminescent materials 阴极射线发光材料 06.027
cathode ray tube 阴极射线管 11.091
cavity dumped laser 倾腔激光器 10.136
cavity dumping 腔倒空 10.287
cavity enhanced absorption spectroscopy 腔增强吸收光谱术 01.346
cavity ring-down spectroscopy 腔衰荡光谱术 01.348
CBNUC 基于辐射源非均匀性校正 17.123
CCD 电荷耦合器件 11.195
CCD lidar 电荷耦合器件激光雷达 27.015
CCD viewing axis CCD 视轴，*视轴 15.202
CCFL 冷阴极荧光灯 10.370
CD 激光唱片 23.081
CD-ROM 只读存储光盘 23.076
CEAS 腔增强吸收光谱术 01.346
ceasing time [LED]熄灭时间 10.415

center wavelength 中心波长 01.095
center wavelength of light source 光源中心波长 01.096
central depth plane 中心深度平面 16.108
central obscuration 中心遮拦 09.338
central slice theorem 中心切片定理 17.156
centroid ray 质心光线 01.014
CF 彩色滤光膜 07.004
CGH 计算全息图，*计算全息片 23.038
chain code 链码 17.137
chalcogenide optical fiber 硫系光纤 08.009
channel inclined angle of MCP 微通道板通道倾角 08.070
channel waveguide 通道波导 08.091
characteristic absorption 特征吸收 01.484
characteristic frequency 特征频率 01.109
characteristic spectrum 特征光谱 01.298
characteristic spectrum calibration 特征光谱定标 14.183
charge capacity 电荷容量 25.078
charge coupled device 电荷耦合器件 11.195
charge-injection device 电荷注入器件 11.220
charge packet 电荷包 11.213
chemical clearing method 化学透明法 28.015
chemical coating 化学镀膜 07.046
chemical etching 化学刻蚀 11.172
chemical laser 化学激光器 10.125
chemical luminescence 化学发光 04.015
chemical oxygen-iodine laser 氧碘化学激光器 10.126
chemical pumping 化学泵浦 10.322
chemical vapor deposition 化学气相沉积法 06.130
chemiluminescence detection 化学发光检测 28.256
Cherenkov luminescence tomography imaging 切连科夫荧光断层成像 14.092
Cherenkov radiation 切连科夫辐射 04.046
Cherenkov radiation energy transfer imaging 切连科夫辐射能量转移成像 14.093
Cherenkov radiation imaging 切连科夫光成像 14.091
chief ray 主光线 01.017
Chinese color system 中国颜色体系 05.090
chip dicing 裂片 06.143
chip-on-board LED 板上 LED 10.420
chirped fiber grating 啁啾光纤光栅 09.269
chirped mirror 啁啾镜 09.129
chroma 彩度 05.075
chromatic aberration 色差 14.255
chromatic aberration correction 色像差校正 14.250
chromatic adaptation 色适应 05.037
chromatic adaptation transform 色适应变换 05.039
chromatic color 有彩色 05.016
chromaticity 色品 05.103
chromaticity coordinate 色品坐标 05.042
chromaticity diagram 色度图，*色品图 05.080
chromatic polarization 显色偏振 01.181
chromatic sensitivity 色灵敏度 05.048
chromatic vision 色觉 05.043
chromism materials 变色材料 06.035
CID 电荷注入器件 11.220
CID infrared focal plane array 电荷注入红外焦平面阵列 15.077
CIEDE2000 color difference formula CIEDE2000 色差公式 14.262
CIELAB color difference formula CIELAB 色差公式 14.260
CIELAB color space CIELAB 颜色空间 05.092
CIELUV color difference formula CIELUV 色差公式 14.261
CIE standard colorimetric system CIE 标准色度学系统 05.087
CIE standard illuminant CIE 标准照明体 10.392
C illuminant C 照明体 10.390
circle of confusion 弥散圆 13.091
circle tester 度盘检查仪 19.056
circular polarization 圆偏振态 01.170
circular polarization degree 圆偏振度 01.184
circular polarized light 圆偏振光 01.175
CL 角膜接触镜 09.151
clading pumping 包层泵浦 10.319
clear point 清亮点 16.087
C light source C 光源 10.005
closed-loop fiber optic gyroscope 闭环光纤陀螺 24.020
close-loop bandwidth 闭环带宽 27.107
close-loop control 闭环控制 27.104
cloud contamination 云污染 21.080
cloud detection 云检测 21.081
CMOS 互补金属氧化物半导体器件 11.215
CMOS device *CMOS 器件 11.215

CMS　颜色管理系统　05.086
CMYK color space　CMYK 颜色空间　05.094
coarse wavelength division multiplexing　粗波分复用　22.040
coaxial optical system　共轴光学系统　13.015
coaxial spherical mirror resonator　共轴球面镜共振腔，*共轴球面腔　10.254
coded aperture spectral imager　编码孔径光谱成像仪　14.177
co-evaporated layer　共蒸层　07.018
coherence　相干　01.524
coherence length　相干长度　01.531
coherence time　相干时间　01.535
coherency　相干性　01.525
coherent anti-Stokes Raman scattering　相干反斯托克斯拉曼散射　01.605
coherent beam　相干光束　01.023
coherent beam combining　相干组束　01.532
coherent detection　相干检测　22.031
coherent finger sharpness　干涉条纹锐度　01.053
coherent lidar　相干光雷达　27.002
coherent light　相干光　01.218
coherent light source　相干光源　10.013
coherent optical communication system　相干光通信系统　22.010
coherent optical radar　相干光雷达　27.002
coherent optical radiation　相干光辐射　04.045
coherent optical time-domain reflectometry　相干光时域反射技术　18.067
coherent Raman scattering microscopy　相干拉曼散射显微术　20.058
coherent state　相干态　02.044
coherent superposition　相干叠加　01.520
coherent synthesis　相干合成　01.522
coherent terahertz detection　相干太赫兹波检测　25.033
coherent transfer function　相干传递函数　13.046
coherent wind lidar　相干测风激光雷达　27.011
COIL　氧碘化学激光器　10.126
coincidence count　符合计数　02.110
cold cathode fluorescent lamp　冷阴极荧光灯　10.370
cold lens　冷透镜　09.104
collectoring light mirror　集光镜　09.125
colliding pulse mode-locking　碰撞锁模　10.348
collimated light　准直光[束]　01.032
collimator　平行光管　18.090，准直仪　19.079
color　颜色　05.002
color appearance　色貌，*色表　05.098
color appearance attribute　色貌属性　05.100
color appearance model　色貌模型　05.101
color appearance phenomena　色貌现象　05.099
color atlas　色卡图册　05.038
color based 3D display　分色 3D 显示　16.019
color blindness　色盲　28.078
color cathode ray tube　彩色阴极射线管　11.092
color center　色心　06.091
color center crystal *Q*-switch　色心 *Q* 开关　10.300
color center laser　色心激光器　10.085
color complementary　补色　05.006
color constancy　色觉恒常　28.080
color contrast　色对比　05.050
color conversion　颜色转换　05.058
color deficiency　颜色缺陷　05.057
color difference formula　色差公式　14.259
color difference meter　色差计　18.123
color dispersion　色散　01.404
color distortion　色畸变　14.246
color domain coverage ratio　色域覆盖率　16.090
color film　彩色片　15.043
color filter　彩色滤光膜　07.004
colorfulness　视彩度　05.076
color gamut　色域　05.034
color gamut mapping　色域映射　05.035
color harmony　颜色和谐　05.055
color hologram　彩色全息图　23.034
color image　彩色图像　17.005
color image commination device　彩色图像合成仪　17.114
colorimeter　色度计　18.121
colorimetric calibration　颜色校准　05.060
colorimetric characterization　色度特性化　05.078
colorimetric purity　色度纯度　05.079
colorimetric system　色度系统　05.081
colorimetry　色度学　05.001
color infrared film　*彩色红外片　15.044
color management system　颜色管理系统　05.086
color matching　色匹配　05.108
color matching function　色匹配函数，*配光函数　04.131
color mixing　混色　05.105

cross gain modulation 交叉增益调制 22.062
crossing waveguide 十字交叉波导 08.099
cross phase modulation 交叉相位调制，*互相位调制 22.059
crown lengthening laser surgery 激光牙冠延长术 28.204
CRT 阴极射线管 11.091
CRT projector 阴极射线管投影机，*CRT 投影机 16.056
$Cr^{4+}$:YAG $Q$-switch $Cr^{4+}$:YAG $Q$ 开关 10.296
cryogenic laser 低温激光器 10.195
cryogenic optical system 冷光学系统 13.020
crystallographic defect 晶体缺陷 06.085
crystal optical axis orientation instrument 晶体光轴定向仪 19.101
[crystal] optic axis [晶体]光轴 06.129
crystal system 晶系 06.077
CSF 对比度敏感函数 28.023
Cs-Sb photocathode 锑铯光电阴极 11.097
Cs-Te photocathode 碲铯光电阴极 11.098
cube prism 立方棱镜 09.071
current spreading layer 电流扩展层 11.163
curvature wavefront sensor 曲率波前传感器 12.057
curved-mirror resonator 曲面镜谐振腔 10.242
cutoff depth 截止深度 09.046
cutoff spatial frequency 空间截止频率 01.108
cutoff wavelength of a detector 探测器截止波长 11.057
cut-on wavelength 高通波长 07.028
CVD 化学气相沉积法 06.130
CWDM 粗波分复用 22.040
cyan 青色 05.029
cyanic laser 氰气体激光器 10.020
cyclodiode photocoagulation 睫状体光凝术 28.169
cylindrical lens 柱面镜 09.086
cylindrical lens grating 柱透镜光栅 09.281
cylindrically vector polarized beam 圆柱矢量偏振光束 01.035

# D

Dammann grating 达曼光栅 09.286
dark adaptation 暗适应 28.072
dark background brightness 暗背景亮度 01.142
dark count 暗计数 02.111
dark current 暗电流，*剩余电流，*无照电流 11.070
dark mirror 黑镜 07.014
dark object 暗像元 14.028，暗目标 21.078
dark pixel 暗像元 14.028
dark soliton 暗孤子 01.680
dark state 暗态 02.054
dark-field microscope 暗场显微镜 20.050
data compression 数据压缩 15.217
data compression ratio 数据压缩比 15.218
data cube 数据立方体 17.155
data injection infrared scene simulation system 数据注入式红外景象仿真系统，*数据注入式红外景物发生器 25.015
data transfer rate 信息传输速率，*传输速率，*数据传输速率，*比特率 22.016
daylight 自然光，*天然光 01.195
3D block matching 三维块匹配算法 17.153
DBR laser 分布式布拉格反射激光器 10.150
DCG 色散补偿光栅 09.283
DC-PDP 直流等离子体显示板 16.008
3D display 三维显示，*3D 显示，*立体显示 16.014
3D display based on lenticular gratings 柱透镜光栅 3D 显示 16.025
3D display based on parallax barrier 狭缝光栅 3D 显示 16.024
2D/3D switchable display 2D/3D 可切换显示 16.026
dead pixel 死像元 14.026
dead zone of an OTDR 光时域反射仪盲区 18.069
dead zone of fiber optic gyroscope 光纤陀螺死区，*死区 24.036
decay of luminescence 发光衰减 04.031
decay radiative lifetime 辐射衰减寿命 04.078
decoherence 消相干，*退相干 01.529
deep penetration band 深穿透波段 01.383
deep space exploration 深空探测 21.031
deflection coefficient 偏转因数 11.117
deflection coil 偏转线圈 11.116
deflection uniformity factor 偏转均匀性因子 11.118
defocused spot 弥散斑 13.090
deformable reflective mirror 可变形反射镜，*变形镜

diffractive optical element 衍射光学元件 23.042
diffuse attenuation coefficient 水漫射衰减系数，*漫射衰减系数 01.516
diffused waveguide 扩散波导 08.089
diffuse extended source 漫射面源 10.398
diffuse optical tomography 扩散光学层析成像 14.101
diffuse reflection 漫反射 01.443
diffuse reflection coefficient 漫反射系数 01.454
diffuse reflection spectrum 漫发射光谱 01.291
diffuse scatter light 弥散杂散光 01.203
digital confocal microscopic imaging 数字共焦显微成像 14.059
digital display 数码显示 16.013
digital holographic interferometry 数字全息干涉测量 23.014
digital holographic microscopy 数字全息显微术 23.016
digital holography 数字全息术 23.012
digital image 数字图像 17.003
digital image processing 数字图像处理 17.043
digital image scanning and plotting system 数字图像扫描记录系统 17.115
digital image watermarking 数字图像水印处理 17.109
digital level 数字水准仪 19.019
digital light deflector 数字光偏向器 09.200
digital light processing projector 数字光路处理器投影机，*DLP 投影机 16.059
digital micromirror device 数字微镜器件 09.195
digital microscope 数字显微镜 20.019
digital pixel hologram 数字像素全息图 23.037
digital video frequency signal 数字视频信号 15.190
D illuminant D 照明体 10.391
3D image 三维图像，*3D 图像，*立体图像 17.001
diode laser 二极管激光器 10.112
diode pumped laser 二极管泵浦激光器 10.145
diode pumped solid state laser 二极管泵浦固体激光器 10.056
diopter 屈光度 09.153，视度 28.054
diopter accommodation 视度调节 28.055
diplopia 复视 28.041
direct atmospheric correction [大气]遥感量直接校正，*直接校正 21.033
direct band gap semiconductor 直接带隙半导体 11.132
direct current plasma display panel 直流等离子体显示板 16.008
direct hybrid infrared focal plane array 直接混成型红外焦平面阵列 15.070
directional coupler 定向耦合器 09.223
directional filter 方向滤波器 09.052
direct LLL imaging 直视微光成像 14.129
direct mode 直接模式 21.101
director 指向矢 16.067
direct pumping 直接泵浦 10.327
direct-reading spectrograph 光电直读光谱仪，*光量计 18.079
direct-reading spectrometer 光电直读光谱仪，*光量计 18.079
direct spectral imager 直接型光谱成像仪 14.159
direct view prism 直视棱镜 09.072
discontinuous spectral source 选择性光谱源 10.395
discrete dipole approximation 离散偶极子近似 03.018
discrete fiber optic sensor *分立式光纤传感器 12.038
discretely tunable infrared laser 断续调谐红外激光器 10.168
discrete surface deformable mirror 分立表面变形镜 09.179
disjunctive eye movement 分离运动 28.026
disk laser 碟片激光器 10.093
dispersing prism 色散棱镜 09.073
dispersion 弥散 01.436
dispersion coefficient 色散系数 01.429
dispersion compensation 色散补偿 01.433
dispersion compensation grating 色散补偿光栅 09.283
dispersion compensation optical fiber 色散补偿光纤 08.039
dispersion compensator 色散补偿器 01.435
dispersion equalization 色散均衡 01.427
dispersion equation *色散方程 08.125
dispersion-flattened optical fiber 色散平坦光纤 08.038
dispersion length 色散长度 01.421
dispersion-managed soliton 色散管理孤子 01.679
dispersion-management 色散管理 01.426
dispersion of the axes 轴色散 01.412
dispersion power 色散本领 01.423

dispersion-shifted optical fiber 色散位移光纤 08.036
dispersion slope 色散斜率 01.432
dispersive optical bistability 色散[型]光双稳态 02.013
dispersive spectral imager 色散型光谱成像仪 14.161
dispersive wave generation 色散波产生 01.428
displacement operator 平移算符 02.101
display 显示 16.001
display device 显示器 16.044
display screen 显示屏 16.046
dissipative force 散射力 01.625
dissipative soliton 耗散孤子 01.684
dissociative laser 离解激光器 10.040
distance of most distinct vision 明视距离 28.036
distortion 畸变 14.239
distributed amplifier 分布式放大器 11.230
distributed Bragg reflector laser 分布式布拉格反射激光器 10.150
distributed feedback laser 分布式反馈激光器 10.151
distributed fiber optic sensor 分布式光纤传感器 12.039
distributed Raman amplification 分布式拉曼放大 11.223
distribution feedback 分布反馈 10.350
divergent 发散 13.094
divergent parallax 发散视差 28.064
division of amplitude polarization imaging 分振幅偏振成像 14.118
division of aperture imaging 分孔径偏振成像 14.119
division of focal plane polarization imaging 分焦平面偏振成像 14.120
division of time polarimeter 分时偏振成像仪 14.156
D50 light source D50 光源 10.007
D65 light source D65 光源 10.006
DLP projector 数字光路处理器投影机，*DLP 投影机 16.059
DM 色散管理 01.426
DMD 数字微镜器件 09.195
DOAS 差分吸收光谱术 01.338
DOCP 圆偏振度 01.184
DOE 衍射光学元件 23.042
DOLP 线偏振度 01.183
DOP 偏振度，*全偏振度 01.182
doped insulator laser 掺杂绝缘体激光器 10.062
doped semiconductor 掺杂半导体 11.139
Doppler broadening 多普勒展宽 01.370
Doppler frequency shift 多普勒频移 01.126
Doppler optical coherence tomography 多普勒光学相干层析术 14.203
Doppler velocimetry 多普勒测速法 19.037
Doppler wind lidar 多普勒测风激光雷达 27.010
DOT/ODT 扩散光学层析成像 14.101
double cladding optical fiber 双包层光纤 08.027
double-cladding photonic crystal optical fiber 双包层光子晶体光纤 08.022
double-doped laser 双掺杂激光器 10.046
double-elliptical cavity 双椭圆腔 10.256
double exposure *二次曝光 15.150
double Gaussian objective lens 双高斯物镜 09.162
double mask exposure 二次掩模曝光 15.150
double monochromator 双单色仪 18.097
doublet lens 双合透镜 09.094
doublet objective lens 双胶合物镜 09.157
doublet-single objective lens 双单透镜 09.095
doubling laser 倍频激光器 10.155
Dove judgment 道威判据 14.275
Dove prism 道威棱镜 09.079
Dowell end-gauge interferometer 道尔端规干涉仪 18.017
DRA 分布式拉曼放大 11.223
dressed atom 缀饰原子 02.071
drift of wavelength 波长漂移 01.100
drum streak camera 鼓轮扫描照相机 15.016
DS 动态散射 01.613
DSF 色散位移光纤 08.036
dual-band infrared focal plane array 双波段红外焦平面阵列 15.076
dual-cavity laser 双腔激光器 10.137
dual conical scanning infrared horizon sensor 双圆锥扫描式红外地平仪 25.037
dual-mirror optical system 双反射式光学系统 13.006
dual-photon absorption storage 双光子吸收存储技术，*双光子吸收存储 23.051
duration of vision 视觉暂留 28.047
DWDM 密集波分复用 22.041
dwell time of detector 探测器驻留时间 11.059
dye laser 染料激光器 10.050
dye *Q*-switch 染料 *Q* 开关 10.299
dynameter 倍率计 19.111

dynamic heterogeneous line width 动态非均匀线宽 01.371
dynamic photographic resolution 动态摄影分辨率 15.128
dynamic scattering 动态散射 01.613
Dyson dispersion optical system 戴森色散光学系统 13.026
Dyson interference microscope 戴森干涉显微镜 20.005
dyssophotic zone 弱光层 27.065

# E

earth albedo 地球反照率 21.060
earth-atmosphere system radiation 地气系统辐射 04.066
earth radiation budget 地球辐射收支 04.108
earth shine 地球反照 25.079
earth thermal radiation 地球热辐射，*地球红外辐射 04.065
EBCCD 电子轰击电荷耦合器件 11.201
ECB-LCD 电控双折射液晶显示 16.034
eccentric fixation 偏心注视 28.042
echelle diffraction grating 阶梯衍射光栅 09.255
echelle grating 中阶梯光栅，*反射式阶梯光栅 09.259
echelon grating 阶梯光栅 09.258
ECP 内窥镜下睫状体光凝术 28.182
EDFA 掺铒光纤放大器 11.232
edge detection 边缘检测 17.081
effective exposure index 有效曝光系数 15.157
effective exposure time 有效曝光时间 15.154
effective index method 有效折射率法 08.142
effective read out rate 有效读出速率 17.151
effective refractive index 有效折射率 06.114
effective stop *有效光阑 09.332
EFPI 非本征型光纤法布里-珀罗干涉仪，*外腔式光纤法布里-珀罗干涉仪 18.041
E illuminant E照明体 10.386
Einstein coefficient 爱因斯坦系数 04.119
Einstein law 爱因斯坦定律 04.121
Einstein relation 爱因斯坦关系 04.120
EIT 电磁感应透明 02.010
elastic-backscattering lidar 弹性背向散射激光雷达 27.018
elasticity of glass 玻璃弹性 06.052
elastic optical network 弹性光网络 22.097
elastic scattering 弹性散射，*经典光散射，*静态散射 01.593
elastic scattering lidar *弹性散射激光雷达 27.004
elbow telescope 肘形望远镜 20.064
electric absorption modulator 电吸收调制器 22.085
electrical stimulation 电加速发光 04.007
electrically controlled birefringence liquid crystal display 电控双折射液晶显示 16.034
electrically pumped laser 电泵浦激光器 10.144
electric stimulation 电加速发光 04.007
electric birefringence 电致双折射 01.467
electric deflection system 电偏转系统 11.112
electric dipole radiation 电偶极子辐射 04.040
electric fast shutter 电动快速快门 15.052
electric field coupling coefficient 电场强度耦合系数 08.133
electric field multiplexing 电场复用 23.092
electro-absorption 电致吸收 01.490
electro-chromism materials 电致变色材料 06.036
electrofloat process 电浮法 12.017
electrogenerated chemiluminescence 电化学发光 04.016
electroluminescence 电致发光，*场致发光 04.004
electroluminescent display 电致发光显示 16.010
electroluminescent materials 电致发光材料 06.028
electrolysis photocell 电解光电池 11.193
electromagnetically induced transparency 电磁感应透明 02.010
electromagnetic deflection system 电磁偏转系统 11.111
electromagnetic modulation 电磁调制 22.068
electromagnetic radiation 电磁辐射 04.039
electromagnetic wave 电磁波 01.079
electromechanical fast shutter 机电快速快门 15.051
electromigration diameter 电迁移率直径 27.076
electron beam pumping 电子束泵浦 10.320
electron bombarded charge coupled device 电子轰击电荷耦合器件 11.201

electron gun 电子枪 11.108
electronic-controlled printer 电子印像机 15.223
electronic image stabilization 电子稳像 17.149
electronic level 电子水准仪 19.018
electronic rolling shutter 电子卷帘快门 15.050
electronic scanning 电扫描 12.018
electronic spectrum 电子光谱 01.271
electronic tachometer 电子速测仪 19.013
electronic terahertz source 电子学太赫兹源 25.028
electronic theodolite 电子经纬仪 19.012
electron injection layer 电子注入层 11.166
electron lens 电子透镜 09.107
electron microscope 电子显微镜 20.027
electron multiplying CCD 电子倍增 CCD 11.212
electron optical inverse design 电子光学逆设计 11.119
electron optical prism 电子棱镜 09.080
electron paraxial trajectory equation 电子近轴轨迹方程，*近轴轨迹方程，*傍轴轨迹方程 14.148
electron probe X-ray microanalyzer 电子探针 X 射线微区分析仪 19.085
electron shutter 电子快门 15.049
electron trajectory equation 电子轨迹方程 14.147
electron transport layer 电子传输层 11.168
electro-optical device 电光器件 11.001
electro-optical modulator 电光调制器 22.075
electro-optical phase modulator 电光相位调制器 22.084
electro-optical shutter 电光快门 15.048
electro-optical switch 电光开关 11.259
electro-optical telemeter 光电测距仪 19.028
electro-optical waveguide modulator 电光波导调制器 22.077
electro-optical waveguide switch 电光波导开关 11.261
electro-optic beam deflector 电光光束偏向器 09.199
electro-optic crystal 电光晶体 06.059
electro-optic modulation 电光调制 22.065
electro-optic *Q*-switch 电光 *Q* 开关 10.295
electro-optic sampling detector 电光取样探测器 11.049
electrophoresis image display 电泳显示 16.012
electrostatic deflection sensitivity 静电偏转灵敏度 11.114
electrostatic electron microscope 静电电子显微镜 20.034
electrostatic lens 静电透镜 09.108
elemental image 元像 14.012
elementary color 主色 05.010
elementary hologram 基元全息图 23.020
element image array 微图像阵列 17.110
element manager system 网元管理系统 22.113
element of interior orientation 内方位元素 15.212
elevation 高程 15.205
elevation accuracy 高程精度 15.206
E light source E 光源 10.008
eliminating field apochromatic objective lens 平场复消色差物镜 09.161
ellipsometry 椭圆偏振测量术，*偏振测量术，*椭偏术 18.072
elliptical core optical fiber 椭圆[芯]光纤 08.016
elliptical polarization 椭圆偏振态 01.171
elliptical polarized light 椭圆偏振光 01.176
ellipticity of power density distribution 功率密度分布椭圆度 10.445
embossed hologram 模压全息图 23.028
emergency laser stop 紧急激光终止器 28.248
emission 辐射 04.038
emission electron microscope 发射电子显微镜 20.031
emission spectrometer 发射光谱仪 18.076
emission spectrum 发射光谱 01.290
emissivity of materials 材料发射率 04.092
empirical mode decomposition filtering 经验模态分解法滤波 17.063
encircled energy 环围能量 27.109
end-face coupling 端面耦合 08.137
endlessly single mode 无限单模 08.122
endmember 端元 21.076
endolaser optical fiber 眼内激光光纤 08.048
endolaser photocoagulation 眼内激光光凝术 28.167
endoscope 内窥镜 09.181
endoscopic cyclophotocoagulation 内窥镜下睫状体光凝术 28.182
endoscopic laser treatment 腔镜下激光治疗 28.114
endovenous laser treatment 腔内激光治疗 28.113
end pumping 端面泵浦 10.317
energy density 能量密度 10.442
energy distribution of initial electron 初电子能量分布 11.106

energy flow density *能流密度 04.081
energy level 能级 10.217
energy level diagram 能级图 10.220
energy level lifetime 能级寿命 10.219
engineering data 工程数据 21.103
enhancement of spontaneous radiation 自发辐射增强 04.054
entangled state 纠缠态 02.056
entrance beam radius 入射光束半径 01.042
entrance pupil 入瞳 13.068
entrance pupil diameter 入瞳直径 13.069
entrance pupil distance 入瞳距离 13.070
entropy of entanglement 纠缠熵 02.066
environmental radiation 环境辐射 04.060
EPID 电泳显示 16.012
epitaxy 外延 06.137
E-PRP 超全视网膜光凝术 28.184
EPR paradox EPR 佯谬 02.042
equal energy spectrum 等能光谱 01.285
equal inclination fringes 等倾[干涉]条纹 01.555
equal inclination interference 等倾干涉 01.540
equalizing pulse 均衡脉冲 15.184
equal thickness fringes 等厚[干涉]条纹 01.554
equal thickness interference 等厚干涉 01.539
equivalent air layer 等效空气层 13.095
equivalent background input illumination 等效背景照度 01.158
equivalent confocal resonator 等价共焦腔 10.262
equivalent focus length [数码相机]等效焦距 15.061
equivalent interface 等效界面 07.029
equivalent principal distance 等效主距 15.209
equivalent resonator 等价腔 10.263
ER 光信号消光比，*消光比 22.072
erbium-doped fiber amplifier 掺铒光纤放大器 11.232
erbium-doped optical fiber 掺铒光纤 08.010
erbium-doped yttrium aluminum garnet laser 掺铒钇铝石榴石激光器 10.066
erbium laser 铒激光 01.245
error correcting code 光盘纠错编码 23.083
error of focusing 调焦误差 15.066
error rejection bandwidth 误差抑制带宽 27.106
etching 刻蚀 11.170
ETL 电子传输层 11.168
euphotic zone 真光层，*透光层 27.063
EUVL 极紫外光刻 26.012
evaluation of compression algorithm 压缩方法评价 17.068
evanescent wave 倏逝波，*迅逝波，*隐失波 01.078
event dead zone of an OTDR 光时域反射仪事件盲区 18.070
EVLT 腔内激光治疗 28.113
excess carrier 过剩载流子 11.152
excess carrier concentration 过剩载流子浓度 11.156
excess carrier lifetime 过剩载流子寿命 11.155
excimer 激基复合物 06.039
excimer laser 准分子激光器 10.026
excitation 激发 10.329
excitation-emission matrix fluorescence spectrum 激发发射矩阵荧光光谱 01.301
excitation purity 兴奋纯度 05.117
excitation spectrum 激发光谱 01.289
excited state 激发态 04.118
excited state absorption 激发态吸收 01.494
exciton absorption 激子吸收 01.498
exit pupil 出瞳 13.066
exit pupil distance 出瞳距离 13.067
exit pupil function *出瞳函数 13.074
expanding beam of irradiation 扩束照射法 28.142
exponential transformation 指数变换 17.074
exposure 曝光 15.147，曝光量 15.155
exposure compensation technology 曝光补偿技术 15.159
exposure factor 曝光因数 15.158
exposure index *曝光系数 15.158
exposure time 曝光时间 15.152
extended source 面源，*扩展源 10.012
external-cavity diode laser 外腔二极管激光器 10.114
external cavity laser 外腔式激光器 10.133
external-cavity semiconductor laser 外腔半导体激光器 10.095
external eye photography 外眼摄影 28.199
external photoelectric effect detector 外光电效应探测器，*光电发射探测器 11.011
external quantum efficiency 外量子效率 11.082
external synchronization 外同步 15.185
extinction ratio 光信号消光比，*消光比 22.072
extra-ordinary light 非常光，*e 光 01.200
extra-panretinal photocoagulation 超全视网膜光凝术

28.184
extreme low light CMOS　超低照度 CMOS　11.216
extreme ultraviolet lithography　极紫外光刻　26.012
extrinsic detector　外赋探测器，*非本征探测器　11.008
extrinsic Fabry-Perot interferometer　非本征型光纤法布里–珀罗干涉仪，*外腔式光纤法布里–珀罗干涉仪　18.041
extrinsic optical fiber sensor　*非本征型光纤传感器　12.037
extrinsic photoconductive infrared detector　非本征光电导型红外探测器　11.029
extrinsic photoconductivity　非本征光电导，*外赋光电导，*杂质光电导　11.075
extrinsic semiconductor terahertz detector　非本征半导体太赫兹探测器　11.047
eye lens　接目镜　09.167
eye movement　眼球运动　28.197
[eye] optic axis　[眼球]光轴　28.192
eyepiece　目镜　09.166
eyepiece exit pupil diameter　目镜出瞳直径　13.071
eyepiece exit pupil distance　目镜出瞳距离　13.072
eye-point　眼点　16.078
eye relief　镜目距　13.073
eye-safe laser　人眼安全激光器　10.203

# F

Fabry-Perot interferometer　法布里–珀罗干涉仪，*法布里–珀罗标准具　18.011
Fabry-Perot laser diode　法布里–珀罗激光二极管　10.311
failure rate distribution　失效速率分布　04.129
fairing　光顺　09.354
false color film　假彩色片　15.044
false color image　假彩色图像，*伪彩色图像　17.006
false line　*伪线　01.686
*f* aperture　*f* 制光圈　15.035
FAR　固定备选路由　22.158
Faraday effect　*法拉第效应　06.018
Faraday effect error　法拉第效应误差　24.048
Faraday optical isolator　法拉第光隔离器　09.233
Faraday shutter　*法拉第快门　15.047
far infrared　远红外[波]　25.006
far infrared laser　远红外激光器　10.167
far point　远点　28.069
farsightedness　远视眼　28.066
fast radiance transmission mode　快速辐射传输模式　04.106
fault identification　故障发现　22.170
fault location　故障定位　22.171
FBG　*光纤布拉格光栅　09.266
FBG accelerometer　光纤布拉格光栅加速度计　19.047
FBL　光纤断裂张力　08.066
FD-OCT　频域光学相干断层扫描　15.097
FED　场致发射显示　16.011
femtosecond fluorescence up-conversion　飞秒荧光上转换　01.136
femtosecond laser　飞秒激光器　10.186
femtosecond oscillator　飞秒振荡器　10.240
femtosecond pulse　飞秒脉冲　01.652
femtosecond pulse shaping　飞秒脉冲整形　01.667
femtosecond transient spectrum　飞秒瞬态光谱　01.287
Fermat principle　费马原理　01.003
Fermi energy level　费米能级　10.224
fermion　费米子　02.038
ferroelectric thin film infrared focal plane array　铁电薄膜红外焦平面阵列　15.087
Fery prism　维利棱镜　09.065
few-cycle pulse　周期量级脉冲　01.655
few mode optical fiber　少模光纤　08.031
FFPI　光纤法布里–珀罗干涉仪，*光纤 F-P 干涉仪，*光纤法–珀干涉仪　18.039
FFS　边缘电场开关模式　16.040
fiber attenuation coefficient　光纤衰减系数　01.519
fiber birefringence　光纤双折射　01.468
fiber Bragg grating　*光纤布拉格光栅　09.266
fiber Bragg grating with short period　短周期光纤布拉格光栅　09.284
fiber chromatic dispersion　光纤色度色散　01.422
fiber coupler　光纤耦合器　09.222
fiber endoscopic irradiation　光纤内窥镜照射法　28.145
fiber Fabry-Perot interferometer　光纤法布里–珀罗干涉仪，*光纤 F-P 干涉仪，*光纤法–珀干涉仪　18.039
fiber grating　光纤光栅　09.265

fiber nonlinearity 光纤非线性 02.009
fiber normalized frequency 光纤归一化频率 01.107
fiber optic accelerometer 光纤加速度计 19.045
fiber optical combiner 光纤光合路器 09.216
fiber-optical confocal scanning interference microscopy 光纤共焦扫描干涉显微术 20.059
fiber-optic coil 光纤线圈 08.065
fiber optic gyroscope 光纤陀螺 24.019，光纤陀螺仪 24.030
fiber optic gyroscope input axis 光纤陀螺输入轴 24.042
fiber optic inverter 光纤扭像器 14.220
fiber optic sensor 光纤传感器 12.030
fiber optic sensor network 光纤传感网 12.061
fiber optics magneto-optic shutter 光纤磁光快门 15.056
fiber polarization beam combiner 光纤偏振合束器，*光纤偏振合路器 09.219
fiber polarization beam splitter 光纤偏振分束器 09.213
fiber polarization controller 光纤偏振控制器 09.318
field butting 视场拼接 28.053
field curvature 场曲 14.236
field emission display 场致发射显示 16.011
field flattener lens 平场透镜 09.096
field frequency 场频 15.181
field lens 场镜 09.124
field-of-view of a detector 探测器视场 11.058
field rate 场频 15.181
field-sequential color 场色序法 16.107
field stop 视场光阑 09.336
field synchronizing signal 场同步信号 15.182
field sync pulse *场同步脉冲 15.182
fifth-order aberration 五级像差 14.224
figure error 面形误差 06.166
F illuminant F 照明体 10.387
film expanding 扩膜 06.144
film photographic sensitivity 胶片感光度 06.095
filter 滤光片 09.006
filter-based wavelength division multiplexer 滤波片型波分复用器 22.047
filter blue-shifting 滤光片蓝移 09.031
filter glass 滤光玻璃 06.043
filtering 滤波 09.005
filter system 滤光系统 09.034
filter type spectral imager 滤光片型光谱成像仪 14.162
filter wheel 滤光片轮 09.030
finite conducting grating 有限电导率光栅，*非理想导体光栅 09.252
fitting filtering 拟合滤波 17.062
fixed alternative routing 固定备选路由 22.158
fixed pattern noise 固定图案噪声 17.040
fixed routing 固定路由 22.156
Fizeau interferometer 菲佐干涉仪 18.015
Fizeau method 菲佐法 12.020
Fizeau optical fiber interferometer 光纤菲佐干涉仪 18.043
flashlamp pumped dye laser 闪光灯泵浦染料激光 01.247
flash lamp pumping 闪光灯泵浦 10.326
flat field 平像场 14.237
flat interferometer 平面干涉仪，*等厚干涉仪 18.047
flatness and straightness measuring instrument 平直度测量仪 19.050
flat-top beam 平顶光束 01.031
flat top laser pulse 激光平顶脉冲，*平顶脉冲 01.672
flexible display 柔性显示 16.006
flexible organic light emitting diode 柔性有机发光二极管 10.434
flexible packaging LED 软封装 LED 10.419
flight altitude 航高 21.065
FLIM 荧光寿命成像 14.068
flint glass 火石玻璃 06.048
flip LED chip 倒装 LED 芯片 10.438
flow cytometry 流式细胞术 28.104
flow fluorescence analysis 流式荧光分析 28.105
fluorescein angiography 荧光血管造影术 28.177
fluorescence 荧光层 06.108
fluorescence emission spectrum 荧光发射谱 01.294
fluorescence lidar 荧光激光雷达 27.009
fluorescence lifetime 荧光寿命 01.232
fluorescence lifetime imaging 荧光寿命成像 14.068
fluorescence micro optical sectioning tomography 荧光显微光学切片断层成像 14.078
fluorescence microscope 荧光显微镜 20.043
fluorescence molecular tomography 荧光断层成像 14.090
fluorescence polarization method 荧光偏振法 28.250
fluorescence quantum counter 荧光量子计数器

02.113
fluorescence quantum efficiency 荧光量子效率 11.081
fluorescence quenching 荧光猝灭 01.233
fluorescence resonance energy transfer 荧光共振能量转移 01.234
fluorescence resonance energy transfer-fluorescence lifetime imaging 荧光共振能量转移–荧光寿命成像 14.074
fluorescence spectroscopy 荧光光谱术 01.330
fluorescence spectrum 荧光光谱 01.293
fluorescent 荧光 01.225
fluorescent diagnosis 荧光诊断 28.101
fluorescent lamp 荧光灯 10.371
fluorescent molecular switch 荧光分子开关 11.266
fluorescent organic light emitting diode 荧光有机发光二极管 10.429
fluorescent protein 荧光蛋白 01.235
fluorescent screen 荧光屏 06.109
fluorescent up-conversion 荧光上转换 01.135
fluorophore 荧光团 06.107
fluorophotometer 荧光光度计 18.103
flyback 逆程 11.127
flying plate scanning spectrograph 动片扫描摄谱仪，*飞片扫描摄谱仪 19.062
fly's eyes lens array fabrication 蝇眼透镜阵列加工 09.359
FMOST 荧光显微光学切片断层成像 14.078
FMT 荧光断层成像 14.090
*f*-number *f* 数 13.064
focal distance 焦距 15.060
focal plane 焦平面 15.067
focal retinal photocoagulation 局部视网膜光凝术 28.180
Fock space 粒子数空间，*福克空间 02.074
Fock state *福克态 02.043
focometer 焦距仪 18.138
focus 焦点 15.058
focus accommodation 焦点调节 15.059
focusing 聚焦 11.120，调焦 11.124
focusing range 调焦范围 15.062
focusing step size 调焦步长 15.065
folded cavity 折叠腔 10.257
folded cavity laser 折叠腔激光器 10.138
FOLED 柔性有机发光二极管 10.434
forbidden transition 禁戒跃迁 04.116
Forster energy transfer 福斯特能量转移 11.158
forsterite laser 镁橄榄石激光器 10.068
forward looking infrared sensor 红外前视仪 25.040
forward modeling 正演 21.084
forward scattered light 前向散射光 01.630
four energy level system 四能级系统 10.223
Fourier descriptors 傅里叶描绘子 17.032
Fourier domain optical coherence tomography *傅里叶光学相干断层扫描 15.098
Fourier optical system 傅里叶光学系统 13.012
Fourier optics 傅里叶光学 13.001
Fourier spectrum 傅里叶光谱，*干涉光谱 01.309
Fourier transform hologram 傅里叶变换全息图 23.022
Fourier transform infrared spectroscopy 傅里叶变换红外光谱术 01.352
Fourier-transform-limited pulse 傅里叶变换极限脉冲，*变换极限脉冲 01.654
Fourier transform spectrometer *傅里叶变换光谱仪 18.088
four-phase CCD 四相 CCD 11.207
four-wave mixing 四波混频 02.018
FP-LD 法布里–珀罗激光二极管 10.311
FPN 固定图案噪声 17.040
FR 固定路由 22.156
fractional laser 点阵激光 01.248
fractional technology 点阵激光技术 28.225
frame adding filtering 帧叠加滤波 17.051
frame camera 画幅式照相机，*分幅照相机 15.014
frame camera remote sensing 画幅式遥感，*分幅式遥感 21.016
frame frequency 帧频 15.183
frame integration 帧积累 17.118
frame inversion drive 帧反转驱动 16.100
frame rate 帧频 15.183
frame transfer CCD 帧转移结构 CCD 11.204
framing time 分幅时间 15.032
Fraunhofer diffraction 夫琅禾费衍射 01.574
Fraunhofer hologram 夫琅禾费全息图 23.023
Fraunhofer line *夫琅禾费线 01.364
Fraunhofer spectral line 夫琅禾费光谱线 01.364
free carrier absorption 自由载流子吸收 01.487
Freedericksz transition 弗里德里克斯转变 16.071
free-electron laser 自由电子激光 01.238

free-space optical communication system 自由空间光通信系统 22.011
free spectral range 自由光谱宽度 18.051
free spectrum range 自由谱范围 18.052
frequency chirp 频率啁啾 01.118
frequency-domain fluorescence lifetime imaging 频域法荧光寿命成像 14.069
frequency-domain laser speckle contrast imaging 空间频域激光散斑衬比成像 14.104
frequency domain optical coherence tomography 频域光学相干断层扫描 15.097
frequency doubling 光倍频 01.113，[光]二倍频，*倍频 11.274
frequency doubling crystal 倍频晶体 06.065
frequency down-conversion 频率下转换，*下转换 01.137
frequency long-time stabilization 频率长期稳定度 01.121
frequency modulated fiber optic sensor 频率调制型光纤传感器 12.033
frequency modulation 频率调制，*调频 22.061
frequency modulation spectroscopy 频率调制光谱术 01.351
frequency multiplier 倍频器 11.275
frequency pulling 频率牵引 01.129
frequency quadrupling 四倍频 01.115
frequency shift 频移 01.122
frequency short-time stabilization 频率短期稳定度 01.120
frequency stability 频率稳定性 01.119
frequency sweep laser 扫频激光器 10.154
frequency tripling 三倍频 01.114
frequency up-conversion 频率上转换，*上转换 01.134
Fresnel approximation 菲涅耳近似 12.028
Fresnel composite prism 菲涅耳复合棱镜 09.068
Fresnel diffraction 菲涅耳衍射 01.573
Fresnel equation 菲涅耳公式 01.461
Fresnel hologram 菲涅耳全息图 23.021
Fresnel lens 菲涅耳透镜 09.093
Fresnel number 菲涅耳数 09.351
Fresnel number of resonator 谐振腔菲涅耳数，*共振腔菲涅耳数 10.280
Fresnel prism 菲涅耳棱镜 09.067
Fresnel reflection coefficient *菲涅耳反射系数 01.453
Fresnel surface 菲涅耳表面 13.086
Fresnel transmission coefficient *菲涅耳透射系数 01.477
FRET 荧光共振能量转移 01.234
FRET-FLIM 荧光共振能量转移–荧光寿命成像 14.074
Fried’s parameter 弗里德参数 27.086
fringe-field switching 边缘电场开关模式 16.040
fringe projection 条纹投影法 12.024
front fixed group 前固定组 13.096
front projector 前投影机 16.055
front-side illumination infrared focal plane array 正照式红外焦平面阵列 15.073
FSC 场色序法 16.107
FT-CCD 帧转移结构 CCD 11.204
Fuechtbauer-Ladenburg equation 菲希特鲍尔–拉登堡方程 10.458
full-band figure error 全频段误差 06.167
full-field optical coherence tomography 全场光学相干层析术 14.202
full-wave plate 全波波片，*全波片 09.002
full width at half maximum of laser pulse 激光脉冲半峰全宽 01.664
functional fiber optic sensor 功能型光纤传感器，*传感型光纤传感器 12.036
fundamental mode 基模 08.116
fundus autofluorescence imaging 眼底自发荧光成像 14.052
fundus camera 眼底照相机 15.024
fused wavelength division multiplexer 熔锥型波分复用器 22.046
fusion faculty 融合功能 16.076
FWDM 滤波片型波分复用器 22.047
FWM 四波混频 02.018

# G


GaAs laser　砷化镓激光器　10.106
GaAsP photodiode　GaAsP 光电二极管　11.181
Gabor holography　伽博全息术　23.009
gadolinium glass laser　钆玻璃激光器　10.084
gain bandwidth　增益带宽　11.249
gain by one pass　单程增益　11.245
gain clamping　增益控制　11.250
gain coefficient　增益系数　11.246
gain curve　增益曲线　11.251
gain profile　增益谱线，*增益谱　11.248
gain saturation　增益饱和　11.247
Galileo telescope　伽利略望远镜　20.069
gamma-ray laser　伽马射线激光器　10.172
gamma transformation　*伽马变换　17.077
GaP photodiode　GaP 光电二极管　11.182
gas discharge lamp　气体放电灯，*气体放电光源　10.363
gas dynamic laser　气动激光器　10.196
gasification resection　气化切除　28.133
gas laser　气体激光器　10.018
gated image intensifier　选通管，*快门管　14.213
Gaussian approximate method　高斯近似法　08.139
Gaussian beam　高斯光束　01.024
Gaussian image　高斯像　14.009
Gaussian image plane　高斯像面　14.016
Gaussian line shape　高斯线型　01.374
Gaussian mirror　高斯反射镜　09.135
Gaussian stop　高斯光阑　09.333
Gauss point　基点　13.083
GD　群时延　01.395
$GdVO_4$ laser　钒酸钆激光器　10.073
general absorption　一般性吸收，*普遍吸收　01.479
general lighting　普通照明　10.380
generalized pupil function　广义光瞳函数　13.076
gen Ⅱ inverter　二代倒像管　14.210
gen Ⅱ wafer　二代近贴管，*薄片管　14.211
geometrical birefringence　几何双折射　01.469
geometric correction　几何校正，*几何校准　14.253
geometric positioning　几何定位　21.095
geometric registration　几何配准　14.254
GeSbTe system phase change materials　锗锑碲系相变光存储材料　06.022
GGG laser　钆镓石榴石激光器　10.067
ghost image　鬼像　14.011
ghost imaging　鬼成像　14.048
ghost line　鬼线　01.686
GHZ state　GHZ 态　02.057
giant pulse laser　巨脉冲激光　01.242，巨脉冲激光器　10.183
gigabit-capable passive optical network　千兆无源光网络　22.105
glare　眩光，*眩目　28.051
glasses　眼镜　09.147
glass-free 3D display　裸视 3D 显示，*裸眼三维显示　16.016
glass substrate　玻璃基板　16.083
glitter of the sea　海面闪耀　27.059
global optimum　全局优化　13.097
glossiness　光泽度　06.172
gluing　胶合　09.356
Golay tube　戈莱管　25.076
gonio photography　房角摄影　28.201
goniophotometer　测角光度计　18.104
Goos-Hanchen shift　古斯–汉欣位移　01.446
*g* parameter of resonator　谐振腔 *g* 参数，*共振腔 *g* 参数　10.283
GPON　千兆无源光网络　22.105
graded-index optical fiber　*渐变折射率光纤　08.020
graded-index planar waveguide　渐变折射率平面波导　08.086
graded refractive index　梯度型折射率　06.118
gradient index optical fiber　梯度折射率光纤　08.020
granularity　粒度　22.151
graser　伽马射线激光器　10.172
Grassmann's color mixing law　格拉斯曼颜色混合定律　05.072
grating　光栅　09.239
grating anomaly　光栅反常　09.294
grating constant　光栅常量　09.292
grating development working　光栅显影加工　15.038
grating digital angular displacement measuring instrument　光栅式角位移测量仪　19.035
grating dispersion　光栅色散　01.411
grating energy measuring device　光栅能量测定仪　19.073
grating equation　光栅方程　09.293

grating interferometer 光栅干涉仪 18.026
grating linear displacement measuring system 光栅式线位移测量装置 19.031
grating monochromator 光栅单色仪 18.095
grating pair 光栅对 09.291
grating period *光栅周期 09.292
grating reading-head 光栅读数头 11.280
grating sensing device *光栅发讯器 11.280
grating spectrograph 光栅摄谱仪 19.059
grating spectrometer 光栅光谱仪 18.077
grating spectrum 光栅光谱，*衍射光谱 01.278
gravitational wave interferometer 引力波干涉仪 18.025
gray 灰色 05.032
gray body 灰体 10.407
gray image 灰度图像 17.004
gray image fusion 灰度图像融合 17.071
gray level filter *灰色滤光片 09.025
gray scale 灰度标尺 17.026
gray-scale inversion 灰阶反转 17.027
gray-scale morphology 灰度级形态学 17.025
gray-scale transformation 灰度变换 17.023
gray-scale transformation function 灰度变换函数 17.024
grazing incidence interferometer 掠入射干涉仪 18.027
green 绿色 05.028
green laser 绿光激光器 10.161
Gregorian telescope 格里高利望远镜 20.072
Gregory optical system 格里高利反射式光学系统，*格里高利系统 13.008
GRIN lens *渐变折射率透镜 09.116
ground control point 地面控制点 21.106
ground illumination 地面照度 01.155
ground layer adaptive optical system 地面层自适应光学系统 27.096
ground-looking calibration 场地定标 21.049
ground-object spectroradiometer 地物光谱辐射计 18.128
ground resolution 地面分辨率 14.037
ground sampling distance 地面像元分辨率 14.038
ground state 基态 02.061
ground state depletion microscopic imaging 基态损耗显微成像 14.060
ground system 地面应用系统 21.100
group delay 群时延 01.395
group velocity 群速度 01.394
group velocity dispersion 群速度色散 01.408
group velocity dispersion coefficient 群速度色散系数 01.430
GSD 地面像元分辨率 14.038
GSD microscopic imaging 基态损耗显微成像 14.060
guest emitter 发光客体 04.027
guided mode 导模 08.105
guide mode equation *导模方程 08.125
guiding laser beam 制导激光束 01.039
GVD 群速度色散 01.408
gyroscope 陀螺 24.015
gyroscope threshold 陀螺阈值，*阈值 24.035
gyroscopic theodolite 陀螺经纬仪 19.009

# H

Haidinger interferometer 海丁格干涉仪 18.020
halation 光晕 13.099
half-concentric resonator 半共心谐振腔，*半共心共振腔 10.248
half viewing angle 半视角 16.103
half-wave loss 半波损失 01.457
half-wave plate 二分之一波片，*半波片 09.004
half-wave voltage 半波电压 22.088
halogen lamp 卤素灯 10.375
HAN 混合取向 16.095
Hankel transformation 汉克尔变换 17.076
hardness of glass 玻璃硬度 06.053
hard tissue ablation 硬组织消融 28.139
harmonic diffractive lens *谐衍射透镜 09.119
harmonic diffractive microlens 谐衍射微透镜 09.119
harmonic-generator laser 谐波激光器 10.149
Hartmann-Shack sensor *哈特曼–夏克传感器 12.049
Hartmann test 哈特曼检验 12.012
helical twisting power 螺距扭曲形成力 16.101
helium-cadmium ion laser 氦镉离子激光器 10.041
helmet mounted 3D display 头盔 3D 显示，*头盔三维显示 16.036

helmet mounted display　头盔显示　16.035
Helmholtz reciprocity theorem　亥姆霍兹互易定理　01.009
hemisphere reflectance　半球反照率　21.057
He-Ne laser　氦氖激光器　10.025
Hermite-Gauss mode　厄米-高斯模　08.118
heterochromatic stimulus　异色刺激　28.075
heterodyne detection　差拍探测，*差拍检测　12.004
heterodyne fluorescence lifetime imaging　外差法荧光寿命成像　14.071
heterodyne interference plane method　外差平面干涉法　12.025
heterodyne interferometer　外差干涉仪，*外相位调制干涉仪，*交流干涉仪，*双频干涉仪　18.029
heterogeneous optical network　异构光网络　22.100
heterojunction　异质结　11.147
heterojunction laser　异质结激光器　10.104
hetero-type heterojunction　异型异质结　11.149
hexagonal crystal system　六角晶系　06.079
hexagonal lattice　六边形晶格　06.073
hierarchical path computation element architecture　分层路径计算单元架构　22.162
high average power solid state laser　高平均功率固体激光器　10.058
high birefringence optical fiber　*高双折射光纤　08.015
high-density optical storage　高密度光存储技术　23.052
high energy laser　高能激光器　10.190
higher-order aberration　高阶像差　14.226
highest occupied molecular orbit　最高占据分子轨道　02.095
high harmonic　高次谐波　01.132
highly nonlinearity optical fiber　高非线性光纤　08.044
high operating temperature infrared focal plane array　高工作温度红外焦平面阵列　15.084
high-order dispersion　高阶色散　01.415
high-order mode　高阶模　08.119
high-order soliton　高阶孤子　01.683
high pass filter　高通滤波器　09.049
high power laser　强激光，*高功率激光　01.241，功率激光器　10.189
high pressure carbon dioxide laser　高气压二氧化碳激光器　10.035
high pressure mercury lamp　高压汞灯　10.368
high-reflectance coating　高反射膜　07.013
high reflection coating　增反膜　07.001
high reflection thin film　增反膜　07.001
high resolution imaging　高分辨率成像　14.136
high resolution spectral imager　高分辨率光谱成像仪　14.168
high speed axial flow carbon dioxide laser　高速轴流型二氧化碳激光器　10.036
high speed film imaging　输片式高速成像　14.122
high speed multiwire imaging　网格高速成像，*像分解高速成像　14.128
high-speed real-time holography　高速实时全息摄影术　15.124
high-speed time-resolving spectrograph　高速时间分辨摄谱仪　19.061
high temperature metallographic microscope　高温金相显微镜　20.017
high voltage electron microscope　高压电子显微镜　20.033
Hindle testing　*Hindle 检测　06.155
histogram equalization　直方图均衡化　17.019
histogram matching　*直方图匹配　17.020
histogram specification　直方图规定化　17.020
hole injection layer　空穴注入层　11.167
hole transport layer　空穴传输层　11.169
hollow core optical fiber　空芯光纤　08.025
holmium laser　钬激光　01.246
hologram　全息图　23.017
hologram of point source　点源全息图　23.029
holographic data storage system　全息数据存储系统　23.072
holographic disk　全息光盘，*全息盘　23.046
holographic exposure　全息曝光　15.148
holographic grating　全息光栅　09.240
holographic imaging　全息成像　14.109
holographic interferometry　全息干涉测量术　23.013
holographic lens　全息透镜　23.044
holographic lithography　全息光刻　26.018
holographic microscope　全息显微镜　20.021
holographic microscopy　全息显微术　23.015
holographic multiplexing　全息复用技术　23.087
holographic optical element　全息光学元件　23.041
holographic scanner　全息扫描器　23.045
holographic storage　全息存储　23.070

holographic storage material 全息存储材料，*全息记录材料 23.071
holography 全息术，*全息摄影，*全息照相术 23.001
HOMO 最高占据分子轨道 02.095
homodyne detection 零差探测，*零差检测 12.006
homodyne fluorescence lifetime imaging 零差法荧光寿命成像 14.070
homogeneously broadening *均匀加宽 01.367
homogeneous medium 均匀介质 06.002
homogeneous saturation 均匀饱和 10.450
homogeneous transparent medium 均匀透明介质 06.004
homojunction 同质结 11.146
homojunction laser 同质结激光器 10.103
homologue point 同源像点 16.077
honeycomb lattice 蜂窝状晶格 06.075
Hong-Ou-Mandel interference 洪–区–曼德尔干涉 01.545
horizon camera 地平线摄像机，*地平线摄影机 15.139
horizontal blanking *水平消隐 15.178
horizontal electrode LED chip 水平电极 LED 芯片 10.440
horizontal parallax 水平视差 28.059
host emitter 发光主体 04.026
HOT IRFPA 高工作温度红外焦平面阵列 15.084
hot luminescence 过热发光 04.022
hot stabilization cavity 热稳定腔 10.258
HSI color space HSI 颜色空间 05.096
HTL 空穴传输层 11.169
HTP 螺距扭曲形成力 16.101
hue 色调，*色度，*色相 05.044
hue circle 色相环 05.036
Huygens eyepiece 惠更斯目镜 09.168
Huygens-Fresnel principle 惠更斯–菲涅耳原理 01.002
Huygens principle 惠更斯原理 01.001
HVPE 氢化物气相外延 06.138
hybrid aligned nematic 混合取向 16.095
hybrid image intensifier tube 杂交管 14.214
hybrid integrated optical circuit 混合集成光路 08.144
hybrid mode 混合模 08.115
hybrid refractive-diffractive imaging 折衍混合成像 14.134
hydride vapor phase epitaxy 氢化物气相外延 06.138
hyperacuity 超视力 28.068
hyperspectral imager 高光谱成像仪 14.172
hyperspectral lidar 高光谱激光雷达 27.023

# I

IAD 离子辅助淀积 07.047
iCAM 图像色貌模型 05.102
ICCD 像增强 CCD 11.202
ice blink 冰映光 27.082
ICI 光信道间干扰 22.131
ICLAS 腔内激光吸收光谱术 01.344
ICOS 积分腔输出光谱术 01.347
ideal imaging plane *理想像面 14.016
ideal optical system 理想光学系统 13.002
identification 认清 17.116
idler photon 闲置光子 02.031
IFFPI 本征型光纤法布里–珀罗干涉仪，*内腔式光纤法布里–珀罗干涉仪 18.040
ILLLI 低功率激光血管内照射 28.161
illuminance 照度 01.151
illuminance of image plane 像面照度 01.156
illuminating condition 照明条件 10.385
illuminometer 照度计 18.119
ILT 激光组织间治疗 28.115
image acquisition 图像获取 17.112
image color appearance model 图像色貌模型 05.102
image compression 图像压缩 17.064
image contrast 图像对比度 17.010
image converter tube 变像管，*图像转换器 14.209
image converter tube for high speed camera 变像管高速照相机 15.021
image degradation 图像退化 17.101
image denoising 图像去噪 17.042
image description 图像描述 17.008
image detection threshold 图像探测灵敏阈 17.117
image edge 图像边界 17.014
image enhancement 图像增强 17.107

image entropy　图像熵　17.012
image feature extraction　图像特征提取　17.078
image formats　图像格式　17.013
image frequency domain filtering　图像频域滤波，*频域滤波　17.055
image fusion　图像融合　17.069
image gray level　图像灰度，*灰度，*灰阶，*灰度级　17.021
image height　像高　14.014
image histogram　图像直方图　17.018
image hologram　像全息图　23.024
image homomorphic filtering　图像同态滤波，*同态滤波　17.056
image intensified CCD　像增强 CCD　11.202
image intensifier　像增强器　14.218
image intensifier tube　像增强管，*微光管　14.217
image interpolation　图像内插　17.111
image median filtering　图像中值滤波，*中值滤波　17.057
image motion　像移　14.272
image motion compensation　像移补偿　14.273
image negatives　图像反转　17.016
image noise　图像噪声　17.036
image non-uniformity correction　图像非均匀性校正　17.121
image-object inter-changeable principle　物像交换原理　01.008
image optical fiber bundle　传像光纤束，*传像束　08.068
image partitioning　图像分块　17.105
image perception　图像感知　17.113
image pick-up device　摄像器件　11.194
image pixel　图像像素，*图像像元　14.020
image presentation　图像表示　17.007
image principal point　像方主点　15.204
image processing delay　图像处理延时　17.044
image pyramids　图像金字塔　17.108
image quality　像质　14.015
image quantization　图像量化，*量化　17.094
imager　成像仪　14.153
image registration　图像配准　17.102
image restoration　图像复原　17.095
image rotation eliminating　图像消旋　17.015
image roughness　图像粗糙度　17.011
image segmentation　图像分割　17.106
image sharpening　图像锐化　17.100
image sharpness　图像清晰度　17.009
image space　像空间　14.019
image spatial filtering　图像空间滤波，*空间滤波　17.054
image spatial smoothing　图像空域平滑　17.017
image splicing　图像拼贴　17.104
image stitching　图像拼接　17.096
image super-resolution　图像超分辨率　14.043
image tamper　图像篡改　17.103
image telecentric system　像方远心光路系统，*像方远心系统　13.037
image time domain filtering　图像时域滤波，*时域滤波　17.053
image transformation　图像变换　17.072
image tube　像管　14.208
imaging　成像　14.044
imaging differential optical absorption spectroscopy　成像差分吸收光谱术　01.343
imaging-DOAS　成像差分吸收光谱术　01.343
imaging optical system　成像光学系统　13.003
imaging plane surface invariant device　成像面不变装置　09.128
imaging spectrometer　成像光谱仪，*光谱成像仪　18.084
immersed lens　浸没透镜　09.106
immersion grating　浸入式光栅　09.261
immersion lithography　浸没光刻　26.011
immune-enhancing effect of photodynamic therapy　光动力免疫增强效应　28.126
impulsive stimulated Raman scattering　脉冲受激拉曼散射　01.599
impurity absorption　杂质吸收　01.486
impurity energy level　杂质能级　10.221
impurity ionization energy　杂质电离能　10.222
in flight calibration　飞行定标，*星上定标　21.045
in vivo retinal imaging　*视网膜在体成像　14.099
incident angle　入射角　01.463
incoherence　非相干性　01.536
incoherent　非相干　01.528
incoherent imaging　非相干成像　14.045
incoherent light　非相干光　01.219
incoherent superposition　非相干叠加　01.521
incoherent synthesis　非相干合成　01.523
index matching materials　折射率匹配材料　06.041

indicatrix *光率体 06.122
indirect atmospheric correction [大气]遥感量间接校正，*间接校正 21.034
indirect band gap semiconductor 间接带隙半导体 11.133
indirect hybrid infrared focal plane array 间接混成型红外焦平面阵列 15.071
indium tin oxide 透明电极 16.098
indium tin oxide transparent electrode 铟锡氧化物透明电极 16.099
induced color 被诱导色 05.018
inducing color 诱导色 05.017
inelastic scattering 非弹性散射 01.614
inertial grade fiber optic gyroscope 惯性级光纤陀螺仪，*高精度光纤陀螺仪 24.034
informal optical waveguide 非正规光波导 08.082
infrared 红外[波]，*红外线，*红外域 25.001
infrared absorption spectrum 红外吸收光谱 01.306
infrared alarm 红外报警 25.066
infrared antireflective coating 红外增透膜，*红外减反射膜 07.003
infrared astronomical satellite 红外天文卫星 25.072
infrared astronomy 红外天文学 25.071
infrared atmospheric window 红外大气窗口 27.032
infrared camera 红外照相机 15.025
infrared camouflage 红外伪装 25.064
infrared carbon and sulphur analyzer 红外碳硫分析仪 25.043
infrared charge coupled device 红外电荷耦合器件 11.209
infrared communication 红外通信 22.007
infrared countermeasure 红外对抗 25.063
infrared cutoff filter 红外截止滤光片 09.021
infrared detection chip 红外探测芯片，*探测芯片 25.074
infrared film 红外片 15.045
infrared filter 红外滤光片 09.020
infrared focal plane array 红外焦平面阵列 15.068
infrared focal plane array detector 红外焦平面阵列探测器 11.042
infrared focal plane array of a microcalorimeter *微测辐射热计红外焦平面阵列 15.085
infrared fuse 红外引信 25.062
infrared gas analyzer 红外气体分析仪 25.042
infrared grating 红外光栅 09.264
infrared guidance 红外制导 24.010
infrared guided bomb 红外制导炸弹 25.059
infrared horizon sensor 红外地平仪 25.035
infrared jammer 红外干扰弹，*红外曳光弹，*红外诱饵弹 25.060
infrared lamp 红外灯 10.378
infrared laser 红外激光器 10.165
infrared laser warner 红外激光告警器 25.057
infrared lens 红外透镜 09.105
infrared lidar 红外激光雷达 27.022
infrared light therapy 红外线治疗 28.107
infrared microscope 红外显微镜 20.024
infrared moisture meter 红外水分仪 25.044
infrared night vision device 红外夜视仪 28.089
infrared nondestructive detection 红外无损探伤 25.069
infrared optical ceramic 红外光学陶瓷 06.093
infrared optical crystal 红外光学晶体 06.056
infrared optical fiber 红外光纤 08.042
infrared optical glass 红外光学玻璃 06.044
infrared optical plastic 红外光学塑料 06.040
infrared optical system 红外光学系统 13.013
infrared periscope 红外潜望镜 20.076
infrared photoconductive detector 红外波段光电导探测器，*红外探测器 11.023
infrared photography 红外摄像 15.123
infrared phototube 红外光电管 11.084
infrared polarizer 红外偏振器 09.312
infrared prism 红外棱镜 09.075
infrared protective coating 红外保护膜 07.006
infrared radar 红外雷达 27.021
infrared radiation 红外辐射，*红外线 04.050
infrared radiation calibration 红外辐射定标 25.046
infrared radiation heating 红外辐射加热 25.068
infrared radiometer 红外辐射计 18.127
infrared reflective coating 红外反射膜 07.009
infrared reflective mirror 红外反射镜 09.139
infrared remote control 红外遥控 25.070
infrared remote sensing 红外遥感 21.006
infrared scanner 红外扫描仪 15.117
infrared scene generator 红外景象发生器，*红外景物发生器 25.008
infrared scene matching guidance 红外景象匹配制导 24.011
infrared scene project simulation system 投射式红外景

象仿真系统，*投射式红外景物发生器 25.014
infrared search and track system 红外搜索与跟踪系统 25.054
infrared smoke 红外烟幕弹 25.061
infrared space telescope 红外空间望远镜 20.074
infrared spectral calibration 红外光谱定标 25.048
infrared spectrophotometer 红外分光光度计 18.110
infrared spectrum 红外光谱 01.273
infrared star 红外恒星 25.073
infrared stealth 红外隐形，*红外隐身 25.065
infrared surveillance system 红外监视系统 25.052
infrared system evaluation 红外系统评估 25.055
infrared system simulation 红外系统仿真 25.012
infrared target simulator 红外目标模拟器 25.058
infrared telemeter 红外测距仪 19.029
infrared temperature calibration 红外温度定标 25.049
infrared thermal imager 红外热成像仪，*红外成像仪，*热像仪 14.154
infrared thermal imaging 红外热成像 14.082
infrared thermometer 红外测温仪 25.041
infrared-transparent conductive coating 透红外导电膜 07.007
infrared warning system 红外告警系统 25.053
infrared weapon sight 红外武器观瞄器 25.056
InGaAs PIN photodiode InGaAs PIN 型光电二极管 11.183
inhibited spontaneous radiation 自发辐射禁阻 04.056
inhomogeneously broadening *非均匀加宽 01.368
inhomogeneous saturation 非均匀饱和 10.451
inhomogeneous wave 非均匀波 01.076
injection electro-luminescence 注入式电致发光 04.009
injection laser 注入式激光器 10.105
injection-locked oscillator 注入锁定振荡器 10.239
injection seeding 注入种子 10.332
in-line hologram 同轴全息图 23.018
in-line holography 同轴全息术 23.008
inner-surface interference microscope 内表面干涉显微镜 20.008
in-plane scatter light 杂散背景 12.065
in-plane switching 面内转换显示模式 16.041
input angular rate 输入角速率 24.045
input angular velocity 输入角速度 24.046
input axis *输入轴 24.042
input axis misalignment 输入轴失准角 24.044
input reference axis 输入基准轴 24.043
InSAR 合成孔径雷达干涉术 18.007
insertion loss 插入损耗 09.349
*in-situ* monitoring of development 显影实时监测 15.039
*in-situ* monitoring of exposure 曝光实时监测 15.151
instantaneous frequency 瞬时频率 01.102
instantaneous spectrometer 瞬态光谱仪 18.075
instrumental line shape function 仪器线型函数，*干涉型光谱成像仪扫描函数 14.178
integral imaging 集成成像 14.105
integral imaging display 集成成像显示 16.028
integral photography *集成摄影术 14.105
integrated cavity output spectroscopy 积分腔输出光谱术 01.347
integrated on-chip microlens 片载微透镜 09.117
integrated optics 集成光学 08.143
integrated optics device 集成光学器件 08.146
integrating nephelometer 积分浊度计 19.114
integrating photometer 积分光度计 18.115
integrating sphere 积分球 09.344
intensity 光强 01.161
intensity modulated fiber optic sensor 强度调制型光纤传感器 12.031
intensity slicing 灰度分割 17.022
inter channel interference 光信道间干扰 22.131
interference 干涉 01.538
interference experiment of Billet's split lens 比累对切透镜干涉实验 01.569
interference experiment of Fresnel biprism 菲涅耳双棱镜干涉实验 01.566
interference experiment of Lloyd's mirror 洛埃镜干涉实验 01.565
interference filter 干涉滤光片，*干涉滤光镜，*干涉滤光器 09.017
interference filter spectroscope 干涉滤光分光镜 09.089
interference fringes 干涉条纹 01.552
interference imaging spectrometer 干涉成像光谱仪 18.085
interference lithography 干涉光刻 26.017
interference microscope 干涉显微镜 20.004
interference order 干涉级次 01.563

interference pattern　干涉图样　01.553
interference polarizer　干涉起偏器　09.316
interference refractometer　干涉折射计　18.139
interferogram　干涉图样　01.553
interferometer　干涉仪　18.008
interferometric fiber optic gyroscope　干涉型光纤陀螺　24.025
interferometric spectral imager　干涉型光谱成像仪，*傅里叶变换型光谱成像仪　14.164
interferometric synthetic aperture radar　合成孔径雷达干涉术　18.007
interferometric testing　干涉检测　06.154
interferometry　干涉术　18.001
interferometry of divising amplitude　分振幅干涉法　01.550
interferometry of divising wavefront　分波前干涉法　01.549
interlaced scanning　隔行扫描　15.169
interline transfer CCD　行间转移结构 CCD　11.203
intermediate color　中间色　05.008
internal calibration　内定标　15.200
internal cavity laser　内腔式激光器　10.132
internal photoelectric effect　内光电效应，*光电导性　11.072
internal quantum efficiency　内量子效率　11.079
intersection angle　交会角　15.211
interstitial laser therapy　激光组织间治疗　28.115
intracavity frequency-doubling laser　腔内倍频激光器　10.156
intracavity laser absorption spectroscopy　腔内激光吸收光谱术　01.344
intracavity modulation　腔内调制　10.289
intra-pulse Raman scattering　脉冲内拉曼散射　01.600
intravascular low level laser irradiation　低功率激光血管内照射　28.161
intrinsic absorption　本征吸收　01.485
intrinsic contrast　固有对比度　27.047
intrinsic detector　本征探测器，*内禀探测器　11.004
intrinsic electro-luminescence　本征型电致发光　04.008
intrinsic fiber Fabry-Perot interferometer　本征型光纤法布里–珀罗干涉仪，*内腔式光纤法布里–珀罗干涉仪　18.040
intrinsic luminescence　内禀发光　04.024
intrinsic optical fiber sensor　*本征型光纤传感器　12.036
intrinsic photoconductive infrared detector　本征光电导型红外探测器　11.028
intrinsic photoconductivity　本征光电导　11.074
intrinsic semiconductor　本征半导体　11.138
inverse filtering　逆滤波　17.059
inverse lithography　逆向光刻　26.015
inverse-square law of illumination　照度平方反比定律　01.159
inversion　反演　21.085
inversion of oceanographic element　海洋要素反演　27.052
inverted Lamb dip　倒兰姆凹陷　10.454
inverted microscope　倒置显微镜　20.023
iodine stabilized laser　碘稳频激光器　10.157
ion assisted deposition　离子辅助淀积　07.047
ion barrier film　防离子反馈膜　07.008
ion-exchanged waveguide　离子交换波导　08.088
ionizing radiation　电离辐射　04.041
IPS　面内转换显示模式　16.041
IRCCD　红外电荷耦合器件　11.209
iris recognition　虹膜识别　17.087
irradiance　辐射照度　01.152
irradiance light intensity fluctuation　光强起伏　01.162
irradiance reflectance　辐射照度比　01.160
isochromatic stimulus　等色刺激　28.074
isomeric color　同色同谱色　05.012
isoplanatic condition　等晕条件　13.100
isotropic crystal　光学各向同性晶体，*各向同性晶体　06.061
isotropy medium　光学各向同性介质，*各向同性介质　06.005
IT-CCD　行间转移结构 CCD　11.203
ITO　透明电极　16.098

# J

Jamin interferometer　雅明干涉仪　18.014
Johnson criterion　约翰逊准则　14.278
Jones matrix　琼斯矩阵　01.189
Jones vector　琼斯矢量　01.188

Josephson junction superconductor infrared detector 约瑟夫森结超导红外探测器 11.039
junction temperature 结温 11.150
just noticeable color difference 恰可察觉色差 14.258

# K

Kappa angle Kappa 角 28.025
*K* distribution *K* 分布 27.084
Kepler telescope 开普勒望远镜 20.070
Kerr-cell high speed camera 克尔盒高速照相机 15.020
Kerr-cell shutter 克尔盒快门 15.055
Kerr lens mode-locking 克尔镜自锁模，*克尔透镜锁模 10.342
Kerr magnetometer 克尔磁强计 19.108
Kerr microscope 克尔显微镜 20.002
kinoform hologram 相息图 23.040
Kirchhoff diffraction formula 基尔霍夫衍射公式 01.590
K mirror K 镜 09.190
knife-edge instrument 刀口仪 19.102
knife-edge method 刀口法 06.162
Kohler illumination 科勒照明 10.384
Kosters interferometer 科斯特斯干涉仪，*绝对光波干涉仪，*量块干涉仪，*科氏干涉仪 18.021
krypton fluoride excimer laser 氟化氪准分子激光器 10.030
krypton ion laser 氪离子激光器 10.042
krypton lamp 氪灯 10.374
KTP laser 磷酸钛氧钾激光器 10.069

# L

label management system 标记管理系统 22.114
laboratory calibration 实验室定标 14.185
Lagrange invariant 拉格朗日不变量 13.098
Lamb dip 兰姆凹陷，*拉姆凹陷 10.453
Lambertian radiator 朗伯辐射源，*朗伯体 10.404
Lambertian surface 朗伯表面 05.116
Lamb self-consistent equation *兰姆自洽方程 10.459
Lamb’s semiclassical theory 兰姆半经典理论 10.452
lamp pumped laser 闪光灯泵浦激光器 10.143
landscape objective lens 风景物镜 09.158
Langley plot 兰利图 05.073
lanthanum flint glass 镧火石玻璃 06.049
LAPR 激光老视逆转术 28.189
large mode area optical fiber 大模场面积光纤 08.032
laser 激光 01.237，激光器 10.017
laser ablation 激光切除 26.033
laser ablation 激光蚀除 28.151
laser acceleration 激光加速 26.039
laser accelerator 激光加速器 26.040
laser accelerometer 激光加速度计 19.044
laser acupoint irradiation 激光穴位照射法 28.144
laser aiming 激光瞄准，*激光引导 24.014
laser aligning 激光准直 26.042
laser alignment instrument 激光导向仪 19.091
laser alloying 激光合金化 26.035
laser altimetry 激光测高 21.062
laser anesthesia 激光麻醉 28.146
laser assembly 激光器组件 10.204
laser-assisted balloon angioplasty 激光辅助球囊血管成形术 28.155
laser beacon 激光信标 27.100
laser beam focus 激光束焦点 01.061
laser blepharoplasty 激光眼睑成形术 28.175
laser bonding 激光焊接 26.030
laser boring 激光打孔 26.029
laser breeding 激光育种 26.044
laser cardiac valvuloplasty 激光心脏瓣膜成形术 28.157
laser circumcision surgery 激光包皮环切术 28.234
laser cohesion device 激光光凝机 26.046
laser collimator 激光准直仪 19.080
laser communication link 激光通信链路 22.136
laser communication terminal 激光通信终端 22.174
laser communication 激光通信 22.004
laser corneal trimmer 激光角膜修整仪 28.242
laser coronary angioplasty 激光冠状动脉成形术 28.156

laser cure instrument 激光治疗仪 28.241
laser cutting 激光切割 26.032
laser cutting operation 激光切割术 28.132
laser dacryocystoplasty 泪道激光成形术 28.176
laser damage 激光损伤 26.050
laser dental cleaning 牙科激光洁治 28.208
laser dental filling 牙科激光充填术 28.205
laser denture welding 激光义齿焊接 28.207
laser depilation 激光脱毛术 28.219
laser detection and ranging lidar 激光雷达，*光学雷达 27.001
laser diagnostics 激光诊断 28.100
laser difference-frequency terahertz source 激光差频太赫兹源 25.027
laser diode 激光二极管 10.307
laser diode array 激光二极管面阵 10.313
laser diode linear array 激光二极管线阵 10.312
laser diode module 激光二极管模块 10.315
laser diode pumped solid state laser 激光二极管泵浦固体激光器 10.057
laser diode stack array 激光二极管叠层列阵 10.314
laser disc 激光光盘，*光盘 23.075
laser disinfection 激光消毒 28.147
laser display 激光显示 16.002
laser Doppler velocimeter 激光多普勒测速仪 19.039
laser drill 激光牙钻 28.206
laser drilling 激光打孔 26.029
laser efficiency 激光器效率 10.209
laser emission spectroscopy 激光发射光谱术 01.331
laser energy density 激光能量密度 01.165
laser energy meter 激光能量计 19.110
laser engraving 激光雕刻 26.024
laser etching 激光刻蚀 26.005
laser face-beauty instrument 激光美容仪 28.244
laser fenestration 激光开窗术 28.150
laser focus ablation 激光病灶切除术，*激光光消融 28.152
laser for caries prevention 激光防龋 28.209
laser fusion 激光聚变 26.041
laser gingivoplasty 激光牙龈成形术 28.213
laser guidance 激光制导 24.009
laser guide star *激光导星 27.100
laser guided weapon 激光制导武器 24.013
laser gyroscope 激光陀螺 24.017
laser hair transplant surgery 激光植发术 28.226
laser heat treatment 激光热处理 26.034
laser heating 激光加热 26.031
laser high speed pulse framing imaging 激光脉冲分幅高速成像 14.125
laser holographic technology 激光全息术 23.003
laser holography 激光全息术 23.003
laser host 激光器基质 10.206
laser immunotherapy 激光免疫疗法 28.239
laser incident time 激光入射时间 28.117
laser induced autofluorescence 激光诱导组织自体荧光 28.252
laser induced autofluorescence method 激光诱导组织自体荧光法 28.253
laser induced breakdown 激光感生击穿 26.048
laser induced breakdown spectroscopy 激光诱导击穿光谱术 01.337
laser induced damage threshold 激光损伤阈值 26.051
laser-induced drug fluorescence 激光诱导药物荧光法 28.238
laser induced fluorescence 激光诱发荧光 01.228
laser induced fluorescence spectrum 激光感应荧光光谱 01.267
laser-induced interstitial thermotherapy 激光诱导间质肿瘤热疗术 28.235
laser induced time-resolved fluorescence spectrum 激光诱导时间分辨荧光光谱 01.302
laser interferometric imaging technology 激光干涉成像术 14.149
laser intervertebral disc decompression 激光椎间盘切除术 28.232
laser iridotomy 激光虹膜切开术 28.165
laser iris cystectomy 激光虹膜囊肿切除术 28.162
laser length benchmark instrument 激光长度基准仪 19.025
laser length measuring machine 激光测长仪 19.024
laser level 激光水准仪 19.017
laser lifetime 激光器寿命 10.207
laser linear comparator 激光线纹比较仪 19.088
laser link *激光链路 22.136
laser lithotripsy 激光碎石术，*激光碎石 28.233
laser machining 激光加工 26.001
laser marking 激光打标 26.028
laser material processing 激光材料加工 26.025
laser medical equipment 激光医学设备，*医用激光设

备 28.240
laser medicine spectroscopy 激光医学光谱术 28.099
laser medicine 激光医学 28.098
laser medium 激光介质 10.214
laser micro-emission spectral analysis 激光显微发射光谱分析 01.361
laser micromachining 激光显微加工 26.036
laser microscope 激光显微镜 20.042
laser microspectral analyzer 激光微区光谱仪 18.078
laser micro-spectrometer 激光显微光谱仪 18.082
laser modeling 激光建模 10.455
laser myoplasty 激光心肌成形术 28.158
laser noise 激光器噪声 10.210
laser operation 激光手术 28.131
laser optical adapter for slit lamp 裂隙灯激光适配器 28.249
laser organization anastomosis 激光组织吻合术 28.134
laser orientation instrument 激光指向仪 19.092
laser oscillation 激光振荡 10.229
laser oscillation condition 激光[振荡]条件，*阈值条件 10.232
laser oscillation threshold 激光振荡阈值 10.230
laser osmidrosis operation 激光腋臭手术 28.218
laser peripheral iridotomy 激光周边虹膜切除术 28.163
laser phacoemulsification cataract extraction 激光乳化白内障摘除术 28.186
laser photocoagulation 激光光凝 28.136，激光光凝术 28.138
laser photocoagulation of retinal tear 激光光凝封闭视网膜裂孔术 28.179
laser phototype 激光照排 26.037
laser physiotherapy 激光理疗 28.111
laser pigmented nevus surgery 激光祛痣术 28.224
laser pigmented spot removal 激光祛斑术 28.220
laser plasma 激光等离子体 03.031
laser pleurodesis 激光胸膜固定术 28.231
laser pointer 激光指示器，*激光笔，*光指示器 26.047
laser powermeter 激光功率计 18.137
laser presbyopia reversal 激光老视逆转术 28.189
laser printer 激光打印机 26.045
laser projector 激光投影机 16.060
laser protection 激光防护 26.038
laser-pulpotoming vitalis 激光活髓切断术 28.215
laser pulse duration 激光脉冲持续时间 01.658
laser pulse energy 激光脉冲能量 01.662
laser pulse interval 激光脉冲间隔 01.661
laser pulse power 脉冲功率 01.660
laser pulse repetition rate frequency 激光脉冲重复频率 01.663
laser pulse shape 激光脉冲波形 01.657
laser pumped gas terahertz source 激光泵浦气体太赫兹源 25.025
laser pumping 激光泵浦 10.324
laser pumping cavity 激光泵浦腔 10.264
laser pupilloplasty 激光瞳孔成形术 28.173
laser quenching 激光淬火，*激光相变硬化 26.027
laser radiation 激光辐射 04.049
laser Raman spectrum 激光拉曼光谱 01.297
laser range finder 激光测距仪 19.030
laser remote sensing 激光遥感 21.005
laser-removing dental caries 激光去龋 28.210
laser safety glasses 激光防护镜 09.150
laser scalpel 激光手术刀，*光刀，*激光刀 28.246
laser scanning for bar code 激光条码扫描 15.099
laser scanning measurement 激光扫描测量 12.010
laser sclerostomy 激光巩膜切除术，*激光巩膜造瘘术 28.164
laser scribing 激光划片 06.142
laser shock hardening 激光冲击硬化，*表面冲击强化 26.026
laser short pulse 激光短脉冲 01.656
laser short pulse operation 短脉冲运转 01.669
laser speckle 激光散斑，*激光斑纹 01.644
laser speckle imaging 激光散斑成像 14.139
laser speckle spatial contrast analysis 激光散斑成像空间衬比分析 14.143
laser speckle temporal contrast analysis 激光散斑成像时间衬比分析 14.144
laser spectral analysis 激光光谱分析 01.360
laser spectrometer 激光光谱仪 18.083
laser spiking 激光尖峰 01.674
laser spot operation 连续激光祛斑术 28.223
laser storage 激光存储技术，*激光存储 23.050
laser surface alloying 激光表面合金化 26.003
laser surface cladding 激光表面涂覆，*激光涂覆 26.004
laser surface treatment 激光表面处理 26.002

laser surgery 激光外科 28.230
laser telemeter 激光测距仪 19.030
laser theodolite 激光经纬仪 19.011
laser therapy 激光治疗，*激光疗法 28.110
laser thermal angioplasty 激光热血管成形术 28.154
laser thermal keratoplasty 激光角膜热成形术 28.174
laser thrombus cure instrument 激光溶栓仪 28.245
laser tooth etching 激光牙体蚀刻 28.212
laser tooth preparation 激光牙体预备 28.211
laser triangulation 激光三角法 12.022
laser trimming 激光修调 26.043
laser TV set 激光电视机 15.196
laser vaporization 激光汽化 28.148
laser vaporization 激光汽化术 28.149
laser weapon 激光武器 24.012
laser welding 激光焊接 26.030
laser welding biological tissue 激光生物组织焊接 28.135
laser-whitening tooth 激光美白牙齿 28.214
latent-image grating 潜像光栅 09.242
lateral chromatic aberration 垂轴色差 14.256
lattice 晶格 06.071
lattice absorption 晶格吸收 01.497
lattice match 晶格匹配 06.076
Laue photograph 劳厄斑 01.636
Laue spot 劳厄斑 01.636
law of complementary color 补色律 05.069
law of intermediary color 中间色律 05.070
law of reflection 反射定律 01.447
law of substitution 代替律 05.071
λ/2 layer 二分之一波长层 07.020
λ/4 layer 四分之一波长层 07.021
layer twist optical cable 层绞式光缆 08.075
LCD 液晶显示器 16.045
LC-LSM 液晶空间光调制器 22.087
LCTF 液晶可调谐滤光片 09.028
leaky mode 泄漏模 08.109
LED 发光二极管 10.427
LED chip 发光二极管芯片，*LED 芯片 10.437
LED display screen 发光二极管显示屏，*LED 显示屏 16.047
LED durability LED 耐久性 10.417
LED failure LED 失效 10.421
LED lifetime LED 有效寿命 10.411
LED matrix array display module 发光二极管阵列显示模块，*LED 阵列显示模块 16.048
LED maximum forward current LED 最大正向直流电流 10.425
LED maximum [peak] reverse voltage LED 最大[峰值]反向电压 10.426
LED normal power LED 许用功率 10.424
LED packaging LED 封装 10.418
LED response time LED 响应时间 10.412
LED silica gel LED 硅胶 06.103
LED stand LED 支架 10.423
LED standard lamp LED 标准灯 10.359
LED surge damage LED 浪涌损伤 10.422
LED weather ability LED 耐候性 10.416
LED white light LED 白光 01.224
LEE 光萃取效率 04.130
left-handed medium 左手介质 06.011
left hand materials *左手材料 06.011
length measuring instrument 长度计量仪 19.021
length measuring machine 测长仪 19.023
length of nonlinearity 非线性长度 02.006
lens 透镜 09.091
lens-centering instrument 透镜中心仪 19.103
lens element 透镜元 09.123
lens injury 晶状体损伤 26.054
level 水准仪 19.015
LI 激光虹膜切开术 28.165
LIAF 激光诱导组织自体荧光 28.252
LIBS 激光诱导击穿光谱术 01.337
lidar network 激光雷达网 27.024
lidar ratio 激光雷达比 27.025
LIDF 激光诱导药物荧光法 28.238
LIDT 激光损伤阈值 26.051
light 光 01.194
light adaptation 明适应 28.071
light and dark bottle technique 黑白瓶法 27.073
light beam 光束 01.022
light direct irradiation 直接激光照射法 28.140
light dose 光剂量 28.129
light dose rate 光剂量率，*光能流率 28.130
light emitting diode 发光二极管 10.427
lightening optical fiber 照明光纤 08.004
light extraction efficiency 光萃取效率 04.130
light field camera 光场照相机 15.023
light field 3D display 光场 3D 显示 16.017
light field spectral imager 光场光谱成像仪 14.176

light force accelerometer *光力加速度计 19.046
light frequency 光频率 01.101
light guide 导光板 16.084
light haze 光雾度 06.175
light house 灯塔 27.080
light in the night sky 夜天光，*夜天辐射 01.215
light mixing 光[学]混频 02.016
light modulator 光调制器 22.074
light needle 光针 28.247
lightness 明度，*视明度 05.110
lightpath 光路 09.237
light powermeter 光功率计 18.136
light pulse compression 光脉冲压缩 01.665
light pulse compressor 光脉冲压缩器 01.666
light pulse mode 光脉冲工作方式 01.670
light ray 光线 01.010
light scattering 光散射法 27.074
light-section microscope 光切显微镜 20.035
light source 光源 10.001
light source color 光源色 05.022
light spot 光斑 01.634
light therapy 光治疗 28.106
light undulatory theory 光波动理论 01.073
light valve projector 光阀投影机 16.057
light vector trace 光矢量追踪 21.108
light vessel 灯船 27.081
light wave 光波 01.074
light weight mirror 轻量化反射镜 09.138
LIIT 激光诱导间质肿瘤热疗术 28.235
limb detect *临边探测 15.104
limb scanning 临边扫描 15.104
limit image plane 极限像面 14.017
limiting resolution 极限分辨率 14.040
linear array CCD 线阵 CCD 11.198
linear array staring infrared horizon sensor 线列阵凝视型红外静态地平仪 25.038
linear dispersion power 线色散本领 01.425
linear electrode 线性电极 16.096
linearly polarized mode 线偏振模 08.107
linear medium 光学线性介质，*线性介质 06.007
linear polarization 线偏振态 01.169
linear polarization degree 线偏振度 01.183
linear polarized light 线偏振光 01.174
linear transformation 线性变换 17.075
linear variable filter 线性渐变滤光片 09.024
line blanking 行消隐 15.178
line blanking period 行消隐期间 15.179
line defect 线缺陷 06.087
line detection 线检测 17.080
line dispersion of grating 光栅线色散率 09.297
line frequency 行频 15.176
line resolution 线分辨率 14.035
line scanner 行扫描仪 15.119
line scanning 行扫描 15.171
line scanning ophthalmoscope 线扫描检眼镜 28.083
line spectrum 线状光谱 01.262
line synchronizing signal 行同步信号 15.177
line sync pulse *行同步脉冲 15.177
line width *线宽 01.365
link redundancy 链路冗余 22.187
link state announcement 链路状态公告 22.121
Linnik interferometer 林尼克干涉仪，*干涉显微镜，*显微干涉仪 18.022
Lippmann's color photography 李普曼彩色照相术 15.031
liquid crystal display 液晶显示器 16.045
liquid crystal light spatial modulator 液晶空间光调制器 22.087
liquid crystal pitch 液晶螺距，*螺距 16.106
liquid crystal projector 液晶投影机 16.058
liquid crystal tunable filter 液晶可调谐滤光片 09.028
liquid laser 液体激光器 10.049
liquid phase epitaxy 液相外延 06.139
lithography imaging 光刻成像 14.131
lithography on nonplanar substrate 非平面光刻 26.021
lithography on planar substrate 平面光刻 26.020
Littrow mounting 利特罗装置 18.091
living retinal imaging 活体视网膜成像 14.099
LLL night vision device 微光夜视仪 28.088
LLLTV 微光电视，*低照度电视 15.161
LMESA 激光显微发射光谱分析 01.361
LMS 标记管理系统 22.114
local birefringence 本地双折射 01.471
local mode 局部模式 08.111
local numerical aperture 本地数值孔径 13.059
local surface plasmon 局域表面等离子体激元 03.023
log transformation 对数变换 17.073

logarithm electrode 对数电极 16.097
logical rule 逻辑尺 11.110
longitudinal chromatic aberration *位置色差 14.257
longitudinal magnification 轴向放大率 13.106
longitudinal mode 纵模 10.267
longitudinal mode selection 选纵模 10.271
longitudinal mode spacing 纵模间距 10.284
longitudinally pumping 纵向泵浦 10.325
long-period fiber grating 长周期光纤光栅 09.270
long wave absorptive pass filter 长波吸收滤光片 09.016
long wave cutoff filter 长波截止滤光片 09.013
longwave infrared 长波红外[波] 25.005
long wave infrared region 长波红外区，*远红外区 01.382
long wave pass filter 长波通滤光片 09.011
loose tube optical cable 松套光缆 08.074
Lorentzian line shape 洛伦兹线型 01.375
loss by one pass 单程损耗 10.278
lossless compression 无损压缩 17.066
lossless encoding 无损编码 17.088
loss of resonator 谐振腔损耗，*共振腔损耗 10.282
lossy encoding 有损编码 17.089
low bending loss optical fiber 低弯曲损耗光纤 08.033
low birefringence optical fiber 低双折射光纤 08.034
low-dimensional quantum materials 低维量子材料 06.031
lower-order aberration 低阶像差 14.225
lower-order mode 低阶模 08.117
lowest unoccupied molecular orbit 最低未占据分子轨道 02.096
low expansion glass ceramics 低膨胀微晶玻璃 06.047
low frequency noise *低频噪声 11.062
low intensity laser radiation therapy 低强度激光照射疗法 28.143
low-level laser hemotherapeutics 弱激光血疗术，*光量子疗法，*光量子血液疗法 28.160
low light level CCD 微光 CCD，*低照度 CCD 11.200
low light level detector 微光探测器 11.007
low-light level objective lens 微光物镜 09.155
low light level television 微光电视，*低照度电视 15.161
low light 微光 01.210
low pass filter 低通滤波器 09.051
low power laser 弱激光，*低功率激光 01.240
low pressure mercury lamp 低压汞灯 10.367
low voltage electron microscope 低压电子显微镜 20.032
Loyt depolarizer 洛埃特消偏器 09.313
LPE 液相外延 06.139
LPI 激光周边虹膜切除术 28.163
LSA 链路状态公告 22.121
LTK 激光角膜热成形术 28.174
luminance 亮度 01.139
luminance adaptation 亮度适应，*适应 28.070
luminance difference sensitivity 光亮度差灵敏度 01.149
luminance factor 亮度因数 01.148
luminance meter 亮度计 18.135
luminescence 发光 04.002
luminescence center 发光中心 04.034
luminescence intensity 发光强度 04.028
luminescence spectrum 发光光谱 01.275
luminescence theory 发光理论 04.001
luminescent materials 发光材料 06.024
luminescent materials with long afterglow 长余辉发光材料 06.026
luminous coefficient 发光系数 04.030
luminous efficiency 发光效率，*流明效率 04.029
luminous energy 光能 01.166
luminous exitance 光出射度 10.399
luminous flux 光通量 01.150
luminous flux droop 色衰 05.049
luminous flux standard lamp 光通量标准灯 10.356
luminous intensity 发光强度 04.028
luminous intensity standard lamp 光强标准灯 10.355
luminous point 发光点 04.032
luminous surface 发光面 04.033
LUMO 最低未占据分子轨道 02.096
lumped modulator electrode 集总参数型调制电极 22.089
lunar radiation 月亮辐射 04.043
$LuVO_4$ laser 钒酸镥激光器 10.074
LVF 线性渐变滤光片 09.024
LWIR 长波红外区，*远红外区 01.382
Lyot filter 利奥滤波器 09.045

# M


machine vision　机器视觉　28.094
machine-tool microscope　机床显微镜，*对刀显微镜　20.036
Mach-Zehnder interferometer　马赫–曾德尔干涉仪　18.010
Mach-Zehnder modulator　马赫–曾德尔调制器　22.086
Mach-Zehnder optical fiber interferometer　光纤马赫–曾德尔干涉仪　18.042
magnetic birefringence　磁致双折射　01.466
magnetic circular dichroism　磁圆二向色性　06.128
magnetic deflection sensitivity　磁偏转灵敏度　11.115
magnetic deflection system　磁偏转系统　11.113
magnetic lens　磁透镜　09.109
magnetic resonance imaging　磁共振成像　14.130
magnetic stimulation　磁加速发光　04.025
magnetoelectric fast shutter　*磁电快速快门　15.052
magneto-optical sensor　磁光传感器　12.046
magneto-optical shutter　磁光快门　15.047
magneto-optical spectroscopy　*磁光光谱术　01.332
magneto-optical storage materials　磁光存储材料　06.021
magneto-optical switch　磁光开关　11.260
magneto-optical waveguide modulator　磁光波导调制器　22.079
magneto-optic crystal　磁光晶体　06.060
magneto-optic effect　磁光效应，*法拉第磁光效应，*克尔磁光效应　06.018
magneto-optic glass　磁光玻璃　06.045
magneto-optic imaging　磁光成像　14.049
magneto-optic isolator　磁光隔离器，*光单向器　09.234
magneto-optic materials　磁光材料　06.019
magneto-optic modulation　磁光调制　22.067
magneto-optic modulator　磁光调制器　22.080
magneto-optic system　磁光系统　03.012
magnetostrictive actuator　磁致伸缩驱动器　09.363
magnification　放大率　13.105
magnifier　放大镜　09.126
Malus' law　马吕斯定律　01.448
management plane　管理平面　22.119
Mangin catadioptric mirror　曼金折反射镜　09.136
Marcatili approximate method　马卡梯里近似法　08.141
marginal ray　边缘光线　01.018
marine optic buoy　海洋光学浮标　27.051
mask　掩模版，*掩模板　09.352
maskless lithography　无掩模光刻　26.016
master disc　主盘，*母盘　23.086
master laser　主激光器　10.192
matched filtering correlator　匹配滤波相关器　09.340
matching shape number　匹配形状数　17.141
material dispersion　材料色散　01.417
material of optical disc memory　光盘存储材料　23.084
materials birefringence　材料双折射　01.470
mathematical morphology　数学形态学　17.046
MAX-DOAS　多轴差分吸收光谱术　01.342
maximal active depth　最大活性深度, *极限深度　28.118
maximum input angular rate　最大输入角速率　24.047
maximum optical path difference　最大光程差　01.401
MBE　分子束外延　06.140
MCP　微通道板　08.069
mean refractive index　平均折射率　06.119
measuring projector　投影仪　16.061
mechanical butting　机械拼接　17.099
mechanical clearing method　机械透明法　28.016
mechanical compensation zoom lens　机械补偿变焦组　13.103
mechanical shutter　机械快门　15.057
medium penetration band　中穿透波段　01.385
membrane deformable mirror　薄膜变形镜　09.176
MEMS deformable mirror　微机电变形镜　09.175
meniscus lens　弯月透镜　09.097
mercury lamp　汞灯　10.366
merging technique　聚合技术　17.135
meridional focal line　子午焦线　01.012
meridional ray　子午光线　01.011
Meslin's interference experiment　梅斯林干涉实验　01.570
mesopic vision　中间视觉　28.038
metal-cladding optical waveguide　金属包覆光波导　08.098

metal-coated mirror　金属镀膜镜　09.183
metal-dielectric Fabry-Perot filter　金属–介质法布里–珀罗滤光片　09.022
metal foil surge type shutter　金属箔电涌式快门　15.053
metal halide lamp　金属卤化物灯　10.365
metal insulator semiconductor　金属绝缘半导体　11.144
metallic reflective coating　金属反射膜　07.010
metallographic microscope　金相显微镜　20.016
metal organic chemical vapor deposition　金属有机化合物化学气相沉积法　06.132
metal-semiconductor-metal photoelectric detector　金属–半导体–金属光电探测器　11.010
metal-vapor laser　金属蒸气激光器　10.021
metameric color　同色异谱色　05.013
metamerism　同色异谱　01.286
metamerism index　同色异谱指数　05.115
metastable resonator　亚稳共振腔，*亚稳腔　10.255
methane stabilized laser　甲烷稳频激光器　10.158
metric camera　量测摄像机，*量测摄影机　15.137
M2 factor　*M2 因子　01.058
Michelson echelon grating　迈克耳孙阶梯光栅　09.278
Michelson interferometer　迈克耳孙干涉仪　18.009
Michelson-Morley interference experiment　迈克耳孙–莫雷干涉实验　01.568
Michelson optical fiber interferometer　光纤迈克耳孙干涉仪　18.038
Michelson stellar interferometer　迈克耳孙星体干涉仪　18.016
microbolometer　微型热辐射计　18.133
micro-cantilever infrared detector　微悬臂梁红外探测器　11.043
micro-cantilever infrared focal plane array　微悬臂梁红外焦平面阵列　15.089
microcavity　微腔　10.259
micro-channel panel image intensifier　微通道板像增强器　14.219
micro channel plate　微通道板　08.069
microchip laser　微片激光器　10.091
microcirculation damage by photodynamic therapy　光动力微循环损伤　26.053
micro-coupler　微耦合器　09.231
micro-electro-mechanical system deformable mirror　微机电变形镜　09.175
microfluidic chip　微流控芯片　03.009
microgravity　微重力　15.215
micro-holographic storage　微全息存储技术　23.060
microlens　微透镜　09.115
microlens array　微透镜阵列　09.122
microlens fabrication　微透镜加工　09.358
micromodule optical system　微光学系统　13.021
micro/nano grating fabrication　微纳光栅加工　09.357
micro/nano lithography　微纳光刻　26.006
micro/nano optical fabrication　微纳光学加工　09.361
micro-nano-optics　微纳光学　03.001
micro-optical-electrical-mechanical-system accelerometer　微光机电加速度计　19.048
micro optical sectioning tomography　显微光学切片断层成像　14.077
micro-opto-electromechanical system　光学微机电系统，*微机电系统　03.011
microphotometer　测微光度计，*显微光度计　18.114
micro pulse lidar　微脉冲激光雷达　27.013
micro pulse photocoagulation　微脉冲激光治疗　28.112
micro Raman spectroscopy　微区拉曼散射光谱术　01.359
micro-ring resonator　微环谐振器，*微环谐振腔　10.246
micro-scanning　微扫描　15.100
microscope　显微镜　20.001
microscope photometer　显微镜光度计　18.106
microscopic imaging　显微成像　14.054
microscopy　显微术　20.054
microspectro-imaging technology　显微光谱成像术　14.150
microstructure optical fiber　微结构光纤　08.021
microstructure optical fiber cladding　*微结构光纤包层　08.058
microwave background radiation　*微波背景辐射　04.067
microwave-induced thermoacoustic polar molecular imaging　微波热声极性分子成像　14.081
microwave-induced thermoacoustic tomography imaging　微波热声断层扫描成像　14.080
middle resolution imaging spectrometer　中分辨率成像光谱仪　18.086
middle resolution spectral imager　中分辨率光谱成像

仪　14.167
middle wave infrared region　中波红外区　01.381
mid-infrared laser source　中红外激光源　10.009
midwave infrared　中波红外[波]　25.004
Mie scattering　米氏散射　01.607
Mie scattering lidar　米散射激光雷达　27.004
minimum detectable temperature difference　最小可探测温差　14.196
minimum resolvable contrast　最小可分辨对比度　15.219
minimum resolvable contrast of night vision device　夜视仪最小可分辨对比度，*最小可分辨对比度　28.093
minimum resolvable temperature difference　最小可分辨温差　14.195
minimum uncertainty state　最小不确定态　02.058
MIOC　多功能集成光学芯片　08.147
Mirau interferometer　米劳干涉仪　18.028
mirror image　镜像　14.001
mirror reflected light　镜反射光　01.208
mirror stereoscope　反光立体镜　09.085
MIS　金属绝缘半导体　11.144
misalignment angle　轴偏度　10.215
missing sweep　漏扫　21.067
mixed pixel　混合像元　14.030
mixed polarized fiber optic gyroscope　混偏光纤陀螺　24.024
MMM　多焦点多光子显微技术　20.057
*M*：*N* protection　*M*：*N* 保护　22.167
MOCVD　金属有机化合物化学气相沉积法　06.132
mode competition　模式竞争　10.273
mode coupling　模式耦合，*模耦合　08.128
mode coupling coefficient　模耦合系数　08.131
mode coupling distance　模耦合长度，*耦合长度　08.136
mode coupling equation　模耦合方程　08.134
mode degeneracy　模式简并　08.124
mode dispersion　模式色散　01.419
mode division multiplexing　模分复用　22.043
mode eigen equation　模式本征方程　08.125
mode field diameter　模场直径　08.126
mode filter　滤模器，*光波模式滤波器　09.058
mode hopping　模跳跃　10.274
mode matching　模匹配　10.275
mode orthogonality　模式正交性　08.123
mode size converter　模尺寸转换器　09.059
mode spot　模斑　01.638
mode spot converter　模斑变换器　01.643
mode spot diameter　*模斑直径　08.126
mode volume　模体积　10.276
mode-locking　模式锁定，*锁模，*稳频　10.337
mode-locked diode laser　锁模二极管激光器　10.113
mode-locked femtosecond laser　锁模飞秒激光器　10.187
mode-locked laser　锁模激光器　10.175
mode-locked optical fiber laser　锁模光纤激光器　10.116
modulated transfer function　*调制传递函数　13.043
modulation　调制　22.054，调制度　22.070
modulation bandwidth　调制带宽　22.069
modulation-based infrared scene generator　调制型红外景象发生器，*调制型红外景物发生器　25.010
modulation instability　调制不稳定性　22.071
modulation resonance　调制共振　10.291
modulation transfer function compensation　调制传递函数补偿　13.053
modulation transfer function of turbulence　湍流受限传递函数　13.052
MOEMS　光学微机电系统，*微机电系统　03.011
MOEMS gyroscope　微光机电陀螺　24.018
Moire interference fringes　莫尔干涉条纹　01.558
molecular beacon　分子信标　28.254
molecular beam epitaxy　分子束外延　06.140
molecular rotation spectrum　分子转动光谱　01.269
molecular spectrum　分子光谱　01.268
molecular vibration spectrum　分子振动光谱　01.270
Mollow spectrum　莫洛光谱　01.288
monochromatic aberration　单色像差　14.232
monochromatic aberration correction　单色像差校正　14.249
monochromatic light　单色光　01.201
monochromatic light luminance　单色亮度　01.140
monochromatic radiation　单色辐射　04.069
monochromatic retinal photography　单色视网膜摄影　28.200
monochromatic source　单色源　10.396
monochromaticity　单色性　01.571
monochromator　单色仪　18.094
monocomparator　单像坐标量测仪　19.007
monocular motion parallax　单眼移动视差　28.058

monocular vision　单眼视觉　28.032
monolithic infrared focal plane array　单片型红外焦平面阵列　15.069
monolithic solid state laser　整体固体激光器　10.060
mono-potential lens　单电位透镜　09.110
morphological closing　形态学闭操作，*闭操作　17.049
morphological image processing　形态学图像处理，*形态学处理　17.045
morphological opening　形态学开操作，*开操作　17.048
morphological smoothing　形态学平滑　17.047
morphology　*形态学　17.046
mosaicker　相片镶嵌仪，*镶嵌仪　19.099
MOST　显微光学切片断层成像　14.077
motility photograph　眼球运动照片　28.202
motion blur　拖影　16.088
moving target detection　运动目标检测　17.083
MP　管理平面　22.119
MPLS　多协议标签交换　22.148
MRC　最小可分辨对比度　15.219
MRI　磁共振成像　14.130
MSOH　复用段开销　22.140
MSTP　多业务传送平台　22.183
MTF　*调制传递函数　13.043
MTFC　调制传递函数补偿　13.053
Mueller matrix　缪勒矩阵　01.192
Mueller matrix polarimetry　缪勒矩阵偏振术　18.073
multialkali photocathode　多碱光电阴极　11.099
multi-angle and multi-spectral imaging radiometer　多角度多光谱成像辐射计　18.131
multi-angle imager　多角度成像仪　14.155
multi-axis differential optical absorption spectroscopy　多轴差分吸收光谱术　01.342
multiband camera　多光谱照相机，*多光谱相机　15.002
multichannel bundle optical cable　束管式光缆　08.077
multichannel laser system　多路激光器系统　10.205
multicolor infrared focal plane array　多色红外焦平面阵列　15.075
multicolor laser　多色激光器　10.173
multi-conjugate adaptive optical system　多层共轭自适应光学系统　27.095
multi-core optical fiber　多芯光纤　08.026
multi-domain vertical alignment　多畴垂直取向　16.094
multi-exposure laser speckle contrast imaging　多曝光激光散斑衬比成像　14.103
multifocal lens　多焦点镜　09.189
multifocal multiphoton microscopy　多焦点多光子显微技术　20.057
multi frame image converter high speed imaging　多幅变像管高速成像　14.124
multi-function integrated optical chip　多功能集成光学芯片　08.147
multi-grating　复合光栅　09.287
multilayer dielectric grating　多层介质膜光栅　09.282
multilayer dielectric reflective coating　多层介质反射膜　07.011
multi-layered planar waveguide　多层平面波导　08.085
multilayer interference filter　多层干涉滤光片　09.018
multi-level laser　多能级激光器　10.141
multimodality imaging　多模式成像　14.096
multimode　多模　08.120
multimode dispersion　模间色散，*多模色散　01.420
multimode fiber　多模光纤　08.030
multimode interference coupler　多模干涉耦合器　09.225
multimode laser　多模激光器　10.129
multimode oscillation　多模振荡　10.231
multimode squeezed state　多模压缩态　02.048
multipass amplifier　多通道放大器　11.239
multipass cell　多次反射池　27.078
multipass interferometry　多程干涉术，*多通道干涉术　18.002
multiphoton ablation　多光子烧蚀　03.017
multiphoton absorption　多光子吸收　01.489
multiphoton imaging　多光子成像　14.075
multiple-beam interference　多光束干涉　01.544
multiple-beam interference microscope　多光束干涉显微镜　20.009
multiple-beam interferometry　多光束干涉术　18.005
multiple scattering　多次散射　01.612
multiple thresholding　多阈值处理　17.145
multiplex hologram　合成全息图　23.036
multiplex section overhead　复用段开销　22.140
multi-protocol label switching　多协议标签交换　22.148

multi-quantum well 多量子阱 02.092
multi-quantum well materials 多量子阱材料 06.032
multirange amplification 多程放大 11.225
multiresolution expansion 多分辨率展开 17.126
multi-Ronchi grating 复合龙基光栅 09.290
multi-service transport platform 多业务传送平台 22.183
multi-sine grating 复合正弦光栅 09.288
multispectral camera 多光谱照相机，*多光谱相机 15.002
multispectral imager 多光谱成像仪 14.170
multispectral imaging 多光谱成像 14.088
multispectral scanner 多光谱扫描仪 15.121
multi-view 3D display 多视点 3D 显示 16.027
Munsell color order system *芒塞尔色序系统 05.085
Munsell color system 芒塞尔颜色系统 05.085
MVA 多畴垂直取向 16.094
MWIR 中波红外区 01.381
MZM 马赫–曾德尔调制器 22.086

# N

NA 数值孔径 13.055
nanobelt 纳米带 03.007
nanocrystal 纳米晶 03.003
nanoparticle 纳米颗粒 03.002
nano-photoelectronic detector 纳米光电探测器 11.021
nanorod 纳米棒 03.004
nanosecond laser 纳秒激光器 10.185
nanowire 纳米线 03.005
nanowire laser 纳米线激光器 10.201
narcissus 冷反射 01.444
narcissus image 冷反射像 14.013
narrow bandpass filter 窄带通滤光片 09.008
narrow-band absorption 窄带吸收 01.482
narrow-linewidth laser 窄线宽激光器 10.174
natural beacon acquisition 自然信标捕获 22.179
natural color system 自然色系统 05.084
natural radiator 自然辐射源 10.402
nature beacon 自然信标 27.098
navigation telescope 导航望远镜 20.066
NCS 自然色系统 05.084
Nd:YAG laser 掺钕钇铝石榴石激光器 10.063
Nd:YLF laser 掺钕氟化锂钇激光器 10.077
near field 近场 03.019
near field lithography 近场光刻 26.019
near field spectroscopy 近场光谱术 01.333
near infrared 近红外[波] 25.002
near infrared laser 近红外激光器 10.166
near infrared spectroscopy diagnosis 近红外光谱诊断 28.103
near infrared spectrum 近红外光谱 01.274
nearsightedness 近视眼 28.067
negative dispersion optical fiber *负色散光纤 08.040
negative lens 负透镜 09.098
negative parallax 负视差 28.063
negative refractive index 负折射率 06.115
negative resist 负胶 06.098
neighbor of a pixel 像素邻域，*邻域 17.142
neodymium-doped beryllium citrate laser 掺钕铍酸镧激光器 10.079
neodymium-doped calcium fluorophosphates laser 掺钕氟磷酸钙激光器 10.078
neodymium-doped calcium tungstate laser 掺钕钨酸钙激光器 10.080
neodymium-doped glass laser 钕玻璃激光器 10.083
neodymium-doped yttrium vanadate laser 掺钕钒酸钇激光器 10.072
NEP 噪声等效功率，*等效噪声功率 11.067
NERD 噪声等效反射率差 14.279
Nernst glower lamp 能斯特炽热灯 10.377
NESR 噪声等效光谱辐射率 04.110
net gain 净增益 11.241
net radiation 净辐射 04.047
network interface unit 网络接口设备 22.124
network management system 网络管理系统 22.112
network to network interface 网络侧接口 22.122
neutral beam splitter 中性分束片 09.203
neutral color 中性色，*非彩色 05.009
neutral white light 中性白光 01.222
neutral-density filter 中性密度滤光片 09.025
Newtonian telescope 牛顿望远镜 20.073
Newton objective system 牛顿物镜系统 13.028

Newton's color 牛顿色序 05.046
Newton's rings 牛顿环 01.562
Nicol prism 尼科耳棱镜 09.070
night sky spectrum 夜天光光谱 01.299
night vision 夜视 28.085
night vision device 夜视仪 28.087
night vision goggles 头盔夜视镜 28.091
night vision image fusion 夜视图像融合 17.070
nitride phosphor powder 氮化物荧光粉 06.105
Ⅲ-nitrogen compound semiconductor Ⅲ-N 化合物半导体 11.136
nitrogen molecular laser 氮分子激光器 10.028
NIU 网络接口设备 22.124
NMS 网络管理系统 22.112
NNI 网络侧接口 22.122
no cloning theorem 不可克隆定理 02.115
no-core optical fiber 无芯光纤 08.024
noise equivalent power 噪声等效功率，*等效噪声功率 11.067
noise equivalent reflectivity 噪声等效反射率 11.065
noise equivalent reflectivity difference 噪声等效反射率差 14.279
noise equivalent spectrum refraction 噪声等效光谱辐射率 04.110
noise equivalent temperature difference 噪声等效温差 11.066
noise 1/*f* 闪烁噪声，*1/*f* 噪声 11.062
noise operator 噪声算符 02.102
Nomarski interferometer 诺马斯基干涉仪，*微分干涉仪 18.033
nonablasive skin remodeling 光子嫩肤 28.228
non-ablative laser 非剥脱性激光 01.250
non-ablative resurfacing 非剥脱性换肤术 28.217
non-beacon acquisition 无信标捕获 22.178
non-classical state 非经典态 02.059
non-coherent terahertz detection 非相干太赫兹波检测 25.032
noncritical phase matching 非临界相位匹配，*温度匹配 02.023
non-diffracting beam 无衍射光束 01.026
non-equilibrium carrier *非平衡载流子 11.152
non-functional fiber optic sensor 非功能型光纤传感器，*传光型光纤传感器 12.037
non-imaging remote sensing 非成像遥感 21.010
nonlinear coefficient 非线性系数 02.004
nonlinear coupling equations 非线性耦合方程组 02.007
nonlinear effect of atmospheric optic 非线性大气光学效应 27.036
nonlinear medium 光学非线性介质，*非线性介质 06.008
nonlinear optical crystal 非线性光学晶体 06.064
nonlinear optical waveguide 非线性光波导 08.095
nonlinear optics 非线性光学 02.002
nonlinear polarization 非线性极化 02.003
nonlinear polarization rotation 非线性偏振旋转，*非线性极化旋转 02.005
nonlinear ring oscillator 环形振荡器 10.238
nonlinear Schrödinger equations *非线性薛定谔方程组 02.007
non-line of sight imaging 非视域成像 14.116
non-null testing 非零位检验 06.150
non-planar ring oscillator single frequency laser 非平面环形腔单频激光器 10.147
non-polarized light 非偏振光 01.177
non-polarizing beam splitter 消偏振分束片，*偏振不敏感分束片 09.205
nonpolar semiconductor 非极性半导体 11.137
nonradiative recombination 非辐射复合 04.097
non-radiative transition 无辐射跃迁 04.114
nonreciprocity 光学非互易性，*非互易性 13.041
nonscanned detector 非扫描探测器 11.005
nonstable resonator 非稳腔 10.261
non-uniformity compensation 非均匀性校正 17.122
nonvolatile memory 非易失性存储器 23.063
non-zero dispersion-shifted optical fiber 非零色散位移光纤 08.037
normal black mode 常黑显示模式 16.043
normal dispersion 正常色散 01.405
normal dispersion optical fiber 正常色散光纤 08.040
normalized detectivity 归一化探测率 11.069
normalized frequency 归一化频率 01.105
normalized water-leaving radiance 归一化离水辐射亮度 01.144
normalized wavelength 归一化波长 01.097
normal optical waveguide 正规光波导 08.081
normal white mode 常白显示模式 16.042
Norrenberg's reflecting polariscope 诺伦贝格反射偏振计 18.059
NPN-type phototransistor NPN 型光敏三极管 11.188

NTSC color television system　NTSC 制彩色电视　15.164
N-type semiconductor　N 型半导体，*电子型半导体　11.140
NUC　非均匀性校正　17.122
nucleation layer　成核层　11.164
null compensation testing　零位补偿检验　06.149
null lens　补偿镜　09.187
null testing　零位检验　06.148
number of effective sampling point　有效采样点数　14.190
number of line　*线数　14.035
number of spectral band　谱段数，*波段数　14.187
number operator　粒子数算符　02.065
number state　光子数态　02.043
numerical apertometer　数值孔径计　19.112
numerical aperture　数值孔径　13.055

# O

OADM　光分插复用器　22.050
OAMS　光纤自动监测系统，*光缆自动监测系统　22.115
objective analysis　客观分析　21.098
objective lens　物镜　09.154
objective speckle　客观散斑　01.646
objective wave　物光　01.216
object telecentric system　物方远心光路系统，*物方远心系统　13.036
oblique beam　斜光束　01.030
oblique electromagnetic focusing system　倾斜型电磁聚焦系统　11.123
OBS　光突发交换　22.145
observation operator　观测算子　21.097
OCA　光信道适配　22.133
OCB　光学自补偿双折射　01.473
occultation measurement　掩星探测　21.029
OCDM　光码分复用　22.036
ocean chlorophyll remote sensing　海洋叶绿素遥感　21.012
ocean color　*海色　05.021
ocean color and temperature scanner　海洋水色温度探测仪　27.057
ocean color component　海洋水色要素　27.055
ocean color remote sensing　海洋水色遥感　21.009
ocean color scanner　海洋水色扫描仪　15.118
ocean optical mooring system　海洋光学系泊系统　27.050
ocean remote sensing camera　海洋遥感照相机　15.004
ocean transparence remote sensing　海水透明度遥感　21.011
OCh　光信道　22.130
OCM　光学相干显微镜　20.011
OCS　光路交换　22.143
ocular aberration　人眼像差　14.229
ODN　光分配网络　22.104
ODR　全方位反射镜　09.132
OEIC　光电子集成回路　08.145
OER　光敏剂氧增强比　28.262
OFDI　*光学频域成像术　14.207
OFDR　光频域反射计　18.058
off-axis differential optical absorption spectroscopy　离轴差分吸收光谱术　01.341
off-axis DOAS　离轴差分吸收光谱术　01.341
off-axis high order spherical aberration　轴外高级球差　14.271
off-axis hologram　离轴全息图　23.019
off-axis holography　离轴全息术　23.010
off-axis optical system　离轴光学系统　13.016
off-axis point　轴外点　13.082
Offner dispersion optical system　奥夫纳色散光学系统　13.025
Offner relay optical system　奥夫纳中继光学系统，*奥夫纳中继系统　13.024
off-resonant excitation　非共振激发　10.330
off sine condition　正弦差　14.270
OFS　光流交换　22.146
OLED　有机发光二极管　10.428
OLED display　有机发光二极管显示　16.003
OLER　光标记边缘路由器　22.155
OLET　有机发光晶体管　11.186
OLSR　光标记交换路由器　22.154
OLT　光线路终端　22.173
omnidirectional reflective coating　全向反射膜　07.012

omni-directional reflector　全方位反射镜　09.132
on-axis point　轴上点　13.081
on-chip optical inter-connect　片上光互连　22.129
one-dimensional integral imaging　一维集成成像　14.106
one-dimensional photonic crystal　一维光子晶体　06.067
on-orbit calibration　*在轨定标　21.045
on-orbit calibration using a black body　[在轨]黑体定标　21.047
on-orbit calibration using a built-in lamp　[在轨]内置灯定标　21.046
ONU　光网络单元　22.153
OOFDM　光正交频分复用　22.038
OPA　光学参量放大器，*光参量放大器　11.229
OPC　光相位共轭　22.192
OPD　光程差　01.400
open lightpath　开放光路　09.238
open-loop bandwidth　开环带宽　27.108
open-loop control　开环控制　27.103
open-loop fiber optic gyroscope　开环光纤陀螺　24.021
open path FTIR spectroscopy　傅里叶变换开放光路光谱术　01.354
operable pixel factor　有效像元率　14.033
operation microscope　手术显微镜　20.025
OPGW　架空地线光缆　08.078
ophthalmic optical imaging　眼科光学成像　14.051
ophthalmoscope　检眼镜　28.081
OPO　光学参量振荡器　10.237
opponent-color theory　对立色理论，*四色学说　05.068
OPS　光分组交换　22.144
optical absorption　光吸收　01.478
optical absorption coefficient　光吸收系数　01.509
optical accelerometer　光学加速度计　19.043
optical access network　光接入网　22.102
optical add/drop multiplexer　光分插复用器　22.050
optical amplification　光放大　11.221
optical amplifier　光学放大器，*光放大器　11.227
optical anisotropy　光学各向异性，*各向异性　06.125
optical attenuation　光衰减，*衰减　01.513
optical attenuation length of sea water　海水光学衰减长度　01.517
optical attenuator　光衰减器，*光衰耗器　09.321
optical axis of optical system　光学系统光轴　13.078
optical balanced receiver　光平衡接收机　22.027
optical beam combiner　光合束器　09.215
optical beam splitter　光分束器，*分束器，*分光器，*光束分离器　09.206
optical beat frequency　光拍频　01.110
optical bench　万能光具座，*光具座　18.141
optical biopsy　光活检　28.236
optical bistability　光学双稳态　02.012
optical Bloch equation　光学布洛赫方程　04.128
optical breakdown　光致击穿　06.169
optical burst switching　光突发交换　22.145
optical butting　光学拼接　17.098
optical bypass　光旁路　22.135
optical cable　光缆　08.072
optical cable connector　光缆连接器　09.324
optical cable with overhead ground wire　架空地线光缆　08.078
optical cage　光学笼子　01.072
optical carrier　光载波，*载波　22.019
optical ceramic　光学陶瓷　06.092
optical channel　光信道　22.130
optical channel adaptation　光信道适配　22.133
optical chaos　光学混沌　02.014
optical circuit switching　光路交换　22.143
optical circulator　光环行器　09.236
optical clearing agent　透明剂　28.012
optical clinometer　光学倾斜仪，*象限仪　19.020
optical code division multiplexing　光码分复用　22.036
optical coherence microscope　光学相干显微镜　20.011
optical coherence tomography　光学相干层析术，*光学相干断层扫描　14.199
optical coherent angiography　光学相干血流造影术　28.153
optical comb filter　光梳状滤波器　09.040
optical combiner　*光合路器　09.215
optical communication　光通信　22.001
optical communication earth station　*光通信地球站　22.175
optical communication ground station　光通信地面站　22.175
optical comparator　*光学比较仪　19.113
optical compensation high speed imaging　光学补偿式

高速成像 14.123
optical compensation zoom lens system 光学补偿变焦系统 13.031
optical computing 光计算 23.100
optical conic 光锥 09.343
optical correlator 光学相关器 09.339
optical coupler 光耦合器 09.221
optical coupling 光耦合 08.129
optical cross connect 光层交叉连接 09.326
optical cross connect equipment 光交叉连接装置 09.328
optical cross connector 光交叉连接器 09.325
optical crystal 光学晶体 06.055
optical delay line 光延迟线 09.306
optical demultiplexing 光解复用 22.034
optical detection 光探测，*光检测 12.003
optical difference frequency 光差频 01.111
optical diffusion tomography 扩散光学层析成像 14.101
optical direct detection system 光直接探测系统，*强度检测系统，*干检测系统 22.020
optical distribution network 光分配网络 22.104
optical dividing head 光学分度头 19.115
optical Doppler effect 光学多普勒效应 19.038
optical fiber 光纤，*光导纤维 08.001
optical fiber active device 光纤有源器件 09.304
optical fiber amplifier 光纤放大器 11.231
optical fiber bending attenuation 光纤弯曲损耗 08.061
optical fiber Bragg grating sensor 光纤布拉格光栅传感器 12.041
optical fiber break load 光纤断裂张力 08.066
optical fiber cladding 光纤包层 08.057
optical fiber collimator 光纤准直器 09.305
optical fiber communication 光纤通信 22.002
optical fiber communication system 光纤通信系统 22.009
optical fiber composite overhead ground wire *光纤复合架空地线 08.078
optical fiber connector 光纤连接器 09.323
optical fiber core 光纤芯 08.055
optical fiber core radius 光纤芯径 08.056
optical fiber-coupled laser 光纤耦合激光器 10.118
optical fiber coupling 光纤耦合 08.064
optical fiber delay line 光纤延迟线 09.307
optical fiber device 光纤器件 09.300
optical fiber diameter analyzer 纤维直径光学分析仪 19.049
optical fiber dispersion 光纤色散 08.062
optical fiber filter 光纤滤波器 09.039
optical fiber grating filter 光纤光栅滤波器 09.043
optical fiber grating stress/strain sensor 光纤光栅应力/应变传感器 12.043
optical fiber grating temperature sensor 光纤光栅温度传感器 12.042
optical fiber interferometer 光纤干涉仪 18.036
optical fiber laser 光纤激光器 10.115
optical fiber light-guide bundle 传光光纤束，*传光束 08.067
optical fiber line automatic monitoring system 光纤自动监测系统，*光缆自动监测系统 22.115
optical fiber loss 光纤损耗 08.059
optical fiber microlens 光纤微透镜 09.118
optical fiber numerical aperture 光纤数值孔径 13.057
optical fiber of low density of state 低态密度光纤 08.049
optical fiber passive device 光纤无源器件 09.302
optical fiber polarizer 光纤偏振器 09.311
optical fiber ring laser 光纤环形腔激光器 10.117
optical fiber splice 光纤接续 09.330
optical fiber splice loss 光纤熔接损耗 08.060
optical fiber telecommunication network 光纤通信网 22.091
optical fiber time-domain reflectometer 光纤光时域反射计 18.055
optical fiber transmission system 光纤传输系统 22.013
optical fiber-wireless network 光纤无线网络 22.108
optical filter 光学滤波器，*滤波器 09.035
optical flow switching 光流交换 22.146
optical frequency changing 光频转换 01.117
optical frequency division multiplexing 光频分复用 22.037
optical frequency domain imaging *光学频域成像术 14.207
optical frequency-domain reflectometry 光频域反射技术 18.068
optical frequency-domain reflectometer 光频域反射计 18.058

optical gain 光增益，*增益 11.240
optical glass 光学玻璃 06.042
optical goniometer 光学测角仪，*测角仪 19.032
optical gyroscope 光学陀螺 24.016
optical gyroscope 光学陀螺仪 24.029
optical head 光学头，*光头，*读写头 23.047
optical heterodyne detection 光学外差探测，*外差探测，*外差检测 12.005
optical holographic imaging 光全息成像 14.110
optical identity modulation 光强度调制，*强度调制 22.056
optical inertial navigation 光学惯性导航 24.006
optical inertial technology 光学惯性技术 24.008
optical information processing 光信息处理 23.098
optical information storage materials 光信息存储材料 06.020
optical injection locking [光]注入锁定 10.349
optical integral imaging 全光学集成成像 14.107
optical interference biosensor 干涉生物传感器 12.053
optical interleaver 光交叉复用器 22.052
optical isolator 光隔离器 09.232
optical isotropy 光学各向同性，*各向同性 06.124
optical Kerr *Q*-switch 光克尔 *Q* 开关 10.304
optical label edge router 光标记边缘路由器 22.155
optical label switching 光标记交换 22.149
optical label switching router 光标记交换路由器 22.154
optical line shape function 光谱线型函数，*线型函数 01.373
optical line terminal 光线路终端 22.173
optical lithography 光学光刻 26.007
optical loop mirror *光纤环镜 18.037
optically arbitrary waveform generator 光任意波形发生器 22.190
optically infinite-depth water 光学无限深水体 27.067
optically pumped laser 光泵浦激光器 10.142
optically self-compensated bend *光学自补偿弯曲 01.473
optically self-compensated birefringence 光学自补偿双折射 01.473
optically shallow water 光学浅水体 27.068
optically stratified water 光学分层水体 27.069
optical mapping 光学标测 28.019
optical mass storage *海量光存储技术 23.052
optical materials 光学材料 06.017
optical measurement bench 光学导轨 18.143
optical-mechanical scanner 光机扫描仪 15.116
optical-mechanical scanning 光机扫描 15.105
optical medium 光学介质 06.001
optical metrological instrument 光学计量仪器 19.002
optical metrology 光学计量 19.001
optical micro-manipulation 光学微操纵 03.016
optical microscopic imaging 光学显微成像 14.056
optical mixer 光[学]混频 02.016
optical mode 光模式 08.104
optical modulation 光调制 22.055
optical multiplexing *光复用 22.033
optical multiplexing technique 光学复用技术 22.033
optical nano antenna 光学纳米天线 03.006
optical nanofiber 纳米光纤 08.051
optical navigation 光学导航 24.001
optical network planning 光网络规划 22.111
optical network unit 光网络单元 22.153
optical nutation 光章动 04.124
optical opacity 不透明体 28.014
optical orthogonal frequency division multiplexing 光正交频分复用 22.038
optical packet switching 光分组交换 22.144
optical parametric amplifier 光学参量放大器，*光参量放大器 11.229
optical parametric chirped-pulse amplification 光参量啁啾脉冲放大 11.226
optical parametric oscillator 光学参量振荡器 10.237
optical parametric terahertz source 光学参量太赫兹源 25.026
optical particle counter 光学粒子计数器 02.112
optical path 光程 01.399
optical path difference 光程差 01.400
optical phase conjugating 光相位共轭 22.192
optical phase conjugation 光学相位共轭，*相位共轭 01.688
optical phase lock loop 光锁相环 22.191
optical phase modulation 相位调制 22.057
optical potential well 光学势阱 01.687
optical pressure 光压 02.069
optical projection reading device 光学投影读数装置 19.116

optical projection tomography　光学投影成像技术　14.152
optical propagation　光传播　01.386
optical pulse　光脉冲　01.649
optical pumping　光泵浦　10.323
optical pyrometer　光测高温计　19.109
optical radiation　光辐射　04.044
optical random access memory　光随机存储器　23.061
optical receiver　光接收机　22.026
optical receiver dynamic range　光接收机动态范围，*动态范围　22.029
optical receiver sensitivity　光接收机灵敏度　22.028
optical rectification terahertz source　光整流太赫兹源　25.021
optical rectification　光学整流　02.015
optical registration　光学配准　15.214
optical remote sensing　光学遥感　21.002
optical remote sensor field calibration　光学遥感器外场定标　21.043
optical remote sensor laboratory calibration　光学遥感器实验室定标　21.042
optical remote sensor on-orbit calibration　光学遥感器在轨定标　21.044
optical repeater　光中继器　22.032
optical resolution test board　分辨率板　06.168
optical resonant cavity　光学谐振腔，*光学共振腔　10.241
optical return loss　光回波损耗　22.186
optical rotating stage　光学转台，*光学分度台　18.142
optical scanning　光学扫描　15.094
optical scanning holography　光学扫描全息术　23.011
optical scanning technology　光扫描技术　15.095
optical sensor　光学传感器　12.029
optical soliton　光孤子，*光学孤子　01.675
optical spectral density　光谱密度　01.313
optical splitter　光分路器　09.211
optical storage　光信息存储技术，*光存储　23.049
optical sum frequency　光和频　01.112
optical supervisory channel　光回波损耗　22.186
optical surface inspection gauge　光学零件表面疵病检查仪　19.057
optical switch　光开关　11.258
optical switch crosstalk　光开关串扰　11.269
optical switch extinction ratio　光开关消光比，*消光比　11.270
optical switching　光交换　22.142
optical switch node　光交换节点　22.150
optical system transmittance　光学系统透过率　13.062
optical table　光学平台　18.140
optical testing instrument　光学测试仪器　19.003
optical thickness　光学厚度　01.403，[膜层]光学厚度　07.036
optical time division multiplexing　光时分复用　22.035
optical time-domain reflectometer　光时域反射计，*光时域反射仪　18.054
optical time-domain reflectometry　光时域反射技术　18.063
optical time slice switching　光时片交换　22.147
optical tomography　光学层析术　14.198
optical traffic protection　光层业务保护　22.166
optical transfer function　光学传递函数　13.042
optical transmission system　光传输系统　22.012
optical transmitter　光发射机　22.021
optical transparent　透明体　28.013
optical transport network　光传送网　22.092
optical trap accelerometer　光阱加速度计　19.046
optical trap at integrating sphere　积分球光阱　09.346
optical trapping　光俘获　03.015
optical-user-to-network interface　用户侧接口　22.123
optical volume holographic storage　体全息存储技术　23.059
optical water type　光学水型　27.066
optical waveguide　光波导　08.080
optical waveguide active device　光波导有源器件　09.303
optical waveguide filter　光波导滤波器　09.038
optical waveguide modulator　光波导调制器　22.076
optical waveguide numerical aperture　光波导数值孔径　13.058
optical waveguide passive device　光波导无源器件　09.301
optical wavelength division demultiplexer　光波分解复用器，*解复用器，*波分解复用器　22.048
optical wedge　光楔　09.090
optic disk　*视盘　28.024
optic-electrical-optic conversion　光–电–光转换　12.002
optimeter　光学计　19.113
optimum image plane　最佳像面　14.018

optimum viewing distance 最佳观看距离 16.105
opto-chromism materials 光致变色材料 06.037
optoelectronic integrated circuit 光电子集成回路 08.145
optokinetic nystagmus 视动眼颤 28.196
optokinetic reflex 视动反射 28.194
opto-mechanical scanning camera 光机扫描型照相机 15.028
ORAM 光随机存储器 23.061
orange 橙色，*橘黄色，*橘色 05.026
orbital angular momentum of light 光轨道角动量 02.064
order parameter 有序参量 16.089
ordinary light 寻常光，*o 光 01.199
ordinary single-mode optical fiber 普通单模光纤 08.029
organic electroluminescence 有机电致发光 04.005
organic film vapor deposition 有机薄膜气相沉积法 06.131
organic light emitting diode 有机发光二极管 10.428
organic light emitting diode display 有机发光二极管显示 16.003
organic light emitting transistor 有机发光晶体管 11.186
organic luminescent materials 有机发光材料 06.029
organic photoluminescence 有机光致发光 04.006
organic semiconductor 有机半导体 11.143
original beam of irradiation 原光束照射法 28.141
original image 原始像 14.006
ORL 光回波损耗 22.186
ortho projector 正射投影仪，*微分纠正仪，*缝隙纠正仪 16.064
orthoimage 正射影像 21.090
orthophoto 正射影像 21.090
orthophotograph 正射影像 21.090
orthorhombic crystal system 正交晶系 06.080
ORL 光回波损耗 22.186
oscillation mode 激光振荡模式，*模式 10.266
OSN 光交换节点 22.150
OTDM 光时分复用 22.035
OTDR 光时域反射计，*光时域反射仪 18.054
OTF 光学传递函数 13.042
OTF instrument 光学传递函数测定仪 19.074
OTN 光传送网 22.092
OTSS 光时片交换 22.147
O-UNI 用户侧接口 22.123
out-coming radiation 射出辐射 04.058
outer cavity modulation 腔外调制 10.290
output power instability 输出功率不稳定度 10.446
output ratio of $Q$-switching to free running 动静比 10.306
output reflective mirror 输出反射镜 09.134
outside vapor deposition 管外气相沉积法 06.134
OVD 管外气相沉积法 06.134
overdrive 过驱动 17.028
overhead 开销 22.137
overheated pixel 过热像元 14.031
overlapping absorption 吸收重叠 01.508
over-the-horizon imaging 超视距成像 14.115
overwrite disc 直接重写光盘 23.079

# P

PAC 光敏剂，*光活性物质 28.259
packet transport network 分组传送网 22.093
packing density 聚集密度 07.030
PAD *光活化消毒 28.147
page composer 组页器 23.048
page-oriented information storage 页面式信息存储 23.073
PAL color television system PAL 制彩色电视 15.165
PALM 光激活定位显微成像 14.061，光敏定位显微镜 20.047
palmprint recognition 掌纹识别 17.086
panchromatic film 全色片 15.041
panda optical fiber 熊猫光纤 08.017
panoramic camera 全景照相机 15.011
panretinal photo-coagulation 全视网膜光凝术 28.181
parallax barrier 狭缝光栅 09.280
parallel access 并行存取 23.068
parallel alignment [液晶]平行排列 16.082
parallel optical flat 平行平晶 09.193
parallel plate 平行平板 09.192
parallel scanning 并扫 15.172
parametric amplification 参量放大，*光学参量放大 11.224

parametric fluorescence　参量荧光　01.230
parametric nonlinearity　参量非线性　02.008
parametric oscillation　参量振荡　10.233
parasitic oscillation　寄生振荡　10.235
paraxial aberration　近轴像差　14.227
paraxial approximation　近轴近似，*傍轴近似　13.080
paraxial axis　近轴　13.079
paraxial pupil magnification　近轴光瞳放大倍率　13.077
paraxial ray　近轴光线　01.015
partial aberration compensation　像差部分校正　14.234
partial-coherent transfer function　部分相干传递函数　13.047
partial-compensated testing　部分补偿检验　06.151
partially-coherent　部分相干　01.526
partially polarized light　部分偏振光　01.178
particle optical diameter　粒子光学直径　27.075
Paschen mounting　帕邢装置　19.063
pass band of filter　滤光片通带　09.029
passivation layer　钝化保护层　11.165
passive differential optical absorption spectrometer　被动差分吸收光谱仪　18.081
passive DOAS　被动差分吸收光谱仪　18.081
passive FTIR spectrometry　被动傅里叶变换红外光谱术　01.355
passive image pixel　无源像素，*被动像素　14.022
passive light weight-weapon night sight　轻武器微光瞄准镜　09.169
passive lightweight-weapon night sight　被动式轻武器夜视镜　28.092
passive matrix　无源矩阵　16.074
passive matrix organic light emitting diode　无源矩阵有机发光二极管　10.431
passive matrix organic light emitting diode display　无源矩阵有机发光二极管显示　16.005
passive mode-locked laser　被动锁模激光器　10.177
passive mode-locking　被动锁模　10.338
passive optical network　无源光网络　22.103
passive $Q$-switch　被动 $Q$ 开关　10.297
passive remote sensing　被动光学遥感，*无源遥感　21.004
PAT　瞄准捕获跟踪，*PAT 技术　22.182
path computation client　路径计算终端　22.172
path computation element　路径计算单元　22.152
path difference between interference fringes　干涉条纹程差　01.559
path radiance　路径辐射亮度　01.145
patterned sapphire substrate　图形化蓝宝石衬底　06.171
patterned vertical alignment　花样垂直取向　16.093
payload data　载荷数据　21.104
PBC　偏振合束器，*偏振光合路器　09.218
PBG　光子带隙　10.226
PBM　光生物调节作用　28.003
PBS　偏振分束器　09.212
PCC　路径计算终端　22.172
PCE　路径计算单元　22.152
PCH　预啁啾　22.023
PCVD　等离子化学气相沉积法　06.133
PDFA　掺镨光纤放大器　11.234
PDG　偏振相关增益　11.244
PDL　偏振相关损耗　09.350
PDM　偏振复用　22.044
PDP　等离子体显示板　16.007
PD receiving　偏振分集接收　22.030
PDT　光动力疗法，*光动力术　28.124
PDT laser source　PDT 激光源　10.014
PDT optical fiber　光动力疗法光纤　08.047
pencil beam　细光束　01.028
penetration depth　穿透深度　28.017
pentaprism scanning　五棱镜扫描　15.103
perfectly conducting grating　完全电导率光栅，*理想导体光栅　09.251
perfect reflective diffuser　*理想漫反射表面　05.116
perfect reflector　理想反射体　09.145
periodically poled waveguide　周期极化波导　08.096
periodic grating　周期性光栅　09.256
periscope　潜望镜　20.075
permanent connection　永久连接　22.126
permittivity　电容率　06.012
Petzval objective lens　佩茨瓦尔物镜　09.156
PGP splitter　*PGP 分光组件　09.209
phase-change disc　相变光盘　23.080
phase-coding multiplexing　相位编码复用，*相位复用　23.094
phase-contrast microscope　相衬显微镜　20.014
phase contrast microscopic imaging　相差显微成像　14.065
phased array radar　相控阵雷达　27.020

phase filter　相位滤波器　09.055
phase fluctuation　相位起伏　01.091
phase grating　相位光栅　09.276
phase hologram　相位全息图　23.026
phase-locked interferometer　锁相干涉仪　18.032
phase-locked laser semiconductor array　锁相列阵半导体激光器　10.098
phase matching　相位匹配　02.020
phase-matching bandwidth　相位匹配带宽　02.025
phase mismatch　相位失配　02.026
phase modulated fiber optic sensor　相位调制型光纤传感器　12.032
phase modulator　相位调制器　22.083
phase operator　相位算符　02.103
phase retarder　相位延迟器　09.308
phase retrieval　相位复原　12.027
phase-sensitive surface plasmon resonance biosensor　相位型表面等离子体激元共振生物传感器　12.055
phase shift constant　相移常数　01.398
phase-shift fiber Bragg grating　相移光纤布拉格光栅　09.285
phase shift method　像移法　06.159
phase shifting interferometry　相位偏移干涉术，*相移术，*移相术　18.003
phase singularity　相位奇点　01.090
phase squeezed state　相位压缩态　02.049
phase structure function　相位结构函数　01.093
phase thickness　相位厚度　07.031
phase transfer function　相位传递函数　13.044
phase unwrapping　相位展开，*去包裹　12.026
phase velocity　相速度　01.393
phonon　声子　02.035
phosphorescence　磷光　01.197
phosphor powder　荧光粉，*发光粉　06.104
photoacoustic Doppler effect　光声多普勒效应　19.040
photoacoustic endoscopic imaging　光声内窥成像　14.085
photoacoustic molecular imaging　光声分子成像　14.087
photoacoustic ophthalmoscope　声光检眼镜　28.084
photoacoustic spectroscopy　光声光谱术　01.349
photoacoustic tomography imaging　光声层析成像　14.084
photoacoustic viscoelasticity imaging　光声黏弹成像　14.086
photo-activated disinfection　*光活化消毒　28.147
photo-activated localization microscope　光敏定位显微镜　20.047
photo activation localization microscopic imaging　光激活定位显微成像　14.061
photoactive compound　光敏剂，*光活性物质　28.259
photobiomodulation　光生物调节作用　28.003
photocathode　光电阴极　11.094
photocathode effective diameter　光电阴极有效直径　11.104
photocathode sensitivity　光电阴极灵敏度　11.103
photochemical reaction　光化反应　28.257
photocoagulated tissue necrosis　光凝固组织坏死　28.137
photocoagulation　*光致凝固　28.136，*光凝术　28.138
photoconductive antenna terahertz source　光导天线太赫兹源　25.022
photoconductive detector　光电导探测器　11.018
photoconductive effect　光电导效应　11.017
photoconductive gain factor　光电导增益因数　11.254
photoconductive infrared detector　光电导型红外探测器，*光导红外探测器　11.027
photoconductive switch　光电导开关　11.265
photoconductivity　光电导　11.073
photodiode　光电二极管，*光敏二极管　11.177
photodynamic cytotoxicity　光动力细胞毒作用　28.127
photodynamic diagnosis　光动力诊断　28.123
photodynamic diagnosis imaging　内窥成像　14.097
photodynamic dose　光动力剂量　28.121
photodynamic dose threshold　光动力阈值　28.122
photodynamic effective dose　光动力有效剂量　28.128
photodynamic reaction　光动力反应　28.120
photodynamic surgery for macular subretinal neovascularization　黄斑网膜下新生血管光动力术　28.187
photodynamic therapy　光动力疗法，*光动力术　28.124
photo-elastic meter　光弹性仪　19.100
photoelectric autocollimator　光电自准直仪，*光电自准直平行光管　19.082
photoelectric catalytic operation　光电协同术　28.229

photoelectric comparator　光电比较仪　19.087
photoelectric conversion　光电转换　12.001
photoelectric coupler　光电耦合器　11.189
photoelectric detector　光电探测器，*光探测器　11.002
photoelectric distance measurement　光电测距　21.063
photoelectric effect　光电效应，*外光电效应　11.071
photoelectric efficiency　光电效率　11.077
photoelectric goniometer　光电测角仪　19.033
photoelectric imaging　光电成像　14.046
photoelectric microscope　光电显微镜　20.051
photoelectric position sensing detector　光电位置探测器　11.015
photoelectric proportion law　光电正比定律　11.076
photoelectric relay　光电继电器　11.279
photoelectro-magnetic infrared detector　光磁电型红外探测器　11.034
photoelectron holography　光电子全息术　23.002
photoemission cathode　光电发射阴极　11.102
photoemission limiting current density　光电发射极限电流密度　11.107
photo-etching machine　光刻机　26.023
photogrammetric instrument　摄影测量仪器，*航测仪器　19.105
photogrammetry　摄影测量　21.064
photograph　相片　15.040
photography　摄像，*摄影　15.122
photographic density　光密度　13.063
photographic frequency　摄影频率　15.192
photographic resolution　摄影分辨率　15.126
photographic sensitivity　感光度　06.094
photographic system　照相系统　15.030
photographic theodolite　*摄影经纬仪　15.140
photo immunotherapy　光动力免疫治疗，*光免疫治疗　28.125
photolithography　*光刻　26.007
photo luminescence　光致发光　04.003
photo luminescent materials　光致发光材料　06.025
photo-magneto-electric detector　光磁电探测器，*PME器件　11.013
photo-magneto-electric effect　光磁电效应　11.012
photometer　光度计　18.102
photometric　光度　18.101
photometrics　光度学　18.100
photomultiplier　光电倍增管　11.090
photomydriasis　激光瞳孔散大术　28.178
photon　光子，*光量子　02.030
photon-based infrared scene generator　光子型红外景象发生器　25.011
photon coherence　光子相干性　01.537
photon count　光子计数　02.109
photon degeneracy　光子简并度　02.034
photon detector　光子探测器　11.025
photon drag detector　光子牵引探测器　11.014
photon energy　光子能量　02.033
photonic analog-to-digital conversion　光子模数转换器　23.101
photonic band gap　光子带隙　10.226
photonic bandgap optical fiber　光子带隙光纤　08.023
photonic crystal　光子晶体　06.066
photonic crystal fiber optical switch　光子晶体光纤光开关　11.267
photonic crystal fiber optic gyroscope　光子晶体光纤陀螺　24.028
photonic-crystal laser　光子晶体激光器　10.124
[photonic crystal] local mode　[光子晶体]局域模　08.121
photonic crystal optical fiber　*光子晶体光纤　08.021
photonic crystal optical fiber cladding　光子晶体光纤包层　08.058
photonic crystal spacial period　[光子晶体]空间周期　06.070
photonic crystal waveguide　光子晶体波导　08.097
photonic interferometry　光电干涉度量术　18.050
photonic microphotometer　光电显微光度计　18.105
photonic photometer　光电光度计　18.117
photon noise　光子噪声　11.061
photon scanning tunneling microscope　光子扫描隧道显微镜　20.049
photon sieve　光子筛　03.014
photophthalmia　光照性眼炎　28.203
photopic vision　明视觉　28.035
photoreceptors　光感受器　28.020
photorefractive keratectomy　准分子激光屈光性角膜切削术　28.188
photo resist　光致抗蚀剂，*抗蚀剂，*光刻胶　06.097
photo resistor　光敏电阻　09.347
photosensitive materials　感光材料　06.034
photosensitive surface　光敏面　15.091
photosensitization　光敏化作用　28.102

photosensitizer concentration in tumor 肿瘤光敏剂浓度 28.261
photosensitizer oxygen effect curve 光敏剂氧效应曲线 28.260
photosensitizer oxygen enhancement ratio 光敏剂氧增强比 28.262
photo stimulate luminescence 光激励发光 04.021
photothermic 光致发热 28.006
photo transfer 光迁移 04.126
phototransistor 光敏三极管，*光电晶体管 11.187
phototube 光电管 11.083
photovoltaic cell 光生伏特电池，*光电池 11.191
photovoltaic detector 光伏探测器 11.019
photovoltaic effect 光伏效应 11.190
photovoltaic infrared detector 光伏型红外探测器 11.030
photovoltaic infrared focal plane array 光伏型红外焦平面阵列 15.080
physical-chemical etching 物理–化学刻蚀 11.173
physical etching 物理刻蚀 11.171
physical vapor deposition 物理气相沉积法 06.136
physic-optical instrument 物理光学仪器 19.004
physiological depth cue 生理深度暗示 28.011
PIB *桶中能量 27.109
picture tube *显像管 11.091
piezoelectric actuator 压电驱动器 09.362
pigtail 尾纤 08.054
pillow distortion 枕形畸变 14.241
pinhole 针孔 07.032
pinhole array 针孔阵列 16.065
PIN photodiode PIN 型光电二极管，*PIN 型光敏二极管 11.179
pixel *像素 14.020
pixel binning 像素合并 14.024
pixel laser 像素激光 01.249
pixel region 像素区域，*区域 17.143
pixel resolution 像元分辨率 14.036
planar defect 面缺陷 06.088
planar waveguide 平面波导 08.083
Planck's radiation law 普朗克辐射定律 04.100
plane hologram 平面全息图 23.030
plane optical flat 平面平晶，*平面样板 09.194
plane parallel resonator 平行平面谐振腔，*法布里–珀罗谐振腔 10.243
plane surface system 平面系统 13.032
plane table instrument 平板仪 19.089
planetary albedo 行星反照率，*局地反照率 21.059
plasma chemical vapor deposition 等离子化学气相沉积法 06.133
plasma display panel 等离子体显示板 16.007
plasma emission spectral analysis 等离子体发射光谱分析 01.362
plasma laser 等离子体激光器 10.039
plasma terahertz source 等离子体太赫兹源 25.023
plasmonic circuit 表面等离子体激元回路 03.029
plasmonic force 表面等离子体激元光学力 03.028
plasmonics 表面等离子体激元光学 03.026
plasmonic vortices 表面等离子体激元涡旋 03.027
plastic optical fiber *塑料光纤 08.007
platinum sparkler 铂闪烁点 06.054
playback mode 回放模式 21.102
PLED 聚合物发光二极管 10.433
plotter 测图仪 19.064
plug in LED lamp 直插 LED 灯 10.362
plumbicon camera tube 氧化铅摄像管 15.134
plume two-dimensional imaging 烟羽二维成像 14.102
PMF coupler 保偏光纤耦合器 09.230
PMOLED 无源矩阵有机发光二极管 10.431
PMOLED display 无源矩阵有机发光二极管显示 16.005
PMT 光电倍增管 11.090
PN junction PN 结 11.145
PN junction laser PN 结激光器 10.102
PN junction uncooled infrared focal plane array PN 结非致冷红外焦平面阵列 15.088
Poincare sphere 庞加莱球 01.193
point defect 点缺陷，*零维缺陷 06.086
point detection 点检测 17.079
point diffraction interferometer 点衍射干涉仪 18.024
pointing 瞄准 09.171
pointing acquisition tracking 瞄准捕获跟踪，*PAT 技术 22.182
point resolution 点分辨率，*分辨率 14.034
point source 点源，*点光源 10.011
point sources transmittance 点源透射比 17.154
point spread function 点扩散函数 14.268
point transfer device 刺点仪 19.097
Poisson spot 泊松斑 01.635
polarization 偏振 01.167

polarization based 3D display 偏光 3D 显示 16.023
polarization beam combiner 偏振合束器,*偏振光合路器 09.218
polarization beam splitter 偏振分束器 09.212
polarization controller 偏振控制器 09.317
polarization-dependent gain 偏振相关增益 11.244
polarization-dependent loss 偏振相关损耗 09.350
polarization diversity receiving 偏振分集接收 22.030
polarization division multiplexing 偏振复用 22.044
polarization extinction ratio 偏振消光比，*消光比 01.186
polarization glasses 偏光眼镜 09.149
polarization grating 偏振光栅 09.257
polarization imager 偏振成像仪 14.157
polarization imaging 偏振成像 14.117
polarization instability 偏振不稳定性 01.185
polarization lidar 偏振激光雷达 27.005
polarization-maintaining fiber optic gyroscope 保偏光纤陀螺 24.022
polarization maintaining optical fiber 保偏光纤 08.015
polarization microscopic imaging 偏振显微成像 14.066
polarization mode dispersion 偏振模色散 08.063
polarization modulated fiber optic sensor 偏振态调制型光纤传感器 12.035
polarization modulation 偏振调制 22.060
polarization optical time-domain reflectometry 偏振光时域反射技术 18.066
polarization phase shifting interferometry 偏振移相干涉术 18.006
polarization-selective device 偏振选择器 09.319
polarization-sensitive optical coherence tomography 偏振灵敏光学相干层析术 14.204
polarization singularity 偏振奇点 01.187
polarized light 偏振光 01.173
polarized-light microscope 偏光显微镜 20.015
polarized navigation 偏振光导航 24.003
polarizer 偏振器，*起偏器 09.309
polarizing microscope 偏光显微镜 20.015
polaron 极化子 02.036
polishing 抛光 09.353
polycrystalline photoconductive detector 多晶光电导探测器 11.051
polygonal approximation 多边形近似 17.134
polymer light emitting diode 聚合物发光二极管 10.433
polymer luminescent materials *高分子发光材料 06.029
polymer optical fiber 聚合物光纤 08.007
polymer spin coating 聚合物旋涂 06.146
PON 无源光网络 22.103
population *布居 10.227
population inversion 粒子数反转，*布居反转 10.228
population number 布居数 10.227
positive dispersion optical fiber *正色散光纤 08.041
positive parallax 正视差 28.062
positive resist 正胶 06.099
post equalization 后均衡 22.025
post exposure bake 后烘 11.176
POTDR 偏振光时域反射技术 18.066
potential absorptance 势吸收率 07.033
potential transmittance 势透射率 07.034
power coupling coefficient 功率耦合系数 08.132
power delivery optical fiber 传能光纤 08.003
power in bucket *桶中能量 27.109
power-law transformation 幂律变换 17.077
power penalty 光功率代价 22.141
practical photocathode 实用光电阴极 11.101
praseodymium-doped fiber amplifier 掺镨光纤放大器 11.234
preamplifier noise 前置放大器噪声 11.064
prechirp 预啁啾 22.023
precisely geometric correction 几何精校正，*精校正 21.037
predictive encoding 预测编码 17.090
pre-equalization 预均衡 22.024
Preston assumption 普雷斯顿假设 06.165
pretilt angle 预倾角 16.104
primary aberration 初级像差 14.222
primary color 原色 05.011
primary optical system 主光学系统，*前光学系统 13.017
primitive cell *原胞 06.082
principal dielectric constant 主介电常量 06.014
principal section [棱镜]主截面 09.081
principal state of polarization 主偏振态，*偏振主态 01.172
principal velocity of propagation 主传播速度 01.392

principle distance 主距 15.208
principle of shortest optical path 最短光程原理 01.006
prism 棱镜，*棱柱 09.062
prism angular dispersion rate 棱镜角色散率 09.083
prismatic compensation high-speed camera 棱镜补偿式高速摄像机，*棱镜补偿式高速摄影机 15.143
prism coupler 棱镜耦合器 09.226
prism coupling system 棱镜耦合系统 03.013
prism dispersion 棱镜色散 01.410
prism drum *镜鼓 09.076
prism grating 棱栅 09.260
prism-grating-prism splitter 棱镜–光栅–棱镜分光组件 09.209
prism monochromator 棱镜单色仪 18.096
prism pair 棱镜对 09.084
prism spectrograph 棱镜摄谱仪 19.060
prism spectrum 棱镜光谱，*色散光谱 01.279
PRK 准分子激光屈光性角膜切削术 28.188
probability distribution for irradiance light intensity fluctuation 光强起伏概率分布 01.163
probe profilometry 探针式轮廓术 12.015
production yield 良率 07.035
profile inversion 廓线反演 21.087
profile projector 投影仪 16.061
progressive scanning 逐行扫描 15.170
project 投影 16.050
projection display 投影显示 16.029
projection frequency 放映频率 15.193
projection transformation 投影变换 21.071
projector 投影机 16.051
propagation constant 传播常数 01.388
propagation mode 传输模 08.106
1+1 protection 1+1保护 22.168
proton-exchanged waveguide 质子交换波导 08.087
proximity lithography 接近式光刻 26.009
proximity printing 接近式光刻 26.009
PRP 全视网膜光凝术 28.181
PSI 相位偏移干涉术，*相移术，*移相术 18.003
PSS 图形化蓝宝石衬底 06.171
PST 点源透射比 17.154
PSTM 光子扫描隧道显微镜 20.049
psychological depth cue 心理深度暗示 28.010
Pt/Cr-Ne line calibration lamp 铂/铬–氖谱线定标灯 14.186
PTF 相位传递函数 13.044
PTN 分组传送网 22.093
P-type semiconductor P型半导体，*空穴型半导体 11.141
pulsar navigation 脉冲星导航 24.005
10%-pulse duration 10%脉冲持续时间 01.659
pulse fluorescence lifetime imaging *脉冲法荧光寿命成像 14.072
pulse illumination 脉冲照明 10.382
pulse laser 脉冲激光器 10.181
pulse self-steepening 脉冲自陡峭 01.668
pulse semiconductor laser 脉冲半导体激光器 10.097
pulse stretcher 脉冲展宽器 09.342
pulse width *脉冲宽度 01.658
pulse xenon lamp *脉冲氙灯 10.360
pulsed dye laser with flashlamp pumping 闪光灯泵浦脉冲染料激光器 10.054
pulsed laser deposition 脉冲激光沉积 26.049
pulsed laser-pumped terahertz source 脉冲激光泵浦太赫兹源 25.020
pulsed laser spot operation 脉冲激光祛斑术 28.222
pumping 泵浦，*抽运 10.316
pumping efficiency 泵浦效率 10.335
pumping lamp 泵浦灯 10.328
pumping parameter 泵浦参数 10.333
pumping power 泵浦功率，*抽运功率 10.336
pumping rate 泵浦速率 10.334
pumping source [激光器]泵浦源 10.393
pump-probe spectroscopy 泵浦和探测光谱学 01.256
pupil 光瞳 13.065
pupil function 光瞳函数 13.074
pure copper-vapor laser 纯铜蒸气激光器 10.024
purely-coherent 纯相干 01.527
pure pixel 纯像元 14.029
push-broom camera 推扫式照相机 15.012
push-broom infrared camera 推扫型红外照相机 15.026
push-broom scanning 推扫 15.175
push-broom scanning remote sensing 推扫式遥感 21.015
PVA 花样垂直取向 16.093
PVD 物理气相沉积法 06.136
pyramid wavefront sensor 金字塔波前传感器，*四棱锥波前传感器 12.059
pyroelectric detector 热释电探测器 11.044

pyroelectric infrared focal plane array 热释电红外焦平面阵列 15.086
pyroelectric photoconductor tube 热电光电导管 11.086

# Q

*Q*-modulation *Q 调制 10.293
*Q* mutation *Q* 突变 10.285
QNDM 量子非破坏测量 02.087
*Q*-switch 调 *Q* 开关 10.294
*Q* switched laser spot operation *Q* 开关激光祛斑术 28.221
*Q*-switched mode-locking 调 *Q* 模式锁定 10.343
*Q*-switching [激光器]调 *Q* 技术，*调 *Q* 10.293
quality factor of resonator 谐振腔品质因子，*共振腔品质因子 10.281
quantitative image analysis microscope 图像分析显微镜 20.020
quantitative remote sensing 定量遥感 21.007
quantum-based infrared scene generator *量子型红外景物发生器 25.011
quantum beat 量子拍 02.075
quantum box *量子箱 02.094
quantum cascade laser 量子级联激光器 10.111
quantum computation 量子计算 02.076
quantum computer 量子计算机 02.077
quantum control 量子控制 02.090
quantum correlation 量子关联 02.078
quantum dot 量子点 02.094
quantum dot infrared detector 量子点红外探测器 11.033
quantum dot laser 量子点激光器 10.109
quantum efficiency 量子效率 11.078
quantum eraser 量子擦除 02.079
quantum imaging 量子成像 02.080
quantum jump 量子跳跃 02.081
quantum key distribution 量子密钥分配 02.082
quantum Langevin equation 量子朗之万方程 02.083
quantum lithography 量子刻蚀 02.084
quantum memory 量子存储器 02.085
quantum metrology 量子计量学 02.086
quantum noise *量子噪声 11.061
quantum non-demolition measurement 量子非破坏测量 02.087
quantum state tomography 量子态层析术 14.206
quantum teleportation 量子隐形传态 02.089
quantum trajectory 量子轨迹 02.088
quantum well 量子阱 02.091
quantum well detector 量子阱探测器 11.020
quantum well infrared detector 量子阱红外探测器 11.032
quantum well infrared focal plane array 量子阱红外焦平面阵列 15.082
quantum well laser 量子阱激光器 10.107
quantum wire laser 量子线激光器 10.110
quantum yield 量子产率 28.255
quarter-wave mirror 四分之一波镜，*布拉格镜 09.146
quarter-wave optical thickness 四分之一波长光学厚度 07.037
quarter-wave plate 四分之一波片 09.003
quarter-wave stack 四分之一波长膜堆 07.024
quasi-continuous wave laser 准连续光激光器 10.180
quasi-distributed fiber optic sensor 准分布式光纤传感器 12.040
quasi-phase matching 准相位匹配 02.021
quenching 猝灭 04.122
*Q*-value *Q 值 10.292
QWOT 四分之一波长光学厚度 07.037

# R

Rabi model 拉比模型 02.108
Rabi oscillation 拉比振荡 02.105
Rabi split 拉比劈裂 02.107
radial distortion 径向畸变 14.244
radial temperature gradient 径向温度梯度 15.221
radially polarized beam 径向偏振光束 01.037
radiance standard lamp 辐射亮度标准灯 10.357
radiant energy 辐射能 04.072

radiant energy density 辐射能密度 04.074
radiant energy fluence rate 辐射能流率度 01.154
radiant exitance 辐射出射度 04.088
radiant exposure 辐照量 04.091
radiant fluence 辐射能流量 04.073
radiant flux density 辐射通量密度 04.081
radiant intensity 辐射强度 04.083
radiant intensity factor 辐射强度因数 04.084
radiant power 辐射功率，*辐射通量 04.077
radiation 辐射 04.038
radiation band 辐射带 04.075
radiation contrast 辐射对比度 04.079
radiation cooling rate 辐射冷却率 04.107
radiation damage 辐射损伤 26.052
radiation detector 辐射探测器 11.006
radiation field calibration 辐射场定标 04.111
radiation mode 辐射模 08.108
radiation resistant glass 耐辐射玻璃 06.046
radiation resolution 辐射分辨率 21.066
radiation threshold 辐射阈值 04.098
radiation transfer 辐射传递 04.095
radiation transfer theory 辐射传输理论 04.101
radiative cooling 辐射制冷 04.096
radiative function 辐射函数 04.094
radiative transfer equation 辐射传输方程 04.102
radiative transfer equation for sea water 水下光辐射传输方程 04.104
radiative transition 辐射跃迁 04.113
radiator 辐射源 10.400
radioluminescence 射线及高能粒子发光 04.010
radiometer 辐射计 18.125
radiometric calibration 辐射定标 25.045
radiometric correction 辐射校正 21.040
radiometric correction field 辐射校正场 04.093
rainbow hologram 彩虹全息图 23.035
rainbow holography 彩虹全息术 23.004
Raman amplification 受激拉曼放大，*拉曼放大 11.222
Raman amplifier 拉曼放大器 11.228
Raman fiber amplifier 拉曼光纤放大器 11.237
Raman gain 拉曼增益 11.243
Raman laser 拉曼激光器 10.130
Raman-Nath acousto-optic diffraction 拉曼–奈斯声光衍射 01.580
Raman optical time-domain reflectometer 拉曼光时域反射计 18.057
Raman optical time-domain reflectometry 拉曼光时域反射技术 18.065
Raman scattering 拉曼散射，*拉曼效应 01.596
Raman scattering lidar 拉曼散射激光雷达，*非弹性散射激光雷达 27.006
Raman shift 拉曼频移 01.127
Raman spectrophotometer 拉曼分光光度计 18.113
Raman spectroscopy 拉曼光谱术 01.334
Raman spectrum 拉曼光谱 01.296
Ramsey fringes 拉姆齐[干涉]条纹 01.557
Ramsey interferometer 拉姆齐干涉仪 18.019
randomly polarized radiation 随机偏振辐射 04.048
random phasecoding multiplexing 随机相位编码复用，*相关复用，*散斑复用 23.096
random walk coefficient 随机游走系数 24.050
range finder 测距仪 19.027
range-gated laser imaging 激光距离选通成像 14.111
rarer medium 光疏介质，*光疏媒质 06.009
rate equation 速率方程 10.456
rate equation modeling 速率方程建模 10.457
rate-level fiber optic gyroscope 速率级光纤陀螺仪，*低精度光纤陀螺仪 24.032
ratio-detectivity *比探测率 11.069
ratio of length to diameter of MCP 微通道板通道长径比 08.071
Rayleigh anomaly 瑞利反常 01.591
Rayleigh beacon 瑞利信标 27.102
Rayleigh criterion 瑞利判据 14.274
Rayleigh-Gans scattering 瑞利–甘散射 01.606
Rayleigh guide star *瑞利导星 27.102
Rayleigh interferometer 瑞利干涉仪 18.013
Rayleigh length 瑞利长度 01.071
Rayleigh scattering 瑞利散射 01.594
Rayleigh scattering lidar 瑞利散射激光雷达 27.007
ray trace 光线追迹 13.104
R-C system *R-C 系统 13.029
reactive ion etching 反应离子束刻蚀 11.174
reading microscope 读数显微镜 20.037
real image 实像 14.002
realistic image rendition *真实影像再现 05.074
real mode 实模式 16.037
real-time spatial light modulator 实时空间光调制器 22.082
rear optical system 后光学系统 13.018

rear projector 背投影机 16.054
reciprocity 光学互易性，*互易性 13.040
Recknagel-Artimovich formula 雷克纳格尔–阿尔季莫维奇公式 14.235
recombination laser 复合激光器 10.086
recombination laser with hydrogen-like carbon ions 类氢碳离子复合激光器 10.087
reconfigurable optical add/drop multiplexer 可重构光分插复用器 22.051
reconstructing algorithm 重构算法 14.191
rectangle approximate method 矩形近似法 08.140
rectangular lattice 蜂窝状晶格 06.075
rectifier 纠正仪 19.096
rectilinear propagation of light 光直线传播 01.387
recursive weighted filtering 递归加权平均滤波 17.052
red 红色 05.025
red edge shift to blue 红边蓝移 21.110
red laser 红光激光器 10.160
red light exposure distance 红光暴露距离 25.067
red shift 红移 01.123
red tide remote sensing 赤潮遥感 21.014
reduced projection lithography 缩小投影光刻 26.010
reduced scattering coefficient 约化散射系数 01.620
reducing plane table instrument 归算平板仪 19.090
reducing theodolite 归算经纬仪 19.010
reduction of oceanographic element 海洋要素反演 27.052
reference spectrum 参考光谱 01.308
reference wave 参考光 01.217
reflectance 反射率，*反射系数 01.452
reflectance factor 反射因数 01.450
reflecting goniometry 反射测角术 19.036
reflecting telescope 反射望远镜 20.063
reflection electron microscope 反射电子显微镜 20.030
reflection hologram 反射全息图 23.033
reflection holography 反射全息术 23.006
reflection of light 反射 01.437
reflection spectrum 反射光谱 01.280
reflective angle 反射角 01.449
reflective color 反射体颜色 05.054
reflective liquid crystal display 反射型液晶显示 16.031
reflective mirror 反射镜 09.130
reflective optical system 反射式光学系统 13.005
reflectometer 反射计 18.053
reflectometry 反射测量技术 18.062
refraction 折射 01.458
refraction angle 折射角 01.464
refractive and reflective optical system 折反射式光学系统 13.010
refractive index 折射率 06.113
refractive index ellipsoid 折射率椭球 06.122
refractive index gradient 折射率梯度 06.121
refractive index mismatch 折射率失配 06.123
refractive law 折射定律 01.460
refractive optical system 折射式光学系统 13.009
refractometer 折射仪 19.075
regenerative laser 再生激光器 10.191
regenerator section overhead 再生段开销 22.139
regional descriptors 区域描绘子 17.033
region growing 区域生长 17.129
region merging 区域聚合 17.131
region processing 区域处理 17.128
region splitting 区域分裂 17.130
relational descriptors 关系描绘子 17.035
relative astigmatic waist separation 相对像散束腰分离 14.266
relative atmospheric correction 大气相对校正，*相对校正 21.036
relative atmospheric optical mass 相对大气光学质量 27.035
relative calibration [辐射量]相对定标 15.199，[光学遥感器]相对定标 21.051
relative contrast in water 水中相对对比度 27.049
relative diffraction efficiency 相对衍射效率 01.585
relative distortion 相对畸变 14.243
relative numerical aperture 相对数值孔径，*相对孔径 13.056
relative permittivity 相对电容率 06.013
relative radiometric calibration 相对辐射通量定标 25.050
relative spectral quadratic error 相对光谱二次误差，*失真度 14.193
relative spectral resolution 相对光谱分辨率 01.323
relativistic terahertz source 相对论太赫兹源 25.030
relay optical system 中继光学系统，*中继系统 13.023
relay system 转像系统 13.038

remote focusing 遥控调焦 15.064
remote sensing 遥感 21.001
remote sensing calibration 遥感定标，*定标 21.041
remote sensing channel 遥感通道，*通道，*探测通道 21.072
remote sensing instrument 遥感仪 21.027
remote sensing of ocean 海洋遥感 21.019
remote sensing of sea surface roughness 海面粗糙度遥感 21.022
remote sensing of sea surface wind 海面风遥感 21.021
remote sensing of the earth 对地遥感 21.017
remote sensing reflectance 遥感反射率 21.024
remote sensing satellite 遥感卫星 21.023
remote sensor 遥感器 21.028
removal of resist 去胶 06.100
repetition rate 重复频率 01.103
repetition rate laser 重复频率脉冲激光器 10.188
replica grating 复制光栅 09.243
reproduction camera 复照仪 19.098
residual aberration 剩余像差 14.230
residual spectrum 剩余光谱 01.304
resolution of the prism spectrometer 棱镜光谱仪分辨率 18.092
resolution test chart 分辨率测试图案 17.119
resolving power of grating 光栅分辨率 09.298
resonance absorption 共振吸收 01.488
resonance anomaly 共振反常 10.236
resonance fluorescence 共振荧光 01.227
resonance photoacoustic spectroscopy 共振光声光谱术 01.358
resonance pumping 谐振泵浦，*共振抽运 10.321
resonance scattered spectrum 共振散射光谱 01.295
resonant fiber optic gyroscope 谐振型光纤陀螺 24.026
resonant frequency doubling 谐振倍频 01.116
resonator quality factor 谐振腔品质因数 10.292
resorption 再吸收 01.495
response area 响应面积 25.077
response time 显示器响应时间，*响应时间 16.075
reticulation highspeed camera 网格高速摄像机，*网格高速摄影机 15.142
retinal oxygen saturation measurement 视网膜血氧饱和度测量 28.191
retinal tracking 视网膜跟踪 28.198
retrace 逆程 11.127
retrieval of oceanographic element 海洋要素反演 27.052
reversed-telephoto objective lens 反远距型物镜 09.165
reverse image stabilized fire control 上反稳像火控 17.150
revisit cycle [遥感采样]重访周期，*重复周期，*时间分辨率 21.105
rewrite erasable disc 可擦重写光盘 23.078
RF gas laser 射频气体激光器 10.019
RGB color space RGB 颜色空间 05.091
RGB colorimetric system RGB 色度系统 05.088
RGB light source 红绿蓝光源 10.010
ring cavity laser 环形腔激光器 10.135
ring laser resonator 环形共振腔 10.245
Ritchey-Chrétien optical system 里奇–克雷蒂安光学系统 13.029
Ritchey-Common test 瑞奇–康芒检验 12.014
Ritchey-Common testing 瑞奇–康芒检测法 06.157
ROADM 可重构光分插复用器 22.051
robot vision 机器人视觉 28.096
Rochon prism 罗雄棱镜 09.066
rocks and minerals reflection spectrum 岩矿反射光谱 01.284
rod cell 杆体细胞 28.022
rod laser 棒状激光器 10.089
Ronchi grating 龙基光栅 09.289
Ronchi test 龙基检验 12.013
room-temperature phosphorescence 常温磷光 01.198
rotating four-sided prism 旋转四方棱镜 09.077
rotating-mirror framing camera 转镜分幅照相机 15.018
rotating mirror $Q$-switch 转镜 $Q$ 开关 10.303
rotating-mirror streak camera 转镜扫描照相机，*转镜扫描条纹照相机 15.017
rotating polygon prism 旋转多面体反射棱镜 09.076
rotating prism *旋转棱镜 09.076
45° rotating scanning mirror 旋转 45°扫描镜 09.173
rotation rate sensor 角速率传感器 12.050
rotatory dispersion 旋光色散 01.416
ROTDR 拉曼光时域反射计 18.057
roughly geometric correction 几何粗校正，*粗校正 21.038
roughness interference microscope 粗糙度干涉显微镜

20.007
round optical fiber　圆光纤　08.014
routing and spectrum assignment　路由频谱分配　22.160
routing and wavelength assignment　路由波长分配　22.159
RSA　路由频谱分配　22.160
RSOH　再生段开销　22.139
ruby laser　红宝石激光器　10.081
ruled grating　刻划光栅　09.241
run-up time　[LED]点亮时间　10.414
RWA　路由波长分配　22.159
Rydberg atom　里德伯原子　02.073

# S

SAC　光谱幅度码　22.176
saccade　扫视运动　28.195
saccharimeter　量糖计，*糖量计　19.107
Sagnac interferometer　萨尼亚克干涉仪　18.012
Sagnac optical fiber interferometer　光纤萨尼亚克干涉仪　18.037
SAM　光谱角度制图，*夹角余弦方法　01.320，光谱角匹配，*夹角余弦法，*光谱角制图法　21.094
same-type heterojunction　同型异质结　11.148
sampling interval of interference pattern　干涉图采样间隔　01.561
sampling resolution of an OTDR　光时域反射计取样分辨率　18.061
sapphire laser　蓝宝石激光器　10.082
sapphire optical fiber　蓝宝石光纤　08.013
satellite cloud image　卫星云图　27.029
saturable absorber　可饱和吸收体　09.061
saturable absorption　可饱和吸收　01.499
saturate absorption　饱和吸收　01.500
saturated exposure　饱和曝光量　15.156
saturation　色饱和度　05.104
saturation absorption spectroscopy　饱和吸收光谱术　01.339
saturation intensity　饱和光强　11.256
saturation power　饱和功率　11.255
sawtooth modulation　锯齿波调制　22.064
SBNUC　基于场景非均匀性校正　17.124
SBS　受激布里渊散射　01.604
scalar lithography imaging　标量光刻成像　14.133
scalar mode　*标量模　08.107
scale factor　标度因数　24.037
scale factor nonlinearity　标度因数非线性度　24.039
scale factor asymmetry　标度因数不对称度　24.040
scale factor repeatability　标度因数重复性　24.038
scale factor temperature sensitivity　标度因数温度灵敏度　24.041
scale transform　尺度转换　21.092
scan cycle　扫描周期　21.068
scanner　扫描仪　15.115
scanning　扫描　15.092
scanning along the track　*沿轨扫描　15.175
scanning beam interference exposure　扫描干涉场曝光　15.149
scanning electron microscope　扫描电子显微镜　20.029
scanning field of view　扫描视场　15.111
scanning interferometer　扫描干涉仪　18.044
scanning lidar　扫描激光雷达　27.019
scanning line　扫描线　15.114
scanning nearfield optical microscope　扫描近场光学显微镜　20.039
scanning probe microscope　扫描探针显微镜　20.045
scanning radiometer　扫描辐射计　18.130
scanning rate　扫描速率　15.112
scanning speed　扫描速度　15.113
scanning track　扫描轨迹　15.110
scanning tunneling microscope　扫描隧道显微镜　20.052
scatter plate interferometer　散射板干涉仪　18.034
scattering　散射　01.592
scattering amplitude　散射振幅　01.622
scattering anisotropy　散射各向异性　01.628
scattering coefficient　散射系数　01.618
scattering cross-section　散射截面　01.626
scattering loss　散射损耗　01.617
scattering phase function　散射相函数　01.623
scattering phase matrix　散射相矩阵　01.624
scattering potential　散射势　01.621

SCC　频谱连续性约束　22.188
SCCD　表面沟道电荷耦合器件，*表面沟道器件　11.196
scene　景　21.089
scene-based non-uniformity correction　基于场景非均匀性校正　17.124
scene matching navigation　景象匹配导航　24.002
schematic eye　模型眼　28.029
schlieren equipment　条纹检查仪　19.054
schlieren optical measurement　纹影测量　12.011
Schmidt optical system　施密特折反式光学系统，*施密特系统　13.011
Schottky barrier infrared detector　肖特基势垒红外探测器　11.031
Schottky barrier infrared focal plane array　肖特基势垒红外焦平面阵列　15.081
Schottky barrier photodiode　肖特基势垒光电二极管　11.180
Schottky defect　肖特基缺陷　06.090
scintillation counter　闪烁计数器　11.093
SCLC　空间电荷限制电流　16.068
scotopic vision　暗视觉　28.037
screen effective diameter　荧光屏有效直径　06.110
SD-OCT　光谱域光学相干层析术　14.201
sea color　海色　27.056
sea ice remote sensing　海冰遥感　21.020
sea surface irradiance　海面入射辐射照度　01.157
sea water absorption meter　海水光吸收仪　19.068
sea water fluorometer　海水荧光计　19.072
sea water scatterometer　海水光散射仪　19.069
sea water transmittance meter　海水透射率仪　19.070
sea water transmittance　海水透过率　27.054
sea water transparency　海水透明度　27.053
sea water turbidity meter　海水浊度仪　19.071
sea wave spectrum analysis by ocean remote sensing　海洋遥感波谱分析　21.026
SECAM color television system　SECAM 制彩色电视　15.166
secondary electron conduction camera tube　二次电子导电摄像管　15.133
secondary phase modulation method　二次相位调制法　12.019
secondary spectrum　二级光谱，*轴上点高级色差　01.311
second harmonic　二次谐波　01.130
second harmonic generation imaging　二次谐波成像　14.076
section overhead　段开销　22.138
section projector　截面投影仪　16.062
sediment content remote sensing　泥沙含量遥感　21.013
seed laser　种子激光器　10.194
SEFD-OCT　空间编码频域光学相干断层扫描　15.098
segmented rod laser　分节棒激光器　10.090
Seidel aberration　赛德尔像差　14.228
selective absorption　选择性吸收　01.480
selective laser trabeculoplasty　选择性激光小梁成形术　28.171
selective photothermolysis　选择性光热作用，*选择性光热分解作用　28.007
selective plan illumination microscopic imaging　光片照明显微成像　14.064
selective radiator　选择性辐射体　10.406
self-collimating testing　自准直法　06.161
self-correlator　[光学]自相关器　09.341
self-focusing effect　自聚焦效应，*自聚焦　11.121
self-focusing lens　自聚焦透镜　09.116
self-focusing optical fiber　*自聚焦光纤　08.020
self-healing ring　自愈环　22.169
self-induced transparency　自感应透明　02.011
self-luminous color　自发光体颜色　05.053
self mode-locking　自锁模　10.340
self-phase modulation　自相位调制　22.058
self-pulsing　自脉冲　01.653
self-pulsing laser　自脉冲激光器　10.184
self-referencing wavefront sensor　自参考波前传感器　12.058
self-scanned photodiode array　自扫描光电二极管阵列　11.185
self-similar mode-locking　自相似锁模　10.346
self-starting mode-locking　自启动模式锁定　10.344
semiclassical equation　半经典激光方程　10.459
semiconductor　半导体　11.131
semiconductor laser array　单元阵列式半导体激光器　10.099
semiconductor laser diode　半导体激光二极管　10.308
semiconductor absorption　半导体吸收　01.496
semiconductor laser　半导体激光器　10.094

semiconductor laser diode array　半导体激光二极管阵列　10.309
semiconductor luminescence　半导体发光　04.013
semiconductor luminescent center　[半导体]发光中心　04.035
semiconductor luminescent materials　半导体发光材料　06.030
semiconductor optical amplifier　半导体光放大器　11.238
semiconductor optical switch　半导体光开关　11.264
semiconductor photoelectric detector　半导体光电探测器　11.003
semiconductor saturable absorber mirror　半导体可饱和吸收镜　09.188
semi-internal cavity laser　半内腔激光器　10.134
semi-physical infrared system simulation　红外系统半物理仿真　25.013
semispherical resonator　半球面谐振腔，*半球面共振腔　10.249
sensitive element　敏感元，*热敏元，*光敏元　25.075
sensitive fiber ring　*光纤敏感环　08.065
sensitized　敏化　10.331
sensitized luminescence　敏化发光　04.023
sensitometric characteristic curve　感光特性曲线　06.096
sensor noise　传感器噪声　12.062
sensor signal-to-noise ratio　传感器信噪比　12.063
separating gap method　分离间隙法　12.021
sequential scanning　顺序扫描　15.168
serial and parallel scanning　串并扫　15.174
serial scanning　串扫　15.173
serpentine refracted light　蛇形折射光　01.207
SERS　表面增强拉曼散射　01.601
SESAM　半导体可饱和吸收镜　09.188
Shack-Hartmann sensor　夏克–哈特曼传感器　12.049
Shack-Hartmann testing　夏克–哈特曼检测法　06.158
shade　遮光罩　09.337
shadow　阴影　21.079
shadow mask　荫罩　11.109
shallow penetration band　浅穿透波段　01.384
shape number　形状数　17.139
shared risk link group　共享风险链路组　22.185
shearing interferometer　剪切干涉仪　18.049
shearing interferometer wavefront sensor　剪切干涉波前传感器　12.060
shearing interferometry　剪切干涉法　06.153
SHG　二次谐波成像　14.076
shift invariant optical system　位移不变光学系统，*位移不变系统　13.004
shift multiplexing　位移复用　23.093
short lens　短透镜　09.114
short wave absorptive filter　短波吸收滤光片　09.015
short wave cutoff filter　短波截止滤光片　09.012
shortwave infrared　短波红外[波]　25.003
shortwave infrared photocathode　短波红外光电阴极　11.100
short wave infrared region　短波红外区　01.380
short wave pass filter　短波通滤光片　09.010
SHS　空间外差光谱术　01.357
Shupe effect error　*Shupe 效应误差　24.049
shutter　快门　15.046
shutter based 3D display　快门 3D 显示　16.022
shutter efficiency　*快门效率　15.157
shutter factor　*快门因数　15.158
shutter glasses　快门眼镜　09.148
shutter index　*快门系数　15.158
SI　光谱干涉法　01.551
sideband cooling　边带冷却　02.041
side mode suppression ratio　边模抑制比　10.277
side observation　侧视　21.069
side pumping　侧泵浦　10.318
side-scattering lidar　侧向散射激光雷达　27.014
signal induced background　光生背景　06.111
signal light　信号光　01.213
signal-to-noise ratio of grating　光栅信噪比　09.295
signal-to-noise ratio of the image　图像信噪比　17.037
signature　标记图　17.138
silica optical fiber　石英光纤　08.006
silicon-based waveguide　硅基波导　08.094
silicon cell　硅光电池　11.192
silicon intensifier target camera tube　硅增强靶摄像管　15.132
silicon photoconductor tube　硅光电导管　11.085
silicon photodiode　硅光电二极管，*硅光敏二极管　11.178
silicon target camera tube　硅靶摄像管　15.131
silicon waveguide Bragg grating filter　硅基波导布拉格光栅滤波器　09.042
silver paste　固晶银胶　06.102
SIM　结构光照明显微镜　20.046

similar image 相似像 14.010
simple descriptors 简单描绘子 17.031
simultaneous inversion 同步反演 21.086
simultaneous phase shifting interferometry 同步移相干涉术 18.004
simultaneous polarization imager 同时偏振成像仪 14.158
sine condition 正弦条件 13.088
single-atom laser 单原子激光器 10.121
single-chip projector 单片式投影机 16.052
single crystal 单晶体 06.057
single-crystal optical fiber 单晶光纤 08.046
single frequency laser 单频激光器 10.146
single longitudinal mode 单纵模 10.268
single-longitudinal mode laser 单纵模激光器 10.128
single measurement camera 单个量测摄像机，*单个量测摄影机 15.140
single mode laser 单模激光器 10.127
single-mode optical fiber 单模光纤 08.028
single mode waveguide 单模波导 08.092
single molecular imaging 单分子成像 14.135
single occupied molecular orbit 单占据分子轨道 02.097
single-photon 单光子 02.032
single photon detector 单光子探测器 11.037
single photon infrared detector 单光子红外探测器 11.038
single-point fiber optic sensor 点式光纤传感器 12.038
single polarization optical fiber 单偏振光纤 08.045
single pulse mode 单脉冲方式 01.671
single quantum well laser 单量子阱激光器 10.108
single scattering ratio 单次散射比 01.629
single transverse mode laser 单横模激光 01.244
singlet state 单重态，*单线态 02.062
SI optical fiber 阶跃折射率光纤 08.019
size of recorded mark 记录符尺寸 23.069
skew ray 旋扭光线，*斜光线，*空间光线 01.013
skin photosensitizer reaction 皮肤光敏反应 28.227
skylight 天空光 01.214
sky radiation 天空辐射 04.061
slab laser 板条激光器 10.088
slab waveguide *平板波导 08.084
slave laser 从动激光器 10.193
SLED/SLD 超辐射发光二极管 10.435
slit detector 狭缝探测器 11.052
slit lamp 裂隙灯 10.376
SLM 空间光调制器 22.081
slope 陡度 07.038
slope efficiency 斜率效率 10.447
slotted-core optical cable 骨架式光缆 08.076
slot waveguide 狭缝波导 08.093
slow light 慢光 01.202
SLT 选择性激光小梁成形术 28.171
small signal gain 小信号增益 11.242
smart infrared focal plane array 智能红外焦平面阵列 15.090
Smith-Purcell free electron laser 史密斯-珀塞尔自由电子激光器 10.119
SMSR 边模抑制比 10.277
SMT packed LED light 贴片式 LED 灯 10.361
SNOM 扫描近场光学显微镜 20.039
SNR 传感器信噪比 12.063
SOA 半导体光放大器 11.238
sodium beacon 钠信标 27.101
sodium guide star *钠导星 27.101
SOF 掩日通量法 27.046
soft contact lens 软性角膜接触镜 09.152
soft glass optical fiber 软玻璃光纤 08.008
soft permanent connection 软永久连接 22.127
software defined optical network 软件定义光网络 22.098
software defined passive optical network 软件定义无源光网络 22.099
SOH 段开销 22.138
soil reflection spectrum 土壤反射光谱 01.283
solar azimuth angle 太阳方位角 27.090
solar blind UV image converter tube 日盲紫外变像管 14.216
solar calibration 太阳定标 27.091
solar constant 太阳常数 18.118
solar elevation angle 太阳高度角 27.088
solar elevation angle correction 太阳高度角订正 27.089
solar FTIR spectroscopy 傅里叶变换太阳光谱术 01.353
solar occultation flux method 掩日通量法 27.046
solar radiation 太阳辐射 04.068
solar radiation calibration 太阳辐射定标 25.047
solar spectrum 太阳光谱 01.276

solid immersion lens technology　固体浸没透镜技术　23.055
solid self-scanning　固体自扫描　15.106
solid state camera　*固体摄像器件　11.195
solid state heat capacity laser　固体热容激光器　10.198
solid state laser　固体激光器　10.055
solid-state luminescence　固态发光　04.012
soliton fission　孤子分裂　01.681
soliton laser　孤子激光器　10.122
soliton self-frequency shift　孤子自频移　01.682
Sommerfeld radiation condition　索末菲辐射条件　04.099
SOMO　单占据分子轨道　02.097
SONET　同步光网络　22.101
sonoluminescence　声致发光　04.018
SOP　偏振态　01.168
space all-optical network　空间全光网络　22.110
space-borne lidar　星载激光雷达　27.016
space-borne mapping camera　航天测图照相机　15.008
space-borne missile early warning camera　航天导弹预警照相机　15.009
space-borne reconnaissance camera　航天侦察照相机　15.007
space camera　空间照相机　15.005
space-charge limited current　空间电荷限制电流　16.068
space exploration　空间探测　21.030
space laser communication　*空间激光通信　22.003
space modulated interference spectrometer　空间调制干涉光谱仪　18.089
space optical communication　空间光通信　22.003
space optical network　空间光网络　22.109
space optical remote sensing　空间光学遥感　21.018
space optical system　空间光学系统　13.022
spacer　腔层　07.022，隔离子　16.085
space surveillance camera　空间监视照相机　15.010
spatial beam shaping in space domain　光束空间整形　01.063
spatial coherence　空间相干性　01.533
spatial division multiplexing　空分复用　22.042
spatial filter　空间滤波器　09.048
spatial filtering　空间滤波　09.047
spatial frequency　空间频率　01.685
spatial heterodyne spectroscopy　空间外差光谱术　01.357
spatial light modulator　空间光调制器　22.081
spatially encoded frequency domain OCT　空间编码频域光学相干断层扫描　15.098
spatially modulated spectral imager　空间调制光谱成像仪，*静态干涉光谱成像仪　14.160
spatial modulation　空间调制　22.063
spatial photogrammetry　航天摄影测量　15.125
spatial resolution　空间分辨率　18.093
spatial resolution of an OTDR　光时域反射计空间分辨率　18.060
spatial-scale effect　[空间]尺度效应　21.093
spatial scanning low coherence interference demodulator　空间扫描型低相干干涉解调仪　19.084
spatial soliton　空间光孤子　01.677
spatial-temporal soliton　时空光孤子　01.678
spatiotemporal filtering　时域和空域结合滤波　17.058
specialty optical fiber　特种光纤　08.005
specific absorption coefficient　比吸收系数　01.510
speckle contrast　散斑衬比　01.648
speckle interference　散斑干涉　01.542
speckle interferometer　散斑干涉仪　18.035
speckle noise　散斑噪声　01.633
spectacles　眼镜　09.147
spectral amplitude coding　光谱幅度码　22.176
spectral angle mapper　光谱角度制图，*夹角余弦方法　01.320
spectral angle match　光谱角匹配，*夹角余弦法，*光谱角制图法　21.094
spectral band registration　谱段配准　01.372
spectral broadening by collision　碰撞谱线加宽　01.369
spectral calibration　光谱定标　14.180
spectral calibration used laser　激光器光谱定标法　10.213
spectral calibration used monochromator　单色仪光谱定标　14.181
spectral characteristics of terrestrial object　地物光谱特性　25.080
spectral color　光谱色　05.014
spectral correction　光谱校正　01.315
spectral density of transmittance light　透射光谱密度　01.314
spectral domain optical coherence tomography　光谱域

光学相干层析术 14.201
spectral homogeneously broadening 均匀谱线加宽 01.367
spectral imaging technology 光谱成像技术，*成像光谱技术 14.151
spectral inhomogeneously broadening 非均匀谱线加宽 01.368
spectral interferometry 光谱干涉法 01.551
spectral line broadening 谱线展宽，*谱线加宽 01.366
spectral line curvature 谱线弯曲 01.363
spectral power distribution 光谱功率分布 01.321
spectral purity 光谱纯度 01.319
spectral quantum efficiency 光谱量子效率 11.080
spectral radiant emittance 光谱辐射出射度，*单色辐出度，*光谱辐出度 04.089
spectral radiant energy density 光谱辐射能量密度 04.087
spectral radiant flux 光谱辐射通量 04.080
spectral radiant intensity 光谱辐射强度 04.085
spectral radiant intensity factor 光谱辐射强度因数 04.086
spectral reflectance 光谱反射比 01.328
spectral reflectance factor 光谱反射因数 01.451
spectral region 光谱区 01.376
spectral resolution 光谱分辨率 01.322
spectral resolving power 光谱分辨力 01.324
spectral responsivity 光谱响应度 01.326
spectral sensitivity 光谱灵敏度 01.327
spectral separation 光谱分离 01.312
spectral transfer function 光谱传递函数 13.045
spectral transmittance 光谱透射比 01.329
spectral unmixing 光谱解混合 01.325
spectral unmixing based 3D display 光谱分离 3D 显示 16.021
spectral width 谱线宽度，*谱宽 01.365
spectrally selective absorber 光谱选择吸收涂层 07.023
spectra unmixing 混合光谱分解 21.107
spectro-colorimeter 分光色度计 18.122
spectrofluorometer 荧光分光光度计 18.112
spectrograph 摄谱仪 19.058
spectrometer 光谱仪 18.074
spectrophotometer 分光光度计，*光谱光度计 18.107
spectroradiometer 光谱辐射计 18.126
spectroscope 分光镜，*看谱镜 09.088
spectroscopy 光谱学 01.252
spectrum 光谱 01.257
spectrum continuity constraint 频谱连续性约束 22.188
spectrum defragmentation 频谱碎片整理 22.117
spectrum domain optical coherence tomography *谱域光学相干断层扫描 15.098
spectrum drift 光谱漂移 01.318
spectrum emissivity 光谱发射率 04.090
spectrum-image compression 光谱图像压缩 17.065
spectrum irradiance 光谱辐射照度 01.153
spectrum locus 光谱轨迹 05.112
spectrum of irradiance light intensity fluctuation 光强起伏频谱 01.164
spectrum of light source 光源光谱 01.277
spectrum of phase fluctuation 相位起伏频谱 01.092
spectrum of terrestrial object 地物光谱 01.310
spectrum projector 光谱投影仪 16.063
spectrum resource management 频谱资源管理 22.116
spectrum shift 光谱平移 01.317
spectrum stretching 光谱拉伸 01.316
specular component excluded condition SCE 条件 05.114
specular component included condition SCI 条件 05.113
specular microscope 角膜内皮显微镜 20.038
speed of light 光速 01.389
SPCE 表面等离子体激元耦合发射 03.025
sphere chromatic aberration 色球差 15.210
spherical irradiance *辐射球照度 01.154
spherical mirror resonator 球面镜共振腔，*球面镜腔 10.253
sphericity interferometer 球面干涉仪 18.048
spherometer 球径仪 19.078
S1 photocathode *S1 光电阴极 11.095
spike pulse 尖峰脉冲 01.673
spin coating 甩胶 06.101
spin-flip Raman laser 自旋反转拉曼激光器 10.131
split-step Fourier method 分步傅里叶方法 02.027
splitting ratio 分束比 09.208
splitting technique 分裂技术 17.136
split-window channel 分裂窗通道 21.074
SPM 扫描探针显微镜 20.045

spontaneous Brillouin scattering　自发布里渊散射　01.603
spontaneously radiative recombination　自发辐射复合　04.055
spontaneous parametric down-conversion　自发参量下转换　01.138
spontaneous radiation　自发辐射，*自发跃迁　04.053
spontaneous Raman scattering　自发拉曼散射　01.597
spot centroid　光斑质心　01.641
spot centroid wander　光斑质心漂移　01.642
spot diagram　点列图　14.238
spot radius　光斑半径　01.640
spot size　光斑尺寸　01.639
SPR　表面等离子体共振　03.024
SPRITE infrared detector　扫积型红外探测器　11.041
sputtering coating　溅射镀膜　07.045
squeezed coherent state　压缩相干态　02.045
squeezed operator　压缩算符　02.104
squeezed state　压缩态　02.046
squeezed vacuum state　压缩真空态　02.051
squint　斜视　28.039
sRGB color space　sRGB 颜色空间　05.093
SRLG　共享风险链路组　22.185
SRM　频谱资源管理　22.116
SRS　受激拉曼散射　01.598
SS-OCT　扫频光源光学相干层析术　14.207
SSPA　自扫描光电二极管阵列　11.185
stabilization of laser　激光器稳定性　10.208
standard blackbody　标准黑体　10.409
standard illuminant　标准照明体　10.388
standard integrating sphere　标准积分球　09.345
standard lamp　标准灯　10.354
standard lens　标准镜　09.186
standard light source　标准光源　10.003
standard luminance lamp　亮度标准灯　10.358
standard reflector　标准反射板　09.143
standard three bars resolution test target　标准三条带分辨率测试图案　17.120
standing wave　驻波　01.084
star coupler　星形耦合器　09.224
star level camera　星光型摄像机，*星光型摄影机　15.144
star navigation　星光导航　24.004
star test　星点检验　14.280
star testing　星点法　06.163
staring camera　凝视成像型照相机　15.029
staring imaging　凝视成像　14.137
starting time　[LED]启动时间　10.413
state of polarization　偏振态　01.168
static photographic resolution　静态摄影分辨率　15.127
stationary wave　定态波　01.075
statistical encoding　统计编码，*熵编码　17.091
STED microscopic imaging　受激发射损耗显微成像　14.067
stellar camera　恒星照相机　15.015
step-index optical fiber　阶跃折射率光纤　08.019
step-index waveguide　阶跃折射率波导　08.084
step scanning　步进扫描　15.108
stereo comparator　立体坐标量测仪　19.006
stereo imaging　立体成像　14.140
stereo interpretoscope　立体判读仪，*判读仪　19.093
stereo lithography　立体光刻　26.022
stereo-metric camera　立体量测摄像机，*立体量测摄影机　15.141
stereo microscope　体视显微镜　20.022
stereo-plotter　立体测图仪　19.065
stereoscopic 3D display　助视 3D 显示　16.015
stereoscopic parallax　立体视差　28.065
stereoscopic perception　立体知觉　28.056
stereoscopic vision　立体视觉　28.033
stigmatic null testing　无像差点检测　06.155
stimulated absorption　受激吸收　01.491
stimulated Brillouin scattering　受激布里渊散射　01.604
stimulated emission cross-section　受激辐射截面　04.052
stimulated emission depletion microscopic imaging　受激发射损耗显微成像　14.067
stimulated radiation　受激辐射　04.051
stimulated Raman scattering　受激拉曼散射　01.598
stimulated Rayleigh scattering　受激瑞利散射　01.595
stimulate photon echo　受激光子回波　01.083
STN　超扭曲向列相模式　16.039
stochastic optical reconstruction microscope　随机光学重建显微镜　20.048
stochastic optical reconstruction microscopic imaging　随机光学重构显微成像　14.062
Stokes diameter　斯托克斯直径　27.077
Stokes frequency shift　*斯托克斯频移　01.124

Stokes light 斯托克斯光 01.211
Stokes parameter 斯托克斯参数 01.190
Stokes red shift 斯托克斯红移 01.124
Stokes vector 斯托克斯矢量 01.191
stop 光阑 09.331
storage capacity 存储容量 23.064
storage density 存储密度 23.065
storage technology by multi-layer 多层存储技术 23.057
storage technology with multi-level 多阶存储技术 23.058
STORM 随机光学重构显微成像 14.062，随机光学重建显微镜 20.048
strained quantum well 应变量子阱 02.093
strap-down inertial navigation 捷联式惯性导航 24.007
stray light elimination stop 消杂光光阑 09.335
stray light testing instrument 杂光检查仪 19.055
streak camera 条纹照相机 15.022
streak tube 条纹管 14.215
Strehl criterion 斯特列尔准则 14.277
Strehl ratio 斯特列尔比 27.083
stress birefringence 应力双折射，*机械双折射，*光弹性效应 01.472
stretched cloud image 展宽云图 27.030
stretched pulse mode-locking 拉伸脉冲锁模 10.347
stripe noise 条带噪声 21.091
structural method 结构方法 17.148
structured illumination microscopic imaging 结构光照明显微成像 14.063
structure illumination microscope 结构光照明显微镜 20.046
structuring element 结构元 17.127
sub-aperture stitching testing 子孔径拼接检测 06.152
subband encoding 子带编码 17.093
subjective speckle 主观散斑 01.647
submarine optical cable 海底光缆 08.079
sub-pixel 子像素 14.021
subpixel 亚像元，*亚像素 14.027
subpixel imaging with the micro-scanning 微扫描亚像元成像 14.114
sub-Poisson distribution 亚泊松分布 02.067
substrate 衬底，*基板 06.170
substrate disc 衬盘，*光盘基片 23.085
subtractive color 相减色，*减混色 05.005
subtractive mixture 相减混色 05.107
subwavelength diffractive microlens 亚波长衍射微透镜 09.120
sub-wavelength structure 亚波长结构 03.008
sun photometer 太阳光度计 18.116
superconductor bolometer 超导型热辐射计 18.134
superconductor terahertz detector 超导太赫兹探测器 11.050
supercontinuum light source 超连续谱光源 10.015
supercontinuum spectrum 超连续谱 01.258
superfluorescence 超荧光 01.231
super fluorescent light source *超荧光光源 10.435
super lattice 超晶格，*半导体超晶格 06.072
superluminal 超光速 01.390
superluminal tunneling 超光速隧穿 01.391
super luminescent light emitting diode 超辐射发光二极管 10.435
super mode 超模式 08.112
super-orthicon camera tube 超正析摄像管 15.130
super-Poisson distribution 超泊松分布 02.068
superposition principle of waves 波叠加原理 01.005
super-prism phenomenon 超棱镜现象，*超棱镜效应 08.148
superradiation 超辐射 04.070
super radiant state 超辐射态 10.351
super reflective mirror 超反射镜 09.131
super-resolution microscopy imaging 超分辨显微成像 14.055
super-resolution optical storage 超分辨率光存储技术 23.056
super strong laser field 超强激光场 10.352
super twisted nematic 超扭曲向列相模式 16.039
surface acousto-optic device 表面声光器件 11.273
surface albedo 地表反照率 21.061
surface channel charge coupled device 表面沟道电荷耦合器件，*表面沟道器件 11.196
surface-emitting semiconductor laser 表面发射半导体激光器 10.100
surface-enhanced Raman scattering 表面增强拉曼散射 01.601
surface-enhanced Raman spectroscopy 表面增强拉曼光谱术 01.335
surface micromachining 表面微机械加工术 09.360
surface mounting technology packed LED light 贴片式

LED 灯 10.361
surface plasma 表面等离子体 03.021
surface plasma wave 表面等离子体波 03.020
surface plasmon 表面等离子体激元，*表面等离子体极化激元 03.022
surface plasmon-coupled emission 表面等离子体激元耦合发射 03.025
surface plasmon interference lithography 表面等离子体激元干涉光刻 03.030
surface plasmon resonance 表面等离子体共振 03.024
surface plasmon resonance biosensor 表面等离子体激元共振生物传感器 12.054
surface radiation budget 地表辐射收支 04.109
surface storage density 面存储密度，*面密度 23.066
surface wave 表面波 01.077
surgical visual correction 手术视觉矫正 28.050
swath width 刈幅宽度 14.194
sweep 扫描 15.092
swept source optical coherence tomography 扫频光源光学相干层析术 14.207
SWIR 短波红外区 01.380
switched connection 交换连接 22.125
switching time [调 Q]开关时间 10.305
symbol rate 符号速率 22.017
symmetrical multilayer 对称膜系 07.025
symmetric optical system 对称式光学系统 13.027
synchronizing signal 电视同步信号 11.128
synchronous digital cross connector 同步数字交叉连接器 09.329
synchronous fluorescence spectrum 同步荧光光谱 01.303
synchronous optical network 同步光网络 22.101
synchrotron radiator 同步辐射源 10.401
synthetic image 合成图像 17.002

# T

tactical-level fiber optic gyroscope 战术级光纤陀螺仪，*中精度光纤陀螺仪 24.033
Talbot interferometer 塔尔博特干涉仪 18.031
tangent condition 正切条件 13.089
tangential distortion 切向畸变 14.245
taper coupler 锥形耦合器 09.227
tapered optical fiber 锥形光纤 08.050
target detection 目标检测 17.082
target radiator 目标辐射源 10.403
target tissue 靶组织 28.116
Taylor criterion 泰勒判据 14.276
TCLC 陷阱电荷限制电流 16.069
TCSPC 时间相关单光子计数 02.114
TDC 色散补偿器 01.435
TDFA 掺铥光纤放大器 11.233
TDI infrared focal plane array 时间延迟积分红外焦平面阵列 15.074
TDLAS 可调谐半导体激光吸收光谱术 01.345
TDM-PON 时分复用无源光网络 22.106
TD-OCT 时间域光学相干层析术 14.200
telecentric system 远心光学系统，*远心系统 13.035
telecommunication optical fiber 通信光纤 08.002
telemetry data 工程数据 21.103
telescope 望远镜 20.060
television 电视 15.160
television camera tube 电视摄像管，*摄像管 15.129
television scanning 电视扫描 15.093
television set 电视接收机，*电视机 15.195
television system 电视制式 15.163
TE mode *TE 模 08.114
temperature differential radiance 温度微分辐射亮度 01.147
temperature gradient 温度梯度 15.220
template matching 模板匹配 17.140
template method 样板法 12.023
temporal coherence 时间相干性 01.534
temporal integration effect 时间延迟积分效应 11.040
temporal scanning low coherence interference demodulator 时间扫描型低相干干涉解调仪 19.083
temporal soliton 时间光孤子 01.676
temporary and spatial-joint modulated spectral imager 时空联合调制光谱成像仪 14.166
temporary modulated spectral imager 时间调制光谱成像仪 14.165
TEM wave 横电磁波 01.080
TE polarization TE 偏振 01.179
terahertz bolometer 太赫兹辐射热计 25.034

terahertz communication 太赫兹波通信 22.008
terahertz imaging 太赫兹波成像 14.141
terahertz optical asymmetric demultiplexer 太赫兹光非对称解复用器 22.053
terahertz pyroelectric detector 太赫兹热释电探测器 11.045
terahertz quantum well detector 太赫兹量子阱探测器 11.048
terahertz source 太赫兹源 25.018
terahertz source based on photonic technique 光学太赫兹源 25.019
terahertz spectrum 太赫兹光谱 01.260
terahertz time-domain spectroscopy 太赫兹时域谱系统 25.017
terahertz wave 太赫兹波，*亚毫米波，*毫米波，*甚远红外波 25.016
terahertz wave detection 太赫兹波检测 25.031
terminal meter 端度计量仪 19.022
terminal multiplexer 终端复用器 22.049
terrain correction 地形校正 21.039
terrain radiation 地物辐射 04.064
terrestrial radiation 地球辐射 04.042
TERS 针尖增强拉曼光谱术 01.356
tetragonal crystal system 四方晶系 06.081
TE wave 横电波 01.081
texture 纹理 17.084
texture analysis 纹理分析 17.085
TFT-LCD 薄膜晶体管液晶显示 16.033
themo-chromism materials 热致变色材料 06.038
theodolite 光学经纬仪，*经纬仪 19.008
theory of mode coupling 模耦合理论 08.130
thermal balancing test 热平衡试验 15.197
thermal defect 热缺陷 06.089
thermal defocusing 热离焦 15.213
thermal evaporation coating 热蒸发镀膜 07.044
thermal infrared 热红外[波] 25.007
thermal ion exchange *热离子交换法 12.017
thermally stimulated luminescence 热激励发光 04.020
thermal nonreciprocity error 热致非互易效应误差 24.049
thermal optical carbon analysis 热–光碳分析法 28.258
thermal phase noise 热相位噪声 11.063
thermal radiation 热辐射 04.071
thermal-radiation-based infrared scene generator 热辐射型红外景象发生器，*热辐射型红外景物发生器 25.009
thermal radiation detector 热辐射探测器，*热探测器，*光热探测器 11.016
thermal radiation source 热辐射光源 10.002
thermal state 热态 02.060
thermal texture map imaging 热断层扫描成像 14.083
thermistor-type infrared focal plane array 热敏电阻红外焦平面阵列 15.085
thermocouple detector 热电偶探测器 11.024
thermo luminescence 热释光 01.204
thermo luminescence curve 热释光曲线 01.205
thermo-optic waveguide switch 热光波导开关 11.262
thermopile detector 热电堆探测器 11.046
thermo-pneumatic detector 热气动探测器 11.026
thick lens 厚透镜 09.100
thickness uniformity 膜厚均匀性 07.039
thin disk laser 薄碟激光器 10.092
thin film acousto-optic device *薄膜声光器件 11.273
thin-film interference 薄膜干涉 01.543
thin film LED chip 薄膜 LED 芯片 10.441
thin-film polarizer 薄膜偏振器 09.314
thin film transistor liquid crystal display 薄膜晶体管液晶显示 16.033
thin film waveguide *薄膜波导 08.083
thin lens 薄透镜 09.101
third harmonic 三次谐波 01.131
third-order aberration 三级像差 14.223
third-order dispersion 三阶色散 01.414
Thomson scattering 汤姆孙散射 01.609
threaded lens *螺纹透镜 09.093
three attributes of color 颜色三属性 05.056
three-axis fiber optic gyroscope 三轴光纤陀螺仪 24.031
three-chip projector 三片式投影机 16.053
three-dimensional display 三维显示，*3D 显示，*立体显示 16.014
three-dimensional laser scanning 三维激光扫描 15.096
three-dimensional noise 三维噪声，*3D 噪声 17.041
three-dimensional photonic crystal 三维光子晶体 06.069

three-dimensional storage　三维存储技术，*体存储技术　23.053
three-dimensional surface contouring measured by laser　激光三维面形测量　12.009
three primary color　三基色　05.003
three-level laser　三能级激光器　10.140
three-mirror optical system　三反射式光学系统　13.007
three-phase CCD　三相 CCD　11.205
three-wave mixing　三波混频　02.017
threshold condition　阈值条件　10.216
thresholding　阈值处理　17.144
threshold pump energy　激光泵浦阈值能量　10.211
threshold pump power　激光泵浦阈值功率　10.212
threshold voltage　[液晶显示]阈值电压，*临界电压　16.070
threshold wavelength　阈值波长　01.099
thulium-doped fiber amplifier　掺铥光纤放大器　11.233
thulium ion laser　铥离子激光器　10.044
Ti-diffused $LiNbO_3$ waveguide　钛扩散铌酸锂波导　08.090
tight jacketed optical cable　紧套光缆　08.073
tilted fiber grating　倾斜光纤光栅　09.268
time-correlated single-photon count　时间相关单光子计数　02.114
time delay integration camera　时间延迟积分型照相机　15.027
time delay integration scanning　时间延迟积分扫描　15.109
time division multiplexing passive optical network　时分复用无源光网络　22.106
time-domain fluorescence lifetime imaging　时域法荧光寿命成像　14.072
time domain optical coherence tomography　时间域光学相干层析术　14.200
time-gated fluorescence lifetime imaging　门控法荧光寿命成像　14.073
time magnification　时间放大率　17.152
time modulated interference spectrometer　时间调制干涉光谱仪　18.088
time resolution　[闪烁吸收]时间分辨率　02.116
time-resolved fluorescence spectroscopy　时间分辨荧光光谱术　01.336
time-resolved imaging　时间分辨成像　14.047
time transfer function　时间传递函数　13.051
timeslot assignment　时隙分配　22.161
tip enhanced Raman spectroscopy　针尖增强拉曼光谱术　01.356
tip-tilt mirror　倾斜反射镜　09.140
TIRFM　全内反射荧光显微镜　20.044
tissue optical properties parameter　组织光学特性参数　28.004
TM　倾斜反射镜　09.140，终端复用器　22.049
TM mode　*TM 模　08.113
TM polarization　TM 偏振　01.180
TMR　激光心肌血运重建术　28.159
TM wave　横磁波　01.082
TN　扭曲向列　16.066
TOAD　太赫兹光非对称解复用器　22.053
TOD　三阶色散　01.414
tomography　层析术　14.197
topological descriptors　拓扑描绘子　17.034
tortuous phase hologram　迂回相位全息图　23.027
total dose radiation　辐射总剂量　04.076
total exposure time　全曝光时间　15.153
total internal reflection　全内反射　01.440
total internal reflection fluorescence microscope　全内反射荧光显微镜　20.044
total path radiance　总路径辐射亮度　01.146
total reflection　全反射　01.439
total reflection critical angle　全反射临界角，*全反射角　01.442
total reflective mirror　全反射镜　09.133
total station electronic tachometer　全站型电子速测仪　19.014
TP　传送平面　22.120
TPEF　双光子激发荧光成像　14.053
trace　正程　11.126
tracking　跟踪　22.181
traffic grooming　[光网络]业务梳理　22.163
traffic protection　[光网络]业务保护　22.165
traffic restoration　[光网络]业务恢复　22.164
transfer efficiency　转移效率　11.214
transfer function of electron optics　电子光学传递函数　13.048
transfer magnification　转面倍率　14.247
transfer noise　转移噪声　17.039
transfer photoplotter　转绘仪　19.095
transflective liquid crystal display　透反型液晶显示

16.032
transform encoding　变换编码　17.092
transient absorption　瞬态吸收　01.493
transition　跃迁　04.112
transition probability　跃迁概率　04.117
transluminal myocardial revascularization　激光心肌血运重建术　28.159
transmission　透射　01.476
transmission amplitude grating　透明光栅　09.275
transmission electron microscope　透射电子显微镜　20.028
transmission hologram　透射全息图　23.032
transmission holography　透射全息术　23.005
transmission-type space camera　传输型空间照相机　15.006
transmissive liquid crystal display　透射型液晶显示　16.030
transmittance　透过率　06.120
transparent medium　透明介质　06.003
transport plane　传送平面　22.120
transpupillary cyclophotocoagulation　经瞳孔睫状体光凝术　28.183
transpupillary thermotherapy　经瞳孔温热治疗术　28.185
transscleral cyclophotocoagulation　透巩膜睫状体光凝术　28.168
transverse chromatic aberration　*倍率色差　14.256
transverse electric mode　横电模　08.114
transverse electric wave　横电波　01.081
transverse electromagnetic wave　横电磁波　01.080
transverse flow carbon dioxide laser　横向流动二氧化碳激光器　10.037
transverse magnetic mode　横磁模　08.113
transverse magnetic wave　横磁波　01.082
transverse magnification　横向放大率　13.107
transverse mode　横模　10.269
transverse mode selection　选横模　10.270
transversely excited atmospheric carbon dioxide laser　横向激励大气压二氧化碳激光器　10.034
trap-charge limited current　陷阱电荷限制电流　16.069
traveling-wave modulator electrode　行波型调制电极　22.090
travelling-wave laser　*行波激光器　10.135
triangular lattice　三角形晶格　06.074
triboluminescence　摩擦发光　04.019
trichromatic system　三色系统　05.082
trichromatic theory　三色理论　05.067
trigonal crystal system　三角晶系　06.078
triplet lens　三透镜　09.099
triplet state　三重态，*三线态　02.063
tristimulus values　三刺激值　28.077
TSA　时隙分配　22.161
TSCP　透巩膜睫状体光凝术　28.168
TTT　经瞳孔温热治疗术　28.185
tumor laser interstitial thermotherapy　肿瘤激光间质热疗法　28.237
tunable diode laser absorption spectroscopy　可调谐半导体激光吸收光谱术　01.345
tunable dye laser　可调谐染料激光器　10.051
tunable filter　可调谐滤光片　09.026
tunable laser　可调谐激光器　10.148
tunable optical transmitter　可调谐光发射机　22.022
tunable semiconductor laser　可调谐半导体激光器　10.096
tunable solid state laser　可调谐固体激光器　10.059
tungstate laser　钨酸盐激光器　10.045
turbidity　浑浊度　27.061
TV set　电视接收机，*电视机　15.195
twins image　孪生像　14.008
twist optical fiber　扭绞光纤　08.053
twisted nematic　扭曲向列　16.066
twister image device　*扭像器　14.220
two beam interference　双光束干涉　01.548
two dimensional spectroscopy　二维光谱学　01.255
two photon fluorescence　双光子荧光　01.226
two-dimensional orthogonal grating　二维正交光栅　09.262
two-dimensional photonic crystal　二维光子晶体　06.068
two-flow equation　二流方程　27.085
two-frequency laser　双频激光器　10.153
two-level laser　二能级激光器　10.139
two-mode squeezed state　双模压缩态　02.047
two-phase CCD　二相 CCD　11.206
two-photon absorption　双光子吸收　01.492
two-photon effect　双光子效应　11.276
two-photon excitation fluorescence imaging　双光子激发荧光成像　14.053
Twyman-Green interferometer　特外曼–格林干涉仪，

# U



# V

vacuum Rabi oscillation 真空拉比振荡 02.106
vacuum tube 真空管 11.087
vacuum ultraviolet laser 真空紫外激光器 10.170
VAD 轴向气相沉积法 06.135
vanadate laser 钒酸盐激光器 10.070
vapor axial deposition 轴向气相沉积法 06.135
variable focus lens 可变焦距透镜 09.102
variable optical attenuator 光可变衰减器 09.322
variable thresholding 可变阈值处理 17.146
VC 虚容器 22.018，虚级联 22.128
VCSEL 垂直腔表面发射半导体激光器，*垂直腔表面发射激光器 10.101
vector beam 矢量光束 01.034
vector lithography imaging 矢量光刻成像 14.132
vector method 矢量法 07.042
vector mode 矢量模 08.110
vector of polarization mode dispersion 偏振模色散矢量 01.434
vector radiative transfer 矢量辐射传输 04.105
vegetation index 植被指数 21.109
vegetative cover reflection spectrum 植被反射光谱 01.281
veiling glare index 杂光系数 14.281
velocity to height ratio 速高比 27.092
vertex of surface 顶点 13.084
vertical alignment [液晶]垂直排列 16.081
vertical axis magnification *垂轴放大率 13.107
vertical-cavity surface-emitting semiconductor laser 垂直腔表面发射半导体激光器，*垂直腔表面发射激光器 10.101
vertical electrode LED chip 垂直电极 LED 芯片 10.439
vertical parallax 垂直视差 28.060
vertical projection 垂直投影 21.070
vertical testing 立式检测 06.156
vestibular ocular reflex 前庭视反射 28.193
vibronic laser 电子振动激光器 10.048
video frequency 视频 15.188
video frequency band 视频频带 15.191
video frequency signal 视频信号 15.189
vidicon 视像管 15.135
view number 视点数 16.102
view principal point 视主点 15.203
vignetting 渐晕 13.101
vignetting coefficient 渐晕系数 13.102
vignetting stop 渐晕光阑 09.334
violet 紫色 05.031
virtual concatenation 虚级联 22.128
virtual container 虚容器 22.018
virtual image 虚像 14.003
virtual mode 虚模式 16.038
virtual-phase CCD 虚相 CCD 11.208
visibility 能见度 27.037
visibility function 视见函数 28.046
visible and near infrared region 可见近红外区 01.379
visible laser 可见光激光器 10.159
visible light 可见光 01.196
visible light therapy 可见光治疗 28.108
visible region 可见区 01.378
visible spectrum 可见光谱 01.272
vision 视觉 28.030
visual acuity 视觉敏锐度 28.044
visual angular magnification 视角放大率 13.108
visual axis 视轴 28.052
visual contrast threshold 视觉对比阈 28.043
visual interpretation 目视判读，*目视解译 21.096
visualization of gas 气体可视化 27.027
visual magnification 视觉放大率 28.045
visual optical system 目视光学系统 13.014
visual processing 视觉处理 28.097
visual resolution 目视分辨率 14.039
VNIR 可见近红外区 01.379
VOA 光可变衰减器 09.322
voice coil actuator 音圈驱动器 09.364
voice frequency 音频 15.186
voice frequency signal 音频信号 15.187
Voigt filter 沃伊特滤波器 09.044
volatile memory 易失性存储器 23.062
voltage sensitive dyes 电压敏感染料 28.018
voltage sensitivity 电压灵敏度 11.060
volume hologram 体全息图，*厚全息图 23.031
volume holographic grating 体全息光栅 09.250
volume holography 体全息术 23.007
volume phase holographic grating 体积相位全息光栅，*体光栅 09.263
volume scattering function 体散射函数 01.627
volumetric 3D display 体 3D 显示 16.018
voxel 体素 16.080
V-prism refractometer V 棱镜折射仪 19.077

# W

white balance adjustment 白平衡调节 15.146
White cell 怀特池 27.079
white light 白光 01.220
white light information processing 白光信息处理 23.099
white lighting 白光照明 10.379
white light interference 白光干涉 01.541
white light lidar 白光激光雷达 27.012
white-light speckle 白光散斑 01.645
whiteness 白度 05.077
whiteness meter 白度计 18.124
white organic light emitting diode 白光有机发光二极管 10.432
white point 白点 05.111
wide-angel objective lens 广角物镜 09.163
wide beam 宽光束 01.029
width of energy level 能级宽度 10.218
Wiener filter 维纳滤波器 09.053
Wiener interference experiment 维纳干涉实验 01.567
wire measuring microscope 测丝显微镜 20.003
WOLED 白光有机发光二极管 10.432
Wollaston prism 沃拉斯顿棱镜 09.078
working beam 工作光束 01.038
working laser 工作激光器 10.200
WORM disc 一次写入光盘 23.077
wrinkle rating 皱纹度 06.173
write once read many disc 一次写入光盘 23.077
WSI 波长选择隔离器 09.235
WSON 波长交换光网络 22.095

# X

xenon arc lamp 氙弧灯 10.373
xenon excimer laser 氙分子激光器 10.029
xenon flash lamp 氙闪光灯 10.360
xenon fluoride excimer laser 氟化氙准分子激光器 10.027
xenon lamp 氙灯 10.364
XGM 交叉增益调制 22.062
X-ray fluorescence spectrometry X射线荧光光谱术 01.300
X-ray framing camera X射线分幅照相机 15.019
X-ray laser X射线激光器 10.171
X-ray lithography X射线光刻 26.013
X-ray luminescence tomography X射线荧光断层成像 14.095
X-ray topography X射线形貌术 19.051
X-type coupler X分支耦合器 09.229
XYZ colorimetric system XYZ色度系统 05.089

# Y

YAG ceramic laser 钇铝石榴石陶瓷激光器 10.064
YAG laser 钇铝石榴石激光器,*YAG激光器 10.065
YAP laser 铝酸钇激光器 10.075
Yb-doped fiber amplifier 掺镱光纤放大器 11.235
Y branch loss Y分支损耗 08.103
yellow 黄色 05.027
yellow and orange laser 黄橙光激光器 10.163
yellow-green laser 黄绿光激光器 10.164
YLF laser 氟化锂钇激光器 10.076
Young-Helmholtz's trichromatic theory *杨–亥姆霍兹三色理论 05.067
Young's diffraction 杨氏衍射 01.581
Young's interference experiment 杨氏干涉实验 01.564
ytterbium and erbium co-doped optical fiber 镱铒共掺光纤 08.012
ytterbium-doped optical fiber 掺镱光纤 08.011
Y-type coupler Y分支耦合器 09.228
YUV color space YUV颜色空间 05.095
$YVO_4$ laser 钒酸钇激光器 10.071
Y waveguide Y波导 08.101
Y waveguide bend loss Y波导弯曲损耗 08.102

# Z


ZBLAN glass 氟锆酸盐玻璃 06.050
Zeeman slower 塞曼减速器 19.117
Zeeman spectroscopy 塞曼光谱术 01.332
Zeeman tuned laser 塞曼调谐激光器 10.152
zenithsky DOAS 天顶散射光差分吸收光谱术 01.340
zenithsky scattering differential optical absorption spectroscopy 天顶散射光差分吸收光谱术 01.340
Zernike pyramid 泽尼克金字塔 14.252
zerobias 零偏 24.051
zerobias axial magnetic field sensitivity 场灵敏度 24.055
zerobias irradiation drift 零偏辐照漂移 24.057
zerobias magnetic field sensitivity 零偏磁场灵敏度 24.054
zerobias radial magnetic field sensitivity 偏径向磁场灵敏度 24.056
zerobias repeatability 零偏重复性 24.060
zerobias stability 零偏稳定性 24.059
zerobias temperature rate sensitivity 零偏温度速率灵敏度 24.053
zerobias temperature sensitivity 零偏温度灵敏度 24.052
zerobias vibration error 零偏振动误差 24.058
zone plate 波带片 09.032
zero dispersion optical fiber 零色散光纤 08.035
zero materials dispersion wavelength 零材料色散波长 01.098
zero parallax 零视差 28.061
zoom image tube 变倍管 14.212
zoom lens-combination 变倍组 09.127
zoom objective lens 变焦物镜 09.164
zoom optical system 变焦系统 13.030
zoom stereo interpretoscope 变倍立体判读仪 19.094
Z-scan measurement Z 扫描测量 06.164

# 汉 英 索 引

## A


阿贝比长仪　Abbe comparator　19.086
阿贝-波特实验　Abbe-Porter experiment　14.146
阿贝成像　Abbe theory of image formation　14.142
阿贝成像原理　Abbe's principle of image formation　01.007
阿贝衍射极限　Abbe diffraction limit　01.583
阿贝折射仪　Abbe refractometer　19.076
阿贝正弦条件　Abbe sine condition　14.145
阿米奇棱镜　Amici prism　09.063
阿秒脉冲　attosecond pulse　01.651
艾里斑　Airy disk　01.637
艾里光束　Airy beam　01.025
爱因斯坦定律　Einstein law　04.121
爱因斯坦关系　Einstein relation　04.120
爱因斯坦系数　Einstein coefficient　04.119
暗背景亮度　dark background brightness　01.142
暗场显微镜　dark-field microscope　20.050
暗电流　dark current　11.070
暗孤子　dark soliton　01.680
暗计数　dark count　02.111
暗目标　dark object　21.078
暗视觉　scotopic vision　28.037
暗适应　dark adaptation　28.072
暗态　dark state　02.054
暗像元　dark object，dark pixel　14.028
凹面光栅　concave grating　09.244
奥夫纳色散光学系统　Offner dispersion optical system　13.025
奥夫纳中继光学系统　Offner relay optical system　13.024
*奥夫纳中继系统　Offner relay optical system　13.024


## B


巴比涅原理　Babinet's principle　01.004
靶组织　target tissue　28.116
白点　white point　05.111
白度　whiteness　05.077
白度计　whiteness meter　18.124
白光　white light　01.220
LED 白光　LED white light　01.224
白光干涉　white light interference　01.541
白光激光雷达　white light lidar　27.012
白光散斑　white-light speckle　01.645
白光信息处理　white light information processing　23.099
白光有机发光二极管　white organic light emitting diode，WOLED　10.432
白光照明　white lighting　10.379
白平衡　white balance　15.145
白平衡调节　white balance adjustment　15.146
白色　white　05.023
板上 LED　chip-on-board LED　10.420
板条激光器　slab laser　10.088
半波电压　half-wave voltage　22.088
*半波片　half-wave plate　09.004
半波损失　half-wave loss　01.457
半导体　semiconductor　11.131
[半导体]发光中心　semiconductor luminescent center　04.035
*半导体超晶格　super lattice　06.072
半导体发光　semiconductor luminescence　04.013
半导体发光材料　semiconductor luminescent materials　06.030
半导体光电探测器　semiconductor photoelectric detector　11.003
半导体光放大器　semiconductor optical amplifier，SOA　11.238
半导体光开关　semiconductor optical switch　11.264
半导体激光二极管　semiconductor laser diode

10.308
半导体激光二极管阵列　semiconductor laser diode array　10.309
半导体激光器　semiconductor laser　10.094
半导体可饱和吸收镜　semiconductor saturable absorber mirror，SESAM　09.188
半导体吸收　semiconductor absorption　01.496
*半共心共振腔　half-concentric resonator　10.248
半共心谐振腔　half-concentric resonator　10.248
半经典激光方程　semiclassical equation　10.459
半内腔激光器　semi-internal cavity laser　10.134
半球反照率　hemisphere reflectance　21.057
*半球面共振腔　semispherical resonator　10.249
半球面谐振腔　semispherical resonator　10.249
半视角　half viewing angle　16.103
棒状激光器　rod laser　10.089
*傍轴轨迹方程　electron paraxial trajectory equation　14.148
*傍轴近似　paraxial approximation　13.080
包层泵浦　clading pumping　10.319
薄碟激光器　thin disk laser　10.092
薄膜 LED 芯片　thin film LED chip　10.441
薄膜变形镜　membrane deformable mirror　09.176
*薄膜波导　thin film waveguide　08.083
薄膜干涉　thin-film interference　01.543
薄膜晶体管液晶显示　thin film transistor liquid crystal display，TFT-LCD　16.033
薄膜偏振器　thin-film polarizer　09.314
*薄膜声光器件　thin film acousto-optic device　11.273
*薄片管　gen Ⅱ wafer　14.211
薄透镜　thin lens　09.101
饱和功率　saturation power　11.255
饱和光强　saturation intensity　11.256
饱和曝光量　saturated exposure　15.156
饱和吸收　saturate absorption　01.500
饱和吸收光谱术　saturation absorption spectroscopy　01.339
1+1 保护　1+1 protection　22.168
*M*∶*N* 保护　*M*∶*N* protection　22.167
保偏光纤　polarization maintaining optical fiber　08.015
保偏光纤耦合器　PMF coupler　09.230
保偏光纤陀螺　polarization-maintaining fiber optic gyroscope　24.022
曝光　exposure　15.147
曝光补偿技术　exposure compensation technology　15.159
曝光量　exposure　15.155
曝光时间　exposure time　15.152
曝光实时监测　*in-situ* monitoring of exposure　15.151
*曝光系数　exposure index　15.158
曝光因数　exposure factor　15.158
爆炸快门　blast shutter　15.054
贝茨波前剪切干涉仪　Bates wavefront shearing interferometer　18.018
贝尔态　Bell state　02.053
背光源　backlight　10.016
背景辐射　background radiation　04.059
背投影机　rear projector　16.054
背向反射　backreflection　01.438
背照明 CCD　back illuminate CCD　11.210
背照明 CMOS　back illuminate CMOS，BCMOS　11.218
背照式红外焦平面阵列　back-side illumination infrared focal plane array　15.072
钡镓锗玻璃　barium gallogermanate glass　06.051
倍率计　dynameter　19.111
*倍率色差　transverse chromatic aberration　14.256
*倍频　frequency doubling　11.274
倍频激光器　doubling laser　10.155
倍频晶体　frequency doubling crystal　06.065
倍频器　frequency multiplier　11.275
被动 *Q* 开关　passive *Q*-switch　10.297
被动差分吸收光谱仪　passive differential optical absorption spectrometer，passive DOAS　18.081
被动傅里叶变换红外光谱术　passive FTIR spectrometry　01.355
被动光学遥感　passive remote sensing　21.004
被动式轻武器夜视镜　passive lightweight-weapon night sight　28.092
被动锁模　passive mode-locking　10.338
被动锁模激光器　passive mode-locked laser　10.177
*被动像素　passive image pixel　14.022
被诱导色　induced color　05.018
本地数值孔径　local numerical aperture　13.059
本地双折射　local birefringence　01.471
本征半导体　intrinsic semiconductor　11.138
本征光电导　intrinsic photoconductivity　11.074
本征光电导型红外探测器　intrinsic photoconductive infrared detector　11.028

本征探测器 intrinsic detector 11.004
本征吸收 intrinsic absorption 01.485
本征型电致发光 intrinsic electro-luminescence 04.008
*本征型光纤传感器 intrinsic optical fiber sensor 12.036
本征型光纤法布里–珀罗干涉仪 intrinsic fiber Fabry-Perot interferometer，IFFPI 18.040
泵浦 pumping 10.316
泵浦参数 pumping parameter 10.333
泵浦灯 pumping lamp 10.328
泵浦功率 pumping power 10.336
泵浦和探测光谱学 pump-probe spectroscopy 01.256
泵浦速率 pumping rate 10.334
泵浦效率 pumping efficiency 10.335
比较测角仪 comparison goniometer 19.034
比较显微镜 comparison microscope 20.018
比累对切透镜干涉实验 interference experiment of Billet's split lens 01.569
*比探测率 ratio-detectivity 11.069
*比特率 data transfer rate 22.016
比吸收系数 specific absorption coefficient 01.510
*闭操作 morphological closing 17.049
闭环带宽 close-loop bandwidth 27.107
闭环光纤陀螺 closed-loop fiber optic gyroscope 24.020
闭环控制 close-loop control 27.104
边带冷却 sideband cooling 02.041
边界跟踪 boarder following 17.133
边界描绘子 boundary descriptors 17.030
边界线段 boundary segment 17.132
边模抑制比 side mode suppression ratio，SMSR 10.277
边缘电场开关模式 fringe-field switching，FFS 16.040
边缘光线 marginal ray 01.018
边缘检测 edge detection 17.081
编码孔径光谱成像仪 coded aperture spectral imager 14.177
变倍管 zoom image tube 14.212
变倍立体判读仪 zoom stereo interpretoscope 19.094
变倍组 zoom lens-combination 09.127
变换编码 transform encoding 17.092
*变换极限脉冲 Fourier-transform-limited pulse 01.654
变焦物镜 zoom objective lens 09.164
变焦系统 zoom optical system 13.030
变色材料 chromism materials 06.035
变像管 image converter tube 14.209
变像管高速照相机 image converter tube for high speed camera 15.021
变形次镜 deformable secondary mirror 09.177
*变形镜 deformable reflective mirror 09.174
标度因数 scale factor 24.037
标度因数不对称度 scale factor asymmetry 24.040
标度因数非线性度 scale factor nonlinearity 24.039
标度因数温度灵敏度 scale factor temperature sensitivity 24.041
标度因数重复性 scale factor repeatability 24.038
标记管理系统 label management system，LMS 22.114
标记图 signature 17.138
标量光刻成像 scalar lithography imaging 14.133
*标量模 scalar mode 08.107
标准灯 standard lamp 10.354
LED 标准灯 LED standard lamp 10.359
标准反射板 standard reflector 09.143
标准光源 standard light source 10.003
标准黑体 standard blackbody 10.409
标准积分球 standard integrating sphere 09.345
标准镜 standard lens 09.186
标准三条带分辨率测试图案 standard three bars resolution test target 17.120
CIE 标准色度学系统 CIE standard colorimetric system 05.087
标准照明体 standard illuminant 10.388
CIE 标准照明体 CIE standard illuminant 10.392
表观对比度 apparent contrast 27.048
表观反射率 apparent reflectance 01.456
表观辐射亮度 apparent radiance 01.141
表观光学特性 apparent optical properties 27.062
*表面冲击强化 laser shock hardening 26.026
表面波 surface wave 01.077
表面等离子体 surface plasma 03.021
表面等离子体波 surface plasma wave 03.020
表面等离子体共振 surface plasmon resonance，SPR 03.024
表面等离子体激元 surface plasmon 03.022
表面等离子体激元干涉光刻 surface plasmon interference lithography 03.030

表面等离子体激元共振生物传感器　surface plasmon resonance biosensor　12.054
表面等离子体激元光学　plasmonics　03.026
表面等离子体激元光学力　plasmonic force　03.028
表面等离子体激元回路　plasmonic circuit　03.029
表面等离子体激元耦合发射　surface plasmon-coupled emission，SPCE　03.025
表面等离子体激元涡旋　plasmonic vortices　03.027
*表面等离子体极化激元　surface plasmon　03.022
表面发射半导体激光器　surface-emitting semiconductor laser　10.100
表面沟道电荷耦合器件　surface channel charge coupled device，SCCD　11.196
*表面沟道器件　surface channel charge coupled device，SCCD　11.196
表面声光器件　surface acousto-optic device　11.273
表面微机械加工术　surface micromachining　09.360
表面增强拉曼光谱术　surface-enhanced Raman spectroscopy　01.335
表面增强拉曼散射　surface-enhanced Raman scattering，SERS　01.601
*表色系统　color system　05.081
冰映光　ice blink　27.082
并行存取　parallel access　23.068
并扫　parallel scanning　15.172
波包干涉　wavepacket interference　01.546
波带片　zone plate　09.032
*波导　waveguide　08.080
Y 波导　Y waveguide　08.101
波导光栅　waveguide grating　09.272
波导归一化频率　waveguide normalized frequency　01.106
波导激光器　waveguide laser　10.123
波导偏振合束器　waveguide polarization beam combiner　09.220
波导偏振器　waveguide polarizer　09.315
波导色散　waveguide dispersion　01.418
波导生物传感器　waveguide biosensor　12.052
波前　wavefront　01.085
波前函数　wavefront function　01.086
波前畸变　wavefront deformation，wavefront aberrance　01.089
波前记录　wavefront recording　01.087
波前再现　wavefront reconstruction　01.088
波长　wavelength　01.094
*波导双折射　waveguide birefringence　01.469
Y 波导弯曲损耗　Y waveguide bend loss　08.102
波导谐振腔　waveguide resonant cavity　10.244
波叠加原理　superposition principle of waves　01.005
*波段间配准　band registration　21.075
*波段数　number of spectral band　14.187
波段运算　band calculation，band math　21.099
波分复用　wavelength division multiplexing，WDM　22.039
*波分复用器　wavelength division multiplexer，WDM　22.045
波分复用无源光网络　wavelength division multiplexing passive optical network，WDM-PON　22.107
*波分解复用器　optical wavelength division demultiplexer　22.048
波粒二象性　wave-particle duality　02.029
波片　wave plate　09.001
*波谱分辨率　wavelength resolution　14.189
波前传感器　wavefront sensor　12.056
*波前探测器　wavefront sensor　12.056
*波前像差　wavefront aberration　14.231
*波前重建　wavefront reconstruction　01.088
波数　wave number　01.397
波数分辨率　wave-number resolution　14.188
波像差　wavefront aberration　14.231
波长分辨率　wavelength resolution　14.189
波长交叉连接　wavelength cross connect　09.327
波长交换光网络　wavelength switched optical network，WSON　22.095
波长连续性约束　wavelength continuity constraint，WCC　22.189
波长漂移　drift of wavelength　01.100
波长扫描定标　wavelength scanning calibration　14.182
波长调谐　wavelength tuning　01.133
波长调制光谱术　wavelength modulation spectroscopy　01.350
波长调制型光纤传感器　wavelength modulated fiber optic sensor　12.034
波长选择隔离器　wavelength-selective isolator，WSI　09.235
波长选择开关　wavelength selective switch　11.268
波长选择性　wavelength selectivity　23.089
波长转换　wavelength converting　11.277

波长转换器　wavelength converter　11.278
*波阵面　wavefront　01.085
玻璃弹性　elasticity of glass　06.052
玻璃基板　glass substrate　16.083
玻璃硬度　hardness of glass　06.053
玻色–爱因斯坦凝聚　Bose-Einstein condensation，BEC　02.070
玻色子　boson　02.037
剥脱性换肤术　ablative resurfacing　28.216
剥脱性激光　ablative laser　01.251
泊松斑　Poisson spot　01.635
铂/铬–氖谱线定标灯　Pt/Cr-Ne line calibration lamp　14.186
铂闪烁点　platinum sparkler　06.054
补偿镜　null lens　09.187
补偿镜检测法　compensating mirror testing　06.160
补色　color complementary　05.006
补色波长　complementary wavelength　05.040
补色律　law of complementary color　05.069
捕获　acquisition　22.177
捕获不确定角　acquisition uncertainty angle　22.180
不等像　aniseikonia image　14.005
不对称因子　asymmetry factor　01.616
不可克隆定理　no cloning theorem　02.115
不可控微扫描　uncontrolled micro-scanning　15.102
不透明体　optical opacity　28.014
*不晕透镜　aplanatic lens　09.092
*布居　population　10.227
*布居反转　population inversion　10.228
布居数　population number　10.227
布拉格波长　Bragg wavelength　09.299
布拉格反射器　Bragg reflector　09.142
*布拉格方程　Bragg equation　01.589
布拉格光纤　Bragg optical fiber　08.052
布拉格光栅　Bragg grating　09.274
*布拉格镜　quarter-wave mirror　09.146
布拉格声光衍射　Bragg acousto-optic diffraction　01.579
布拉格条件　Bragg condition　01.589
布拉格衍射　Bragg diffraction　01.577
布里奇曼–斯托克巴杰法　Bridgman-Stockbarger method　06.141
布里渊光时域反射计　Brillouin optical time-domain reflectometer，BOTDR　18.056
布里渊光时域反射技术　Brillouin optical time-domain reflectometry　18.064
布里渊光纤放大器　Brillouin fiber amplifier　11.236
布里渊频移　Brillouin shift　01.128
布里渊散射　Brillouin scattering　01.602
布里渊型光纤陀螺　Brillouin fiber optic gyroscope　24.027
布儒斯特[干涉]条纹　Brewster's fringes　01.556
布儒斯特窗　Brewster window　09.320
布儒斯特角　Brewster angle　01.462
步进扫描　step scanning　15.108
部分补偿检验　partial-compensated testing　06.151
部分偏振光　partially polarized light　01.178
部分相干　partially-coherent　01.526
部分相干传递函数　partial-coherent transfer function　13.047


## C


材料发射率　emissivity of materials　04.092
材料色散　material dispersion　01.417
材料双折射　materials birefringence　01.470
彩度　chroma　05.075
彩虹全息术　rainbow holography　23.004
彩虹全息图　rainbow hologram　23.035
*彩色红外片　color infrared film　15.044
彩色滤光膜　color filter，CF　07.004
彩色片　color film　15.043
彩色全息图　color hologram　23.034
彩色图像　color image　17.005
彩色图像合成仪　color image commination device　17.114
*彩色显像管　color picture tube　11.092
彩色夜视　color night vision　28.086
彩色阴极射线管　color cathode ray tube　11.092
参考光　reference wave　01.217
参考光谱　reference spectrum　01.308
参量放大　parametric amplification　11.224
参量非线性　parametric nonlinearity　02.008
参量荧光　parametric fluorescence　01.230
参量振荡　parametric oscillation　10.233

侧泵浦　side pumping　10.318
侧视　side observation　21.069
侧向散射激光雷达　side-scattering lidar　27.014
测角光度计　goniophotometer　18.104
*测角仪　optical goniometer　19.032
测距仪　range finder　19.027
测丝显微镜　wire measuring microscope　20.003
测图仪　plotter　19.064
测微光度计　microphotometer　18.114
测长仪　length measuring machine　19.023
层绞式光缆　layer twist optical cable　08.075
层析术　tomography　14.197
插入损耗　insertion loss　09.349
差动多普勒技术　differential Doppler technology　19.041
差分滤波　differential filtering　17.061
差分群时延　differential group delay　01.396
差分吸收光谱术　differential optical absorption spectroscopy，DOAS　01.338
差分吸收激光雷达　differential absorption lidar　27.008
差分吸收截面　differential absorption cross section　01.507
*差拍检测　heterodyne detection　12.004
差拍探测　heterodyne detection　12.004
掺铥光纤放大器　thulium-doped fiber amplifier，TDFA　11.233
掺铒光纤　erbium-doped optical fiber　08.010
掺铒光纤放大器　erbium-doped fiber amplifier，EDFA　11.232
掺铒钇铝石榴石激光器　erbium-doped yttrium aluminum garnet laser　10.066
掺钕钒酸钇激光器　neodymium-doped yttrium vanadate laser　10.072
掺钕氟化锂钇激光器　Nd:YLF laser　10.077
掺钕氟磷酸钙激光器　neodymium-doped calcium fluorophosphates laser　10.078
掺钕铍酸镧激光器　neodymium-doped beryllium citrate laser　10.079
掺钕钨酸钙激光器　neodymium-doped calcium tungstate laser　10.080
掺钕钇铝石榴石激光器　Nd:YAG laser　10.063
掺镨光纤放大器　praseodymium-doped fiber amplifier，PDFA　11.234
掺镱光纤　ytterbium-doped optical fiber　08.011
掺镱光纤放大器　Yb-doped fiber amplifier　11.235
掺杂半导体　doped semiconductor　11.139
掺杂绝缘体激光器　doped insulator laser　10.062
产生算符　creation operator　02.099
长波红外[波]　longwave infrared　25.005
长波红外区　long wave infrared region，LWIR　01.382
长波截止滤光片　long wave cutoff filter　09.013
长波通滤光片　long wave pass filter　09.011
长波吸收滤光片　long wave absorptive pass filter　09.016
长度计量仪　length measuring instrument　19.021
长余辉发光材料　luminescent materials with long afterglow　06.026
长周期光纤光栅　long-period fiber grating　09.270
长周期光纤光栅传感器　long period optical fiber grating sensor　12.044
常白显示模式　normal white mode　16.042
常黑显示模式　normal black mode　16.043
常温磷光　room-temperature phosphorescence　01.198
场地定标　ground-looking calibration　21.049
场镜　field lens　09.124
场灵敏度　zerobias axial magnetic field sensitivity　24.055
场频　field rate，field frequency　15.181
场曲　field curvature　14.236
场色序法　field-sequential color，FSC　16.107
*场同步脉冲　field sync pulse　15.182
场同步信号　field synchronizing signal　15.182
*场致发光　electroluminescence　04.004
场致发射显示　field emission display，FED　16.011
超泊松分布　super-Poisson distribution　02.068
超导太赫兹探测器　superconductor terahertz detector　11.050
超导型热辐射计　superconductor bolometer　18.134
超低照度 CMOS　extreme low light CMOS　11.216
超短激光脉冲测量　ultrashort laser pulse measurement　12.008
超短脉冲　ultrashort pulse　01.650
超短脉冲激光器　ultrashort pulse laser　10.182
超反射镜　super reflective mirror　09.131
超分辨率光存储技术　super-resolution optical storage　23.056
超分辨显微成像　super-resolution microscopy imaging　14.055
超辐射　superradiation　04.070

超辐射发光二极管 super luminescent light emitting diode，SLED/SLD 10.435
超辐射态 super radiant state 10.351
超高压汞灯 ultrahigh pressure mercury lamp 10.369
超光谱成像仪 ultra-spectral imager 14.174
超光速 superluminal 01.390
超光速隧穿 superluminal tunneling 01.391
超晶格 super lattice 06.072
超快光谱 ultrafast spectrum 01.261
超快激光光谱学 ultrafast laser spectroscopy 01.254
超快速扫描探针显微术 ultrafast scanning probe microscopy 20.055
超棱镜现象 super-prism phenomenon 08.148
*超棱镜效应 super-prism phenomenon 08.148
超冷原子 ultra-cold atom 02.072
超连续谱 supercontinuum spectrum 01.258
超连续谱光源 supercontinuum light source 10.015
超模式 super mode 08.112
超扭曲向列相模式 super twisted nematic，STN 16.039
超强激光场 super strong laser field 10.352
超全视网膜光凝术 extra-panretinal photocoagulation，E-PRP 28.184
超声 *Q* 开关 ultrasonic *Q*-switch 10.298
超声光栅 ultrasonic grating 09.253
超视距成像 over-the-horizon imaging 14.115
超视力 hyperacuity 28.068
超衍射极限光存储技术 ultra-diffraction limitation optical storage 23.054
超荧光 superfluorescence 01.231
*超荧光光源 super fluorescent light source 10.435
超正析摄像管 super-orthicon camera tube 15.130
沉积镀膜 deposition coating 07.043
衬底 substrate 06.170
衬盘 substrate disc 23.085
成核层 nucleation layer 11.164
成像 imaging 14.044
成像差分吸收光谱术 imaging differential optical absorption spectroscopy，imaging-DOAS 01.343
*成像光谱技术 spectral imaging technology 14.151
成像光谱仪 imaging spectrometer 18.084
成像光学系统 imaging optical system 13.003
成像面不变装置 imaging plane surface invariant device 09.128
成像仪 imager 14.153
橙色 orange 05.026
尺度转换 scale transform 21.092
赤潮遥感 red tide remote sensing 21.014
重复频率 repetition rate 01.103
重复频率脉冲激光器 repetition rate laser 10.188
*重复周期 revisit cycle 21.105
重构算法 reconstructing algorithm 14.191
*抽运 pumping 10.316
*抽运功率 pumping power 10.336
出瞳 exit pupil 13.066
*出瞳函数 exit pupil function 13.074
出瞳距离 exit pupil distance 13.067
初电子角度分布 angle distribution of initial electron 11.105
初电子能量分布 energy distribution of initial electron 11.106
初级像差 primary aberration 14.222
穿透深度 penetration depth 28.017
传播常数 propagation constant 01.388
传感器信噪比 sensor signal-to-noise ratio，SNR 12.063
传感器噪声 sensor noise 12.062
*传感型光纤传感器 functional fiber optic sensor 12.036
传光光纤束 optical fiber light-guide bundle 08.067
*传光束 optical fiber light-guide bundle 08.067
*传光型光纤传感器 non-functional fiber optic sensor 12.037
传能光纤 power delivery optical fiber 08.003
传输模 propagation mode 08.106
*传输速率 data transfer rate 22.016
传输系统误码率 bit error ratio，BER 22.015
传输型空间照相机 transmission-type space camera 15.006
传送平面 transport plane，TP 22.120
传像光纤束 image optical fiber bundle 08.068
*传像束 image optical fiber bundle 08.068
串并扫 serial and parallel scanning 15.174
串扫 serial scanning 15.173
垂直电极 LED 芯片 vertical electrode LED chip 10.439
垂直腔表面发射半导体激光器 vertical-cavity surface-emitting semiconductor laser，VCSEL 10.101
*垂直腔表面发射激光器 vertical-cavity surface-emitting semiconductor laser，VCSEL 10.101

垂直视差　vertical parallax　28.060
垂直投影　vertical projection　21.070
*垂轴放大率　vertical axis magnification　13.107
垂轴色差　lateral chromatic aberration　14.256
纯铜蒸气激光器　pure copper-vapor laser　10.024
纯相干　purely-coherent　01.527
纯像元　pure pixel　14.029
*磁电快速快门　magnetoelectric fast shutter　15.052
磁共振成像　magnetic resonance imaging，MRI　14.130
磁光波导调制器　magneto-optical waveguide modulator　22.079
磁光玻璃　magneto-optic glass　06.045
磁光材料　magneto-optic materials　06.019
磁光成像　magneto-optic imaging　14.049
磁光传感器　magneto-optical sensor　12.046
磁光存储材料　magneto-optical storage materials　06.021
磁光隔离器　magneto-optic isolator　09.234
*磁光光谱术　magneto-optical spectroscopy　01.332
磁光晶体　magneto-optic crystal　06.060
磁光开关　magneto-optical switch　11.260
磁光快门　magneto-optical shutter　15.047
磁光调制　magneto-optic modulation　22.067
磁光调制器　magneto-optic modulator　22.080
磁光系统　magneto-optic system　03.012
磁光效应　magneto-optic effect　06.018
磁加速发光　magnetic stimulation　04.025
磁偏转灵敏度　magnetic deflection sensitivity　11.115
磁偏转系统　magnetic deflection system　11.113
磁透镜　magnetic lens　09.109
磁圆二向色性　magnetic circular dichroism　06.128
磁致伸缩驱动器　magnetostrictive actuator　09.363
磁致双折射　magnetic birefringence　01.466
刺点仪　point transfer device　19.097
从动激光器　slave laser　10.193
粗波分复用　coarse wavelength division multiplexing，CWDM　22.040
粗糙度干涉显微镜　roughness interference microscope　20.007
*粗校正　roughly geometric correction　21.038
猝灭　quenching　04.122
存储密度　storage density　23.065
存储容量　storage capacity　23.064
*错波法　wavefront shearing method　12.016
错位法　wavefront shearing method　12.016

# D

达曼光栅　Dammann grating　09.286
大模场面积光纤　large mode area optical fiber　08.032
[大气]遥感量间接校正　indirect atmospheric correction　21.034
[大气]遥感量直接校正　direct atmospheric correction　21.033
大气背景辐射　atmospheric background radiation　04.063
大气窗口　atmospheric window　27.031
大气垂直探测　atmospheric sounding　21.032
大气对比传递函数　atmospheric contrast transfer function　13.050
大气反射　atmospheric reflection　27.042
大气分子吸收　atmospheric molecule absorption　01.502
大气辐射　atmospheric radiation　04.062
大气复折射率　atmospheric complex refractive index　06.117
大气光学质量　atmospheric optical mass　27.034
大气后向散射比　atmospheric back scattering ratio　01.631
大气激光通信　atmosphere laser communication　22.006
大气绝对校正　absolute atmospheric correction　21.035
大气能见度　atmospheric visibility　27.038
*大气能见距离　atmospheric visibility　27.038
大气平均透射比　atmospheric mean transmittance　27.044
大气散射　atmospheric scattering　01.615
大气色散　atmospheric dispersion　01.409
大气衰减　atmospheric attenuation　01.514
大气衰减系数　atmospheric attenuation coefficient　01.518
大气探测激光雷达　atmospheric detection lidar　27.003

大气透过率　atmospheric transmission ratio　27.043
大气透明度　atmospheric transparency　27.040
*大气吸收　atmospheric absorption　01.502
大气吸收光谱　atmospheric absorption spectrum　01.307
大气相对校正　relative atmospheric correction　21.036
大气消光　atmospheric extinction　27.041
*大气消光系数　atmospheric extinction coefficient　01.518
大气效应　atmospheric effect　27.033
大气折射　atmospheric refraction　01.459
大气折射修正　atmospheric refraction correction　27.045
代替律　law of substitution　05.071
带模型　band model　27.028
带通滤波器　bandpass filter　09.050
带通滤光片　bandpass filter　09.007
带隙　band gap　10.225
*带限滤波器　band limited filter　09.050
带状光谱　band spectrum　01.263
戴森干涉显微镜　Dyson interference microscope　20.005
戴森色散光学系统　Dyson dispersion optical system　13.026
单程损耗　loss by one pass　10.278
单程增益　gain by one pass　11.245
单次散射比　single scattering ratio　01.629
单电位透镜　mono-potential lens　09.110
单分子成像　single molecular imaging　14.135
单个量测摄像机　single measurement camera　15.140
*单个量测摄影机　single measurement camera　15.140
单光子　single-photon　02.032
单光子红外探测器　single photon infrared detector　11.038
单光子探测器　single photon detector　11.037
单横模激光　single transverse mode laser　01.244
单碱光电阴极　alkali photocathode　11.096
单晶光纤　single-crystal optical fiber　08.046
单晶体　single crystal　06.057
单量子阱激光器　single quantum well laser　10.108
单脉冲方式　single pulse mode　01.671
单模波导　single mode waveguide　08.092
单模光纤　single-mode optical fiber　08.028
单模激光器　single mode laser　10.127
单偏振光纤　single polarization optical fiber　08.045
单片式投影机　single-chip projector　16.052
单片型红外焦平面阵列　monolithic infrared focal plane array　15.069
单频激光器　single frequency laser　10.146
*单色辐出度　spectral radiant emittance　04.089
单色辐射　monochromatic radiation　04.069
单色光　monochromatic light　01.201
单色亮度　monochromatic light luminance　01.140
单色视网膜摄影　monochromatic retinal photography　28.200
单色像差　monochromatic aberration　14.232
单色像差校正　monochromatic aberration correction　14.249
单色性　monochromaticity　01.571
单色仪　monochromator　18.094
单色仪光谱定标　spectral calibration used monochromator　14.181
单色源　monochromatic source　10.396
*单线态　singlet state　02.062
单像坐标量测仪　monocomparator　19.007
单眼视觉　monocular vision　28.032
单眼移动视差　monocular motion parallax　28.058
单元阵列式半导体激光器　semiconductor laser array　10.099
单原子激光器　single-atom laser　10.121
单占据分子轨道　single occupied molecular orbit, SOMO　02.097
单重态　singlet state　02.062
单轴晶体　uniaxial crystal　06.062
单纵模　single longitudinal mode　10.268
单纵模激光器　single-longitudinal mode laser　10.128
弹道直射光　ballistic direct light　01.206
弹性背向散射激光雷达　elastic-backscattering lidar　27.018
弹性光网络　elastic optical network　22.097
弹性散射　elastic scattering　01.593
*弹性散射激光雷达　elastic scattering lidar　27.004
氮分子激光器　nitrogen molecular laser　10.028
氮化物荧光粉　nitride phosphor powder　06.105
刀口法　knife-edge method　06.162
刀口仪　knife-edge instrument　19.102
导光板　light guide　16.084
导航望远镜　navigation telescope　20.066
导模　guided mode　08.105

*导模方程　guide mode equation　08.125
倒兰姆凹陷　inverted Lamb dip　10.454
倒置显微镜　inverted microscope　20.023
倒装 LED 芯片　flip LED chip　10.438
到达角　angle-of-arrival　27.087
道尔端规干涉仪　Dowell end-gauge interferometer　18.017
道威棱镜　Dove prism　09.079
道威判据　Dove judgment　14.275
德克斯特能量转移　Dexter energy transfer　11.159
*UHP 灯　UHP lamp　10.369
灯船　light vessel　27.081
灯塔　light house　27.080
等光程　aplanatic　01.402
等厚[干涉]条纹　equal thickness fringes　01.554
等厚干涉　equal thickness interference　01.539
*等厚干涉仪　flat interferometer　18.047
等价共焦腔　equivalent confocal resonator　10.262
等价腔　equivalent resonator　10.263
等离子化学气相沉积法　plasma chemical vapor deposition，PCVD　06.133
等离子体发射光谱分析　plasma emission spectral analysis　01.362
等离子体激光器　plasma laser　10.039
等离子体太赫兹源　plasma terahertz source　25.023
等离子体显示板　plasma display panel，PDP　16.007
等能光谱　equal energy spectrum　01.285
等倾[干涉]条纹　equal inclination fringes　01.555
等倾干涉　equal inclination interference　01.540
等色刺激　isochromatic stimulus　28.074
*等相位面　wavefront　01.085
等效背景照度　equivalent background input illumination　01.158
等效层法　alternative method　07.041
等效界面　equivalent interface　07.029
等效空气层　equivalent air layer　13.095
*等效噪声功率　noise equivalent power，NEP　11.067
等效主距　equivalent principal distance　15.209
等晕条件　isoplanatic condition　13.100
*低功率激光　low power laser　01.240
低功率激光血管内照射　intravascular low level laser irradiation，ILLLI　28.161
低阶模　lower-order mode　08.117
低阶像差　lower-order aberration　14.225
*低精度光纤陀螺仪　rate-level fiber optic gyroscope　24.032
低膨胀微晶玻璃　low expansion glass ceramics　06.047
*低频噪声　low frequency noise　11.062
低强度激光照射疗法　low intensity laser radiation therapy　28.143
低双折射光纤　low birefringence optical fiber　08.034
低态密度光纤　optical fiber of low density of state　08.049
低通滤波器　low pass filter　09.051
低弯曲损耗光纤　low bending loss optical fiber　08.033
低维量子材料　low-dimensional quantum materials　06.031
低温激光器　cryogenic laser　10.195
低压电子显微镜　low voltage electron microscope　20.032
低压汞灯　low pressure mercury lamp　10.367
*低照度 CCD　low light level CCD　11.200
*低照度电视　low light level television，LLLTV　15.161
狄克态　Dicke state　02.055
地表反照率　surface albedo　21.061
地表辐射收支　surface radiation budget　04.109
地面层自适应光学系统　ground layer adaptive optical system　27.096
地面分辨率　ground resolution　14.037
地面控制点　ground control point　21.106
地面像元分辨率　ground sampling distance，GSD　14.038
地面应用系统　ground system　21.100
地面照度　ground illumination　01.155
地平线摄像机　horizon camera　15.139
*地平线摄影机　horizon camera　15.139
地气系统辐射　earth-atmosphere system radiation　04.066
地球反照　earth shine　25.079
地球反照率　earth albedo　21.060
地球辐射　terrestrial radiation　04.042
地球辐射收支　earth radiation budget　04.108
*地球红外辐射　earth thermal radiation　04.065
地球热辐射　earth thermal radiation　04.065
地物辐射　terrain radiation　04.064
地物光谱　spectrum of terrestrial object　01.310
地物光谱辐射计　ground-object spectroradiometer

18.128
地物光谱特性　spectral characteristics of terrestrial object　25.080
地形校正　terrain correction　21.039
递归加权平均滤波　recursive weighted filtering 17.052
碲铯光电阴极　Cs-Te photocathode　11.098
点分辨率　point resolution　14.034
*点光源　point source　10.011
点检测　point detection　17.079
点扩散函数　point spread function　14.268
[LED]点亮时间　run-up time　10.414
点列图　spot diagram　14.238
点缺陷　point defect　06.086
点式光纤传感器　single-point fiber optic sensor 12.038
点衍射干涉仪　point diffraction interferometer　18.024
点源　point source　10.011
点源全息图　hologram of point source　23.029
点源透射比　point sources transmittance，PST　17.154
点阵激光　fractional laser　01.248
点阵激光技术　fractional technology　28.225
碘稳频激光器　iodine stabilized laser　10.157
电泵浦激光器　electrically pumped laser　10.144
电场复用　electric field multiplexing　23.092
电场强度耦合系数　electric field coupling coefficient 08.133
电磁波　electromagnetic wave　01.079
电磁辐射　electromagnetic radiation　04.039
电磁复合聚焦移像系统　combined electrostatic and magnetic focusing system　11.122
电磁感应透明　electromagnetically induced transparency，EIT　02.010
电磁偏转系统　electromagnetic deflection system 11.111
电磁调制　electromagnetic modulation　22.068
电动快速快门　electric fast shutter　15.052
电浮法　electrofloat process　12.017
电光 $Q$ 开关　electro-optic $Q$-switch　10.295
电光波导开关　electro-optical waveguide switch 11.261
电光波导调制器　electro-optical waveguide modulator 22.077
电光光束偏向器　electro-optic beam deflector　09.199
电光晶体　electro-optic crystal　06.059
电光开关　electro-optical switch　11.259
电光快门　electro-optical shutter　15.048
电光器件　electro-optical device　11.001
电光取样探测器　electro-optic sampling detector 11.049
电光调制　electro-optic modulation　22.065
电光调制器　electro-optical modulator　22.075
电光相位调制器　electro-optical phase modulator 22.084
电荷包　charge packet　11.213
电荷耦合器件　charge coupled device，CCD　11.195
电荷耦合器件激光雷达　CCD lidar　27.015
电荷容量　charge capacity　25.078
电荷注入红外焦平面阵列　CID infrared focal plane array　15.077
电荷注入器件　charge-injection device，CID　11.220
电化学发光　electrogenerated chemiluminescence 04.016
电加速发光　electric stimulation，electrical stimulation 04.007
电解光电池　electrolysis photocell　11.193
电控双折射液晶显示　electrically controlled birefringence liquid crystal display，ECB-LCD 16.034
电离辐射　ionizing radiation　04.041
电流扩展层　current spreading layer　11.163
电偶极子辐射　electric dipole radiation　04.040
电偏转系统　electric deflection system　11.112
电迁移率直径　electromigration diameter　27.076
电容率　permittivity　06.012
电容率张量　dielectric tensor　06.015
电扫描　electronic scanning　12.018
电视　television　15.160
*电视机　television set，TV set　15.195
电视接收机　television set，TV set　15.195
电视扫描　television scanning　15.093
电视摄像管　television camera tube　15.129
电视同步信号　synchronizing signal　11.128
电视制式　television system　15.163
电吸收调制器　electric absorption modulator　22.085
电压灵敏度　voltage sensitivity　11.060
电压敏感染料　voltage sensitive dyes　28.018
电泳显示　electrophoresis image display，EPID 16.012
电致变色材料　electro-chromism materials　06.036

电致发光　electroluminescence　04.004
电致发光材料　electroluminescent materials　06.028
电致发光显示　electroluminescent display　16.010
电致双折射　electric birefringence　01.467
电致吸收　electro-absorption　01.490
电子倍增 CCD　electron multiplying CCD，EMCCD　11.212
电子传输层　electron transport layer，ETL　11.168
电子光谱　electronic spectrum　01.271
电子光学传递函数　transfer function of electron optics　13.048
电子光学逆设计　electron optical inverse design　11.119
电子轨迹方程　electron trajectory equation　14.147
电子轰击电荷耦合器件　electron bombarded charge coupled device，EBCCD　11.201
电子近轴轨迹方程　electron paraxial trajectory equation　14.148
电子经纬仪　electronic theodolite　19.012
电子卷帘快门　electronic rolling shutter　15.050
电子快门　electron shutter　15.049
电子棱镜　electron optical prism　09.080
电子枪　electron gun　11.108
电子束泵浦　electron beam pumping　10.320
电子水准仪　electronic level　19.018
电子速测仪　electronic tachometer　19.013
电子探针 X 射线微区分析仪　electron probe X-ray microanalyzer　19.085
电子透镜　electron lens　09.107
电子稳像　electronic image stabilization　17.149
电子显微镜　electron microscope　20.027
*电子型半导体　N-type semiconductor　11.140
电子学太赫兹源　electronic terahertz source　25.028
电子印像机　electronic-controlled printer　15.223
电子振动激光器　vibronic laser　10.048
电子注入层　electron injection layer　11.166
碟片激光器　disk laser　10.093
顶点　vertex of surface　13.084
定标　calibration　14.179
*定标　remote sensing calibration　21.041
定标不确定度　calibration uncertainty　21.055
定标精度　calibration accuracy　14.184
定标系数　calibration factor　21.054
定标源　calibration source　21.053
定量遥感　quantitative remote sensing　21.007
定态波　stationary wave　01.075
定向耦合器　directional coupler　09.223
铥离子激光器　thulium ion laser　10.044
动静比　output ratio of $Q$-switching to free running　10.306
动片扫描摄谱仪　flying plate scanning spectrograph　19.062
*动态范围　optical receiver dynamic range　22.029
动态非均匀线宽　dynamic heterogeneous line width　01.371
动态散射　dynamic scattering，DS　01.613
动态摄影分辨率　dynamic photographic resolution　15.128
陡度　slope　07.038
读数显微镜　reading microscope　20.037
*读写头　optical head　23.047
度盘检查仪　circle tester　19.056
端度计量仪　terminal meter　19.022
端面泵浦　end pumping　10.317
端面耦合　end-face coupling　08.137
端元　endmember　21.076
短波红外[波]　shortwave infrared　25.003
短波红外光电阴极　shortwave infrared photocathode　11.100
短波红外区　short wave infrared region，SWIR　01.380
短波截止滤光片　short wave cutoff filter　09.012
短波通滤光片　short wave pass filter　09.010
短波吸收滤光片　short wave absorptive filter　09.015
短脉冲运转　laser short pulse operation　01.669
短透镜　short lens　09.114
短周期光纤布拉格光栅　fiber Bragg grating with short period　09.284
段开销　section overhead，SOH　22.138
断续调谐红外激光器　discretely tunable infrared laser　10.168
对比传递函数　contrast transfer function　13.049
*对比度　contrast ratio　16.092
对比度敏感函数　contrast sensitivity function，CSF　28.023
对称膜系　symmetrical multilayer　07.025
对称式光学系统　symmetric optical system　13.027
*对刀显微镜　machine-tool microscope　20.036
对地遥感　remote sensing of the earth　21.017
*对接耦合　butt-coupling　08.137

对立色理论　opponent-color theory　05.068
对数变换　log transformation　17.073
对数电极　logarithm electrode　16.097
对易子　commutator　02.039
对应色　corresponding color　05.019
对准　alignment　09.355
钝化保护层　passivation layer　11.165
多边形近似　polygonal approximation　17.134
多层存储技术　storage technology by multi-layer　23.057
多层干涉滤光片　multilayer interference filter　09.018
多层共轭自适应光学系统　multi-conjugate adaptive optical system　27.095
多层介质反射膜　multilayer dielectric reflective coating　07.011
多层介质膜光栅　multilayer dielectric grating　09.282
多层平面波导　multi-layered planar waveguide　08.085
多掺杂激光器　alphabet laser　10.047
多程放大　multirange amplification　11.225
多程干涉术　multipass interferometry　18.002
多畴垂直取向　multi-domain vertical alignment，MVA　16.094
多次反射池　multipass cell　27.078
多次散射　multiple scattering　01.612
多分辨率展开　multiresolution expansion　17.126
多幅变像管高速成像　multi frame image converter high speed imaging　14.124
多功能集成光学芯片　multi-function integrated optical chip，MIOC　08.147
多光谱成像　multispectral imaging　14.088
多光谱成像仪　multispectral imager　14.170
多光谱扫描仪　multispectral scanner　15.121
*多光谱相机　multispectral camera，multiband camera　15.002
多光谱照相机　multispectral camera，multiband camera　15.002
多光束干涉　multiple-beam interference　01.544
多光束干涉术　multiple-beam interferometry　18.005
多光束干涉显微镜　multiple-beam interference microscope　20.009
多光子成像　multiphoton imaging　14.075
多光子烧蚀　multiphoton ablation　03.017
多光子吸收　multiphoton absorption　01.489
多碱光电阴极　multialkali photocathode　11.099
多焦点多光子显微技术　multifocal multiphoton microscopy，MMM　20.057
多焦点镜　multifocal lens　09.189
多角度成像仪　multi-angle imager　14.155
多角度多光谱成像辐射计　multi-angle and multi-spectral imaging radiometer　18.131
多阶存储技术　storage technology with multi-level　23.058
多晶光电导探测器　polycrystalline photoconductive detector　11.051
多量子阱　multi-quantum well　02.092
多量子阱材料　multi-quantum well materials　06.032
多路激光器系统　multichannel laser system　10.205
多模　multimode　08.120
多模干涉耦合器　multimode interference coupler　09.225
多模光纤　multimode fiber　08.030
多模激光器　multimode laser　10.129
*多模色散　multimode dispersion　01.420
多模式成像　multimodality imaging　14.096
多模压缩态　multimode squeezed state　02.048
多模振荡　multimode oscillation　10.231
多能级激光器　multi-level laser　10.141
多普勒测风激光雷达　Doppler wind lidar　27.010
多普勒测速法　Doppler velocimetry　19.037
多普勒光学相干层析术　Doppler optical coherence tomography　14.203
多普勒频移　Doppler frequency shift　01.126
多普勒展宽　Doppler broadening　01.370
多曝光激光散斑衬比成像　multi-exposure laser speckle contrast imaging　14.103
多色红外焦平面阵列　multicolor infrared focal plane array　15.075
多色激光器　multicolor laser　10.173
多视点 3D 显示　multi-view 3D display　16.027
多通道放大器　multipass amplifier　11.239
*多通道干涉术　multipass interferometry　18.002
多协议标签交换　multi-protocol label switching，MPLS　22.148
多芯光纤　multi-core optical fiber　08.026
多业务传送平台　multi-service transport platform，MSTP　22.183
多阈值处理　multiple thresholding　17.145
多轴差分吸收光谱术　multi-axis differential optical absorption spectroscopy，MAX-DOAS　01.342

# E


厄米–高斯模　Hermite-Gauss mode　08.118
铒激光　erbium laser　01.245
二次电子导电摄像管　secondary electron conduction camera tube　15.133
*二次曝光　double exposure　15.150
二次相位调制法　secondary phase modulation method 12.019
二次谐波　second harmonic　01.130
二次谐波成像　second harmonic generation imaging，SHG　14.076
二次掩模曝光　double mask exposure　15.150
二代倒像管　gen II inverter　14.210
二代近贴管　gen II wafer　14.211
二分之一波片　half-wave plate　09.004
二分之一波长层　λ/2 layer　07.020
二级光谱　secondary spectrum　01.311
二极管泵浦固体激光器　diode pumped solid state laser 10.056
二极管泵浦激光器　diode pumped laser　10.145
二极管激光器　diode laser　10.112
二流方程　two-flow equation　27.085
二能级激光器　two-level laser　10.139
二色性　dichromatism　05.066
二维光谱学　two dimensional spectroscopy　01.255
二维光子晶体　two-dimensional photonic crystal 06.068
二维正交光栅　two-dimensional orthogonal grating 09.262
二相 CCD　two-phase CCD　11.206
二向反射分布函数　bidirectional reflectance distribution function，BRDF　01.445
二向色性　dichroism　06.127
二氧化碳激光器　carbon dioxide laser　10.033
二氧化碳吸收　carbon dioxide absorption　01.503
二元光学元件　binary optical element　23.043
二元计算全息图　binary computer-generated hologram 23.039


# F


发光　luminescence　04.002
发光材料　luminescent materials　06.024
发光点　luminous point　04.032
发光二极管　light emitting diode，LED　10.427
发光二极管显示屏　LED display screen　16.047
发光二极管芯片　LED chip　10.437
发光二极管阵列显示模块　LED matrix array display module　16.048
*发光粉　phosphor powder　06.104
发光光谱　luminescence spectrum　01.275
发光客体　guest emitter　04.027
发光理论　luminescence theory　04.001
发光面　luminous surface　04.033
发光强度　luminescence intensity，luminous intensity 04.028
发光强度余弦定律　cosine law of luminous intensity 04.037
发光衰减　decay of luminescence　04.031
发光系数　luminous coefficient　04.030
发光效率　luminous efficiency　04.029
发光中心　luminescence center　04.034
发光主体　host emitter　04.026
发散　divergent　13.094
发散视差　divergent parallax　28.064
发射电子显微镜　emission electron microscope 20.031
发射光谱　emission spectrum　01.290
发射光谱仪　emission spectrometer　18.076
*法布里–珀罗标准具　Fabry-Perot interferometer 18.011
法布里–珀罗干涉仪　Fabry-Perot interferometer 18.011
法布里–珀罗激光二极管　Fabry-Perot laser diode，FP-LD　10.311
*法布里–珀罗谐振腔　plane parallel resonator　10.243
*法拉第磁光效应　magneto-optic effect　06.018
法拉第光隔离器　Faraday optical isolator　09.233
*法拉第快门　Faraday shutter　15.047

*法拉第效应　Faraday effect　06.018
法拉第效应误差　Faraday effect error　24.048
钒酸钆激光器　$GdVO_4$ laser　10.073
钒酸镥激光器　$LuVO_4$ laser　10.074
钒酸盐激光器　vanadate laser　10.070
钒酸钇激光器　$YVO_4$ laser　10.071
反常色散　anomalous dispersion　01.406
反常色散光纤　abnormal dispersion optical fiber　08.041
反对易子　anti-commutator　02.040
反光立体镜　mirror stereoscope　09.085
反射　reflection of light　01.437
反射测角术　reflecting goniometry　19.036
反射测量技术　reflectometry　18.062
反射电子显微镜　reflection electron microscope　20.030
反射定律　law of reflection　01.447
反射光谱　reflection spectrum　01.280
反射计　reflectometer　18.053
反射角　reflective angle　01.449
反射镜　reflective mirror　09.130
反射率　reflectance　01.452
反射全息术　reflection holography　23.006
反射全息图　reflection hologram　23.033
反射式光学系统　reflective optical system　13.005
*反射式阶梯光栅　echelle grating　09.259
反射体颜色　reflective color　05.054
反射望远镜　reflecting telescope　20.063
*反射系数　reflectance　01.452
反射型液晶显示　reflective liquid crystal display　16.031
反射因数　reflectance factor　01.450
反演　inversion　21.085
反应离子束刻蚀　reactive ion etching　11.174
反远距型物镜　reversed-telephoto objective lens　09.165
反照率　albedo　21.056
方向滤波器　directional filter　09.052
防离子反馈膜　ion barrier film　07.008
房角摄影　gonio photography　28.201
放大镜　magnifier　09.126
放大率　magnification　13.105
放大系数　amplification factor　11.252
放大自发辐射噪声　amplified spontaneous emission noise，ASE noise　11.257
放映频率　projection frequency　15.193
飞行定标　in flight calibration　21.045
飞秒激光器　femtosecond laser　10.186
飞秒脉冲　femtosecond pulse　01.652
飞秒脉冲整形　femtosecond pulse shaping　01.667
飞秒瞬态光谱　femtosecond transient spectrum　01.287
飞秒荧光上转换　femtosecond fluorescence up-conversion　01.136
飞秒振荡器　femtosecond oscillator　10.240
*飞片扫描摄谱仪　flying plate scanning spectrograph　19.062
非本征半导体太赫兹探测器　extrinsic semiconductor terahertz detector　11.047
非本征光电导　extrinsic photoconductivity　11.075
非本征光电导型红外探测器　extrinsic photoconductive infrared detector　11.029
*非本征探测器　extrinsic detector　11.008
*非本征型光纤传感器　extrinsic optical fiber sensor　12.037
非本征型光纤法布里–珀罗干涉仪　extrinsic Fabry-Perot interferometer，EFPI　18.041
非剥脱性换肤术　non-ablative resurfacing　28.217
非剥脱性激光　non-ablative laser　01.250
*非彩色　neutral color　05.009
非常光　extra-ordinary light　01.200
非成像遥感　non-imaging remote sensing　21.010
非弹性散射　inelastic scattering　01.614
*非弹性散射激光雷达　Raman scattering lidar　27.006
非辐射复合　nonradiative recombination　04.097
非功能型光纤传感器　non-functional fiber optic sensor　12.037
非共振激发　off-resonant excitation　10.330
*非互易性　nonreciprocity　13.041
非极性半导体　nonpolar semiconductor　11.137
非经典态　non-classical state　02.059
非均匀饱和　inhomogeneous saturation　10.451
*非均匀加宽　inhomogeneously broadening　01.368
非均匀谱线加宽　spectral inhomogeneously broadening　01.368
非均匀性校正　non-uniformity compensation，NUC　17.122
*非理想导体光栅　finite conducting grating　09.252
非临界相位匹配　noncritical phase matching　02.023

非零色散位移光纤　non-zero dispersion-shifted optical fiber　08.037
非零位检验　non-null testing　06.150
非偏振光　non-polarized light　01.177
*非平衡载流子　non-equilibrium carrier　11.152
非平面光刻　lithography on nonplanar substrate　26.021
非平面环形腔单频激光器　non-planar ring oscillator single frequency laser　10.147
非球面反射镜　aspherical mirror　09.137
非球面系统　aspheric system　13.033
非扫描探测器　nonscanned detector　11.005
非视域成像　non-line of sight imaging　14.116
非稳腔　nonstable resonator　10.261
非线性大气光学效应　nonlinear effect of atmospheric optic　27.036
非线性光波导　nonlinear optical waveguide　08.095
非线性光学　nonlinear optics　02.002
非线性光学晶体　nonlinear optical crystal　06.064
非线性极化　nonlinear polarization　02.003
*非线性极化旋转　nonlinear polarization rotation　02.005
*非线性介质　nonlinear medium　06.008
非线性耦合方程组　nonlinear coupling equations　02.007
非线性偏振旋转　nonlinear polarization rotation　02.005
非线性系数　nonlinear coefficient　02.004
*非线性薛定谔方程组　nonlinear Schrödinger equations　02.007
非均匀波　inhomogeneous wave　01.076
非线性长度　length of nonlinearity　02.006
非相干　incoherent　01.528
非相干成像　incoherent imaging　14.045
非相干叠加　incoherent superposition　01.521
非相干光　incoherent light　01.219
非相干合成　incoherent synthesis　01.523
非相干太赫兹波检测　non-coherent terahertz detection　25.032
非相干性　incoherence　01.536
非易失性存储器　nonvolatile memory　23.063
非正规光波导　informal optical waveguide　08.082
非致冷型红外焦平面阵列　uncooled infrared focal plane array　15.079
非涅耳表面　Fresnel surface　13.086
*菲涅耳反射系数　Fresnel reflection coefficient　01.453
菲涅耳复合棱镜　Fresnel composite prism　09.068
菲涅耳公式　Fresnel equation　01.461
菲涅耳近似　Fresnel approximation　12.028
菲涅耳棱镜　Fresnel prism　09.067
菲涅耳全息图　Fresnel hologram　23.021
菲涅耳数　Fresnel number　09.351
菲涅耳双棱镜干涉实验　interference experiment of Fresnel biprism　01.566
菲涅耳透镜　Fresnel lens　09.093
*菲涅耳透射系数　Fresnel transmission coefficient　01.477
菲涅耳衍射　Fresnel diffraction　01.573
菲希特鲍尔–拉登堡方程　Fuechtbauer-Ladenburg equation　10.458
菲佐法　Fizeau method　12.020
菲佐干涉仪　Fizeau interferometer　18.015
费马原理　Fermat principle　01.003
费米能级　Fermi energy level　10.224
费米子　fermion　02.038
*分辨率　point resolution　14.034
分辨率板　optical resolution test board　06.168
分辨率测试图案　resolution test chart　17.119
分波前干涉法　interferometry of divising wavefront　01.549
*K*分布　*K* distribution　27.084
分布反馈　distribution feedback　10.350
分布式布拉格反射激光器　distributed Bragg reflector laser，DBR laser　10.150
分布式反馈激光器　distributed feedback laser，DFB laser　10.151
分布式放大器　distributed amplifier　11.230
分布式光纤传感器　distributed fiber optic sensor　12.039
分布式拉曼放大　distributed Raman amplification，DRA　11.223
分步傅里叶方法　split-step Fourier method　02.027
分层路径计算单元架构　hierarchical path computation element architecture　22.162
分幅时间　framing time　15.032
*分幅式遥感　frame camera remote sensing　21.016
*分幅照相机　frame camera　15.014
分光光度计　spectrophotometer　18.107
分光镜　spectroscope　09.088

分光器　optical beam splitter　09.206
分光色度计　spectro-colorimeter　18.122
*PGP 分光组件　PGP splitter　09.209
分焦平面偏振成像　division of focal plane polarization imaging　14.120
分节棒激光器　segmented rod laser　10.090
分孔径偏振成像　division of aperture imaging　14.119
分块全息存储　block-oriented holographic storage 23.074
分离间隙法　separating gap method　12.021
分离运动　disjunctive eye movement　28.026
分立表面变形镜　discrete surface deformable mirror 09.179
*分立式光纤传感器　discrete fiber optic sensor 12.038
分裂窗通道　split-window channel　21.074
分裂技术　splitting technique　17.136
分色 3D 显示　color based 3D display　16.019
分色分束片　dichroic beam splitter　09.204
分色镜　dichroic mirror　09.185
分色棱镜　dichroic prism　09.074
*分色片　dichroic beam splitter　09.204
分时偏振成像仪　division of time polarimeter　14.156
分束比　splitting ratio　09.208
分束片　beam splitter　09.202
*分束器　beam splitter　09.211
*分束器　optical beam splitter　09.206
分水岭分割算法　watershed segmentation algorithm 17.050
分振幅干涉法　interferometry of divising amplitude 01.550
分振幅偏振成像　division of amplitude polarization imaging　14.118
X 分支耦合器　X-type coupler　09.229
Y 分支耦合器　Y-type coupler　09.228
Y 分支损耗　Y branch loss　08.103
分子光谱　molecular spectrum　01.268
分子束外延　molecular beam epitaxy，MBE　06.140
分子信标　molecular beacon　28.254
分子振动光谱　molecular vibration spectrum　01.270
分子转动光谱　molecular rotation spectrum　01.269
分组传送网　packet transport network，PTN　22.093
风景物镜　landscape objective lens　09.158
LED 封装　LED packaging　10.418
蜂窝状晶格　honeycomb lattice，rectangular lattice 06.075
*缝隙纠正仪　ortho projector　16.064
夫琅禾费光谱线　Fraunhofer spectral line　01.364
夫琅禾费全息图　Fraunhofer hologram　23.023
*夫琅禾费线　Fraunhofer line　01.364
夫琅禾费衍射　Fraunhofer diffraction　01.574
弗里德参数　Fried’s parameter　27.086
弗里德里克斯转变　Freedericksz transition　16.071
氟锆酸盐玻璃　ZBLAN glass　06.050
氟化氪准分子激光器　krypton fluoride excimer laser 10.030
氟化锂钇激光器　YLF laser　10.076
氟化氙准分子激光器　xenon fluoride excimer laser 10.027
氟化氩激光器　argon fluoride laser　10.031
符号速率　symbol rate　22.017
符合计数　coincidence count　02.110
辐射　emission，radiation　04.038
辐射场定标　radiation field calibration　04.111
辐射出射度　radiant exitance　04.088
辐射传递　radiation transfer　04.095
辐射传输方程　radiative transfer equation　04.102
辐射传输理论　radiation transfer theory　04.101
辐射带　radiation band　04.075
辐射定标　radiometric calibration　25.045
辐射对比度　radiation contrast　04.079
辐射分辨率　radiation resolution　21.066
辐射功率　radiant power　04.077
辐射函数　radiative function　04.094
辐射计　radiometer　18.125
辐射冷却率　radiation cooling rate　04.107
辐射亮度标准灯　radiance standard lamp　10.357
[辐射量]绝对定标　absolute calibration　15.198
[辐射量]相对定标　relative calibration　15.199
辐射模　radiation mode　08.108
辐射能　radiant energy　04.072
辐射能流量　radiant fluence　04.073
辐射能流率度　radiant energy fluence rate　01.154
辐射能密度　radiant energy density　04.074
辐射强度　radiant intensity　04.083
辐射强度因数　radiant intensity factor　04.084
*辐射球照度　spherical irradiance　01.154
辐射衰减寿命　decay radiative lifetime　04.078
辐射损伤　radiation damage　26.052
辐射探测器　radiation detector　11.006

*辐射通量　radiant power　04.077
辐射通量密度　radiant flux density　04.081
辐射校正　radiometric correction　21.040
辐射校正场　radiometric correction field　04.093
辐射阈值　radiation threshold　04.098
辐射源　radiator　10.400
辐射跃迁　radiative transition　04.113
辐射照度　irradiance　01.152
辐射照度比　irradiance reflectance　01.160
辐射制冷　radiative cooling　04.096
辐射总剂量　total dose radiation　04.076
辐照量　radiant exposure　04.091
*福克空间　Fock space　02.074
*福克态　Fock state　02.043
福斯特能量转移　Forster energy transfer　11.158
斧形扫描镜　axehead scanning mirror　09.172
辅助光学系统　auxiliary optical system　13.019
负胶　negative resist　06.098
*负色散光纤　negative dispersion optical fiber　08.040
负视差　negative parallax　28.063
负透镜　negative lens　09.098
负折射率　negative refractive index　06.115
附加脉冲锁模　additive-pulse mode-locking　10.341
附着层　adhesion layer　07.016
附着力　adhesion　07.027
*复共振腔　complex resonator　10.250
复合光栅　multi-grating　09.287
复合激光器　recombination laser　10.086
复合龙基光栅　multi-Ronchi grating　09.290
复合谐振腔　complex resonator　10.250
复合正弦光栅　multi-sine grating　09.288
复视　diplopia　28.041
复数滤波器　complex filter　09.057
复消色差物镜　apochromatic objective lens　09.160
复用段开销　multiplex section overhead，MSOH　22.140
*复用器　wavelength division multiplexer，WDM　22.045
复照仪　copying camera，reproduction camera　19.098
复折射率　complex refractive index　06.116
复制光栅　replica grating　09.243
*傅里叶变换光谱仪　Fourier transform spectrometer　18.088
傅里叶变换红外光谱术　Fourier transform infrared spectroscopy　01.352
傅里叶变换极限脉冲　Fourier-transform-limited pulse　01.654
傅里叶变换开放光路光谱术　open path FTIR spectroscopy　01.354
傅里叶变换全息图　Fourier transform hologram　23.022
傅里叶变换太阳光谱术　solar FTIR spectroscopy　01.353
*傅里叶变换型光谱成像仪　interferometric spectral imager　14.164
傅里叶光谱　Fourier spectrum　01.309
傅里叶光学　Fourier optics　13.001
傅里叶光学系统　Fourier optical system　13.012
*傅里叶光学相干断层扫描　Fourier domain optical coherence tomography　15.098
傅里叶描绘子　Fourier descriptors　17.032

# G

伽博全息术　Gabor holography　23.009
伽利略望远镜　Galileo telescope　20.069
*伽马变换　gamma transformation　17.077
伽马射线激光器　gamma-ray laser，graser　10.172
钆玻璃激光器　gadolinium glass laser　10.084
钆镓石榴石激光器　GGG laser　10.067
杆体细胞　rod cell　28.022
感光材料　photosensitive materials　06.034
感光度　photographic sensitivity　06.094
感光特性曲线　sensitometric characteristic curve　06.096
*干检测系统　optical direct detection system　22.020
干涉　interference　01.538
干涉成像光谱仪　interference imaging spectrometer　18.085
干涉光刻　interference lithography　26.017
*干涉光谱　Fourier spectrum　01.309
干涉级次　interference order　01.563
干涉检测　interferometric testing　06.154
干涉滤光分光镜　interference filter spectroscope

09.089
*干涉滤光镜　interference filter　09.017
干涉滤光片　interference filter　09.017
*干涉滤光器　interference filter　09.017
干涉起偏器　interference polarizer　09.316
干涉生物传感器　optical interference biosensor　12.053
干涉术　interferometry　18.001
干涉条纹　interference fringes　01.552
干涉条纹程差　path difference between interference fringes　01.559
干涉条纹对比度　contrast of interference fringes　01.560
*干涉条纹可见度　contrast of interference fringes　01.560
干涉图采样间隔　sampling interval of interference pattern　01.561
干涉图样　interference pattern，interferogram　01.553
干涉显微镜　interference microscope　20.004
*干涉显微镜　Linnik interferometer　18.022
干涉型光谱成像仪　interferometric spectral imager　14.164
*干涉型光谱成像仪扫描函数　instrumental line shape function　14.178
干涉条纹锐度　coherent finger sharpness　01.053
干涉型光纤陀螺　interferometric fiber optic gyroscope　24.025
干涉仪　interferometer　18.008
干涉折射计　interference refractometer　18.139
干湿漂移　wet-dry shift　07.040
高程　elevation　15.205
高程精度　elevation accuracy　15.206
高次谐波　high harmonic　01.132
高反射膜　high-reflectance coating　07.013
高非线性光纤　highly nonlinearity optical fiber　08.044
高分辨率成像　high resolution imaging　14.136
高分辨率光谱成像仪　high resolution spectral imager　14.168
*高分子发光材料　polymer luminescent materials　06.029
高工作温度红外焦平面阵列　high operating temperature infrared focal plane array，HOT IRFPA　15.084
*高功率激光　high power laser　01.241
高光谱成像仪　hyperspectral imager　14.172
高光谱激光雷达　hyperspectral lidar　27.023
高阶孤子　high-order soliton　01.683
高阶模　high-order mode　08.119
高阶色散　high-order dispersion　01.415
高阶像差　higher-order aberration　14.226
*高精度光纤陀螺仪　inertial grade fiber optic gyroscope　24.034
高密度光存储技术　high-density optical storage　23.052
高能激光器　high energy laser　10.190
高平均功率固体激光器　high average power solid state laser　10.058
高气压二氧化碳激光器　high pressure carbon dioxide laser　10.035
*高双折射光纤　high birefringence optical fiber　08.015
高斯反射镜　Gaussian mirror　09.135
高斯光阑　Gaussian stop　09.333
[高斯光束]束腰宽度　beam waist width　01.047
高斯光束　Gaussian beam　01.024
[高斯光束]束腰半径　beam waist radius　01.046
高斯近似法　Gaussian approximate method　08.139
高斯线型　Gaussian line shape　01.374
高斯像　Gaussian image　14.009
高斯像面　Gaussian image plane　14.016
高速时间分辨摄谱仪　high-speed time-resolving spectrograph　19.061
高速实时全息摄影术　high-speed real-time holography　15.124
高速轴流型二氧化碳激光器　high speed axial flow carbon dioxide laser　10.036
高通波长　cut-on wavelength　07.028
高通滤波器　high pass filter　09.049
高温金相显微镜　high temperature metallographic microscope　20.017
高压电子显微镜　high voltage electron microscope　20.033
高压汞灯　high pressure mercury lamp　10.368
戈莱管　Golay tube　25.076
格拉斯曼颜色混合定律　Grassmann's color mixing law　05.072
格里高利反射式光学系统　Gregory optical system　13.008
格里高利望远镜　Gregorian telescope　20.072

光机扫描　optical-mechanical scanning　15.105
光机扫描型照相机　opto-mechanical scanning camera　15.028
光机扫描仪　optical-mechanical scanner　15.116
光激活定位显微成像　photo activation localization microscopic imaging，PALM　14.061
光激励发光　photo stimulate luminescence　04.021
光计算　optical computing　23.100
光剂量　light dose　28.129
光剂量率　light dose rate　28.130
光监控信道　optical supervisory channel，OSC　22.134
*光检测　optical detection　12.003
光交叉复用器　optical interleaver　22.052
光交叉连接器　optical cross connector　09.325
光交叉连接装置　optical cross connect equipment　09.328
光交换　optical switching　22.142
光交换节点　optical switch node，OSN　22.150
光接入网　optical access network　22.102
光接收机　optical receiver　22.026
光接收机动态范围　optical receiver dynamic range　22.029
光接收机灵敏度　optical receiver sensitivity　22.028
光解复用　optical demultiplexing　22.034
光阱加速度计　optical trap accelerometer　19.046
*光具座　optical bench　18.141
光开关　optical switch　11.258
光开关串扰　optical switch crosstalk　11.269
光开关消光比　optical switch extinction ratio　11.270
光可变衰减器　variable optical attenuator，VOA　09.322
光克尔 $Q$ 开关　optical Kerr $Q$-switch　10.304
*光刻　photolithography　26.007
光刻成像　lithography imaging　14.131
光刻机　photo-etching machine　26.023
*光刻胶　photo resist　06.097
*光控光开关　all optical switch　11.263
光阑　stop，aperture　09.331
光缆　optical cable　08.072
光缆连接器　optical cable connector　09.324
光束　light beam　01.022
光束半径　beam radius　01.041
光束参数积　beam parameter product　01.054
光束传输比　beam propagation ratio　01.060
光束传输因子　beam propagation factor　01.057
光束发散度　beam divergence　01.055
光束发散角　beam divergence angle　01.056
光束合成　beam combination　01.069
光束横截面积　beam cross-sectional area　01.048
光束净化　beam cleanup　01.065
光束空间整形　spatial beam shaping in space domain　01.063
光束宽度　beam width　01.044
光束扩展　beam spreading　01.067
光束漂移　beam wander　01.068
光束时间整形　beam shaping in time domain　01.064
光束位置　beam position　01.049
光束位置稳定度　beam positional stability　01.050
光束稳定　beam stabling　01.066
光束限制　beam limiting　01.070
光束衍射倍率因子　beam diffraction multiplying factor　01.058
光束整形　beam shaping　01.062
光束直径　beam diameter　01.043
光束指向稳定度　beam pointing stability　01.051
光束质量　beam quality　01.052
*光束质量因子　beam quality　01.052
光束质量 $\beta$ 因子　beam quality $\beta$ factor　01.059
光束轴　beam axis　01.040
光线　light ray　01.010
光学笼子　optical cage　01.072
光源中心波长　center wavelength of light source　01.096
*光缆自动监测系统　optical fiber line automatic monitoring system，OAMS　22.115
*光力加速度计　light force accelerometer　19.046
光粒子理论　corpuscular theory　02.001
光亮度差灵敏度　luminance difference sensitivity　01.149
*光量计　direct-reading spectrograph，direct-reading spectrometer　18.079
*光量子　photon　02.030
*光量子疗法　low-level laser hemotherapeutics　28.160
*光量子血液疗法　low-level laser hemotherapeutics　28.160
光流交换　optical flow switching，OFS　22.146
光路　lightpath　09.237
光路交换　optical circuit switching，OCS　22.143
*光率体　indicatrix　06.122

光码分复用　optical code division multiplexing，OCDM　22.036
光脉冲　optical pulse　01.649
光脉冲工作方式　light pulse mode　01.670
光脉冲压缩　light pulse compression　01.665
光脉冲压缩器　light pulse compressor　01.666
光密度　photographic density　13.063
光密介质　dense medium　06.010
*光密媒质　dense medium　06.010
*光免疫治疗　photo immunotherapy　28.125
光敏电阻　photo resistor　09.347
光敏定位显微镜　photo-activated localization microscope，PALM　20.047
*光敏二极管　photodiode　11.177
光敏化作用　photosensitization　28.102
光敏剂　photoactive compound，PAC　28.259
光敏剂氧效应曲线　photosensitizer oxygen effect curve　28.260
光敏剂氧增强比　photosensitizer oxygen enhancement ratio，OER　28.262
光敏剂作用光谱　action spectrum of photosensitizer　01.292
光敏面　photosensitive surface　15.091
光敏三极管　phototransistor　11.187
*光敏元　sensitive element　25.075
近红外光谱诊断　near infrared spectroscopy diagnosis　28.103
光模式　optical mode　08.104
光能　luminous energy　01.166
*光能流率　light dose rate　28.130
光凝固组织坏死　photocoagulated tissue necrosis　28.137
*光凝术　photocoagulation　28.138
光耦合　optical coupling　08.129
光耦合器　optical coupler　09.221
光拍频　optical beat frequency　01.110
*光盘　laser disc　23.075
光盘存储材料　material of optical disc memory　23.084
*光盘机　compact disc driver　23.082
*光盘基片　substrate disc　23.085
光盘纠错编码　error correcting code　23.083
光盘驱动器　compact disc driver　23.082
光旁路　optical bypass　22.135
光片照明显微成像　selective plan illumination microscopic imaging　14.064
光频分复用　optical frequency division multiplexing　22.037
光频率　light frequency　01.101
光频域反射计　optical frequency-domain reflectometer，OFDR　18.058
光频域反射技术　optical frequency-domain reflectometry　18.068
光频转换　optical frequency changing　01.117
光平衡接收机　optical balanced receiver　22.027
光谱　spectrum　01.257
光谱成像技术　spectral imaging technology　14.151
*光谱成像仪　imaging spectrometer　18.084
光谱传递函数　spectral transfer function　13.045
光谱纯度　spectral purity　01.319
光谱定标　spectral calibration　14.180
光谱发射率　spectrum emissivity　04.090
光谱反射比　spectral reflectance　01.328
光谱反射因数　spectral reflectance factor　01.451
光谱分辨力　spectral resolving power　01.324
光谱分辨率　spectral resolution　01.322
光谱分离　spectral separation　01.312
光谱分离 3D 显示　spectral unmixing based 3D display　16.021
光谱幅度码　spectral amplitude coding，SAC　22.176
*光谱辐出度　spectral radiant emittance　04.089
光谱辐射出射度　spectral radiant emittance　04.089
光谱辐射计　spectroradiometer　18.126
光谱辐射能量密度　spectral radiant energy density　04.087
光谱辐射强度　spectral radiant intensity　04.085
光谱辐射强度因数　spectral radiant intensity factor　04.086
光谱辐射通量　spectral radiant flux　04.080
光谱辐射照度　spectrum irradiance　01.153
光谱干涉法　spectral interferometry，SI　01.551
光谱功率分布　spectral power distribution　01.321
*光谱光度计　spectrophotometer　18.107
光谱轨迹　spectrum locus　05.112
光谱角度制图　spectral angle mapper，SAM　01.320
光谱角匹配　spectral angle match，SAM　21.094
*光谱角制图法　spectral angle match，SAM　21.094
光谱解混合　spectral unmixing　01.325
光谱拉伸　spectrum stretching　01.316
光谱量子效率　spectral quantum efficiency　11.080

光谱灵敏度 spectral sensitivity 01.327
光谱密度 optical spectral density 01.313
光谱漂移 spectrum drift 01.318
光谱平移 spectrum shift 01.317
光谱区 spectral region 01.376
光谱色 spectral color 05.014
光谱投影仪 spectrum projector 16.063
光谱透射比 spectral transmittance 01.329
光谱图像压缩 spectrum-image compression 17.065
光谱线型函数 optical line shape function 01.373
光谱响应度 spectral responsivity 01.326
光谱校正 spectral correction 01.315
光谱选择吸收涂层 spectrally selective absorber 07.023
光谱学 spectroscopy 01.252
光谱仪 spectrometer 18.074
光谱域光学相干层析术 spectral domain optical coherence tomography，SD-OCT 14.201
光迁移 photo transfer 04.126
光强 intensity 01.161
光强标准灯 luminous intensity standard lamp 10.355
光强度调制 optical identity modulation 22.056
光强起伏 irradiance light intensity fluctuation 01.162
光强起伏概率分布 probability distribution for irradiance light intensity fluctuation 01.163
光强起伏频谱 spectrum of irradiance light intensity fluctuation 01.164
光切显微镜 light-section microscope 20.035
*光驱 compact disc driver 23.082
光圈 diaphragm 15.033
光全息成像 optical holographic imaging 14.110
*光热探测器 thermal radiation detector 11.016
光任意波形发生器 optically arbitrary waveform generator 22.190
光散射法 light scattering 27.074
光扫描技术 optical scanning technology 15.095
光生背景 signal induced background 06.111
光生伏特电池 photovoltaic cell 11.191
光生物调节作用 photobiomodulation，PBM 28.003
光声层析成像 photoacoustic tomography imaging 14.084
光声成像 acousto-optic imaging 14.079
光声多普勒效应 photoacoustic Doppler effect 19.040
光声分子成像 photoacoustic molecular imaging 14.087
光声光谱术 photoacoustic spectroscopy 01.349
光声内窥成像 photoacoustic endoscopic imaging 14.085
光声黏弹成像 photoacoustic viscoelasticity imaging 14.086
光声谱 acousto-optic spectrum 01.259
光时分复用 optical time division multiplexing，OTDM 22.035
光时片交换 optical time slice switching，OTSS 22.147
光时域反射计 optical time-domain reflectometer，OTDR 18.054
光时域反射计空间分辨率 spatial resolution of an OTDR 18.060
光时域反射计取样分辨率 sampling resolution of an OTDR 18.061
光时域反射技术 optical time-domain reflectometry 18.063
*光时域反射仪 optical time-domain reflectometer，OTDR 18.054
光时域反射仪盲区 dead zone of an OTDR 18.069
光时域反射仪事件盲区 event dead zone of an OTDR 18.070
光时域反射仪损耗盲区 attenuation dead zone of an OTDR 18.071
光矢量追踪 light vector trace 21.108
光梳状滤波器 optical comb filter 09.040
光疏介质 rarer medium 06.009
*光疏媒质 rarer medium 06.009
光束传输法 beam propagation method，BPM 02.028
*光束分离器 optical beam splitter 09.206
*光束角 beam angle 01.044
光束偏向器 beam deflector 09.198
*光束扫描器 beam deflector 09.198
光束形成器 beam shaper 09.197
光束质量$\beta$因子 beam quality $\beta$ factor 01.059
*光束质量因子 beam quality 01.052
*光衰耗器 optical attenuator 09.321
光衰减 optical attenuation 01.513
光衰减器 optical attenuator 09.321
光顺 fairing 09.354
光速 speed of light 01.389
光随机存储器 optical random access memory，ORAM 23.061

光锁相环　optical phase lock loop　22.191
光探测　optical detection　12.003
*光探测器　photoelectric detector　11.002
光调制　optical modulation　22.055
光调制器　light modulator　22.074
光通量　luminous flux　01.150
光通量标准灯　luminous flux standard lamp　10.356
光通信　optical communication　22.001
光通信地面站　optical communication ground station　22.175
*光通信地球站　optical communication earth station　22.175
光瞳　pupil　13.065
光瞳函数　pupil function　13.074
*光头　optical head　23.047
光突发交换　optical burst switching，OBS　22.145
[光网络]业务保护　traffic protection　22.165
[光网络]业务恢复　traffic restoration　22.164
[光网络]业务梳理　traffic grooming　22.163
光网络单元　optical network unit，ONU　22.153
光网络规划　optical network planning　22.111
光雾度　light haze　06.175
光吸收　optical absorption　01.478
光吸收系数　optical absorption coefficient　01.509
光纤　optical fiber　08.001
*光纤 F-P 干涉仪　fiber Fabry-Perot interferometer，FFPI　18.039
光纤包层　optical fiber cladding　08.057
*光纤布拉格光栅　fiber Bragg grating，FBG　09.266
光纤布拉格光栅传感器　optical fiber Bragg grating sensor　12.041
光纤布拉格光栅加速度计　FBG accelerometer　19.047
光纤传感器　fiber optic sensor　12.030
光纤传感网　fiber optic sensor network　12.061
光纤传输系统　optical fiber transmission system　22.013
光纤磁光快门　fiber optics magneto-optic shutter　15.056
光纤断裂张力　optical fiber break load，FBL　08.066
光纤法布里–珀罗干涉仪　fiber Fabry-Perot interferometer，FFPI　18.039
*光纤法–珀干涉仪　fiber Fabry-Perot interferometer，FFPI　18.039
光纤放大器　optical fiber amplifier　11.231
光纤非线性　fiber nonlinearity　02.009
光纤菲佐干涉仪　Fizeau optical fiber interferometer　18.043
*光纤复合架空地线　optical fiber composite overhead ground wire　08.078
光纤干涉仪　optical fiber interferometer　18.036
光纤共焦扫描干涉显微术　fiber-optical confocal scanning interference microscopy　20.059
光纤光合路器　fiber optical combiner　09.216
光纤光时域反射计　optical fiber time-domain reflectometer　18.055
光纤光栅　fiber grating　09.265
光纤光栅滤波器　optical fiber grating filter　09.043
光纤光栅温度传感器　optical fiber grating temperature sensor　12.042
光纤光栅应力/应变传感器　optical fiber grating stress/strain sensor　12.043
光纤归一化频率　fiber normalized frequency　01.107
*光纤环镜　optical loop mirror　18.037
光纤环形腔激光器　optical fiber ring laser　10.117
光纤激光器　optical fiber laser　10.115
光纤加速度计　fiber optic accelerometer　19.045
光纤接续　optical fiber splice　09.330
光纤连接器　optical fiber connector　09.323
光纤滤波器　optical fiber filter　09.039
光纤马赫–曾德尔干涉仪　Mach-Zehnder optical fiber interferometer　18.042
光纤迈克耳孙干涉仪　Michelson optical fiber interferometer　18.038
*光纤敏感环　sensitive fiber ring　08.065
光纤内窥镜照射法　fiber endoscopic irradiation　28.145
光纤扭像器　fiber optic inverter　14.220
光纤耦合　optical fiber coupling　08.064
光纤耦合激光器　optical fiber-coupled laser　10.118
光纤耦合器　fiber coupler　09.222
光纤偏振分束器　fiber polarization beam splitter　09.213
*光纤偏振合路器　fiber polarization beam combiner　09.219
光纤偏振合束器　fiber polarization beam combiner　09.219
光纤偏振控制器　fiber polarization controller　09.318
光纤偏振器　optical fiber polarizer　09.311
光纤器件　optical fiber device　09.300

光纤熔接损耗　optical fiber splice loss　08.060
光纤萨尼亚克干涉仪　Sagnac optical fiber interferometer　18.037
光纤色度色散　fiber chromatic dispersion　01.422
光纤色散　optical fiber dispersion　08.062
光纤数值孔径　optical fiber numerical aperture　13.057
光纤衰减系数　fiber attenuation coefficient　01.519
光纤双折射　fiber birefringence　01.468
光纤损耗　optical fiber loss　08.059
光纤通信　optical fiber communication　22.002
光纤通信网　optical fiber telecommunication network　22.091
光纤通信系统　optical fiber communication system　22.009
光纤陀螺　fiber optic gyroscope　24.019
光纤陀螺输入轴　fiber optic gyroscope input axis　24.042
光纤陀螺死区　dead zone of fiber optic gyroscope　24.036
光纤陀螺仪　fiber optic gyroscope　24.030
光纤弯曲损耗　optical fiber bending attenuation　08.061
光纤微透镜　optical fiber microlens　09.118
光纤无线网络　optical fiber-wireless network　22.108
光纤无源器件　optical fiber passive device　09.302
光纤线圈　fiber-optic coil　08.065
光纤芯　optical fiber core　08.055
光纤芯径　optical fiber core radius　08.056
光纤延迟线　optical fiber delay line　09.307
光纤有源器件　optical fiber active device　09.304
光纤准直器　optical fiber collimator　09.305
光纤自动监测系统　optical fiber line automatic monitoring system，OAMS　22.115
光线路终端　optical line terminal，OLT　22.173
光线追迹　ray trace　13.104
光相位共轭　optical phase conjugating，OPC　22.192
光楔　optical wedge　09.090
光信道　optical channel，OCh　22.130
光信道间干扰　inter channel interference，ICI　22.131
光信道适配　optical channel adaptation，OCA　22.133
光信号消光比　extinction ratio，ER　22.072
光信息处理　optical information processing　23.098
光信息存储材料　optical information storage materials　06.020
光信息存储技术　optical storage　23.049
[光学]自相关器　self-correlator　09.341
*光学比较仪　optical comparator　19.113
光学标测　optical mapping　28.019
光学玻璃　optical glass　06.042
光学补偿变焦系统　optical compensation zoom lens system　13.031
光学补偿式高速成像　optical compensation high speed imaging　14.123
光学布洛赫方程　optical Bloch equation　04.128
光学材料　optical materials　06.017
*光学参量放大　parametric amplification　11.224
光学参量放大器　optical parametric amplifier，OPA　11.229
光学参量太赫兹源　optical parametric terahertz source　25.026
光学参量振荡器　optical parametric oscillator，OPO　10.237
光学测角仪　optical goniometer　19.032
光学测试仪器　optical testing instrument　19.003
光学层析术　optical tomography　14.198
光学传递函数　optical transfer function，OTF　13.042
光学传递函数测定仪　OTF instrument　19.074
光学传感器　optical sensor　12.029
光学导轨　optical measurement bench　18.143
光学导航　optical navigation　24.001
光学多普勒效应　optical Doppler effect　19.038
光学放大器　optical amplifier　11.227
光学非互易性　nonreciprocity　13.041
光学非线性介质　nonlinear medium　06.008
光学分层水体　optically stratified water　27.069
*光学分度台　optical rotating stage　18.142
光学分度头　optical dividing head　19.115
光学复用技术　optical multiplexing technique　22.033
光学各向同性　optical isotropy　06.124
光学各向同性介质　isotropy medium　06.005
光学各向同性晶体　isotropic crystal　06.061
光学各向异性　optical anisotropy　06.125
光学各向异性介质　anisotropy medium　06.006
*光学共振腔　optical resonant cavity　10.241
*光学孤子　optical soliton　01.675
光学惯性导航　optical inertial navigation　24.006
光学惯性技术　optical inertial technology　24.008
光学光刻　optical lithography　26.007
光学厚度　optical thickness　01.403

光学互易性　reciprocity　13.040
光学混沌　optical chaos　02.014
光学计　optimeter　19.113
光学计量　optical metrology　19.001
光学计量仪器　optical metrological instrument　19.002
光学加速度计　optical accelerometer　19.043
光学介质　optical medium　06.001
光学经纬仪　theodolite　19.008
光学晶体　optical crystal　06.055
*光学雷达　laser detection and ranging lidar　27.001
光学粒子计数器　optical particle counter　02.112
光学零件表面疵病检查仪　optical surface inspection gauge　19.057
光学滤波器　optical filter　09.035
光学纳米天线　optical nano antenna　03.006
光学配准　optical registration　15.214
光学拼接　optical butting　17.098
*光学频域成像术　optical frequency domain imaging，OFDI　14.207
光学平台　optical table　18.140
光学浅水体　optically shallow water　27.068
光学倾斜仪　optical clinometer　19.020
光学扫描　optical scanning　15.094
光学扫描全息术　optical scanning holography　23.011
光学势阱　optical potential well　01.687
光学双稳态　optical bistability　02.012
光学水型　optical water type　27.066
光学太赫兹源　terahertz source based on photonic technique　25.019
光学陶瓷　optical ceramic　06.092
光学头　optical head　23.047
光学投影成像技术　optical projection tomography　14.152
光学投影读数装置　optical projection reading device　19.116
光学陀螺　optical gyroscope　24.016
光学陀螺仪　optical gyroscope　24.029
光学外差探测　optical heterodyne detection　12.005
光学微操纵　optical micro-manipulation　03.016
光学微机电系统　micro-opto-electro-mechanical system，MOEMS　03.011
光学无限深水体　optically infinite-depth water　27.067
光学系统光轴　optical axis of optical system　13.078
光学系统透过率　optical system transmittance　13.062
光学显微成像　optical microscopic imaging　14.056
光学线性介质　linear medium　06.007
光学相干层析术　optical coherence tomography　14.199
*光学相干断层扫描　optical coherence tomography　14.199
光学相干显微镜　optical coherence microscope，OCM　20.011
光学相干血流造影术　optical coherent angiography　28.153
光学相关器　optical correlator　09.339
光学相位共轭　optical phase conjugation　01.688
光学谐振腔　optical resonant cavity　10.241
光学遥感　optical remote sensing　21.002
[光学遥感器]绝对定标　absolute calibration　21.050
[光学遥感器]相对定标　relative calibration　21.051
光学遥感器实验室定标　optical remote sensor laboratory calibration　21.042
光学遥感器外场定标　optical remote sensor field calibration　21.043
光学遥感器在轨定标　optical remote sensor on-orbit calibration　21.044
光学整流　optical rectification　02.015
光学转台　optical rotating stage　18.142
光学自补偿双折射　optically self-compensated birefringence，OCB　01.473
*光学自补偿弯曲　optically self-compensated bend　01.473
光压　optical pressure　02.069
光延迟线　optical delay line　09.306
光源　light source　10.001
A 光源　A light source　10.004
C 光源　C light source　10.005
D50 光源　D50 light source　10.007
D65 光源　D65 light source　10.006
E 光源　E light source　10.008
光源光谱　spectrum of light source　01.277
光源色　light source color　05.022
光晕　halation　13.099
光载波　optical carrier　22.019
光泽度　glossiness　06.172
光增益　optical gain　11.240
光栅　grating　09.239
光栅常量　grating constant　09.292

光栅单色仪　grating monochromator　18.095
光栅读数头　grating reading-head　11.280
光栅对　grating pair　09.291
*光栅发讯器　grating sensing device　11.280
光栅反常　grating anomaly　09.294
光栅方程　grating equation　09.293
光栅分辨率　resolving power of grating　09.298
光栅干涉仪　grating interferometer　18.026
光栅光谱　grating spectrum　01.278
光栅光谱仪　grating spectrometer　18.077
光栅角色散率　angular dispersion rate of grating　09.296
光栅能量测定仪　grating energy measuring device　19.073
光栅色散　grating dispersion　01.411
光栅摄谱仪　grating spectrograph　19.059
光栅式角位移测量仪　grating digital angular displacement measuring instrument　19.035
光栅式线位移测量装置　grating linear displacement measuring system　19.031
光栅显影加工　grating development working　15.038
光栅线色散率　line dispersion of grating　09.297
光栅信噪比　signal-to-noise ratio of grating　09.295
*光栅周期　grating period　09.292
光章动　optical nutation　04.124
光照深度　depth of light in water　27.060
光照性眼炎　photophthalmia　28.203
光针　light needle　28.247
光整流太赫兹源　optical rectification terahertz source　25.021
光正交频分复用　optical orthogonal frequency division multiplexing，OOFDM　22.038
光直接探测系统　optical direct detection system　22.020
光直线传播　rectilinear propagation of light　01.387
*光指示器　laser pointer　26.047
光治疗　light therapy　28.106
光致变色材料　opto-chromism materials　06.037
光致发光　photo luminescence　04.003
光致发光材料　photo luminescent materials　06.025
光致发热　photothermic　28.006
光致击穿　optical breakdown　06.169
光致抗蚀剂　photo resist　06.097
*光致凝固　photocoagulation　28.136
光中继器　optical repeater　22.032
光锥　optical conic　09.343
光子　photon　02.030
光子带隙　photonic band gap，PBG　10.226
光子带隙光纤　photonic bandgap optical fiber　08.023
光子计数　photon count　02.109
光子简并度　photon degeneracy　02.034
光子晶体　photonic crystal　06.066
[光子晶体]局域模　[photonic crystal] local mode　08.121
[光子晶体]空间周期　photonic crystal spacial period　06.070
光子晶体波导　photonic crystal waveguide　08.097
*光子晶体光纤　photonic crystal optical fiber　08.021
光子晶体光纤包层　photonic crystal optical fiber cladding　08.058
光子晶体光纤光开关　photonic crystal fiber optical switch　11.267
光子晶体光纤陀螺　photonic crystal fiber optic gyroscope　24.028
光子晶体激光器　photonic-crystal laser　10.124
光子模数转换器　photonic analog-to-digital conversion　23.101
光子嫩肤　nonablasive skin remodeling　28.228
光子能量　photon energy　02.033
光子牵引探测器　photon drag detector　11.014
光子扫描隧道显微镜　photon scanning tunneling microscope，PSTM　20.049
光子筛　photon sieve　03.014
光子数态　number state　02.043
光子探测器　photon detector　11.025
光子相干性　photon coherence　01.537
光子型红外景象发生器　photon-based infrared scene generator　25.011
光子噪声　photon noise　11.061
广角物镜　wide-angel objective lens　09.163
广义光瞳函数　generalized pupil function　13.076
归算经纬仪　reducing theodolite　19.010
归算平板仪　reducing plane table instrument　19.090
归一化波长　normalized wavelength　01.097
归一化离水辐射亮度　normalized water-leaving radiance　01.144
归一化频率　normalized frequency　01.105
归一化探测率　normalized detectivity　11.069
硅靶摄像管　silicon target camera tube　15.131
硅光电池　silicon cell　11.192

硅光电导管　silicon photoconductor tube　11.085
硅光电二极管　silicon photodiode　11.178
*硅光敏二极管　silicon photodiode　11.178
硅基波导　silicon-based waveguide　08.094
硅基波导布拉格光栅滤波器　silicon waveguide Bragg grating filter　09.042
LED 硅胶　LED silica gel　06.103
硅增强靶摄像管　silicon intensifier target camera tube　15.132
鬼成像　ghost imaging　14.048
鬼线　ghost line　01.686
鬼像　ghost image　14.011
过驱动　overdrive　17.028
过热发光　hot luminescence　04.022
过热像元　overheated pixel　14.031
过剩载流子　excess carrier　11.152
过剩载流子浓度　excess carrier concentration　11.156
过剩载流子寿命　excess carrier lifetime　11.155

# H

哈特曼检验　Hartmann test　12.012
*哈特曼–夏克传感器　Hartmann-Shack sensor　12.049
海冰遥感　sea ice remote sensing　21.020
海底光缆　submarine optical cable　08.079
海丁格干涉仪　Haidinger interferometer　18.020
*海量光存储技术　optical mass storage　23.052
海面粗糙度遥感　remote sensing of sea surface roughness　21.022
海面反照率　albedo of the sea　21.058
海面风遥感　remote sensing of sea surface wind　21.021
海面入射辐射照度　sea surface irradiance　01.157
海面闪耀　glitter of the sea　27.059
*海色　ocean color　05.021
海色　sea color　27.056
海水光散射仪　sea water scatterometer　19.069
海水光吸收仪　sea water absorption meter　19.068
海水光学衰减长度　optical attenuation length of sea water　01.517
海水透过率　sea water transmittance　27.054
海水透明度　sea water transparency　27.053
海水透明度遥感　ocean transparence remote sensing　21.011
海水透射率仪　sea water transmittance meter　19.070
海水荧光计　sea water fluorometer　19.072
海水浊度仪　sea water turbidity meter　19.071
海洋光学浮标　marine optic buoy　27.051
海洋光学系泊系统　ocean optical mooring system　27.050
海洋水色　water color of sea　05.021
海洋水色扫描仪　ocean color scanner　15.118
海洋水色温度探测仪　ocean color and temperature scanner　27.057
海洋水色遥感　ocean color remote sensing　21.009
海洋水色要素　ocean color component　27.055
海洋遥感　remote sensing of ocean　21.019
海洋遥感波谱分析　sea wave spectrum analysis by ocean remote sensing　21.026
海洋遥感照相机　ocean remote sensing camera　15.004
海洋要素反演　inversion of oceanographic element，retrieval of oceanographic element，reduction of oceanographic element　27.052
海洋叶绿素遥感　ocean chlorophyll remote sensing　21.012
亥姆霍兹互易定理　Helmholtz reciprocity theorem　01.009
氦镉离子激光器　helium-cadmium ion laser　10.041
氦氖激光器　He-Ne laser　10.025
汉克尔变换　Hankel transformation　17.076
行间转移结构 CCD　interline transfer CCD，IT-CCD　11.203
行频　line frequency　15.176
行扫描　line scanning　15.171
行扫描仪　line scanner　15.119
*行同步脉冲　line sync pulse　15.177
行同步信号　line synchronizing signal　15.177
行消隐　line blanking　15.178
行消隐期间　line blanking period　15.179
行星反照率　planetary albedo　21.059
行正程期间　active line period　15.180
*航测仪器　photogrammetric instrument　19.105
航高　flight altitude　21.065
航空摄像机　aerial camera　15.138

红外空间望远镜　infrared space telescope　20.074
红外雷达　infrared radar　27.021
红外棱镜　infrared prism　09.075
红外滤光片　infrared filter　09.020
红外目标模拟器　infrared target simulator　25.058
红外偏振器　infrared polarizer　09.312
红外片　infrared film　15.045
红外气体分析仪　infrared gas analyzer　25.042
红外前视仪　forward looking infrared sensor　25.040
红外潜望镜　infrared periscope　20.076
红外热成像　infrared thermal imaging　14.082
红外热成像仪　infrared thermal imager　14.154
红外扫描仪　infrared scanner　15.117
红外摄像　infrared photography　15.123
红外水分仪　infrared moisture meter　25.044
红外搜索与跟踪系统　infrared search and track system　25.054
*红外探测器　infrared photoconductive detector　11.023
红外探测芯片　infrared detection chip　25.074
红外碳硫分析仪　infrared carbon and sulphur analyzer　25.043
红外天文卫星　infrared astronomical satellite　25.072
红外天文学　infrared astronomy　25.071
红外通信　infrared communication　22.007
红外透镜　infrared lens　09.105
红外伪装　infrared camouflage　25.064
红外温度定标　infrared temperature calibration　25.049
红外无损探伤　infrared nondestructive detection　25.069
红外武器观瞄器　infrared weapon sight　25.056
红外吸收光谱　infrared absorption spectrum　01.306
红外系统半物理仿真　semi-physical infrared system simulation　25.013
红外系统仿真　infrared system simulation　25.012
红外系统评估　infrared system evaluation　25.055
红外显微镜　infrared microscope　20.024
*红外线　infrared radiation　04.050，infrared　25.001
红外线治疗　infrared light therapy　28.107
红外烟幕弹　infrared smoke　25.061
红外遥感　infrared remote sensing　21.006
红外遥控　infrared remote control　25.070
*红外曳光弹　infrared jammer　25.060
红外夜视仪　infrared night vision device　28.089
红外引信　infrared fuse　25.062
*红外隐身　infrared stealth　25.065
红外隐形　infrared stealth　25.065
*红外诱饵弹　infrared jammer　25.060
*红外域　infrared　25.001
红外增透膜　infrared antireflective coating　07.003
红外照相机　infrared camera　15.025
红外制导　infrared guidance　24.010
红外制导炸弹　infrared guided bomb　25.059
红移　red shift　01.123
虹膜识别　iris recognition　17.087
洪–区–曼德尔干涉　Hong-Ou-Mandel interference　01.545
后光学系统　rear optical system　13.018
后烘　post exposure bake　11.176
后截距　back focal length　13.087
后均衡　post equalization　22.025
后向散射　back scattering　01.611
后向散射比　back scattering ratio　01.632
后向散射系数　backscattering coefficient　01.619
后像　after image　14.004
*厚全息图　volume hologram　23.031
厚透镜　thick lens　09.100
弧光灯　arc lamp　10.372
弧矢光线对　couple of sagittal rays　01.020
互补金属氧化物半导体器件　complementary metal oxide semiconductor，CMOS　11.215
互补色　complementary color　05.007
互补色 3D 显示　complementary color based 3D display　16.020
*互相位调制　cross phase modulation　22.059
*互易性　reciprocity　13.040
花样垂直取向　patterned vertical alignment，PVA　16.093
化合物半导体　compound semiconductor　11.134
III-N 化合物半导体　III-nitrogen compound semiconductor　11.136
化学泵浦　chemical pumping　10.322
化学镀膜　chemical coating　07.046
化学发光　chemical luminescence　04.015
化学发光检测　chemiluminescence detection　28.256
化学激光器　chemical laser　10.125
化学刻蚀　chemical etching　11.172
化学气相沉积法　chemical vapor deposition，CVD　06.130

化学透明法　chemical clearing method　28.015
画幅式遥感　frame camera remote sensing　21.016
画幅式照相机　frame camera　15.014
怀特池　White cell　27.079
环境辐射　environmental radiation　04.060
环围能量　encircled energy　27.109
环形共振腔　ring laser resonator　10.245
环形腔激光器　ring cavity laser　10.135
环形瞳函数　annular pupil function　13.075
环形振荡器　nonlinear ring oscillator　10.238
缓冲层　buffer layer　07.017
*幻像　after image　14.004
黄斑网膜下新生血管光动力术　photodynamic surgery for macular subretinal neovascularization　28.187
黄橙光激光器　yellow and orange laser　10.163
黄绿光激光器　yellow-green laser　10.164
黄色　yellow　05.027
*灰度　image gray level　17.021
灰度变换　gray-scale transformation　17.023
灰度变换函数　gray-scale transformation function　17.024
灰度标尺　gray scale　17.026
灰度分割　intensity slicing　17.022
*灰度级　image gray level　17.021
灰度级形态学　gray-scale morphology　17.025
灰度图像　gray image　17.004
灰度图像融合　gray image fusion　17.071
*灰阶　image gray level　17.021
灰阶反转　gray-scale inversion　17.027
灰色　gray　05.032
*灰色滤光片　gray level filter　09.025
灰体　gray body　10.407
回放模式　playback mode　21.102
回音壁模式　whispering gallery mode　10.272
会聚　convergent　13.092
会聚光路　convergent optical path　13.093
彗差　coma　14.269
惠更斯–菲涅耳原理　Huygens-Fresnel principle　01.002
惠更斯目镜　Huygens eyepiece　09.168
惠更斯原理　Huygens principle　01.001
浑浊度　turbidity　27.061
混合光谱分解　spectra unmixing　21.107
混合集成光路　hybrid integrated optical circuit　08.144
混合模　hybrid mode　08.115
混合取向　hybrid aligned nematic，HAN　16.095
混合像元　mixed pixel　14.030
混偏光纤陀螺　mixed polarized fiber optic gyroscope　24.024
混色　color mixing　05.105
活体视网膜成像　living retinal imaging　14.099
火石玻璃　flint glass　06.048
钬激光　holmium laser　01.246

# J

机床显微镜　machine-tool microscope　20.036
机电快速快门　electromechanical fast shutter　15.051
机器人视觉　robot vision　28.096
机器视觉　machine vision　28.094
机械补偿变焦组　mechanical compensation zoom lens　13.103
机械快门　mechanical shutter　15.057
机械拼接　mechanical butting　17.099
*机械双折射　stress birefringence　01.472
机械透明法　mechanical clearing method　28.016
机载超光谱成像仪　airborne ultra-spectral imager　14.175
机载成像光谱仪　airborne imaging spectrometer　18.087
机载大气探测激光雷达　atmospheric detecting airborne lidar　27.017
机载多光谱成像仪　airborne multi-spectral imager　14.171
机载高光谱成像仪　airborne hyperspectral imager　14.173
机载行扫描仪　airborne line scanner　15.120
积分光度计　integrating photometer　18.115
积分腔输出光谱术　integrated cavity output spectroscopy，ICOS　01.347
积分球　integrating sphere　09.344
积分球光阱　optical trap at integrating sphere　09.346
积分浊度计　integrating nephelometer　19.114
*基板　substrate　06.170

基本辐射传输方程　basic radiative transfer equation 04.103
基点　cardinal point，Gauss point　13.083
基尔霍夫衍射公式　Kirchhoff diffraction formula 01.590
基高比　base-height ratio　15.207
基面　cardinal plane　13.085
基模　fundamental mode　08.116
基态　ground state　02.061
基态损耗显微成像　ground state depletion microscopic imaging，GSD microscopic imaging　14.060
基于场景非均匀性校正　scene-based non-uniformity correction，SBNUC　17.124
基于辐射源非均匀性校正　calibration-based non-uniformity correction，CBNUC　17.123
基元全息图　elementary hologram　23.020
畸变　distortion　14.239
激发　excitation　10.329
激发发射矩阵荧光光谱　excitation-emission matrix fluorescence spectrum　01.301
激发光谱　excitation spectrum　01.289
激发态　excited state　04.118
激发态吸收　excited state absorption　01.494
激光　laser　01.237
[激光]大气击穿　atmospheric breakdown　10.353
激光[振荡]条件　laser oscillation condition　10.232
*激光斑纹　laser speckle　01.644
激光包皮环切术　laser circumcision surgery　28.234
激光泵浦　laser pumping　10.324
激光泵浦气体太赫兹源　laser pumped gas terahertz source　25.025
激光泵浦腔　laser pumping cavity　10.264
激光泵浦阈值功率　threshold pump power　10.212
激光泵浦阈值能量　threshold pump energy　10.211
*激光笔　laser pointer　26.047
激光表面处理　laser surface treatment　26.002
激光表面合金化　laser surface alloying　26.003
激光表面涂覆　laser surface cladding　26.004
激光病灶切除术　laser focus ablation　28.152
激光材料加工　laser material processing　26.025
激光测高　laser altimetry　21.062
激光测距仪　laser telemeter，laser range finder　19.030
激光测长仪　laser length measuring machine　19.024
激光差频太赫兹源　laser difference-frequency terahertz source　25.027
激光唱片　compact disc，CD　23.081
激光冲击硬化　laser shock hardening　26.026
激光淬火　laser quenching　26.027
*激光存储　laser storage　23.050
激光存储技术　laser storage　23.050
激光打标　laser marking　26.028
激光打孔　laser drilling，laser boring　26.029
激光打印机　laser printer　26.045
*激光刀　laser scalpel　28.246
激光导向仪　laser alignment instrument　19.091
*激光导星　laser guide star　27.100
激光等离子体　laser plasma　03.031
激光电视机　laser TV set　15.196
激光雕刻　laser engraving　26.024
激光短脉冲　laser short pulse　01.656
激光多普勒测速仪　laser Doppler velocimeter　19.039
激光二极管　laser diode　10.307
激光二极管泵浦固体激光器　laser diode pumped solid state laser　10.057
激光二极管叠层列阵　laser diode stack array　10.314
激光二极管面阵　laser diode array　10.313
激光二极管模块　laser diode module　10.315
激光二极管线阵　laser diode linear array　10.312
激光发射光谱术　laser emission spectroscopy　01.331
激光防护　laser protection　26.038
激光防护镜　laser safety glasses　09.150
激光防龋　laser for caries prevention　28.209
激光辐射　laser radiation　04.049
激光辅助球囊血管成形术　laser-assisted balloon angioplasty　28.155
激光感生击穿　laser induced breakdown　26.048
激光感应荧光光谱　laser induced fluorescence spectrum　01.267
激光干涉成像术　laser interferometric imaging technology　14.149
激光功率计　laser powermeter　18.137
激光巩膜切除术　laser sclerostomy　28.164
*激光巩膜造瘘术　laser sclerostomy　28.164
激光共焦扫描显微成像　confocal laser scanning microscopic imaging　14.058
激光冠状动脉成形术　laser coronary angioplasty 28.156
激光光凝　laser photocoagulation　28.136
激光光凝封闭视网膜裂孔术　laser photocoagulation of retinal tear　28.179

激光光凝机　laser cohesion device　26.046
激光光凝术　laser photocoagulation　28.138
激光光盘　laser disc　23.075
激光光谱分析　laser spectral analysis　01.360
激光光谱仪　laser spectrometer　18.083
*激光光消融　laser focus ablation　28.152
激光焊接　laser welding，laser bonding　26.030
激光合金化　laser alloying　26.035
激光虹膜囊肿切除术　laser iris cystectomy　28.162
激光虹膜切开术　laser iridotomy，LI　28.165
激光划片　laser scribing　06.142
激光活髓切断术　laser-pulpotoming vitalis　28.215
激光加工　laser machining　26.001
激光加热　laser heating　26.031
激光加速　laser acceleration　26.039
激光加速度计　laser accelerometer　19.044
激光加速器　laser accelerator　26.040
激光尖峰　laser spiking　01.674
激光建模　laser modeling　10.455
激光角膜热成形术　laser thermal keratoplasty，LTK　28.174
激光角膜修整仪　laser corneal trimmer　28.242
激光介质　laser medium　10.214
激光经纬仪　laser theodolite　19.011
激光距离选通成像　range-gated laser imaging　14.111
激光聚变　laser fusion　26.041
激光开窗术　laser fenestration　28.150
激光克尔盒快门极高速成像　ultrafast imaging with laser Kerr-cell shutter　14.127
激光刻蚀　laser etching　26.005
激光拉曼光谱　laser Raman spectrum　01.297
激光老视逆转术　laser presbyopia reversal，LAPR　28.189
激光雷达　laser detection and ranging lidar　27.001
激光雷达比　lidar ratio　27.025
激光雷达网　lidar network　27.024
激光理疗　laser physiotherapy　28.111
*激光链路　laser link　22.136
*激光疗法　laser therapy　28.110
激光麻醉　laser anesthesia　28.146
激光脉冲半峰全宽　full width at half maximum of laser pulse　01.664
激光脉冲波形　laser pulse shape　01.657
激光脉冲持续时间　laser pulse duration　01.658
激光脉冲分幅高速成像　laser high speed pulse framing imaging　14.125
激光脉冲间隔　laser pulse interval　01.661
激光脉冲能量　laser pulse energy　01.662
激光脉冲重复频率　laser pulse repetition rate frequency　01.663
激光美白牙齿　laser-whitening tooth　28.214
激光美容仪　laser face-beauty instrument　28.244
激光免疫疗法　laser immunotherapy　28.239
激光瞄准　laser aiming　24.014
激光能量计　laser energy meter　19.110
激光能量密度　laser energy density　01.165
激光平顶脉冲　flat top laser pulse　01.672
激光汽化　laser vaporization　28.148
激光汽化术　laser vaporization　28.149
激光器　laser　10.017
*YAG 激光器　YAG laser　10.065
[激光器]泵浦源　pumping source　10.393
[激光器]调 $Q$ 技术　$Q$-switching　10.293
激光器光谱定标法　spectral calibration used laser　10.213
激光器基质　laser host　10.206
激光器寿命　laser lifetime　10.207
激光器稳定性　stabilization of laser　10.208
激光器效率　laser efficiency　10.209
激光器噪声　laser noise　10.210
激光器组件　laser assembly　10.204
激光切除　laser ablation　26.033
激光切割　laser cutting　26.032
激光切割术　laser cutting operation　28.132
激光祛斑术　laser pigmented spot removal　28.220
激光祛痣术　laser pigmented nevus surgery　28.224
激光去龋　laser-removing dental caries　28.210
激光全息术　laser holographic technology，laser holography　23.003
激光全息相干快门极高速成像　ultrafast imaging with laser holographic coherent shutter　14.126
激光热处理　laser heat treatment　26.034
激光热血管成形术　laser thermal angioplasty　28.154
激光溶栓仪　laser thrombus cure instrument　28.245
激光乳化白内障摘除术　laser phacoemulsification cataract extraction　28.186
激光入射时间　laser incident time　28.117
激光三角法　laser triangulation　12.022
激光三维面形测量　three-dimensional surface contouring measured by laser　12.009

激光散斑　laser speckle　01.644
激光散斑成像　laser speckle imaging　14.139
激光散斑成像空间衬比分析　laser speckle spatial contrast analysis　14.143
激光散斑成像时间衬比分析　laser speckle temporal contrast analysis　14.144
激光扫描测量　laser scanning measurement　12.010
激光扫描共聚焦显微镜　confocal laser scanning microscope　20.041
激光生物学效应　biological effect of laser　28.001
激光生物组织焊接　laser welding biological tissue　28.135
激光蚀除　laser ablation　28.151
激光手术　laser operation　28.131
激光手术刀　laser scalpel　28.246
激光水准仪　laser level　19.017
*激光碎石　laser lithotripsy　28.233
激光碎石术　laser lithotripsy　28.233
激光束焦点　laser beam focus　01.061
激光损伤　laser damage　26.050
激光损伤阈值　laser induced damage threshold，LIDT　26.051
激光条码扫描　laser scanning for bar code　15.099
激光通信　laser communication　22.004
激光通信链路　laser communication link　22.136
激光通信终端　laser communication terminal　22.174
激光瞳孔成形术　laser pupilloplasty　28.173
激光瞳孔散大术　photomydriasis　28.178
激光投影机　laser projector　16.060
*激光涂覆　laser surface cladding　26.004
激光脱毛术　laser depilation　28.219
激光陀螺　laser gyroscope　24.017
激光外科　laser surgery　28.230
激光微区光谱仪　laser microspectral analyzer　18.078
激光武器　laser weapon　24.012
激光显示　laser display　16.002
激光显微发射光谱分析　laser micro-emission spectral analysis，LMESA　01.361
激光显微光谱仪　laser micro-spectrometer　18.082
激光显微加工　laser micromachining　26.036
激光显微镜　laser microscope　20.042
激光线纹比较仪　laser linear comparator　19.088
*激光相变硬化　laser quenching　26.027
激光消毒　laser disinfection　28.147
激光心肌成形术　laser myoplasty　28.158
激光心肌血运重建术　transluminal myocardial revascularization，TMR　28.159
激光心脏瓣膜成形术　laser cardiac valvuloplasty　28.157
激光信标　laser beacon　27.100
激光胸膜固定术　laser pleurodesis　28.231
激光修调　laser trimming　26.043
激光穴位照射法　laser acupoint irradiation　28.144
激光牙冠延长术　crown lengthening laser surgery　28.204
激光牙体蚀刻　laser tooth etching　28.212
激光牙体预备　laser tooth preparation　28.211
激光牙龈成形术　laser gingivoplasty　28.213
激光牙钻　laser drill　28.206
激光眼睑成形术　laser blepharoplasty　28.175
激光遥感　laser remote sensing　21.005
激光腋臭手术　laser osmidrosis operation　28.218
激光医学　laser medicine　28.098
激光医学光谱术　laser medicine spectroscopy　28.099
激光医学设备　laser medical equipment　28.240
激光义齿焊接　laser denture welding　28.207
*激光引导　laser aiming　24.014
激光诱导击穿光谱术　laser induced breakdown spectroscopy，LIBS　01.337
激光诱导间质肿瘤热疗术　laser-induced interstitial thermotherapy，LIIT　28.235
激光诱导时间分辨荧光光谱　laser induced time-resolved fluorescence spectrum　01.302
激光诱导药物荧光法　laser-induced drug fluorescence，LIDF　28.238
激光诱导组织自体荧光　laser induced autofluorescence，LIAF　28.252
激光诱导组织自体荧光法　laser induced autofluorescence method　28.253
激光诱发荧光　laser induced fluorescence　01.228
激光育种　laser breeding　26.044
PDT 激光源　PDT laser source　10.014
激光长度基准仪　laser length benchmark instrument　19.025
激光照排　laser phototype　26.037
激光诊断　laser diagnostics　28.100
激光振荡　laser oscillation　10.229
激光振荡模式　oscillation mode　10.266
激光振荡阈值　laser oscillation threshold　10.230
激光植发术　laser hair transplant surgery　28.226

激光指示器　laser pointer　26.047
激光指向仪　laser orientation instrument　19.092
激光制导　laser guidance　24.009
激光制导武器　laser guided weapon　24.013
激光治疗　laser therapy　28.110
激光治疗仪　laser cure instrument　28.241
激光周边虹膜切除术　laser peripheral iridotomy，LPI　28.163
激光椎间盘切除术　laser intervertebral disc decompression　28.232
激光准直　laser aligning　26.042
激光准直仪　laser collimator　19.080
激光组织间治疗　interstitial laser therapy，ILT　28.115
激光组织吻合术　laser organization anastomosis　28.134
激活剂　activator　04.127
激活镜激光器　active mirror laser　10.202
激活粒子　active particle　10.460
激基复合物　excimer　06.039
激子吸收　exciton absorption　01.498
级联长周期光纤光栅　cascaded long-period fiber grating　09.271
极化子　polaron　02.036
极限分辨率　limiting resolution　14.040
*极限深度　maximal active depth　28.118
极限像面　limit image plane　14.017
极紫外光刻　extreme ultraviolet lithography，EUVL　26.012
集成成像　integral imaging　14.105
集成成像显示　integral imaging display　16.028
集成光学　integrated optics　08.143
集成光学器件　integrated optics device　08.146
*集成摄影术　integral photography　14.105
集光镜　collectoring light mirror　09.125
*集合　binocular convergence　28.028
集总参数型调制电极　lumped modulator electrode　22.089
几何粗校正　roughly geometric correction　21.038
几何定位　geometric positioning　21.095
几何精校正　precisely geometric correction　21.037
几何配准　geometric registration　14.254
几何双折射　geometrical birefringence　01.469
几何校正　geometric correction　14.253
*几何校准　geometric correction　14.253
计算光刻　computing lithography　26.014
计算光谱成像仪　computational spectral imager　14.163
计算机生成集成成像　computer generated integral imaging　14.108
计算机视觉　computer vision　28.095
*计算机颜色管理系统　computer color management system　05.086
*计算全息片　computer-generated hologram，CGH　23.038
计算全息图　computer-generated hologram，CGH　23.038
记录符尺寸　size of recorded mark　23.069
*PAT 技术　pointing acquisition tracking，PAT　22.182
寄生振荡　parasitic oscillation　10.235
*加混色　additive color　05.004
加速度计　accelerometer　19.042
*夹角余弦法　spectral angle match，SAM　21.094
*夹角余弦方法　spectral angle mapper，SAM　01.320
甲烷稳频激光器　methane stabilized laser　10.158
假彩色片　false color film　15.044
假彩色图像　false color image　17.006
架空地线光缆　optical cable with overhead ground wire，OPGW　08.078
尖峰脉冲　spike pulse　01.673
*尖塔差　cone difference　09.087
间接带隙半导体　indirect band gap semiconductor　11.133
间接混成型红外焦平面阵列　indirect hybrid infrared focal plane array　15.071
*间接校正　indirect atmospheric correction　21.034
*Hindle 检测　Hindle testing　06.155
*检偏振镜　analyzer of polarization　09.310
检偏振器　analyzer of polarization　09.310
检眼镜　ophthalmoscope　28.081
*减反膜　antireflection coating，antireflection thin film　07.002
*减混色　subtractive color　05.005
剪切干涉波前传感器　shearing interferometer wavefront sensor　12.060
剪切干涉法　shearing interferometry　06.153
剪切干涉仪　shearing interferometer　18.049
简并参量振荡　degenerate parametric oscillation　10.234
简并四波混频　degenerate four-wave mixing　02.019
简单描绘子　simple descriptors　17.031

*渐变折射率光纤　graded-index optical fiber　08.020
渐变折射率平面波导　graded-index planar waveguide　08.086
*渐变折射率透镜　GRIN lens　09.116
渐晕　vignetting　13.101
渐晕光阑　vignetting stop　09.334
渐晕系数　vignetting coefficient　13.102
溅射镀膜　sputtering coating　07.045
交叉定标　cross calibration　21.052
交叉相位调制　cross phase modulation　22.059
交叉增益调制　cross gain modulation，XGM　22.062
交换连接　switched connection　22.125
*交换子　commutator　02.039
交会角　intersection angle　15.211
交流等离子体显示板　alternating current plasma display panel，AC-PDP　16.009
*交流干涉仪　heterodyne interferometer　18.029
胶合　gluing　09.356
胶囊内窥成像　capsule endoscopic imaging　14.098
胶片感光度　film photographic sensitivity　06.095
焦点　focus　15.058
焦点调节　focus accommodation　15.059
焦距　focal distance　15.060
焦距仪　focometer　18.138
焦平面　focal plane　15.067
焦深　depth of focus　11.125
Kappa 角　Kappa angle　28.025
角度复用　angle multiplexing　23.091
*角度匹配　critical phase matching　02.022
角度选择性　angle selectivity　23.090
角反射体　corner reflector　09.144
角膜地形图仪　corneal topography instrument　28.243
角膜光学相干弹性成像　cornea optical coherence elastography imaging　14.100
角膜接触镜　contact lens，CL　09.151
角膜内皮显微镜　specular microscope　20.038
角色散　angular dispersion　01.413
角色散本领　angular dispersion power　01.424
角色散系数　angular dispersion coefficient　01.431
角速率传感器　rotation rate sensor　12.050
角向偏振光束　azimuthally polarized beam　01.036
角隅分辨率　corner resolution　14.041
$\gamma$ 校正　$\gamma$ correction　17.125
阶梯光栅　echelon grating　09.258
阶梯衍射光栅　echelle diffraction grating　09.255
阶跃折射率波导　step-index waveguide　08.084
阶跃折射率光纤　step-index optical fiber，SI optical fiber　08.019
接触式干涉仪　contact interferometer　18.045
接触式光刻　contact printing，contact lithography　26.008
接触式图像传感器　contact image sensor　12.048
接近式光刻　proximity printing，proximity lithography　26.009
接目镜　eye lens　09.167
*接入传送网　access transmission network　22.102
PN 结　PN junction　11.145
PN 结非致冷红外焦平面阵列　PN junction uncooled infrared focal plane array　15.088
结构方法　structural method　17.148
结构光照明显微成像　structured illumination microscopic imaging　14.063
结构光照明显微镜　structure illumination microscope，SIM　20.046
结构元　structuring element　17.127
*结合力　adhesion　07.027
PN 结激光器　PN junction laser　10.102
结温　junction temperature　11.150
捷联式惯性导航　strap-down inertial navigation　24.007
睫状体光凝术　cyclodiode photocoagulation　28.169
截面投影仪　section projector　16.062
截止深度　cutoff depth　09.046
*解复用器　optical wavelength division demultiplexer　22.048
解调　demodulation　22.073
解析立体测图仪　analytical stereo-plotter　19.067
*介电张量　dielectric tensor　06.015
介质镜　dielectric mirror　09.182
金刚石结构　diamond structure　06.084
金属–半导体–金属光电探测器　metal-semiconductor-metal photoelectric detector　11.010
金属包覆光波导　metal-cladding optical waveguide　08.098
金属箔电涌式快门　metal foil surge type shutter　15.053
金属镀膜镜　metal-coated mirror　09.183
金属反射膜　metallic reflective coating　07.010
金属–介质法布里–珀罗滤光片　metal-dielectric Fabry-Perot filter　09.022

金属绝缘半导体　metal insulator semiconductor，MIS　11.144
金属卤化物灯　metal halide lamp　10.365
金属有机化合物化学气相沉积法　metal organic chemical vapor deposition，MOCVD　06.132
金属蒸气激光器　metal-vapor laser　10.021
金相显微镜　metallographic microscope　20.016
金蒸气激光器　aurum-vapor laser　10.022
金字塔波前传感器　pyramid wavefront sensor　12.059
紧急激光终止器　emergency laser stop　28.248
紧套光缆　tight jacketed optical cable　08.073
近场　near field　03.019
近场光刻　near field lithography　26.019
近场光谱术　near field spectroscopy　01.333
近红外[波]　near infrared　25.002
近红外光谱　near infrared spectrum　01.274
近红外激光器　near infrared laser　10.166
近视眼　nearsightedness　28.067
近轴　paraxial axis　13.079
近轴光瞳放大倍率　paraxial pupil magnification　13.077
近轴光线　paraxial ray　01.015
*近轴轨迹方程　electron paraxial trajectory equation　14.148
近轴近似　paraxial approximation　13.080
近轴像差　paraxial aberration　14.227
浸没光刻　immersion lithography　26.011
浸没透镜　immersed lens　09.106
浸入式光栅　immersion grating　09.261
禁戒跃迁　forbidden transition　04.116
*经典光散射　elastic scattering　01.593
经瞳孔睫状体光凝术　transpupillary cyclophotocoagulation　28.183
经瞳孔温热治疗术　transpupillary thermotherapy，TTT　28.185
*经纬仪　theodolite　19.008
经验模态分解法滤波　empirical mode decomposition filtering　17.063
晶胞　unit cell　06.082
晶格　lattice　06.071
晶格匹配　lattice match　06.076
晶格吸收　lattice absorption　01.497
[晶体]光轴　[crystal] optic axis　06.129
晶体光轴定向仪　crystal optical axis orientation instrument　19.101
晶体缺陷　crystallographic defect　06.085
晶系　crystal system　06.077
晶状体损伤　lens injury　26.054
*精校正　precisely geometric correction　21.037
景　scene　21.089
景深　depth of field　15.036
景象匹配导航　scene matching navigation　24.002
径向畸变　radial distortion　14.244
径向偏振光束　radially polarized beam　01.037
径向温度梯度　radial temperature gradient　15.221
净辐射　net radiation　04.047
净增益　net gain　11.241
静电电子显微镜　electrostatic electron microscope　20.034
静电偏转灵敏度　electrostatic deflection sensitivity　11.114
静电透镜　electrostatic lens　09.108
*静态干涉光谱成像仪　spatially modulated spectral imager　14.160
*静态散射　elastic scattering　01.593
静态摄影分辨率　static photographic resolution　15.127
K 镜　K mirror　09.190
镜反射光　mirror reflected light　01.208
*镜鼓　prism drum　09.076
镜目距　eye relief　13.073
镜像　mirror image　14.001
纠缠熵　entropy of entanglement　02.066
纠缠态　entangled state　02.056
纠正仪　rectifier　19.096
局部模式　local mode　08.111
局部视网膜光凝术　focal retinal photocoagulation　28.180
*局地反照率　planetary albedo　21.059
局域表面等离子体激元　local surface plasmon　03.023
*橘黄色　orange　05.026
*橘色　orange　05.026
矩形近似法　rectangle approximate method　08.140
*ABCD* 矩阵　*ABCD* matrices　10.288
巨脉冲激光　giant pulse laser　01.242
巨脉冲激光器　giant pulse laser　10.183
锯齿波调制　sawtooth modulation　22.064
聚光镜　condenser mirror　09.184
聚合技术　merging technique　17.135

聚合物发光二极管　polymer light emitting diode，PLED　10.433
聚合物光纤　polymer optical fiber　08.007
聚合物旋涂　polymer spin coating　06.146
聚集密度　packing density　07.030
聚集诱导发光　aggregation-induced emission，AIE　04.014
聚焦　focusing　11.120
*[绝对]介电常量　dielectric constant　06.012
绝对辐射计　absolute radiometer　18.129
绝对辐射通量定标　absolute radiometric calibration　25.051
*绝对光波干涉仪　Kosters interferometer　18.021
绝对畸变　absolute distortion　14.242
*绝对校正　absolute atmospheric correction　21.035
绝对衍射效率　absolute diffraction efficiency　01.584
均衡脉冲　equalizing pulse　15.184
均匀饱和　homogeneous saturation　10.450
*均匀波导　uniform waveguide　08.084
均匀光纤光栅　uniform fiber grating　09.266
*均匀加宽　homogeneously broadening　01.367
均匀介质　homogeneous medium　06.002
均匀谱线加宽　spectral homogeneously broadening　01.367
均匀透明介质　homogeneous transparent medium　06.004
均匀颜色空间　uniform color space　05.097
均值滤波　averaging filtering　17.060

# K

卡塞格林望远镜　Cassegrain telescope　20.071
*开操作　morphological opening　17.048
开放光路　open lightpath　09.238
$Cr^{4+}$:YAG $Q$ 开关　$Cr^{4+}$:YAG $Q$-switch　10.296
$Q$ 开关激光祛斑术　$Q$ switched laser spot operation　28.221
开环带宽　open-loop bandwidth　27.108
开环光纤陀螺　open-loop fiber optic gyroscope　24.021
开环控制　open-loop control　27.103
开口率　aperture ratio　16.091
开普勒望远镜　Kepler telescope　20.070
开销　overhead　22.137
*看谱镜　spectroscope　09.088
康普顿散射　Compton scattering　01.608
抗磨损性　abrasion resistance　07.026
*抗蚀剂　photo resist　06.097
考纽棱镜　Cornu prism　09.069
科勒照明　Kohler illumination　10.384
*科氏干涉仪　Kosters interferometer　18.021
科斯特斯干涉仪　Kosters interferometer　18.021
可饱和吸收　saturable absorption　01.499
可饱和吸收体　saturable absorber　09.061
可变焦距透镜　variable focus lens　09.102
可变形反射镜　deformable reflective mirror　09.174
可变阈值处理　variable thresholding　17.146
可擦重写光盘　rewrite erasable disc　23.078
可见光　visible light　01.196
可见光激光器　visible laser　10.159
可见光谱　visible spectrum　01.272
可见光治疗　visible light therapy　28.108
可见近红外区　visible and near infrared region，VNIR　01.379
可见区　visible region　01.378
可控微扫描　controllable micro-scanning　15.101
2D/3D 可切换显示　2D/3D switchable display　16.026
可调谐半导体激光器　tunable semiconductor laser　10.096
可调谐半导体激光吸收光谱术　tunable diode laser absorption spectroscopy，TDLAS　01.345
可调谐固体激光器　tunable solid state laser　10.059
可调谐光发射机　tunable optical transmitter　22.022
可调谐激光器　tunable laser　10.148
可调谐滤光片　tunable filter　09.026
可调谐染料激光器　tunable dye laser　10.051
可重构光分插复用器　reconfigurable optical add/drop multiplexer，ROADM　22.051
*克尔磁光效应　magneto-optic effect　06.018
克尔磁强计　Kerr magnetometer　19.108
克尔盒高速照相机　Kerr-cell high speed camera　15.020
克尔盒快门　Kerr-cell shutter　15.055
克尔镜自锁模　Kerr lens mode-locking　10.342
*克尔透镜锁模　Kerr lens mode-locking　10.342

克尔显微镜 Kerr microscope 20.002
刻划光栅 ruled grating 09.241
刻蚀 etching 11.170
客观分析 objective analysis 21.098
客观散斑 objective speckle 01.646
氪灯 krypton lamp 10.374
氪离子激光器 krypton ion laser 10.042
空分复用 spatial division multiplexing 22.042
[空间]尺度效应 spatial-scale effect 21.093
空间编码频域光学相干断层扫描 spatially encoded frequency domain OCT，SEFD-OCT 15.098
空间电荷限制电流 space-charge limited current，SCLC 16.068
空间分辨率 spatial resolution 18.093
空间光孤子 spatial soliton 01.677
空间光调制器 spatial light modulator，SLM 22.081
空间光通信 space optical communication 22.003
空间光网络 space optical network 22.109
*空间光线 skew ray 01.013
空间光学系统 space optical system 13.022
空间光学遥感 space optical remote sensing 21.018
*空间激光通信 space laser communication 22.003
空间监视照相机 space surveillance camera 15.010
空间截止频率 cutoff spatial frequency 01.108
*空间滤波 image spatial filtering 17.054
空间滤波 spatial filtering 09.047
空间滤波器 spatial filter 09.048
空间频率 spatial frequency 01.685
空间频域激光散斑衬比成像 frequency-domain laser speckle contrast imaging 14.104
空间全光网络 space all-optical network 22.110
空间扫描型低相干干涉解调仪 spatial scanning low coherence interference demodulator 19.084
空间探测 space exploration 21.030
空间天文望远镜 astronomical space telescope 20.068
空间调制 spatial modulation 22.063
空间调制干涉光谱仪 space modulated interference spectrometer 18.089
空间调制光谱成像仪 spatially modulated spectral imager 14.160
空间外差光谱术 spatial heterodyne spectroscopy，SHS 01.357
空间相干性 spatial coherence 01.533
空间照相机 space camera 15.005
空芯光纤 hollow core optical fiber 08.025
空穴传输层 hole transport layer，HTL 11.169
*空穴型半导体 P-type semiconductor 11.141
空穴注入层 hole injection layer 11.167
*孔径 aperture 13.054
孔径测量仪器 bore measuring instrument 19.106
孔径干涉仪 bore interferometer 18.046
孔径光阑 aperture stop 09.332
孔径角 aperture angle 13.060
孔径坐标 aperture coordinate 13.061
控制带宽 control bandwidth 27.105
控制平面 control plane，CP 22.118
快门 shutter 15.046
快门 3D 显示 shutter based 3D display 16.022
*快门管 gated image intensifier 14.213
*快门系数 shutter index 15.158
*快门效率 shutter efficiency 15.157
快门眼镜 shutter glasses 09.148
*快门因数 shutter factor 15.158
*快视图 browse image 21.088
快速辐射传输模式 fast radiance transmission mode 04.106
宽带通滤光片 broad bandpass filter 09.009
宽带吸收 broad-band absorption 01.483
宽光束 wide beam 01.029
宽频激光二极管 broad-area laser diode 10.310
扩膜 film expanding 06.144
扩散波导 diffused waveguide 08.089
扩散光学层析成像 diffuse optical tomography，optical diffusion tomography，DOT/ODT 14.101
扩束器 beam expander 09.210
扩束照射法 expanding beam of irradiation 28.142
*扩展源 extended source 10.012
廓线反演 profile inversion 21.087

## L

拉比模型 Rabi model 02.108
拉比劈裂 Rabi split 02.107
拉比振荡 Rabi oscillation 02.105
拉格朗日不变量 Lagrange invariant 13.098

*拉曼放大　Raman amplification　11.222
拉曼放大器　Raman amplifier　11.228
拉曼分光光度计　Raman spectrophotometer　18.113
拉曼光谱　Raman spectrum　01.296
拉曼光谱术　Raman spectroscopy　01.334
拉曼光时域反射计　Raman optical time-domain reflectometer，ROTDR　18.057
拉曼光时域反射技术　Raman optical time-domain reflectometry　18.065
拉曼光纤放大器　Raman fiber amplifier　11.237
拉曼激光器　Raman laser　10.130
拉曼–奈斯声光衍射　Raman-Nath acousto-optic diffraction　01.580
拉曼频移　Raman shift　01.127
拉曼散射　Raman scattering　01.596
拉曼散射激光雷达　Raman scattering lidar　27.006
*拉曼效应　Raman scattering　01.596
拉曼增益　Raman gain　11.243
*拉姆凹陷　Lamb dip　10.453
拉姆齐[干涉]条纹　Ramsey fringes　01.557
拉姆齐干涉仪　Ramsey interferometer　18.019
拉伸脉冲锁模　stretched pulse mode-locking　10.347
兰利图　Langley plot　05.073
兰姆凹陷　Lamb dip　10.453
兰姆半经典理论　Lamb's semiclassical theory　10.452
*兰姆自洽方程　Lamb self-consistent equation　10.459
蓝宝石光纤　sapphire optical fiber　08.013
蓝宝石激光器　sapphire laser　10.082
蓝光激光器　blue laser　10.162
蓝色　blue　05.030
蓝移　blue shift　01.125
镧火石玻璃　lanthanum flint glass　06.049
朗伯表面　Lambertian surface　05.116
朗伯辐射源　Lambertian radiator　10.404
*朗伯体　Lambertian radiator　10.404
LED 浪涌损伤　LED surge damage　10.422
劳厄斑　Laue photograph，Laue spot　01.636
雷克纳格尔–阿尔季莫维奇公式　Recknagel-Artimovich formula　14.235
泪道激光成形术　laser dacryocystoplasty　28.176
Ⅱ类超晶格红外焦平面阵列　type Ⅱ superlattice infrared focal plane array　15.083
Ⅱ类超晶格红外探测器　type Ⅱ superlattice infrared detector　11.035
类氢碳离子复合激光器　recombination laser with hydrogen-like carbon ions　10.087
Ⅰ类水体　case Ⅰ water　27.070
Ⅱ类水体　case Ⅱ water　27.071
棱镜　prism　09.062
[棱镜]主截面　principal section　09.081
棱镜补偿式高速摄像机　prismatic compensation high-speed camera　15.143
*棱镜补偿式高速摄影机　prismatic compensation high-speed camera　15.143
棱镜单色仪　prism monochromator　18.096
棱镜对　prism pair　09.084
棱镜光谱　prism spectrum　01.279
棱镜光谱仪分辨率　resolution of the prism spectrometer　18.092
棱镜–光栅–棱镜分光组件　prism-grating-prism splitter　09.209
*棱镜检验干涉仪　Twyman-Green interferometer　18.030
棱镜角色散率　prism angular dispersion rate　09.083
棱镜耦合器　prism coupler　09.226
棱镜耦合系统　prism coupling system　03.013
棱镜偏向角　deviation angle of prism　09.082
棱镜色散　prism dispersion　01.410
棱镜摄谱仪　prism spectrograph　19.060
V 棱镜折射仪　V-prism refractometer　19.077
棱栅　prism grating　09.260
*棱柱　prism　09.062
棱锥差　cone difference　09.087
冷白光　cool white light　01.221
冷反射　narcissus　01.444
冷反射像　narcissus image　14.013
冷光学系统　cryogenic optical system　13.020
冷透镜　cold lens　09.104
冷阴极荧光灯　cold cathode fluorescent lamp，CCFL　10.370
离解激光器　dissociative laser　10.040
离散偶极子近似　discrete dipole approximation　03.018
离水辐射亮度　water-leaving radiance　01.143
*离水辐射率　water-leaving radiance　01.143
离轴差分吸收光谱术　off-axis differential optical absorption spectroscopy，off-axis DOAS　01.341
离轴光学系统　off-axis optical system　13.016
离轴全息术　off-axis holography　23.010

离轴全息图　off-axis hologram　23.019
离子辅助淀积　ion assisted deposition，IAD　07.047
离子交换波导　ion-exchanged waveguide　08.088
李普曼彩色照相术　Lippmann’s color photography　15.031
里德伯原子　Rydberg atom　02.073
里奇–克雷蒂安光学系统　Ritchey-Chrétien optical system　13.029
*理想导体光栅　perfectly conducting grating　09.251
理想反射体　perfect reflector　09.145
理想光学系统　ideal optical system　13.002
*理想漫反射表面　perfect reflective diffuser　05.116
*理想像面　ideal imaging plane　14.016
立方棱镜　cube prism　09.071
立式检测　vertical testing　06.156
立体测图仪　stereo-plotter　19.065
立体成像　stereo imaging　14.140
立体光刻　stereo lithography　26.022
立体量测摄像机　stereo-metric camera　15.141
*立体量测摄影机　stereo-metric camera　15.141
立体判读仪　stereo interpretoscope　19.093
立体视差　stereoscopic parallax　28.065
立体视觉　stereoscopic vision　28.033
*立体图像　3D image　17.001
*立体显示　three-dimensional display，3D display　16.014
立体知觉　stereoscopic perception　28.056
立体坐标量测仪　stereo comparator　19.006
利奥滤波器　Lyot filter　09.045
利特罗装置　Littrow mounting　18.091
粒度　granularity　22.151
粒子光学直径　particle optical diameter　27.075
粒子数反转　population inversion　10.228
粒子数空间　Fock space　02.074
粒子数算符　number operator　02.065
连续表面变形镜　continuous surface deformable mirror　09.178
连续光激光器　continuous wave laser　10.179
连续光谱源　continuous spectral source　10.394
连续激光泵浦太赫兹源　continuous laser-pumped terahertz source　25.024
*连续激光器　continuous laser　10.179
连续激光祛斑术　laser spot operation　28.223
连续扫描　continuous scanning　15.107
连续吸收　continuum absorption　01.481
链路冗余　link redundancy　22.187
链路状态公告　link state announcement，LSA　22.121
链码　chain code　17.137
良率　production yield　07.035
两眼集合　convergence　16.079
亮场照明　bright-field illumination　10.381
亮度　luminance　01.139
亮度标准灯　standard luminance lamp　10.358
亮度计　luminance meter　18.135
亮度适应　luminance adaptation　28.070
亮度因数　luminance factor　01.148
亮目标　bright object　21.077
量测摄像机　metric camera　15.137
*量测摄影机　metric camera　15.137
*量化　image quantization　17.094
*量块干涉仪　Kosters interferometer　18.021
量糖计　saccharimeter　19.107
量子擦除　quantum eraser　02.079
量子产率　quantum yield　28.255
量子成像　quantum imaging　02.080
量子存储器　quantum memory　02.085
量子点　quantum dot　02.094
量子点红外探测器　quantum dot infrared detector　11.033
量子点激光器　quantum dot laser　10.109
量子非破坏测量　quantum non-demolition measurement，QNDM　02.087
量子关联　quantum correlation　02.078
量子轨迹　quantum trajectory　02.088
量子级联激光器　quantum cascade laser　10.111
量子计量学　quantum metrology　02.086
量子计算　quantum computation　02.076
量子计算机　quantum computer　02.077
量子阱　quantum well　02.091
量子阱红外焦平面阵列　quantum well infrared focal plane array　15.082
量子阱红外探测器　quantum well infrared detector　11.032
量子阱激光器　quantum well laser　10.107
量子阱探测器　quantum well detector　11.020
量子刻蚀　quantum lithography　02.084
量子控制　quantum control　02.090
量子朗之万方程　quantum Langevin equation　02.083
量子密钥分配　quantum key distribution　02.082
量子拍　quantum beat　02.075

量子态层析术　quantum state tomography　14.206
量子跳跃　quantum jump　02.081
量子线激光器　quantum wire laser　10.110
*量子箱　quantum box　02.094
量子效率　quantum efficiency　11.078
*量子型红外景物发生器　quantum-based infrared scene generator　25.011
量子隐形传态　quantum teleportation　02.089
*量子噪声　quantum noise　11.061
裂片　chip dicing　06.143
裂隙灯　slit lamp　10.376
裂隙灯激光适配器　laser optical adapter for slit lamp　28.249
邻近信道干扰　adjacent channel interference　22.132
*邻域　neighbor of a pixel　17.142
*邻域平滑　averaging filtering　17.060
林尼克干涉仪　Linnik interferometer　18.022
临边扫描　limb scanning　15.104
*临边探测　limb detect　15.104
*临界电压　threshold voltage　16.070
*临界角　diffraction critical angle　01.588
临界融合频率　critical fusion frequency　01.104
临界相位匹配　critical phase matching　02.022
临界照明　critical illumination　10.383
磷光　phosphorescence　01.197
磷酸钛氧钾激光器　KTP laser　10.069
零差法荧光寿命成像　homodyne fluorescence lifetime imaging　14.070
*零差检测　homodyne detection　12.006
零差探测　homodyne detection　12.006
零材料色散波长　zero materials dispersion wavelength　01.098
零偏　zerobias　24.051
零偏磁场灵敏度　zerobias magnetic field sensitivity　24.054
零偏辐照漂移　zerobias irradiation drift　24.057
零偏温度灵敏度　zerobias temperature sensitivity　24.052
零偏温度速率灵敏度　zerobias temperature rate sensitivity　24.053
零偏稳定性　zerobias stability　24.059
零偏振动误差　zerobias vibration error　24.058
零偏重复性　zerobias repeatability　24.060
零色散光纤　zero dispersion optical fiber　08.035
零视差　zero parallax　28.061
*零维缺陷　point defect　06.086
零位补偿检验　null compensation testing　06.149
零位检验　null testing　06.148
领结光纤　bow-tie optical fiber　08.018
浏览图　browse image　21.088
*流明效率　luminous efficiency　04.029
流式细胞术　flow cytometry　28.104
流式荧光分析　flow fluorescence analysis　28.105
硫系光纤　chalcogenide optical fiber　08.009
六边形晶格　hexagonal lattice　06.073
六角晶系　hexagonal crystal system　06.079
龙基光栅　Ronchi grating　09.289
龙基检验　Ronchi test　12.013
漏扫　missing sweep　21.067
卤素灯　halogen lamp　10.375
路径辐射亮度　path radiance　01.145
路径计算单元　path computation element，PCE　22.152
路径计算终端　path computation client，PCC　22.172
路由波长分配　routing and wavelength assignment，RWA　22.159
路由频谱分配　routing and spectrum assignment，RSA　22.160
孪生像　twins image　14.008
掠入射干涉仪　grazing incidence interferometer　18.027
罗兰圆凹面全息光栅　concave holographic grating for Rowland spectrographs　09.247
罗雄棱镜　Rochon prism　09.066
逻辑尺　logical rule　11.110
*螺距　liquid crystal pitch　16.106
螺距扭曲形成力　helical twisting power，HTP　16.101
*螺纹透镜　threaded lens　09.093
裸视 3D 显示　glass-free 3D display　16.016
裸态　bare state　02.052
*裸眼三维显示　glass-free 3D display　16.016
洛埃镜干涉实验　interference experiment of Lloyd's mirror　01.565
洛埃特消偏器　Loyt depolarizer　09.313
洛伦兹线型　Lorentzian line shape　01.375
铝酸钇激光器　YAP laser　10.075
绿光激光器　green laser　10.161
绿色　green　05.028
滤波　filtering　09.005
滤波片型波分复用器　filter-based wavelength division

multiplexer，FWDM　22.047
*滤波器　optical filter　09.035
滤光玻璃　filter glass　06.043
滤光片　filter　09.006
滤光片蓝移　filter blue-shifting　09.031
滤光片轮　filter wheel　09.030
滤光片通带　pass band of filter　09.029
滤光片型光谱成像仪　filter type spectral imager　14.162
滤光系统　filter system　09.034
滤模器　mode filter　09.058

# M

马赫–曾德尔干涉仪　Mach-Zehnder interferometer　18.010
马赫–曾德尔调制器　Mach-Zehnder modulator，MZM　22.086
马卡梯里近似法　Marcatili approximate method　08.141
马吕斯定律　Malus' law　01.448
*埋沟道电荷耦合器件　buried channel charge coupled device，BCCD　11.197
迈克耳孙干涉仪　Michelson interferometer　18.009
迈克耳孙阶梯光栅　Michelson echelon grating　09.278
迈克耳孙–莫雷干涉实验　Michelson-Morley interference experiment　01.568
迈克耳孙星体干涉仪　Michelson stellar interferometer　18.016
脉冲半导体激光器　pulse semiconductor laser　10.097
10%脉冲持续时间　10%-pulse duration　01.659
*脉冲法荧光寿命成像　pulse fluorescence lifetime imaging　14.072
脉冲功率　laser pulse power　01.660
脉冲激光泵浦太赫兹源　pulsed laser-pumped terahertz source　25.020
脉冲激光沉积　pulsed laser deposition　26.049
脉冲激光器　pulse laser　10.181
脉冲激光祛斑术　pulsed laser spot operation　28.222
*脉冲宽度　pulse width　01.658
脉冲内拉曼散射　intra-pulse Raman scattering　01.600
脉冲受激拉曼散射　impulsive stimulated Raman scattering　01.599
*脉冲氙灯　pulse xenon lamp　10.360
脉冲星导航　pulsar navigation　24.005
脉冲展宽器　pulse stretcher　09.342
脉冲照明　pulse illumination　10.382
脉冲自陡峭　pulse self-steepening　01.668
曼金折反射镜　Mangin catadioptric mirror　09.136
漫发射光谱　diffuse reflection spectrum　01.291
漫反射　diffuse reflection　01.443
漫反射光　bounce light　01.209
漫反射系数　diffuse reflection coefficient　01.454
漫射面源　diffuse extended source　10.398
*漫射衰减系数　diffuse attenuation coefficient　01.516
慢光　slow light　01.202
*芒塞尔色序系统　Munsell color order system　05.085
芒塞尔颜色系统　Munsell color system　05.085
盲点　blind spot　28.024
梅斯林干涉实验　Meslin's interference experiment　01.570
镁橄榄石激光器　forsterite laser　10.068
门控法荧光寿命成像　time-gated fluorescence lifetime imaging　14.073
弥散　dispersion　01.436
弥散斑　defocused spot　13.090
弥散圆　circle of confusion　13.091
弥散杂散光　diffuse scatter light　01.203
米劳干涉仪　Mirau interferometer　18.028
米散射激光雷达　Mie scattering lidar　27.004
米氏散射　Mie scattering　01.607
密度分割　density slicing　17.147
密度算符　density operator　02.100
密集波分复用　dense wavelength division multiplexing，DWDM　22.041
幂律变换　power-law transformation　17.077
面存储密度　surface storage density　23.066
面积加权平均分辨率　area weighted average resolution，AWAR　14.042
*面密度　surface storage density　23.066
面内转换显示模式　in-plane switching，IPS　16.041
面缺陷　planar defect　06.088

面形误差　figure error　06.166
面源　extended source　10.012
面阵 CCD　area array CCD　11.199
面阵 CMOS　area array CMOS　11.217
面阵凝视型红外静态地平仪　area array staring infrared horizon sensor　25.039
描绘子　descriptors　17.029
瞄准　pointing　09.171
瞄准捕获跟踪　pointing acquisition tracking，PAT　22.182
敏感元　sensitive element　25.075
敏化　sensitized　10.331
敏化发光　sensitized luminescence　04.023
明度　lightness　05.110
明视觉　photopic vision　28.035
明视距离　distance of most distinct vision　28.036
明适应　light adaptation　28.071
缪勒矩阵　Mueller matrix　01.192
缪勒矩阵偏振术　Mueller matrix polarimetry　18.073
*TE 模　TE mode　08.114
*TM 模　TM mode　08.113
模斑　mode spot　01.638
模斑变换器　mode spot converter　01.643
*模斑直径　mode spot diameter　08.126
模板匹配　template matching　17.140
模场直径　mode field diameter　08.126
模尺寸转换器　mode size converter　09.059
模分复用　mode division multiplexing　22.043
模间色散　multimode dispersion　01.420
模拟立体测图仪　analogue stereo-plotter　19.066
*模耦合　mode coupling　08.128
模耦合方程　mode coupling equation　08.134
模耦合理论　theory of mode coupling　08.130
模耦合系数　mode coupling coefficient　08.131
模耦合长度　mode coupling distance　08.136
模匹配　mode matching　10.275
*模式　oscillation mode　10.266
模式本征方程　mode eigen equation　08.125
模式简并　mode degeneracy　08.124
模式竞争　mode competition　10.273
模式耦合　mode coupling　08.128
模式色散　mode dispersion　01.419
模式锁定　mode-locking　10.337
模式限制因子　confinement factor　08.127
模式正交性　mode orthogonality　08.123
模体积　mode volume　10.276
模跳跃　mode hopping　10.274
模型眼　schematic eye　28.029
模压全息图　embossed hologram　23.028
[膜层]光学厚度　optical thickness　07.036
膜厚均匀性　thickness uniformity　07.039
膜孔透镜　diaphragm lens　09.111
膜片型光纤法布里–珀罗压力传感器　diaphragm-based optical fiber Fabry-Perot pressure sensor　12.045
摩擦发光　triboluminescence　04.019
莫尔干涉条纹　Moire interference fringes　01.558
莫洛光谱　Mollow spectrum　01.288
*母盘　master disc　23.086
目标辐射源　target radiator　10.403
目标检测　target detection　17.082
目镜　eyepiece　09.166
目镜出瞳距离　eyepiece exit pupil distance　13.072
目镜出瞳直径　eyepiece exit pupil diameter　13.071
目视分辨率　visual resolution　14.039
目视光学系统　visual optical system　13.014
*目视解译　visual interpretation　21.096
目视判读　visual interpretation　21.096

# N

纳米棒　nanorod　03.004
纳米带　nanobelt　03.007
纳米光电探测器　nano-photoelectronic detector　11.021
纳米光纤　optical nanofiber　08.051
纳米晶　nanocrystal　03.003
纳米颗粒　nanoparticle　03.002
纳米线　nanowire　03.005
纳米线激光器　nanowire laser　10.201
纳秒激光器　nanosecond laser　10.185
*钠导星　sodium guide star　27.101
钠信标　sodium beacon　27.101
耐辐射玻璃　radiation resistant glass　06.046
LED 耐候性　LED weather ability　10.416

LED 耐久性　LED durability　10.417
内表面干涉显微镜　inner-surface interference microscope　20.008
内禀发光　intrinsic luminescence　04.024
*内禀探测器　intrinsic detector　11.004
内定标　internal calibration　15.200
内方位元素　element of interior orientation　15.212
内光电效应　internal photoelectric effect　11.072
内窥成像　photodynamic diagnosis imaging　14.097
内窥镜　endoscope　09.181
内窥镜下睫状体光凝术　endoscopic cyclophotocoagulation，ECP　28.182
内量子效率　internal quantum efficiency　11.079
*内腔式光纤法布里–珀罗干涉仪　intrinsic fiber Fabry-Perot interferometer，IFFPI　18.040
内腔式激光器　internal cavity laser　10.132
能动反射镜　active mirror　09.141
能级　energy level　10.217
能级宽度　width of energy level　10.218
能级寿命　energy level lifetime　10.219
能级图　energy level diagram　10.220
能见度　visibility　27.037
能量密度　energy density　10.442
*能流密度　energy flow density　04.081
能斯特炽热灯　Nernst glower lamp　10.377
尼科耳棱镜　Nicol prism　09.070
泥沙含量遥感　sediment content remote sensing　21.013
拟合滤波　fitting filtering　17.062
逆程　flyback，retrace　11.127
逆滤波　inverse filtering　17.059
逆向光刻　inverse lithography　26.015
凝视成像　staring imaging　14.137
凝视成像型照相机　staring camera　15.029
牛顿环　Newton’s rings　01.562
牛顿色序　Newton’s color　05.046
牛顿望远镜　Newtonian telescope　20.073
牛顿物镜系统　Newton objective system　13.028
扭绞光纤　twist optical fiber　08.053
扭曲向列　twisted nematic，TN　16.066
*扭像器　twister image device　14.220
浓度猝灭　concentration quenching　04.123
暖白光　warm white light　01.223
诺伦贝格反射偏振计　Norrenberg’s reflecting polariscope　18.059
诺马斯基干涉仪　Nomarski interferometer　18.033
钕玻璃激光器　neodymium-doped glass laser　10.083

# O

耦合波方程　coupled wave equation　08.135
耦合波理论　coupled wave theory　08.138
耦合共振器　coupled resonator　10.265
耦合透镜　coupling lens　09.103
*耦合长度　mode coupling distance　08.136

# P

帕邢装置　Paschen mounting　19.063
拍长　beat length　01.475
*判读仪　stereo interpretoscope　19.093
庞加莱球　Poincare sphere　01.193
抛光　polishing　09.353
佩茨瓦尔物镜　Petzval objective lens　09.156
*配光函数　color matching function　04.131
碰撞谱线加宽　spectral broadening by collision　01.369
碰撞锁模　colliding pulse mode-locking　10.348
皮肤光敏反应　skin photosensitizer reaction　28.227
匹配滤波相关器　matched filtering correlator　09.340
匹配形状数　matching shape number　17.141
偏光 3D 显示　polarization based 3D display　16.023
偏光显微镜　polarizing microscope，polarized-light microscope　20.015
偏光眼镜　polarization glasses　09.149
偏径向磁场灵敏度　zerobias radial magnetic field sensitivity　24.056
偏心注视　eccentric fixation　28.042
偏振　polarization　01.167
TE 偏振　TE polarization　01.179

TM 偏振　TM polarization　01.180
*偏振不敏感分束片　non-polarizing beam splitter　09.205
偏振不稳定性　polarization instability　01.185
*偏振测量术　ellipsometry　18.072
偏振成像　polarization imaging　14.117
偏振成像仪　polarization imager　14.157
偏振度　degree of polarization，DOP　01.182
偏振度成像　degree of polarization imaging　14.121
偏振分集接收　polarization diversity receiving，PD receiving　22.030
偏振分束器　polarization beam splitter，PBS　09.212
偏振复用　polarization division multiplexing，PDM　22.044
偏振光　polarized light　01.173
偏振光导航　polarized navigation　24.003
*偏振光合路器　polarization beam combiner，PBC　09.218
偏振光时域反射技术　polarization optical time-domain reflectometry，POTDR　18.066
偏振光栅　polarization grating　09.257
偏振合束器　polarization beam combiner，PBC　09.218
偏振激光雷达　polarization lidar　27.005
偏振控制器　polarization controller　09.317
偏振灵敏光学相干层析术　polarization-sensitive optical coherence tomography　14.204
偏振模色散　polarization mode dispersion　08.063
偏振模色散矢量　vector of polarization mode dispersion　01.434
偏振奇点　polarization singularity　01.187
偏振器　polarizer　09.309
偏振态　state of polarization，SOP　01.168
偏振态调制型光纤传感器　polarization modulated fiber optic sensor　12.035
偏振调制　polarization modulation　22.060
偏振显微成像　polarization microscopic imaging　14.066
偏振相关损耗　polarization-dependent loss，PDL　09.350
偏振相关增益　polarization-dependent gain，PDG　11.244
偏振消光比　polarization extinction ratio　01.186
偏振选择器　polarization-selective device　09.319
偏振移相干涉术　polarization phase shifting interferometry　18.006
*偏振主态　principal state of polarization　01.172
偏转均匀性因子　deflection uniformity factor　11.118
偏转线圈　deflection coil　11.116
偏转因数　deflection coefficient　11.117
片上光互连　on-chip optical inter-connect　22.129
片载微透镜　integrated on-chip microlens　09.117
频率短期稳定度　frequency short-time stabilization　01.120
频率牵引　frequency pulling　01.129
频率上转换　frequency up-conversion　01.134
频率调制　frequency modulation　22.061
频率调制光谱术　frequency modulation spectroscopy　01.351
频率调制型光纤传感器　frequency modulated fiber optic sensor　12.033
频率稳定性　frequency stability　01.119
频率下转换　frequency down-conversion　01.137
频率长期稳定度　frequency long-time stabilization　01.121
频率啁啾　frequency chirp　01.118
频谱连续性约束　spectrum continuity constraint，SCC　22.188
频谱碎片整理　spectrum defragmentation　22.117
频谱资源管理　spectrum resource management，SRM　22.116
频移　frequency shift　01.122
频域法荧光寿命成像　frequency-domain fluorescence lifetime imaging　14.069
频域光学相干断层扫描　frequency domain optical coherence tomography，FD-OCT　15.097
*频域滤波　image frequency domain filtering　17.055
*平板波导　slab waveguide　08.084
平板仪　plane table instrument　19.089
平场凹面全息光栅　concave holographic grating for flat-field spectrographs　09.248
平场复消色差物镜　eliminating field apochromatic objective lens　09.161
平场透镜　field flattener lens　09.096
*平顶脉冲　flat top laser pulse　01.672
平顶光束　flat-top beam　01.031
平行光管　collimator　18.090
平行平板　parallel plate　09.192
平行平晶　parallel optical flat　09.193
平行平面谐振腔　plane parallel resonator　10.243

*平衡零差检测　balance homodyne detection　12.007
平衡零差探测　balance homodyne detection　12.007
平均功率密度　average power density　10.444
平均能量密度　average energy density　10.443
平均折射率　mean refractive index　06.119
平面波导　planar waveguide　08.083
平面干涉仪　flat interferometer　18.047
平面光刻　lithography on planar substrate　26.020
平面平晶　plane optical flat　09.194
平面全息图　plane hologram　23.030
平面系统　plane surface system　13.032
*平面样板　plane optical flat　09.194
平像场　flat field　14.237
平移算符　displacement operator　02.101
平直度测量仪　flatness and straightness measuring instrument　19.050
*普遍吸收　general absorption　01.479
普朗克辐射定律　Planck's radiation law　04.100
普雷斯顿假设　Preston assumption　06.165
普通单模光纤　ordinary single-mode optical fiber　08.029
普通照明　general lighting　10.380
谱段配准　spectral band registration　01.372
谱段平均信噪比　average signal-to-noise ratio　17.038
谱段数　number of spectral band　14.187
*谱宽　spectral width　01.365
*谱线加宽　spectral line broadening　01.366
谱线宽度　spectral width　01.365
谱线弯曲　spectral line curvature　01.363
谱线展宽　spectral line broadening　01.366
*谱域光学相干断层扫描　spectrum domain optical coherence tomography　15.098

# Q

齐明透镜　aplanatic lens　09.092
[LED]启动时间　starting time　10.413
*起偏器　polarizer　09.309
气动激光器　gas dynamic laser　10.196
气化切除　gasification resection　28.133
气流反冲　airflow anti-stamping　28.119
气泡检测仪　bubblemeter　19.053
气体放电灯　gas discharge lamp　10.363
*气体放电光源　gas discharge lamp　10.363
气体激光器　gas laser　10.018
气体可视化　visualization of gas　27.027
*气象视程　atmospheric visibility　27.038
*CMOS 器件　CMOS device　11.215
*PME 器件　photo-magneto-electric detector　11.013
器件拼接　device butting　17.097
恰可察觉色差　just noticeable color difference　14.258
千兆无源光网络　gigabit-capable passive optical network，GPON　22.105
前固定组　front fixed group　13.096
*前光学系统　primary optical system　13.017
前烘　before exposure bake　11.175
前庭视反射　vestibular ocular reflex　28.193
前投影机　front projector　16.055
前向散射光　forward scattered light　01.630
前置放大器噪声　preamplifier noise　11.064
潜望镜　periscope　20.075
潜像光栅　latent-image grating　09.242
浅穿透波段　shallow penetration band　01.384
欠采样成像　under sampling imaging　14.112
腔层　spacer　07.022
腔倒空　cavity dumping　10.287
腔镜下激光治疗　endoscopic laser treatment　28.114
腔内倍频激光器　intracavity frequency-doubling laser　10.156
腔内激光吸收光谱术　intracavity laser absorption spectroscopy，ICLAS　01.344
腔内激光治疗　endovenous laser treatment，EVLT　28.113
腔内调制　intracavity modulation　10.289
腔衰荡光谱术　cavity ring-down spectroscopy，CRDS　01.348
腔外调制　outer cavity modulation　10.290
腔增强吸收光谱术　cavity enhanced absorption spectroscopy，CEAS　01.346
*强度检测系统　optical direct detection system　22.020
*强度调制　optical identity modulation　22.056
强度调制型光纤传感器　intensity modulated fiber optic sensor　12.031
强激光　high power laser　01.241

切连科夫辐射　Cherenkov radiation　04.046
切连科夫辐射能量转移成像　Cherenkov radiation energy transfer imaging　14.093
切连科夫光成像　Cherenkov radiation imaging 14.091
切连科夫荧光断层成像　Cherenkov luminescence tomography imaging　14.092
切向畸变　tangential distortion　14.245
切趾光纤光栅　apodized fiber grating　09.267
切趾函数　apodization function　25.081
青色　cyan　05.029
轻量化反射镜　light weight mirror　09.138
轻武器微光瞄准镜　passive light weight-weapon night sight　09.169
氢化物气相外延　hydride vapor phase epitaxy，HVPE 06.138
倾腔激光器　cavity dumped laser　10.136
倾斜反射镜　tip-tilt mirror，TM　09.140
倾斜光纤光栅　tilted fiber grating　09.268
倾斜型电磁聚焦系统　oblique electromagnetic focusing system　11.123
清亮点　clear point　16.087
氰气体激光器　cyanic laser　10.020
琼斯矩阵　Jones matrix　01.189
琼斯矢量　Jones vector　01.188
球径仪　spherometer　19.078
球面干涉仪　sphericity interferometer　18.048
球面镜共振腔　spherical mirror resonator　10.253
*球面镜腔　spherical mirror resonator　10.253
*区域　pixel region　17.143
区域处理　region processing　17.128
区域分裂　region splitting　17.130
区域聚合　region merging　17.131
区域描绘子　regional descriptors　17.033
区域生长　region growing　17.129
驱动器布局　actuator configuration　09.367
驱动器行程　actuator stroke　09.365
驱动器极间距　actuator spacing　09.366
驱动器交连值　actuator coupling value　09.368
屈光度　diopter　09.153
曲率波前传感器　curvature wavefront sensor　12.057
曲面镜谐振腔　curved-mirror resonator　10.242
取向层　alignment layer　16.086
*去包裹　phase unwrapping　12.026
去胶　removal of resist　06.100
*去偏光纤陀螺　depolarized fiber optic gyroscope 24.023
全波波片　full-wave plate　09.002
*全波片　full-wave plate　09.002
全场光学相干层析术　full-field optical coherence tomography　14.202
全电视信号　composite signal　15.167
全发光距离　all light distance　04.036
全反射　total reflection　01.439
*全反射角　total reflection critical angle　01.442
全反射镜　total reflective mirror　09.133
全反射临界角　total reflection critical angle　01.442
全方位反射镜　omni-directional reflector，ODR 09.132
全固态激光器　all-solid state laser　10.061
全光开关　all optical switch　11.263
全光网络　all optical network　22.094
*全光纤传感器　all optical fiber sensor　12.036
全光学集成成像　optical integral imaging　14.107
全介质法布里-珀罗滤光片　all-dielectric Fabry-Perot filter　09.023
全景照相机　panoramic camera　15.011
全局优化　global optimum　13.097
全内反射　total internal reflection　01.440
全内反射荧光显微镜　total internal reflection fluorescence microscope，TIRFM　20.044
*全偏振度　degree of polarization，DOP　01.182
全频段误差　full-band figure error　06.167
全曝光时间　total exposure time　15.153
全色片　panchromatic film　15.041
全视网膜光凝术　panretinal photo-coagulation，PRP 28.181
[全息]波长复用技术　wavelength multiplexing 23.088
全息成像　holographic imaging　14.109
全息存储　holographic storage　23.070
全息存储材料　holographic storage material　23.071
全息复用技术　holographic multiplexing　23.087
全息干涉测量术　holographic interferometry　23.013
全息光刻　holographic lithography　26.018
全息光盘　holographic disk　23.046
全息光学元件　holographic optical element　23.041
全息光栅　holographic grating　09.240
*全息记录材料　holographic storage material　23.071
*全息盘　holographic disk　23.046

全息曝光　holographic exposure　15.148
全息扫描器　holographic scanner　23.045
*全息摄影　holography　23.001
全息术　holography　23.001
全息数据存储系统　holographic data storage system，digital holographic storage system　23.072
全息透镜　holographic lens　23.044
全息图　hologram　23.017
全息图衍射效率　diffractive efficiency of hologram　01.586
全息显微镜　holographic microscope　20.021
全息显微术　holographic microscopy　23.015
*全息照相术　holography　23.001
全向反射膜　omnidirectional reflective coating　07.012
全像差校正　aberration pan correction　14.251
全站型电子速测仪　total station electronic tachometer　19.014
全正常色散锁模　all normal dispersion mode-locking　10.345
确定性相位编码复用　deterministic phase-coding multiplexing　23.095
群时延　group delay，GD　01.395
群速度　group velocity　01.394
群速度色散　group velocity dispersion，GVD　01.408
群速度色散系数　group velocity dispersion coefficient　01.430

# R

染料激光器　dye laser　10.050
染料 $Q$ 开关　dye $Q$-switch　10.299
热电堆探测器　thermopile detector　11.046
热电光电导管　pyroelectric photoconductor tube　11.086
热电偶探测器　thermocouple detector　11.024
热断层扫描成像　thermal texture map imaging　14.083
热辐射　thermal radiation　04.071
热辐射光源　thermal radiation source　10.002
热辐射计　bolometer　18.132
热辐射探测器　thermal radiation detector　11.016
*热辐射型红外景物发生器　thermal-radiation-based infrared scene generator　25.009
热辐射型红外景象发生器　thermal-radiation-based infrared scene generator　25.009
热光波导开关　thermo-optic waveguide switch　11.262
热–光碳分析法　thermal optical carbon analysis　28.258
热红外[波]　thermal infrared　25.007
热激励发光　thermally stimulated luminescence　04.020
热离焦　thermal defocusing　15.213
*热离子交换法　thermal ion exchange　12.017
热敏电阻红外焦平面阵列　thermistor-type infrared focal plane array　15.085
*热敏元　sensitive element　25.075
热平衡试验　thermal balancing test　15.197
热气动探测器　thermo-pneumatic detector　11.026
热缺陷　thermal defect　06.089
热释电红外焦平面阵列　pyroelectric infrared focal plane array　15.086
热释电探测器　pyroelectric detector　11.044
热释光　thermo luminescence　01.204
热释光曲线　thermo luminescence curve　01.205
热态　thermal state　02.060
*热探测器　thermal radiation detector　11.016
热稳定腔　hot stabilization cavity　10.258
热相位噪声　thermal phase noise　11.063
*热像仪　infrared thermal imager　14.154
热蒸发镀膜　thermal evaporation coating　07.044
热致变色材料　themo-chromism materials　06.038
热致非互易效应误差　thermal nonreciprocity error　24.049
人工辐射源　artificial radiator　10.405
人工红外源　artificial infrared source　10.397
人眼安全激光器　eye-safe laser　10.203
人眼绝对视觉阈　absolute visual threshold of human eye　28.048
人眼像差　ocular aberration　14.229
人眼阈值对比度　contrast threshold of human eye　28.049
*人造导星　artificial guide star　27.099

人造信标　artificial beacon　27.099
认清　identification　17.116
日盲紫外变像管　solar blind UV image converter tube　14.216
熔锥型波分复用器　fused wavelength division multiplexer　22.046
融合功能　fusion faculty　16.076
柔性显示　flexible display　16.006
柔性有机发光二极管　flexible organic light emitting diode，FOLED　10.434
入射光束半径　entrance beam radius　01.042
入射角　incident angle　01.463
入瞳　entrance pupil　13.068
入瞳距离　entrance pupil distance　13.070
入瞳直径　entrance pupil diameter　13.069
软玻璃光纤　soft glass optical fiber　08.008
软封装 LED　flexible packaging LED　10.419
软件定义光网络　software defined optical network　22.098
软件定义无源光网络　software defined passive optical network　22.099
软性角膜接触镜　soft contact lens　09.152
软永久连接　soft permanent connection　22.127
瑞利长度　Rayleigh length　01.071
*瑞利导星　Rayleigh guide star　27.102
瑞利反常　Rayleigh anomaly　01.591
瑞利–甘散射　Rayleigh-Gans scattering　01.606
瑞利干涉仪　Rayleigh interferometer　18.013
瑞利判据　Rayleigh criterion　14.274
瑞利散射　Rayleigh scattering　01.594
瑞利散射激光雷达　Rayleigh scattering lidar　27.007
瑞利信标　Rayleigh beacon　27.102
瑞奇–康芒检测法　Ritchey-Common testing　06.157
瑞奇–康芒检验　Ritchey-Common test　12.014
弱导光波导　weakly guiding optical waveguide　08.100
弱光层　dyssophotic zone　27.065
弱激光　low power laser　01.240
弱激光血疗术　low-level laser hemotherapeutics　28.160
弱视　amblyopia　28.040

# S

萨尼亚克干涉仪　Sagnac interferometer　18.012
塞曼光谱术　Zeeman spectroscopy　01.332
塞曼减速器　Zeeman slower　19.117
塞曼调谐激光器　Zeeman tuned laser　10.152
赛德尔像差　Seidel aberration　14.228
三倍频　frequency tripling　01.114
三波混频　three-wave mixing　02.017
三次谐波　third harmonic　01.131
三刺激值　tristimulus values　28.077
三反射镜消像散系统　anastigmatic system of three mirror　14.267
三反射式光学系统　three-mirror optical system　13.007
三基色　three primary color　05.003
三级像差　third-order aberration　14.223
三角晶系　trigonal crystal system　06.078
三角形晶格　triangular lattice　06.074
三阶色散　third-order dispersion，TOD　01.414
三能级激光器　three-level laser　10.140
三片式投影机　three-chip projector　16.053
三色理论　trichromatic theory　05.067
三色系统　trichromatic system　05.082
三透镜　triplet lens　09.099
三维存储技术　three-dimensional storage　23.053
三维光子晶体　three-dimensional photonic crystal　06.069
三维激光扫描　three-dimensional laser scanning　15.096
三维块匹配算法　3D block matching　17.153
三维图像　3D image　17.001
三维显示　three-dimensional display，3D display　16.014
三维噪声　three-dimensional noise　17.041
*三线态　triplet state　02.063
三相 CCD　three-phase CCD　11.205
三重态　triplet state　02.063
三轴光纤陀螺仪　three-axis fiber optic gyroscope　24.031
三坐标测量机　coordinate measuring machine　19.026
散斑衬比　speckle contrast　01.648
*散斑复用　random phasecoding multiplexing　23.096

散斑干涉　speckle interference　01.542
散斑干涉仪　speckle interferometer　18.035
散斑噪声　speckle noise　01.633
散射　scattering　01.592
散射板分束器　beam splitter with scatter plate　09.207
散射板干涉仪　scatter plate interferometer　18.034
散射各向异性　scattering anisotropy　01.628
散射截面　scattering cross-section　01.626
散射力　dissipative force　01.625
散射势　scattering potential　01.621
散射势重建衍射层析术　diffraction tomography for reconstruction of scattering potential　14.205
散射损耗　scattering loss　01.617
散射系数　scattering coefficient　01.618
散射相函数　scattering phase function　01.623
散射相矩阵　scattering phase matrix　01.624
散射振幅　scattering amplitude　01.622
扫积型红外探测器　SPRITE infrared detector　11.041
扫描　scanning，sweep　15.092
Z 扫描测量　Z-scan measurement　06.164
扫描电子显微镜　scanning electron microscope　20.029
扫描辐射计　scanning radiometer　18.130
扫描干涉场曝光　scanning beam interference exposure　15.149
扫描干涉仪　scanning interferometer　18.044
扫描轨迹　scanning track　15.110
扫描激光雷达　scanning lidar　27.019
扫描近场光学显微镜　scanning nearfield optical microscope，SNOM　20.039
扫描视场　scanning field of view　15.111
扫描速度　scanning speed　15.113
扫描速率　scanning rate　15.112
扫描隧道显微镜　scanning tunneling microscope　20.052
扫描探针显微镜　scanning probe microscope，SPM　20.045
扫描线　scanning line　15.114
扫描仪　scanner　15.115
扫描周期　scan cycle　21.068
扫频光源光学相干层析术　swept source optical coherence tomography，SS-OCT　14.207
扫频激光器　frequency sweep laser　10.154
扫视运动　saccade　28.195
色饱和度　saturation　05.104
*色表　color appearance　05.098
色表示　color specification　05.033
色彩传递　color transferring　05.074
色差　chromatic aberration　14.255
色差公式　color difference formula　14.259
CIEDE2000 色差公式　CIEDE2000 color difference formula　14.262
CIELAB 色差公式　CIELAB color difference formula　14.260
CIELUV 色差公式　CIELUV color difference formula　14.261
色差计　color difference meter　18.123
色纯度　color purity　05.047
色刺激　color stimulus　28.073
色刺激函数　color stimulus function　28.076
色调　hue　05.044
*色度　hue　05.044
色度纯度　colorimetric purity　05.079
色度计　colorimeter　18.121
色度特性化　colorimetric characterization　05.078
色度图　chromaticity diagram　05.080
色度系统　colorimetric system　05.081
RGB 色度系统　RGB colorimetric system　05.088
XYZ 色度系统　XYZ colorimetric system　05.089
色度学　colorimetry　05.001
色对比　color contrast　05.050
色畸变　color distortion　14.246
色觉　chromatic vision　05.043
色觉恒常　color constancy　28.080
色卡图册　color atlas　05.038
色灵敏度　chromatic sensitivity　05.048
色轮　color wheel　05.041
色盲　color blindness　28.078
色貌　color appearance　05.098
色貌模型　color appearance model　05.101
色貌属性　color appearance attribute　05.100
色貌现象　color appearance phenomena　05.099
色敏传感器　color sensor　12.047
色匹配　color matching　05.108
色匹配函数　color matching function　04.131
色品　chromaticity　05.103
*色品图　chromaticity diagram　05.080
色品坐标　chromaticity coordinate　05.042
色球差　sphere chromatic aberration　15.210
色弱　anomalous trichromatism　28.079

色散　color dispersion　01.404
色散[型]光双稳态　dispersive optical bistability　02.013
色散本领　dispersion power　01.423
色散波产生　dispersive wave generation　01.428
色散补偿　dispersion compensation　01.433
色散补偿光纤　dispersion compensation optical fiber　08.039
色散补偿光栅　dispersion compensation grating，DCG　09.283
色散补偿器　dispersion compensator，TDC　01.435
*色散方程　dispersion equation　08.125
色散管理　dispersion-management，DM　01.426
色散管理孤子　dispersion-managed soliton　01.679
*色散光谱　prism spectrum　01.279
色散均衡　dispersion equalization　01.427
色散棱镜　dispersing prism　09.073
色散平坦光纤　dispersion-flattened optical fiber　08.038
色散位移光纤　dispersion-shifted optical fiber，DSF　08.036
色散系数　dispersion coefficient　01.429
色散斜率　dispersion slope　01.432
色散型光谱成像仪　dispersive spectral imager　14.161
色散长度　dispersion length　01.421
色适应　chromatic adaptation　05.037
色适应变换　chromatic adaptation transform，CAT　05.039
色衰　luminous flux droop　05.049
色温　color temperature　05.051
*色相　hue　05.044
色相环　hue circle　05.036
色像差校正　chromatic aberration correction　14.250
色心　color center　06.091
色心 $Q$ 开关　color center crystal $Q$-switch　10.300
色心激光器　color center laser　10.085
色序　color sequence　05.045
色序系统　color order system　05.083
色域　color gamut　05.034
色域覆盖率　color domain coverage ratio　16.090
色域映射　color gamut mapping　05.035
闪光灯泵浦　flash lamp pumping　10.326
闪光灯泵浦激光器　lamp pumped laser　10.143
闪光灯泵浦脉冲染料激光器　pulsed dye laser with flashlamp pumping　10.054
闪光灯泵浦染料激光　flashlamp pumped dye laser　01.247
闪烁计数器　scintillation counter　11.093
[闪烁吸收]时间分辨率　time resolution　02.116
闪烁噪声　noise $1/f$　11.062
*闪耀光纤光栅　blazed fiber grating　09.268
闪耀光栅　blazed grating　09.246
*熵编码　statistical encoding　17.091
上反稳像火控　reverse image stabilized fire control　17.150
*上转换　frequency up-conversion　01.134
上转换材料　up-conversion materials　06.033
少模光纤　few mode optical fiber　08.031
蛇形折射光　serpentine refracted light　01.207
射出辐射　out-coming radiation　04.058
射频气体激光器　RF gas laser　10.019
X 射线分幅照相机　X-ray framing camera　15.019
X 射线光刻　X-ray lithography　26.013
X 射线激光器　X-ray laser　10.171
射线及高能粒子发光　radioluminescence　04.010
X 射线形貌术　X-ray topography　19.051
X 射线荧光断层成像　X-ray luminescence tomography　14.095
X 射线荧光光谱术　X-ray fluorescence spectrometry　01.300
摄谱仪　spectrograph　19.058
摄像　photography　15.122
*摄像管　television camera tube　15.129
摄像机　camera　15.136
摄像器件　image pick-up device　11.194
*摄影　photography　15.122
摄影测量　photogrammetry　21.064
摄影测量仪器　photogrammetric instrument　19.105
摄影分辨率　photographic resolution　15.126
*摄影机　camera　15.136
*摄影经纬仪　photographic theodolite　15.140
摄影频率　photographic frequency　15.192
砷化镓激光器　GaAs laser　10.106
深穿透波段　deep penetration band　01.383
深度暗示　depth cue　28.009
深度分辨激光散斑衬比成像　depth-resolved laser speckle contrast imaging　14.138
*深度线索　depth cue　28.009
深空探测　deep space exploration　21.031
*甚远红外波　terahertz wave　25.016

生理深度暗示　physiological depth cue　28.011
生物传感器　biosensor　12.051
生物发光　bioluminescence　04.017
生物发光系统　bioluminescent system　28.002
生物–光学区域　bio-optical province　27.072
生物–光学算法　bio-optical algorithm　27.058
生物显微镜　biological microscope　20.012
生物自发光断层成像　bioluminescence tomography，BLT　14.089
生物组织吸收　absorption of biological tissue　01.504
声光波导调制器　acoustic-optical waveguide modulator　22.078
声光检眼镜　photoacoustic ophthalmoscope　28.084
声光晶体　acousto-optic crystal　06.058
声光 $Q$ 开关　acousto-optic $Q$-switch　10.301
声光可编程色散滤波器　acousto-optic programmable dispersive filter，AOPDF　09.036
声光可调谐滤波器　acousto-optic tunable filter，AOTF　09.041
声光可调谐滤光片　acousto-optic tunable filter，AOTF　09.027
声光滤波器　acousto-optic filter　09.037
声光偏向器　acousto-optic deflector　09.201
声光器件　acoustic-optical device　11.271
声光锁模激光器　acousto-optic mode-locked laser　10.178
声光调制　acousto-optic modulation　22.066
声光衍射　acousto-optic diffraction　01.578
声光衍射特征长度　acousto-optic diffraction characteristic length　01.587
声光移频器　acousto-optic frequency shifter　09.060
声学显微成像　acoustic microscopic imaging　14.057
声致发光　sonoluminescence　04.018
声子　phonon　02.035
*剩余电流　dark current　11.070
剩余光谱　residual spectrum　01.304
剩余像差　residual aberration　14.230
失相过程　dephasing　04.125
LED 失效　LED failure　10.421
失效速率分布　failure rate distribution　04.129
*失真度　relative spectral quadratic error　14.193
*施密特系统　Schmidt optical system　13.011
施密特折反式光学系统　Schmidt optical system　13.011
十字交叉波导　crossing waveguide　08.099
石英光纤　silica optical fiber　08.006
时分复用无源光网络　time division multiplexing passive optical network，TDM-PON　22.106
时间传递函数　time transfer function　13.051
时间放大率　time magnification　17.152
时间分辨成像　time-resolved imaging　14.047
*时间分辨率　revisit cycle　21.105
时间分辨荧光光谱术　time-resolved fluorescence spectroscopy　01.336
时间光孤子　temporal soliton　01.676
时间扫描型低相干干涉解调仪　temporal scanning low coherence interference demodulator　19.083
时间调制干涉光谱仪　time modulated interference spectrometer　18.088
时间调制光谱成像仪　temporary modulated spectral imager　14.165
时间相干性　temporal coherence　01.534
时间相关单光子计数　time-correlated single-photon count，TCSPC　02.114
时间延迟积分红外焦平面阵列　TDI infrared focal plane array　15.074
时间延迟积分扫描　time delay integration scanning　15.109
时间延迟积分效应　temporal integration effect　11.040
时间延迟积分型照相机　time delay integration camera　15.027
时间域光学相干层析术　time domain optical coherence tomography，TD-OCT　14.200
时空光孤子　spatial-temporal soliton　01.678
时空联合调制光谱成像仪　temporary and spatial-joint modulated spectral imager　14.166
时隙分配　timeslot assignment，TSA　22.161
时域法荧光寿命成像　time-domain fluorescence lifetime imaging　14.072
时域和空域结合滤波　spatiotemporal filtering　17.058
*时域滤波　image time domain filtering　17.053
实模式　real mode　16.037
实时空间光调制器　real-time spatial light modulator　22.082
实像　real image　14.002
实验室定标　laboratory calibration　14.185
实用光电阴极　practical photocathode　11.101
史密斯-珀塞尔自由电子激光器　Smith-Purcell free electron laser　10.119

矢量法　vector method　07.042
矢量辐射传输　vector radiative transfer　04.105
矢量光刻成像　vector lithography imaging　14.132
矢量光束　vector beam　01.034
矢量模　vector mode　08.110
势透射率　potential transmittance　07.034
势吸收率　potential absorptance　07.033
视彩度　colorfulness　05.076
视场光阑　field stop　09.336
视场拼接　field butting　28.053
视点数　view number　16.102
视动反射　optokinetic reflex　28.194
视动眼颤　optokinetic nystagmus　28.196
视度　diopter　28.054
视度调节　diopter accommodation　28.055
*视反射率　apparent reflectance　01.456
视见函数　visibility function　28.046
视角放大率　visual angular magnification　13.108
视觉　vision　28.030
视觉处理　visual processing　28.097
视觉对比阈　visual contrast threshold　28.043
视觉放大率　visual magnification　28.045
视觉敏锐度　visual acuity　28.044
视觉暂留　duration of vision　28.047
*视明度　lightness　05.110
*视盘　optic disk　28.024
视频　video frequency　15.188
视频频带　video frequency band　15.191
视频信号　video frequency signal　15.189
视网膜跟踪　retinal tracking　28.198
视网膜血氧饱和度测量　retinal oxygen saturation measurement　28.191
*视网膜在体成像　in vivo retinal imaging　14.099
视像管　vidicon　15.135
*视轴　CCD viewing axis　15.202
视轴　visual axis　28.052
CCD 视轴　CCD viewing axis　15.202
视主点　view principal point　15.203
ATM 适配层　ATM adaptation layer　22.184
*适应　luminance adaptation　28.070
手术视觉矫正　surgical visual correction　28.050
手术显微镜　operation microscope　20.025
受激布里渊散射　stimulated Brillouin scattering，SBS　01.604
受激发射损耗显微成像　stimulated emission depletion microscopic imaging，STED microscopic imaging　14.067
受激辐射　stimulated radiation　04.051
受激辐射截面　stimulated emission cross-section　04.052
受激光子回波　stimulate photon echo　01.083
受激拉曼放大　Raman amplification　11.222
受激拉曼散射　stimulated Raman scattering，SRS　01.598
受激瑞利散射　stimulated Rayleigh scattering　01.595
受激吸收　stimulated absorption　01.491
*梳状滤波器　comb filter　09.040
输出反射镜　output reflective mirror　09.134
输出功率不稳定度　output power instability　10.446
输片式高速成像　high speed film imaging　14.122
输入基准轴　input reference axis　24.043
输入角速度　input angular velocity　24.046
输入角速率　input angular rate　24.045
*输入轴　input axis　24.042
输入轴失准角　input axis misalignment　24.044
倏逝波　evanescent wave　01.078
束缚–束缚激光器　bound-bound laser　10.038
束管式光缆　multichannel bundle optical cable　08.077
束腰　beam waist　01.045
束腰分离　beam waist separation　14.264
*f* 数　*f*-number　13.064
*数据传输速率　data transfer rate　22.016
数据立方体　data cube　17.155
数据压缩　data compression　15.217
数据压缩比　data compression ratio　15.218
*数据注入式红外景物发生器　data injection infrared scene simulation system　25.015
数据注入式红外景象仿真系统　data injection infrared scene simulation system　25.015
数码显示　digital display　16.013
[数码相机]等效焦距　equivalent focus length　15.061
数学形态学　mathematical morphology　17.046
数值孔径　numerical aperture，NA　13.055
数值孔径计　numerical apertometer　19.112
数字共焦显微成像　digital confocal microscopic imaging　14.059
数字光路处理器投影机　digital light processing projector，DLP projector　16.059
数字光偏向器　digital light deflector　09.200

数字全息干涉测量　digital holographic interferometry　23.014
数字全息术　digital holography　23.012
数字全息显微术　digital holographic microscopy　23.016
数字视频信号　digital video frequency signal　15.190
数字水准仪　digital level　19.019
数字图像　digital image　17.003
数字图像处理　digital image processing　17.043
数字图像扫描记录系统　digital image scanning and plotting system　17.115
数字图像水印处理　digital image watermarking　17.109
数字微镜器件　digital micromirror device，DMD　09.195
数字显微镜　digital microscope　20.019
数字像素全息图　digital pixel hologram　23.037
*衰减　optical attenuation　01.513
*衰减率　attenuation ratio　01.515
衰减全反射　attenuated total reflection　01.441
衰减系数　attenuation coefficient　01.515
甩胶　spin coating　06.101
双阿米奇棱镜　Amici double prism　09.064
双包层光纤　double cladding optical fiber　08.027
双包层光子晶体光纤　double-cladding photonic crystal optical fiber　08.022
双波段红外焦平面阵列　dual-band infrared focal plane array　15.076
双掺杂激光器　double-doped laser　10.046
双单色仪　double monochromator　18.097
双单透镜　doublet-single objective lens　09.095
双反射式光学系统　dual-mirror optical system　13.006
双分子荧光互补　bimolecular fluorescence complementation，BIFC　01.236
双高斯物镜　double Gaussian objective lens　09.162
双光束干涉　two beam interference　01.548
双光子激发荧光成像　two-photon excitation fluorescence imaging，TPEF　14.053
双光子吸收　two-photon absorption　01.492
*双光子吸收存储　dual-photon absorption storage　23.051
双光子吸收存储技术　dual-photon absorption storage　23.051
双光子效应　two-photon effect　11.276
双光子荧光　two photon fluorescence　01.226
双合透镜　doublet lens　09.094
双胶合物镜　doublet objective lens　09.157
双模压缩态　two-mode squeezed state　02.047
双目望远镜　binocular telescope　20.062
*双频干涉仪　heterodyne interferometer　18.029
双频激光器　two-frequency laser　10.153
双平面镜　bimirror　09.191
双腔激光器　dual-cavity laser　10.137
双筒望远镜　binocular telescope　20.061
双椭圆腔　double-elliptical cavity　10.256
双向反射率　bi-directional reflectance　01.455
双压电片变形镜　bimorph deformable mirror　09.180
双眼集合　binocular convergence　28.028
双眼视差　binocular parallax　28.057
双眼视觉　binocular vision　28.031
双圆锥扫描式红外地平仪　dual conical scanning infrared horizon sensor　25.037
双折射　birefringence　01.465
双折射检测仪　birefringence meter　19.052
双折射色散　birefringence dispersion　01.407
双折射色散补偿相位解调法　birefringence-dispersion-based phase demodulation　12.064
双折射矢量　birefringence vector　01.474
双折射相位匹配　birefringent phase matching　02.024
双轴晶体　biaxial crystal　06.063
水激光　water laser　01.243
水冷却激光器　water cooling laser　10.197
水漫射衰减系数　diffuse attenuation coefficient　01.516
水平电极 LED 芯片　horizontal electrode LED chip　10.440
水平视差　horizontal parallax　28.059
*水平消隐　horizontal blanking　15.178
水汽吸收　water vapor absorption　01.501
水色　water color　05.020
水色遥感　water color remote sensing　21.008
水体反射光谱　water body reflection spectrum　01.282
水下电视　underwater TV　15.162
水下辐射照度计　underwater irradiance meter　18.120
水下光辐射传输方程　radiative transfer equation for sea water　04.104
水下光辐射分布　underwater radiant distribution　04.082
水下激光通信　underwater laser communication

22.005
水下能见度　underwater visibility　27.039
水下照相机　underwater camera　15.003
水中相对对比度　relative contrast in water　27.049
水准仪　level　19.015
顺序扫描　sequential scanning　15.168
瞬时频率　instantaneous frequency　01.102
瞬态光谱仪　instantaneous spectrometer　18.075
瞬态吸收　transient absorption　01.493
斯特列尔比　Strehl ratio　27.083
斯特列尔准则　Strehl criterion　14.277
斯托克斯参数　Stokes parameter　01.190
斯托克斯光　Stokes light　01.211
斯托克斯红移　Stokes red shift　01.124
*斯托克斯频移　Stokes frequency shift　01.124
斯托克斯矢量　Stokes vector　01.191
斯托克斯直径　Stokes diameter　27.077
*死区　dead zone of fiber optic gyroscope　24.036
死像元　dead pixel　14.026
四倍频　frequency quadrupling　01.115
四波混频　four-wave mixing，FWM　02.018
四方晶系　tetragonal crystal system　06.081
四分之一波镜　quarter-wave mirror　09.146
四分之一波片　quarter-wave plate　09.003
四分之一波长层　λ/4 layer　07.021
四分之一波长光学厚度　quarter-wave optical thickness，QWOT　07.037
四分之一波长膜堆　quarter-wave stack　07.024
*四棱锥波前传感器　pyramid wavefront sensor　12.059
四能级系统　four energy level system　10.223
*四色学说　opponent-color theory　05.068
四相 CCD　four-phase CCD　11.207
松套光缆　loose tube optical cable　08.074
速高比　velocity to height ratio　27.092
速率方程　rate equation　10.456
速率方程建模　rate equation modeling　10.457
速率级光纤陀螺仪　rate-level fiber optic gyroscope　24.032
*塑料光纤　plastic optical fiber　08.007
随机光学重构显微成像　stochastic optical reconstruction microscopic imaging，STORM　14.062
随机光学重建显微镜　stochastic optical reconstruction microscope，STORM　20.048
随机偏振辐射　randomly polarized radiation　04.048
随机相位编码复用　random phasecoding multiplexing　23.096
随机游走系数　random walk coefficient　24.050
缩小投影光刻　reduced projection lithography　26.010
索末菲辐射条件　Sommerfeld radiation condition　04.099
*锁模　mode-locking　10.337
锁模二极管激光器　mode-locked diode laser　10.113
锁模飞秒激光器　mode-locked femtosecond laser　10.187
锁模光纤激光器　mode-locked optical fiber laser　10.116
锁模激光器　mode-locked laser　10.175
锁相干涉仪　phase-locked interferometer　18.032
锁相列阵半导体激光器　phase-locked laser semiconductor array　10.098

# T

塔尔博特干涉仪　Talbot interferometer　18.031
太赫兹波　terahertz wave　25.016
太赫兹波成像　terahertz imaging　14.141
太赫兹波检测　terahertz wave detection　25.031
太赫兹波通信　terahertz communication　22.008
太赫兹辐射热计　terahertz bolometer　25.034
太赫兹光非对称解复用器　terahertz optical asymmetric demultiplexer，TOAD　22.053
太赫兹光谱　terahertz spectrum　01.260
太赫兹量子阱探测器　terahertz quantum well detector　11.048
太赫兹热释电探测器　terahertz pyroelectric detector　11.045
太赫兹时域谱系统　terahertz time-domain spectroscopy　25.017
太赫兹源　terahertz source　25.018
太阳常数　solar constant　18.118
太阳定标　solar calibration　27.091
太阳方位角　solar azimuth angle　27.090
太阳辐射　solar radiation　04.068

太阳辐射定标　solar radiation calibration　25.047
太阳高度角　solar elevation angle　27.088
太阳高度角订正　solar elevation angle correction　27.089
太阳光度计　sun photometer　18.116
太阳光谱　solar spectrum　01.276
*EPR 态　Bell state　02.053
GHZ 态　GHZ state　02.057
钛扩散铌酸锂波导　Ti-diffused $LiNbO_3$ waveguide　08.090
泰勒判据　Taylor criterion　14.276
探测率　detectivity　11.068
探测器尺寸　detector size　11.053
探测器峰值波长　detector peak wavelength　11.056
探测器光谱响应　detector spectral response　11.055
*探测器光学系统　auxiliary optical system　13.019
探测器截止波长　cutoff wavelength of a detector　11.057
探测器视场　field-of-view of a detector　11.058
探测器响应度　detector responsiveness　11.054
探测器像元　detector pixel　14.025
探测器驻留时间　dwell time of detector　11.059
*探测通道　remote sensing channel　21.072
*探测芯片　infrared detection chip　25.074
探针式轮廓术　probe profilometry　12.015
汤姆孙散射　Thomson scattering　01.609
*糖量计　saccharimeter　19.107
特外曼–格林干涉仪　Twyman-Green interferometer　18.030
特征光谱　characteristic spectrum　01.298
特征光谱定标　characteristic spectrum calibration　14.183
特征频率　characteristic frequency　01.109
特征吸收　characteristic absorption　01.484
特种光纤　specialty optical fiber　08.005
梯度型折射率　graded refractive index　06.118
梯度折射率光纤　gradient index optical fiber　08.020
锑铯光电阴极　Cs-Sb photocathode　11.097
体 3D 显示　volumetric 3D display　16.018
体材料半导体　bulk semiconductor　11.142
*体存储技术　three-dimensional storage　23.053
体存储密度　bulk storage density　23.067
体沟道电荷耦合器件　bulk channel charge coupled device，BCCD　11.197
*体光栅　volume phase holographic grating　09.263
体积相位全息光栅　volume phase holographic grating　09.263
*体密度　bulk storage density　23.067
体全息存储技术　optical volume holographic storage　23.059
体全息光栅　volume holographic grating　09.250
体全息术　volume holography　23.007
体全息图　volume hologram　23.031
体散射函数　volume scattering function　01.627
体声光器件　bulk acousto-optic device　11.272
体视显微镜　stereo microscope　20.022
体素　voxel　16.080
天顶散射光差分吸收光谱术　zenithsky scattering differential optical absorption spectroscopy，zenithsky DOAS　01.340
天空辐射　sky radiation　04.061
天空光　skylight　01.214
*天然光　daylight　01.195
天文定标　astronomical calibration　21.048
天文光谱学　astronomical spectroscopy　01.253
天文望远镜　astronomical telescope　20.067
条带噪声　stripe noise　21.091
SCE 条件　specular component excluded condition　05.114
SCI 条件　specular component included condition　05.113
条纹管　streak tube　14.215
条纹检查仪　schlieren equipment　19.054
条纹投影法　fringe projection　12.024
条纹照相机　streak camera　15.022
*调 *Q*　*Q*-switching　10.293
[调 *Q*]开关时间　switching time　10.305
调 *Q* 开关　*Q*-switch　10.294
调 *Q* 模式锁定　*Q*-switched mode-locking　10.343
调焦　focusing　11.124
调焦步长　focusing step size　15.065
调焦范围　focusing range　15.062
调焦误差　error of focusing　15.066
*调频　frequency modulation　22.061
调制　modulation　22.054
**Q* 调制　*Q*-modulation　10.293
调制不稳定性　modulation instability　22.071
*调制传递函数　modulated transfer function，MTF　13.043
调制传递函数补偿　modulation transfer function

compensation，MTFC 13.053
调制带宽 modulation bandwidth 22.069
调制度 modulation 22.070
调制共振 modulation resonance 10.291
*调制型红外景物发生器 modulation-based infrared scene generator 25.010
调制型红外景象发生器 modulation-based infrared scene generator 25.010
贴片式 LED 灯 surface mounting technology packed LED light，SMT packed LED light 10.361
铁电薄膜红外焦平面阵列 ferroelectric thin film infrared focal plane array 15.087
廷德尔散射 Tyndall scattering 01.610
*通道 remote sensing channel 21.072
通道波导 channel waveguide 08.091
通道配准 band registration 21.075
通道选择 band selection 21.073
通光孔径 aperture 13.054
通信光纤 telecommunication optical fiber 08.002
同步反演 simultaneous inversion 21.086
同步辐射源 synchrotron radiator 10.401
同步光网络 synchronous optical network，SONET 22.101
同步数字交叉连接器 synchronous digital cross connector 09.329
同步移相干涉术 simultaneous phase shifting interferometry 18.004
同步荧光光谱 synchronous fluorescence spectrum 01.303
同色同谱色 isomeric color 05.012
同色异谱 metamerism 01.286
同色异谱色 metameric color 05.013
同色异谱指数 metamerism index 05.115
同时偏振成像仪 simultaneous polarization imager 14.158
*同态滤波 image homomorphic filtering 17.056
同物异谱 different spectra characteristics with the same object 21.082
同心系统 concentric system 13.034
同心光束 concentric beam 01.033
同型异质结 same-type heterojunction 11.148
同源像点 homologue point 16.077
同质结 homojunction 11.146
同质结激光器 homojunction laser 10.103
同轴全息术 in-line holography 23.008
同轴全息图 in-line hologram 23.018
铜蒸气激光器 copper-vapor laser 10.023
统计编码 statistical encoding 17.091
桶形畸变 barrel distortion 14.240
*桶中能量 power in bucket，PIB 27.109
*头盔三维显示 helmet mounted 3D display 16.036
头盔 3D 显示 helmet mounted 3D display 16.036
头盔显示 helmet mounted display 16.035
头盔夜视镜 night vision goggles 28.091
*投射式红外景物发生器 infrared scene project simulation system 25.014
投射式红外景象仿真系统 infrared scene project simulation system 25.014
投影 project 16.050
投影变换 projection transformation 21.071
投影机 projector 16.051
*CRT 投影机 CRT projector 16.056
*DLP 投影机 digital light processing projector，DLP projector 16.059
投影显示 projection display 16.029
投影仪 measuring projector，profile projector 16.061
透反型液晶显示 transflective liquid crystal display 16.032
透巩膜睫状体光凝术 transscleral cyclophotocoagulation，TSCP 28.168
*透光层 euphotic zone 27.063
透过带 band of transparency 06.016
透过率 transmittance 06.120
透红外导电膜 infrared-transparent conductive coating 07.007
透镜 lens 09.091
透镜元 lens element 09.123
透镜中心仪 lens-centering instrument 19.103
透明电极 indium tin oxide，ITO 16.098
透明光栅 transmission amplitude grating 09.275
透明剂 optical clearing agent 28.012
透明介质 transparent medium 06.003
透明体 optical transparent 28.013
透射 transmission 01.476
透射电子显微镜 transmission electron microscope 20.028
透射光谱密度 spectral density of transmittance light 01.314
透射全息术 transmission holography 23.005
透射全息图 transmission hologram 23.032

透射型液晶显示　transmissive liquid crystal display 16.030
凸面光栅　convex grating　09.245
$Q$ 突变　$Q$ mutation　10.285
*3D 图像　3D image　17.001
图像边界　image edge　17.014
图像变换　image transformation　17.072
图像表示　image presentation　17.007
图像超分辨率　image super-resolution　14.043
图像处理延时　image processing delay　17.044
图像粗糙度　image roughness　17.011
图像篡改　image tamper　17.103
图像对比度　image contrast　17.010
图像反转　image negatives　17.016
图像非均匀性校正　image non-uniformity correction 17.121
图像分割　image segmentation　17.106
图像分块　image partitioning　17.105
图像分析显微镜　quantitative image analysis microscope　20.020
图像复原　image restoration　17.095
图像感知　image perception　17.113
图像格式　image formats　17.013
图像灰度　image gray level　17.021
图像获取　image acquisition　17.112
图像金字塔　image pyramids　17.108
图像空间滤波　image spatial filtering　17.054
图像空域平滑　image spatial smoothing　17.017
图像量化　image quantization　17.094
图像描述　image description　17.008
图像内插　image interpolation　17.111
图像配准　image registration　17.102
图像拼接　image stitching　17.096
图像拼贴　image splicing　17.104
图像频域滤波　image frequency domain filtering 17.055
图像清晰度　image sharpness　17.009
图像去噪　image denoising　17.042
图像融合　image fusion　17.069
图像锐化　image sharpening　17.100
图像色貌模型　image color appearance model，iCAM 05.102
图像熵　image entropy　17.012
图像时域滤波　image time domain filtering　17.053
图像探测灵敏阈　image detection threshold　17.117
图像特征提取　image feature extraction　17.078
图像同态滤波　image homomorphic filtering　17.056
图像退化　image degradation　17.101
图像像素　image pixel　14.020
*图像像元　image pixel　14.020
图像消旋　image rotation eliminating　17.015
图像信噪比　signal-to-noise ratio of the image　17.037
图像压缩　image compression　17.064
图像噪声　image noise　17.036
图像增强　image enhancement　17.107
图像直方图　image histogram　17.018
图像中值滤波　image median filtering　17.057
*图像转换器　image converter tube　14.209
图形化蓝宝石衬底　patterned sapphire substrate，PSS 06.171
土壤反射光谱　soil reflection spectrum　01.283
湍流受限传递函数　modulation transfer function of turbulence　13.052
推扫　push-broom scanning　15.175
推扫式遥感　push-broom scanning remote sensing 21.015
推扫式照相机　push-broom camera　15.012
推扫型红外照相机　push-broom infrared camera 15.026
退火　annealing　06.147
*退偏光纤陀螺　depolarized fiber optic gyroscope 24.023
退偏振比　depolarization ratio　27.026
*退相干　decoherence　01.529
拖影　motion blur　16.088
陀螺　gyroscope　24.015
陀螺经纬仪　gyroscopic theodolite　19.009
陀螺阈值　gyroscope threshold　24.035
*椭偏术　ellipsometry　18.072
椭圆[芯]光纤　elliptical core optical fiber　08.016
椭圆偏振测量术　ellipsometry　18.072
椭圆偏振光　elliptical polarized light　01.176
椭圆偏振态　elliptical polarization　01.171
拓扑描绘子　topological descriptors　17.034

# W

外差法荧光寿命成像　heterodyne fluorescence lifetime imaging　14.071
外差干涉仪　heterodyne interferometer　18.029
*外差检测　optical heterodyne detection　12.005
外差平面干涉法　heterodyne interference plane method　12.025
*外差探测　optical heterodyne detection　12.005
*外赋光电导　extrinsic photoconductivity　11.075
外赋探测器　extrinsic detector　11.008
*外光电效应　photoelectric effect　11.071
外光电效应探测器　external photoelectric effect detector　11.011
外量子效率　external quantum efficiency　11.082
外腔半导体激光器　external-cavity semiconductor laser　10.095
外腔二极管激光器　external-cavity diode laser　10.114
*外腔式光纤法布里–珀罗干涉仪　extrinsic Fabry-Perot interferometer，EFPI　18.041
外腔式激光器　external cavity laser　10.133
外同步　external synchronization　15.185
*外相位调制干涉仪　heterodyne interferometer　18.029
外延　epitaxy　06.137
外眼摄影　external eye photography　28.199
弯月透镜　meniscus lens　09.097
完全电导率光栅　perfectly conducting grating　09.251
万能光具座　optical bench　18.141
万能显微镜　universal microscope　20.026
网格高速成像　high speed multiwire imaging　14.128
网格高速摄像机　reticulation highspeed camera　15.142
*网格高速摄影机　reticulation highspeed camera　15.142
网络侧接口　network to network interface，NNI　22.122
网络管理系统　network management system，NMS　22.112
网络接口设备　network interface unit，NIU　22.124
网元管理系统　element manager system　22.113
望远镜　telescope　20.060
*微波背景辐射　microwave background radiation　04.067
微波热声断层扫描成像　microwave-induced thermoacoustic tomography imaging　14.080
微波热声极性分子成像　microwave-induced thermoacoustic polar molecular imaging　14.081
*微测辐射热计红外焦平面阵列　infrared focal plane array of a microcalorimeter　15.085
微分干涉显微镜　differential interference microscope　20.006
微分干涉相差显微镜　differential interference contrast microscope　20.010
*微分干涉仪　Nomarski interferometer　18.033
*微分纠正仪　ortho projector　16.064
微分滤波器　differential filter　09.056
微光　low light　01.210
微光 CCD　low light level CCD　11.200
微光电视　low light level television，LLLTV　15.161
*微光管　image intensifier tube　14.217
微光机电加速度计　micro-optical-electrical-mechanical-system accelerometer　19.048
微光机电陀螺　MOEMS gyroscope　24.018
微光探测器　low light level detector　11.007
微光物镜　low-light level objective lens　09.155
微光学系统　micromodule optical system　13.021
微光夜视仪　LLL night vision device　28.088
微环谐振器　micro-ring resonator　10.246
*微环谐振腔　micro-ring resonator　10.246
微机电变形镜　micro-electro-mechanical system deformable mirror，MEMS deformable mirror　09.175
*微机电系统　micro-opto-electromechanical system，MOEMS　03.011
微结构光纤　microstructure optical fiber　08.021
*微结构光纤包层　microstructure optical fiber cladding　08.058
微流控芯片　microfluidic chip　03.009
微流控芯片光学检测　detecting technique for microfluidic chip　03.010
微脉冲激光雷达　micro pulse lidar　27.013
微脉冲激光治疗　micro pulse photocoagulation　28.112
微纳光刻　micro/nano lithography　26.006
微纳光学　micro-nano-optics　03.001

微纳光学加工　micro/nano optical fabrication　09.361
微纳光栅加工　micro/nano grating fabrication　09.357
微耦合器　micro-coupler　09.231
微片激光器　microchip laser　10.091
微腔　microcavity　10.259
微区拉曼散射光谱术　micro Raman spectroscopy　01.359
微全息存储技术　micro-holographic storage　23.060
微扫描　micro-scanning　15.100
微扫描过采样成像　upsampling imaging with the micro-scanning　14.113
微扫描亚像元成像　subpixel imaging with the micro-scanning　14.114
微通道板　micro channel plate，MCP　08.069
微通道板通道倾角　channel inclined angle of MCP　08.070
微通道板通道长径比　ratio of length to diameter of MCP　08.071
微通道板像增强器　micro-channel panel image intensifier　14.219
微透镜　microlens　09.115
微透镜加工　microlens fabrication　09.358
微透镜阵列　microlens array　09.122
微图像阵列　element image array　17.110
微型热辐射计　microbolometer　18.133
微悬臂梁红外焦平面阵列　micro-cantilever infrared focal plane array　15.089
微悬臂梁红外探测器　micro-cantilever infrared detector　11.043
微重力　microgravity　15.215
维利棱镜　Fery prism　09.065
维纳干涉实验　Wiener interference experiment　01.567
维纳滤波器　Wiener filter　09.053
*伪彩色图像　false color image　17.006
*伪线　false line　01.686
尾纤　pigtail　08.054
卫星云图　satellite cloud image　27.029
位移不变光学系统　shift invariant optical system　13.004
*位移不变系统　shift invariant optical system　13.004
位移复用　shift multiplexing　23.093
*位置色差　longitudinal chromatic aberration　14.257
*温度匹配　noncritical phase matching　02.023
温度梯度　temperature gradient　15.220
温度微分辐射亮度　temperature differential radiance　01.147
纹理　texture　17.084
纹理分析　texture analysis　17.085
纹影测量　schlieren optical measurement　12.011
*稳频　mode-locking　10.337
沃拉斯顿棱镜　Wollaston prism　09.078
沃伊特滤波器　Voigt filter　09.044
钨酸盐激光器　tungstate laser　10.045
*屋脊棱镜　Amici prism　09.063
无彩色　achromatic color　05.015
无辐射跃迁　non-radiative transition　04.114
无光层　aphotic zone　27.064
无损编码　lossless encoding　17.088
无损压缩　lossless compression　17.066
无限单模　endlessly single mode　08.122
无像差点检测　stigmatic null testing　06.155
无效像元　unoperable pixel　14.032
无芯光纤　no-core optical fiber，coreless optical fiber　08.024
无信标捕获　non-beacon acquisition　22.178
无衍射光束　non-diffracting beam　01.026
无掩模光刻　maskless lithography　26.016
无源光网络　passive optical network，PON　22.103
无源矩阵　passive matrix　16.074
无源矩阵有机发光二极管　passive matrix organic light emitting diode，PMOLED　10.431
无源矩阵有机发光二极管显示　passive matrix organic light emitting diode display，PMOLED display　16.005
无源像素　passive image pixel　14.022
*无源遥感　passive remote sensing　21.004
*无照电流　dark current　11.070
五级像差　fifth-order aberration　14.224
五棱镜扫描　pentaprism scanning　15.103
物方远心光路系统　object telecentric system　13.036
*物方远心系统　object telecentric system　13.036
物光　objective wave　01.216
物镜　objective lens　09.154
物理光学仪器　physic-optical instrument　19.004
物理–化学刻蚀　physical-chemical etching　11.173
物理刻蚀　physical etching　11.171
物理气相沉积法　physical vapor deposition，PVD　06.136

物像交换原理　image-object inter-changeable principle　01.008
误差抑制带宽　error rejection bandwidth　27.106
*误码率　bit error ratio，BER　22.015

# X

吸光度　absorbance　06.174
吸收波长　absorption wavelength　01.512
吸收带　absorption band　01.511
吸收光度检测　absorbance detection　28.251
吸收光谱　absorption spectrum　01.305
吸收光谱仪　absorption spectrometer　18.080
细光束　pencil beam　01.028
吸收结构　absorption structure　01.505
吸收截面　absorption cross section　01.506
*吸收率　absorption ratio　01.509
吸收损耗　absorption loss　09.348
*吸收系数　absorption coefficient　01.509
吸收型滤光片　absorptive filter　09.014
吸收重叠　overlapping absorption　01.508
[LED]熄灭时间　ceasing time　10.415
*R-C 系统　R-C system　13.029
狭缝波导　slot waveguide　08.093
狭缝光栅　parallax barrier　09.280
狭缝光栅 3D 显示　3D display based on parallax barrier　16.024
狭缝探测器　slit detector　11.052
*下转换　frequency down-conversion　01.137
夏克–哈特曼传感器　Shack-Hartmann sensor　12.049
夏克–哈特曼检测法　Shack-Hartmann testing　06.158
纤维直径光学分析仪　optical fiber diameter analyzer　19.049
氙灯　xenon lamp　10.364
氙分子激光器　xenon excimer laser　10.029
氙弧灯　xenon arc lamp　10.373
氙闪光灯　xenon flash lamp　10.360
闲置光子　idler photon　02.031
显色　color rendering　05.063
显色偏振　chromatic polarization　01.181
显色性　color rendering property　05.109
显色意图　color rendering intent　05.064
显色指数　color rendering index　05.065
显示　display　16.001
*3D 显示　three-dimensional display，3D display　16.014
显示对比度　contrast ratio　16.092
*显示反差　contrast ratio　16.092
显示屏　display screen　16.046
*LED 显示屏　LED display screen　16.047
显示屏宽高比　aspect ratio　16.049
显示器　display device　16.044
显示器响应时间　response time　16.075
显微成像　microscopic imaging　14.054
*显微干涉仪　Linnik interferometer　18.022
*显微光度计　microphotometer　18.114
显微光谱成像术　microspectro-imaging technology　14.150
显微光学切片断层成像　micro optical sectioning tomography，MOST　14.077
显微镜　microscope　20.001
显微镜光度计　microscope photometer　18.106
*显微镜物镜检验干涉仪　Twyman-Green interferometer　18.030
显微术　microscopy　20.054
*显像管　picture tube　11.091
显影　development　15.037
显影实时监测　*in-situ* monitoring of development　15.039
限制层　confinement layer　11.162
线分辨率　line resolution　14.035
线检测　line detection　17.080
*线宽　line width　01.365
线列阵凝视型红外静态地平仪　linear array staring infrared horizon sensor　25.038
线偏振度　linear polarization degree，DOLP　01.183
线偏振光　linear polarized light　01.174
线偏振模　linearly polarized mode　08.107
线偏振态　linear polarization　01.169
线缺陷　line defect　06.087
线扫描检眼镜　line scanning ophthalmoscope　28.083
线色散本领　linear dispersion power　01.425
*线数　number of line　14.035
*线型函数　optical line shape function　01.373
线性变换　linear transformation　17.075

线性电极　linear electrode　16.096
线性渐变滤光片　linear variable filter，LVF　09.024
*线性介质　linear medium　06.007
线阵 CCD　linear array CCD　11.198
线状光谱　line spectrum　01.262
陷阱电荷限制电流　trap-charge limited current，TCLC　16.069
相对大气光学质量　relative atmospheric optical mass　27.035
相对电容率　relative permittivity　06.013
相对辐射通量定标　relative radiometric calibration　25.050
相对光谱二次误差　relative spectral quadratic error　14.193
相对光谱分辨率　relative spectral resolution　01.323
相对畸变　relative distortion　14.243
*相对孔径　relative numerical aperture　13.056
相对论太赫兹源　relativistic terahertz source　25.030
相对数值孔径　relative numerical aperture　13.056
相对像散束腰分离　relative astigmatic waist separation　14.266
*相对校正　relative atmospheric correction　21.036
相对衍射效率　relative diffraction efficiency　01.585
相干　coherence　01.524
相干测风激光雷达　coherent wind lidar　27.011
相干传递函数　coherent transfer function　13.046
相干叠加　coherent superposition　01.520
相干度　degree of coherence　01.530
相干反斯托克斯拉曼散射　coherent anti-Stokes Raman scattering，CARS　01.605
相干光　coherent light　01.218
相干光辐射　coherent optical radiation　04.045
相干光雷达　coherent optical radar，coherent lidar　27.002
相干光时域反射技术　coherent optical time-domain reflectometry，COTDR　18.067
相干光通信系统　coherent optical communication system　22.010
相干光源　coherent light source　10.013
相干合成　coherent synthesis　01.522
相干检测　coherent detection　22.031
相干拉曼散射显微术　coherent Raman scattering microscopy　20.058
相干时间　coherence time　01.535
相干太赫兹波检测　coherent terahertz detection　25.033
相干态　coherent state　02.044
相干性　coherency　01.525
相干长度　coherence length　01.531
相干组束　coherent beam combining　01.532
相干光束　coherent beam　01.023
*相关复用　random phasecoding multiplexing　23.096
相关色温　correlated color temperature　05.052
相关双采样　correlated double sampling　15.216
相加混色　additive mixture　05.106
相加色　additive color　05.004
相减混色　subtractive mixture　05.107
相减色　subtractive color　05.005
*镶嵌仪　mosaicker　19.099
相似像　similar image　14.010
响应面积　response area　25.077
*响应时间　response time　16.075
LED 响应时间　LED response time　10.412
相变光盘　phase-change disc　23.080
相差显微成像　phase contrast microscopic imaging　14.065
相衬显微镜　phase-contrast microscope　20.014
*相机　camera　15.001
相控阵雷达　phased array radar　27.020
相片　photograph　15.040
相片镶嵌仪　mosaicker　19.099
相速度　phase velocity　01.393
相位编码复用　phase-coding multiplexing　23.094
相位传递函数　phase transfer function，PTF　13.044
*相位复用　phase-coding multiplexing　23.094
相位复原　phase retrieval　12.027
*相位共轭　optical phase conjugation　01.688
相位光栅　phase grating　09.276
相位厚度　phase thickness　07.031
相位结构函数　phase structure function　01.093
相位滤波器　phase filter　09.055
相位匹配　phase matching　02.020
相位匹配带宽　phase-matching bandwidth　02.025
相位偏移干涉术　phase shifting interferometry，PSI　18.003
相位奇点　phase singularity　01.090
相位起伏　phase fluctuation　01.091
相位起伏频谱　spectrum of phase fluctuation　01.092
相位全息图　phase hologram　23.026
相位失配　phase mismatch　02.026

相位算符　phase operator　02.103
相位调制　optical phase modulation　22.057
相位调制器　phase modulator　22.083
相位调制型光纤传感器　phase modulated fiber optic sensor　12.032
相位型表面等离子体激元共振生物传感器　phase-sensitive surface plasmon resonance biosensor　12.055
相位修正　correction of phase error　14.192
相位压缩态　phase squeezed state　02.049
相位延迟器　phase retarder　09.308
相位展开　phase unwrapping　12.026
相息图　kinoform hologram　23.040
相移常数　phase shift constant　01.398
相移光纤布拉格光栅　phase-shift fiber Bragg grating　09.285
*相移术　phase shifting interferometry，PSI　18.003
*象限仪　optical clinometer　19.020
像差　aberration　14.221
像差部分校正　partial aberration compensation　14.234
像差曲线　aberration curve　14.233
像差校正　aberration correction　14.248
像方远心光路系统　image telecentric system　13.037
*像方远心系统　image telecentric system　13.037
像方主点　image principal point　15.204
*像分解高速成像　high speed multiwire imaging　14.128
像高　image height　14.014
像管　image tube　14.208
像空间　image space　14.019
像面照度　illuminance of image plane　01.156
像全息图　image hologram　23.024
像散　astigmatism　14.263
*像散差　astigmatic waist separation　14.265
像散束腰分离　astigmatic waist separation　14.265
*像素　pixel　14.020
像素合并　pixel binning　14.024
像素激光　pixel laser　01.249
像素邻域　neighbor of a pixel　17.142
像素区域　pixel region　17.143
像移　image motion　14.272
像移补偿　image motion compensation　14.273
像移法　phase shift method　06.159
*像元　detector pixel　14.025
像元分辨率　pixel resolution　14.036
像增强 CCD　image intensified CCD，ICCD　11.202
像增强管　image intensifier tube　14.217
像增强器　image intensifier　14.218
像质　image quality　14.015
肖特基缺陷　Schottky defect　06.090
肖特基势垒光电二极管　Schottky barrier photodiode　11.180
肖特基势垒红外焦平面阵列　Schottky barrier infrared focal plane array　15.081
肖特基势垒红外探测器　Schottky barrier infrared detector　11.031
*消光比　extinction ratio，ER　22.072
*消光比　optical switch extinction ratio　11.270
*消光比　polarization extinction ratio　01.186
*消灭算符　annihilation operator　02.098
消偏光纤陀螺　depolarized fiber optic gyroscope　24.023
消偏振分束片　non-polarizing beam splitter　09.205
消色差物镜　achromatic objective lens　09.159
消相干　decoherence　01.529
消隐　blanking　11.129
消隐电平　blanking level　11.130
消隐期间　blanking interval　15.194
消杂光光阑　stray light elimination stop　09.335
小信号增益　small signal gain　11.242
*Shupe 效应误差　Shupe effect error　24.049
楔环探测器　wedge-ring detector　11.009
协同操作轻武器夜间瞄准镜　crew-served weapon night vision sight　09.170
*斜光线　skew ray　01.013
斜光束　oblique beam　01.030
斜率效率　slope efficiency　10.447
斜视　squint　28.039
谐波激光器　harmonic-generator laser　10.149
*谐衍射透镜　harmonic diffractive lens　09.119
谐衍射微透镜　harmonic diffractive microlens　09.119
谐振倍频　resonant frequency doubling　01.116
谐振泵浦　resonance pumping　10.321
谐振腔 *g* 参数　*g* parameter of resonator　10.283
谐振腔菲涅耳数　Fresnel number of resonator　10.280
谐振腔品质因数　resonator quality factor　10.292
谐振腔品质因子　quality factor of resonator　10.281
谐振腔损耗　loss of resonator　10.282
[谐振腔]衍射损耗　diffraction loss　10.286

谐振型光纤陀螺　resonant fiber optic gyroscope　24.026
泄漏模　leaky mode　08.109
心理深度暗示　psychological depth cue　28.010
*LED 芯片　LED chip　10.437
信标　beacon　27.097
信标光　beacon light　01.212
信号光　signal light　01.213
信息传输速率　data transfer rate　22.016
兴奋纯度　excitation purity　05.117
星点法　star testing　06.163
星点检验　star test　14.280
星光导航　star navigation　24.004
星光型摄像机　star level camera　15.144
*星光型摄影机　star level camera　15.144
*星上定标　in flight calibration　21.045
星形耦合器　star coupler　09.224
星载激光雷达　space-borne lidar　27.016
*行波激光器　travelling-wave laser　10.135
行波型调制电极　traveling-wave modulator electrode　22.090
*形态学　morphology　17.046
形态学闭操作　morphological closing　17.049
*形态学处理　morphological image processing　17.045
形态学开操作　morphological opening　17.048
形态学平滑　morphological smoothing　17.047
形态学图像处理　morphological image processing　17.045
形状数　shape number　17.139
Ⅳ型凹面全息光栅　Ⅳ concave holographic grating　09.249
N 型半导体　N-type semiconductor　11.140
P 型半导体　P-type semiconductor　11.141
InGaAs PIN 型光电二极管　InGaAs PIN photodiode　11.183
PIN 型光电二极管　PIN photodiode　11.179
*PIN 型光敏二极管　PIN photodiode　11.179
NPN 型光敏三极管　NPN-type phototransistor　11.188
熊猫光纤　panda optical fiber　08.017
虚级联　virtual concatenation，VC　22.128
虚模式　virtual mode　16.038
虚容器　virtual container，VC　22.018
虚设层　absentee layer　07.015
虚相 CCD　virtual-phase CCD　11.208
虚像　virtual image　14.003
LED 许用功率　LED normal power　10.424
旋光色散　rotatory dispersion　01.416
旋扭光线　skew ray　01.013
旋转 45°扫描镜　45° rotating scanning mirror　09.173
旋转多面体反射棱镜　rotating polygon prism　09.076
*旋转棱镜　rotating prism　09.076
旋转四方棱镜　rotating four-sided prism　09.077
选横模　transverse mode selection　10.270
选通管　gated image intensifier　14.213
选择性辐射体　selective radiator　10.406
选择性光谱源　discontinuous spectral source　10.395
*选择性光热分解作用　selective photothermolysis　28.007
选择性光热作用　selective photothermolysis　28.007
选择性激光小梁成形术　selective laser trabeculoplasty，SLT　28.171
选择性吸收　selective absorption　01.480
选纵模　longitudinal mode selection　10.271
眩光　glare　28.051
*眩目　glare　28.051
*雪崩光电二极管　avalanche infrared detector　11.036
雪崩光电二极管阵列　avalanche photodiode array　11.184
雪崩型红外探测器　avalanche infrared detector　11.036
寻常光　ordinary light　01.199
寻址器件　access device　23.097
*迅逝波　evanescent wave　01.078

# Y

压电驱动器　piezoelectric actuator　09.362
压缩比　compression ratio　17.067
压缩方法评价　evaluation of compression algorithm　17.068
压缩算符　squeezed operator　02.104
压缩态　squeezed state　02.046
压缩相干态　squeezed coherent state　02.045
压缩真空态　squeezed vacuum state　02.051

牙科激光充填术　laser dental filling　28.205
牙科激光洁治　laser dental cleaning　28.208
雅明干涉仪　Jamin interferometer　18.014
亚波长结构　sub-wavelength structure　03.008
亚波长衍射微透镜　subwavelength diffractive microlens　09.120
亚泊松分布　sub-Poisson distribution　02.067
*亚毫米波　terahertz wave　25.016
亚稳共振腔　metastable resonator　10.255
*亚稳腔　metastable resonator　10.255
*亚像素　subpixel　14.027
亚像元　subpixel　14.027
氩泵浦可调谐染料激光器　argon pumped dye laser　10.053
氩激光矫正瞳孔移位　argon laser correction of pupil dislocation　28.190
氩激光瞳孔括约肌切开术　argon laser iris sphincterotomy　28.166
氩激光小梁成形术　argon laser trabeculoplasty，ALT　28.172
氩激光周边虹膜成形术　argon laser peripheral iridoplasty，ALPI　28.170
氩离子激光器　argon ion laser　10.043
烟羽二维成像　plume two-dimensional imaging　14.102
湮灭算符　annihilation operator　02.098
延时积分 CCD 照相机　camera of time delay integration charge coupled device　15.013
岩矿反射光谱　rocks and minerals reflection spectrum　01.284
*沿轨扫描　scanning along the track　15.175
颜色　color　05.002
颜色比　color ratio　05.061
颜色管理系统　color management system，CMS　05.086
颜色和谐　color harmony　05.055
*颜色空间　color space　05.034
CIELAB 颜色空间　CIELAB color space　05.092
CMYK 颜色空间　CMYK color space　05.094
HSI 颜色空间　HSI color space　05.096
RGB 颜色空间　RGB color space　05.091
sRGB 颜色空间　sRGB color space　05.093
YUV 颜色空间　YUV color space　05.095
颜色宽容度　color tolerance　05.062
颜色缺陷　color deficiency　05.057
颜色三属性　three attributes of color　05.056
颜色视觉　color vision　28.034
颜色特性文件　color profile　05.059
颜色校准　colorimetric calibration　05.060
颜色心理学　color psychology　28.008
颜色转换　color conversion　05.058
衍射　diffraction of light　01.572
*衍射巴比涅原理　Babinet's principle　01.004
*衍射光谱　grating spectrum　01.278
衍射光学元件　diffractive optical element，DOE　23.042
衍射光栅　diffraction grating　09.254
衍射极限　diffraction limit　01.582
衍射临界角　diffraction critical angle　01.588
衍射微光学器件　diffractive micro-optical element　09.196
衍射微透镜阵列　diffractive microlens array　09.121
衍射限制光束　diffraction-limited beam　01.027
*掩模板　mask　09.352
掩模版　mask　09.352
掩日通量法　solar occultation flux method，SOF　27.046
掩星探测　occultation measurement　21.029
眼底照相机　fundus camera　15.024
眼底自发荧光成像　fundus autofluorescence imaging　14.052
眼点　eye-point　16.078
眼镜　glasses，spectacles　09.147
眼科光学成像　ophthalmic optical imaging　14.051
眼内激光光凝术　endolaser photocoagulation　28.167
眼内激光光纤　endolaser optical fiber　08.048
[眼球]光轴　[eye] optic axis　28.192
眼球运动　eye movement　28.197
眼球运动照片　motility photograph　28.202
*杨–亥姆霍兹三色理论　Young-Helmholtz's trichromatic theory　05.067
杨氏干涉实验　Young's interference experiment　01.564
杨氏衍射　Young's diffraction　01.581
EPR 佯谬　EPR paradox　02.042
氧碘化学激光器　chemical oxygen-iodine laser，COIL　10.126
氧化铅摄像管　plumbicon camera tube　15.134
样板法　template method　12.023
*腰斑　beam waist　01.045

遥感　remote sensing　21.001
[遥感采样]重访周期　revisit cycle　21.105
遥感定标　remote sensing calibration　21.041
遥感反射率　remote sensing reflectance　21.024
遥感海洋测深　bathymetry using remote sensing　21.025
遥感器　remote sensor　21.028
遥感通道　remote sensing channel　21.072
遥感卫星　remote sensing satellite　21.023
遥感仪　remote sensing instrument　21.027
遥控调焦　remote focusing　15.064
页面式信息存储　page-oriented information storage　23.073
夜视　night vision　28.085
夜视图像融合　night vision image fusion　17.070
夜视仪　night vision device　28.087
夜视仪最小可分辨对比度　minimum resolvable contrast of night vision device　28.093
*夜天辐射　light in the night sky　01.215
夜天光　light in the night sky　01.215
夜天光光谱　night sky spectrum　01.299
[液晶]垂直排列　vertical alignment　16.081
[液晶]平行排列　parallel alignment　16.082
液晶可调谐滤光片　liquid crystal tunable filter，LCTF　09.028
液晶空间光调制器　liquid crystal light spatial modulator，LC-LSM　22.087
液晶螺距　liquid crystal pitch　16.106
液晶投影机　liquid crystal projector　16.058
[液晶显示]阈值电压　threshold voltage　16.070
液晶显示器　liquid crystal display，LCD　16.045
液体激光器　liquid laser　10.049
液相外延　liquid phase epitaxy，LPE　06.139
一般性吸收　general absorption　01.479
一次写入光盘　write once read many disc，WORM disc　23.077
一维光子晶体　one-dimensional photonic crystal　06.067
一维集成成像　one-dimensional integral imaging　14.106
一氧化碳激光器　carbon monoxide laser　10.032
*医用激光设备　laser medical equipment　28.240
仪器线型函数　instrumental line shape function　14.178
*移相术　phase shifting interferometry，PSI　18.003
钇铝石榴石激光器　YAG laser　10.065
钇铝石榴石陶瓷激光器　YAG ceramic laser　10.064
刈幅宽度　swath width　14.194
异步传输模式　asynchronous transfer mode，ATM　22.014
异构光网络　heterogeneous optical network　22.100
异色刺激　heterochromatic stimulus　28.075
异物同谱　different object with same spectrum　21.083
异型异质结　hetero-type heterojunction　11.149
异质结　heterojunction　11.147
异质结激光器　heterojunction laser　10.104
易失性存储器　volatile memory　23.062
镱铒共掺光纤　ytterbium and erbium co-doped optical fiber　08.012
**g* 因子　confocal parameter　10.279
*M2 因子　M2 factor　01.058
阴极射线发光　cathode luminescence　04.011
阴极射线发光材料　cathode ray luminescent materials　06.027
阴极射线管　cathode ray tube，CRT　11.091
阴极射线管投影机　CRT projector　16.056
阴极透镜　cathode lens　09.112
阴影　shadow　21.079
荫罩　shadow mask　11.109
音频　voice frequency　15.186
音频信号　voice frequency signal　15.187
音圈驱动器　voice coil actuator　09.364
铟锡氧化物透明电极　indium tin oxide transparent electrode　16.099
银氧铯光电阴极　Ag-O-Cs photocathode　11.095
银铟锑碲系相变光存储材料　AgInSbTe system phase change materials　06.023
引力波干涉仪　gravitational wave interferometer　18.025
*隐失波　evanescent wave　01.078
荧光　fluorescent　01.225
荧光层　fluorescence　06.108
荧光猝灭　fluorescence quenching　01.233
荧光蛋白　fluorescent protein　01.235
荧光灯　fluorescent lamp　10.371
荧光断层成像　fluorescence molecular tomography，FMT　14.090
荧光发射谱　fluorescence emission spectrum　01.294
荧光分光光度计　spectrofluorometer　18.112
荧光分子开关　fluorescent molecular switch　11.266

荧光粉　phosphor powder　06.104
荧光共振能量转移　fluorescence resonance energy transfer，FRET　01.234
荧光共振能量转移–荧光寿命成像　fluorescence resonance energy transfer-fluorescence lifetime imaging，FRET-FLIM　14.074
荧光光度计　fluorophotometer　18.103
荧光光谱　fluorescence spectrum　01.293
荧光光谱术　fluorescence spectroscopy　01.330
荧光激光雷达　fluorescence lidar　27.009
荧光量子计数器　fluorescence quantum counter　02.113
荧光量子效率　fluorescence quantum efficiency　11.081
荧光偏振法　fluorescence polarization method　28.250
荧光屏　fluorescent screen　06.109
荧光屏有效直径　screen effective diameter　06.110
荧光上转换　fluorescent up-conversion　01.135
荧光寿命　fluorescence lifetime　01.232
荧光寿命成像　fluorescence lifetime imaging，FLIM　14.068
荧光团　fluorophore　06.107
荧光显微光学切片断层成像　fluorescence micro optical sectioning tomography，FMOST　14.078
荧光显微镜　fluorescence microscope　20.043
荧光血管造影术　fluorescein angiography　28.177
荧光有机发光二极管　fluorescent organic light emitting diode　10.429
荧光诊断　fluorescent diagnosis　28.101
蝇眼透镜阵列加工　fly’s eyes lens array fabrication　09.359
应变量子阱　strained quantum well　02.093
应力双折射　stress birefringence　01.472
硬组织消融　hard tissue ablation　28.139
永久连接　permanent connection　22.126
用户侧接口　optical-user-to-network interface，O-UNI　22.123
*用户网络接口　user network inter-face，UNI　22.123
有彩色　chromatic color　05.016
有机半导体　organic semiconductor　11.143
有机薄膜气相沉积法　organic film vapor deposition　06.131
有机电致发光　organic electroluminescence　04.005
有机发光材料　organic luminescent materials　06.029
有机发光二极管　organic light emitting diode，OLED　10.428
有机发光二极管显示　organic light emitting diode display，OLED display　16.003
有机发光晶体管　organic light emitting transistor，OLET　11.186
有机光致发光　organic photoluminescence　04.006
有损编码　lossy encoding　17.089
有限电导率光栅　finite conducting grating　09.252
有效采样点数　number of effective sampling point　14.190
有效读出速率　effective read out rate　17.151
*有效光阑　effective stop　09.332
有效曝光时间　effective exposure time　15.154
有效曝光系数　effective exposure index　15.157
LED 有效寿命　LED lifetime　10.411
有效像元率　operable pixel factor　14.033
有效折射率　effective refractive index　06.114
有效折射率法　effective index method　08.142
有序参量　order parameter　16.089
有源层　active layer　11.160
有源矩阵　active matrix　16.073
有源矩阵有机发光二极管　active matrix organic light emitting diode，AMOLED　10.430
有源矩阵有机发光二极管显示　active matrix organic light emitting diode display，AMOLED display　16.004
有源像素　active image pixel　14.023
*有源遥感　active remote sensing　21.003
诱导色　inducing color　05.017
迂回相位全息图　tortuous phase hologram　23.027
余辉　afterglow　04.132
余辉时间　afterglow time　04.133
余弦波带片　cosine zone plate　09.033
*余弦辐射体　cosine law radiator　10.404
余弦光栅　cosine grating　09.279
宇宙背景辐射　cosmos background radiation　04.067
预测编码　predictive encoding　17.090
预均衡　pre-equalization　22.024
预倾角　pretilt angle　16.104
预啁啾　prechirp，PCH　22.023
*阈值　gyroscope threshold　24.035
阈值处理　thresholding　17.144
阈值波长　threshold wavelength　01.099
*阈值条件　laser oscillation condition　10.232
阈值条件　threshold condition　10.216

元像　elemental image　14.012
*原胞　primitive cell　06.082
原胞基矢　basis vector of primitive cell　06.083
原光束照射法　original beam of irradiation　28.141
原色　primary color　05.011
原始像　original image　14.006
原子发射光谱　atomic emission spectrum　01.264
原子分子成像　atomic and molecular imaging　14.050
原子干涉仪　atom interferometer　18.023
*原子光谱　atomic spectrum　01.262
原子激光器　atom laser　10.120
原子力显微镜　atomic force microscope，AFM　20.053
原子吸收分光光度计　atomic-absorption spectrophotometer　18.111
原子吸收光谱　atomic absorption spectrum　01.265
原子衍射　atomic diffraction　01.575
原子荧光光谱　atomic fluorescence spectrum　01.266
圆光纤　round optical fiber　08.014
圆偏振度　circular polarization degree，DOCP　01.184
圆偏振光　circular polarized light　01.175
圆偏振态　circular polarization　01.170
圆锥扫描式红外地平仪　conical scanning infrared horizon sensor　25.036
圆锥透镜　conical lens　09.113
圆柱矢量偏振光束　cylindrically vector polarized beam　01.035
远点　far point　28.069
远红外[波]　far infrared　25.006
远红外激光器　far infrared laser　10.167
*远红外区　long wave infrared region，LWIR　01.382
远视眼　farsightedness　28.066
远心光学系统　telecentric system　13.035
*远心系统　telecentric system　13.035
约翰逊准则　Johnson criterion　14.278
约化散射系数　reduced scattering coefficient　01.620
约瑟夫森结超导红外探测器　Josephson junction superconductor infrared detector　11.039
月亮辐射　lunar radiation　04.043
跃迁　transition　04.112
跃迁概率　transition probability　04.117
云检测　cloud detection　21.081
云污染　cloud contamination　21.080
运动目标检测　moving target detection　17.083

# Z

杂光检查仪　stray light testing instrument　19.055
杂光系数　veiling glare index　14.281
杂交管　hybrid image intensifier tube　14.214
杂散背景　in-plane scatter light　12.065
杂质电离能　impurity ionization energy　10.222
*杂质光电导　extrinsic photoconductivity　11.075
杂质能级　impurity energy level　10.221
杂质吸收　impurity absorption　01.486
*载波　optical carrier　22.019
载荷数据　payload data　21.104
载流子　carrier　11.151
载流子复合　carrier recombination　11.154
载流子迁移率　carrier mobility　11.153
载流子跃迁　carrier transition　04.115
载流子注入　carrier injection　11.157
再生段开销　regenerator section overhead，RSOH　22.139
再生激光器　regenerative laser　10.191
再吸收　resorption　01.495
*在轨定标　on-orbit calibration　21.045
[在轨]黑体定标　on-orbit calibration using a black body　21.047
[在轨]内置灯定标　on-orbit calibration using a built-in lamp　21.046
*1/$f$噪声　noise 1/$f$　11.062
*3D 噪声　three-dimensional noise　17.041
噪声等效反射率　noise equivalent reflectivity　11.065
噪声等效反射率差　noise equivalent reflectivity difference，NERD　14.279
噪声等效功率　noise equivalent power，NEP　11.067
噪声等效光谱辐射率　noise equivalent spectrum refraction，NESR　04.110
噪声等效温差　noise equivalent temperature difference　11.066
噪声算符　noise operator　02.102
泽尼克金字塔　Zernike pyramid　14.252
增反膜　high reflection coating, high reflection thin film　07.001

增亮膜 brightness enhancement film，BEF 07.005
增透膜 antireflection coating，antireflection thin film 07.002
*增益 optical gain 11.240
增益饱和 gain saturation 11.247
增益带宽 gain bandwidth 11.249
增益控制 gain clamping 11.250
*增益谱 gain profile 11.248
增益谱线 gain profile 11.248
增益曲线 gain curve 11.251
增益系数 gain coefficient 11.246
窄带通滤光片 narrow bandpass filter 09.008
窄带吸收 narrow-band absorption 01.482
窄线宽激光器 narrow-linewidth laser 10.174
展宽云图 stretched cloud image 27.030
战术级光纤陀螺仪 tactical-level fiber optic gyroscope 24.033
掌纹识别 palmprint recognition 17.086
照度 illuminance 01.151
照度计 illuminometer 18.119
照度平方反比定律 inverse-square law of illumination 01.159
照明光纤 lightening optical fiber 08.004
A 照明体 A illuminant 10.389
C 照明体 C illuminant 10.390
D 照明体 D illuminant 10.391
E 照明体 E illuminant 10.386
F 照明体 F illuminant 10.387
照明条件 illuminating condition 10.385
照相机 camera 15.001
*照相物镜检验干涉仪 Twyman-Green interferometer 18.030
照相系统 photographic system 15.030
遮光罩 shade，buffer 09.337
折叠腔 folded cavity 10.257
折叠腔激光器 folded cavity laser 10.138
折反射式光学系统 refractive and reflective optical system 13.010
折射 refraction 01.458
折射定律 refractive law 01.460
折射角 refraction angle 01.464
折射率 refractive index 06.113
折射率匹配材料 index matching materials 06.041
折射率失配 refractive index mismatch 06.123
折射率梯度 refractive index gradient 06.121
折射率椭球 refractive index ellipsoid 06.122
折射式光学系统 refractive optical system 13.009
折射仪 refractometer 19.075
折衍混合成像 hybrid refractive-diffractive imaging 14.134
锗锑碲系相变光存储材料 GeSbTe system phase change materials 06.022
针尖增强拉曼光谱术 tip enhanced Raman spectroscopy，TERS 01.356
针孔 pinhole 07.032
针孔阵列 pinhole array 16.065
帧叠加滤波 frame adding filtering 17.051
帧反转驱动 frame inversion drive 16.100
帧积累 frame integration 17.118
帧频 frame rate，frame frequency 15.183
帧转移结构 CCD frame transfer CCD，FT-CCD 11.204
真光层 euphotic zone 27.063
真空电子学太赫兹源 vacuum electronic terahertz source 25.029
真空法布里–珀罗腔 vacuum Fabry-Perot cavity 10.260
真空管 vacuum tube 11.087
真空光电二极管 vacuum photodiode 11.089
真空光电管 vacuum phototube 11.088
真空红外定标 vacuum infrared calibration 15.201
真空拉比振荡 vacuum Rabi oscillation 02.106
真空紫外激光器 vacuum ultraviolet laser 10.170
*真实影像再现 realistic image rendition 05.074
枕形畸变 pillow distortion 14.241
阵列波导光栅 array waveguide grating 09.273
*LED 阵列显示模块 LED matrix array display module 16.048
振幅传递函数 amplitude transfer function，ATF 13.043
振幅反射系数 amplitude reflection coefficient 01.453
振幅光栅 amplitude grating 09.277
振幅滤波器 amplitude filter 09.054
振幅全息图 amplitude hologram 23.025
振幅透射系数 amplitude transmission coefficient 01.477
振幅压缩态 amplitude squeezed state 02.050
整体固体激光器 monolithic solid state laser 10.060
正常色散 normal dispersion 01.405

正常色散光纤　normal dispersion optical fiber　08.040
正程　trace　11.126
正规光波导　normal optical waveguide　08.081
正交晶系　orthorhombic crystal system　06.080
*正交相位编码复用　deterministic phase-coding multiplexing　23.095
正胶　positive resist　06.099
正切条件　tangent condition　13.089
*正色散光纤　positive dispersion optical fiber　08.041
正射投影仪　ortho projector　16.064
正射影像　orthophotograph，orthophoto，orthoimage　21.090
正视差　positive parallax　28.062
正弦差　off sine condition　14.270
正弦条件　sine condition　13.088
正演　forward modeling　21.084
正照式红外焦平面阵列　front-side illumination infrared focal plane array　15.073
LED 支架　LED stand　10.423
只读存储光盘　compact disc read-only memory，CD-ROM　23.076
直插 LED 灯　plug in LED lamp　10.362
直方图规定化　histogram specification　17.020
直方图均衡化　histogram equalization　17.019
*直方图匹配　histogram matching　17.020
直接泵浦　direct pumping　10.327
直接带隙半导体　direct band gap semiconductor　11.132
直接混成型红外焦平面阵列　direct hybrid infrared focal plane array　15.070
直接激光照射法　light direct irradiation　28.140
直接模式　direct mode　21.101
*直接校正　direct atmospheric correction　21.033
直接型光谱成像仪　direct spectral imager　14.159
直接重写光盘　overwrite disc　23.079
直流等离子体显示板　direct current plasma display panel，DC-PDP　16.008
直视棱镜　direct view prism　09.072
直视微光成像　direct LLL imaging　14.129
*$Q$ 值　$Q$-value　10.292
植被反射光谱　vegetative cover reflection spectrum　01.281
植被指数　vegetation index　21.109
指示激光器　aiming laser　10.199
指数变换　exponential transformation　17.074
指向矢　director　16.067
NTSC 制彩色电视　NTSC color television system　15.164
PAL 制彩色电视　PAL color television system　15.165
SECAM 制彩色电视　SECAM color television system　15.166
$f$ 制光圈　$f$ aperture　15.035
制导激光束　guiding laser beam　01.039
制冷 CCD　cooled CCD　11.211
制冷 CMOS　cooled CMOS　11.219
质心光线　centroid ray　01.014
质子交换波导　proton-exchanged waveguide　08.087
致冷型红外焦平面阵列　cooled infrared focal plane array　15.078
智能红外焦平面阵列　smart infrared focal plane array　15.090
中波红外[波]　midwave infrared　25.004
中波红外区　middle wave infrared region，MWIR　01.381
中穿透波段　medium penetration band　01.385
中分辨率成像光谱仪　middle resolution imaging spectrometer　18.086
中分辨率光谱成像仪　middle resolution spectral imager　14.167
中国颜色体系　Chinese color system　05.090
中红外激光源　mid-infrared laser source　10.009
中继光学系统　relay optical system　13.023
*中继系统　relay optical system　13.023
中间色　intermediate color　05.008
中间色律　law of intermediary color　05.070
中间视觉　mesopic vision　28.038
中阶梯光栅　echelle grating　09.259
*中精度光纤陀螺仪　tactical-level fiber optic gyroscope　24.033
中心波长　center wavelength　01.095
中心切片定理　central slice theorem　17.156
中心深度平面　central depth plane　16.108
中心遮拦　central obscuration　09.338
中性白光　neutral white light　01.222
中性分束片　neutral beam splitter　09.203
中性密度滤光片　neutral-density filter　09.025
中性色　neutral color　05.009
*中值滤波　image median filtering　17.057
终端复用器　terminal multiplexer，TM　22.049
肿瘤光敏剂浓度　photosensitizer concentration in

tumor 28.261
肿瘤激光间质热疗法 tumor laser interstitial thermotherapy 28.237
种子激光器 seed laser 10.194
周期极化波导 periodically poled waveguide 08.096
周期量级脉冲 few-cycle pulse 01.655
周期性光栅 periodic grating 09.256
啁啾光纤光栅 chirped fiber grating 09.269
啁啾镜 chirped mirror 09.129
轴偏度 misalignment angle 10.215
轴色散 dispersion of the axes 01.412
轴上点 on-axis point 13.081
*轴上点高级色差 secondary spectrum 01.311
轴上光线 axial ray 01.016
轴外点 off-axis point 13.082
轴外高级球差 off-axis high order spherical aberration 14.271
轴向放大率 longitudinal magnification 13.106
轴向气相沉积法 vapor axial deposition，VAD 06.135
轴向色差 axial chromatic aberration 14.257
轴向温度梯度 axial temperature gradient 15.222
肘形望远镜 elbow telescope 20.064
皱纹度 wrinkle rating 06.173
逐行扫描 progressive scanning 15.170
主传播速度 principal velocity of propagation 01.392
主动光学遥感 active remote sensing 21.003
主动红外夜视仪 active infrared night vision device 28.090
主动式 *Q* 开关 active *Q*-switch 10.302
主动锁模 active mode-locking 10.339
主动锁模激光器 active mode-locked laser 10.176
*主动稳频 active frequency stabilization 10.339
*主动像素 active image pixel 14.023
主观散斑 subjective speckle 01.647
主光线 chief ray 01.017
主光学系统 primary optical system 13.017
主激光器 master laser 10.192
主介电常量 principal dielectric constant 06.014
主距 principle distance 15.208
主盘 master disc 23.086
主偏振态 principal state of polarization 01.172
主色 elementary color 05.010
助视 3D 显示 stereoscopic 3D display 16.015
注入式电致发光 injection electro-luminescence 04.009
注入式激光器 injection laser 10.105
注入锁定振荡器 injection-locked oscillator 10.239
注入种子 injection seeding 10.332
驻波 standing wave 01.084
柱面镜 cylindrical lens 09.086
柱透镜光栅 cylindrical lens grating 09.281
柱透镜光栅 3D 显示 3D display based on lenticular gratings 16.025
转换效率 conversion efficiency 10.448
转绘仪 transfer photoplotter 19.095
转镜分幅照相机 rotating-mirror framing camera 15.018
转镜 *Q* 开关 rotating mirror *Q*-switch 10.303
*转镜扫描条纹照相机 rotating-mirror streak camera 15.017
转镜扫描照相机 rotating-mirror streak camera 15.017
转面倍率 transfer magnification 14.247
转像系统 relay system 13.038
转移效率 transfer efficiency 11.214
转移噪声 transfer noise 17.039
锥面衍射 conical diffraction 01.576
锥体细胞 cone cell 28.021
锥形光纤 tapered optical fiber 08.050
锥形耦合器 taper coupler 09.227
缀饰原子 dressed atom 02.071
准分布式光纤传感器 quasi-distributed fiber optic sensor 12.040
准分子激光器 excimer laser 10.026
准分子激光屈光性角膜切削术 photorefractive keratectomy，PRK 28.188
准连续光激光器 quasi-continuous wave laser 10.180
准线望远镜 alignment telescope 20.065
准相位匹配 quasi-phase matching 02.021
准直仪 collimator 19.079
准直光[束] collimated light 01.032
子带编码 subband encoding 17.093
子孔径拼接检测 sub-aperture stitching testing 06.152
子午光线对 couple of meridional rays 01.021
子午光线 meridional ray 01.011
子午焦线 meridional focal line 01.012
子像素 sub-pixel 14.021
紫色 violet 05.031
紫外波段光电导探测器 ultraviolet photoconductive

detector 11.022
紫外[光]线 ultraviolet ray 01.019
紫外发光二极管 ultraviolet light emitting diode 10.436
紫外分光光度计 ultraviolet spectrophotometer 18.109
紫外光纤 ultraviolet optical fiber 08.043
紫外激光 ultraviolet laser 01.239
紫外激光器 ultraviolet laser 10.169
紫外–可见分光光度计 ultraviolet and visible spectrophotometer 18.108
紫外滤光片 UV filter 09.019
紫外区 ultraviolet region 01.377
紫外染料激光器 UV dye laser 10.052
*紫外探测器 ultraviolet photoconductive detector 11.022
紫外显微镜 ultraviolet microscope 20.013
紫外线治疗 ultraviolet light therapy 28.109
紫外荧光粉 ultraviolet phosphor powder 06.106
自参考波前传感器 self-referencing wavefront sensor 12.058
自动安平水准仪 automatic level 19.016
自动光圈 auto-aperture 15.034
自动交换光网络 automatically switched optical network，ASON 22.096
自动调焦 automatic focusing 15.063
自动增益控制 automatic gain control，AGC 11.253
自发布里渊散射 spontaneous Brillouin scattering 01.603
自发参量下转换 spontaneous parametric down-conversion 01.138
自发辐射 spontaneous radiation 04.053
自发辐射复合 spontaneously radiative recombination 04.055
自发辐射禁阻 inhibited spontaneous radiation 04.056
自发辐射增强 enhancement of spontaneous radiation 04.054
自发光体颜色 self-luminous color 05.053
自发拉曼散射 spontaneous Raman scattering 01.597
*自发跃迁 spontaneous radiation 04.053
自感应透明 self-induced transparency 02.011
*自聚焦 self-focusing effect 11.121
*自聚焦光纤 self-focusing optical fiber 08.020
自聚焦透镜 self-focusing lens 09.116
自聚焦效应 self-focusing effect 11.121
自脉冲 self-pulsing 01.653
自脉冲激光器 self-pulsing laser 10.184
自启动模式锁定 self-starting mode-locking 10.344
自然辐射源 natural radiator 10.402
自然光 daylight 01.195
自然色系统 natural color system，NCS 05.084
自然信标 nature beacon 27.098
自然信标捕获 natural beacon acquisition 22.179
自扫描光电二极管阵列 self-scanned photodiode array，SSPA 11.185
自适应光谱成像仪 adaptive spectral imager 14.169
自适应光学 adaptive optics 27.093
自适应光学系统 adaptive optical system 27.094
自适应光学相干层析成像 adaptive optical coherence tomography 14.094
自适应路由 adaptive routing，AR 22.157
自锁模 self mode-locking 10.340
自体荧光 autofluorescence 01.229
自相关 autocorrelation 18.098
自相关仪 autocorrelator 18.099
自相似锁模 self-similar mode-locking 10.346
自相位调制 self-phase modulation 22.058
自旋反转拉曼激光器 spin-flip Raman laser 10.131
自由电子激光 free-electron laser 01.238
自由光谱宽度 free spectral range 18.051
自由空间光通信系统 free-space optical communication system 22.011
*自由立体显示 autostereoscopic display 16.027
自由谱范围 free spectrum range 18.052
自由载流子吸收 free carrier absorption 01.487
自愈环 self-healing ring 22.169
自准直法 self-collimating testing 06.161
*自准直平行光管 autocollimator 19.081
自准直仪 autocollimator 19.081
总路径辐射亮度 total path radiance 01.146
总体效率 wall plug efficiency 10.449
纵模 longitudinal mode 10.267
纵模间距 longitudinal mode spacing 10.284
纵向泵浦 longitudinally pumping 10.325
Ⅲ-Ⅴ族化合物半导体 Ⅲ-Ⅴ compound semiconductor 11.135
阻挡层 barrier layer 11.161
组合系统 compound system 13.039
组页器 page composer 23.048

组织光学特性参数　tissue optical properties parameter　28.004
组织光学特性控制　controlling of tissue optical properties　28.005
LED 最大[峰值]反向电压　LED maximum [peak] reverse voltage　10.426
最大光程差　maximum optical path difference　01.401
最大活性深度　maximal active depth　28.118
最大输入角速率　maximum input angular rate　24.047
LED 最大正向直流电流　LED maximum forward current　10.425
最低未占据分子轨道　lowest unoccupied molecular orbit，LUMO　02.096
最短光程原理　principle of shortest optical path　01.006
最高占据分子轨道　highest occupied molecular orbit，HOMO　02.095
最佳观看距离　optimum viewing distance　16.105
最佳像面　best image plane，optimum image plane　14.018
最小不确定态　minimum uncertainty state　02.058
*最小可分辨对比度　minimum resolvable contrast of night vision device　28.093
最小可分辨对比度　minimum resolvable contrast，MRC　15.219
最小可分辨温差　minimum resolvable temperature difference　14.195
最小可探测温差　minimum detectable temperature difference　14.196
*左手材料　left hand materials　06.011
左手介质　left-handed medium　06.011
*坐标测量机　coordinate measuring machine　19.026
坐标量测仪器　coordinate measuring instrument　19.005

www.sciencep.com

（SCPC-BZBEZB11-0082）

ISBN 978-7-03-068050-1

9 787030 680501 >

定　价：198.00元